面向新工科的电工电子信息基础课程系列教材

教育部高等学校电工电子基础课程教学指导分委员会推荐教材

国家级一流本科课程配套教材

通信原理

第3版

杨洁　王琪　主编

余雨　赵小燕　郭婉莹　编著

清華大學出版社

北京

内容简介

本书系统介绍通信的基本概念，通信系统的组成、原理、设计和应用。本书面向应用型人才培养目标，精简数学过程、突出实践环节、强调工程应用、体现技术发展。同时，本书积极落实立德树人根本任务，在书中有机融入了思政元素。

全书共 11 章。第 1 章是通信基础知识；第 2 章是随机过程与噪声；第 3 章是信道与信道容量；第 4 章是模拟信号的调制与解调；第 5 章是模拟信号的数字化；第 6 章是数字信号的基带传输；第 7 章是数字信号的频带传输；第 8 章是现代数字调制与解调；第 9 章是差错控制编码；第 10 章是同步原理；第 11 章是无线通信新技术及应用。

本书配套有全部的课件和教学视频。本书可作为高等院校电子信息类相关专业的教材，也可作为相关领域科研人员和工程技术人员的参考书。

图书在版编目(CIP)数据

通信原理：第 3 版/杨洁，王琪主编；余雨，赵小燕，郭婉莹编著. -- 北京：清华大学出版社，2025. 7. --(面向新工科的电工电子信息基础课程系列教材). --ISBN 978-7-302-69951-4

Ⅰ. TN911

中国国家版本馆 CIP 数据核字第 2025CP8942 号

责任编辑：文　怡　李　晔
封面设计：王昭红
责任校对：王勤勤
责任印制：丛怀宇

出版发行：清华大学出版社
网　　址：https://www.tup.com.cn，https://www.wqxuetang.com
地　　址：北京清华大学学研大厦 A 座　　**邮　　编**：100084
社 总 机：010-83470000　　**邮　　购**：010-62786544
投稿与读者服务：010-62776969，c-service@tup.tsinghua.edu.cn
质量反馈：010-62772015，zhiliang@tup.tsinghua.edu.cn
课件下载：https://www.tup.com.cn,010-83470236
印 装 者：三河市龙大印装有限公司
经　　销：全国新华书店
开　　本：185mm×260mm　　**印　张**：25.25　　**字　　数**：552 千字
版　　次：2025 年 8 月第 1 版　　**印　　次**：2025 年 8 月第 1 次印刷
印　　数：1～1500
定　　价：79.00 元

产品编号：110063-01

前言

"通信原理"是通信工程、信息工程、电子信息工程、计算机科学与技术等专业的核心基础课。本书主要面向应用型本科撰写，旨在帮助读者掌握通信的基本概念、基本理论、基本方法和基本应用，理解通信系统的组成和设计方法。本书突出应用型人才培养目标，注重凝练课程内容、精简数学过程、突出实践环节、强调工程应用、体现技术发展。

应广大读者的建议和要求，编者在第 2 版的基础上对各章内容进行了修订和调整，各章（第 1 章除外）均增设了思维导图和仿真案例，并对第 11 章内容进行了全面更新，以突出通信技术的最新发展。为了贯彻立德树人的教育理念，编者在每一章均有机融入了与专业知识紧密结合的思政元素，通过案例教学、历史故事等形式，培养学生的家国情怀、科学精神和社会责任感等。

全书共 11 章。其中，第 1 章是通信基础知识；第 2 章是随机过程与噪声，介绍随机信号的统计描述；第 3 章是信道与信道容量；第 4 章是模拟信号的调制与解调，包括线性调制与非线性调制的原理和抗噪声性能分析；第 5 章是模拟信号的数字化，包括抽样、量化、编码过程以及时分复用与复接等概念；第 6 章是数字信号的基带传输，包括基带信号的描述、理想传输特性、基带系统抗噪声性能、码间干扰、眼图、均衡技术以及匹配滤波器等；第 7 章是数字信号的频带传输，包括二进制和多进制的数字调制系统；第 8 章是现代数字调制与解调，包括正交幅度调制、交错正交相移键控、最小频移键控和正交频分复用；第 9 章是差错控制编码；第 10 章是同步原理，包括载波同步、位同步、群同步和网同步；第 11 章是无线通信新技术及应用，探讨无线通信领域的前沿技术及其应用。书末附有常用通信名词中英对照、各章习题的参考答案，以方便读者学习查找。

本书的建议学时数为 64 学时，其中有关 MATLAB 程序设计和仿真的内容可引导学生自学，也可作为实验教学的部分内容。为了便于教师教学和学生学习，编者精心制作了涵盖全书内容的课件和教学视频。此外，课程组同时编写和出版了本书的配套实验与课程设计教材《MATLAB/SystemView 通信原理实验与系统仿真（第 3 版）》（杨洁等主编）。

本书由杨洁、王琪主编，余雨、赵小燕和郭婉莹编著，具体分工如下：第 1、2、6 章及相关课件和教学视频由杨洁完成，第 3、4、5 章及相关课件和教学视频由余雨完成，第 7、8、9 章由赵小燕编写，第 7 章和第 8 章课件、教学视频由杨洁完成，第 9 章课件、教学视频由赵小燕完成，第 10 章和第 11 章及相关课件和教学视频由郭婉莹完成。全书由教材前两版的主编王琪教授审阅统稿。

感谢东南大学吴乐南教授对本书前 2 版的审阅，感谢东南大学宋铁成教授和南京邮电大学朱琦教授对实验教材第 2 版的审阅。感谢清华大学出版社文怡等编辑对本书出版的帮助。感谢南京工程学院通信原理课程组包永强、李小平、覃翠、余雨、赵小燕、潘子宇、杨伟博、郭婉莹等老师在日常教学中的团结合作与支持。本书在编写中引用了一些国内外文献，这些文献已在书后列出，在此对相关作者表示诚挚的谢意。

本书的编写得到“江苏省高校新时代教材数字化建设研究专项”(2024JCSZ51)资助。

由于编者水平有限，书中难免存在错误和不当之处，恳请广大读者批评指正。

编　者

2025 年 6 月

目录

课件+大纲

目录

目录

目录

第1章 通信基础知识

视频

1.1 引言

信息是构成客观世界的三大基本要素之一。**通信**(Communication)是指在发送者(人或机器)和接收者之间传输**信息**(Information)。作为信息传输的技术手段,通信在人类社会进步与发展的过程中发挥了巨大作用。

从古至今,通信的方式有很多。古代有烽火传军情、鸿雁传书、鸣金收兵等,近代有海军旗语、信号灯、消息树等,现代有电话、广播、光纤通信、移动通信、卫星通信、计算机通信、近距离无线通信等。我国周代就有了利用烽火传递信息的方法,烽火作为一种原始的光通信手段,在古代军事战争中提供了信息传输功能,这说明光通信在中国的应用可以追溯到公元前800年,这在当时是很先进的。

通信原理介绍支撑各种通信技术的基本概念和数学理论基础,主要是**物理层通信**的基本原理。物理层通信是通信系统的基础,其任务是将信息转换为信号并通过物理载体传输到接收端,然后将信号转换回信息。物理层通信包括信源编码、信道编码、交织、调制、整形、上变频、信道传输、下变频、同步捕获、载波同步、信道估计、信道均衡、解调、解交织、信道译码和信宿译码等过程。比如在无线电通信中,信息首先被转换为电信号,再经过基带模块、射频模块和天线等系列处理转换成电磁波发射出去,电磁波是物理载体。电磁波到达接收方被天线接收,通过射频模块、基带模块处理恢复出原信号,最终还原为原信息,这属于物理层通信的一部分。该过程也可以用人和人之间的对话来表示。说话一方要表达的信息首先通过大脑处理,经过声带、嘴巴,最后以声波的形式发射出去,声波是物理载体。听话一方的耳朵、神经中枢、大脑对收到的声波进行系列处理,就可获知信息。上述过程可以用图1.1.1简单表示。

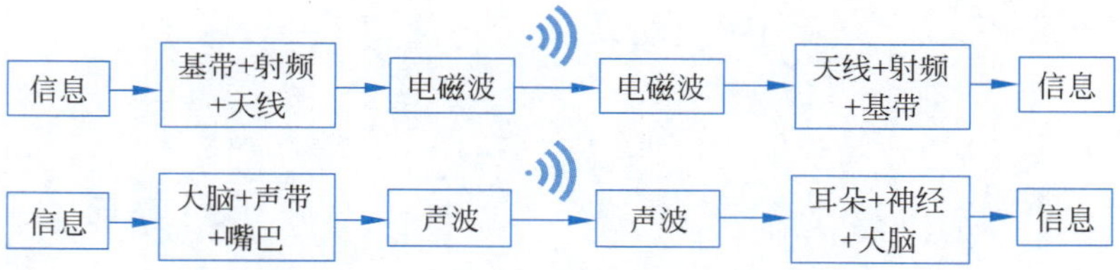

图1.1.1 无线电通信与人对话的简单对比

通信技术的应用领域非常广泛。比如在电能计量领域,智能电表可以采用高速无线通信技术HRF(High-speed Radio Frequency)与主站之间建立连接,完成数据的传输。智能电表的HRF通信模组负责将信息转换成电信号,并完成调制、编码、上变频等操作,最后将电磁波通过天线发射出去,主站的HRF通信模组完成对应的反向操作,这也是物理层通信的一部分。2024年9月20日,华为发布高速电力线载波通信(High-speed Power Line Communications,HPLC)+HRF双模通信方案,实现数据双信道双向、高速、稳定的传输,加速了电力数智化发展。

本书讨论信息传输的基本原理,主要内容包括常用的电信号及噪声分析方法,信道特性,不同通信系统的组成、工作原理和性能评价等。本书内容包括模拟通信和数字通信，侧重于数字通信。为了使读者在学习各章内容前对通信和通信系统有一个初步的了解与认识，本章将概括介绍相关基础知识，包括基本概念、通信系统组成、通信系统分类与通信方式、信息的度量以及通信系统的性能指标。

1.2 基本概念

视频

消息(Message)是指通信系统传输的对象，是信息的载体。通信在形式上是发消息，但本质上是传信息，即要求通信的双方能将信息从某一方准确而安全地传送到另一方。消息的表达形式有语音、图片、文字、符号、数据等。按照消息的状态个数，消息可以分为连续消息和离散消息。

信息是消息中包含的有效内容。信息是消息的不确定性，对于通信双方都确定(或已知)的消息，就没有必要传输了。比如烽火台上一直烟火不断，使人习以为常，那就是确定消息，其中不包含信息。

信号(Signal)是消息的载体。实际上可在通信系统中传输、能被人或机器所感知的消息，只是消息的某种物理体现，称为信号。信号可以是模拟的，也可以是数字的，例如，文字、数据、语言、图片、视频等多种形式。

信号指的是通过无线电信号(电磁波)传输的一系列编码数据。比如发送一条短信时，手机会把文本信息转换成一系列的二进制数字，这些数字再被调制成适合4G或5G等移动通信系统传输的形式。**消息**是指短信的实际内容，即接收方手机屏幕上显示的文字，比如，“会议推迟到下午三点。”**信息**则是接收方从收到的消息中获得的知识或认知，接收方了解到原定的会议时间有所变动，并据此调整自己的计划。

通信就是利用信号传输消息中包含的信息。由于电信号和光信号可以光速来传递信息，准确可靠，且很少受到时间、地点、空间距离等方面的限制，因而发展迅速，应用广泛。本书主要讨论电通信。

信号可以分为模拟信号和数字信号，如图1.2.1所示。模拟信号是指参量取值连续变化的信号(图1.2.1(a)、(b))。可以用一个连续的函数表示。在通信系统中，模拟信号常用于传输连续变化的物理量，如声音、图像等。在时间上，模拟信号既可以是连续的(如电话机将声音转换成音频信号、摄像机将图像转换成视频信号等)，也可以是离散的(如脉冲雷达信号、莫尔斯电报信号等)；数字信号是指信号参量取值离散的信号(图1.2.1(c)、(d))。数字

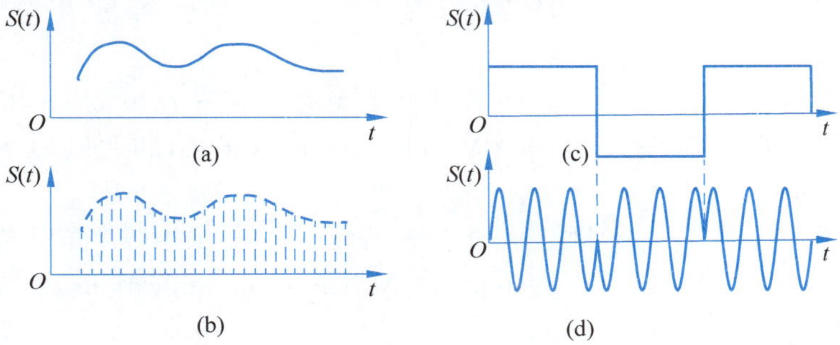

图1.2.1 模拟信号与数字信号

信号可以用一系列数字来表示,可以是二进制,也可以是其他进制。在通信系统中,数字信号常用于传输离散的数据,如文字、数字等。

1.3 通信技术发展历程

视频

通信技术的发展历程可以追溯到人类文明的早期,从最初的简单信号传递到现代的高速数字通信,经历了多个重要的阶段。

1. 早期通信

语言和文字:人类早期的通信是通过语言和文字进行的。语言的出现使得信息的口头传递成为可能,而文字的发明使得信息可以被记录和保存。

烟火、鼓声、旗帜:古代,人们使用烟火、鼓声、旗帜等简单的方式进行远距离通信。例如,古代中国的烽火台用于传递紧急军事情报。

2. 电报和电话

电报:1837 年,塞缪尔·莫尔斯(Samuel Morse)发明了莫尔斯电码和电报机,使得文字信息可以通过电线进行远距离传输。电报的发明标志着通信技术的重大突破。

电话:1876 年,亚历山大·格拉汉姆·贝尔(Alexander Graham Bell)发明了电话,使得语音可以通过电线进行实时传输。电话的出现极大地改变了人们的通信方式。

3. 无线电通信

无线电报:1895 年,伽利尔摩·马可尼(Guglielmo Marconi)成功实现了无线电报的传输,使得信息可以通过无线电波在空中进行远距离传输。

广播:20 世纪初,无线电广播开始普及,人们可以通过收音机接收新闻、音乐等信息。

电视:20 世纪中叶,电视技术逐渐成熟,人们可以通过电视接收视频和音频信息。

4. 计算机和互联网

计算机:20 世纪中叶,计算机的发明和普及为信息的处理和传输提供了强大的工具。

互联网:20 世纪 60 年代,ARPANET(阿帕网)的建立标志着互联网的诞生。互联网的普及使得信息的传输和共享变得极其便捷,人们可以通过电子邮件、即时通信、社交媒体等多种方式进行通信。

5. 移动通信

1G(第一代移动通信):20 世纪 80 年代开始商用,主要采用模拟信号传输语音。典型系统包括美国的 AMPS(Advanced Mobile Phone System)和北欧的 NMT(Nordic Mobile Telephone)。

2G(第二代移动通信):20 世纪 90 年代开始商用,主要采用数字信号传输语音和数据。典型系统包括 GSM(Global System for Mobile Communications)和 CDMA(Code Division Multiple Access)。

3G(第三代移动通信):21 世纪初开始商用,支持高速数据传输和多媒体应用。典型标准包括 WCDMA、CDMA2000 和 TD-SCDMA。

4G(第四代移动通信)：2011 年开始商用，支持更高的数据传输速率和更广泛的应用。典型标准包括 LTE(Long Term Evolution)和 WiMAX(Worldwide Interoperability for Microwave Access)。

5G(第五代移动通信)：2019 年开始商用，支持超高速数据传输、低延迟和大规模连接。5G 技术在物联网、自动驾驶、虚拟现实等领域有广泛的应用前景。

6G(第六代移动通信)：继 5G 之后，6G 技术的研发已经开始，预计 2030 年开始商用。6G 将集成卫星通信，实现天地一体化的通信网络，进一步提高数据传输速率、降低延迟，并支持更广泛的应用，如全息通信、智能城市等。

在移动通信技术发展史中，中国经历了“1G 空白、2G 追随、3G 突破、4G 同步、5G 领跑”的漫长过程。自 2019 年 5G 正式商用以来，中国上百万座 5G 基站覆盖了全国所有地级以上城市，构成了全球规模最大的 5G 网络。

6. 光纤通信

20 世纪 70 年代，光纤通信技术开始发展。1976 年，贝尔实验室进行了第一次成功的光纤通信实验。光纤通信具有传输容量大、损耗低、抗干扰能力强等优点，迅速取代了传统的铜缆通信系统，成为现代通信网络的主要传输介质。21 世纪以来，光纤通信技术进一步发展，传输速率不断提高，应用范围扩展到局域网、数据中心、家庭宽带等领域。

7. 卫星通信

1962 年，美国发射了第一颗通信卫星“电星 1 号”(Telstar 1)，实现了跨大西洋的电视转播。1964 年，国际通信卫星组织(Intelsat)成立，旨在建立全球卫星通信网络。20 世纪 80 年代，移动卫星通信系统开始发展，如国际海事卫星组织(Inmarsat)提供的海上和航空通信服务。20 世纪 80 年代，低地球轨道(LEO)卫星通信系统开始兴起，如“铱星”(Iridium)、“全球星”(Globalstar)和“轨道通信”(Orbcomm)系统，这些系统提供了全球范围内的移动通信服务。2020 年以来，低轨道卫星互联网(LEO)星座的建设成为新热点。例如，SpaceX 的“星链”(Starlink)计划、OneWeb 和亚马逊的“柯伊伯计划”(Project Kuiper)，这些系统旨在提供全球范围内的高速互联网服务。

1970 年 4 月 24 日，中国成功发射了第一颗人造地球卫星——“东方红一号”，这标志着中国成为世界上第五个能够独立研制和发射人造卫星的国家。2016 年，中国首个自主研发的移动通信卫星“天通一号”01 星成功发射，填补了中国在移动通信卫星领域的空白。随后，“天通一号”02 星和 03 星分别于 2020 年和 2021 年发射升空，共同构建了一个覆盖广泛的卫星移动通信网络。1994—2000 年，中国建成了“北斗一号”卫星系统，主要用于中国的境内导航服务。2004—2012 年，中国建成了由 14 颗卫星组成的“北斗二号”卫星系统，实现了对亚太地区的覆盖和服务能力。2020 年 6 月 23 日，“北斗三号”全球卫星导航系统正式建成并开通服务，标志着北斗系统具备了为全球用户提供全天候、全天时、高精度定位、导航和授时服务的能力。“天通一号”系列卫星是中国自主研制的移动通信卫星系统，旨在提供覆盖广泛的移动通信服务。“天通一号”01 星于 2016 年发射，02 星于 2020 年发射，03 星在 2021 年成功发射，它们共同构成了一个完整的卫星移动通信网络,为用户提供语音和数据通信服务。

从“东方红一号”到“天通一号”03 星,中国卫星通信走过了风雨沧桑的 50 年,实现了跨越式发展。2023 年 9 月,华为 Mate 60 Pro 上市,其可以拨打、接听卫星电话,“幕后功臣”正是中国自主研制的“天通一号”卫星系统。

8. 量子通信

量子通信技术利用量子纠缠和量子密钥分发等原理,提供高度安全的通信方式。1984 年,查尔斯·班尼特(Charles Bennett)和吉勒斯·布拉萨德(Gilles Brassard)提出了第一个实用型量子密钥分配(QKD)协议——BB84 协议,标志着量子保密通信的诞生。2016 年,中国成功发射了全球首颗量子科学实验卫星“墨子号”,实现了千千米级的星地量子密钥分发和量子隐形传态,从而构建了天地一体化的量子保密通信与科学实验体系。

从见字如面到万物智联,通信技术的发展历程是一个不断创新和进步的过程。未来,随着新技术的不断涌现,通信技术将继续向着更高效率、更高质量和更广泛应用的方向发展。

1.4 通信系统组成

视频

通信系统是指完成通信过程所需的电子设备和信道的总体,包括所有用于产生、处理、传输和接收信息的组件。通信系统模型为理解通信系统工作原理和设计通信系统提供了理论基础。通过模型,可以清晰地了解信息从发送端到接收端的整个传输过程,分析现有系统性能,还可以预测系统在不同条件下的表现,从而为决策提供依据。

1.4.1 通信系统一般模型

通信系统可用如图 1.4.1 所示的一般模型来描述,该模型概括地说明了通信系统的共性特点,图中各部分模块的功能如下:

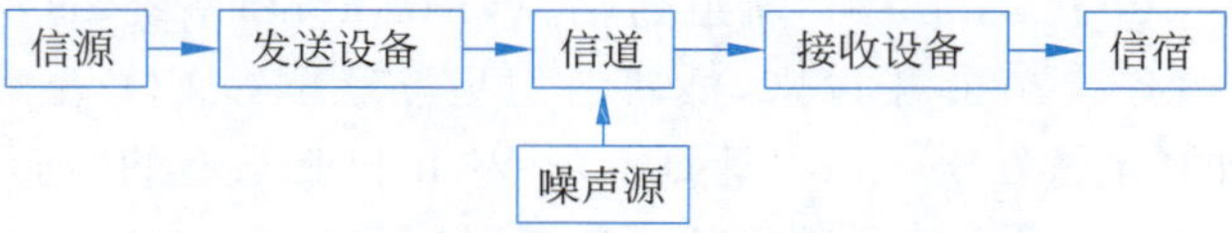

图 1.4.1 通信系统一般模型

(1) 信源:产生信息或消息的源头。信源产生需传输的消息(语音、文字、图像、数据等)。如 A 手机用户给 B 手机用户打电话,信源是说话的 A,信源输出的消息是 A 的声带振动产生的语音。

(2) 发送设备:将信源产生的原始消息转换成适合在信道上传输的形式。通常涉及信源编码和调制。在 A 手机用户→B 手机用户的过程中,A 手机是发送设备,A 手机中的麦克风、编码、调制、射频发射等将语音信号转换为匹配移动通信网络的电磁波。

(3) 信道:信道是传输信号的物理通道,可以是有线的(如电缆、光纤)或无线的(如自由空间)。在 A 手机用户→B 手机用户的过程中,信道是指 A 手机→基站→核心网→目标基站→B 手机的传输通道。

(4) 噪声源:噪声是在信号传输过程中叠加的非期望信号。噪声的来源很多,可分为内部噪声和外部噪声。在A手机用户→B手机用户的过程中，内部噪声是指A/B手机内部电路、基站设备内部电路产生的热噪声等。外部噪声包括：其他手机的同频信号、其他无线设备的辐射、大气噪声、宇宙噪声等。除噪声外，建筑物、树木等引起的多径效应、恶劣天气对高频信号传输也会产生干扰。

(5) 接收设备：接收设备完成发送设备的反过程，即进行解调、译码等。在A手机用户→B手机用户的过程中，B手机是接收设备，完成放大、解调、译码、数模转换等过程。

(6) 信宿：接收来自信道的信号，并进行反向处理，以恢复出原始信息。在A手机用户→B手机用户的过程中，B手机用户是信宿，B手机的扬声器将模拟电信号转换回声波，则B用户听到A用户的声音。

1.4.2 模拟通信系统

对于连续信号，如语音，其声波振动的幅度是随时间连续变化的，若将它转换为随时间连续变化的电信号，则信号幅度是时间的连续函数，这样的信号称为模拟信号。模拟通信系统就是利用模拟信号来传递信息的通信系统，其模型如图1.4.2所示。

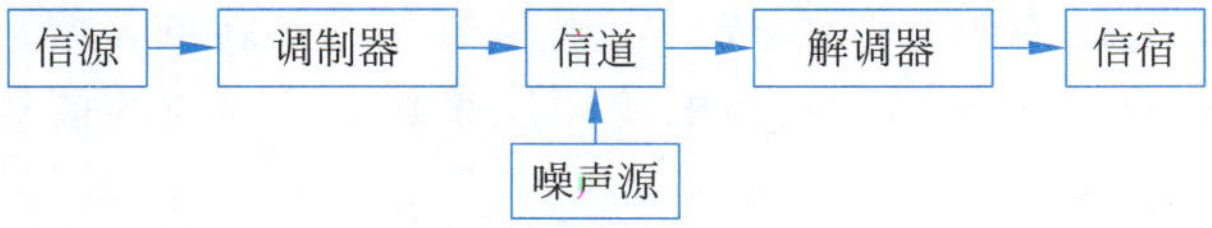

图1.4.2 模拟通信系统模型

在图1.4.2中，信源将连续的非电信号转换成模拟基带电信号；信宿则完成相反的过程，将模拟基带电信号还原为输入端的连续非电信号。基带信号的特点是信号中可能含有直流分量或低频成分，即其频谱从零附近开始。调制器的作用是将基带电信号变换成适合于在信道中传输的频带信号，而解调器的作用相反，是将信道中传输的频带信号还原成基带电信号。

模拟通信的优点是：信号在信道中传输所占用的频谱比较窄，因此可通过多路频分复用使信道的利用率得到提高。

模拟通信的缺点是：信号是连续的，不容易消除叠加在其上的噪声，抗干扰能力较差；不容易实现保密通信；设备不容易大规模集成；不能适应快速发展的计算机通信的要求。

尽管数字通信技术的发展已经大大减少了模拟通信系统的应用范围，但在某些特定领域，模拟通信系统仍然不可或缺，尤其是在需要高保真度和实时性的场景中。常用的模拟通信系统包括无线电广播、模拟电视广播、无线对讲系统、传感器系统、模拟雷达系统等。

1.4.3 数字通信系统

1. 数字通信系统模型

数字通信系统是利用数字信号传递消息的通信系统，其模型如图1.4.3所示。

(1) 信源编码与译码

信源编码的作用包含两方面：一是将模拟消息数字化，即模/数(A/D)转换；二是进行数据压缩，即通过减少数字消息中的冗余，从而降低信源传输的码元速率和带宽，提高

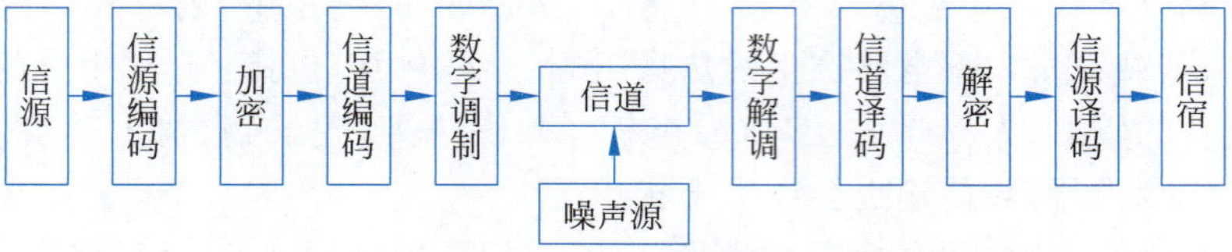

图 1.4.3　数字通信系统模型

传输和处理效率。信源译码是信源编码的逆过程。

(2) 加密与解密

加密技术是以某种特殊的算法改变原有的信息数据,使得未授权用户即使获得了信息,也无法获知信息的内容。解密技术则是将接收到的加密信源再用相同或不同方法进行还原的过程。数字信源易于实现加密和解密。

(3) 信道编码与译码

数字信号在传输中由于各种原因,会使传送的数据流产生误码,从而在接收端产生图像跳跃、不连续、马赛克等现象。为使系统具有一定的纠错能力或抗干扰能力,提高通信的可靠性,可在信源编码的基础上,按一定规律加入一些新的监督码元,这一过程称为信道编码。信道译码则是按编码相对应的反向规律恢复编码前的信号。

(4) 数字调制与解调

与模拟基带信号类似,数字基带信号在很多情况下也不适于在信道中直接传输,需要进行转换——将信号的频谱搬移到高频处,从而形成适于在信道传输的调制信号。数字调制是以数字信号作为控制信号来改变载波参数的技术;数字解调过程与数字调制正好相反,是将已调数字信号还原为数字基带信号。

2. 数字通信的主要特点

数字通信的主要优点表现在:

(1) 抗干扰能力强。这是数字通信最突出的优点。对于数字信号,由于信号波形为有限个离散值,即使在传输过程中受到一定程度的噪声干扰,接收端仍然可以通过阈值判断恢复原始信号,从而显著降低误码率。但在强噪声干扰下,误码率仍然可能增加。

(2) 便于加密处理。数字信号可以通过各种加密算法进行加密,确保信息传输的安全性。常见的加密技术包括 DES、AES 等。

(3) 便于存储、交换和处理。数字信号可以通过各种数据压缩算法(如 JPEG、MP3)进行压缩,节省存储空间和传输带宽。利用计算机和数字信号处理器可以高效地处理数字信号,实现复杂的信号处理算法。

(4) 便于检错和纠正。数字通信系统可以使用各种纠检误码来检测和纠正传输错误,提高通信的可靠性。

数字通信的主要缺点表现在:

(1) 需要较大的传输带宽。数字信号通常需要较高的带宽来传输,一路模拟电话的带宽大约是 4kHz,而一路数字电话的带宽为 20～60kHz。在高分辨率视频和音频传输中,数字信号对带宽的要求更高。

(2) 设备复杂。数字通信系统涉及编码、译码、调制和解调，另外，还需要实现信号的同步，因此需要相对复杂的设备支持。

(3) 功耗较高。数字通信设备通常需要高性能的处理器和复杂的电路，功耗相对较高。

数字通信技术凭借其抗干扰能力强、易于加密、便于存储和处理、可靠性高等优点，已经成为现代通信的主流，被广泛应用于移动通信、卫星通信、数字电视广播、军事通信等系统。然而，它也面临着带宽需求高、设备复杂、功耗问题等挑战。随着技术的不断进步和创新，这些问题正在逐步得到解决。

1.5 通信系统的分类

视频

如果通信系统利用电磁波在自由空间传输信息，则称为无线通信系统；如果电磁波的频率达到光波范围时，则该通信系统称为光通信系统；如果通过物理介质(如电缆、光纤)传输信息，则该通信系统又称为有线通信系统。通信系统有多种不同的分类方法，主要有以下几种情况。

1. 按照传输信号的特征分类

如果信道中传输的是模拟信号，则对应的通信系统称为模拟通信系统；如果信道中传输的是数字信号，则对应的通信系统称为数字通信系统。

2. 按照通信业务类型分类

通信业务有包括符号、文字、语音、数据、视频在内的多种类型，因此通信系统可分为电报通信系统、电话通信系统、数据通信系统、广播电视通信系统等。

3. 按调制方式分类

根据是否将信源信号进行调制，可将通信系统分为基带传输系统和频带传输系统。基带传输是将未经调制的信号直接在信道中传送，既可以是模拟基带信号，也可以是数字基带信号；频带传输则是对各种基带信号进行调制后再进行传输。

按载波是连续波还是数字脉冲，调制方式可以分为连续波调制和脉冲调制。连续波调制用正弦波或余弦波作为载波，而脉冲调制用数字脉冲作为载波。

连续波调制又可分为模拟调制与数字调制。如果用模拟基带信号对载波波形的某些参量，如幅度、频率、相位进行控制，则是模拟调制。如果用数字信号控制载波的幅度、频率、相位，则是数字调制。

4. 按传输介质分类

按传输介质的不同，可将通信系统分为有线通信系统和无线通信系统。有线通信系统需要以传输缆线作为传输介质，比如对称电缆、同轴电缆、光纤等。无线通信系统则利用无线电波在自由空间的传输，比如移动通信、微波通信、卫星通信等。

5. 按信号的复用方式分类

复用是指多个信号共享同一个传输媒介或信道，从而提高通信系统的效率和容量。按信号的复用方式可分为频分复用(FDM)、时分复用(TDM)、码分复用(CDM)和波分复用(WDM)等。

频分复用将传输信道的总带宽划分成若干子信道,每个子信道传输一路信号,各子信道之间设立隔离带,以保证各路信号互不干扰。这种技术常用于广播电台、电视信号传输等领域。

时分复用则是将时间划分为一系列的时隙,每个时隙分配给不同的信号源使用。这种方式常见于数字通信系统,如电话网络中的PCM(脉冲编码调制)系统。

码分复用是利用互相正交的码型来区分各路信号,所有信号在同一频率上同时发送,但在接收端通过解码技术可以分离出各路信号。码分复用技术广泛应用于移动通信领域。

波分复用与频分复用相类似,是将两种或多种不同波长的光载波信号在发送端经复用器汇合在一起,并耦合到光线路的同一根光纤中进行传输的技术。

6. 按工作频段分类

由于不同电磁波频率具有不同的传输特点和业务容纳能力,为了更好地管理和利用无线电频谱资源,同时体现技术及应用发展的历程和现状,需要对频率范围进行合理的分类。表1.5.1列出了频率在3000GHz以下的主要无线电频谱划分与典型应用,3000GHz以上的电磁波属于光通信范畴。

表1.5.1 无线电频谱划分与典型应用

频带名称	频率范围	波段名称	波长范围	典型应用
超低频(SLF)	30~300Hz	超长波	10~1Mm	对潜通信、输电
特低频(ULF)	0.3~3kHz	特长波	1000~100km	对潜通信
甚低频(VLF)	3~30kHz	甚长波	100~10km	远程通信、水下通信、声呐
低频(LF)	30~300kHz	长波	10~1km	导航、水下通信、无线电信标
中频(MF)	300~3000kHz	中波	1000~100m	广播、海事通信、测向、遇险求救
高频(HF)	3~30MHz	短波	100~10m	广播、电报、军用通信、业余无线电、超视距雷达
甚高频(VHF)	30~300MHz	米波	10~1m	电视、调频广播、空中管制、导航、车辆通信
特高频(UHF)	300~3000MHz	分米波	10~1dm	微波接力、卫星通信、电视、雷达
超高频(SHF)	3~30GHz	厘米波	10~1cm	微波接力、卫星通信、雷达、移动通信
极高频(EHF)	30~300GHz	毫米波	10~1mm	雷达、卫星通信、铁路业务、射电天文学
至高频(THF)	300~3000GHz	丝米波或亚毫米波	1~0.1mm	射电天文学、波谱学

7. 按照通信方式分类

通信方式是指通信双方之间的工作方式或信号传输方式。

对于点对点之间的通信,按消息传送的方向与时间关系,通信方式可分为单工通信、半双工通信及全双工通信3种,如图1.5.1所示。

(1) 单工通信,是指消息只能单方向传输的工作方式,如遥控、遥测、广播。信号仅从一端传送到另一端,即信息流是单方向的。

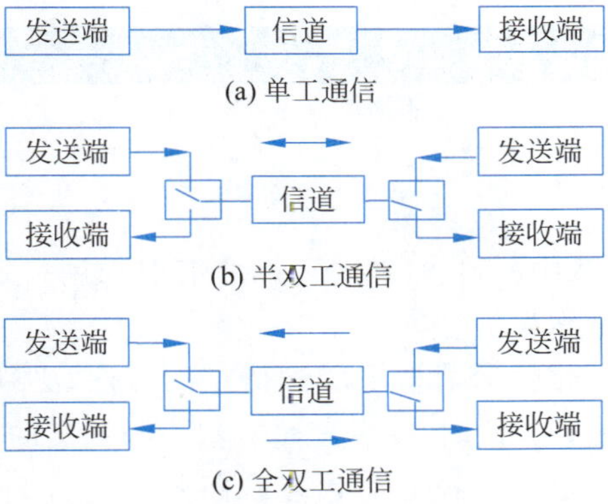

图 1.5.1　按通信方式分类

（2）半双工通信，是指可以实现双向的通信，但不能在两个方向上同时进行。也就是说，通信信道的每一端既可以是发送端，也可以是接收端，但在同一时刻，信息只能有一个传输方向。典型的半双工通信有无线对讲机、采用 RS-485 标准的设备总线等。

（3）全双工通信，是指通信的双方可以同时发送和接收数据。全双工通信要求通信系统的每一端都设置有发送器和接收器，因此，能控制数据同时在两个方向上传送。全双工方式无须进行方向的切换，因此，没有切换操作所产生的时间延迟。典型的全双工通信有电话、计算机网络、移动通信、卫星通信等。

按数字信号排列的顺序的不同，数字通信还可分为串行通信传输和并行传输，如图 1.5.2 所示。

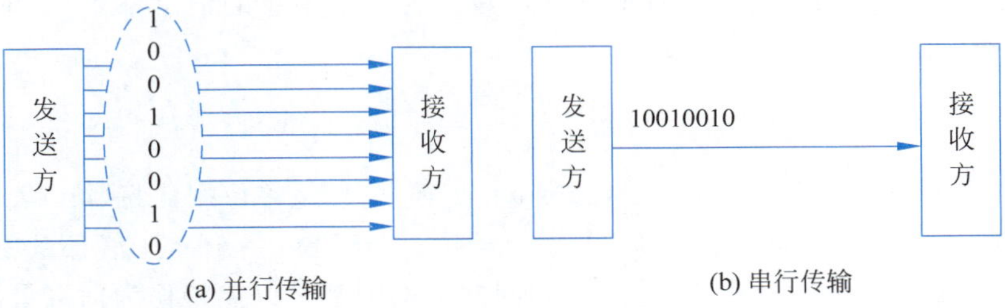

图 1.5.2　并行与串行传输

并行通信是指一组数据的各数据位在多条线上同时被传输。这种方式可以显著提高数据传输的速度，但需要更多的物理信道，因此通常适用于短距离、高带宽的通信场景。典型的并行传输包括打印机与计算机之间的通信、CPU 与内存之间的通信、图形处理器与显存之间的通信等。

串行通信是指数据按位顺序通过单一信道进行传输。这种方式的优点是传输线少、成本低、抗干扰能力强，特别适用于远距离通信。典型的串行传输包括计算机与外设之间通过 USB 通信，以及以太网、光纤通信等。

视频

1.6 信息的量度

1.6.1 信息量的定义

通信的目的是传输消息中所包含的信息,因此需要采用一定的物理量来对被传输的信息进行量度,这个物理量称为信息量。

消息是多种多样的,因此度量消息中所含信息的方法,必须能够用来度量任何消息的信息量,而与消息种类无关。同时,这种度量方法也与消息的重要程度无关。

香农信息论指出,信息是对事物运动状态或存在方式的不确定性的描述,可用概率来量度这种不确定性的大小。在信息论中,把消息用随机事件来表示,而发出这些消息的信源则用随机变量来表示。

下面先感受一下3个不同的天气预报消息:

(1) 明天晴转多云;

(2) 明天有大暴雨;

(3) 明天温度将超过50℃。

在这3条消息中,第一条带来的信息量较小,因为这样的事件发生很正常,人们不感到惊奇;第二条带来了较大的信息量,因为人们对这样的极端天气重视程度很高,需要提前做好防范;第三条带来的信息量高于第二条,因为温度超过50℃的气候发生概率极低,所以听后会使人感到十分惊奇。这个例子表明,对接收者而言,事件越不可能,越不可预测,越能使人感到意外和惊奇,所包含的信息量也就越大。

哈特莱首先提出采用消息出现概率的对数作为离散消息的信息量表示,即某离散消息 x 所携带的信息量为

$$I(x)=\log_a \frac{1}{P(x)}=-\log_a P(x) \tag{1.6.1}$$

式中,$P(x)$为消息 x 发生的概率。当底数 $a=2$ 时,信息量单位用比特(bit)表示,简写为b;当底数 $a=\mathrm{e}$ 时,信息量单位用奈特(nat)表示;当底数 $a=10$ 时,信息量单位用哈特(Hart)表示。3种单位中以比特最为实用,因此本书中都是以比特作为信息量的单位,即

$$I(x)=\log_2 \frac{1}{P(x)}=-\log_2 P(x)(\mathrm{b}) \tag{1.6.2}$$

式(1.6.1)实际上反映了信息量的大小与消息出现的概率之间存在如下对应关系:

(1) 事件出现的概率越小,消息中包含的信息量越大;反之,事件出现的概率越大,消息中包含的信息量越小。

(2) 事件出现的概率等于0,即属于不可能出现的事件时,对应的信息量等于无限大;反之,事件出现的概率等于1,即属于必然出现的事件时,对应的信息量等于0。

(3) 如果消息是由若干独立事件所构成,那么消息总的信息量等于这些独立事件信息量的总和,数学关系可表示成

$$I[P(x_1)P(x_2)\cdots]=-\log_2[P(x_1)P(x_2)\cdots]$$

$$= -\log_2 P(x_1) - \log_2 P(x_2) - \cdots = I[P(x_1)] + I[P(x_2)] + \cdots \quad (1.6.3)$$

【例 1-1】 设信源是由两个状态构成的消息，高电平表示一种状态，用符号 1 表示，低电平表示另一种状态，用符号 0 表示。①若 0 出现的概率为 $\frac{1}{3}$，求出现 1 的信息量；②若 1 和 0 出现的概率相等，求出现 1 的信息量。

解：(1) 由于出现 1 和 0 的全概率为 1，所以出现 1 的概率为 2/3，由式(1.6.2)，1 所包含的信息量为

$$I(1) = -\log_2 \frac{2}{3} \approx 0.585(\text{b})$$

(2) 当 1 和 0 等概率出现时，1 和 0 包含的信息量相等，即

$$I(1) = I(0) = -\log_2 \frac{1}{2} = 1(\text{b})$$

从这个例子中看出，一个等概率二进制波形之一的信息量恰好就是 1b。在工程中也习惯于将一个二进制码元称为 1b 码元。

如果消息中包含 4 个离散状态，比如天气状况的晴、阴、雨、多云，则需要用 4 种不同的波形来传递，这时可用四进制信号波形来表示天气的 4 种状况。当用二进制码元(比特)来表示四进制波形时，每一个四进制波形需要用两个二进制码元(比特)表示。如果四进制波形出现的概率相等，则传输四进制波形之一的信息量为 2b。图 1.6.1 描述了这种四进制波形与二进制码元(比特)之间的关系。

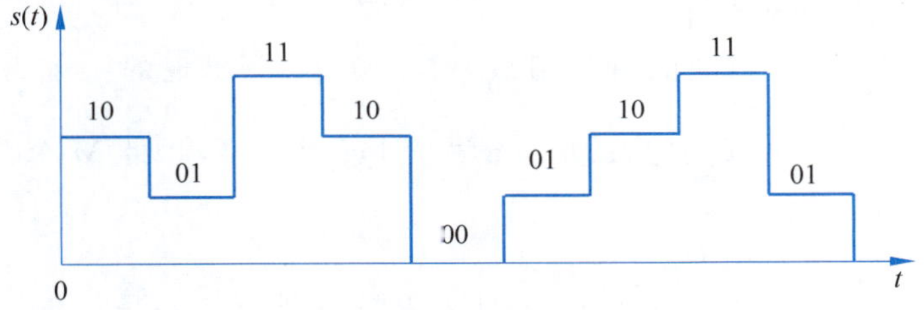

图 1.6.1　四进制波形用二进制码元(比特)表示

推广到离散信号是 M 个波形且为等概率发送情况，由于

$$P(x_1) = P(x_2) = \cdots = P(x_i) = \cdots = P(x_M) = \frac{1}{M} \quad (1.6.4)$$

因此每一个信号的信息量为

$$I[P(x_i)] = -\log_2\left(\frac{1}{M}\right) = \log_2 M(\text{b}), \quad i = 1, 2, \cdots, M \quad (1.6.5)$$

当离散消息个数 M 是 2 的整数次幂，即 $M=2^K$，$K=1,2,3,\cdots$，则等概率 M 进制波形中任一个波形的信息量为

$$I[P(x_i)] = \log_2 2^K = K(\text{b}), \quad i = 1, 2, \cdots, M \quad (1.6.6)$$

K 实质上代表的是描述每一个 M 进制波形所需要的二进制码元数目，因此式(1.6.6)说明了 $M=2^K$ 进制波形之一的信息量等于二进制波形之一信息量的 K 倍。

【例 1-2】 某离散信源由 A、B、C、D 共 4 种符号(消息)组成,其统计特性为

$$\begin{pmatrix} A & B & C & D \\ 1/8 & 1/4 & 1/2 & 1/8 \end{pmatrix}$$

且每个符号的信息量是独立的。求消息

$$BADCACBDDCCBBBCCCCADCCCACBBCAA$$

的信息量。

解: 这是一个非等概率离散信号传输问题。此消息共有 30 个符号,其中,A 出现 6 次,B 出现 7 次,C 出现 13 次,D 出现 4 次。总的信息量可由下式计算得到:

$$I = -\sum_{i=1}^{N} n_i \log_2 P(x_i) \tag{1.6.7}$$

式中,$P(x_i)$表示符号 x_i 出现的概率,n_i 表示符号 x_i 出现的次数,N 表示不同的符号数,故

$$I = -\sum_{i=1}^{4} n_i \log_2 P(x_i) = 6\log_2 8 + 7\log_2 4 + 13\log_2 2 + 4\log_2 8 = 57\ (\text{b})$$

每个符号含有信息量的均值为

$$\bar{I} = 57/30 = 1.9(\text{比特 / 符号})$$

1.6.2 平均信息量

在通信中,若传输的符号很长且符号出现的概率不相等,用各符号出现概率和频次来计算信息量很麻烦,因此引入平均信息量的概念。信源的平均信息量是指传输的每个符号所含信息量的统计平均值。

设离散信源由 M 个独立的符号组成,每个符号 x_i 出现的概率为 $P(x_i)$,且有 $\sum_{i=1}^{M} P(x_i) = 1$。由于符号 x_i 所含的信息量为 $-\log_2 P(x_i)$,因此 M 个符号的平均信息量定义为

$$H(X) = -\sum_{i=1}^{M} P(x_i)\log_2 P(x_i)(\text{比特 / 符号}) \tag{1.6.8}$$

用式(1.6.8)表示的平均信息量也称为信源的熵,它表示 M 个符号组成的离散信源中每个符号的平均信息量。

若符号 x_i 等概率出现,即 $P(x_i) = 1/M$,则式(1.6.8)转换为式(1.6.5)。可以证明,式(1.6.5)对应式(1.6.8)的最大值,即当离散信源中每个符号等概率出现,而且各符号的出现为统计独立时,该信息源的熵达到最大值。

【例 1-3】 计算【例 1-2】信息源的平均信息量。

解: 由式(1.6.8),平均信息量为

$$\begin{aligned} H(X) &= -\sum_{i=1}^{4} P(x_i)\log_2 P(x_i) \\ &= -\frac{1}{8}\log_2 \frac{1}{8} - \frac{1}{4}\log_2 \frac{1}{4} - \frac{1}{2}\log_2 \frac{1}{2} - \frac{1}{8}\log_2 \frac{1}{8} = 1.75(\text{比特 / 符号}) \end{aligned}$$

可以看到,计算得到的平均信息量与【例 1-2】的结果不相同,原因是这里熵的计算采

用的是基于概率的统计平均，而【例 1-2】中采用的是基于符号出现频次的算术平均，只当消息序列足够长时，符号出现频次与其概率才会趋于一致。一般情况下消息序列都很长，采用熵的概念比较方便。

如果信源发出的消息是连续可变的，则需要引入连续消息出现的概率密度 $f(x)$，这时平均信息量可用下面的积分式计算：

$$H(x) = -\int_{-\infty}^{\infty} [f(x)\log_2 f(x)]\mathrm{d}x \tag{1.6.9}$$

视频

1.7 通信系统的性能指标

在设计或评估通信系统时，需要利用通信系统的性能指标来衡量系统的优劣。通信系统的性能指标包括通信系统的有效性、可靠性、适应性、标准性、经济性以及可维护性等。

从消息的传输角度来说，通信系统的优劣主要体现在有效性和可靠性两方面。有效性是指消息传输的"速度"问题，即传输效率；而可靠性是指消息传输的"质量"问题，即传输质量。有效性和可靠性往往是相互制约又互相补充的关系。为了提高可靠性，可能需要牺牲一定的传输效率；反之，追求更高的传输效率有时会降低系统的可靠性。因此，在设计通信系统时，需要找到两者之间的最佳平衡点。

模拟通信系统与数字通信系统存在差别，因此对有效性和可靠性的量度方法有所不同。

1.7.1 模拟通信系统有效性与可靠性

1. 有效性

对模拟通信系统，有效性可用传输信号的频带来度量。对于同样的消息，采用不同的调制方式传输，需要的频带宽度也不相同。例如，调幅(AM)和调频(FM)是两种常见的广播信号调制方式，FM 信号通常具有更好的音质，但 FM 信号需要占用更宽的带宽，其带宽利用率较低。在频谱资源有限的情况下，传输相同信号所需要的频带越窄，则传输的有效性越高。

2. 可靠性

模拟通信系统的可靠性用接收端输出信号功率与噪声功率之比，即信噪比(Signal-to-Noise Ratio，SNR 或 S/N)来度量。不同的调制方式在同样信道中传输，输出信噪比也不相同，信噪比越大，抗干扰能力越强，可靠性越高。比如调频广播可靠性远高于调幅广播可靠性，但 FM 信号需要占用更宽的带宽。

1.7.2 数字通信系统有效性与可靠性

1. 有效性

数字通信系统的有效性用传输速率或频带利用率来度量。传输速率包括码元传输速率和信息传输速率。

码元传输速率 R_B 定义为单位时间(s)内传输的码元数目，其单位为波特(Baud)，简写为 Bd，1Bd=1 码元/秒，因此码元速率也称为波特率。如果传输每个码元所需的时间是 T(s)，则码元速率为

$$R_B = 1/T\text{(Bd)} \tag{1.7.1}$$

注意，R_B 与码元的进制数没有关系，码元可以是二进制的，也可以是多进制的。

信息传输速率 R_b 定义为单位时间(s)内传输的比特数目，其单位是 b/s(或 bps)。信息传输速率也简称为比特率。

由于等概率发送的每个二进制码元所携带的信息量为 1b，而等概率发送的每个 M 进制码元所携带的信息量为 $\log_2 M$(b)，因此信息速率 R_b 与码元速率 R_B 存在下面的关系：

$$R_b = R_B \log_2 M \tag{1.7.2}$$

如每秒传输 2000 个码元，则码元速率为 2000Bd；当采用二进制时，信息速率为 2000b/s；若采用四进制，则信息速率为 4000b/s。

在比较通信系统有效性时，不能仅看信号的传输速率，还要看其占用的频带宽度。频带利用率定义为单位频带(每赫兹)内的码元传输速率或信息传输速率，其单位为 Bd/Hz 或 $\text{b} \cdot \text{s}^{-1}/\text{Hz}$，即

$$\eta_B = \frac{R_B}{B} \quad 或 \quad \eta = \frac{R_b}{B} \tag{1.7.3}$$

【例 1-4】 某信源输出四进制等概率信号，码元宽度为 125μs，求码元速率和信息速率。

解：码元宽度 $T = 1.25 \times 10^{-4}$s，故码元速率为

$$R_B = \frac{1}{T} = \frac{1}{1.25 \times 10^{-4}} = 8000\text{(Bd)}$$

信息速率为

$$R_b = R_B \log_2 M = 8000 \times \log_2 4 = 1.6 \times 10^4\text{(b/s)}$$

2. 可靠性

数字通信系统的可靠性用差错率来表示，包括误码率和误信率。误码率定义为错误接收的码元数与发送的总码元数之比值，即

$$P_e = \frac{错误接收的码元数}{发送的总码元数} \tag{1.7.4}$$

误信率定义为错误接收的比特数与发送的总比特数之比，即

$$P_b = \frac{错误接收的比特数}{发送的总比特数} \tag{1.7.5}$$

误码率/误信率越大，通信系统可靠性越差。

在二进制系统中，一个符号只携带一个比特信息，因此误码率和误信率相同；在多进制系统中，一个符号可以携带多个比特信息。当一个符号发生错误时，通常只有一部分比特会出错，误信率一般近似等于误码率除以每个符号携带的比特数。

1.8 MATLAB与通信仿真

1.8.1 MATLAB简介

MATLAB是Matrix Laboratory(矩阵实验室)的简称,是美国MathWorks公司推出的商用数学软件,是国际公认的优秀工程应用开发环境。MATLAB功能强大、简单易学、编程效率高,深受科技工作者的欢迎,也特别受到非计算机专业科技人员的青睐。

MATLAB的基本数据单位是矩阵,它的指令表达式与数学、工程中常用的形式十分相似,因此用MATLAB解算问题比用C语言和FORTRAN语言等来完成相同的事情要简洁得多。在进行科学计算和工程运算方面,MATLAB能使通常难以实现的运算和功能变得简单而准确,其产生的工作进程和效率是用通常的编程方法所无法比拟的。

高版本的MATLAB语言是建立在流行的C++语言基础上的,其语法特征与C++语言十分相似,而且更为简单,符合科技人员对数学表达式的书写习惯。MATLAB语言可移植性好,可拓展性极强,这也是MATLAB能够深入科学研究及工程计算各个领域的重要原因。

MATLAB对许多专门的领域开发了功能强大的模块集和工具箱,用户可以直接使用工具箱进行学习和应用,而不需要自己编写代码。目前,MATLAB已经把工具箱延伸到了科学研究和工程应用的诸多领域,如通信、信号处理、图像处理、数据采集、深度学习、最优化、自动化、电力系统仿真等。

Simulink是MATLAB提供的用于系统建模、仿真和分析的工具包,广泛应用于通信、数字信号处理、模糊控制、神经网络和虚拟现实等领域的仿真中。Simulink提供专用的信号显示输出模块,仿真数据可以即时输出显示,也可以保存在MATLAB的工作区域中或者文件中,方便用户在仿真结束后对数据进行分析和处理。Simulink提供框图化的建模方式,复杂的系统可以通过子系统组织成分层结构,这使Simulink成为MATLAB最重要的组成部分之一。

1.8.2 通信仿真

实际的通信系统是功能结构相当复杂的系统,对这个系统做出的任何改变都可能影响到整个系统的性能和稳定。因此,在对原有的通信系统做出改进或建立一个新系统之前,通常对这个系统进行建模和仿真,通过仿真结果衡量方案的可行性,从中选择最合理的系统配置和参数设置,然后再应用到实际系统中,这个过程就是通信仿真。

对通信系统进行仿真之前,首先需要研究通信系统的特性,通过归纳和抽象建立通信系统的仿真模型。通信系统仿真是一个往复的过程,它从当前系统出发,通过分析建立起一个能够在一定程度上描述原通信系统的仿真模型,然后通过仿真实验得到相关数据。通过对仿真数据的分析可以得到相应的结论,然后把这个实验结论应用到对当前通信系统的改造中。如果改造后通信系统的性能并不像仿真结果那样令人满意,则需要重新实施通信系统仿真,这时改造后的通信系统就成了当前系统,并且开始新一轮的通信系统仿真过程。因此,通信系统仿真一般分为 3 个步骤,即仿真建模、仿真实验和仿真分析。这 3 个步骤可能需要循环执行多次才能获得满意的结果。

目前,各种通信新理念、新技术和新芯片的出现与应用对通信系统的系统结构、信号编码、调制解调、信号检测、系统性能等都产生了重大的影响。利用 MATLAB 以及 Simulink 进行系统建模和仿真,可以为通信系统的设计和评估提供一个便捷高效的平台。因此,在本书的主要章节中,力图通过一些短小的 MATLAB 程序、Simulink 仿真等来加强对通信原理基本概念和基本理论的学习与理解,从而避免出现单纯学习通信理论知识,却无法在实践中进行应用的局面。

1.9 本章小结

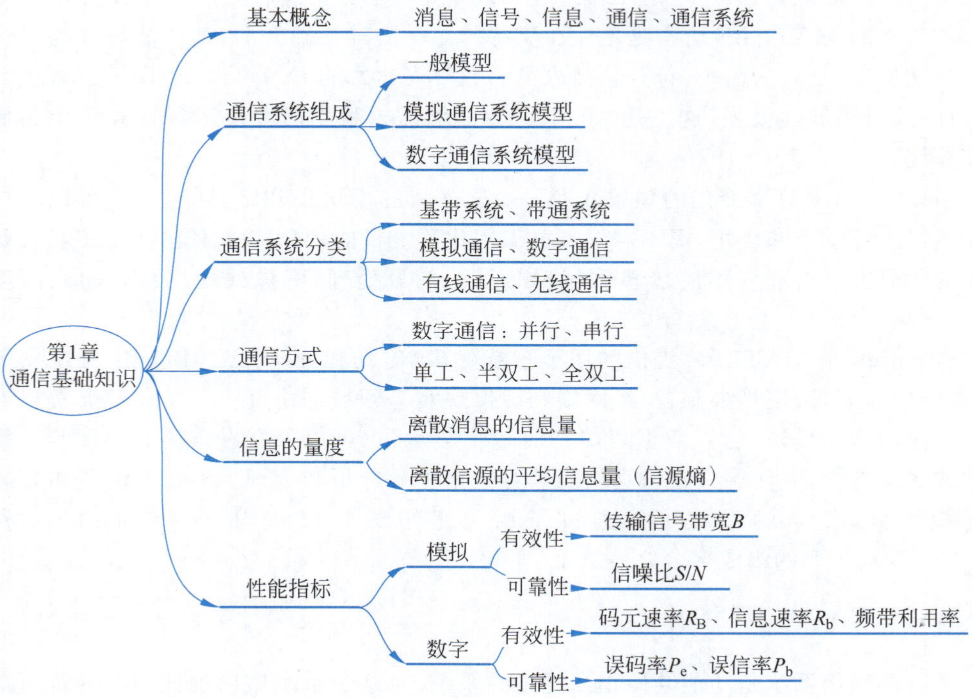

1.10 习题

1-1　消息中包含的有效内容是________,________是消息的载体。

1-2　出现概率越________的消息,其所含的信息量越小。

1-3　用来度量通信系统性能的主要指标为________和________。

1-4　数字通信系统中有效性指标是________和________。

1-5　一个八进制数字传输系统,若码元速率为 1200Bd,则该系统的最大可能信息速率为________。

1-6　某信源符号集由 A、B、C 和 D 组成，每一符号独立出现，出现的概率分别为 1/4、1/8、1/8 和 1/2，求：

(1) 每个符号的信息量；

(2) 信源的熵；

(3) 若信源以 100Bd 速率传送信息，求传送 1h 可能达到的最大信息量。

1-7　某数字通信系统用正弦载波的 4 个相位 0、$\pi/2$、π、$3\pi/2$ 来传输信息，这 4 个相位是互相独立的，求：

(1) 当 4 个相位在每秒内出现的次数分别为 500、125、125、250 时，每个符号所包含的平均信息量；

(2) 此通信系统的码元速率和信息速率。

1-8　已知某四进制离散等概率信源(0、1、2、3)，其符号出现概率分别为 1/2、1/4、1/8、1/8，且互相独立，信源发送的消息为 1320101010020130020010021030010102001003010321O，求：

(1) 消息中实际包含的信息量；

(2) 用熵的概念计算消息的信息量。

1-9　消息源由相互独立的字母 A、B、C、D 组成，对传输的每一个字母用二进制比特编码，即 A 编为 00，B 编为 01，C 编为 10，D 编为 11，每个二进制脉冲宽度为 $T_b=5\text{ms}$，求

(1) 4 个字母等概率出现时，传输的码元速率和平均信息速率；

(2) 4 个字母不等概率出现，且 $P(\text{A})=1/4$，$P(\text{B})=1/5$，$P(\text{C})=1/4$，$P(\text{D})=3/10$ 时，传输的码元速率和平均信息速率。

1-10　有一个四进制数字通信系统，码元速率是 1kBd，连续工作 1 小时后，接收端接收到的错误码元数目为 20 个。

(1) 求系统的误码率；

(2) 如果 4 个符号独立等概率，且错一个码元时发生 1b 信息错误，求误信率。

第2章 随机过程与噪声

视频

2.1 引言

我国古代的哲学经典《易经》通过八卦和六十四卦来象征自然界的种种现象及其变化,其中蕴含了丰富的哲学思想。《易经》的核心思想之一是"变",认为世界处于永恒的变化之中。随机过程恰好反映了这种变化的本质,它不仅关注当前的状态,还考虑了未来发展的可能性。

著名统计学家 C. R. Rao 在其著作《统计与真理》中探讨了统计学在揭示真理方面的重要性,以及如何通过数据分析来做出更加明智的决策。随机过程作为一种数学工具,可以用来建模各种各样的现象,如股票价格的波动、天气的变化、资源分配效应等。学习随机过程能使我们更加灵活地应对生活中的各种变化,正如《易经》所倡导的顺应时势而动。

在通信系统分析中,随机过程是一个非常重要的工具,常常被用于噪声分析、信道建模、信号检测、误码率分析等方面。噪声是指系统中不需要的或干扰性的信号成分,它可以出现在许多物理系统中,如电子设备、通信信道、信号处理芯片等。在很多情况下,噪声具有一定的不可预测性,在数学上表现为随机性,所以它的特性可以用统计方法来描述。

在通信中,接收到的信号通常是期望信号和噪声的叠加。噪声可能来源于多方面,包括热噪声、散弹噪声、宇宙噪声等。为了有效地从接收到的信号中提取有用的信息,工程师们需要理解噪声的统计性质,比如均值、方差、功率谱密度等,并采用适当的数学模型和技术来减小其影响,其理论依据就是随机过程理论。另外,信道本身对信号传输产生的影响,也可以借助随机过程进行建模分析。许多类型的随机过程,如高斯过程、泊松过程、马尔可夫过程等,在通信理论研究和实际应用中都扮演着重要角色。从这个角度来说,随机过程不但为通信工程师提供了强大的数学工具,也推动了更高效、更可靠通信技术的发展。

本章介绍随机过程的基本概念、数字特征、统计特性及噪声的表示方法,重点分析平稳随机过程、高斯过程及窄带高斯过程的统计特性,以及随机过程通过线性系统的情况,这些内容是后面章节分析通信系统性能的基础。

2.2 随机过程描述

视频

2.2.1 随机过程的概念

随机过程是随时间(或其他参数)变化的随机变量集合。简单来说,随机过程是一系列随机变量的组合,其中每个随机变量对应某个特定的时间点或空间位置。随机过程可以被看作是一个函数族$\{X(t): t\in T\}$,其中 t 是参数集 T 中的一个元素(通常是时间),$X(t)$是在给定时间 t 的随机变量。

随机过程可以看作随机试验的全体样本函数的集合。例如,设有 n 部理论上性能完全相同的通信机，它们的工作条件相同，如果用 n 台相同的记录仪同时记录接收机输出热噪声电压波形，结果将发现，尽管测试设备和测试条件都相同，但是记录的是 n 条随时间起伏且各不相同的波形，如图 2.2.1 所示。这表明：接收机输出的噪声电压在任一时刻是随机的(同一时刻各台记录仪记录的结果不同)，噪声电压随时间变化具有随机性(各台记录仪不同时间记录的结果没有必然规律)，但其统计特性(如均值、方差等)是可以预测的。测试结果的每一个记录，即图 2.2.1 中的一个波形，都是一个确定的时间函数 $\xi_i(t)$，可称为样本函数或随机过程的一个实现。全部样本函数所反映的总体就是一个随机过程，记为 $\xi(t)$。每次试验之后，$\xi(t)$ 取如图 2.2.1 所示的所有可能样本中的某一样本函数，至于是哪一个样本，在进行观测之前是无法预测的，这正是随机过程随机性的表现。

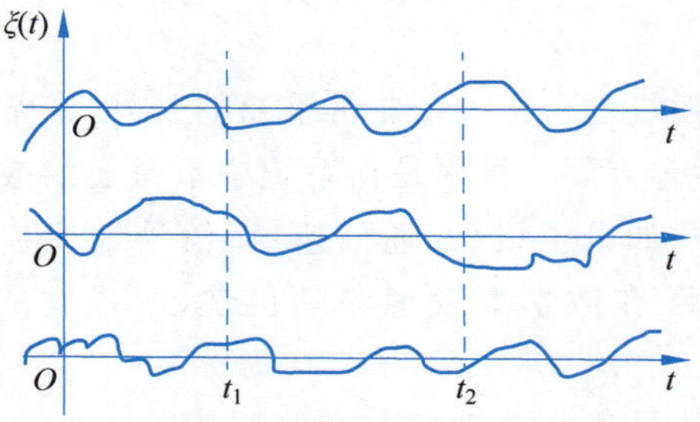

图 2.2.1　随机过程的两种表示

随机过程也可以视作处于不同时刻的随机变量的集合。在上述对接收机输出噪声波形的观察试验中，随机过程的这种不可预测性或随机性还可以从另一个角度来理解。在任一观测时刻 t_1 上，不同样本的取值 $\{\xi_i(t_1), i=1,2,\cdots,n\}$ 是一个随机变量，记为 $\xi(t_1)$。换句话说，随机过程在任意时刻的值是一个随机变量。

总的来说，随机过程具有两个属性：

(1) $\xi(t)$ 是时间的随机函数；

(2) 给定任一时刻 t_1，$\xi(t_1)$ 是一个随机变量。

2.2.2　随机过程的统计特性

随机过程的统计特性通过它的概率分布和数字特征来表述。

设 $\xi(t)$ 是一个随机过程，其在任意给定时刻 t_1 的取值用 $\xi(t_1)$ 表示，把随机变量 $\xi(t_1)$ 小于或等于某一数值 x_1 的概率 $P[\xi(t_1)\leqslant x_1]$ 记为 $F_1(x_1,t_1)$，即

$$F_1(x_1,t_1)=P[\xi(t_1)\leqslant x_1] \tag{2.2.1}$$

则称 $F_1(x_1,t_1)$ 为随机过程 $\xi(t)$ 的一维分布函数。如果 $F_1(x_1,t_1)$ 对 x_1 的偏导数存在，有

$$\frac{\partial F_1(x_1,t_1)}{\partial x_1}=f_1(x_1,t_1) \tag{2.2.2}$$

则称 $f_1(x_1,t_1)$ 为 $\xi(t)$ 的一维概率密度函数。显然，随机过程的一维分布函数和一维概率密度函数仅仅描述了随机过程在各个孤立时刻的统计特性，没有反映随机过程在不同

时刻之间的内在联系,为此将足够多时刻上的随机变量作为随机变量组研究随机过程的多维分布函数。

以 $\xi(t)$ 的二维分布函数为例。对于任意给定的两个时刻 t_1 和 t_2,将满足 $\xi(t_1)\leqslant x_1$ 和 $\xi(t_2)\leqslant x_2$ 的概率

$$F_2(x_1,x_2;t_1,t_2)=P\{\xi(t_1)\leqslant x_1,\xi(t_2)\leqslant x_2\} \tag{2.2.3}$$

称为随机过程 $\xi(t)$ 的二维分布函数,如果

$$\frac{\partial^2 F_2(x_1,x_2;t_1,t_2)}{\partial x_1 \partial x_2}=f_2(x_1,x_2;t_1,t_2) \tag{2.2.4}$$

存在,则称 $f_2(x_1,x_2;t_1,t_2)$ 为 $\xi(t)$ 的二维概率密度函数。

同理,任意给定 $t_1,t_2,\cdots,t_n\in T$,则 $\xi(t)$ 的 n 维分布函数被定义为

$$F_n(x_1,x_2,\cdots,x_n;t_1,t_2,\cdots,t_n)=P[\xi(t_1)\leqslant x_1,\xi(t_2)\leqslant x_2,\cdots\xi(t_n)\leqslant x_n] \tag{2.2.5}$$

如果存在

$$\frac{\partial^n F_n(x_1,x_2,\cdots,x_n;t_1,t_2,\cdots,t_n)}{\partial x_1 \partial x_2\cdots\partial x_n}=f_n(x_1,x_2,\cdots,x_n;\ t_1,t_2,\cdots,t_n) \tag{2.2.6}$$

则称 $f_n(x_1,x_2,\cdots,x_n;\ t_1,t_2,\cdots,t_n)$ 为 $\xi(t)$ 的 n 维概率密度函数。显然,n 越大,对随机过程统计特性的描述越充分,但问题的复杂度也随之增加。

2.2.3 随机过程的数字特征

上述随机过程的概率分布函数和密度函数虽然能较完整地描述其统计特性,但在实际工作中往往难以实现,而用数字特征来描述则更为简单和直观。随机过程的数字特征是由随机变量的数字特征推广得到的,其中最常用的是均值、方差和相关函数。

1. 均值(数学期望)

随机过程 $\xi(t)$ 在任意给定时刻 t_1 的取值 $\xi(t_1)$ 是一个随机变量,其一维概率密度函数为 $f_1(x_1,t_1)$,则 $\xi(t_1)$ 的均值定义为

$$E[\xi(t_1)]=\int_{-\infty}^{\infty} x_1 f_1(x_1,t_1)\mathrm{d}x_1 \tag{2.2.7}$$

因为 t_1 是任取的,所以可以把 t_1 直接写为 t,x_1 也改为 x,这时式(2.2.7)就变为随机过程在任意时刻的均值(也称数学期望),记为 $a(t)$:

$$a(t)=E[\xi(t)]=\int_{-\infty}^{\infty} x f_1(x,t)\mathrm{d}x \tag{2.2.8}$$

显然,随机过程 $\xi(t)$ 的均值 $a(t)$ 是时间 t 的函数,它表示随机过程的所有样本函数曲线的摆动中心。

2. 方差

随机过程的方差定义为

$$\begin{aligned}\sigma^2(t)&=D[\xi(t)]=E\{\xi(t)-E[\xi(t)]\}^2\\&=E[\xi^2(t)]-\{E[\xi(t)]\}^2=E[\xi^2(t)]-a^2(t)\end{aligned} \tag{2.2.9}$$

可见,方差等于均方值与数学期望平方之差,它表示随机过程在时刻 t 相对于均值 $a(t)$ 的偏离程度。

3. 相关函数

衡量随机过程任意两个时刻上获得的随机变量之间的关联程度时,常用相关函数 $R(t_1,t_2)$ 来表示。相关函数定义为

$$\begin{aligned} R(t_1,t_2) &= E[\xi(t_1)\xi(t_2)] \\ &= \int_{-\infty}^{\infty}\int_{-\infty}^{\infty} x_1 x_2 f_2(x_1,x_2;t_1,t_2)\mathrm{d}x_1\mathrm{d}x_2 \end{aligned} \tag{2.2.10}$$

式中,$\xi(t_1)$ 和 $\xi(t_1)$ 分别是在 t_1、t_2 时刻观测 $\xi(t)$ 得到的随机变量,$f_2(x_1,x_2;t_1,t_2)$ 为 $\xi(t)$ 的二维概率密度函数。

由于 $R(t_1,t_2)$ 是衡量同一过程相关程度的,因此又称为自相关函数。如果把相关函数的概念引申到两个或多个随机过程,也可以定义互相关函数。设 $\xi(t)$ 和 $\eta(t)$ 分别表示两个随机过程,则互相关函数为

$$R_{\xi\eta}(t_1,t_2) = E[\xi(t_1)\eta(t_2)] = \int_{-\infty}^{\infty}\int_{-\infty}^{\infty} xy \cdot f(x,t_1;y,t_2)\mathrm{d}x\mathrm{d}y \tag{2.2.11}$$

若 $t_2>t_1$,并令 $\tau=t_2-t_1$,则相关函数 $R(t_1,t_2)$ 可以表示为 $R(t_1,t_1+\tau)$。这说明,相关函数依赖于起始时刻 t_1 以及 t_2 与 t_1 之间的时间间隔 τ,即相关函数是 t_1 和 τ 的函数。

视频

2.3 平稳随机过程

一个随机过程如果其统计特性不随时间变化,则该过程被称为平稳随机过程。平稳随机过程在通信领域中应用很广泛,因为很多通信系统的特性,尤其是噪声和信道行为,都可以用平稳随机过程来准确地建模。平稳随机过程可以分为严平稳过程和广义平稳过程。

2.3.1 严平稳与广义平稳

严平稳随机过程是指其任何 n 维分布函数或概率密度函数与时间起点无关。对于任意的正整数 n 和所有实数 τ,严平稳随机过程 $\xi(t)$ 的 n 维概率密度函数满足

$$f_n(x_1,x_2,\cdots,x_n;t_1,t_2,\cdots,t_n) = f_n(x_1,x_2,\cdots,x_n;t_1+\tau,t_2+\tau,\cdots,t_n+\tau) \tag{2.3.1}$$

该定义表明,严平稳随机过程的统计特性不随时间的推移而改变,在时间上只与相对时间差 τ 有关。由此推论出,它的一维概率密度函数与时间 t 无关,即

$$f_1(x_1,t_1) = f_1(x_1) \tag{2.3.2}$$

而它的二维概率密度函数只与时间间隔 τ 有关,即

$$f_2(x_1,x_2;t_1,t_2) = f(x_1,x_2;\tau) \tag{2.3.3}$$

显然,随着概率密度函数的简化,平稳随机过程 $\xi(t)$ 的一些数字特征也可以相应地简化,其均值

$$a(t)=E[\xi(t)]=\int_{-\infty}^{\infty}xf(x)\mathrm{d}x=a \tag{2.3.4}$$

均值为常数表示平稳随机过程的各样本函数围绕着一水平线起伏。其自相关函数为

$$\begin{aligned}R(t_1,t_1+\tau)&=E[\xi(t_1)\xi(t_1+\tau)]\\&=\int_{-\infty}^{\infty}\int_{-\infty}^{\infty}x_1x_2f(x_1,x_2;\tau)\mathrm{d}x_1\mathrm{d}x_2=R(\tau)\end{aligned} \tag{2.3.5}$$

可见,严平稳随机过程 $\xi(t)$ 具有鲜明的数字特征:

(1) 均值为常数 a;

(2) 自相关函数在时间上只与时间间隔 $\tau=t_2-t_1$ 有关,即 $R(t_1,t_1+\tau)=R(\tau)$。

严平稳性不仅要求一阶矩(如均值)、二阶矩(如自相关函数)等统计特性不随时间变化,还要求所有高阶矩也不随时间变化。因此,实际上找到或证明一个实际过程是严平稳的是比较困难的。在应用中,通常会采用广义平稳这一更弱的假设,因为它只需要一阶矩和二阶矩不随时间变化即可,这使得理论分析和实际应用都变得更加简单可行。我们把同时满足式(2.3.4)和式(2.2.5)的随机过程定义为广义平稳随机过程。

严平稳随机过程必定是广义平稳的,反之不一定成立。

在通信系统中所遇到的信号及噪声,大多数均可视为广义平稳随机过程,为此也将广义平稳随机过程简称为平稳过程。本书此后的讨论都假定是平稳过程。

2.3.2 各态历经性

各态历经性描述了随机过程中时间平均与统计平均之间的关系。具体来说,如果一个随机过程是各态历经的,那么对于该过程的任何一个样本函数(或实现),通过足够长时间的观测所得到的时间平均值将等于从所有可能样本函数中计算出的统计平均值。

假设 $x(t)$ 是平稳随机过程 $\xi(t)$ 的任意一个实现,它的时间均值和时间相关函数分别定义为

$$\begin{cases}\lim\limits_{T\to\infty}\dfrac{1}{T}\displaystyle\int_{-T/2}^{T/2}x(t)\mathrm{d}t=\overline{a}\\\lim\limits_{T\to\infty}\dfrac{1}{T}\displaystyle\int_{-T/2}^{T/2}[x(t)-\overline{a}]^2\mathrm{d}t=\overline{\sigma^2}\\\lim\limits_{T\to\infty}\dfrac{1}{T}\displaystyle\int_{-T/2}^{T/2}x(t)x(t-\tau)\mathrm{d}t=\overline{R(\tau)}\end{cases} \tag{2.3.6}$$

如果平稳随机过程使下式成立:

$$\begin{cases}a=\overline{a}\\\sigma^2=\overline{\sigma^2}\\R(\tau)=\overline{R(\tau)}\end{cases} \tag{2.3.7}$$

即平稳过程的统计平均值等于它的任意一次实现的时间平均值,则称该平稳过程具有各态历经性。

各态历经性的重要性在于它可以让我们通过对单一样本的长期观察来估计整个随

机过程的统计特性，而不需要同时观察多个样本，这使实际测量和计算过程大为简化。

需要注意，具有各态历经性的随机过程必定是平稳随机过程，但平稳随机过程不一定是各态历经的。在通信系统中所遇到的随机信号及噪声，一般均具有各态历经性。

2.3.3 自相关函数与功率谱密度

平稳随机过程的自相关函数与功率谱密度(Power Spectral Density，PSD)是两个紧密相关的概念，它们分别在时域和频域描述了随机过程的统计特性。自相关函数可以用于估计信号的周期性和其他特征；而功率谱密度则用于判断信号中存在的主要频率成分。自相关函数与功率谱密度两者之间可以通过傅里叶变换相互关联。

1. 自相关函数

设 $\xi(t)$ 为实平稳随机过程，则自相关函数

$$R(\tau)=E[\xi(t)\xi(t+\tau)] \tag{2.3.8}$$

具有以下主要性质：

(1)
$$R(0)=E[\xi^2(t)]=S \tag{2.3.9}$$

即 $\tau=0$ 的自相关函数等于信号的平均功率。

(2)
$$R(\tau)=R(-\tau) \tag{2.3.10}$$

即 $R(\tau)$ 是关于 τ 的偶函数。这一性质可直接由定义式(2.3.8)证明。

(3)
$$|R(\tau)|\leqslant R(0) \tag{2.3.11}$$

即自相关函数 $R(\tau)$ 在 $\tau=0$ 有最大值。因为

$$|E[\xi(t)\xi(t+\tau)]|\leqslant E\left[\frac{\xi^2(t)+\xi^2(t+\tau)}{2}\right]\leqslant\frac{1}{2}\{E[\xi^2(t)]+E[\xi^2(t+\tau)]\}$$

于是

$$|R(\tau)|\leqslant R(0)$$

其中，$E[\xi^2(t+\tau)]=E[\xi^2(t)]=R(0)$。

(4)
$$R(\infty)=E^2[\xi(t)]=a^2 \tag{2.3.12}$$

即 $R(\infty)$ 等于 $\xi(t)$ 的直流功率，证明如下：

$$\lim_{\tau\to\infty}R(\tau)=\lim_{\tau\to\infty}E[\xi(t)\xi(t+\tau)]=E[\xi(t)]\cdot E[\xi(t+\tau)]=E^2[\xi(t)]$$

其中利用了当 $\tau\to\infty$ 时，$\xi(t)$ 与 $\xi(t+\tau)$ 不存在依赖关系，即统计独立，且 $\xi(t)$ 中不含周期分量的规律。

(5) 结合方差 σ^2 和 $R(0)$、$R(\infty)$ 的定义有

$$R(0)-R(\infty)=\sigma^2 \tag{2.3.13}$$

特别地，当均值为 0 时，有 $R(0)=\sigma^2$。

由上述性质可知，用自相关函数几乎可以表述 $\xi(t)$ 所有的数字特征，因而具有实用意义。

2. 功率谱密度

在信号处理中，信号的频域分析是非常重要的分析手段，确知信号在频域可通过频谱来表示，而通信系统中遇到的大量随机信号如何在频域表述呢？

随机信号作为随机过程，它的频谱特性可用其功率谱密度来表述。假设 $x(t)$为平稳过程 $\xi(t)$的任一样本，$x(t)$为确定的功率信号，它的功率谱密度 $P_x(f)$定义为

$$P_x(f)=\lim_{T\to\infty}\frac{|X_T(f)|^2}{T} \tag{2.3.14}$$

式中，$X_T(f)$是 $x(t)$的截断函数 $x_T(t)$所对应的频谱函数，如图 2.3.1 所示。

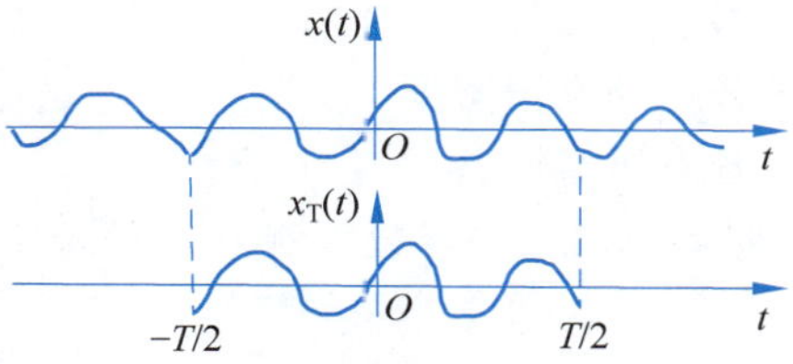

图 2.3.1 随机过程的单个样本 $x(t)$及其截断函数

一般而言，不同样本函数具有不同的功率谱密度 $P_f(\omega)$，因此，某一样本的功率谱密度不能作为随机过程的功率谱密度，而应看成是对所有样本功率谱的统计平均，即

$$P_\xi(\omega)=E[P_f(\omega)]=\lim_{T\to\infty}\frac{E[|F_T(\omega)|^2]}{T} \tag{2.3.15}$$

式(2.3.15)给出了平稳随机过程 $\xi(t)$的功率谱密度 $P_\xi(\omega)$定义，尽管该定义非常直观，但很难直接用它来计算功率谱。

由确知信号理论可知，非周期的功率型确知信号的自相关函数与其功率谱密度是一对傅里叶变换的关系。这种关系对平稳随机过程同样成立，也就是说，平稳过程的功率谱密度 $P_\xi(\omega)$与其自相关函数 $R(\tau)$也是一对傅里叶变换关系，即

$$\begin{cases}P_\xi(\omega)=\int_{-\infty}^{\infty}R(\tau)\cdot e^{-j\omega\tau}d\tau\\R(\tau)=\frac{1}{2\pi}\int_{-\infty}^{\infty}P_\xi(\omega)\cdot e^{j\omega\tau}d\omega\end{cases} \tag{2.3.16}$$

简记为

$$R(\tau)\Leftrightarrow P_\xi(\omega) \tag{2.3.17}$$

关系式(2.3.16)称为维纳-辛钦关系，它在平稳随机过程的理论和应用中是一个非常重要的工具。它是联系频域和时域两种分析方法的基本关系式。

在此基础上，可以得到以下结论：

(1) 令 $\tau=0$，即对功率谱密度积分，可以得到平稳过程的总功率

$$R(0)=E[\xi^2(t)]=\frac{1}{2\pi}\int_{-\infty}^{+\infty}P_\xi(\omega)d\omega=\int_{-\infty}^{+\infty}P_\xi(2\pi f)df \tag{2.3.18}$$

其中，角频率 $\omega=2\pi f$。

式(2.3.18)正是维纳-辛钦关系的意义所在，它将功率的时域计算与频域计算结合起来，不仅指出了用自相关函数来表示功率谱密度的方法，同时还从频域的角度给出了通过功率谱计算平稳随机过程 $\xi(t)$平均功率的方法，而 $R(0)=E[\xi^2(t)]$是时域计算法。这一点进一步验证了 $R(\tau)$与功率谱密度 $P_\xi(\omega)$的关系。

(2) 功率谱密度 $P_\xi(\omega)$具有非负性和实偶性,即有

$$P_\xi(\omega) \geqslant 0 \tag{2.3.19}$$

和

$$P_\xi(-\omega) = P_\xi(\omega) \tag{2.3.20}$$

【例 2-1】 某随机相位余弦波 $\xi(t)=A\cos(\omega_c t+\theta)$,其中,$A$ 和 ω_c 均为常数.θ 是在$(0,2\pi)$内均匀分布的随机变量。

(1) 求 $\xi(t)$的自相关函数与功率谱密度;

(2) 讨论 $\xi(t)$是否具有各态历经性。

解:(1) 通过计算数学期望与自相关函数观测 $\xi(t)$是否广义平稳。

$\xi(t)$的数学期望为

$$\begin{aligned}a(t) &= E[\xi(t)] = \int_0^{2\pi} A\cos(\omega_c t+\theta)\frac{1}{2\pi}\mathrm{d}\theta \\ &= \frac{A}{2\pi}\int_0^{2\pi}[\cos(\omega_c t)\cos\theta - \sin(\omega_c t)\sin\theta]\mathrm{d}\theta \\ &= \frac{A}{2\pi}\left[\cos(\omega_c t)\int_0^{2\pi}\cos\theta\mathrm{d}\theta - \sin(\omega_c t)\int_0^{2\pi}\sin\theta\mathrm{d}\theta\right] \\ &= 0\end{aligned}$$

$\xi(t)$的自相关函数为

$$\begin{aligned}R(t_1,t_2) &= E[\xi(t_1)\xi(t_2)] = E[A\cos(\omega_c t_1+\theta)\cdot A\cos(\omega_c t_2+\theta)] \\ &= \frac{A^2}{2}E\{\cos[\omega_c(t_2-t_1)] + \cos[\omega_c(t_1+t_2)+2\theta]\} \\ &= \frac{A^2}{2}\cos[\omega_c(t_2-t_1)] + \frac{A^2}{2}\int_0^{2\pi}\cos[\omega_c(t_1+t_2)+2\theta]\cdot\frac{1}{2\pi}\mathrm{d}\theta \\ &= \frac{A^2}{2}\cos[\omega_c(t_2-t_1)]\end{aligned}$$

令 $t_2-t_1=\tau$,得

$$R(t_1,t_2) = \frac{A^2}{2}\cos(\omega_c\tau) = R(\tau)$$

可见,$\xi(t)$的数学期望为常数,而自相关函数只与时间间隔 τ 有关,故 $\xi(t)$广义平稳。

根据 $R(\tau)\Leftrightarrow P_\xi(\omega)$,由于

$$\cos(\omega_c\tau)\Leftrightarrow\pi[\delta(\omega-\omega_c)+\delta(\omega+\omega_c)]$$

所以,功率谱密度为

$$P_\xi(\omega) = \frac{\pi A^2}{2}[\delta(\omega-\omega_c)+\delta(\omega+\omega_c)]$$

而平均功率为

$$S = R(0) = \frac{1}{2\pi}\int_{-\infty}^{\infty}P_\xi(\omega)\mathrm{d}\omega = A^2/2$$

(2) 通过计算 $\xi(t)$的时间平均考察各态历经性。

根据式(2.3.6)可得

$$\overline{a}=\lim_{T\to\infty}\frac{1}{T}\int_{-T/2}^{T/2}A\cos(\omega_c t+\theta)\mathrm{d}t=0$$

$$\begin{aligned}\overline{R(\tau)}&=\lim_{T\to\infty}\frac{1}{T}\int_{-T/2}^{T/2}A\cos(\omega_c t+\theta)\cdot A\cos[\omega_c(t+\tau)+\theta]\mathrm{d}t\\&=\lim_{T\to\infty}\frac{A^2}{2T}\left\{\int_{-T/2}^{T/2}\cos(\omega_c\tau)\mathrm{d}t+\int_{-T/2}^{T/2}\cos(2\omega_c t+\omega_c\tau+2\theta)\mathrm{d}t\right\}\\&=\frac{A^2}{2}\cos(\omega_c\tau)\end{aligned}$$

比较可得 $a=\overline{a}$,$R(\tau)=\overline{R(\tau)}$。因此,随机相位余弦波具有各态历经性。

2.3.4 平稳随机过程通过线性系统

通信系统中所遇到的信号或噪声一般都是随机的,理解这些信号如何通过系统传输,可以帮助我们建立更准确的模型来预测系统的输出。随机过程通过线性时不变系统后,输出将是怎样的过程?平稳的随机过程经过线性时不变系统后还是平稳的吗?

对于线性时不变系统,输出响应 $y(t)$等于输入信号 $x(t)$与系统的冲激响应 $h(t)$的卷积,即

$$y(t)=x(t)*h(t)=\int_{-\infty}^{+\infty}x(\tau)h(t-\tau)\mathrm{d}\tau \tag{2.3.21}$$

或

$$y(t)=x(t)*h(t)=\int_{-\infty}^{+\infty}h(\tau)x(t-\tau)\mathrm{d}\tau \tag{2.3.22}$$

对应的傅里叶变换关系为

$$Y(\mathrm{j}\omega)=X(\mathrm{j}\omega)\cdot H(\mathrm{j}\omega) \tag{2.3.23}$$

如果把 $x(t)$看作输入随机过程的一个样本,则 $y(t)$可看作输出随机过程的一个样本。显然,输入随机过程为 $\xi_i(t)$的每个样本与输出过程 $\xi_o(t)$的响应样本之间都满足如式(2.3.22)所示的关系。因此,输入与输出随机过程也应满足式(2.3.22),即有

$$\xi_o(t)=h(t)*\xi_i(t)=\int_{-\infty}^{\infty}h(\tau)\xi_i(t-\tau)\mathrm{d}\tau \tag{2.3.24}$$

现假定输入过程 $\xi_i(t)$是平稳随机过程,可根据上述关系求系统输出过程 $\xi_o(t)$的统计特性。

1. 输出过程 $\xi_o(t)$的均值

对式(2.3.24)两边取统计平均,则输出过程 $\xi_o(t)$的均值为

$$E[\xi_o(t)]=E\left[\int_{-\infty}^{\infty}h(\tau)\xi_i(t-\tau)\mathrm{d}\tau\right]=\int_{-\infty}^{\infty}h(\tau)E[\xi_i(t-\tau)]\mathrm{d}\tau$$

由于输入过程是平稳的,则有 $E[\xi_i(t-\tau)]=E[\xi_i(t)]=a$(常数),所以

$$E[\xi_o(t)]=E[\xi_i(t)]\int_{-\infty}^{\infty}h(\tau)\mathrm{d}\tau=a\cdot H(0) \tag{2.3.25}$$

可见,输出过程的均值等于输入过程的均值与直流传递函数 $H(0)$ 的乘积,且 $E[\xi_o(t)]$ 与 t 无关。

2. 输出过程 $\xi_o(t)$ 的自相关函数

根据自相关函数的定义,输出过程 $\xi_o(t)$ 的自相关函数为

$$\begin{aligned}R_o(t_1,t_1+\tau)&=E[\xi_o(t_1)\xi_o(t_1+\tau)]\\&=E\left[\int_{-\infty}^{\infty}h(\alpha)\xi_i(t_1-\alpha)\mathrm{d}\alpha\cdot\int_{-\infty}^{\infty}h(\beta)\xi_i(t_1+\tau-\beta)\mathrm{d}\beta\right]\\&=\int_{-\infty}^{\infty}\int_{-\infty}^{\infty}h(\alpha)h(\beta)E[\xi_i(t_1-\alpha)\xi_i(t_1+\tau-\beta)]\mathrm{d}\alpha\,\mathrm{d}\beta\end{aligned}$$

根据输入过程的平稳性,有

$$E[\xi_i(t_1-\alpha)\xi_i(t_1+\tau-\beta)]=R_i(\tau+\alpha-\beta)$$

于是

$$R_o(t_1,t_1+\tau)=\int_{-\infty}^{\infty}\int_{-\infty}^{\infty}h(\alpha)h(\beta)R_i(\tau+\alpha-\beta)\mathrm{d}\alpha\,\mathrm{d}\beta=R_o(\tau)\tag{2.3.26}$$

可见,$\xi_o(t)$ 的自相关函数只与时间间隔 τ 有关,与时间起点无关。

式(2.3.25)和式(2.3.26)表明,若线性系统的输入过程是平稳的,那么输出过程也是平稳的。

3. 输出过程 $\xi_o(t)$ 的功率谱密度

对式(2.3.26)进行傅里叶变换,输出过程 $\xi_o(t)$ 的功率谱密度为

$$\begin{aligned}P_o(\omega)&=\int_{-\infty}^{\infty}R_o(\tau)\mathrm{e}^{-\mathrm{j}\omega\tau}\mathrm{d}\tau\\&=\int_{-\infty}^{\infty}\left\{\int_{-\infty}^{\infty}\int_{-\infty}^{\infty}h(\alpha)h(\beta)R_i(\tau+\alpha-\beta)\mathrm{d}\alpha\,\mathrm{d}\beta\right\}\mathrm{e}^{-\mathrm{j}\omega\tau}\mathrm{d}\tau\end{aligned}$$

令 $\tau'=\tau+\alpha-\beta$,则有

$$P_o(\omega)=\int_{-\infty}^{\infty}h(\alpha)\mathrm{e}^{\mathrm{j}\omega\alpha}\mathrm{d}\alpha\int_{-\infty}^{\infty}h(\beta)\mathrm{e}^{-\mathrm{j}\omega\beta}\mathrm{d}\beta\int_{-\infty}^{\infty}R_i(\tau')\mathrm{e}^{-\mathrm{j}\omega\tau'}\mathrm{d}\tau'$$

即

$$P_o(\omega)=H(\omega)\cdot H^*(\omega)\cdot P_i(\omega)=|H(\omega)|^2\cdot P_i(\omega)\tag{2.3.27}$$

可见,线性系统输出功率谱密度是输入功率谱密度 $P_i(\omega)$ 与系统功率传递函数 $|H(\omega)|^2$ 的乘积。这是一个很重要的公式,若想得到输出过程的自相关函数 $R_o(\tau)$,比较简单的方法是先计算出功率谱密度 $P_o(\omega)$,然后求其反变换,这比直接计算 $R_o(\tau)$ 要简便得多。

视频

2.4 高斯过程

高斯过程也称为正态随机过程,在任何有限集合的时间点或空间位置上,高斯过程的取值构成多元正态分布。在实践中观测到的大多数噪声都属于高斯过程,在信道建模中也经常用到高斯模型。

2.4.1 高斯过程的定义

若随机过程 $\xi(t)$ 的任意 n 维（$n=1,2,\cdots$）分布都服从正态分布，则称它为高斯随机过程或正态过程。其 n 维正态概率密度函数表示如下：

$$f_n(x_1,x_2,\cdots,x_n;t_1,t_2,\cdots,t_n)$$
$$=\frac{1}{(2\pi)^{n/2}\sigma_1\sigma_2\cdots\sigma_n\,|\boldsymbol{B}|^{n/2}}\exp\left[\frac{-1}{2|B|}\sum_{j=1}^{n}\sum_{k=1}^{n}B_{jk}\left(\frac{x_j-a_j}{\sigma_j}\right)\left(\frac{x_k-a_k}{\sigma_k}\right)\right] \quad (2.4.1)$$

式中，$a_k=E[\xi(t_k)]$；$\sigma_k^2=E[\xi(t_k)-a_k]^2$；$|\boldsymbol{B}|$ 为归一化协方差矩阵 $\boldsymbol{B}$ 的行列式，即

$$|\boldsymbol{B}|=\begin{vmatrix}1 & b_{12} & \cdots & b_{1n}\\ b_{21} & 1 & \cdots & b_{2n}\\ \vdots & \vdots & & \vdots\\ b_{n1} & b_{n2} & \cdots & 1\end{vmatrix}$$

B_{jk} 为行列式 $|\boldsymbol{B}|$ 中元素 b_{jk} 的代数余因子，b_{jk} 为归一化协方差函数，且

$$b_{jk}=\frac{E\{[\xi(t_j)-a_j][\xi(t_k)-a_k]\}}{\sigma_j\sigma_k} \quad (2.4.2)$$

2.4.2 高斯过程的主要特性

(1) 高斯过程的 n 维分布的概率密度只依赖各个随机变量的均值、方差和归一化协方差。因此，对于高斯过程，只需研究它的数字特征即可。

(2) 广义平稳的高斯过程也是严平稳的。这是因为平稳高斯过程的均值与时间无关，协方差函数只与时间间隔有关，而与时间起点无关，因此 n 维分布的概率密度也与时间起点无关。

(3) 如果高斯过程在不同时刻的取值是不相关的，即对所有 $j\neq k$，有 $b_{jk}=0$，这时式(2.4.1)为

$$f_n(x_1,x_2,\cdots,x_n;t_1,t_2,\cdots,t_n)=\prod_{k=1}^{n}\frac{1}{\sqrt{2\pi}\sigma_k}\exp\left[-\frac{(x_k-a_k)^2}{2\sigma_k^2}\right]$$
$$=f(x_1,t_1)\cdot f(x_2,t_2)\cdots f(x_n,t_n) \quad (2.4.3)$$

这表明，如果高斯过程在不同时刻的取值是不相关的，那么它们也是独立的。

(4) 高斯过程经过线性系统仍然是高斯过程，其数字特征可根据 2.3 节中的相关性质计算得到。

2.4.3 高斯分布

高斯过程在任一时刻的取值 ξ 称高斯随机变量，服从均值为 a、方差为 σ^2 的高斯分布（正态分布），记为 $\xi\sim N(a,\sigma^2)$，其概率密度函数为

$$f(x)=\frac{1}{\sqrt{2\pi}\sigma}\exp\left(-\frac{(x-a)^2}{2\sigma^2}\right) \quad (2.4.4)$$

其概率密度函数曲线如图 2.4.1 所示，其分布函数为

$$F(x)=P(\xi\leqslant x)=\int_{-\infty}^{x}\frac{1}{\sqrt{2\pi}\sigma}\exp\left[-\frac{(z-a)^{2}}{2\sigma^{2}}\right]\mathrm{d}z \tag{2.4.5}$$

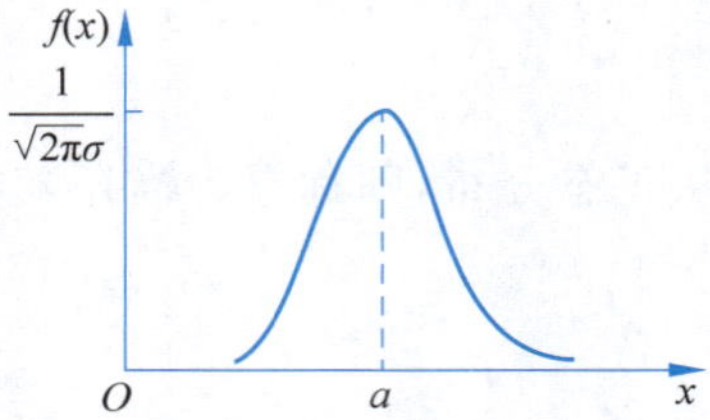

图 2.4.1　高斯分布的概率密度函数

当均值为 $a=0$ 时，方差 $\sigma^2=E(\xi^2)$ 为平均功率，对带宽为 B、通带内功率谱为 n_0 的带通高斯白噪声，平均功率即方差 $\sigma^2=Bn_0$。

当均值 $a=0$、方差 $\sigma^2=1$ 时，称为标准正态分布，记为 $\xi\sim N(0,1)$，其概率密度函数为

$$f(x)=\frac{1}{\sqrt{2\pi}}\exp\left[-\frac{x^2}{2}\right] \tag{2.4.6}$$

以下是正态分布中常用的两种特殊函数：误差函数和互补误差函数。

误差函数定义为

$$\mathrm{erf}(x)=\frac{2}{\sqrt{\pi}}\int_{0}^{x}\mathrm{e}^{-t^2}\,\mathrm{d}t \tag{2.4.7}$$

它是自变量的递增函数，满足 $\mathrm{erf}(0)=0$，$\mathrm{erf}(\infty)=1$，$\mathrm{erf}(-x)=-\mathrm{erf}(x)$。

互补误差函数定义为

$$\mathrm{erfc}(x)=1-\mathrm{erf}(x)=\frac{2}{\sqrt{\pi}}\int_{x}^{\infty}\mathrm{e}^{-t^2}\,\mathrm{d}t \tag{2.4.8}$$

互补误差函数是自变量的递减函数，满足

$$\mathrm{erfc}(0)=1,\quad \mathrm{erfc}(\infty)=0,\quad \mathrm{erfc}(-x)=2-\mathrm{erfc}(x)$$

当 $x\gg1$ 时，近似有

$$\mathrm{erfc}(x)\approx\frac{1}{\sqrt{\pi}x}\mathrm{e}^{-x^2} \tag{2.4.9}$$

实际应用中只要 $x>2$ 就可满足要求。

对照定义，$F(x)$ 与 $\mathrm{erfc}(x)$ 满足

$$F(x)=\begin{cases}\dfrac{1}{2}+\dfrac{1}{2}\mathrm{erf}\left(\dfrac{x-a}{\sqrt{2}\sigma}\right), & x\geqslant a\\[2ex] 1-\dfrac{1}{2}\mathrm{erfc}\left(\dfrac{x-a}{\sqrt{2}\sigma}\right), & x\leqslant a\end{cases} \tag{2.4.10}$$

在分析通信系统的抗噪声性能时，为简化表达，常用误差函数或互补误差函数来表示 $F(x)$。

视频

2.5　窄带随机过程

2.5.1　窄带随机过程的定义

所谓窄带随机过程 $\xi(t)$，是指它的频谱密度集中在中心频率 f_c 附近相对窄的频带

范围 Δf 内，即满足 $\Delta f \ll f_c$ 条件，且 f_c 远离零频率。实际中，大多数通信系统都是窄带带通型的，通过窄带系统的信号或噪声必然是窄带随机过程。如果用示波器观测某一次实现的波形，则它是一个频率近似为 f_c、包络和相位随机缓慢变化的正弦波，如图 2.5.1 所示。

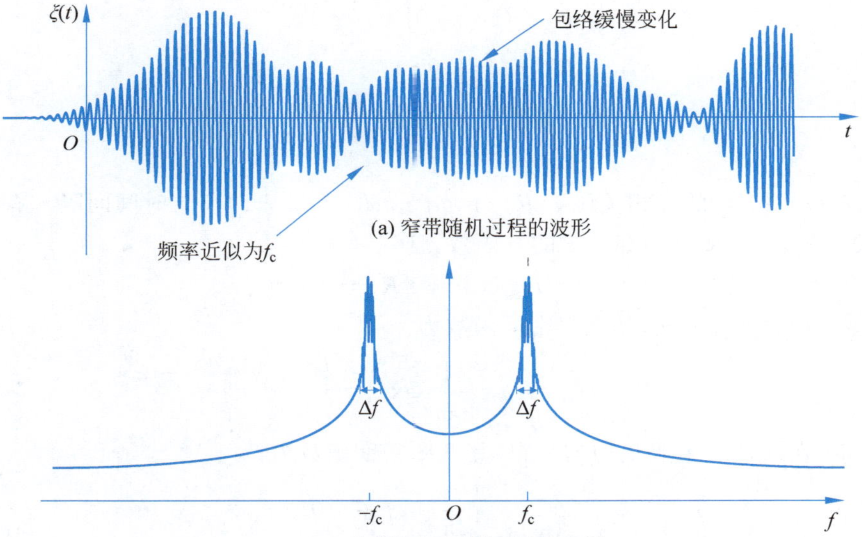

图 2.5.1　窄带随机过程的波形和功率谱仿真图

因此，窄带随机过程 $\xi(t)$ 可用下式表示：

$$\xi(t)=a_{\xi}(t)\cos[\omega_c t+\varphi_{\xi}(t)],\quad a_{\xi}(t)\geqslant 0 \tag{2.5.1}$$

式中，$a_{\xi}(t)$ 和 $\varphi_{\xi}(t)$ 分别为 $\xi(t)$ 的随机包络和随机相位，也是随机过程。

利用三角函数和角公式，式(2.5.1)可写成

$$\begin{aligned}\xi(t)&=a_{\xi}(t)\{\cos\varphi_{\xi}(t)\cos(\omega_c t)-\sin\varphi_{\xi}(t)\sin(\omega_c t)\}\\&=a_{\xi}(t)\cos\varphi_{\xi}(t)\cos(\omega_c t)-a_{\xi}(t)\sin\varphi_{\xi}(t)\sin(\omega_c t)\\&=\xi_c(t)\cos(\omega_c t)-\xi_s(t)\sin(\omega_c t)\end{aligned} \tag{2.5.2}$$

式中，

$$\xi_c(t)=a_{\xi}(t)\cos\varphi_{\xi}(t) \tag{2.5.3}$$

$$\xi_s(t)=a_{\xi}(t)\sin\varphi_{\xi}(t) \tag{2.5.4}$$

$\xi_c(t)$ 及 $\xi_s(t)$ 分别称为 $\xi(t)$ 的同相分量和正交分量，也是随机过程。显然，它们的变化相对于载波 $\cos(\omega_c t)$ 的变化要缓慢得多。

2.5.2　窄带高斯过程

如果窄带随机过程 $\xi(t)$ 的概率密度函数为高斯分布，则称为窄带高斯过程或窄带高斯噪声。窄带高斯过程可以看作是一个宽带高斯过程通过一个窄带滤波器后的输出。

研究表明,满足均值为0、方差为 σ_ξ^2 的平稳高斯窄带过程 $\xi(t)$ 的随机包络 $a_\xi(t)$、随机相位 $\varphi_\xi(t)$ 和同相分量 $\xi_c(t)$、正交分量 $\xi_s(t)$ 具有以下特性:

(1) $\xi_c(t)$、$\xi_s(t)$ 是与 $\xi(t)$ 服从同参数的平稳的高斯随机过程,且

$$\left.\begin{aligned}E[\xi_c(t)]=0\\E[\xi_s(t)]=0\end{aligned}\right\} \tag{2.5.5}$$

$$R_c(\tau)=R_s(\tau) \tag{2.5.6}$$

$$R_\xi(0)=R_c(0)=R_s(0) \tag{2.5.7}$$

$$\sigma_\xi^2=\sigma_c^2=\sigma_s^2 \tag{2.5.8}$$

(2) $\xi_c(t)$、$\xi_s(t)$ 的互相关函数 $R_{cs}(t,t+\tau)$、$R_{sc}(t,t+\tau)$ 仅与时间间隔 τ 有关,与时间 t 无关。$R_{sc}(\tau)$、$R_{cs}(\tau)$ 都是 τ 的奇函数,且

$$R_{cs}(\tau)=-R_{sc}(\tau) \tag{2.5.9}$$

(3) $\xi_c(t)$、$\xi_s(t)$ 独立,其概率密度函数为

$$f_{\xi_c\xi_s}(x,y)=\frac{1}{2\pi\sigma_\xi^2}\exp\left(-\frac{x^2+y^2}{2\sigma_\xi^2}\right) \tag{2.5.10}$$

(4) φ_ξ 在 $[0,2\pi]$ 上服从均匀分布,其概率密度函数为

$$f_{\varphi_\xi}(x)=\begin{cases}\dfrac{1}{2\pi}, & x\in[0,2\pi]\\0, & x\notin[0,2\pi]\end{cases} \tag{2.5.11}$$

a_ξ 服从瑞利分布,其概率密度函数为

$$f_{a_\xi}(x)=\frac{x}{\sigma_\xi^2}\exp\left(-\frac{x^2}{2\sigma_\xi^2}\right),\quad x\geqslant 0 \tag{2.5.12}$$

(5) $a_\xi(t)$ 与 $\varphi_\xi(t)$ 是统计独立的,其联合概率密度函数为

$$\begin{aligned}f_{a_\xi,\varphi_\xi}(x,y)&=f_{a_\xi}(x)f_{\varphi_\xi}(y)\\&=\frac{x}{2\pi\sigma_\xi^2}\exp\left(-\frac{x^2}{2\sigma_\xi^2}\right),\quad x\geqslant 0,0\leqslant y\leqslant 2\pi\end{aligned} \tag{2.5.13}$$

综上所述,一个均值为0的窄带平稳高斯过程 $\xi(t)$,它的同相分量 $\xi_c(t)$ 和正交分量 $\xi_s(t)$ 也是与 $\xi(t)$ 同参数的平稳高斯过程,$\xi_c(t)$ 和 $\xi_s(t)$ 统计独立。它的包络 $a_\xi(t)$ 服从瑞利分布,相位 $\varphi_\xi(t)$ 服从 $[0,2\pi]$ 上的均匀分布,$a_\xi(t)$ 与 $\varphi_\xi(t)$ 统计独立。

2.5.3 正弦波加窄带高斯噪声

在通信系统中,传输的信号经常是用正弦波作为载波的已调信号,信号经过信道传输时总会受到加性噪声的影响。为了减小噪声的影响,通常在接收机前端加一个带通滤波器,以滤除信号频带以外的噪声。因此,带通滤波器的输出是正弦波已调信号与窄带高斯噪声的混合波形,这是通信系统中常会遇到的一种情形。所以,有必要了解合成信号的包络和相位的统计特性。

设正弦波加窄带高斯噪声的混合信号为

$$r(t)=A\cos(\omega_c t+\theta)+n(t) \tag{2.5.14}$$

式中，$n(t)=n_c(t)\cos(\omega_c t)-n_s(t)\sin(\omega_c t)$为窄带高斯噪声，其均值为0、方差为$\sigma_n^2$；正弦信号的$A$、$\omega_c$均为常数，$\theta$是在$(0,2\pi)$上均匀分布的随机变量。于是有

$$\begin{aligned}
r(t)&=f(t)+n(t)\\
&=A\cos(\omega_c t+\theta)+[n_c(t)\cos(\omega_c t)-n_s(t)\sin(\omega_c t)]\\
&=[A\cos\theta+n_c(t)]\cos(\omega_c t)-[A\sin\theta+n_s(t)]\sin(\omega_c t)\\
&=z_c(t)\cos(\omega_c t)-z_s(t)\sin(\omega_c t)\\
&=z(t)\cos[(\omega_c t)+\varphi(t)]
\end{aligned} \tag{2.5.15}$$

式中，

$$z_c(t)=A\cos\theta+n_c(t) \tag{2.5.16}$$

$$z_s(t)=A\sin\theta+n_s(t) \tag{2.5.17}$$

合成信号$r(t)$的包络和相位分别为

$$z(t)=\sqrt{z_c^2(t)+z_s^2(t)},\quad z\geqslant 0 \tag{2.5.18}$$

$$\varphi(t)=\arctan\frac{z_s(t)}{z_c(t)},\quad 0\leqslant\varphi\leqslant 2\pi \tag{2.5.19}$$

可以推导出，合成信号包络z的概率密度函数为

$$f(z)=\frac{z}{\sigma^2}\exp\left[-\frac{1}{2\sigma_n^2}(z^2+A^2)\right]I_0\left(\frac{Az}{\sigma_n^2}\right),\quad z\geqslant 0 \tag{2.5.20}$$

式中，$I_0(x)$为零阶修正贝塞尔函数。当$x\geqslant 0$时，$I_0(x)$单调上升且$I_0(0)=1$。该概率密度函数称为广义瑞利分布，也称莱斯(Rice)分布。

式(2.5.20)存在两种极限情况：

(1) 当信号很小($A\to 0$)时，信号功率与噪声功率之比$r=\dfrac{A^2}{2\sigma_n^2}$，相对于$x$值很小，于是有$I_0(x)=1$，这时合成波$r(t)$中只存在窄带高斯噪声，式(2.5.20)近似为式(2.5.12)，即由莱斯分布退化为瑞利分布。

(2) 当信噪比r很大时，有$I_0(x)\approx\dfrac{e^x}{\sqrt{2\pi x}}$，这时在$z\approx A$附近，$f(z)$近似于正态分布，即

$$f(z)\approx\frac{1}{\sqrt{2\pi}\sigma_n}\cdot\exp\left(-\frac{(z-A)^2}{2\sigma_n^2}\right) \tag{2.5.21}$$

由此可见，信号加噪声的合成包络的分布与信噪比有关：小信噪比情况下，它接近瑞利分布；大信噪比情况下，它接近于高斯分布；在一般情况下才是莱斯分布。图2.5.2(a)示出了不同的r值时$f(z)$的曲线。

信号加噪声的合成波相位分布$f(\varphi)$也与信噪比有关。小信噪比情况下，$f(\varphi)$接近均匀分布，它反映这时窄带高斯噪声为主的情况；大信噪比情况下，$f(\varphi)$主要集中在有用信号相位附近。图2.5.2(b)示出了不同的r值时$f(\varphi)$的曲线。

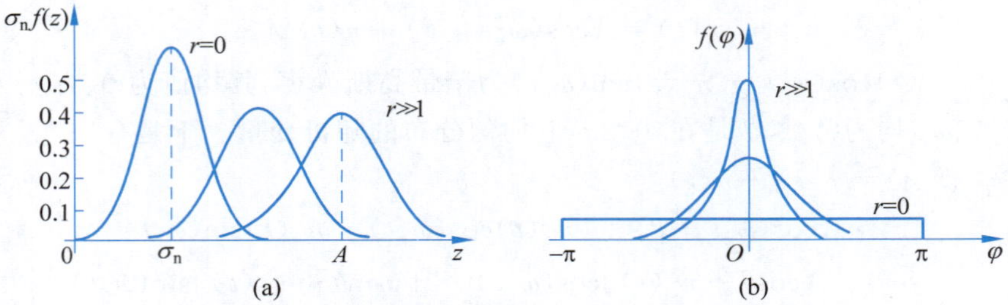

图 2.5.2　正弦波加窄带高斯过程的包络与相位分布

2.6 白噪声

视频

2.6.1 白噪声的定义

在通信系统中,常常会遇到这样一类噪声,它的功率谱密度均匀分布在整个频率范围内,即

$$P_n(f)=\frac{n_0}{2},\quad -\infty<f<+\infty \tag{2.6.1}$$

或

$$P_n(f)=n_0,\quad 0<f<+\infty \tag{2.6.2}$$

式中,n_0 为常数,单位是 W/Hz。这类噪声被称为白噪声,因其类似于白光,包含了所有频率成分,且各频率成分的功率相等。

式(2.6.1)表示双边功率谱密度,如图 2.6.1(a)所示;而式(2.6.2)为单边功率谱密度,它仅在正频谱处为常数,其他频谱处为零。将式(2.6.1)取傅里叶逆变换,可得到白噪声的自相关函数,即

$$R(\tau)=\frac{n_0}{2}\delta(\tau) \tag{2.6.3}$$

如图 2.6.1(b)所示。表明不同时间点的噪声样本之间是不相关的。

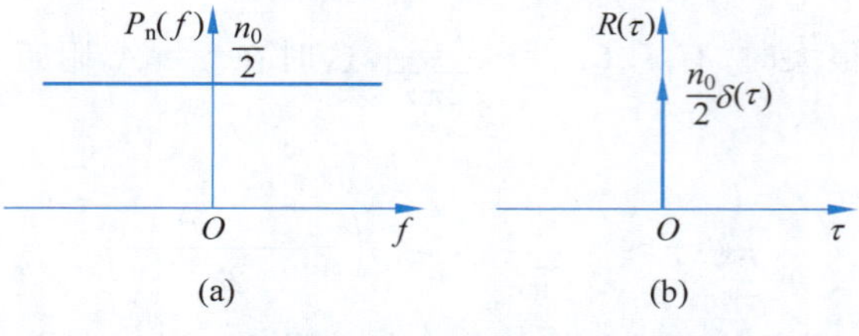

图 2.6.1　白噪声功率谱密度与自相关函数

在实际中,只要噪声的功率谱是均匀分布的,频率范围远远大于通信系统的工作频带,就可以把它视为白噪声。

2.6.2 高斯白噪声

如果白噪声的每个样本都独立地服从正态(高斯)分布,即白噪声瞬时值服从正态分

布，就称为高斯白噪声。这意味着任何单个时间点或空间位置上的噪声样本 $n(t) \sim N(a, \sigma^2)$，其中 a 是噪声均值，σ^2 是噪声方差。

许多实际系统中的噪声源可以近似为高斯白噪声。例如，在电子设备中，热噪声通常是高斯分布的，并且在宽带情况下可以被视为白噪声。在通信理论中，信道中的加性白高斯噪声(Additive White Gaussian Noise，AWGN)是一个常见的假设，用来描述传输过程中引入的随机误差。

尽管自然界中的很多噪声源可以近似为正态分布，但并不是所有的噪声都是如此。对于某些应用，可能需要考虑非高斯噪声模型，比如脉冲噪声或有色噪声等。

2.6.3 低通白噪声

如果白噪声通过理想低通滤波器或理想低通信道，则输出的噪声称为低通白噪声。假设白噪声的双边功率谱密度为 $n_0/2$，理想低通滤波器的传输特性为

$$H(f)=\begin{cases}K_0, & |f| \leqslant f_H \\ 0, & \text{其他}\end{cases}$$

则可得输出的功率谱密度为

$$P_o(f)=|H(f)|^2 P_i(f)=K_0^2 \cdot \frac{n_0}{2}, \quad |f| \leqslant f_H \tag{2.6.4}$$

其自相关函数为

$$\begin{aligned}R_o(\tau) &= \frac{1}{2\pi}\int_{-\infty}^{\infty} P_o(\omega) e^{j\omega\tau} d\omega \\ &= \int_{-f_H}^{f_H} K_0^2 \frac{n_0}{2} e^{j2\pi f\tau} df \\ &= K_0^2 n_0 f_H \frac{\sin(\omega_H \tau)}{\omega_H \tau}\end{aligned} \tag{2.6.5}$$

对应的曲线如图 2.6.2 所示。在式(2.6.4)和式(2.6.5)中，$\omega_H = 2\pi f_H$。

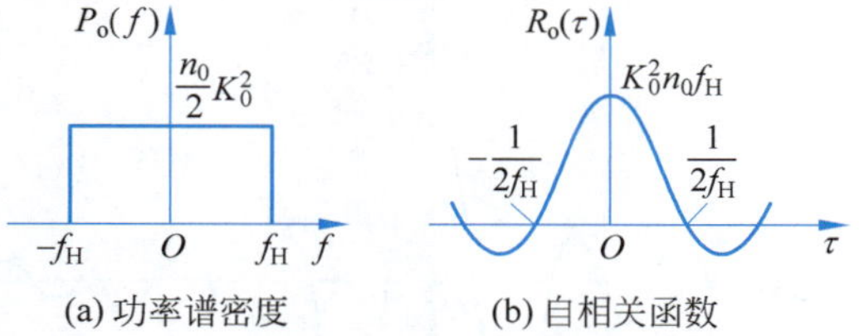

图 2.6.2 低通白噪声的功率谱密度和自相关函数

由图 2.6.2(a)可见，输出噪声的功率谱密度被限制在 $|f| \leqslant f_H$ 内，在此范围外则为 0，通常把这样的噪声也称为带限白噪声。

由图 2.6.2(b)可见，这种带限白噪声仅在 $\tau = k/2f_H (k=1,2,\cdots)$ 上得到的随机变量才互不相关。也就是说，如果以 $2f_H$ 的抽样速率对带限白噪声进行抽样，则各抽样值是互不相关的随机变量。

2.6.4 带通白噪声

如果白噪声通过理想带通滤波器或理想带通信道，则输出的噪声称为带通白噪声。设理想带通滤波器的传输特性为

$$H(f)=\begin{cases}1, & f_c-\dfrac{B}{2}\leqslant|f|\leqslant f_c+\dfrac{B}{2}\\ 0, & \text{其他}\end{cases} \tag{2.6.6}$$

式中，f_c 为中心频率，B 为带通宽度。其输出的噪声的功率谱密度为

$$P_o(f)=|H(f)|^2P_i(f)=\begin{cases}\dfrac{n_0}{2}, & f_c-\dfrac{B}{2}\leqslant|f|\leqslant f_c+\dfrac{B}{2}\\ 0, & \text{其他}\end{cases} \tag{2.6.7}$$

利用 $P_o(\omega)\Leftrightarrow R_o(\tau)$，得到输出噪声的自相关函数为

$$\begin{aligned}R_o(\tau)&=\int_{-\infty}^{\infty}P_o(f)e^{j2\pi f\tau}df\\&=\int_{-f_c-\frac{B}{2}}^{-f_c+\frac{B}{2}}\frac{n_0}{2}e^{j2\pi f\tau}df+\int_{f_c-\frac{B}{2}}^{f_c+\frac{B}{2}}\frac{n_0}{2}e^{j2\pi f\tau}df\\&=n_0B\frac{\sin(\pi B\tau)}{\pi B\tau}\cos(2\pi f_c\tau)\end{aligned} \tag{2.6.8}$$

输出噪声的平均功率为

$$N_0=R_o(0)=n_0B \tag{2.6.9}$$

理想带通白噪声的功率谱和自相关函数对应曲线如图 2.6.3 所示。

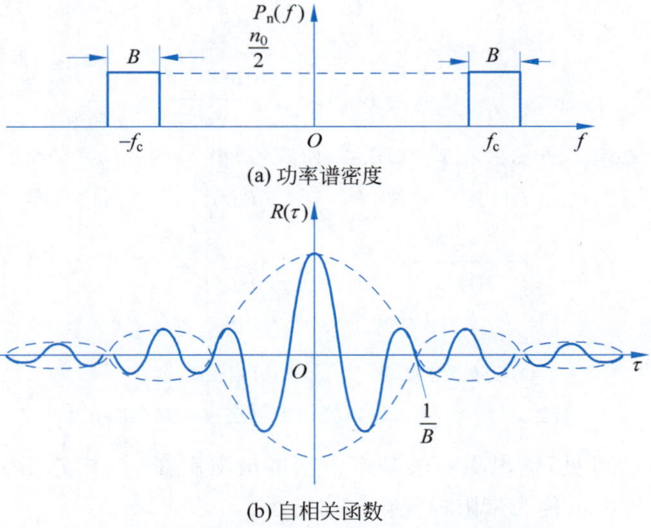

图 2.6.3　理想带通白噪声的功率谱和自相关函数

通常，带通滤波器的 $B\ll f_c$，因此也称窄带滤波器；相应地，把带通白噪声称为窄带高斯白噪声。因此，它的表达式和统计特性与一般窄带随机过程相同。

2.7 MATLAB仿真

2.7.1 高斯白噪声仿真

本节用MATLAB仿真高斯白噪声的波形、功率谱和概率密度函数。首先，定义信号的基本参数，包括抽样频率、抽样周期和信号长度；接着，使用wgn()函数生成高斯白噪声，绘制噪声的时间域波形；然后，通过periodogram()函数计算噪声的功率谱密度，并将结果转换为分贝形式进行绘图；最后，计算噪声的概率密度函数，并与理论上的正态分布曲线进行比较并绘制出来。程序代码如下：

```
% 设置参数
Fs = 1000;                                               % 抽样频率 (Hz)
T = 1/Fs;                                                % 抽样周期 (秒)
L = 1500;                                                % 信号长度
t = (0:L-1) * T;                                         % 时间向量
noisePower = 10;                                         %噪声功率(W)
% 生成高斯白噪声
noise = wgn(L, 1, noisePower, 'linear');
% 画出波形
figure;
subplot(3, 1, 1);
plot(0:L-1, noise);
title('高斯白噪声波形','fontname','宋体','fontsize',15);
xlabel('时间/s','fontname','宋体','fontsize',15);
ylabel('幅度','fontname','宋体','fontsize',15);
grid on;
% 计算并画出功率谱,使用 periodogram 函数
[Pxx,f] = periodogram(noise,[],[],Fs);
Pxx_dB = 10 * log10(Pxx);                                % 转换为 dB
subplot(3, 1, 2);
plot(f,Pxx_dB);
title('高斯白噪声功率谱','fontname','宋体','fontsize',15);
xlabel('频率/Hz','fontname','宋体','fontsize',15);
ylabel('功率谱密度/(dB,W/Hz)','fontname','宋体','fontsize',15');
grid on;
% 计算并画出概率密度函数
[counts, binLocations] = histcounts(noise, 'Normalization', 'pdf');   %计算直方图
binCenters = (binLocations(1:end-1) + binLocations(2:end)) / 2;
subplot(3, 1, 3);
bar(binCenters, counts, 'k', 'LineWidth', 1.5);          %绘制直方图
hold on;
x = linspace(min(noise), max(noise), 1000);
y = normpdf(x, mean(noise), std(noise));             % 正态分布的概率密度函数
plot(x, y, 'r-', 'LineWidth', 2);
title('高斯白噪声概率密度函数','fontname','宋体','fontsize',15);
xlabel('幅度/V','fontname','宋体','fontsize',15);
ylabel('概率密度','fontname','宋体','fontsize',15);
grid on;
legend('直方图','理论正态分布','fontname','宋体','fontsize',15);
```

程序运行结果如图 2.7.1 所示。

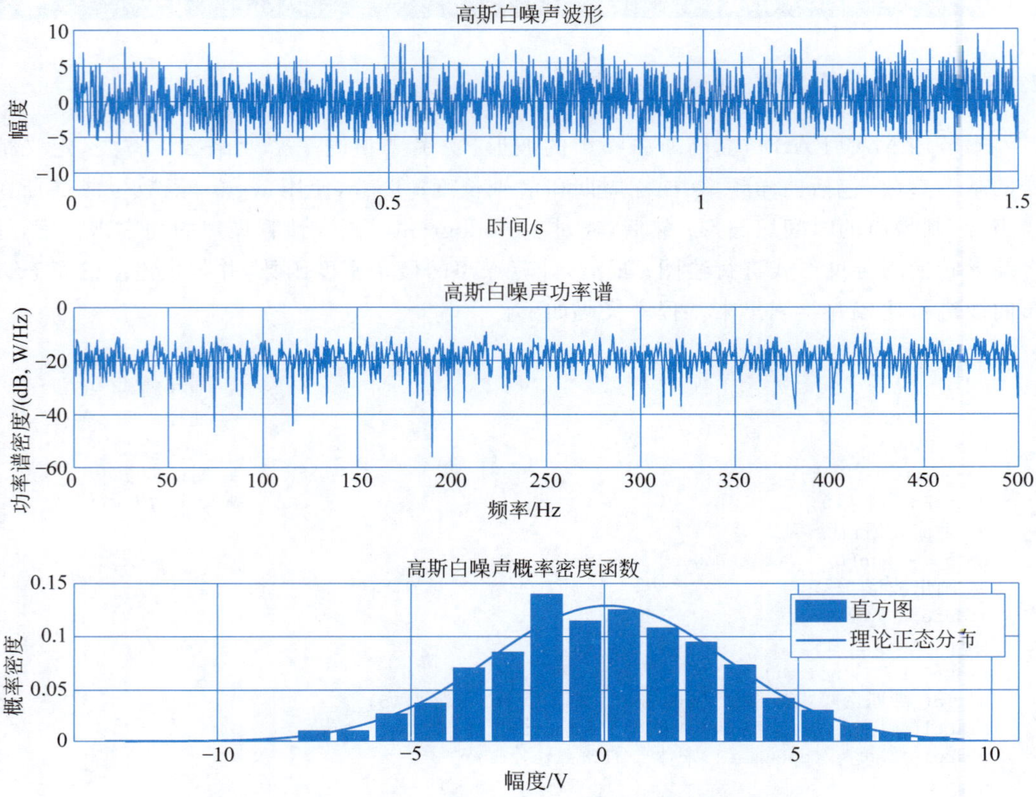

图 2.7.1　高斯白噪声的波形、功率谱和概率密度函数

2.7.2　窄带高斯白噪声仿真

本节用 MATLAB 仿真窄带高斯白噪声的波形、功率谱和概率密度函数。与 2.7.1 节的不同之处是设计了一个四阶巴特沃斯带通滤波器，低截止频率为 220Hz，高截止频率为 280Hz，并将滤波器应用于高斯白噪声，以创建窄带信号。程序代码如下：

```
%设置参数
Fs = 1000;                                                  %抽样频率 (Hz)
T = 1/Fs;                                                   %抽样周期 (秒)
L = 1500;                                                   %信号长度
t = (0:L-1)*T;                                              %时间向量
noisePower = 10;                                            %噪声功率(W)
%生成高斯白噪声
noise = wgn(L, 1, noisePower, 'linear');
%设计一个带通滤波器以创建窄带特性
fl = 220;                                                   %低截止频率 (Hz)
fh = 280;                                                   %高截止频率 (Hz)
[b,a] = butter(4, [fl/(Fs/2), fh/(Fs/2)], 'bandpass');      %四阶巴特沃斯带通滤波器

%应用滤波器到高斯白噪声上
```

```
narrowband_noise = filter(b,a,noise);
%绘制窄带噪声波形
figure;
subplot(3,1,1);
plot(t,narrowband_noise);
title('窄带高斯白噪声波形','fontname','宋体','fontsize',15);
xlabel('时间/s','fontname','宋体','fontsize',15);
ylabel('幅度/V','fontname','宋体','fontsize',15);
%计算功率谱密度 (PSD) 使用 periodogram() 函数
[Pxx,f] = periodogram(narrowband_noise,[],[],Fs);
Pxx_dB = 10 * log10(Pxx);                                %将 PSD 转换为分贝表示
%绘制 PSD 图
subplot(3,1,2);
plot(f,Pxx_dB);
title('窄带高斯白噪声的功率谱密度 (PSD)','fontname','宋体','fontsize',15);
xlabel('频率 (Hz)','fontname','宋体','fontsize',15);
ylabel('功率谱密度/(dB,V^2/Hz)','fontname','宋体','fontsize',15);
%计算并画出概率密度函数
[counts, binLocations] = histcounts(narrowband_noise, 'Normalization', 'pdf'); %计算直方图
binCenters = (binLocations(1:end-1) + binLocations(2:end)) / 2;
subplot(3, 1, 3);
bar(binCenters, counts, 'k', 'LineWidth', 1.5);          %绘制直方图
hold on;
x = linspace(min(narrowband_noise), max(narrowband_noise), 1000);
y = normpdf(x, mean(narrowband_noise), std(narrowband_noise));  %正态分布的概率密度函数
plot(x, y, 'r-', 'LineWidth', 2);
title('窄带高斯白噪声概率密度函数','fontname','宋体','fontsize',15);
xlabel('幅度/V','fontname','宋体','fontsize',15);
ylabel('概率密度','fontname','宋体','fontsize',15);
grid on;
legend('直方图','理论正态分布','fontname','宋体','fontsize',15);
```

程序运行结果如图 2.7.2 所示。

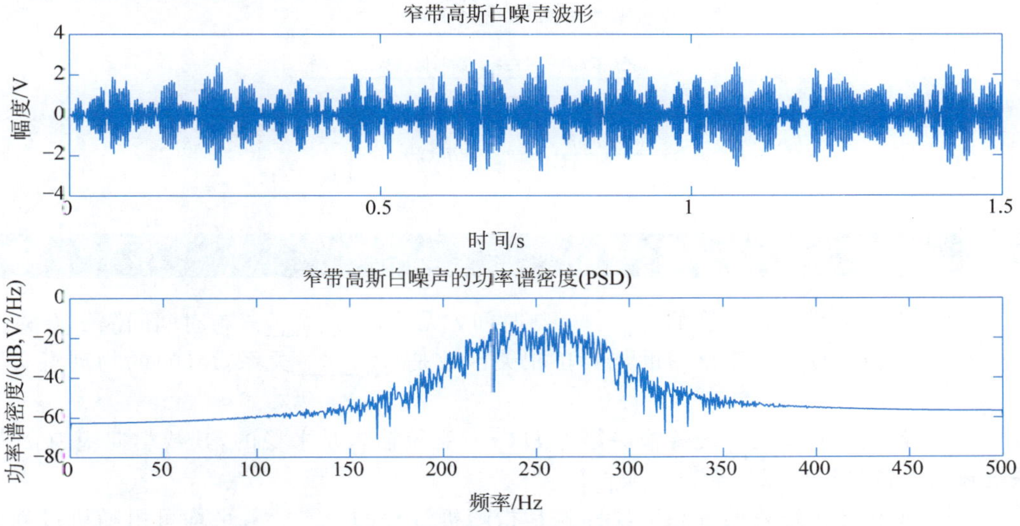

图 2.7.2 窄带高斯白噪声的波形、功率谱和概率密度函数

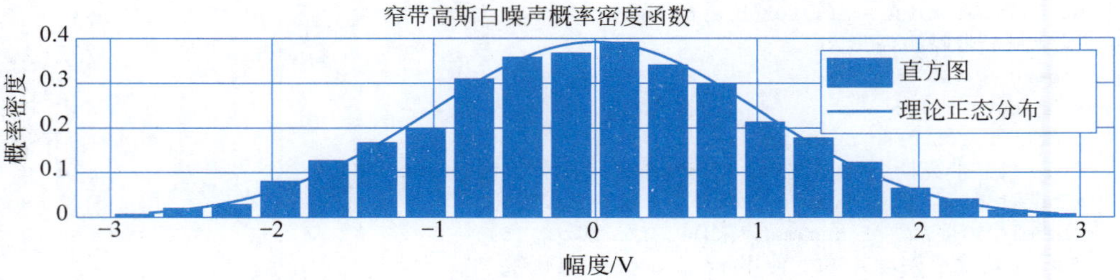

图 2.7.2 (续)

2.8 本章小结

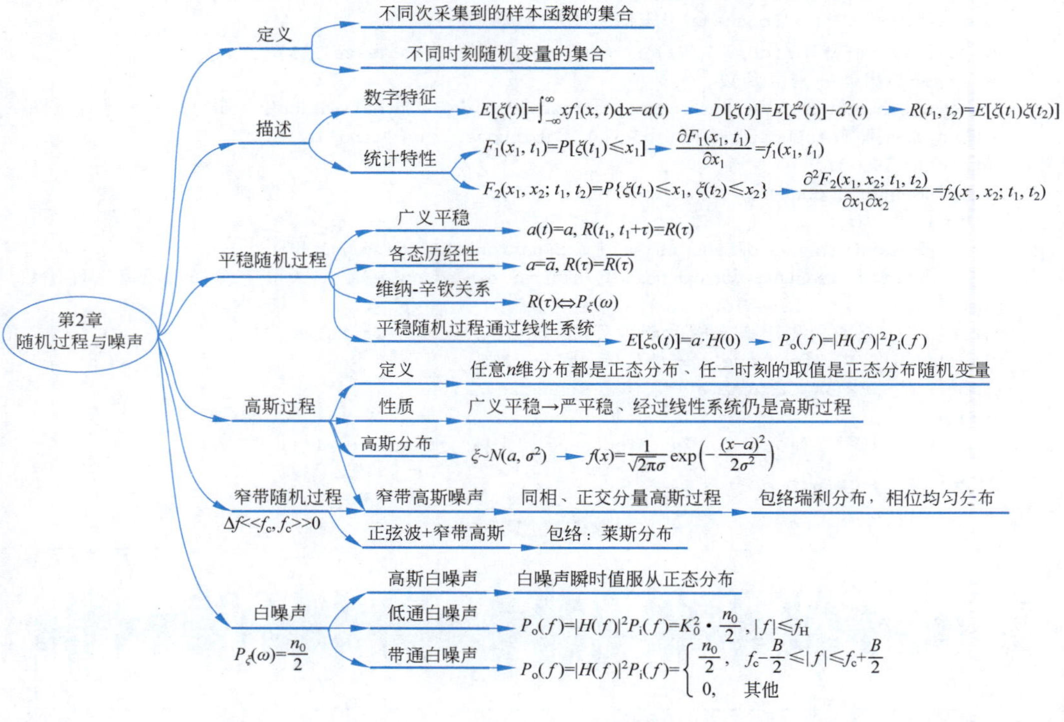

2.9 习题

2-1 广义平稳随机过程的________与时间 t 无关,________只与时间间隔 τ 有关。

2-2 平稳过程的功率谱密度与其自相关函数是________关系,$R(0)$的物理意义为________。

2-3 若线性时不变系统传输函数为 $H(f)$,系统输入是平稳的,其数学期望为 a,则系统输出的数学期望 E_o 等于________。

2-4 平稳随机过程的各态历经性就是指随机过程的________平均可由随机过程任一样本的________平均来代替。

2-5 自相关函数 $R(\tau)=\frac{n_0}{2}\delta(\tau)$ 的白噪声通过传输特性为 $H(\omega)=10\mathrm{e}^{-\mathrm{j}\omega t_d}(|\omega|\leqslant\omega_H)$ 的系统后，其功率谱密度为________。

2-6 若零均值且功率谱 $P(\omega)=\frac{n_0}{2}(|\omega|\leqslant 2\pi)$ 的高斯型过程 $\xi_i(t)$ 通过传输函数为 $H(\omega)=2\mathrm{e}^{-3\mathrm{j}\omega}$ 的线性时不变系统，则输出过程 $\xi_o(t)$ 是________型的，方差为________。

2-7 一个均值为 0、方差为 σ^2 的窄带平稳高斯过程，其同相分量和正交分量是________过程，其均值为________，方差为________。

2-8 设随机过程 $\xi(t)$ 可表示成 $\xi(t)=2\cos(2\pi t+\theta)$，其中，$\theta$ 是一个离散随机变量，且 $P(\theta=0)=1/2$，$P(\theta=\pi/2)=1/2$，试求 $E[\xi(1)]$ 及 $R_\xi(0,1)$。

2-9 已知 $x(t)$ 和 $y(t)$ 是统计独立的平稳随机过程，且它们的自相关函数分别为 $R_x(\tau)$、$R_y(\tau)$。

(1) 试求乘积 $z(t)=x(t)y(t)$ 的自相关函数；

(2) 试求和 $z(t)=x(t)+y(t)$ 的自相关函数。

2-10 已知随机过程 $z(t)=m(t)\cos(\omega_c t+\theta)$，它是广义平稳随机过程 $m(t)$ 对一余弦载波进行振幅调制的结果。此载波的相位 θ 在 $[0,2\pi]$ 上服从均匀分布，$m(t)$ 和 θ 是统计独立的，且 $m(t)$ 的自相关函数为

$$R_m(\tau)=\begin{cases}1+\tau, & -1<\tau<0\\ 1-\tau, & 0\leqslant\tau<1\\ 0, & \tau\leqslant -1,\tau\geqslant 1\end{cases}$$

(1) 证明 $z(t)$ 是广义平稳的；

(2) 试求功率谱密度 $P_z(\omega)$ 及平均功率。

2-11 一个 RC 低通滤波器如图 2.9.1 所示。假设输入是均值为 0、功率谱密度为 $n_0/2$ 的白噪声，试求输出噪声的功率谱密度和自相关函数。

2-12 若 $X(t)$ 是平稳随机过程，其自相关函数为 $R_x(\tau)$，试求它通过如图 2.9.2 所示系统后的自相关函数和功率谱密度。

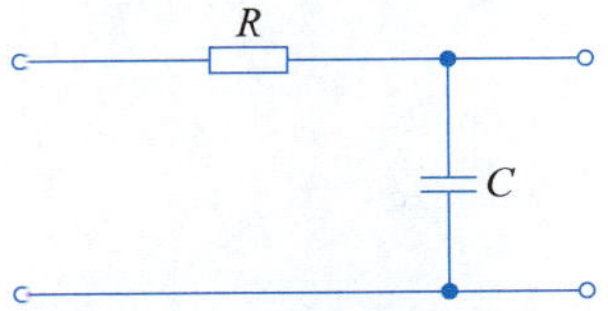

图 2.9.1 题 2-11 图

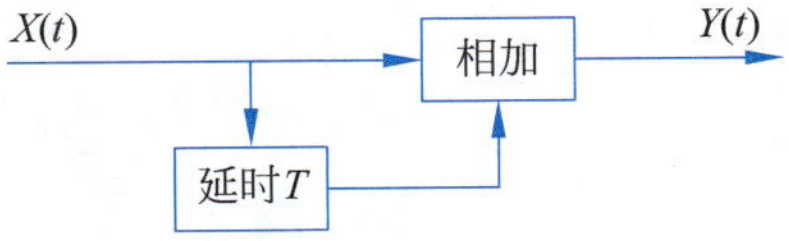

图 2.9.2 题 2-12 图

2-13 若通过如图 2.9.1 所示的随机过程是均值为 0、功率谱密度为 $n_0/2$ 的高斯白噪声，试求输出过程的一维概率密度函数。

2-14 设平稳过程 $X(t)$ 的功率谱密度为 $P_x(\omega)$，其自相关函数为 $R_x(\tau)$。试求功率谱密度为 $\frac{1}{2}[P_x(\omega+\omega_0)+P_x(\omega-\omega_0)]$ 所对应过程的自相关函数（其中，ω_0 为正常数）。

第3章 信道与信道容量

3.1 引言

信道是传输信号的通道，是任何一个通信系统必不可少的组成部分。任何一个通信系统均可视为由发送设备、信道与接收设备三大部分组成。信道是连接发送端和接收端的媒介，将发送端的信号传送到接收端。由于信道可能受到自然环境的干扰或人为的攻击或窃听，信道的安全性直接关系到信息的保密性、完整性和可用性，是国家安全的重要组成部分。

视频

按照传输媒质的不同，信道可分为两大类：有线信道和无线信道。有线信道是指传输媒质为明线、对称电缆、同轴电缆、光缆及波导等一类能够看得见的传输媒质，如固定电话；而无线信道是利用空间电磁波(或声波)来传输信号，如无线电广播。光纤是传输光信号的传输媒质，具有传输容量大，损耗小的优点，广泛应用于现代通信网系统中。

本章首先讨论信道及信道的传输特性和信道模型，然后讨论信道中噪声特性，以及噪声对于信号传输的影响。

3.2 有线信道与无线信道

视频

3.2.1 有线信道

传输信号的有线信道主要有4类，即明线、双绞线电缆、同轴电缆和光纤。明线、双绞线电缆和同轴电缆采用金属导体来传输电信号；光纤是由玻璃或塑料制成的缆线，传输光信号。

1. 明线

明线是指平行架设在电线杆上的架空线路，它由导电裸线或带绝缘层的导线组成。架空明线传输信号损耗小，但易受大气和环境的影响，对外界的噪声干扰较敏感，并且很难沿一条路径架设大量的(成百对)线路，故架空明线正逐渐被电缆代替。

2. 双绞线电缆

双绞线电缆是将一对或多对双绞线放置在一个绝缘套管内，在套管内的每一对具有绝缘保护层的金属导线都做成扭绞形状的双绞线。双绞线电缆分为屏蔽型(STP)和非屏蔽型(UTP)两类，其结构如图3.2.1所示。每对线都呈扭绞状，这样可以减小各线对之间的相互干扰。因双绞线电缆的芯线比明线细，直径为0.4～1.4mm，故其损耗较明线大，但性能较稳定，价格较便宜，目前已逐渐取代了明线。双绞线电缆可以用来传输模拟语音信号，特别适于较短距离的信号传输。在低频传输时，其抗干扰能力与同轴电缆相当；在10～100kHz时，其抗干扰能力低于同轴电缆。

图3.2.1 双绞线电缆

3. 同轴电缆

同轴电缆是一种应用较广泛的传输媒质,其结构如图 3.2.2 所示。同轴电缆由同轴的两个圆柱形导体构成,外导体是一个圆柱形的金属编织网,内导体是金属。内外导体之间用绝缘体隔离开。在外导体外面有一层绝缘保护层,在内外导体间可以填充实心介质材料,或者用空气做介质。在实际应用中,同轴电缆的外导体是接地的,对外部干扰具有良好的屏蔽作用,所以同轴电缆抗电磁干扰性能较好。

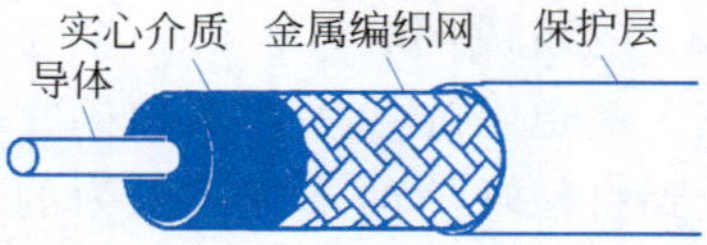

图 3.2.2　同轴电缆

同轴电缆根据其频率特性,可分为两类:视频(基带)电缆和射频(宽带)电缆。视频电缆的最大传输距离一般不超过几千米,其特性阻抗有 50Ω 和 75Ω 两种,75Ω 电缆用于模拟信号传输,50Ω 电缆用于数据信号的传输。射频同轴电缆的特性阻抗为 75Ω,最大传输距离可达几十千米,可用于传输高频信号。采用频分复用技术可以传送多路信号。同轴电缆在较短的距离内有较高的数据传输速率,一般 1km 的电缆可以达到 1～2Gb/s 的数据传输速率。目前,同轴电缆大量被光纤取代,但仍广泛应用于有线电视广播网和某些局域网。

4. 光纤

光纤的全称是光导纤维,是由高纯度石英(SiO_2)制成的直径为 8～50μm 的玻璃纤维。光纤是以光导纤维为传输媒质传输光信号的。光纤的中心是光传播的玻璃芯,称为纤芯;在纤芯外面包围着一层折射率比纤芯折射率低的玻璃封套,称为包层,由于纤芯的折射率比包层的折射率大,光波会在两层的边界处产生反射。经过多次反射,光波可以达到远距离传输,并一直使光线保持在光纤之内,如图 3.2.3 所示。

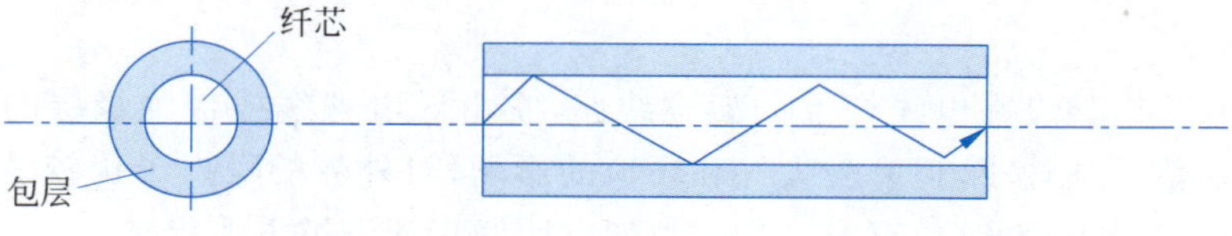

图 3.2.3　光纤传光示意图

3.2.2　无线信道

无线信道中的信号传输是利用电磁波在空间传播来实现的,即发送端的天线将信号以电磁波形式发送出去,通过空间传播到接收机的天线实现通信。按通信设备的工作频率不同可分为长波通信、中波通信、短波通信、微波通信和光波通信等。

工作波长 λ 与频率 f 的关系为

$$\lambda = \frac{c}{f} = \frac{3\times 10^8(\text{m/s})}{f(\text{Hz})} \tag{3.2.1}$$

无线电波的传播是无线通信的一个重要环节。无线电波的传播方式大体可分为 4 种:地波传播、天波传播(电离层反射传播)、视距传播(空间直线波传播)和散射传播。

1. 地波传播

无线电波沿地球表面传播称为地波传播，如图3.2.4(a)所示，由于地面不是理想的导体，当电磁波沿地表面传播时必将有能量损耗，这种损耗随电波的频率升高而增加。地波传播的主要特点是：传输损耗小，传输距离较远，可达数百千米或数千千米；受电离层扰动小，传播较稳定；有较强的穿透海水和土壤的能力；工作频带窄。地波传播主要用于中、长波远距离无线电导航、潜艇通信、标准时间和频率的传播。

2. 天波传播(电离层反射传播)

依靠电离层反射的传播方式称为天波传播，如图3.2.4(b)所示。在地球的表面存在着一定厚度的大气层，由于受到太阳的照射，大气层上部的气体将发生电离而产生自由电子和离子，使离地面60～400km甚至更高的这一部分大气层成为电离层。电离层对电波具有折射和反射现象，同时电离层也会吸收电波，其吸收随着频率的升高而减少，就各种波形分析，短波能以较小的功率借助电离层反射完成远距离传播。当频率范围为3～30MHz的短波无线电波射入电离层时，会使电波发生反射，返回地面，从而形成短波电离层反射信道。短波的主要传播特点是：传输损耗小、传输距离远。短波传播通常用于远距离无线电广播、电话通信以及中距离小型移动电台等。

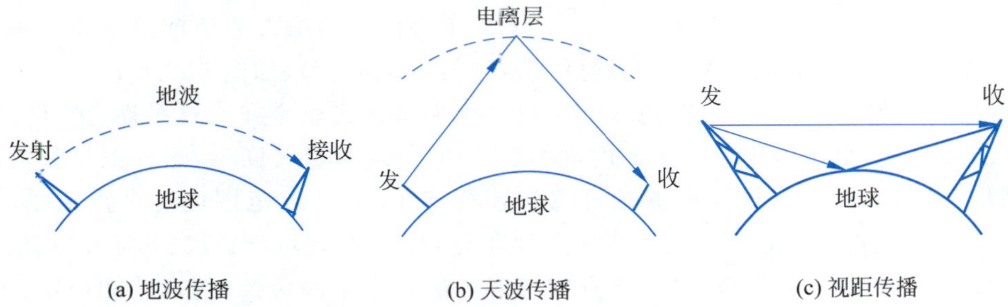

图3.2.4 无线电波传播方式

由于电离层是一种随机的、色散及各向异性的有耗媒质，电波在其中传播时会产生各种效应，如多径传播、衰落、极化面旋转等。多径传播是短波电离层反射通信的主要特征。引起多径传播的主要原因如下：

(1) 电波从电离层的一次反射和多次反射；

(2) 电离层反射区高度不同所形成的多径；

(3) 地球磁场引起的寻常波和非寻常波；

(4) 电离层不均匀性引起的漫反射现象。

上述4种情况都会引起快衰落和多径时延失真。

3. 视距传播(空间直线波传播)

视距传播是指在发射天线和接收天线间能相互"看见"的距离内，电波直接从发射点传播到接收点(一般要包括地面的反射波)的一种传播方式，也称为直射波或空间波传播。按照收、发两端空间位置的不同，视距传播一般分为

(1) 地面上的视距传播，例如，无线电中继通信、电视广播以及地面移动通信等；

(2) 地面与空中目标(如飞机、通信卫星)之间的视距传播；

(3) 空间通信系统之间(如飞机之间、宇宙飞行器之间等)的视距通信。

如图 3-4(c)所示，空间传播的电波(如地面移动通信等)可能受到地表面自然地形地貌或建筑障碍物的影响，引起电波的反射、散射或绕射现象。为此通常采用架高天线的办法来增大视距传播距离。考虑到地球半径 R 等于 6370km，若收发天线的高度相等，均等于 h，收发天线间距离为 D(km)，则天线高度和传播距离满足

$$h=\frac{D^2}{8R}\approx\frac{D^2}{50}(\mathrm{m}) \tag{3.2.2}$$

频率超过 30MHz 的超短波及微波具有空间直线传播的特性，无线视距中继通信工作在超短波和微波波段，利用定向天线实现视距直线传播。由于受地形和天线高度的限制，视距传播间的距离一般为 30～50km，更远距离通信则通过若干中继方式“接力”实现，中继站把前一站送来的信号经过放大后再发送到下一站，如图 3.2.5 所示。微波中继通信具有传输容量大、传输信号稳定、质量好、投资少、维护方便等优点，因而被广泛用来传输多路电话及电视信号等。

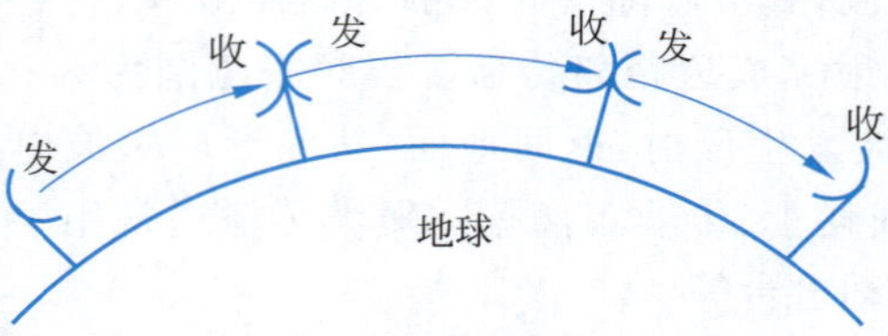

图 3.2.5　微波中继通信

卫星信道利用人造地球卫星作为中继站转发无线电信号，实现地球站之间的通信(也称为卫星通信)，如图 3.2.6 所示。人造卫星作为中继转发站，可以大大提高通信距离。当卫星运行轨道在赤道平面、离地面高度为 35 860km 时，绕地球运行一天的时间恰为 24h，与地球自转同步，这种卫星称为静止(或同步)卫星。利用它作为中继站可以实现全球 18 000km 范围内的多点通信，采用 3 颗相差 120°的静止通信卫星就可以覆盖地球的绝大部分地域(两极盲区除外)通信。同步卫星的电磁波为直线传播，属于在真空状态下的自由空间传播，传播性能稳定、可靠，可以视为恒参信道。

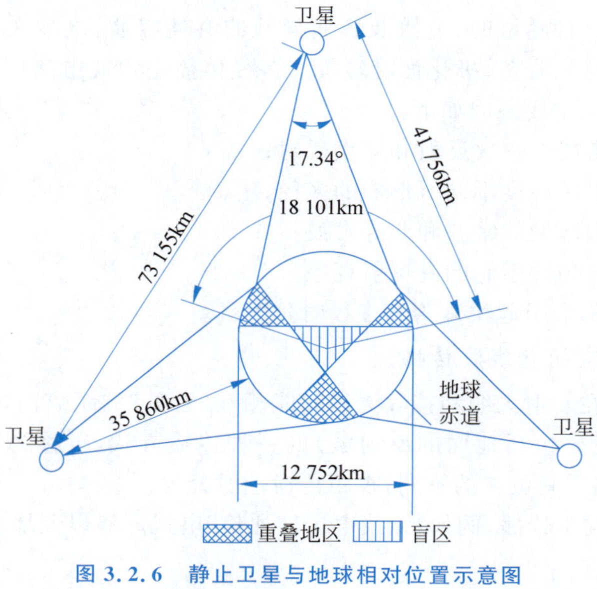

图 3.2.6　静止卫星与地球相对位置示意图

若采用中、低轨道移动卫星，所需卫星的个数与卫星轨道高度有关：轨道越低，所需卫星数越多，即需要更多颗卫星覆盖地球。

卫星中继通信的主要特点是通信容量大、传输质量稳定、传输距离远、覆盖区域广等。但是，由于卫星轨道离地面较远，信号衰减大，电波往返所需的时间较长。对于静止卫星，由地球站至通信卫星，再回到地球站的一次往返所需的时间为 0.26s 左右，传输语音信号时感觉明显有延迟效应。目前卫星通信广泛用于传输多路电话、电报、图像数据和电视节目。我国的北斗卫星导航系统在通信领域也发挥着重要作用，它不仅具备全球导航定位功能，还能提供短报文通信服务，在没有地面通信网络覆盖的地区实现信息传递，这体现了我国在卫星技术领域的自主创新和突破，为国家安全和应急通信提供了有力保障，也是我国航天事业发展的又一重要里程碑，激励着我们为实现科技强国、航天强国的中国梦而不懈奋斗。

4. 散射传播

散射传播包括对流层散射、电离层散射、流星余迹散射等，这里主要介绍对流层散射。对流层散射是由于大气不均匀性产生的，这种不均匀性可以产生电磁波散射现象，而且散射现象具有很强的方向性，散射能量主要集中在前方，故称"前向散射"。对流层散射传播示意图如图 3.2.7 所示，图中发射天线射束和接收天线射束相交在对流层上层，两波束相交的空间为有效散射区域。对流层散射通信频率范围为 100MHz～4GHz，可以达到的有效散射距离最大约 600km。由于散射的随机性，这种信道属于随参信道。

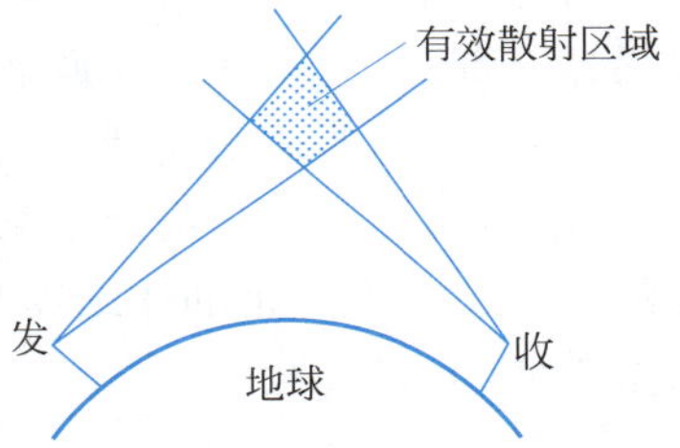

图 3.2.7 对流层散射传播示意图

对流层散射传播为微波、超短波多路通信提供了另一种途径，这种通信具有抗核爆能力强、通信容量大、保密性好、通信距离远、机动性好、抗干扰性强和适应复杂地形等优点，越来越多地被应用于军事和民用通信，如森林防火、抢险救灾应急通信系统、工业指挥调度系统等。此外，对流层散射传播理论还应用于干扰协调距离计算、对流层介质遥感、超视距雷达等方面。

3.3 调制信道与编码信道

视频

信道是指以传输媒质为基础的信号通道。如果信道仅是指信号的传输媒质，这种信道称为狭义信道。但从研究消息传输的角度看，信道范围还可以扩大到包括有关的转换器(如发送设备、接收设备、馈线与天线、调制器、解调器等)，这种扩大范围的信道称为广义信道。在讨论通信的一般原理时，通常采用广义信道。

应该指出，狭义信道(传输媒质)是广义信道十分重要的组成部分。事实表明，通信效果的好坏，在很大程度上依赖于狭义信道的特性。因而，在研究信道的一般特性时"传输媒质"是讨论的重点。当然，根据实际的需要，有时除重点关心传输媒质外，还应该考虑到其他组成部分的有关特性。

广义信道的引入主要是从研究信息传输的角度出发，它对通信系统的一些基本问题研究比较方便。为叙述方便,以下均把广义信道简称为信道。广义信道按照它所包括的功能,可分为调制信道和编码信道,其组成框图如图 3.3.1 所示。

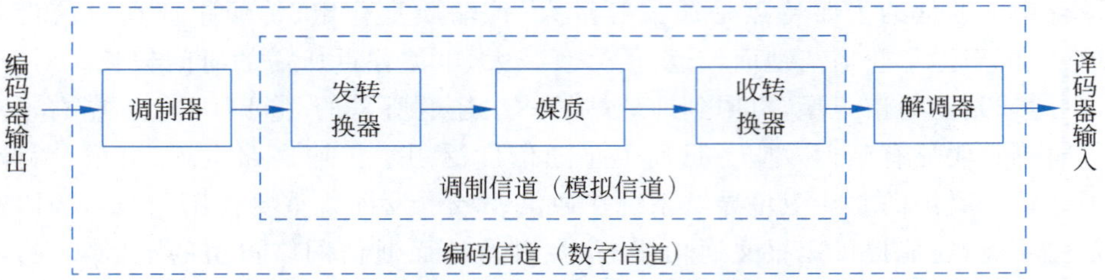

图 3.3.1 调制信道和编码信道

3.3.1 调制信道

1. 定义

所谓调制信道,是指从调制器输出端到解调器输入端所包含的发转换器、媒质和收转换器 3 部分,它是从研究调制与解调的基本问题而提出来的。因为,从调制和解调的角度来看,调制器输出端到解调器输入端的所有转换器及传输媒质,不管其中间过程如何,不过是对已调信号进行了某种变换而已。我们只需关心变换的最终结果,而无须关心形成这个最终结果的详细物理过程。因此,研究调制和解调问题时,定义一个调制信道是方便和恰当的。

2. 调制信道模型

对于调制信道模型,凡是含有调制和解调过程的任何一种通信方式,已调信号离开调制器后便进入调制信道。调制信道有如下主要共性:第一,有一对(或多对)输入端,也一定有一对(或多对)输出端;第二,绝大多数的信道是线性的,即满足叠加原理;第三,信号通过信道会产生一定的时间延迟,而且它还会使信号受到固定的或时变的损耗;第四,即使没有信号输入,在信道的输出端仍有一定的功率输出,即噪声功率。

由此看来,我们能够用一个二对端(或多对端)的时变线性网络去替代调制信道。这个网络就称为调制信道模型,如图 3.3.2 所示。就二对端的信道模型来说,它的输入与输出关系应该有

$$e_o(t)=f[e_i(t)]+n(t) \tag{3.3.1}$$

式中,$e_i(t)$为输入的已调信号;$e_o(t)$为信道总输出波形;$n(t)$为加性噪声(或称加性干扰),它与$e_i(t)$不发生依赖关系,或者说$n(t)$独立于$e_i(t)$。

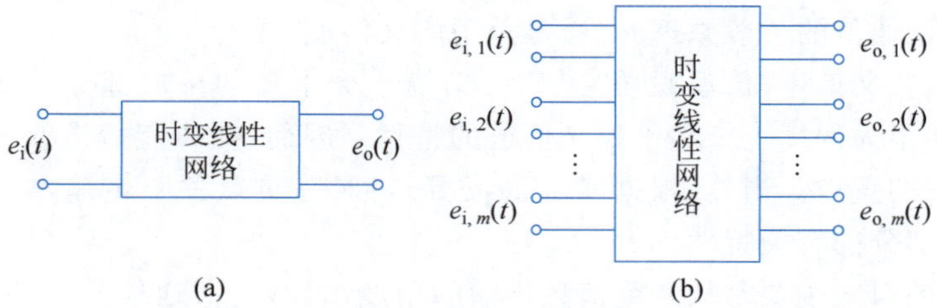

图 3.3.2 调制信道模型

$f[e_i(t)]$表示已调信号通过网络所发生的时变线性变换。显然，只要信道不满足无失真传输的条件，$f[e_i(t)]$应是$e_i(t)$发生畸变后的波形。在很多情况下，可将$f[e_i(t)]$表示为$k(t)e_i(t)$，其中$k(t)$依赖于网络的特性。$k(t)$乘以$e_i(t)$反映网络特性对$e_i(t)$的最终作用。$k(t)$的存在，对$e_i(t)$来说是一种干扰，可称为乘性干扰。于是，式(3.3.1)可表示为

$$e_o(t)=k(t)\cdot e_i(t)+n(t) \tag{3.3.2}$$

这样，信道对信号的影响可归结到两点：一是由于乘性干扰$k(t)$的存在，二是由于加性干扰$n(t)$的存在。了解了$k(t)$与$n(t)$的特性，就能搞清信道对信号的具体影响。信道的不同特点，反映在信道模型有不同特性的$k(t)$及$n(t)$。

乘性干扰$k(t)$一般是一个复杂的函数，它可能包括各种线性畸变、非线性畸变、衰落畸变等，而且往往只能用随机过程加以表述，这是由于网络的时延特性和损耗特性随时间做随机变化的原因。但是，经大量观察表明，有些信道的$k(t)$基本不随时间而变化，也就是说，信道对信号的影响是固定的或变化极为缓慢的；而有些信道却不然，它们的$k(t)$是随机快速变化的。因此，在分析研究乘性干扰$k(t)$时，在相对的意义上可把信道分为两大类：一类称为恒(定)参(量)信道，即它们的$k(t)$可看成不随时间变化或基本不变化的；另一类则称为随(机)参(量)信道，它是非恒参信道的统称，或者说它的$k(t)$是随机快变化的。例如，双绞线电缆、同轴电缆、中长波地波传播、超短波及微波视距传播、人造卫星中继、光导纤维以及光波视距传播等传输媒质所构成的信道归于恒参信道，而其他传输媒质所构成的信道就归于随参信道。

3.3.2 编码信道

1. 定义

在数字通信系统中，如果仅着眼于编码和译码问题，则可得另一种广义信道——编码信道。这是因为，从编译码的角度来看，编码器的输出是某一数字序列，而译码器的输入同样也是某一数字序列，它们可能是不同的数字序列。因此，定义从编码器输出端到译码器输入端的所有转换器及传输媒质，可用一个数字序列变换的方框加以概括，这个方框就称为编码信道，如图3.3.1所示。当然，根据研究对象和所关心问题的不同，还可以定义其他形式的广义信道。

2. 编码信道模型

编码信道是包括调制器、解调器及调制信道的信道，它与调制信道模型有明显的不同。在调制信道中，对信号的影响是通过$k(t)$及$n(t)$使调制信号发生模拟变化；而在编码信道中，对信号的影响则是一种数字序列的变换，即将一种数字序列变成另一种数字序列。故调制信道有时被看成是一种模拟信道，而编码信道则看成是一种数字信道。

由于编码信道包含调制信道，因而调制信道的变化同样会对编码信道产生影响。但是，从编码和译码的角度看，以上影响已被反映在解调器的最终结果中，使解调器输出的数字序列以某种概率发生差错。显然，如果调制信道差，即传输特性不理想和加性噪声严重，则发生差错的概率将会变大。由此看来，编码信道的模型可以用数字的转移概率

来描述。例如，在二进制数字传输系统中，一个简单的编码信道模型如图 3.3.3 所示。之所以说这个模型是“简单的”，是因为这里假设解调器每个输出数字码元差错的发生是相互独立的。用编码的术语来说，这种信道是无记忆的(某一码元的差错与其前后码元的差错不发生依赖关系)。在这个模型里，$P(y|x)$表示输入为 x 条件下输出为 y 的概率。$P(0|0)$、$P(1|0)$、$P(0|1)$及 $P(1|1)$称为信道转移概率，其中 $P(0|0)$及 $P(1|1)$是正确转移的概率，而 $P(1|0)$及 $P(0|1)$是错误转移的概率。同时，由概率性质可知

$$P(0 \mid 0)=1-P(1 \mid 0) \tag{3.3.3}$$

$$P(0 \mid 1)=1-P(1 \mid 1) \tag{3.3.4}$$

转移概率完全由编码信道的特性决定，一个特定的编码信道就相应有确定的转移概率关系。但应该指出，编码信道的转移概率一般需要对实际编码信道进行大量的统计分析才能得到。

由无记忆二进制的编码信道模型容易推论到无记忆的任意多进制的情形中，图 3.3.4 是一个无记忆的四进制编码信道模型。

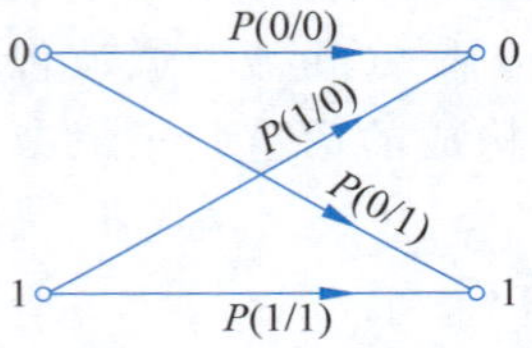

图 3.3.3　简单的编码信道模型

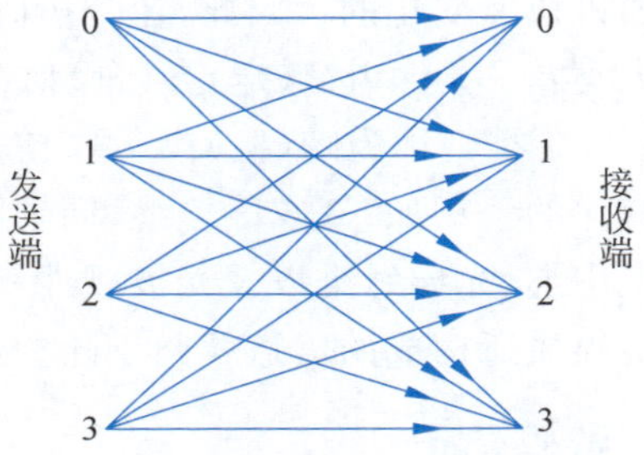

图 3.3.4　无记忆的四进制编码信道模型

如果编码信道是有记忆的，即信道中码元发生差错的事件是不独立的事件，则编码信道的模型将要比图 3.3.3 或图 3.3.4 复杂得多。此时的信道转移概率也变得很复杂，这里就不再进一步讨论了。因为编码信道包含调制信道，而它的特性又紧密地依赖于调制信道，因此下面将对调制信道做进一步的讨论。

3.4　恒参信道与随参信道

视频

3.4.1　恒参信道

如前所述，如果信道特性不随时间变化或变化很缓慢，这种信道称为恒参信道。信道特性主要由传输媒质所决定，若传输媒质特性是基本不随时间变化的，所构成的广义信道通常属于恒参信道。若传输媒质特性随时间随机快速变化，则构成的广义信道通常属于随参信道(或变参信道)。

恒参信道可以等效为一个时不变的线性网络，因此，在原理上只要得到了这个网络的传输特性，就可求得调制信号通过恒参信道后的变化规律。恒参信道的主要传输特性通常可用幅度-频率特性及相位-频率特性来表征。以下从两个表征特性的角度对典型恒

参信道(有线电话音频信道及载波信道)分析信道等效网络对信号传输的影响。

1. 幅度-频率失真

有线电话信道的幅度-频率特性不理想会引起幅度-频率失真,又称为幅频失真。物理上,电话信道中这种失真可能由其中的各种滤波器、混合线圈、串联电容器和分路电感等产生。从频率的角度分析,传输信号的幅频失真便反映在信道对不同频率的不均匀衰耗上。图 3.4.1 为典型音频电话信道的衰耗-频率特性曲线。分析该曲线,其低频截止点约为 300Hz,对 300Hz 以下信道,每倍频程衰耗降低 15～25dB;在 300～1100Hz 范围内衰耗比较平坦;在 1100～2900Hz 范围内,衰耗近似线性上升(2600Hz 时的衰耗比 1100Hz 时高 8dB);在 2900Hz 以上,衰耗增加很快,每倍频程增加 80～90dB。

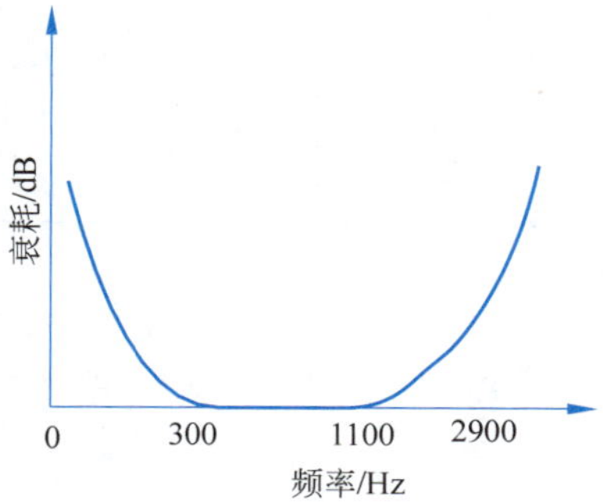

图 3.4.1 典型语音信道的衰耗特性

显然,不均匀衰耗引起信号波形的失真。此时若要传输数字信号,还会引起相邻数字信号波形之间在时间上的相互重叠,产生码间串扰(ISI,也称为码间干扰或符号间干扰)。

为了减小幅度-频率畸变,在设计总的电话信道传输特性时,一般都要求把幅度-频率畸变控制在一个允许的范围内。这就要求改善电话信道中的滤波性能,或者再通过一个线性补偿网络使衰耗特性曲线变得平坦。后一措施通常称为“均衡”。

2. 相位-频率失真——群时延失真

相位-频率失真是指信道的相移-频率特性偏离线性关系所引起的失真。电话信道的相位-频率失真(简称相频失真)与幅度-频率失真一样,主要来源于滤波器和电抗器件,尤其在信道频带的边缘,由于衰耗特性陡峭引起的相频失真就更严重。

相频失真对模拟语音通信影响并不显著,因人耳对相频失真不太灵敏。但对数字信号传输却不然,尤其当传输速率高时,相频失真将会引起严重的码间串扰,对数字信号带来很大损伤。

信道的相位-频率特性还经常采用群时延-频率特性来衡量。

无失真传输系统的系统函数为 $H(\omega)=K\mathrm{e}^{-\mathrm{j}\omega\tau}$,其中 τ 为时延。其相位 $\phi(\omega)=-\omega\tau$。因此,群时延-频率特性 $\tau(\omega)$ 可用相位-频率特性对频率的导数表示:

$$\tau(\omega)=-\frac{\mathrm{d}\phi(\omega)}{\mathrm{d}\omega} \tag{3.4.1}$$

显然,如果 $\phi(\omega)$ 呈现线性关系,则 $\tau(\omega)$ 是一条水平直线,如图 3.4.2 所示。此时,信号的不同频率成分将有相同的时延,因而信号经过传输后不发生失真(如无失真传输系统)。实际的信道特性总是偏离如图 3.4.2 所示的特性的。例如,一个典型电话信道的群时延-频率特性如图 3.4.3 所示。不难看出,当非单一频率的信号通过信道时,信号频谱中的不同频率分量将有不同的时延(使它们的到达时间先后不一),从而引起信号的失真。

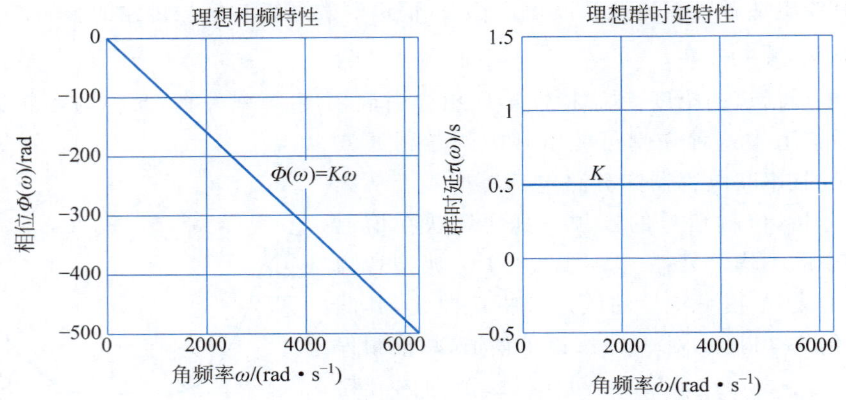

图 3.4.2 理想相频特性和群时延特性

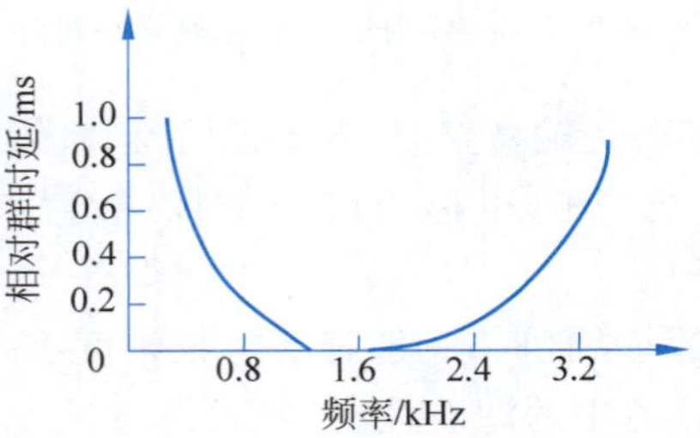

图 3.4.3 语音通道群时延特性

群时延失真如同幅频失真一样,也是一种线性失真。因此,采取相位均衡网络可以补偿群时延失真。

在恒参信道中,幅度-频率特性和相位-频率特性的不理想是损害信号传输的重要因素。除此之外,还存在其他一些因素使信道的输出与输入产生差异(亦可称畸变),如非线性畸变、频率偏移及相位抖动等。非线性畸变主要由信道中的元器件(磁芯、电子器件等)的非线性特性引起,造成谐波失真或产生寄生频率等;频率偏移通常是由于载波电话系统中接收端解调载波与发送端调制载波之间的频率有偏差(例如,解调载波可能没有与调制载波保持同步),而造成经信道传输的信号中每一频率分量与发送的信号之间产生频率偏差;相位抖动也是由调制和解调载波发生器的不稳定性造成的,这种抖动的结果相当于发送信号附加上一个小指数的调频。以上的非线性畸变一旦产生,一般均难以排除,这就需要在进行系统设计时从技术上加以重视。

3.4.2 随参信道

随参(变参)信道是指信道的传输特性随时间的改变而随机快速变化的信道。随参信道的特性比恒参信道要复杂得多,对信号的影响也要严重得多,其根本原因在于它包含复杂的传输媒质。虽然,随参信道中除传输媒质外还包含其他转换器,并且也应该将它们的特性算作随参信道特性的组成部分,但从对信号传输的影响来看,传输媒质的影响是主要的,而转换器特性的影响是次要的,甚至可以忽略不计。因此,本节仅讨论随参信道的传输媒质所具有的一般特性以及它对信号传输的影响。

随参信道的传输媒质有 3 个特性。

(1) 时变衰耗:每条路径的衰耗因传输媒质动态变化(如电离层波动)而随机波动;

(2) 时变时延:不同路径的传播时延因媒质特性变化而随机偏移;

(3) 多径传播:信号通过多条路径到达接收端,路径长度不同导致时延差异。

这些特性共同导致接收信号幅度和相位的快速随机波动(快衰落)。

随参信道的传输媒质主要以电离层反射和散射、对流层散射等为代表。信号在这些媒质中传输的示意图如图 3.4.4 所示。它们的共同特点是：由发送端发出的电波可能经多条路径到达接收点，这种现象称多径传播。就不同路径信号而言，它的衰耗和时延都不是固定不变的，而是随电离层或对流层的机理变化而变化的。因此，多径传播后的接收信号将是衰减和时延随时间变化的各路径信号的合成。

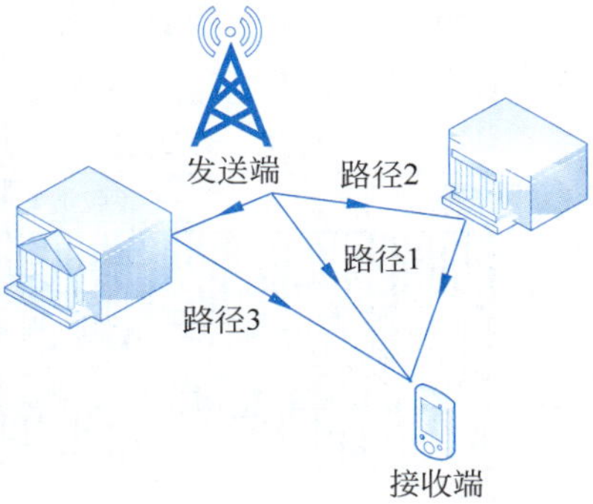

图 3.4.4 多径传播示意图

若设发射波为 $A\cos(\omega_0 t)$，则经过 n 条路径传播后的接收信号 $R(t)$ 可用下式表述：

$$R(t)=\sum_{i=1}^{n}\mu_i(t)\cos\{\omega_0[t-\tau_i(t)]\}=\sum_{i=1}^{n}\mu_i(t)\cos[\omega_0 t+\varphi_i(t)] \tag{3.4.2}$$

式中，$\mu_i(t)$ 为第 i 条路径的接收信号振幅；$\tau_i(t)$ 为第 i 条路径的传输时延，它随时间不同而变化；$\varphi_i(t)=-\omega_0\tau_i(t)$。

经大量观察表明，$\mu_i(t)$ 与 $\varphi_i(t)$ 随时间的变化与发射载频的周期相比通常缓慢得多，即 $\mu_i(t)$ 及 $\varphi_i(t)$ 可以认为是缓慢变化的随机过程。因此，式(3.4.2)可改写成

$$R(t)=\sum_{i=1}^{n}\mu_i(t)\cos\varphi_i(t)\cos(\omega_0 t)-\sum_{i=1}^{n}\mu_i(t)\sin\varphi_i(t)\sin(\omega_0 t) \tag{3.4.3}$$

设

$$X_c(t)=\sum_{i=1}^{n}\mu_i(t)\cos\varphi_i(t) \tag{3.4.4}$$

$$X_s(t)=\sum_{i=1}^{n}\mu_i(t)\sin\varphi_i(t) \tag{3.4.5}$$

则式(3.4.3)变成

$$\begin{aligned}R(t)&=X_c(t)\cos(\omega_0 t)-X_s(t)\sin(\omega_0 t)\\&=V(t)\cos[\omega_0 t+\varphi(t)]\end{aligned} \tag{3.4.6}$$

式中，$V(t)$ 为合成波 $R(t)$ 的包络，$\varphi(t)$ 为合成波 $R(t)$ 的相位，即

$$V(t)=\sqrt{X_c^2(t)+X_s^2(t)} \tag{3.4.7a}$$

$$\varphi(t)=\arctan\frac{X_s(t)}{X_c(t)} \tag{3.4.7b}$$

由于 $\mu_i(t)$ 与 $\varphi_i(t)$ 是缓慢变化的，因而 $X_c(t)$、$X_s(t)$ 及包络 $V(t)$、相位 $\varphi(t)$ 也是缓慢变化的。于是，$R(t)$ 可视为一个窄带过程。

从式(3.4.6)可以看到，多径传播的影响主要有：

(1) 产生瑞利型衰落。从波形上看，多径传播的结果使单一载频的确定信号 $A\cos(\omega_0 t)$ 变成了包络和相位受到调制的窄带信号，见图 3.4.5(右上)。这样的信号通常称为衰落

信号。

(2) 引起了频率弥散。从频谱上看,多径传输引起了频率弥散,即由单个频率变成了一个窄带频谱,见图 3.4.5(右下)。

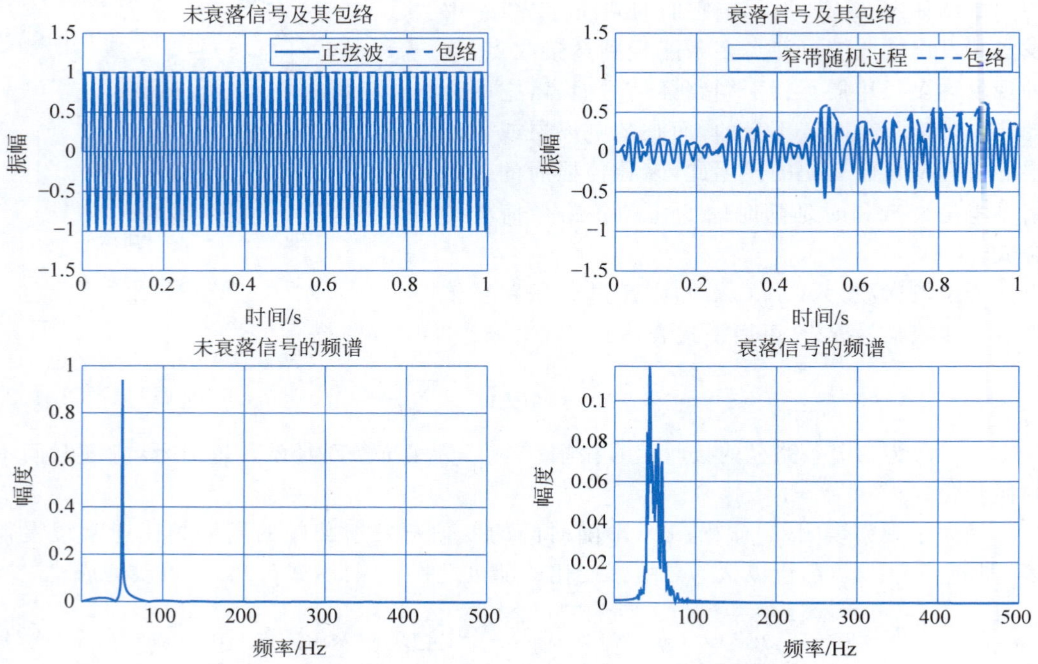

图 3.4.5 未衰落和衰落信号的波形和频谱

(3) 造成频率选择性衰落。造成频率选择性衰落是指信号频谱中某些分量的一种衰落现象,发生在传输信号频谱大于多径传播媒质的相关带宽。

进一步考察式(3.4.6)中 $V(t)$ 及 $\varphi(t)$ 的统计特性。由式(3.4.6)看到,$V(t)$ 及 $\varphi(t)$ 与 $X_c(t)$ 及 $X_s(t)$ 有关,而 $X_c(t)$ 及 $X_s(t)$ 分别由式(3.4.4)和式(3.4.5)决定。由这两式可见,在任一时刻 t_1 上,$X_c(t_1)$ 及 $X_s(t_1)$ 是 n 个随机变量之和。当 n 充分大时(多径传播时通常满足这一条件),根据中心极限定理,$X_c(t_1)$ 及 $X_s(t_1)$ 近似服从正态分布,利用第 2 章的结论,$X_c(t)$ 及 $X_s(t)$ 是平稳的高斯过程(因为与选什么样的 t_1 无关),$R(t)$ 是一个窄带高斯过程,$V(t)$ 的一维分布为瑞利分布,$\varphi(t)$ 的一维分布为均匀分布。实践也表明,把衰落信号看成窄带高斯过程是足够准确的,当然,以上的一般性认识对某种特定情况会有出入。例如,当短波电离层反射中出现一条固定镜面反射信号时,$R(t)$ 的包络 $V(t)$ 将趋于广义瑞利分布,而 $\varphi(t)$ 也将偏离均匀分布。

信号的包络服从瑞利分布的衰落,通常称为瑞利型衰落。将瑞利型衰落信号的包络值记为 V,则随机变量 V 的一维概率密度函数 $f_V(x)$ 可表示成

$$f_V(x) = \frac{x}{\sigma^2}\exp\left(-\frac{x^2}{2\sigma^2}\right), \quad x \geqslant 0 \tag{3.4.8}$$

瑞利型衰落具有如下特点:

(1) 包络 V 的数学期望为 $\sqrt{\frac{\pi}{2}}\sigma \approx 1.254\sigma$，二阶原点矩为 $2\sigma^2$，方差为 $\left(2-\frac{\pi}{2}\right)\cdot\sigma^2$。

(2) 当 $x=\sigma$ 时，$f_V(x)$ 有最大值。

(3) 当 $V=\sigma\sqrt{2\ln 2}\approx 1.177\sigma$ 时，有 $\int_0^V f_V(x)\mathrm{d}x=\frac{1}{2}$。表明衰落信号有 50% 的"时间"(0.5 概率的另一种表述方法)信号包络大于 1.177σ，有 50% 的时间信号包络小于 1.177σ。

(4) 信号包络 V 低于 σ 的概率约为 0.39，这是因为

$$\int_0^{\sigma} f_V(x)\mathrm{d}x = 1-\mathrm{e}^{1/2}\approx 0.39$$

事实上，信号包络 V 超过某一指定值 $k\sigma$ 的概率为

$$\int_{k\sigma}^{+\infty} f_V(x)\mathrm{d}x=\mathrm{e}^{-k^2/2}$$

式中，k 为大于 0 的实数。

多径传播会造成信号的衰落、频率弥散效应以及宽带信号发生频率选择性衰落的现象。所谓频率选择性衰落，是指信号频谱中某些分量的一种衰落现象，这是多径传播的又一个重要特征。下面通过一个例子来建立这个概念。

分析一下两条路径组成的多径传播。为简单起见，设发射信号为 $f(t)$，到达接收点的两路信号具有相同的强度和一个相对的时延差。则到达接收点的两条路径信号可分别表示成 $V_0 f(t-t_0)$ 及 $V_0 f(t-t_0-\tau)$，这里 t_0 是固定的时延，τ 是两条路径信号的相对时延差，V_0 为某一确定的"强度"。不难看出，上述的传播过程可用图 3.4.6 来模拟。

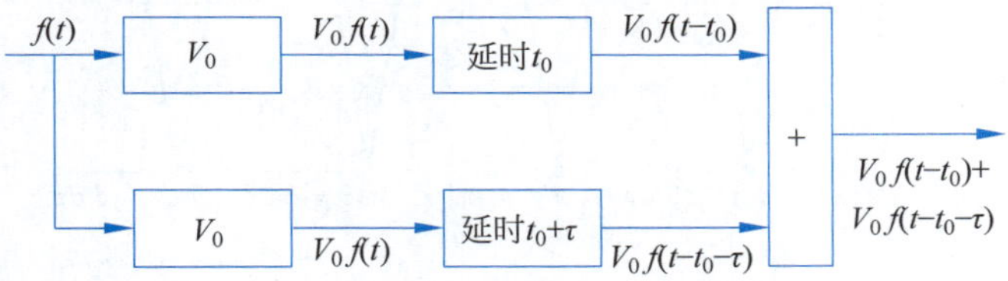

图 3.4.6 两径传播时的模拟框图

现在求如图 3.4.6 所示模拟框图的传输特性。设 $f(t)$ 的频谱密度函数为 $F(\omega)$，即有

$$f(t)\Leftrightarrow F(\omega)$$

则

$$\begin{cases} V_0 f(t-t_0)\Leftrightarrow V_0 F(\omega)\mathrm{e}^{-\mathrm{j}\omega t_0} \\ V_0 f(t-t_0-\tau)\Leftrightarrow V_0 F(\omega)\mathrm{e}^{-\mathrm{j}\omega(t_0+\tau)} \\ V_0 f(t-t_0)+V_0 f(t-t_0-\tau)\Leftrightarrow V_0 F(\omega)\mathrm{e}^{-\mathrm{j}\omega t_0}(1+\mathrm{e}^{-\mathrm{j}\omega\tau}) \end{cases} \tag{3.4.9}$$

于是，当两径传播时，模拟电路的传输特性 $H(\omega)$ 为

$$H(\omega)=\frac{V_0F(\omega)\mathrm{e}^{-\mathrm{j}\omega t_0}(1+\mathrm{e}^{-\mathrm{j}\omega\tau})}{F(\omega)}=V_0\mathrm{e}^{-\mathrm{j}\omega t_0}(1+\mathrm{e}^{-\mathrm{j}\omega\tau}) \tag{3.4.10}$$

可见,所求的传输特性除常数因子 V_0 外,还由一个模值为 1、固定时延为 t_0 的网络与另一个特性为 $(1+\mathrm{e}^{-\mathrm{j}\omega\tau})$ 的网络级联所组成。而后一个网络的模特性(幅度-频率特性)为

$$\begin{aligned}|(1+\mathrm{e}^{-\mathrm{j}\omega\tau})|&=|1+\cos(\omega\tau)-\mathrm{j}\sin(\omega\tau)|\\&=\left|2\cos^2\frac{\omega\tau}{2}-\mathrm{j}2\sin\frac{\omega\tau}{2}\cos\frac{\omega\tau}{2}\right|\\&=2\left|\cos\frac{\omega\tau}{2}\right|\end{aligned} \tag{3.4.11}$$

由此可见,两径传播的模特性将依赖于 $|\cos(\omega\tau/2)|$,图 3.4.7 所示为上述模特性曲线。曲线表明对不同的频率,两径传播的结果将有不同的衰减。例如,当 $\omega=2n\pi/\tau$ 时(n 为整数),达到传输极值;当 $\omega=(2n+1)\pi/\tau$ 时,出现传输零点。考虑到相对时延差一般是随时间变化的,故传输特性出现的零点与极值在频率轴上的位置也会随时间而变。显然,当一个传输波形的频谱约宽于 $1/\tau(t)$ 时($\tau(t)$ 表示有时变的相对时延),传输波形的频谱将受到畸变,这种畸变就是由所谓的频率选择性衰落(简称选择性衰落)所引起的。

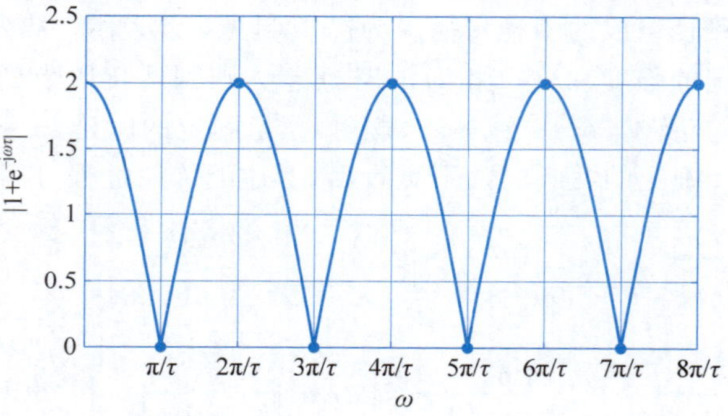

图 3.4.7　多径效应幅频特性

将以上概念推广到多径传播中,这时的传输特性要复杂得多;但是,出现的频率选择性衰落的基本规律将是同样的,即频率选择性将同样依赖于相对时延差。多径传播时的相对时延差(简称多径时延差)通常用最大多径时延差来表征,并用它来估算传输零点和极点在频率轴上的位置。设最大多径时延差为 τ_{m},则定义

$$\Delta f=1/\tau_{\mathrm{m}} \tag{3.4.12}$$

为相邻传输零点的频率间隔。这个频率间隔通常称为多径传播媒质的相干带宽。如果传输波形的频带宽度大于 Δf,则该波形将产生明显的频率选择性衰落。由此可以看出,为了不引起明显的频率选择性衰落,传输波形的频带必须小于多径传输媒质的相干带宽 Δf。根据工程经验,当信号带宽限制为 $B=(1/3\sim1/5)\Delta f$ 或者码元宽度限制为 $T=(3\sim5)\tau_{\mathrm{m}}$ 时,频率选择性衰落不显著。

通常,在一个通信系统中总是希望有较高的传输速率,然而较高的传输速率对应着

较宽的信号频带。因此，宽带的数字信号在多径媒质中传输时，容易存在由频率选择性衰落现象引起的严重的码间串扰。为了减小码间串扰的影响，通常要限制数字信号的传输速率。

一般衰落特性和频率选择性衰落特性是随参信道的两个严重影响信号传输的重要因素。此外，随参信道中还存在其他特性，例如，随参信道的传输媒质还会出现使传输信号随年份、季节、昼夜的变化而发生强弱变化的特性，这种变化特性通常也称为衰落，但由于这种衰落的变化速度十分缓慢（通常以小时以上时间为计算单位），故称为慢衰落。相应地，称上述瑞利型衰落为快衰落。对于信号传输效果有严重影响的因素是快衰落。

综上所述，随参信道的多径传播是产生快衰落的主要原因，快衰落对数字通信可靠性影响很大。克服快衰落的办法是分集接收。所谓分集接收，是指接收端按照某种方式使它收到的携带同一信息的多个信号衰落特性相互独立，并对多个信号进行特定的处理，以降低合成信号电平的起伏，减小各种衰落对接收信号的影响。从广义信道的角度来看，分集接收可看成是随参信道的一个组成部分。为了在接收端得到多个互相独立或基本独立的接收信号，一般可利用不同路径、不同频率、不同极化、不同时间等手段来获取。因此，采用的分集技术有空间分集、极化分集、频率分集、时间分集等，而分集信号合并方法通常有最佳选择式、等增益相加式和增大比值相加式等。

在传统的无线通信中，多径效应往往被视为一种干扰，因为它可能导致信号的衰减和失真。在现代无线通信技术中，MIMO（多输入多输出）通过在发射端和接收端使用多个天线，使得信号能够通过空间中的多条路径传输，这些经由不同路径传输的信号副本可能经历不同的多径效应。通过精确的信号处理技术，MIMO系统能够区分并合并这些信号，从而提高信号的整体质量和可靠性。这种方法可有效地将多径效应从潜在的障碍转变为提升通信性能的有利因素。这种转变体现了深刻的技术进步，即在面对自然现象时，通过创新思维和技术手段，可以将挑战转化为机遇。

3.5 信道中的噪声

视频

信道中存在的不需要的电信号统称为噪声。通信系统中的噪声是叠加在信号上的，即使没有传输信号通信系统中也有噪声，即噪声始终存在于通信系统中。噪声可以看作信道中的一种干扰，因为这种干扰是叠加在有用信号上的，故称为加性干扰或加性噪声。加性噪声通常独立于有用信号（携带信息的信号），但它始终干扰有用信号，因而会不可避免地对通信造成影响。

3.5.1 噪声源分类

信道中噪声的来源是多方面的。就噪声来源讲，一般可以分为人为噪声、自然噪声和内部噪声三大类。人为噪声来源于其他信号源，如外台信号、开关接触时产生的电火花、工业的点火辐射等；自然噪声是指自然界存在的各种电磁波源，如闪电、大气中的电暴、银河系噪声及其他各种宇宙噪声等；内部噪声是系统设备本身产生的各种噪声，如在电阻一类的导体中自由电子的热运动(常称为热噪声)、真空管中电子的起伏发射和半导体中载流子的起伏变化(常称为散弹噪声)及电源噪声等。

在加性噪声中,某些类型的噪声是可以消除或忽略的,例如,接触不良、电源噪声、自激振荡以及各种内部的谐波干扰等。虽然消除这些噪声不一定很容易,但至少在原理上是可以设法消除或基本消除的。还有一些噪声往往是无法避免的,它们是存在于整个通信频谱,且波形不能预测的随机噪声,通常称为固有噪声。

按照噪声的性质,常见的和基本的随机噪声又可分为窄带噪声、脉冲噪声和起伏噪声3类。

窄带噪声是一种连续波的干扰(如外台信号),它可视为一个正弦波,但其幅度、频率及相位都是事先不能预知的。这种噪声的主要特点是占有极窄的频带,但在频率轴上的位置可以实测。因此,窄带噪声并非在所有通信系统中都存在。

脉冲噪声是在时间上无规则的、时而安静时而突发的噪声,例如,工业的点火辐射、闪电和电气开关通断等产生的噪声。这种噪声的主要特点是其突发的脉冲幅度大,但单个突发脉冲持续时间短且相邻突发脉冲之间往往有较长的安静时段。从频谱上看,脉冲噪声通常有较宽的频谱(从甚低频到高频),但频率越高,其频谱成分就越小。

起伏噪声是以热噪声、散弹噪声及宇宙噪声为代表的噪声。这种噪声的特点是,无论在时域内还是在频域内它们总是普遍存在和不可避免的。

由于噪声具有随机特征,因此噪声的一般表达方法可以利用概率论的知识。经过人们的长期实践,对于窄带噪声和起伏噪声来说,已经形成了比较成熟的数学表述方法;但对于脉冲噪声,除了某些特殊的脉冲噪声(例如,实际上不是孤立出现的和形状相同的以及那些出现密度较高的脉冲噪声)外,由于脉冲噪声的一般规律难以测量,故至今对它还没有统一的数学表述方法。

由于起伏噪声的普遍存在以及它的持续影响,因而在研究信息的传输原理时常把起伏噪声作为基本的研究对象。下面将着重讨论起伏噪声,特别是热噪声对通信系统的影响。

热噪声是在电阻等导体中,由自由电子的布朗运动引起的噪声。电子的热运动是无规则的,且互不依赖,因此每一个自由电子的随机热运动所产生的小电流及其方向也是随机的,而且互相独立。电子热运动产生的起伏电流也和散弹噪声一样服从正态分布。在通信系统中,电阻器件噪声、天线噪声、馈线噪声以及接收机产生的噪声均可以等效为热噪声。

实验结果和理论分析证明,在从直流到 1×10^{13} Hz 的频率范围内,电阻热噪声的噪声电压的功率谱密度近似为一个恒定值,表示为

$$P_{\mathrm{n}}(\omega)=2kTR\,(\mathrm{W/Hz}) \tag{3.5.1}$$

式中,$k=1.38\times10^{-23}$ J/K 为玻耳兹曼常数,T 为电阻的热力学温度(K),R 为电阻阻值(Ω)。

电阻的热噪声还可以表示为噪声电流源或噪声电压源的形式,如图 3.5.1 所示。其中图 3.5.1(b)是噪声电流源与纯电导相并联;图 3.5.1(c)是噪声电压源与纯电阻相串联。噪声电流源和噪声电压源的均方根值分别为

$$I_n=\sqrt{4kTGB} \tag{3.5.2}$$

$$V_n=\sqrt{4kTRB} \tag{3.5.3}$$

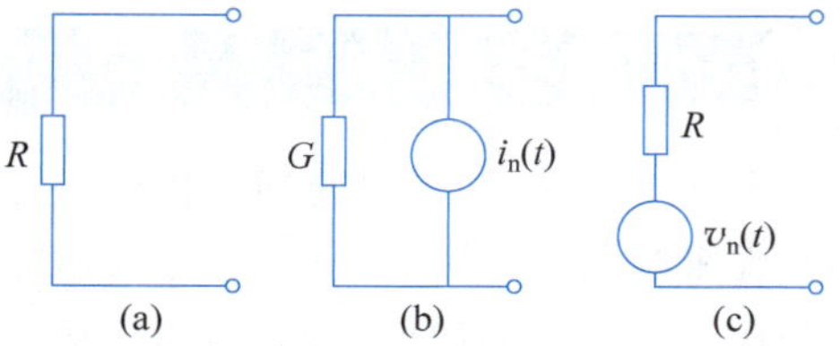

图 3.5.1 电阻热噪声的等效表示

通常将热噪声看成高斯噪声。根据中心极限定理可知，热噪声电压服从正态分布，且均值为 0，其一维概率密度函数为

$$f_n(v)=\frac{1}{\sqrt{2\pi}\sigma_n}\exp\left(-\frac{v^2}{2\sigma_n^2}\right) \tag{3.5.4}$$

由于均值为 0，因此其方差等于平均功率，它可以通过功率谱积分得到。

综上所述，无论是散弹噪声、热噪声，还是宇宙噪声，都可认为是一种高斯噪声，而且其在相当宽的频率范围内具有平坦的功率谱密度。因而散弹噪声、热噪声及宇宙噪声之类的起伏噪声常常被近似地表述成高斯白噪声。

3.5.2 噪声等效带宽

从通信系统来看，起伏噪声是最基本的噪声来源。但应注意，从调制信道的角度来看，到达或集中于解调器输入端的噪声并不是上述起伏噪声本身，而是它的某种变换形式，即一种带通型噪声。这是因为，在到达解调器之前，起伏噪声通常要经过接收转换器，而接收转换器的主要作用之一是滤出有用信号和部分地滤除噪声，它通常可等效成一个带通滤波器。故带通滤波器的输出噪声是带通型噪声。由于这种噪声通常满足"窄带"的定义，故常称它为窄带噪声。考虑到带通滤波器常常是一种线性网络，而起伏噪声是高斯白噪声，因此，这时的窄带噪声是窄带高斯噪声。也就是说，当研究调制与解调的问题时，调制信道的加性噪声可直接表述为窄带高斯噪声。

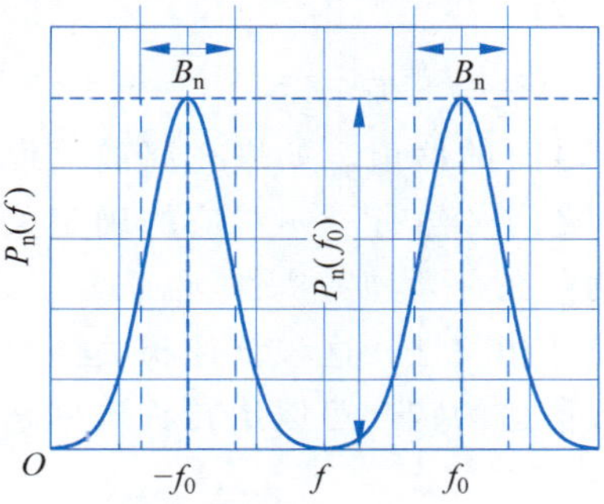

图 3.5.2 带通型噪声的功率谱密度

信号占有一定的带宽，噪声同样也有它的带宽；噪声的带宽可以用不同的定义来描述。为了使分析噪声功率相对容易，通常引入噪声等效带宽来描述。设带通型噪声的功率谱密度 $P_n(f)$ 如图 3.5.2 所示，它可以由高斯白噪声通过一个带通滤波器而得到。

假设 $P_n(f)$ 在 f_0 及 $-f_0$ 处分别有最大值 $P_n(f_0)$ 及 $P_n(-f_0)$，则该噪声等效带宽 B_n 定义为

$$B_n=\frac{\int_{-\infty}^{\infty}P_n(f)\mathrm{d}f}{2P_n(f_0)}=\frac{\int_{0}^{\infty}P_n(f)\mathrm{d}f}{P_n(f_0)} \tag{3.5.5}$$

它的物理意义是：高度为 $P_n(f_0)$、宽度为 B_n 内的噪声功率与功率谱密度为 $P_n(f)$ 的带通型噪声功率相等，即表征图 3.5.2 中虚线下的面积等于功率谱密度曲线下的面积。

上述定义适用于常见的窄带高斯噪声，带宽为 B_n 的窄带高斯噪声就被认为其功率谱密度 $P_n(\omega)$ 在带宽 B_n 内是平坦的。

3.6 信道容量

在通信系统中,信息是通过信道进行传输的。而在一条传输信道上所传输的信息并不是无限制的,在单位时间内信道上所能传输的最大信息量被称为信道容量。由于信道分为连续信道和离散信道两类,所以信道容量的表示方法也不相同。在实际的信道中总是存在干扰,如何在有干扰的情况下计算信道容量,将是下面所要讨论的内容。

视频

3.6.1 离散信道容量

熵和条件熵是表征信息量和信道容量的两个量。根据第 1 章的介绍,离散信息源 X 携带的平均信息量用 $H(X)$表示,即

$$H(X)=-\sum_{i=1}^{L}P(X=x_i)\log_2 P(X=x_i) \tag{3.6.1}$$

式中 $x_i(i=1,2,\cdots,L)$为随机变量 X 的所有可能取值。

在 X 取 x_i 的条件下 Y 的平均不确定度是研究互信息的基本度量,称为 X 取 x_i 时 Y 的条件熵,记作 $H(Y|X=x_i)$。

$$H(Y\mid X=x_i)=-\sum_{j=1}^{M}P(Y=y_j\mid X=x_i)\log_2 P(Y=y_j\mid X=x_i) \tag{3.6.2}$$

相应地,

$$\begin{aligned}H(Y\mid X)&=-\sum_{i=1}^{L}P(X=x_i)\sum_{j=1}^{M}P(Y=y_j\mid X=x_i)\log_2 P(Y=y_j\mid X=x_i)\\&=-\sum_{i=1}^{L}\sum_{j=1}^{M}P(X=x_i,Y=y_j)\log_2 P(Y=y_j\mid X=x_i)\end{aligned} \tag{3.6.3}$$

$H(Y|X)$称为条件 X 下 Y 的条件熵,它表示 X 条件下 Y 的平均不确定度。

离散信道是指信道中输入和输出的符号都是离散符号时的信道。如果在离散信道中不存在干扰,则离散信道的输入符号 X 与输出符号 Y 之间必然有一一对应的确定关系。但若信道中存在干扰,则输入符号与输出符号之间就存在有某种随机性,也就是说,它们之间已不存在一一对应的确定关系,而具有一定的统计相关性。这种统计相关性取决于转移概率 $P(Y=y_j|X=x_i)$,记作 $P(y_j|x_i)$。离散信道的特性可以用转移概率来描述。

一般情况下,发送符号集 $X=\{x_i\}(i=1,2,\cdots,L)$有 L 种符号,接收符号集 $Y=\{y_j\}(j=1,2,\cdots,M)$有 M 种符号。无记忆信道(是指每个输出符号只取决于当前输入符号,与其他输入符号无关)的转移概率可用下列矩阵表示:

$$\boldsymbol{P}(y_j\mid x_i)=\begin{bmatrix}P(y_1\mid x_1) & P(y_2\mid x_1) & \cdots & P(y_M\mid x_1)\\P(y_1\mid x_2) & P(y_2\mid x_2) & \cdots & P(y_M\mid x_2)\\\vdots & \vdots & \ddots & \vdots\\P(y_1\mid x_L) & P(y_2\mid x_L) & \cdots & P(y_M\mid x_L)\end{bmatrix} \tag{3.6.4}$$

或

$$
\boldsymbol{P}(x_j \mid y_i)=\begin{bmatrix} P(x_1 \mid y_1) & P(x_2 \mid y_1) & \cdots & P(x_L \mid y_1) \\ P(x_1 \mid y_2) & P(x_2 \mid y_2) & \cdots & P(x_L \mid y_2) \\ \vdots & \vdots & \ddots & \vdots \\ P(x_1 \mid y_M) & P(x_2 \mid y_M) & \cdots & P(x_L \mid y_M) \end{bmatrix} \tag{3.6.5}
$$

实际信道往往是有记忆的，每个输出符号不但与当前输入符号有关，而且与以前的若干输入符号有关。无记忆信道的数学表达及分析最为简单，本节仅讨论这种情形。

若一个信道的转移概率矩阵按输出可分为若干子集，其中每个子集都有如下特性：每一行是其他行的置换，每一列是其他列的置换，这类信道称为对称信道。基于对称信道不同行(列)元素的置换关系这一特点，各行满足

$$
-\sum_{j=1}^{M} P(y_j \mid x_i)\log_2 P(y_j \mid x_i)=\text{常数} \tag{3.6.6}
$$

即上述求和结果与 i 无关。因此，可推得对称信道的输入、输出符号集合之间的条件熵

$$
\begin{aligned}
H(Y \mid X) &= -\sum_{i=1}^{L} P(x_i)\sum_{j=1}^{M} P(y_j \mid x_i)\log_2 P(y_j \mid x_i) \\
&= -\sum_{j=1}^{M} P(y_j \mid x_i)\log_2 P(y_j \mid x_i)\sum_{i=1}^{L} P(x_i) \\
&= \sum_{j=1}^{M} P(y_j \mid x_i)\log_2 P(y_j \mid x_i)
\end{aligned} \tag{3.6.7}
$$

式(3.6.7)表明，对称信道的条件熵 $H(Y|X)$ 与输入符号的概率 $P(x_i)$ 无关，而仅与信道转移概率 $P(y_j|x_i)$ 有关。

同理可得

$$
H(X \mid Y)=-\sum_{i=1}^{L} P(x_i \mid y_j)\log_2 P(x_i \mid y_j) \tag{3.6.8}
$$

典型的有扰信道是无记忆二进制对称信道，如图 3.6.1 所示，这里 $x_1=y_1=0$，$x_2=y_2=1$。其传输特性可用转移概率矩阵

$$
\boldsymbol{P}(y_j \mid x_i)=\begin{bmatrix} 1-\varepsilon & \varepsilon \\ \varepsilon & 1-\varepsilon \end{bmatrix}
$$

表示。这里，$P(y_1|x_1)=P(y_2|x_2)=1-\varepsilon$，$P(y_1|x_2)=P(x_1|y_2)=\varepsilon$。

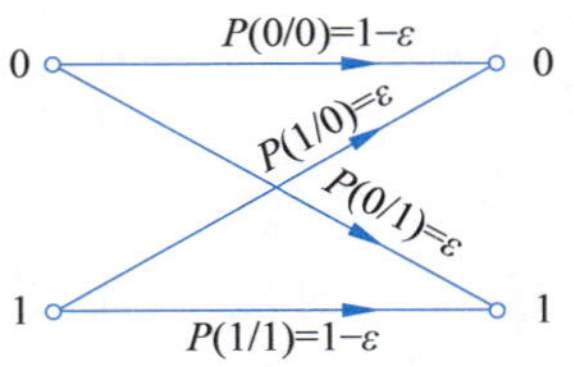

图 3.6.1 二进制对称信道模型

通信系统传输的信息量(即发送 X，收到的信号 Y 所携带的信息量)用平均互信息 $I(X,Y)$ 来表示，即

$$
I(X,Y)=H(X)-H(X \mid Y)
$$

可以证明

$$I(X,Y)=H(X)-H(X\mid Y)=H(Y)-H(Y\mid X) \tag{3.6.9}$$

因此,有扰离散信道上所传输的信息量不但与条件熵 $H(Y|X)$ 或 $H(X|Y)$ 有关,而且与熵 $H(X)$ 或 $H(Y)$ 有关。尽管对称信道的条件熵只取决于信道转移概率,但 $H(X)$ 或 $H(Y)$ 却与 $P(x)$ 或 $P(y)$ 有关。

假设通信系统发送端每秒发出 r 个符号,则有扰信道的信息传输速率为

$$\begin{aligned}R&=I(X,Y)\cdot r=[H(X)-H(X\mid Y)]\cdot r\\&=[H(Y)-H(Y\mid X)]\cdot r\end{aligned} \tag{3.6.10}$$

有扰离散信道的最高信息传输速率称为信道容量,定义为

$$\begin{aligned}C=R_{\max}&=\max[H(X)-H(X\mid Y)]\cdot r\\&=\max[H(Y)-H(Y\mid X)]\cdot r\end{aligned} \tag{3.6.11}$$

显然,在条件熵一定的情况下,若能使 $H(Y)$ 或 $H(X)$ 达到最大,即可求得有扰离散对称信道的信道容量。

在对称信道中,信道输入符号的等概分布和输出符号的等概分布是同时存在的。设输入符号等概分布,即 $P(x_i)=1/L$,对称信道转移矩阵中第 j 列元素为 $\{P(y_j|x_1)\ P(y_j|x_2)\ \cdots P(y_j|x_L)\}$,则信道输出符号 y_j 的概率为

$$P(y_j)=\sum_{i=1}^{L}P(x_i)P(y_j\mid x_i)=\frac{1}{L}\sum_{i=1}^{L}P(y_j\mid x_i) \tag{3.6.12}$$

由于对称信道各列由相同的元素组成,则有

$$P(y_j)=\frac{1}{L}\sum_{i=1}^{L}P(y_j\mid x_i)=\text{常数} \tag{3.6.13}$$

因此输出符号 Y 也是等概分布的,此时 $H(Y)$ 达到最大熵,$H_{\max}(Y)=\log_2 M$,这里 M 为 Y 的可能取值个数。于是,有扰离散对称信道的信道容量 C 可表示为

$$C=\left[\log_2 M+\sum_{j=1}^{M}P(y_j\mid x_i)\log_2 P(y_j\mid x_i)\right]\cdot r \tag{3.6.14}$$

【例 3-1】 图 3.6.1 所示二进制有扰对称信道,信源两种状态等概出现,波特率为 1000Bd,错误率 $\varepsilon=0.01$。

(1) 求信源发出的信息速率 R_b;

(2) 求信道容量。

解: 在二进制对称信道中,发送符号集和接收符号集都只有 0 和 1 两元素,$P(1)=P(0)=1/2$,且 $P(1|0)=P(0|1)=\varepsilon=0.01$,$P(1|1)=P(0|0)=1-\varepsilon=0.99$。

(1) 首先求出信源的熵

$$\begin{aligned}H(x)&=-P(x=0)\log_2 P(x=0)-P(x=1)\log_2 P(x=1)\\&=\frac{1}{2}\log_2 2+\frac{1}{2}\log_2 2=1(\text{比特 / 符号})=H(y)\end{aligned}$$

按题意,$R_B=1000(\text{Bd})$,$R_b=R_B\times H(x)=R_B\times\log_2 2=1000(\text{b/s})$。

(2) 求条件熵

$$H(y \mid x)=-(0.99\log_2 0.99+0.01\log_2 0.01)=0.081(\text{比特}/\text{符号})$$

于是信道容量为

$$C=R_{\max}=\max[H(Y)-H(Y \mid X)]\cdot r=(1-0.081)\times 1000=919(\text{b/s})$$

由此可得,因传输不可靠而丢失的信息量为81b/s,信道容量为919b/s。

3.6.2 连续信道容量

在连续信道中考虑信道容量问题,假设信道的带宽为B(Hz),信道输出的信号平均功率为S(W),输出加性高斯白噪声平均功率为N(W),则该信道的信道容量为

$$C=B\log_2\left(1+\frac{S}{N}\right)(\text{b/s}) \tag{3.6.15}$$

这就是著名的香农(Shannon)信道容量公式,简称为香农公式。它给出了当信号与作用在信道上的起伏噪声的平均功率给定(即信噪比S/N给定)时,在具有一定频带宽度B的信道上,单位时间内可能传输的信息量的理论极限值。

这里所传输的信号是指严格带限信号,工程上常用于非严格带限信号,所以该理论值在实际应用中只用于估算界限,具体问题应具体分析。

对白噪声而言,由于噪声功率N与信道带宽B有关,取噪声单边功率谱密度为n_0,则噪声功率$N=n_0B$,因此,香农公式的另一形式为

$$C=B\log_2\left(1+\frac{S}{n_0B}\right)(\text{b/s}) \tag{3.6.16}$$

由式(3.6.16)可见,一个连续信道的信道容量受"三要素"B、n_0、S的限制,关系如下:

(1) 提高信号与噪声功率之比S/N,可提高信道容量C。

(2) 当噪声功率$N\to 0$时,信道容量C趋于∞,这意味着无干扰信道容量为无穷大。

(3) 增加信道频带(也就是信号频带)B,并不能无限制地使信道容量增大。当噪声为白色高斯噪声时,随着B的增大,噪声功率$N=n_0B$也增大,在极限情况下,

$$\begin{aligned}\lim_{B\to\infty} C&=\lim_{B\to\infty} B\log_2\left(1+\frac{S}{n_0B}\right)=\frac{S}{n_0}\lim_{B\to\infty}\frac{n_0B}{S}\log_2\left(1+\frac{S}{n_0B}\right)\\&=\frac{S}{n_0}\log_2 \mathrm{e}\approx 1.44\frac{S}{n_0}\end{aligned}$$

由此可见,即使信道带宽无限增大,信道容量仍然是有限的,趋于常数$1.44\dfrac{S}{n_0}$。

(4) 当信道容量一定时,带宽B与信噪比S/N之间可以彼此互换。

(5) 由于信息速率$C=I/T$,T为传输时间,代入式(3.5.14)可得

$$I=TB\log_2\left(1+\frac{S}{N}\right) \tag{3.6.17}$$

可见,当S/N一定时,给定的信息量可以用不同的带宽和时间T的组合来传输。带

宽与时间也可以互换。

香农公式虽然并未解决具体的实现方法,但它在理论上阐明了这一互换关系的极限形式,指出了努力的方向。

以信噪比(S/N)(单位: dB)为横坐标,归一化信道容量 C/B(单位频带的信息传输率,单位: $\text{b}\cdot\text{s}^{-1}/\text{Hz}$)为纵坐标,得到如图 3.6.2 所示的曲线。显然,C/B 越大,频带利用率越高,即信道利用越充分。该曲线表示任何实际通信系统带限信号传输所能达到的频带利用率极限,曲线下部是实际通信系统所能达到的区域,而上部区域则是不可能实现的。

若将纵坐标改为 B/C,单位为 $\text{Hz}/(\text{b}\cdot\text{s}^{-1})$,则可得到另一条曲线,如图 3.6.3 所示。这条曲线表示归一化信道带宽与信噪比之间的关系。它阐明了信噪比与带宽的互换关系,曲线上部为实际通信系统能达到的区域,下部则为不可能实现的互换区域。

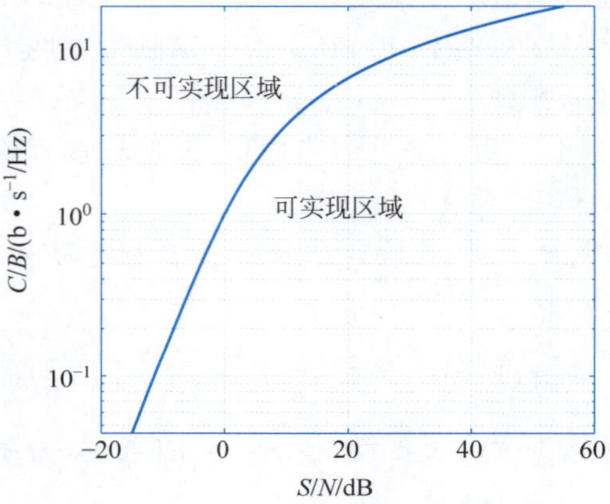

图 3.6.2 归一化信道容量与信噪比

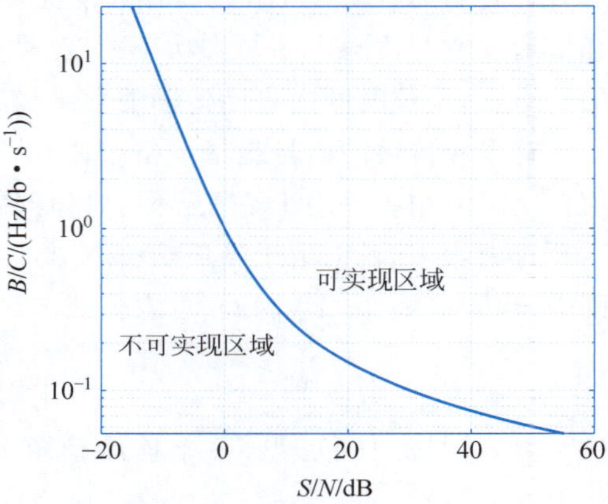

图 3.6.3 归一化信道带宽与信噪比

香农公式虽然给出了理论极限,但对如何达到或接近这一理论极限,并未给出具体的实现方案。多年来,人们正是围绕着这一目标,开展了大量的研究,得到了各种数字信号表示方法和调制手段。

香农在他那篇著名的《通信的数学理论》论文中还提出了另一条具有十分重要指导意义的结论:若信道容量为 C,消息源产生信息的速率为 R,只要 $C \geqslant R$,则总可以找到一种信道编码方式实现无误传输;若 $C < R$,则不可能实现无误传输。这一结论为信道编码指出了方向。

【例 3-2】 已知彩色电视图像由 5×10^5 个像素组成。设每个像素有 64 种彩色度,每种彩色度有 16 个亮度等级。设所有彩色度和亮度等级的组合机会均等,且统计独立。

(1) 试计算每秒传送 100 个画面所需的信道容量;

(2) 如果接收机信噪比为 30dB,传送彩色图像所需的信道带宽为多少?(注: $\log_2 x = 3.32\lg x$)

解：(1) 每像素信息 $I=\log_2(64\times16)=10(\mathrm{b})$

每幅图信息 $I_1=10\mathrm{b}\times5\times10^5=5\times10^6(\mathrm{b})$

信息速率 $R_b=100\times5\times10^6=5\times10^8(\mathrm{b/s})$

因为 R_b 必须小于或等于 C，所以信道容量为

$$C\geqslant R_b=5\times10^8\,\mathrm{b/s}$$

(2) 当信噪比为 30dB 时，$10\lg\frac{S}{N}=30$，因此$\frac{S}{N}=1000$。

可得信道带宽为

$$B=\frac{C}{\log_2\left(1+\frac{S}{N}\right)}=\frac{C}{3.32\lg\left(1+\frac{S}{N}\right)}=\frac{5\times10^8}{3.32\lg1001}\approx50(\mathrm{MHz})$$

可见，所求带宽 B 约为 50MHz。

【例 3-3】 设有一幅图像要在电话线中实现传真发送，大约要传输 2.25×10^6 个像素，每个像素有 12 个亮度等级。假设所有亮度等级是等概率的，电话线路具有 3kHz 带宽和 30dB 信噪比。试求在该标准电话线路上传输一张传真图片需要的最小时间。

解：每像素信息 $I=\log_2 12=3.32\lg12=3.58(\mathrm{b})$

每幅图信息 $I_1=2.25\times10^6\times3.58=8.06\times10^6(\mathrm{b})$

信道容量 $C=B\log_2\left(1+\frac{S}{N}\right)=3\times10^3\log_2(1+1000)$

$$=3\times10^3\times3.32\lg1001\approx29.9\times10^3(\mathrm{b/s})$$

设每张图片传输时间最小为 t，则最大信息速率 $R_{\max}=8.06\times10^6/t$。

由于 R 必须小于或等于 C，故 $R_{\max}=C$，于是得到传输一张传真图片所需的最小时间为

$$t=\frac{8.06\times10^6\,\mathrm{b}}{29.9\times10^3\,\mathrm{b/s}}\approx0.269\times10^3\,\mathrm{s}\approx4.5\mathrm{min}$$

3.7 MATLAB 仿真举例

利用 MATLAB 仿真计算二进制码在离散无记忆信道中传输产生的误码率。设发送二进制码 0 的概率 $P_0=0.6$，发送 1 的概率 $P_1=1-P_0$。利用单极性基带信号传输，用电平 $s_0=0$ 传输 0，用电平 $s_1=A$ 传输 1，这里 $A=5$，从判决输入端观测。信道中的噪声是加性的零均值高斯噪声，方差为 σ^2。求在最佳门限电平判决下传输误码率 P_e 与 A^2/σ^2 的曲线。

理论误码率曲线根据公式 $P_e=P_0P(\xi>C|s_0)+P_1P(\xi<C|s_1)$及蒙特卡罗仿真法计算统计误码率，式中 ξ 代表接收机样值，C 代表理论上的最佳门限判决值。仿真曲线自变量 A^2/σ^2 为-5～20dB，步进为 0.5dB，每一个给定噪声方差下仿真传输序列长度为 10^5 b。仿真程序源代码如下：

```
clear;
s0 = 0;s1 = 5;
p0 = 0.6;                                              % 信源概率
p1 = 1 - p0;
SNR_dB = -5:0.5:20;                                    % 仿真信噪比 SNR 范围(dB)
SNR = 10.^( SNR_dB./10);                               % 计算 SNR
PN = s1^2./ SNR;                                       % 噪声功率 PN 范围
N = 1e5;                                               % 信源序列长度
for k = 1:length(PN)
    X = (randn(1,N)> p0);                              % 按照 p0 产生信源
    n = sqrt(PN(k)).* randn(1,N);                      % 按照功率 PN 产生噪声
    xi = s1.* X + n;                                   % 模拟接收机输入
    C_opt = s1/2 + PN(k)/s1 * log(p0./p1);             % 计算最佳判决门限
    y = (xi > C_opt);                                  % 判决输出
    err(k) = (sum(X - y~ = 0))./N;                     % 误码率统计
end
semilogy(SNR_dB,err,'o');hold on;                      % 仿真结果

for k = 1:length(PN)                                   % 理论计算
    C_opt = s1/2 + PN(k)./s1.* log(p0./p1);            % 计算最佳判决门限
    pe0 = 0.5 - 0.5 * erf((C_opt)/(sqrt(2 * PN(k))));  % 发 0 出错率
    pe1 = 0.5 + 0.5 * erf((C_opt - s1)/(sqrt(2 * PN(k)))); % 发 1 出错率
    pe(k) = p0 * pe0 + p1 * pe1;                       % 平均误码率
end
semilogy(SNR_dB,pe);                                   % 理论误码率曲线
xlabel('SNR/dB');
ylabel('错误率 Pe');
legend('实际误码率','理论误码率');
```

其结果如图 3.7.1 所示。

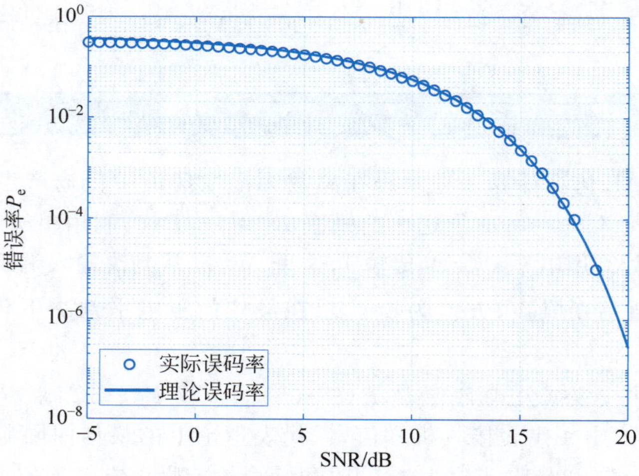

图 3.7.1 离散信道二元码传输的误码率曲线

3.8 本章小结

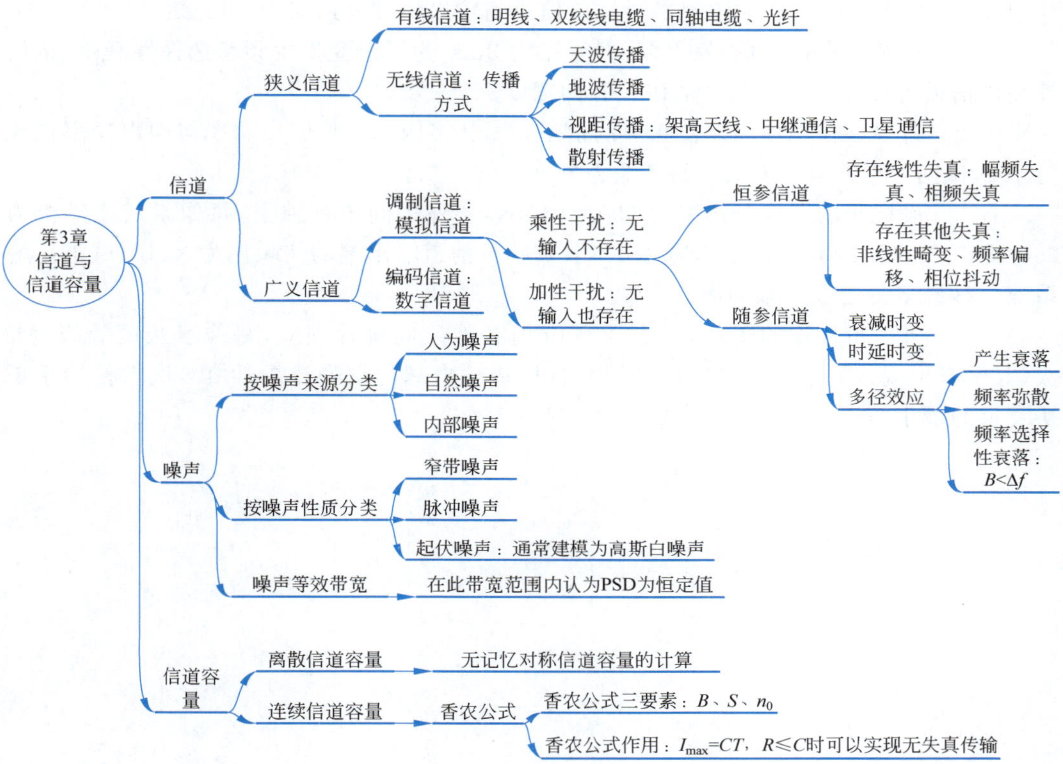

3.9 习题

3-1　传输信号的有线信道主要有4类，即明线、双绞线电缆、________和________。

3-2　通常，广义信道可以分为调制信道和编码信道，调制信道一般可以看成是一种________信道，而编码信道则可以看成是一种________信道。

3-3　恒参信道对信号传输的影响主要体现在________特性和________特性的不理想，其影响可以采用________措施来加以改善。

3-4　讨论噪声对于通信系统的影响时，主要是考虑________噪声。

3-5　改善随参信道对信号传输影响的措施是________。

3-6　产生频率选择性衰落的原因是________。

3-7　根据香农公式，当信道容量一定时，信道的带宽越宽，则对________要求就越小。

3-8　随参信道的3个特点是：________、________和________。

3-9　设有一条无线链路采用视距传播方式的通信，其天线的架设高度为50m，若不考虑大气折射率的影响，试求其最远通信距离。

3-10　设某恒参信道的传输特性为

$$H(\omega)=[1+\cos(\omega T_0)]e^{-j\omega t_d}$$

式中,t_d 为常数。试确定信号 $s(t)$ 通过该信道的输出信号表达式,并讨论之。

3-11　设某随参信道的最大多径时延差为 3ms,为了避免发生频率选择性衰落,试估算在该信道上传输的数字信号的码元脉冲宽度。

3-12　若仅存在加性高斯白噪声的信道容量为 64kb/s,其信号功率与噪声功率之比为 100,试问:此模拟信道限定的带宽为多少?

3-13　设视频的图像分辨率为 300×240px,各像素间统计独立,每像素灰度等级为 256 级(等概率出现),若信道带宽为 1.44MHz 且信道输出端的信噪比为 30dB,试求传输系统每秒最多传送多少幅画面。

3-14　某一待传输的图片含 800×600px,各像素间统计独立,每像素灰度等级为 8 级(等概率出现),要求用 3s 传送该图片,且信道输出端的信噪比为 30dB,试求传输系统所要求的最小信道带宽。

第4章 模拟信号的调制与解调

视频

4.1 引言

模拟信号是指信息参数在给定范围内表现为连续的信号,或在一段连续时间间隔内,其代表信息的特征量可以在任意瞬间呈现为任意数值的信号。

从频谱上分析,模拟信号一般含有丰富的低频分量,甚至直流分量,因此将频谱限于直流附近的低通型模拟信号称为模拟基带信号。模拟基带信号不便于进入现代通信系统或通信网络传输,因此需要通过某种调制将其转变为频带信号,进行频带传输。

模拟调制是指用模拟基带信号 $m(t)$ 去调制正弦型载波信号 $c(t)$,载波信号的数学表示式为

$$c(t)=A\cos(\omega_c t+\varphi_0) \tag{4.1.1}$$

式中,A 是载波振幅,ω_c 是载波角频率,φ_0 是载波初始相位。模拟基带信号 $m(t)$(也称调制信号)对载波信号 $c(t)$ 进行的调制,是按 $m(t)$ 的变化规律去控制载波的幅度或角度,分别称为幅度调制和角度调制。调制后的信号称为已调信号,含有调制信号的全部特征。解调则是调制的逆过程,其作用是将已调信号中的模拟信号恢复出来。

进行正弦型载波调制主要有以下目的:

(1) 在通信系统中通过调制将基带信号的低通频谱搬移到载波频率上,使得所发送的频带信号的频谱匹配于频带信道的带通特性。这是因为利用无线电通信时,欲发送信号的波长必须能与发射天线的几何尺寸相比拟,这样可以提高传输性能。以较小的发送功率与较小的天线来辐射电磁波,通常认为天线尺寸应大于波长的 1/4。例如,对于 3000Hz 的音频基带信号,波长为

$$\lambda=\frac{c}{f}=\frac{3\times10^8\,\text{m/s}}{3\times10^3\,\text{Hz}}=1\times10^5\,\text{m} \tag{4.1.2}$$

如果不通过载波调制,而直接耦合到 $\lambda/4$ 的天线发送,则需要 25km 的天线,这显然是难以实现的。例如,采用载波频率为 100MHz 的信号,天线长度仅需 0.75m,大大提升了工程可行性。这不仅体现了科学规律对工程实践的约束,也彰显了工程技术在解决现实问题中的创新价值。

(2) 通过调制技术可以在一个信道内同时传送多个信源的消息,提高信道利用率。这是由于携带每个消息的已调信号的带宽往往比频带信道的总带宽窄得多,因而通过调制将各消息的低通频谱分别搬移到互不重叠的频带上,这样可在一个信道内同时传送多路消息,实现信道的频分复用。这一技术思想与我国近年来倡导的“资源节约型社会”建设理念相辅相成,体现了工程技术为社会经济发展服务的价值。

(3) 通过采用不同的调制方式兼顾通信系统的有效性与可靠性。例如,将频率调制与幅度调制相比较,频率调制通过展宽已调信号的带宽来提高系统抗干扰和抗衰落能力,所以频率调制的可靠性优于幅度调制;但幅度调制信号的频带窄、有效性好。所采用的调制方式将直接影响通信系统的性能。工程师需要根据实际需求,权衡有效性与可靠性,选择合适的调制方式。这种权衡不仅是技术问题,更反映了科学决策的精神。

模拟调制技术的发展不仅展现了通信工程的技术进步,也体现了科学决策与资源优

化的重要性。通信系统中各模块的协同工作，强调了团队合作的必要性；调制方式的选择与优化，反映了工程实践中的辩证思维；频谱资源的合理利用，则体现了技术为社会服务的价值。在学习过程中，我们应理解这些技术背后的思想方法，将其应用于实际问题的分析与解决中。

由于数字通信技术的优越性及其应用技术的迅速发展，模拟调制目前在长距离传送中的应用日渐减少，但是它仍然是基本的调制方式，需要对它有基本的了解。本章着重讨论模拟调制系统的原理及抗噪声性能，介绍多路信号的频分复用，简述调频立体声广播的工作原理。

4.2 幅度调制与解调

4.2.1 幅度调制原理

视频

幅度调制是由调制信号 $m(t)$ 去控制高频载波 $c(t)$ 的幅度，使高频载波 $c(t)$ 的幅度随调制信号 $m(t)$ 做线性变化的过程。根据幅度调制定义，幅度调制信号一般可表示为

$$s_m(t)=Am(t)\cos(\omega_c t) \tag{4.2.1}$$

这里载波初始相位 φ_0 假定为0。

设调制信号 $m(t)$ 的频谱为 $M(\omega)$，已调信号 $s_m(t)$ 的频谱为 $S_m(\omega)$，则

$$S_m(\omega)=\frac{A}{2}[M(\omega+\omega_c)+M(\omega-\omega_c)] \tag{4.2.2}$$

由式(4.2.2)可见，在时间波形上，已调信号的幅度随基带信号的规律成正比例变化；在频谱结构上，它的频谱完全是基带信号频谱在频域内的简单搬移。由于这种搬移是线性的，因此，幅度调制通常又称为线性调制。

1. 调幅(AM)

在线性调制中，最先应用的一种幅度调制是常规调幅，简称调幅(AM)。调幅信号的包络与调制信号成正比，其时域表示式为

$$\begin{aligned}s_{AM}(t)&=[A_0+m(t)]\cos(\omega_c t)\\&=A_0\cos(\omega_c t)+m(t)\cos(\omega_c t)\end{aligned} \tag{4.2.3}$$

式中，A_0 为外加直流分量；$m(t)$ 的均值为0，它可以是确知信号，也可以是随机信号。AM调制模型如图4.2.1所示。

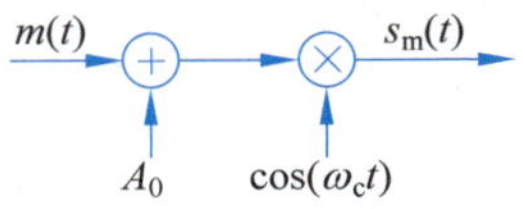

图 4.2.1 AM 调制模型

若 $m(t)$ 为确知信号，则AM信号的频谱为

$$S_{AM}(\omega)=\pi A_0[\delta(\omega+\omega_c)+\delta(\omega-\omega_c)]+\frac{1}{2}[M(\omega+\omega_c)+M(\omega-\omega_c)] \tag{4.2.4}$$

其典型波形和频谱如图4.2.2所示。

若 $m(t)$ 为随机信号，则已调信号的频域表示式必须用功率谱描述。

由波形可知，为了在解调时使用包络检波而不失真地恢复出原基带信号 $m(t)$，要求 $|m(t)|_{max}\leqslant A_0$，使AM信号的包络 $A_0+m(t)$ 总是正的；否则会出现“过调幅”现象，用

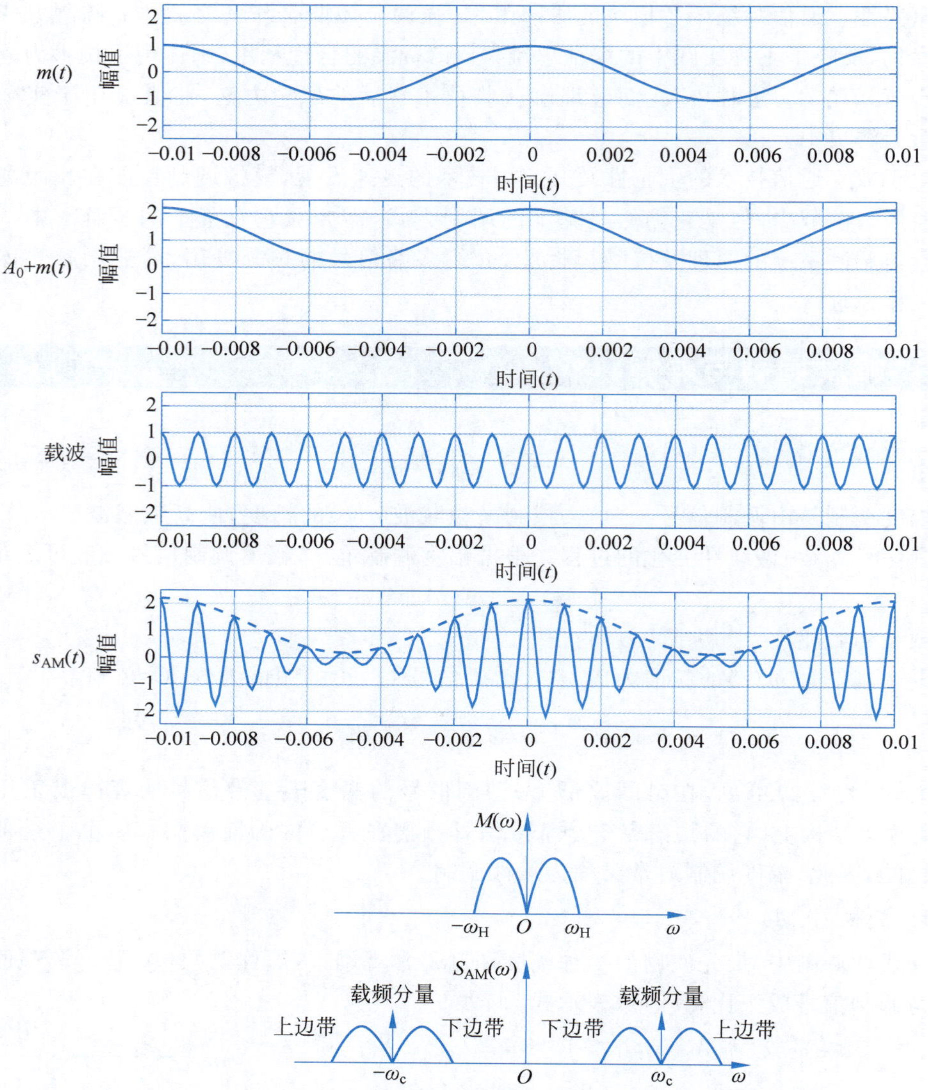

图 4.2.2　AM 信号的典型波形和频谱

包络检波解调时会发生失真,这时可采用其他解调方法,如相干解调。

由频谱可以看出,AM 信号的频谱由载频分量(带箭头的直线)、上边带、下边带 3 部分组成。上边带的频谱结构与原调制信号的频谱结构相同,下边带是上边带的镜像。

AM 信号是带有载波分量的双边带信号,其带宽是基带信号带宽 f_H 的 2 倍,即

$$B_{AM}=2f_H \tag{4.2.5}$$

AM 信号在 1Ω 电阻上的平均功率应等于 $s_{AM}(t)$ 的均方值。当 $m(t)$ 为确知信号时,$s_{AM}(t)$ 的均方值等于其平方的时间平均,即

$$P_{AM}=\overline{s_{AM}^2(t)}=\overline{[A_0+m(t)]^2\cos^2(\omega_c t)}$$

$$=\overline{A_0^2\cos^2(\omega_c t)}+\overline{m^2(t)\cos^2(\omega_c t)}+\overline{2A_0 m(t)\cos^2(\omega_c t)} \tag{4.2.6a}$$

因为通常 $\overline{m(t)}=0$，所以

$$P_{AM}=\frac{A_0^2}{2}-\frac{\overline{m^2(t)}}{2}=P_c+P_s \tag{4.2.6b}$$

式中，$P_c=A_0^2/2$ 为载波功率，$P_s=\overline{m^2(t)}/2$ 为边带功率。

由上述可见，AM 信号的总功率包括载波功率和边带功率两部分。只有边带功率才与调制信号有关，因此可定义调制效率：

$$\eta_{AM}=\frac{P_s}{P_{AM}}=\frac{\overline{m^2(t)}}{A_0^2+\overline{m^2(t)}} \tag{4.2.7a}$$

当调制信号为单音余弦信号时，即 $m(t)=A_m\cos(\omega_m t)$ 时，$\overline{m^2(t)}=A_m^2/2$。此时

$$\eta_{AM}=\frac{\overline{m^2(t)}}{A_0^2+\overline{m^2(t)}}=\frac{A_m^2}{2A_0^2+A_m^2} \tag{4.2.7b}$$

在“满调幅”$A_m=A_0$ 时（也称 100%调制），调制效率最高，这时 $\eta_{AM}=1/3$。一般地，η_{AM} 只有 10%左右，至多 25%。载波消耗 2/3 以上的发送功率，显然是极不合理的。

但是，之所以付出这么大功率的载波与双边带一起发送，目的就在于接收机的解调可用包络检波器，比较经济，因而 AM 在民用广播中获得广泛应用。

2. 双边带(DSB)调制

除上述民用广播利用 AM 以外，多数线性调制的应用则可以抑制载波。此时称为抑制载波双边带信号(DSB-SC)，简称双边带信号(DSB)。其时域表示式为

$$s_{DSB}(t)=m(t)\cos(\omega_c t) \tag{4.2.8a}$$

式中，假设 $m(t)$ 为平均值为 0 的确知信号。DSB 信号的频谱为

$$S_{DSB}(\omega)=\frac{1}{2}[M(\omega+\omega_c)+M(\omega-\omega_c)] \tag{4.2.8b}$$

DSB 信号的典型波形和频谱如图 4.2.3 所示。

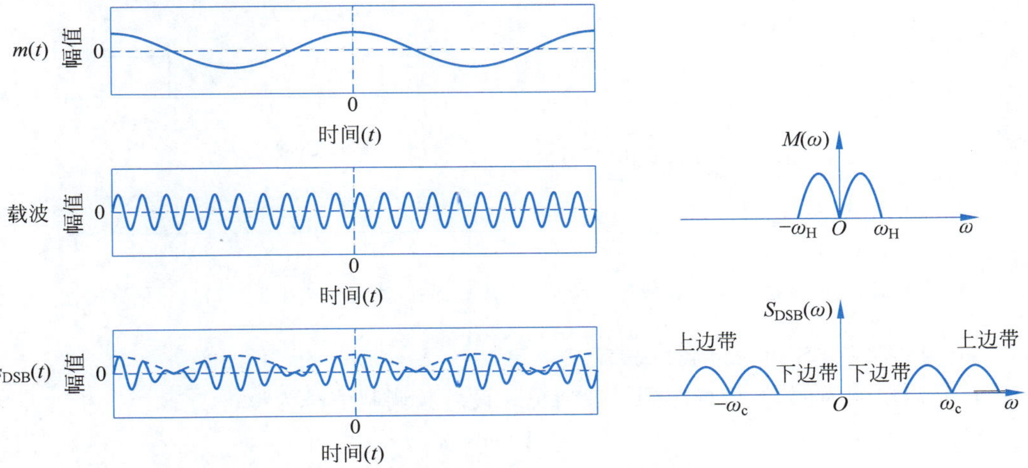

图 4.2.3 DSB 信号的典型波形和频谱

显然,DSB 信号的调制效率为 100%,即全部功率都用于信息传输。但由于 DSB 信号的包络不再与调制信号的变化规律一致,因而不能采用包络检波来恢复调制信号,需采用相干检波,比较复杂。

由频谱可以看出,DSB 信号的带宽仍然是调制信号带宽的 2 倍,即与 AM 信号的带宽相同。

3. 单边带(SSB)调制

由于 DSB 信号的上、下边带含有相同的传输信息,为了节省一半带宽和发送功率,将双边带信号中的一个边带滤掉,这样就产生了单边带(SSB)信号。

1) 滤波法及 SSB 信号的频域表示

滤波法原理图如图 4.2.4 所示。其中,$H(\omega)$为单边带滤波器的传输函数,对于保留上边带的单边带调制来说,有

$$H(\omega)=H_{\mathrm{USB}}(\omega)=\begin{cases}1, & |\omega|>\omega_{\mathrm{c}}\\0, & |\omega|\leqslant\omega_{\mathrm{c}}\end{cases} \tag{4.2.9}$$

对于保留下边带的单边带调制来说,有

$$H(\omega)=H_{\mathrm{LSB}}(\omega)=\begin{cases}1, & |\omega|<\omega_{\mathrm{c}}\\0, & |\omega|\geqslant\omega_{\mathrm{c}}\end{cases} \tag{4.2.10}$$

单边带信号的频谱为

$$S_{\mathrm{SSB}}(\omega)=S_{\mathrm{DSB}}(\omega)\cdot H(\omega) \tag{4.2.11}$$

图 4.2.5 示出了用滤波法产生上边带(USB)信号的频谱图。图 4.2.5 中的理想滤波器在实际中难以制作,随着载频的提高,可采用多级调制的方法来实现;如果调制信号中含有直流及低频分量,滤波法就不适用了。

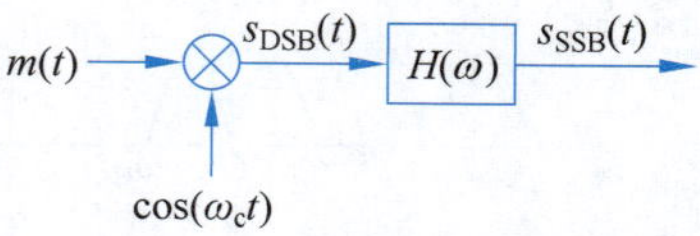

图 4.2.4 滤波法产生 SSB 信号

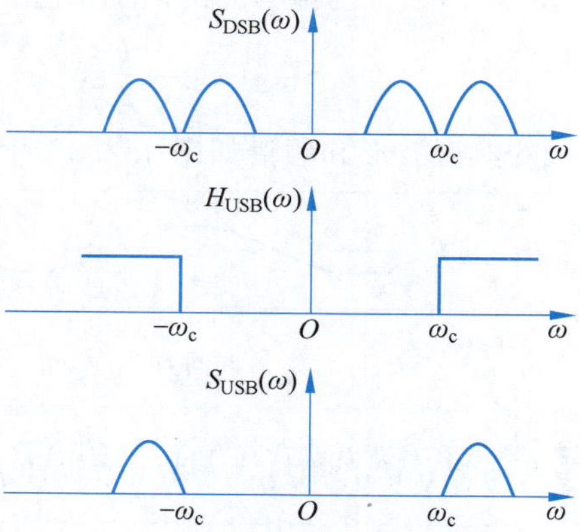

图 4.2.5 滤波法产生上边带信号的频谱图

2) 相移法及 SSB 信号的时域表示

首先以单频为例,然后推广到一般情况。设单频调制信号为

$$m(t)=A_{\mathrm{m}}\cos(\omega_{\mathrm{m}}t) \tag{4.2.12}$$

载波为

$$c(t)=\cos(\omega_c t) \tag{4.2.13}$$

则 DSB 信号的时域表示式为

$$\begin{aligned} s_{DSB}(t) &= A_m\cos(\omega_m t)\cos(\omega_c t) \\ &= \frac{1}{2}A_m\cos[(\omega_c+\omega_m)t]+\frac{1}{2}A_m\cos[(\omega_c-\omega_m)t] \end{aligned} \tag{4.2.14}$$

若保留上边带,则单边带调制信号为

$$\begin{aligned} s_{USB}(t) &= \frac{1}{2}A_m\cos[(\omega_c+\omega_m)t] \\ &= \frac{1}{2}A_m\cos(\omega_m t)\cos(\omega_c t)-\frac{1}{2}A_m\sin(\omega_m t)\sin(\omega_c t) \end{aligned} \tag{4.2.15}$$

同理,若保留下边带,则单边带调制信号为

$$\begin{aligned} s_{LSB}(t) &= \frac{1}{2}A_m\cos[(\omega_c-\omega_m)t] \\ &= \frac{1}{2}A_m\cos(\omega_m t)\cos(\omega_c t)+\frac{1}{2}A_m\sin(\omega_m t)\sin(\omega_c t) \end{aligned} \tag{4.2.16}$$

将上面两式合并:

$$s_{SSB}(t)=\frac{1}{2}A_m\cos(\omega_m t)\cos(\omega_c t)\mp\frac{1}{2}A_m\sin(\omega_m t)\sin(\omega_c t) \tag{4.2.17}$$

式中,“−”表示上边带信号,“+”表示下边带信号。

在式(4.2.17)中,第一项与调制信号和载波的乘积成正比,称为同相分量;而第二项则包含调制信号和载波信号分别移相 −π/2 的结果,称为正交分量。由此得到的单边带调制称为相移法。可将 $A_m\sin(\omega_m t)$看成是 $A_m\cos(\omega_m t)$移相 −π/2 而幅度大小保持不变的结果。这一移相过程称为希尔伯特变换,记为“^”,即

$$A_m\hat{\cos}(\omega_m t)=A_m\sin(\omega_m t) \tag{4.2.18}$$

这样,式(4.2.17)可以改写为

$$s_{SSB}(t)=\frac{1}{2}A_m\cos(\omega_m t)\cos(\omega_c t)\mp\frac{1}{2}A_m\hat{\cos}\omega_m t\sin(\omega_c t) \tag{4.2.19a}$$

将式(4.2.19a)推广到一般情况,即对于任意调制信号 $m(t)$,SSB 信号的时域表示式为

$$s_{SSB}(t)=\frac{1}{2}m(t)\cos(\omega_c t)\mp\frac{1}{2}\hat{m}(t)\sin(\omega_c t) \tag{4.2.19b}$$

式中,$\hat{m}(t)$是 $m(t)$的希尔伯特变换。

若 $M(\omega)$是 $m(t)$的傅里叶变换,则可证明 $\hat{m}(t)$的傅里叶变换 $\hat{M}(\omega)$为

$$\hat{M}(\omega)=-\mathrm{j}M(\omega)\mathrm{sgn}\omega \tag{4.2.20}$$

式中,sgnω 为符号函数:

$$\mathrm{sgn}\omega=\begin{cases}1, & \omega>0\\ 0, & \omega=0\\ -1, & \omega<0\end{cases} \tag{4.2.21}$$

式(4.2.20)的物理意义是：$m(t)$通过传输函数为$-\mathrm{j}\,\mathrm{sgn}\omega$的滤波器即可得到$\hat{m}(t)$。把具有传输函数为$-\mathrm{j}\,\mathrm{sgn}\omega$的滤波器称为希尔伯特滤波器，记为

$$H_{\mathrm{H}}(\omega)=\hat{M}(\omega)/M(\omega)=-\mathrm{j}\,\mathrm{sgn}\omega \tag{4.2.22}$$

希尔伯特滤波器实质上是一个宽带相移网络，对$m(t)$中任意频率分量均相移$-\pi/2$，即可得到$\hat{m}(t)$。

由式(4.2.19b)可得SSB调制相移法的一般模型，如图4.2.6所示。

相移法实现SSB调制的技术难点，是宽带相移网络$H_{\mathrm{H}}(\omega)$的制作。

4. 残留边带(VSB)调制

残留边带调制是介于SSB与DSB之间的一种调制方式，它既克服了DSB信号占用频带宽的缺点，又解决了SSB信号实现中的困难。在这种调制方式中除了传送一个边带之外，还保留另外一个边带的一部分，如图4.2.7所示。

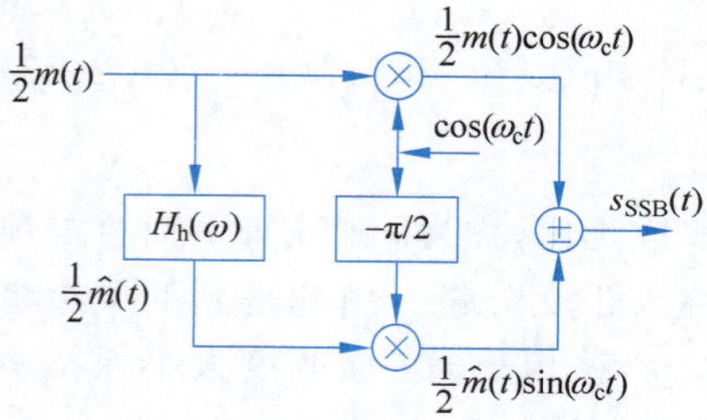

图4.2.6 相移法产生SSB信号

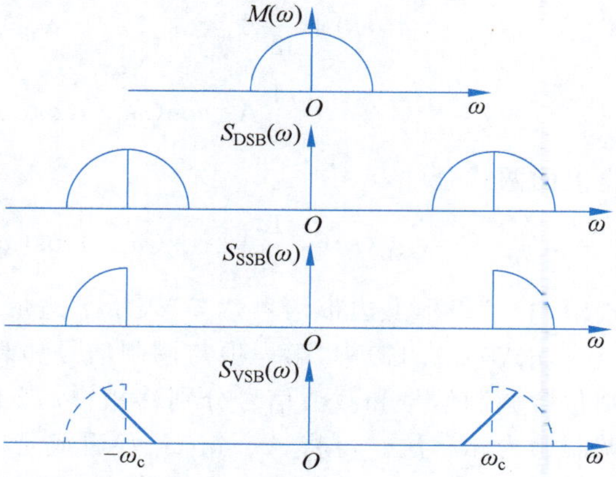

图4.2.7 DSB、SSB、VSB信号的频谱

用滤波法实现残留边带调制的原理框图与滤波法SSB调制器(参见图4.2.4)相同。不过，这时滤波器的传输特性$H(\omega)$应按残留边带调制的要求来进行设计，而不再要求十分陡峭的截止特性，因而它比单边带滤波器容易制作。

由滤波法可知，残留边带信号的频谱为

$$S_{\mathrm{VSB}}(\omega)=S_{\mathrm{DSB}}(\omega)\cdot H(\omega)=\frac{1}{2}[M(\omega+\omega_{\mathrm{c}})+M(\omega-\omega_{\mathrm{c}})]H(\omega) \tag{4.2.23}$$

为了确定式(4.2.23)中残留边带滤波器传输特性$H(\omega)$应满足的条件，先从VSB信号的相干解调入手。如图4.2.8所示，先将残留边带信号$s_{\mathrm{VSB}}(t)$与相干载波$2\cos(\omega_{\mathrm{c}}t)$相乘，并通过理想低通滤波；然后根据不失真恢复出$m(t)$的条件，推导出对发端残留边带滤波器传输特性$H(\omega)$的要求。

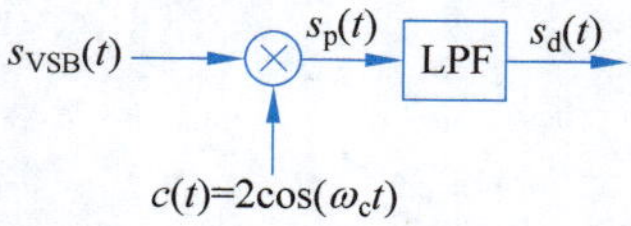

图4.2.8 VSB信号的相干解调

在图4.2.8中，$s_{\mathrm{p}}(t)=2s_{\mathrm{VSB}}(t)\cos(\omega_{\mathrm{c}}t)$，因为$s_{\mathrm{VSB}}(t)\Leftrightarrow S_{\mathrm{VSB}}(\omega)$，$\cos(\omega_{\mathrm{c}}t)\Leftrightarrow\pi[\delta(\omega+\omega_{\mathrm{c}})+\delta(\omega-\omega_{\mathrm{c}})]$，$s_{\mathrm{p}}(t)$对应的频谱为

$$S_p(\omega)=S_{VSB}(\omega+\omega_c)+S_{VSB}(\omega-\omega_c)$$
$$=\frac{1}{2}[M(\omega+2\omega_c)+M(\omega)]H(\omega+\omega_c)+\frac{1}{2}[M(\omega)+M(\omega-2\omega_c)]H(\omega-\omega_c) \tag{4.2.24}$$

式中，$M(\omega-2\omega_c)$及$M(\omega+2\omega_c)$是$M(\omega)$搬移到$\pm 2\omega_c$处的频谱，它们可以由解调器中的低通滤波器滤除。于是，低通滤波器的输出频谱为

$$S_d(\omega)=\frac{1}{2}M(\omega)[H(\omega+\omega_c)+H(\omega-\omega_c)] \tag{4.2.25}$$

由式(4.2.25)可知，为了保证相干解调的输出无失真地恢复调制信号$m(t)$，传输函数$H(\omega)$必须满足：

$$H(\omega+\omega_c)+H(\omega-\omega_c)=常数,\quad |\omega|\leqslant\omega_H \tag{4.2.26}$$

式中，ω_H是调制信号的截止角频率。该条件的含义是：残留边带滤波器的特性$H(\omega)$在$\pm\omega_c$必须具有互补对称(奇对称)特性，相干解调时才能无失真地从残留边带信号中恢复所需的调制信号。

满足互补对称特性的滚降形状可以有无穷多种，目前应用最多的是直线滚降和余弦滚降。图4.2.9展示了满足式(4.2.26)残留边带滤波特性$H(\omega)$的两种形式。其中，图4.2.9(a)是上边带滤波器特性，即滤去大部分上边带，保留下边带；图4.2.9(b)是下边带滤波器特性，即滤去大部分下边带，保留上边带。

5. 线性调制的一般模型

从线性调制包括的4种调幅方式可知，线性调制滤波法的一般模型如图4.2.10所示。其输出已调信号的时域和频域表示式为

$$s_m(t)=[m(t)\cos(\omega_c t)]*h(t) \tag{4.2.27}$$

$$S_m(\omega)=\frac{1}{2}[M(\omega+\omega_c)+M(\omega-\omega_c)]H(\omega) \tag{4.2.28}$$

式中，$H(\omega)\Leftrightarrow h(t)$。只要适当选择滤波器的特性$H(\omega)$，便可以得到各种幅度调制信号。

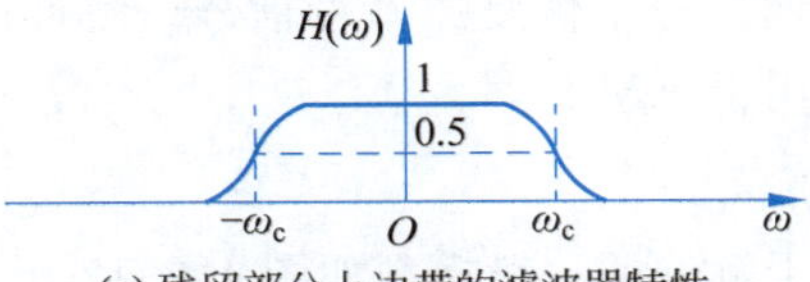

(a) 残留部分上边带的滤波器特性

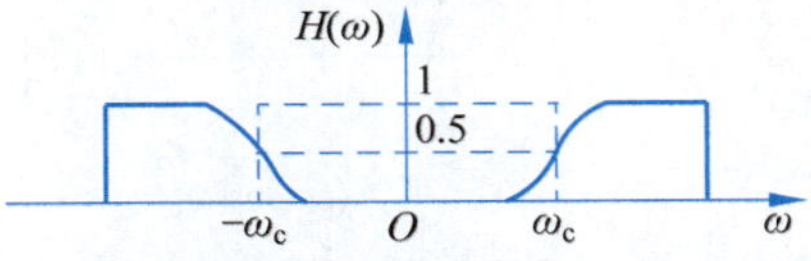

(b) 残留部分下边带的滤波器特性

图 4.2.9 残留边带滤波器特性

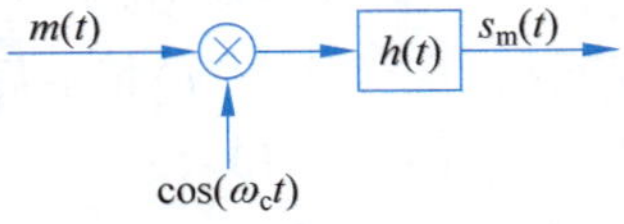

图 4.2.10 线性调制滤波法的一般模型

利用三角公式可将式(4.2.27)的卷积展开为

$$
\begin{aligned}
s_{\mathrm{m}}(t) &= \int_{-\infty}^{\infty} h(\tau)m(t-\tau)\cos[\omega_{\mathrm{c}}(t-\tau)]\mathrm{d}\tau \\
&= \int_{-\infty}^{\infty} h(\tau)m(t-\tau)\cos(\omega_{\mathrm{c}}\tau)\cos(\omega_{\mathrm{c}}t)\mathrm{d}\tau + \\
&\quad \int_{-\infty}^{\infty} h(\tau)m(t-\tau)\sin(\omega_{\mathrm{c}}\tau)\sin(\omega_{\mathrm{c}}t)\mathrm{d}\tau
\end{aligned} \tag{4.2.29a}
$$

设 $h_{\mathrm{I}}(t)=h(t)\cos(\omega_{\mathrm{c}}t)$，$h_{\mathrm{Q}}(t)=h(t)\sin(\omega_{\mathrm{c}}t)$，则式(4.2.29a)可改写为

$$
s_{\mathrm{m}}(t)=[h_{\mathrm{I}}(t)*m(t)]\cos(\omega_{\mathrm{c}}t)+[h_{\mathrm{Q}}(t)*m(t)]\sin(\omega_{\mathrm{c}}t) \tag{4.2.29b}
$$

若 $h_{\mathrm{I}}(t)$ 和 $h_{\mathrm{Q}}(t)$ 的傅里叶变换分别为 $H_{\mathrm{I}}(\omega)$ 和 $H_{\mathrm{Q}}(\omega)$，并令 $s_{\mathrm{I}}(t)=h_{\mathrm{I}}(t)*m(t)$，$s_{\mathrm{Q}}(t)=h_{\mathrm{Q}}(t)*m(t)$，则

$$
s_{\mathrm{m}}(t)=s_{\mathrm{I}}(t)\cos(\omega_{\mathrm{c}}t)+s_{\mathrm{Q}}(t)\sin(\omega_{\mathrm{c}}t) \tag{4.2.30}
$$

$$
\begin{aligned}
S_{\mathrm{m}}(\omega) &= \frac{1}{2}[S_{\mathrm{I}}(\omega-\omega_{\mathrm{c}})+S_{\mathrm{I}}(\omega+\omega_{\mathrm{c}})]+ \\
&\quad \frac{\mathrm{j}}{2}[S_{\mathrm{Q}}(\omega+\omega_{\mathrm{c}})-S_{\mathrm{Q}}(\omega-\omega_{\mathrm{c}})]
\end{aligned} \tag{4.2.31}
$$

式(4.2.30)表明，$s_{\mathrm{m}}(t)$ 可等效为两个互为正交调制分量的合成。由此可得线性调制移相法的一般模型，如图 4.2.11 所示。

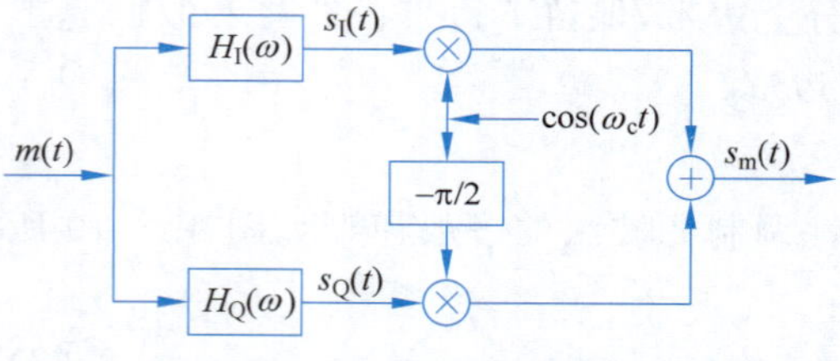

图 4.2.11　线性调制相移法的一般模型

在图 4.2.11 中，同相滤波器实际不存在，即 $H_{\mathrm{I}}(\omega)=1$，$s_{\mathrm{I}}(t)=m(t)$。正交滤波特性 $H_{\mathrm{Q}}(\omega)$ 只有 SSB 和 VSB 采用，二者均存在正交支路，其 $H_{\mathrm{Q}}(\omega)$ 的本质皆为正交滤波。其中，SSB 的 $H_{\mathrm{Q}}(\omega)$ 只是宽带移相特性，幅度无变化；而 VSB 的 $H_{\mathrm{Q}}(\omega)$ 除正交移相特性外，信号通过后的幅度也有一定变化。

视频

4.2.2　幅度调制的解调原理

解调是调制的逆过程，其作用是从接收的已调信号中恢复原基带信号。解调的方式分相干解调与非相干解调(包络检波)，后者只适用于 AM 信号。

1. 相干解调

解调与调制的实质一样，均是频谱搬移。相干解调的一般模型如图 4.2.12 所示。

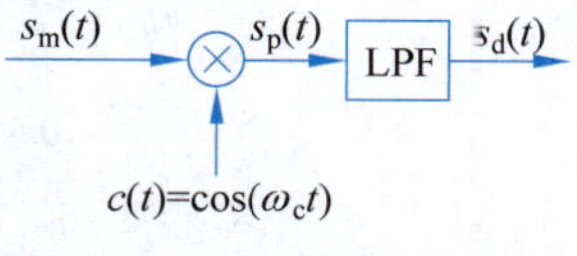

图 4.2.12　线性调制相干解调的一般模型

由式(4.2.30)可知

$$
s_{\mathrm{m}}(t)=s_{\mathrm{I}}(t)\cos(\omega_{\mathrm{c}}t)+s_{\mathrm{Q}}(t)\sin(\omega_{\mathrm{c}}t)
$$

它与同频同相相干载波 $c(t)$ 相乘后可得

$$
\begin{aligned}
s_{\mathrm{p}}(t) &= s_{\mathrm{m}}(t)\cos(\omega_{\mathrm{c}}t) \\
&= \frac{1}{2}s_{\mathrm{I}}(t)+\frac{1}{2}s_{\mathrm{I}}(t)\cos(2\omega_{\mathrm{c}}t)+\frac{1}{2}s_{\mathrm{Q}}(t)\sin(2\omega_{\mathrm{c}}t)
\end{aligned} \tag{4.2.32}
$$

经低通滤波后得

$$s_{\mathrm{d}}(t)=\frac{1}{2}s_{\mathrm{I}}(t)\propto m(t) \tag{4.2.33}$$

也可以从频域角度来看相干解调，由式(4.2.32)和(4.2.31)可得 $s_{\mathrm{p}}(t)$ 的频谱为

$$\begin{aligned}S_{\mathrm{p}}(\omega)&=\frac{1}{2\pi}S(\omega)*[\pi\delta(\omega-\omega_{\mathrm{c}})+\pi\delta(\omega+\omega_{\mathrm{c}})]\\&=\frac{1}{2}S_{\mathrm{I}}(\omega)+\frac{1}{4}[S_{\mathrm{I}}(\omega-2\omega_{\mathrm{c}})+S_{\mathrm{I}}(\omega+2\omega_{\mathrm{c}})]+\\&\quad\frac{\mathrm{j}}{4}[S_{\mathrm{Q}}(\omega+2\omega_{\mathrm{c}})-S_{\mathrm{Q}}(\omega-2\omega_{\mathrm{c}})]\end{aligned} \tag{4.2.34}$$

经低通滤波后可得

$$S_{\mathrm{d}}(\omega)=\frac{1}{2}S_{\mathrm{I}}(\omega)\propto M(\omega) \tag{4.2.35}$$

由此可见，相干解调适用于所有线性调制。实现相干解调的关键是接收端要提供一个与载波信号严格同步的相干载波，否则，相干解调后将会使原始基带信号减弱，甚至带来严重失真，这在传输数字信号时尤为严重。

2. 非相干解调

AM 信号在满足 $|m(t)|_{\max}\leqslant A_0$ 的条件下，其包络与调制信号 $m(t)$ 的形状完全一样。由此，AM 信号除了可以采用相干解调外，一般都采用简单的包络检波法来恢复信号。

利用适当 RC 时间常数的检波电路进行包络检波，如图 4.2.13 所示，则输出为

$$s_{\mathrm{d}}(t)=A_0+m(t) \tag{4.2.36}$$

隔去直流后即可得到原信号 $m(t)$。

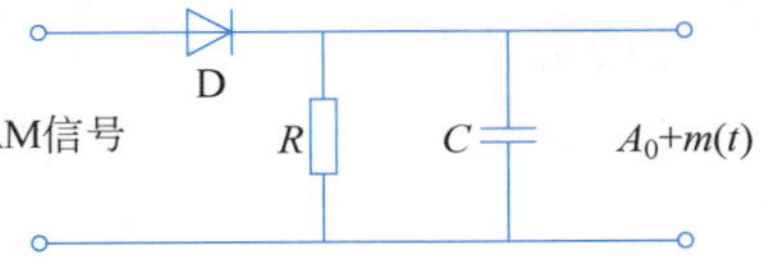

图 4.2.13 包络检波器

4.2.3 幅度调制抗噪声性能分析

视频

1. 分析模型

前面介绍调制原理时，只考虑信号本身的变化过程与解调结果。实际中，已调信号在传输过程中总会受到第 3 章所讨论的信道加性高斯白噪声的影响。

由于加性噪声只对已调信号的接收产生影响，因而通信系统的抗噪声性能可以用解调器的抗噪声性能来衡量。解调器抗噪声性能的分析模型如图 4.2.14 所示。其中，$s_{\mathrm{m}}(t)$ 为已调信号，$n(t)$ 为信道加性高斯白噪声；带通滤波器的作用是滤除已调信号频带以外的噪声；经过带通滤波器后到达解调器输入端的信号仍可认为是 $s_{\mathrm{m}}(t)$，此时噪声为窄带高斯噪声 $n_{\mathrm{i}}(t)$；解调器输出的有用信号为 $m_{\mathrm{o}}(t)$，噪声为 $n_{\mathrm{o}}(t)$。

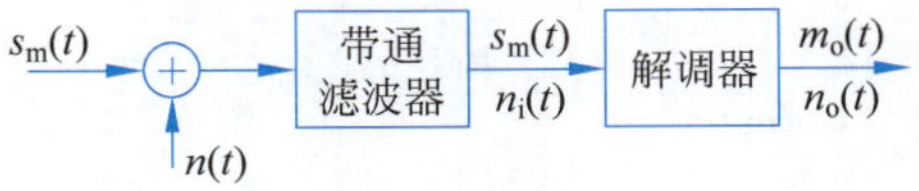

图 4.2.14 解调器抗噪声性能的分析模型

对于不同的调制系统，将有不同形式的已调信号 $s_{\mathrm{m}}(t)$，但解调器输入端的窄带高斯

噪声 $n_i(t)$ 的形式相同，它的表示式为

$$n_i(t)=n_c(t)\cos\omega_0 t-n_s(t)\sin(\omega_0 t) \tag{4.2.37}$$

或者

$$n_i(t)=V(t)\cos[\omega_0 t+\theta(t)] \tag{4.2.38}$$

式中，ω_0 为带通滤波器的中心频率，$V(t)$ 的一维概率密度函数为瑞利分布，$\theta(t)$ 的一维概率密度函数是均匀分布。$n_i(t)$、$n_c(t)$、$n_s(t)$ 的均值都为 0，且具有相同的方差，即

$$\overline{n_i^2(t)}=\overline{n_c^2(t)}=\overline{n_s^2(t)}=N_i \tag{4.2.39}$$

这里 N_i 为解调器输入噪声的平均功率。若高斯白噪声的单边功率谱密度为 n_0，带通滤波器传输特性是高度为 1、带宽为 B 的理想矩形函数，则 N_i 为

$$N_i=n_0 B \tag{4.2.40}$$

显然，为了使已调信号能无失真地进入解调器，而同时又最大限度地抑制噪声，带宽 B 应等于已调信号的频带宽度。

在模拟通信中，通常用解调器输出信噪比来衡量通信质量，输出信噪比定义为

$$\frac{S_o}{N_o}=\frac{\text{解调器输出有用信号的平均功率}}{\text{解调器输出噪声的平均功率}}=\frac{\overline{m_o^2(t)}}{\overline{n_o^2(t)}} \tag{4.2.41}$$

输出信噪比与调制方式有关，也与解调方式有关。因此，在已调信号平均功率相同，而且噪声功率谱密度也相同的情况下，输出信噪比反映了解调器的抗噪声性能。显然，输出信噪比越大越好。

人们还常常用信噪比增益 G 作为不同调制方式下解调器抗噪声性能的度量。信噪比增益的定义为

$$G=\frac{S_o/N_o}{S_i/N_i} \tag{4.2.42}$$

其中 S_i/N_i 为输入信噪比，定义为

$$\frac{S_i}{N_i}=\frac{\text{解调器输入已调信号的平均功率}}{\text{解调器输入噪声的平均功率}}=\frac{\overline{s_m^2(t)}}{\overline{n_i^2(t)}} \tag{4.2.43}$$

显然，信噪比增益越高，解调器的抗噪声性能越好。

2. 相干解调抗噪声性能

相干解调抗噪声性能的分析模型如图 4.2.15 所示。相干解调器输入信号应为 $s_m(t)+n_i(t)$，由于是线性系统，所以可以分别计算解调器输出的信号 $m_o(t)$ 和噪声 $n_o(t)$。

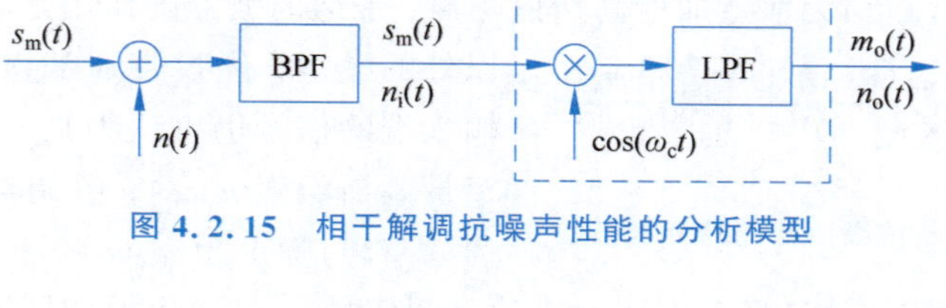

图 4.2.15 相干解调抗噪声性能的分析模型

下面分别讨论 DSB 和 SSB 调制系统的性能。

1）DSB 系统的性能

解调器输入的 DSB 信号为

$$s_m(t)=m(t)\cos(\omega_c t) \tag{4.2.44}$$

与相干载波 $\cos(\omega_c t)$ 相乘后，得

$$m(t)\cos^2(\omega_c t)=\frac{1}{2}m(t)+\frac{1}{2}m(t)\cos2(\omega_c t) \tag{4.2.45}$$

经低通滤波器后，输出信号为

$$m_o(t)=\frac{1}{2}m(t) \tag{4.2.46}$$

因此，解调器输出端的有用信号功率为

$$S_o=\overline{m_c^2(t)}=\frac{1}{4}\overline{m^2(t)} \tag{4.2.47}$$

解调 DSB 信号时，带通滤波器的中心频率 ω_0 与调制载波频率 ω_c 相同，因此解调器输入的窄带高斯噪声 $n_i(t)$ 可表示为

$$n_i(t)=n_c(t)\cos(\omega_c t)-n_s(t)\sin(\omega_c t) \tag{4.2.48}$$

它与相干载波 $\cos(\omega_c t)$ 相乘后，得

$$\begin{aligned}n_i(t)\cos(\omega_c t)&=[n_c(t)\cos(\omega_c t)-n_s(t)\sin(\omega_c t)]\cos(\omega_c t)\\&=\frac{1}{2}n_c(t)+\frac{1}{2}[n_c(t)\cos(2\omega_c t)-n_s(t)\sin(2\omega_c t)]\end{aligned} \tag{4.2.49}$$

经低通滤波器后，输出噪声为

$$n_o(t)=\frac{1}{2}n_c(t) \tag{4.2.50}$$

故输出噪声功率为

$$N_o=\overline{n_o^2(t)}=\frac{1}{4}\overline{n_c^2(t)} \tag{4.2.51}$$

根据式(4.2.39)和式(4.2.40)，有

$$N_o=\frac{1}{4}\overline{n_i^2(t)}=\frac{1}{4}N_i=\frac{1}{4}n_0 B \tag{4.2.52}$$

其中，$B=2f_H$ 为 DSB 信号的带宽。

解调器输入信号平均功率为

$$S_i=\overline{s_m^2(t)}=\overline{[m(t)\cos(\omega_c t)]^2}=\frac{1}{2}\overline{m^2(t)} \tag{4.2.53}$$

因此，解调器的输入信噪比为

$$\frac{S_i}{N_i}=\frac{1}{2}\overline{m^2(t)}/(n_0 B) \tag{4.2.54}$$

解调器的输出信噪比为

$$\frac{S_o}{N_o}=\frac{1}{4}\overline{m^2(t)}\Big/\left(\frac{1}{4}N_i\right)=\frac{\overline{m^2(t)}}{n_0 B} \tag{4.2.55}$$

信噪比增益为

$$G_{DSB}=\frac{S_o/N_o}{S_i/N_i}=2 \tag{4.2.56}$$

即 DSB 相干解调输出信噪比是解调器输入信噪比的 2 倍,解调器使信噪比改善 1 倍。

2) SSB 系统的性能

解调器输入的 SSB 信号为

$$s_{SSB}(t)=\frac{1}{2}m(t)\cos(\omega_c t)\mp\frac{1}{2}\hat{m}(t)\sin(\omega_c t) \tag{4.2.57}$$

与相干载波相乘后,再经低通滤波可得解调器输出信号

$$m_o(t)=\frac{1}{4}m(t) \tag{4.2.58}$$

因此,输出信号平均功率为

$$S_o=\overline{m_o^2(t)}=\frac{1}{16}\overline{m^2(t)} \tag{4.2.59}$$

解调 SSB 信号时,带通滤波器带宽为 $B=f_H$,中心频率为 $\omega_0=\omega_c\pm\omega_H/2$;解调器输入的窄带高斯噪声 $n_i(t)$与解调 DSB 时的 $n_i(t)$相比,只是带宽减小了一半,频率不同而已。因此,解调器输出的噪声功率为

$$N_o=\frac{1}{4}N_i=\frac{1}{4}n_0 B \tag{4.2.60}$$

式中,$B=f_H$。

输入信号平均功率为

$$S_i=\overline{s_m^2(t)}=\frac{1}{4}\overline{[m(t)\cos(\omega_c t)\mp\hat{m}(t)\sin(\omega_c t)]^2}=\frac{1}{4}\left[\frac{1}{2}\overline{m^2(t)}+\frac{1}{2}\overline{\hat{m}^2(t)}\right] \tag{4.2.61}$$

因 $\hat{m}(t)$与 $m(t)$幅度相同,两者具有相同的平均功率,故式(4.2.61)写为

$$S_i=\frac{1}{4}\overline{m^2(t)} \tag{4.2.62}$$

于是,SSB 调制的输入信噪比为

$$\frac{S_i}{N_i}=\frac{1}{4}\overline{m^2(t)}/(n_0 B)=\frac{\overline{m^2(t)}}{4n_0 B} \tag{4.2.63}$$

输出信噪比为

$$\frac{S_o}{N_o}=\frac{1}{16}\overline{m^2(t)}\bigg/\left(\frac{1}{4}n_0 B\right)=\frac{\overline{m^2(t)}}{4n_0 B} \tag{4.2.64}$$

信噪比增益为

$$G_{SSB}=\frac{S_o/N_o}{S_i/N_i}=1 \tag{4.2.65}$$

从以上分析看出,虽然 $G_{DSB}=2G_{SSB}$,但在相同的输入信号功率 S_i、相同的输入噪声功率谱密度 n_0 和相同的基带信号带宽 f_H 的条件下,两者的输出信噪比相等,即

$$\left(\frac{S_o}{N_o}\right)_{DSB}=\left(\frac{S_o}{N_o}\right)_{SSB}=\frac{S_i}{n_0 f_H} \tag{4.2.66}$$

这就是说，两者的抗噪声性能是相同的。但 SSB 所需的传输带宽仅是 DSB 的一半，因此 SSB 得到普遍应用。

3. 非相干解调抗噪声性能

AM 信号采用包络检波抗噪声性能的分析模型如图 4.2.16 所示。包络检波器的输出电压正比于输入信号的包络变化。

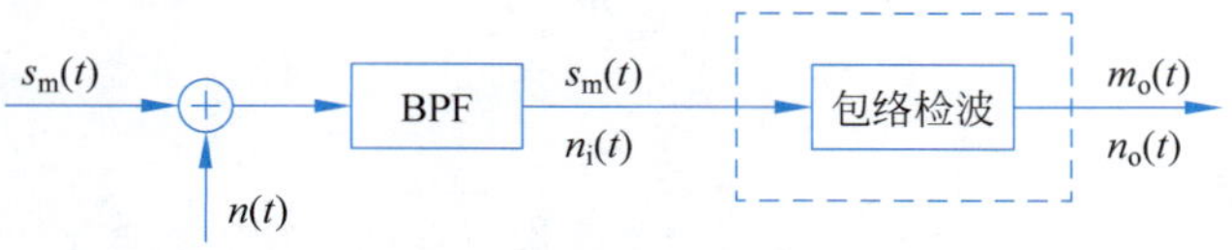

图 4.2.16 AM 包络检波抗噪声性能的分析模型

解调器输入的 AM 信号为

$$s_m(t)=[A_0+m(t)]\cos(\omega_c t) \tag{4.2.67}$$

这里仍假设调制信号 $m(t)$的均值为 0，且$|m(t)|_{max}\leqslant A_0$。因此，输入信号的功率为

$$S_i=\overline{s_m^2(t)}=\frac{A_0^2}{2}+\frac{\overline{m^2(t)}}{2} \tag{4.2.68}$$

图 4.2.16 中带通滤波器的中心频率与载波频率相同，其带宽 $B=2f_H$，因此解调器输入噪声为

$$n_i(t)=n_c(t)\cos(\omega_c t)-n_s(t)\sin(\omega_c t) \tag{4.2.69}$$

噪声功率为

$$N_i=\overline{n_i^2(t)}=n_0 B \tag{4.2.70}$$

包络检波器的输入混合波形为

$$\begin{aligned} s_m(t)+n_i(t)&=[A_0+m(t)+n_c(t)]\cos(\omega_c t)-n_s(t)\sin(\omega_c t)\\ &=E(t)\cos[\omega_c t+\psi(t)] \end{aligned} \tag{4.2.71}$$

其中，瞬时幅度

$$E(t)=\sqrt{[A_0+m(t)+n_c(t)]^2+n_s^2(t)} \tag{4.2.72}$$

相位

$$\psi(t)=\arctan\left[\frac{n_s(t)}{A_0+m(t)+n_c(t)}\right] \tag{4.2.73}$$

理想包络检波器的输出即为 $E(t)$，由式(4.2.72)可知，检波器输出中有用信号与噪声无法完全分开。因此，计算信噪比是件困难的事，可以分两种特殊情况来考虑。

1）大信噪比情况

在大信噪比情况下，输入信号幅度远大于噪声幅度，即

$$[A_0+m(t)]\gg\sqrt{n_c^2(t)+n_s^2(t)} \tag{4.2.74}$$

所以

$$E(t) \approx A_0 + m(t) + n_c(t) \tag{4.2.75}$$

其中,解调信号为 $A_0+m(t)$,输出噪声为 $n_c(t)$。滤去直流后输出信号功率和噪声功率分别为

$$S_o = \overline{m^2(t)} \tag{4.2.76}$$

$$N_o = \overline{n_c^2(t)} = \overline{n_i^2(t)} = n_0 B \tag{4.2.77}$$

输出信噪比为

$$\frac{S_o}{N_o} = \frac{\overline{m^2(t)}}{n_0 B} \tag{4.2.78}$$

信噪比增益为

$$G_{AM} = \frac{S_o/N_o}{S_i/N_i} = \frac{2\overline{m^2(t)}}{A_0^2 + \overline{m^2(t)}} < 1 \tag{4.2.79}$$

2) 小信噪比情况

在小信噪比情况下,输入信号幅度远小于噪声幅度,即

$$[A_0 + m(t)] \ll \sqrt{n_c^2(t) + n_s^2(t)} \tag{4.2.80}$$

由式(4.2.72)及式(4.2.80)得

$$\begin{aligned} E(t) &= \sqrt{[A_0 + m(t)]^2 + n_c^2(t) + n_s^2(t) + 2n_c(t)[A_0 + m(t)]} \\ &\approx \sqrt{[n_c^2(t) + n_s^2(t)]\left\{1 + \frac{2n_c(t)[A_0 + m(t)]}{n_c^2(t) + n_s^2(t)}\right\}} \\ &\approx \sqrt{n_c^2(t) + n_s^2(t)} + \frac{n_c(t)}{\sqrt{n_c^2(t) + n_s^2(t)}}[A_0 + m(t)] \end{aligned} \tag{4.2.81}$$

由式(4.2.81)可知,调制信号 $m(t)$ 无法与噪声分开,而且有用信号“淹没”在噪声之中,系统无法正常接收。这时,输出信噪比不是按比例地随着输入信噪比下降,而是急剧恶化,通常把这种现象称为解调器的门限效应。开始出现门限效应的输入信噪比称为门限值,作为估算,包络检波的门限值近似为 $S_i/N_i = 0\text{dB}$。

上述几种幅度调制方式在有效性、复杂度和可靠性方面各有特点。AM 通过调制载波的幅度来传递信息,其实现简单、成本低,但对噪声非常敏感,容易受到幅度衰减和干扰的影响,可靠性较低。AM 在早期的广播和无线通信中应用广泛,是通信技术发展的重要基础。DSB 是 AM 的改进形式,调制后信号的载波频谱两侧分别包含一个完全相同的边带。这种方式具有结构简单、可靠性高的特点,但在带宽利用效率上存在不足,因为两个边带传输的是重复的信息。为了提高带宽利用效率,SSB 技术只保留一个边带。虽然其在频谱资源紧张的应用场景中表现出明显的优势,但由于信号调制和解调过程复杂,对接收端性能要求较高。VSB 是 DSB 和 SSB 的折中方案,保留一个边带并附加部分对称的残留边带,既提高了带宽效率,又在一定程度上降低了复杂度。VSB 广泛应用于电视广播等需要平衡信号质量与频谱效率的场景。

几种幅度调制方式的不同特点和适用场景,体现了通信工程中的一种辩证思维——

技术选择的“最优解”是相对的，需要根据实际需求权衡多种因素。这种权衡不仅是技术能力的体现，也是工程师综合分析能力和系统思维的重要表现。AM 强调简单性与经济性，DSB 注重可靠性，SSB 提升效率，而 VSB 则体现了平衡与折中。这种对技术特点的取舍与综合，正是通信工程中常见的实践思路。

4.3 角度调制与解调

角度调制与线性调制不同，角度调制中已调信号的频谱与调制信号频谱之间不存在线性对应关系，而是产生出与频谱搬移不同的新的频率分量，因而呈现出非线性过程的特性，故又称为非线性调制。

角度调制可分为调频（FM）和调相（PM），鉴于调频与调相之间存在内在联系，而且在实际应用中调频得到广泛采用，因而本节主要讨论调频。

4.3.1 角度调制原理

视频

角度调制信号可表示为

$$s_m(t)=A\cos[\omega_c t+\varphi(t)] \tag{4.3.1}$$

式中，A 为载波振幅；$\omega_c t+\varphi(t)$ 为已调信号的瞬时相位，记为 $\theta(t)$；$\varphi(t)$ 为相对于载波相位 $\omega_c t$ 的瞬时相位偏移。$\mathrm{d}[\omega_c t+\varphi(t)]/\mathrm{d}t$ 为已调信号的瞬时角频率，记为 $\omega(t)$；而 $\mathrm{d}\varphi(t)/\mathrm{d}t$ 称为相对于载波频率 ω_c 的瞬时频偏。

当瞬时相位偏移随调制信号 $m(t)$ 做线性变化时，这种调制方式称为调相，此时瞬时相位偏移可表达为

$$\varphi(t)=K_p m(t) \tag{4.3.2}$$

式中，K_p 称为调相灵敏度，其含义是单位调制信号幅度引起调相信号的相位偏移量，单位是 rad/V。因此，调相信号为

$$s_{PM}(t)=A\cos[\omega_c t+K_p m(t)] \tag{4.3.3}$$

当瞬时频率偏移随调制信号 $m(t)$ 做线性变化时，这种调制方式称为调频，此时瞬时频率偏移可表达为

$$\frac{\mathrm{d}\varphi(t)}{\mathrm{d}t}=K_f m(t) \tag{4.3.4}$$

式中，K_f 称为调频灵敏度，单位是 $\mathrm{rad}\cdot\mathrm{s}^{-1}/\mathrm{V}$。这时相位偏移可表达为

$$\varphi(t)=K_f\int_{-\infty}^{t} m(\tau)\mathrm{d}\tau \tag{4.3.5}$$

因此调频信号为

$$s_{FM}(t)=A\cos\left[\omega_c t+K_f\int_{-\infty}^{t} m(\tau)\mathrm{d}\tau\right] \tag{4.3.6}$$

比较式（4.3.3）和式（4.3.6）可见，FM 与 PM 的不同仅在于，FM 是将调制信号 $m(t)$ 积分后作为载波的瞬时相位参量，两者互为微分关系，即 $m(t)$ 进行积分后进行调相相当于调频，图 4.3.1 示出了 FM 与 PM 的这种关系。根据这种关系，可以进行间接调频和间接调相。

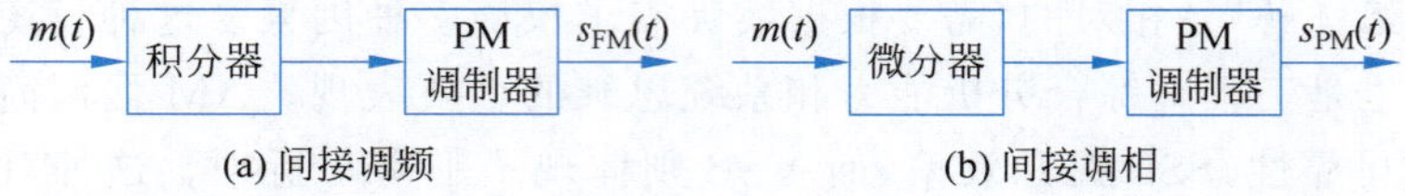

图 4.3.1　间接调频和间接调相

为了深入认识角度调制的概念和分析方法，先讨论调制信号为单频余弦信号的特殊情况。调制信号为

$$m(t)=A_m\cos(\omega_m t) \tag{4.3.7}$$

用它对载波进行调相时，由式(4.3.3)可得 PM 信号为

$$s_{PM}(t)=A\cos[\omega_c t+K_pA_m\cos(\omega_m t)]=A\cos[\omega_c t+m_p\cos(\omega_m t)] \tag{4.3.8}$$

式中，$m_p=K_pA_m$ 称为调相指数，表示最大的相位偏移。

如果进行调频，由式(4.3.6)可得 FM 信号为

$$s_{FM}(t)=A\cos\left[\omega_c t+K_fA_m\int_{-\infty}^{t}\cos(\omega_m\tau)\mathrm{d}\tau\right]=A\cos[\omega_c t+m_f\sin(\omega_m t)] \tag{4.3.9}$$

式中，$m_f=\dfrac{K_fA_m}{\omega_m}=\dfrac{\Delta\omega}{\omega_m}=\dfrac{\Delta f}{f_m}$称为调频指数，表示最大的相位偏移，其中，$\Delta\omega=K_fA_m$ 为最大角频偏，$\Delta f=m_ff_m$ 为最大频偏。

由式(4.3.8)可得 PM 信号的瞬时角频率为

$$\omega(t)=\omega_c-m_p\omega_m\sin(\omega_m t) \tag{4.3.10}$$

由式(4.3.9)可得 FM 信号的瞬时角频率为

$$\omega(t)=\omega_c+m_f\omega_m\cos(\omega_m t) \tag{4.3.11}$$

由式(4.3.8)～式(4.3.11)可得单音 PM 信号和 FM 信号波形如图 4.3.2 所示。由图 4.3.2 可知，如果预先不知道调制信号 $m(t)$的具体形式，则无法判断已调信号是调相信号还是调频信号。

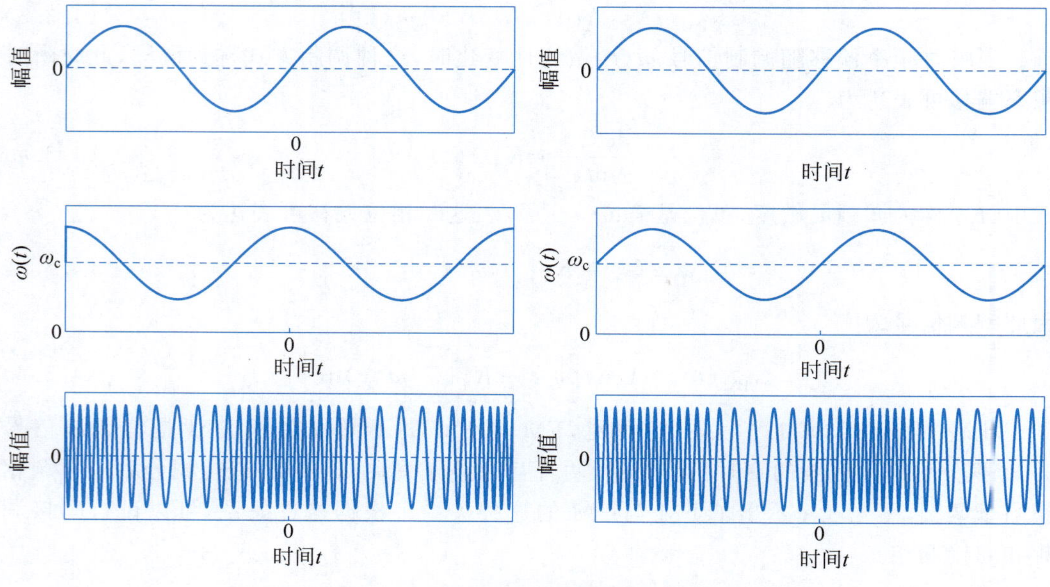

图 4.3.2　单音 PM 信号和 FM 信号波形

视频

4.3.2 调频信号的频谱分析

根据调制后载波瞬时相位偏移的大小，可以将调频分为窄带调频(NBFM)与宽带调频(WBFM)。窄带调频与宽带调频并无严格的界限。但通常认为，当调制所引起的最大瞬时相位偏移远小于 30°，即

$$\left|K_f\int_{-\infty}^{t} m(\tau)\mathrm{d}\tau\right| \ll \frac{\pi}{6}(\text{或 } 0.5) \tag{4.3.12}$$

时，称为窄带调频；当式(4.3.12)条件不满足时，则称为宽带调频。

1. 窄带调频

将调频信号的一般表达式(4.3.6)展开得到

$$\begin{aligned} s_{\mathrm{FM}}(t) &= A\cos\left[\omega_c t + K_f\int_{-\infty}^{t} m(\tau)\mathrm{d}\tau\right] \\ &= A\cos\omega_c t\cos\left[K_f\int_{-\infty}^{t} m(\tau)\mathrm{d}\tau\right] - A\sin(\omega_c t)\sin\left[K_f\int_{-\infty}^{t} m(\tau)\mathrm{d}\tau\right] \end{aligned} \tag{4.3.13}$$

当满足窄带调频条件时，有

$$\cos\left[K_f\int_{-\infty}^{t} m(\tau)\mathrm{d}\tau\right] \approx 1$$

$$\sin\left[K_f\int_{-\infty}^{t} m(\tau)\mathrm{d}\tau\right] \approx K_f\int_{-\infty}^{t} m(\tau)\mathrm{d}\tau$$

此时式(4.3.13)可简化为

$$s_{\mathrm{NBFM}}(t) \approx A\cos(\omega_c t) - \left[AK_f\int_{-\infty}^{t} m(\tau)\mathrm{d}\tau\right]\sin(\omega_c t) \tag{4.3.14}$$

若调制信号 $m(t)$的频谱为 $M(\omega)$，且假设 $m(t)$的均值为 0，即 $M(0)=0$，则由傅里叶变换理论可知

$$\int m(t)\mathrm{d}t \Leftrightarrow \frac{M(\omega)}{\mathrm{j}\omega} \tag{4.3.15}$$

$$\left[\int m(t)\mathrm{d}t\right]\sin(\omega_c t) \Leftrightarrow \frac{1}{2}\left[\frac{M(\omega+\omega_c)}{\omega+\omega_c} - \frac{M(\omega-\omega_c)}{\omega-\omega_c}\right] \tag{4.3.16}$$

因此，窄带调频信号的频域表达式为

$$S_{\mathrm{NBFM}}(\omega) = \pi A[\delta(\omega+\omega_c)+\delta(\omega-\omega_c)] + \frac{AK_f}{2}\left[\frac{M(\omega-\omega_c)}{\omega-\omega_c} - \frac{M(\omega+\omega_c)}{\omega+\omega_c}\right] \tag{4.3.17}$$

这一结果表明，窄带调频信号的频谱与式(4.2.4)表示的 AM 信号的频谱相比，具有类似的形式：两者都含有一个载波和位于$\pm\omega_c$ 处的两个边带，所以它们的带宽相同，都为调制信号最高频率的 2 倍。不同的是，窄带调频时正、负频率分量分别乘以因式 $1/(\omega-\omega_c)$和 $1/(\omega+\omega_c)$，且负频率分量与正频率分量相差 180°。正是上述差别使 NBFM 与 AM 有本质区别。

NBFM 在实际通信中很少应用，但它可用于 WBFM 的中间级，在 4.3.3 节中将具体介绍。

2. 宽带调频

当不满足式(4.3.12)时,不能采用式(4.3.14)的近似,因而给宽带调频的频谱分析带来了困难,但可以用单音调制来阐明 WBFM 的原理,进而进行推广。

设单音调制信号为

$$m(t)=A_m\cos(\omega_m t)=A_m\cos(2\pi f_m t)$$

由式(4.3.9)可知

$$s_{FM}(t)=A\cos[\omega_c t+m_f\sin\omega_m t] \tag{4.3.18}$$

式(4.3.18)可用三角公式展开为

$$s_{FM}(t)=A\cos(\omega_c t)\cdot\cos[m_f\sin(\omega_m t)]-A\sin(\omega_c t)\cdot\sin[m_f\sin(\omega_m t)] \tag{4.3.19}$$

其中,$\cos[m_f\sin(\omega_m t)]$和$\sin[m_f\sin(\omega_m t)]$可进一步展开成以贝塞尔函数为系数的三角级数,即

$$\cos[m_f\sin(\omega_m t)]=J_0(m_f)+\sum_{n=1}^{\infty}2J_{2n}(m_f)\cos(2n\omega_m t) \tag{4.3.20}$$

$$\sin[m_f\sin(\omega_m t)]=2\sum_{n=1}^{\infty}J_{2n-1}(m_f)\sin[(2n-1)\omega_m t] \tag{4.3.21}$$

式中,$J_n(m_f)$为第一类 n 阶贝塞尔函数,它是 n 和调频指数 m_f 的函数,其值可用无穷级数

$$J_n(m_f)=\sum_{m=0}^{\infty}\frac{(-1)^m\left(\frac{1}{2}m_f\right)^{n+2m}}{m!(n+m)!} \tag{4.3.22}$$

计算。前 4 阶贝塞尔函数曲线如图 4.3.3 所示。

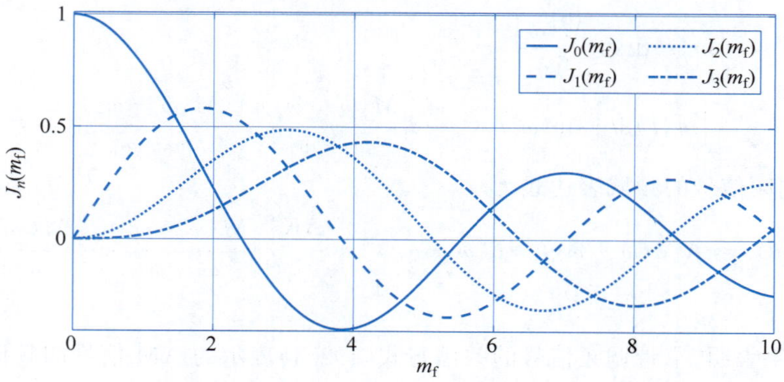

图 4.3.3 $J_n(m_f)$ 随 n 和 m_f 变化的关系曲线

贝塞尔函数有如下性质:

(1) $J_{-n}(m_f)=(-1)^n J_n(m_f)$。当 n 为奇数时,有 $J_{-n}(m_f)=-J_n(m_f)$;当 n 为偶数时,有 $J_{-n}(m_f)=J_n(m_f)$。

(2) 当调频指数 $m_f<0.5$ 时,有 $J_0(m_f)\approx1$;$J_1(m_f)\approx m_f/2$;$J_n(m_f)\approx0, n>1$。

(3) $\sum_{n=-\infty}^{\infty} J_n^2(m_f)=1$。

(4) 当 $n\geqslant m_f+1$ 时，$J_n(m_f)\leqslant 0.1$，即 $J_n(m_f)$的显著值为 m_f+1 对。

将式(4.3.20)和式(4.3.21)代入式(4.3.19)得

$$s_{FM}(t)=A\cos(\omega_c t)\left[J_0(m_f)+\sum_{n=1}^{\infty}2J_{2n}(m_f)\cos(2n\omega_m t)\right]-$$
$$A\sin(\omega_c t)\left[2\sum_{n=1}^{\infty}J_{2n-1}(m_f)\sin[(2n-1)\omega_m t]\right] \tag{4.3.23}$$

利用三角公式

$$\cos A\cos B=\frac{1}{2}\cos(A-B)+\frac{1}{2}\cos(A+B)$$
$$\sin A\sin B=\frac{1}{2}\cos(A-B)-\frac{1}{2}\cos(A+B)$$

及贝塞尔函数性质(1)，可得 FM 信号的级数展开式：

$$\begin{aligned}s_{FM}(t)=&AJ_0(m_f)\cos(\omega_c t)-AJ_1(m_f)\{\cos[(\omega_c-\omega_m)t]-\cos[(\omega_c+\omega_m)t]\}+\\&AJ_2(m_f)\{\cos[(\omega_c-2\omega_m)t]+\cos[(\omega_c+2\omega_m)t]\}-\\&AJ_3(m_f)\{\cos[(\omega_c-3\omega_m)t]-\cos[(\omega_c+3\omega_m)t]\}+\cdots\\=&A\sum_{n=-\infty}^{\infty}J_n(m_f)\cos[(\omega_c+n\omega_m)t]\end{aligned} \tag{4.3.24}$$

对式(4.3.24)进行傅里叶变换，即得 FM 信号的频域表达式：

$$S_{FM}(\omega)=\pi A\sum_{-\infty}^{\infty}J_n(m_f)[\delta(\omega-\omega_c-n\omega_m)+\delta(\omega+\omega_c+n\omega_m)] \tag{4.3.25}$$

由式(4.3.24)和式(4.3.25)可知，调频信号的频谱由载频 ω_c 和无数边频 $\omega_c\pm n\omega_m$ 组成。由贝塞尔函数性质(1)，载频 ω_c 的幅度正比于 $J_0(m_f)$；而围绕着 ω_c 的各次边频分量幅度正比于 $J_n(m_f)$，且奇次边频奇对称于载频，偶次边频偶对称于载频。

由贝塞尔函数性质(2)，当调频指数 $m_f<0.5$ 时，FM 频谱只有载频与一对奇对称于它的边频，其幅度分别为 $J_0(m_f)A\approx A$ 及 $J_{\pm1}(m_f)A$，显然这是 NBFM 频谱。

由贝塞尔函数性质(3)，调频信号的平均功率为

$$P_{FM}=\overline{s_{FM}^2(t)}=\frac{A^2}{2}\sum_{n=-\infty}^{\infty}J_n^2(m_f)=\frac{A^2}{2}=P_c \tag{4.3.26}$$

式(4.3.26)说明，调频信号的平均功率等于未调载波的平均功率，即调制后总的功率不变，只是将原来载波功率分配给每个边频分量。所以，调制过程只是进行功率的重新分配，而分配的原则与调频指数 m_f 有关。

理论上调频信号的频带宽度为无限宽，实际上边频幅度随着 n 的增大而逐渐减小，因此调频信号可近似认为具有有限频谱。通常采用的原则是，信号的频带宽度应包括幅度大于未调载波的 10%以上的边频分量。由贝塞尔函数性质(4)，FM 谱线幅度 $J_n(m_f)A\geqslant 0.1A$ 的边频对数为 $n=m_f+1$，相邻边频之间的频率间隔为 f_m，所以 FM 信号的有效带宽为

$$B_{FM}=2(m_f+1)f_m=2(\Delta f+f_m) \tag{4.3.27}$$

这就是广泛用于计算 FM 信号带宽的卡森(Carson)公式。

当 $m_f \ll 1$ 时,式(4.3.27)可以近似为

$$B_{FM}\approx 2f_m \tag{4.3.28}$$

这就是窄带调频的带宽,与前面分析相一致。

当 $m_f \gg 1$ 时,式(4.3.27)可以近似为

$$B_{FM}\approx 2\Delta f \tag{4.3.29}$$

这时,带宽由最大频偏 Δf 决定,而与调制频率 f_m 无关。

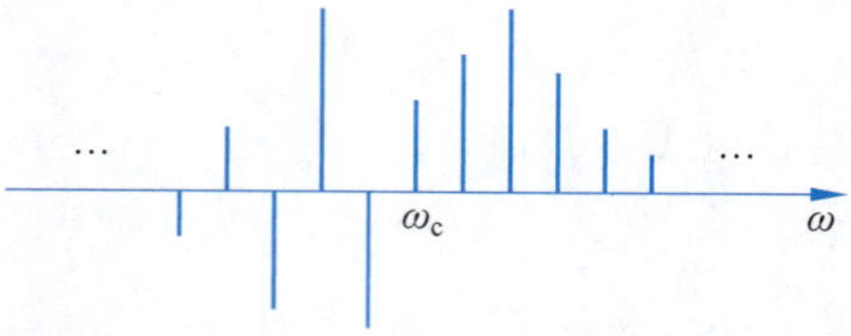

图 4.3.4 单音宽带调频波的频谱

图 4.3.4 示出了某单音宽带调频波的频谱,其中只画出了单边谱。

以上讨论的是单音调频的频谱特性和带宽。当调制信号不是单一频率时,由于调频是一种非线性过程,其频谱分析更加复杂。根据经验,对于多音和任意带限信号调频时的调频信号带宽仍可用卡森公式(4.3.27)来估算,只是 f_m 是调制信号的最高频率,m_f 是最大频偏 Δf 与 f_m 之比。例如,调频广播中规定的最大频偏 Δf 为 75kHz,最高调制频率 f_m 为 15kHz,故调频指数 $m_f=5$,由卡森公式可计算出此 FM 信号的频带宽度为 180kHz。

视频

4.3.3 调频信号的产生与解调原理

1. 调频信号的产生

有两种产生调频信号的方法:直接调频与间接调频。

1) 直接调频

直接产生调频信号的方法之一是设计一个振荡器,使它的振荡频率随输入电压而变,当输入电压为 0 时,振荡器产生一个频率为 ω_c 的正弦波,当输入基带信号的电压变化时,该振荡器的频率按基带信号的规律线性地变化,即

$$\omega_i(t)=\omega_c+K_f m(t) \tag{4.3.30}$$

这样的振荡器称为压控振荡器(VCO),如图 4.3.5 所示。

利用 VCO 作调频器的优点是可以得到很大的频偏,但很难同时保证 VCO 中心频率的频率稳定性要求。为了解决此矛盾,应用如图 4.3.6 所示的锁相环(PLL)调制器 可以获得高质量的 FM 或 PM 信号。

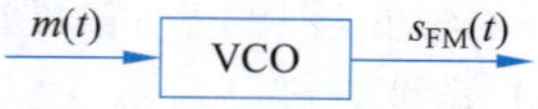

图 4.3.5 利用 VCO 作调频器

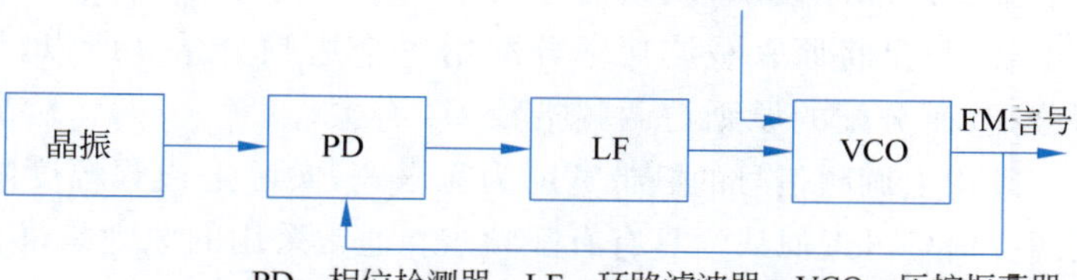

图 4.3.6 PLL 调制器

2）间接调频

间接产生调频信号的方法之一是先将调制信号积分，然后对载波进行调相，即可产生一个窄带调频（NBFM）信号，再经 n 次倍频器得到宽带调频（WBFM）信号。图 4.3.7(a)和图 4.3.7(b)分别是窄带及宽带调频信号的产生框图。这种产生 WBFM 的方法也称为阿姆斯特朗（Armstrong）法。

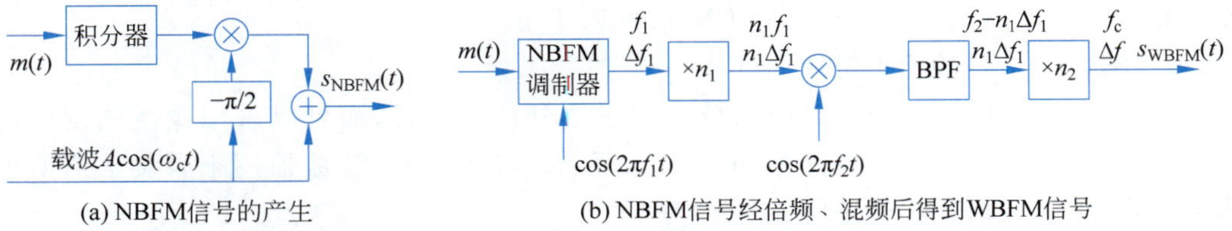

图 4.3.7　窄带与宽带调频信号的产生

图 4.3.7(a)的框图是完成式(4.3.14)的运算，产生 NBFM 信号。图 4.3.7(b)是将 NBFM 信号经倍频 n_1、混频、倍频 n_2 后得到所要求的载频及调频指数的 WBFM 信号。

倍频器的作用是将输入信号的瞬时频率倍频 n 倍，它由非线性器件及带通滤波器组成。若倍频器的输入信号为

$$s_i(t)=A\cos[\omega_c t+\varphi(t)] \tag{4.3.31}$$

则倍频器的输出为

$$s_o(t)=A\cos[n\omega_c t+n\varphi(t)] \tag{4.3.32}$$

混频的目的是由于 nf_c 不一定是所要求的载频，所以在倍频后再进行下变频；混频只改变载波频率而不影响频偏，适当选择 f_1、f_2 和 n_1、n_2 值，可得到所期望的任意载频及任意调频指数的 WBFM 信号。

【例 4-1】 设计适于传输优质音乐的宽带 FM 调制系统。音乐信号频率范围为 100Hz～15kHz，要求 NBFM 的载频 $f_1=100\text{kHz}$，NBFM 信号的频偏 $\Delta f_1=20\text{Hz}$，混频器的载频 $f_2=9500\text{kHz}$，发射机发往信道的载频 f_c100MHz，$\Delta f=75\text{kHz}$。

解：仿效实际系统，适于传输优质音乐的宽带 FM 调制系统参见图 4.3.7(b)。

(1) NBFM 信号的频偏 $\Delta f_1=20\text{Hz}$，它与信号最低频率对应的调频指数为 $m_1=\frac{20}{100}=0.2$。

(2) 以 n_1 倍的倍频来扩展其带宽，则倍频器 n_1 输出载频 $n_1f_1=100n_1\text{kHz}$，频偏 $n_1\Delta f_1=20n_1\text{Hz}$。

(3) 混频器的载频 $f_2=9500\text{kHz}$，变频后取下边带。于是其输出载频为 $f_2-n_1f_1=9500\text{kHz}-100n_1\text{kHz}$；而频偏不变，仍为 $20n_1\text{Hz}$。

(4) 进行第 2 次倍频 n_2，使最后载频 $f_c=100\text{MHz}$，频偏达 $\Delta f=75\text{kHz}$。由上述关系，可求出两次倍频 n_1 及 n_2。由

$$n_1n_2=\frac{\Delta f}{\Delta f_1}=\frac{75\text{kHz}}{20\text{Hz}}=3750$$

及

$$n_2(f_2-n_1f_1)=f_c,\quad 即\ n_2(9500-100n_1)=100\,000$$

可得 $n_1=75, n_2=50$。

间接调频法的优点是频率稳定度好；缺点是需要多次倍频和混频，电路较为复杂。

2. 调频信号的解调

调频信号的解调也分为相干解调和非相干解调。相干解调仅适用于NBFM信号，而非相干解调对NBFM信号和WBFM信号均适用。

1) NBFM信号的相干解调

由于NBFM信号可分解成同相分量与正交分量之和，因而可以采用线性调制中的相干解调法来进行解调，其框图如图4.3.8所示。其中，带通滤波器用来限制信道所引入的噪声，但调频信号应能正常通过。

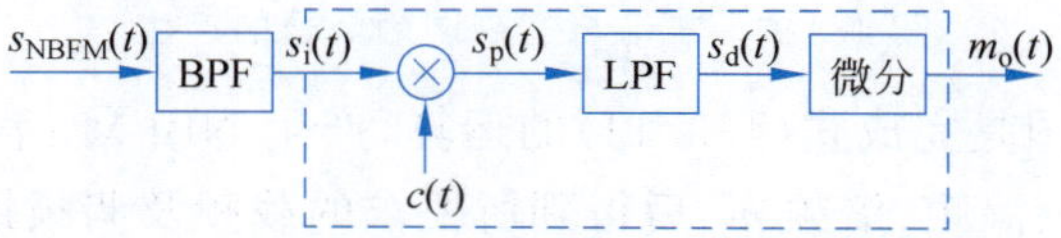

图4.3.8 NBFM信号相干解调框图

对于式(4.3.14)的窄带调频信号

$$s_{NBFM}(t)=A\cos(\omega_c t)-A\left[K_f\int_{-\infty}^{t}m(\tau)d\tau\right]\cdot\sin(\omega_c t) \tag{4.3.33}$$

设相干载波为

$$c(t)=-\sin(\omega_c t) \tag{4.3.34}$$

则相乘器的输出为

$$s_p(t)=-\frac{A}{2}\sin(2\omega_c t)+\frac{A}{2}\left[K_f\int_{-\infty}^{t}m(\tau)d\tau\right]\cdot[1-\cos(2\omega_c t)]$$

经低通滤波器取出其低频分量

$$s_d(t)=\frac{A}{2}K_f\int_{-\infty}^{t}m(\tau)d\tau$$

再经微分器，即得解调输出

$$m_o(t)=\frac{AK_f}{2}m(t) \tag{4.3.35}$$

这种解调方法与线性调制中的相干解调一样，要求本地载波与调制载波同步，否则将使解调信号失真。

2) 非相干解调

由于调频信号为等幅已调波，直接用包络检波毫无意义。因此，采用先微分然后包络检波的非相干解调方法来恢复原信号。这种最简单的解调器称为振幅鉴频器，如图4.3.9所示。

调频信号的一般表达式为

$$s_{FM}(t)=A\cos\left[\omega_c t+K_f\int_{-\infty}^{t}m(\tau)d\tau\right] \tag{4.3.36}$$

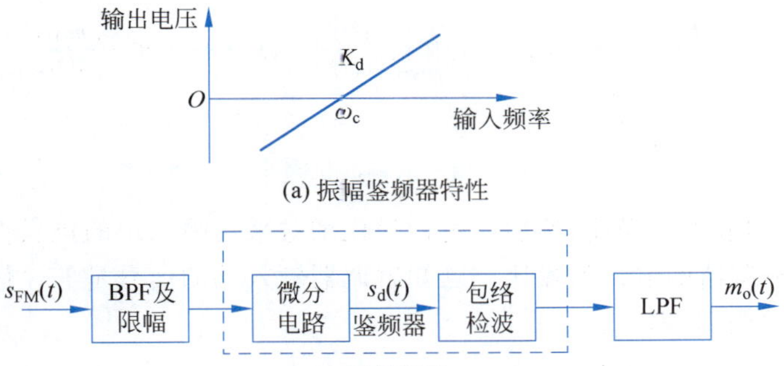

(a) 振幅鉴频器特性

(b) 原理框图

图 4.3.9　振幅鉴频器特性及原理框图

微分器输出为

$$s_d(t)=-A[\omega_c+K_f m(t)]\sin\left[\omega_c t+K_f\int_{-\infty}^{t}m(\tau)\mathrm{d}\tau\right] \tag{4.3.37}$$

这是一个调幅调频信号，包络检波器则将其幅度变化检出并滤去直流，再经低通滤波后即得解调输出

$$m_o(t)=K_d K_f m(t) \tag{4.3.38}$$

式中，K_d 为鉴频器灵敏度，单位为 V/(rad・s^{-1})。

在图 4.3.9(b)中，限幅器的作用是消除信道中的噪声等所引起的调频波的幅度起伏，带通滤波器(BPF)是让调频信号顺利通过，同时滤除带外噪声。

综上所述，直接调频通过压控振荡器(VCO)实现信号频率随输入电压变化，其优点是可以获得较大的频偏，但难以保证频率稳定性；间接调频通过窄带调频、倍频和混频等过程生成宽带调频信号，频率稳定度较高，但电路较为复杂。这两种方法在实际应用中需要根据具体需求进行选择和优化。此外，调频信号的生成与处理过程涉及多个模块的协同工作。例如，倍频器用于扩展信号带宽，混频器用于调整载频，限幅器和滤波器则用于抑制噪声与干扰。这种模块间的紧密协作是通信系统设计中的基本特性，也体现了系统性设计的思想。在解调方面，常用的方法包括相干解调和非相干解调。相干解调适用于窄带调频信号(NBFM)，需要本地载波与调制载波同步；非相干解调则适用于窄带和宽带调频信号(WBFM)，通常采用微分与包络检波相结合的方法。这些技术方法的选择与应用，不仅直接影响通信系统的性能，也体现了工程设计中综合分析与决策的重要性。

视频

4.3.4　调频系统的抗噪声性能分析

由调频信号解调的分析可知，相干解调仅适用于 NBFM 信号，且需要载波同步，因此应用范围受限；而非相干解调不需要同步信号，且对于 NBFM 信号和 WBFM 信号均适用，因而是 FM 系统的主要解调方式。下面重点讨论 FM 非相干解调时的抗噪声性能，其分析模型如图 4.3.10 所示。其中，$n(t)$是均值为 0、单边功率谱密度为 n_0 的高斯白噪声。

FM 非相干解调时的抗噪性能分析方法，也和线性调制系统的一样，先分别计算解调

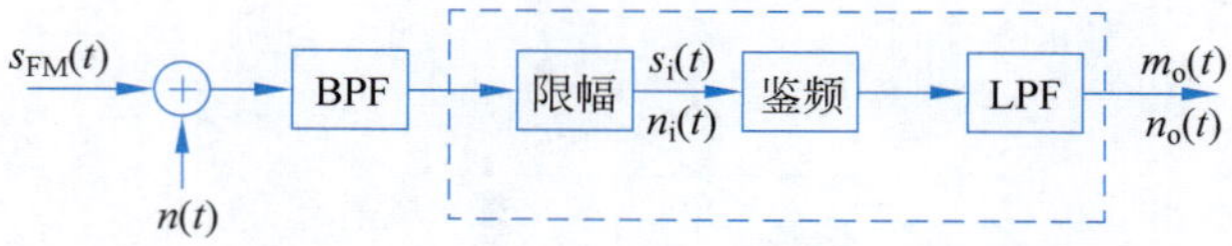

图 4.3.10　FM 非相干解调的抗噪声性能分析模型

器的输入信噪比和输出信噪比,然后通过信噪比增益来反映系统的抗噪性能。

首先,计算解调器的输入信噪比。已知解调器输入端的信号是 FM 信号 $s_i(t)$和窄带高斯噪声 $n_i(t)$的叠加,即

$$\begin{aligned} s_i(t)+n_i(t) &= s_{FM}(t)+n_i(t) \\ &= A\cos\left[\omega_c t+K_f\int_{-\infty}^{t}m(\tau)\mathrm{d}\tau\right]+n_c(t)\cos(\omega_c t)-n_s(t)\sin(\omega_c t) \end{aligned} \tag{4.3.39}$$

故其输入信号功率为

$$S_i=A^2/2 \tag{4.3.40}$$

输入噪声功率为

$$N_i=n_0B_{FM} \tag{4.3.41}$$

式中,B_{FM} 为调频信号的带宽,即带通滤波器(BPF)的带宽。因此输入信噪比为

$$\frac{S_i}{N_i}=\frac{A^2}{2n_0B_{FM}} \tag{4.3.42}$$

其次,计算解调器的输出信噪比。由于非相干解调不是线性叠加处理过程,因而不能分别计算其输出信号 $m_o(t)$和噪声 $n_o(t)$。与 AM 信号的非相干解调一样,下面分大信噪比和小信噪比两种极端情况来讨论。

1. 大信噪比输入时的抗噪声性能

在输入信噪比足够大的条件下,信号 $s_i(t)$和噪声 $n_i(t)$的相互作用可以忽略,这时可以将信号和噪声分开计算。

假设输入噪声 $n_i(t)$为 0 时,由式(4.3.38)可知,解调输出信号为

$$m_o(t)=K_dK_fm(t)$$

故输出信号平均功率为

$$S_o=\overline{m_o^2(t)}=(K_dK_f)^2\overline{m^2(t)} \tag{4.3.43}$$

假设调制信号 $m(t)$为 0,则加到解调器输入端的是未调载波与窄带高斯噪声之和,即

$$\begin{aligned} A\cos(\omega_c t)+n_i(t) &= A\cos(\omega_c t)+n_c(t)\cos(\omega_c t)-n_s(t)\sin(\omega_c t) \\ &= [A+n_c(t)]\cos(\omega_c t)-n_s(t)\sin(\omega_c t) \\ &= A(t)\cos[\omega_c t+\psi(t)] \end{aligned} \tag{4.3.44}$$

式中,随机包络

$$A(t)=\sqrt{[A+n_c(t)]^2+n_s^2(t)} \tag{4.3.45}$$

随机相位偏移

$$\psi(t)=\arctan\frac{n_s(t)}{A+n_c(t)} \tag{4.3.46}$$

在大信噪比，即 $A\gg n_c(t)$ 和 $A\gg n_s(t)$ 时，随机相位偏移 $\psi(t)$ 可近似为

$$\psi(t)=\arctan\frac{n_s(t)}{A+n_c(t)}\approx\arctan\frac{n_s(t)}{A} \tag{4.3.47}$$

当 $x\ll1$ 时，有 $\arctan x\approx x$，故

$$\psi(t)\approx\frac{n_s(t)}{A} \tag{4.3.48}$$

由于鉴频器的输出正比于输入的频率偏移，故此时鉴频器的输出噪声为

$$n_d(t)=K_d\frac{d\psi(t)}{dt}=\frac{K_d}{A}\frac{dn_s(t)}{dt} \tag{4.3.49}$$

式中，$n_s(t)$ 是窄带高斯噪声 $n_i(t)$ 的正交分量，因此它具有与 $n_i(t)$ 相同的功率谱密度 n_0，但 $n_i(t)$ 是带通型噪声，而 $n_s(t)$ 是解调后的低通型噪声，其功率谱密度在 $|f|\leqslant B_{FM}/2$ 范围内均匀分布。

由于鉴频器的输出与 $n_s(t)$ 的微分成正比，而理想微分电路的功率传输函数为

$$|H(f)|^2=|j2\pi f|^2=(2\pi)^2f^2 \tag{4.3.50}$$

则鉴频器输出噪声 $n_d(t)$ 的功率谱密度为

$$\begin{aligned}P_{n_d}(f)&=\left(\frac{K_d}{A}\right)^2|H(f)|^2P_{n_s}(f)\\&=\left(\frac{K_d}{A}\right)^2(2\pi)^2f^2n_0,\quad |f|<\frac{B_{FM}}{2}\end{aligned} \tag{4.3.51}$$

式(4.3.51)表明，鉴频器输出噪声功率谱密度已不再是均匀分布，而是与 f^2 成正比。调频信号解调过程的噪声功率谱变化如图 4.3.11 所示。

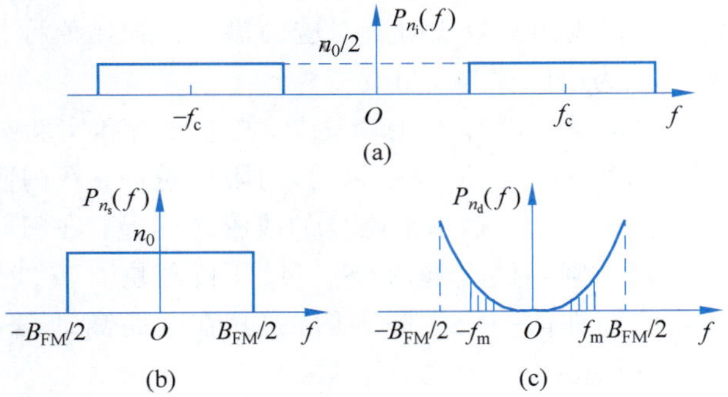

图 4.3.11 非相干解调时的噪声功率谱变化图

鉴频器输出噪声 $n_d(t)$ 经过低通滤波器的滤波，滤除调制信号带宽 f_m 以外的频率分量，故最终解调器输出（LPF 输出）的噪声功率应为图 4.3.11(c) 中阴影部分的面积，即

$$N_o=\int_{-f_m}^{f_m}P_{n_d}(f)df=\int_{-f_m}^{f_m}\frac{4\pi^2K_d^2n_0}{A^2}f^2df=\frac{8\pi^2K_d^2n_0f_m^3}{3A^2} \tag{4.3.52}$$

于是,FM 非相干解调器输出端的输出信噪比为

$$\frac{S_o}{N_o}=\frac{3A^2K_f^2\overline{m^2(t)}}{8\pi^2 n_0 f_m^3} \tag{4.3.53}$$

因此大信噪比输入时的信噪比增益为

$$G_{FM}=\frac{S_o/N_o}{S_i/N_i}=\frac{3}{4}\frac{K_f^2\overline{m^2(t)}B_{FM}}{\pi^2 f_m^3} \tag{4.3.54}$$

在单一频率余弦波调制情况下,由式(4.3.7)及式(4.3.9)可知 $\overline{m^2(t)}=A_m^2/2$,$m_f=K_fA_m/\omega_m$,此时信噪比增益为

$$G_{FM}=\frac{3}{2}m_f^2\frac{B_{FM}}{f_m} \tag{4.3.55}$$

考虑在 WBFM 时,信号带宽为 $B_{FM}=2(m_f+1)f_m=2(\Delta f+f_m)$,式(4.3.55)还可以写成

$$G_{FM}=3m_f^2(m_f+1) \tag{4.3.56}$$

当 $m_f\gg1$ 时,有近似式

$$G_{FM}\approx 3m_f^3 \tag{4.3.57}$$

式(4.3.57)结果表明:在大信噪比情况下,WBFM 系统的解调信噪比增益是很高的,它与调频指数的立方成正比。例如,调频广播中常取 $m_f=5$,则由式(4.3.56)可得信噪比增益为 $G_{FM}=450$。也就是说,加大调制指数,可使调频系统有很好的质量。但是调频带宽 $B_{FM}=2(m_f+1)f_m$,与一般 DSB 或 AM 信号相比它以 m_f+1 倍的传输带宽为代价,从而换取了这种高可靠性。

2. 小信噪比输入时的抗噪声性能

当 S_i/N_i 低于一定数值时,解调器的输出信噪比 S_o/N_o 急剧恶化,这种现象称为调频信号解调的门限效应。出现门限效应时所对应的输入信噪比值称为门限值,记为 $(S_i/N_i)_b$,作为估算,一般可认为门限值为 10dB。

出现门限效应时输出信噪比的计算比较复杂,理论分析和实验结果均表明,发生门限效应的门限值与调频指数 m_f 有关。m_f 越大,门限值越高;在门限值以上时,S_o/N_o 与 S_i/N_i 呈线性关系,且 m_f 越大,输出信噪比的改善越明显;在门限值以下时,S_o/N_o 将随 S_i/N_i 的下降而急剧下降,且 m_f 越大,S_o/N_o 下降越快。

门限效应是 FM 系统存在的一个实际问题,尤其在远距离通信和卫星通信等领域中,发展趋势是门限点向低输入信噪比方向扩展。

降低门限值的方法有很多。例如,可以采用锁相环解调器和负反馈解调器,它们的门限比一般鉴频器的门限电平低 6～10dB。还可以采用预加重和去加重技术来进一步改善调频解调器的输出信噪比,这也相当于改善了门限。

3. 调频系统中的加重技术

在调频广播中所传送的语音和音乐信号,其大部分能量分布在低频端,且其功率谱密度随着频率的增高而下降。然而在鉴频器输出端,噪声功率谱与 f^2 成正比,因而在信

号功率谱密度最小的高频端，噪声功率谱密度却最大，致使高频端的输出信噪比明显下降。为此，希望在解调后对高频分量进行衰减，以减小高频的噪声电平，但这会引起基带信号高频分量也受到衰减。为了补偿此影响，在发端调制前加一高通滤波器（称为预加重网络）对这些高频分量加以放大。相应地，为使系统对基带信号来说有一平坦的频率特性，在收端加一低通滤波器（称为去加重网络）。预加重网络的传输特性 $H_p(f)$ 和去加重网络的传输特性 $H_d(f)$ 应满足

$$H_p(f)=\frac{1}{H_d(f)} \tag{4.3.58}$$

加有预加重网络和去加重网络的调频系统框图如图 4.3.12 所示。

图 4.3.12　加有预加重网络和去加重网络的调频系统框图

由于采用预加重和去加重系统的输出信号的功率与没有采用预加重和去加重系统的功率相同，所以调频解调器输出信噪比的改善程度可用加重前的输出噪声功率与加重后的输出噪声功率的比值确定，即

$$\gamma=\frac{\int_{-f_m}^{f_m}P_{n_d}(f)\mathrm{d}f}{\int_{-f_m}^{f_m}P_{n_d}(f)|H_d(f)|^2\mathrm{d}f} \tag{4.3.59}$$

式(4.3.59)说明，输出信噪比的改善程度取决于去加重网络的特性。图 4.3.13 示出了一种实际中常采用的预加重和去加重电路，它在保持信号传输带宽不变的条件下，可使输出信噪比提高 6dB 左右。

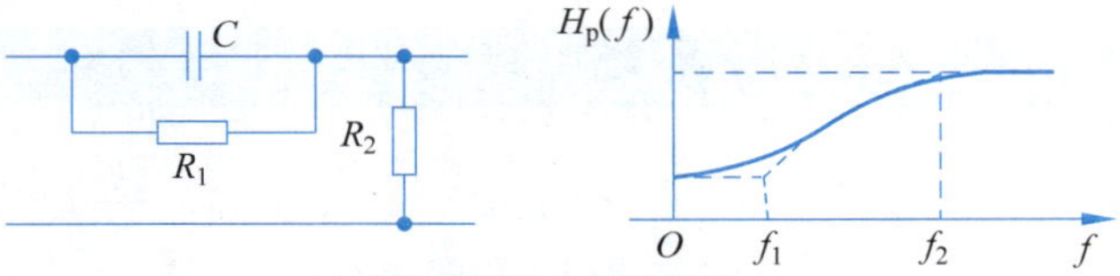

(a) 预加重网络与传输特性

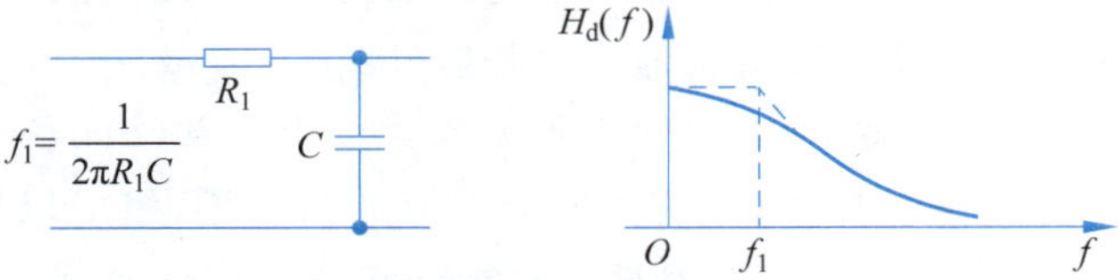

(b) 去加重网络与传输特性

图 4.3.13　预加重和去加重网络

4.4　频分复用

由前面的分析可知，当基带信号对载波进行幅度调制时，在频率域是将基带信号的低通频谱搬移到载频 f_c 上。如果有两个或更多个基带信号需在通信信道上同时传输，

视频

则由于通信信道的带宽远比每路基带信号的已调信号带宽宽得多，因此只需将各路基带信号分别调制到不同载频上，并且各路之间留有防护频带，这样就可以在同一信道中同时传输多路信号且互不干扰。在接收端，采用适当的带通滤波器将多路信号分开，分别解调接收。这种按频率分割信号的方法称为频分复用(FDM)。

频分多路复用的原理框图如图 4.4.1 所示。由于消息信号往往不是严格的带限信号，因而在发送端各路消息首先通过低通滤波器(LPF)，以便限制各路信号的最高频率，然后进行线性调制，合成后送入信道传输。接收端首先用带通滤波器(BPF)将各路信号分别提取，然后解调，通过低通滤波器恢复出各路相应的基带信号。

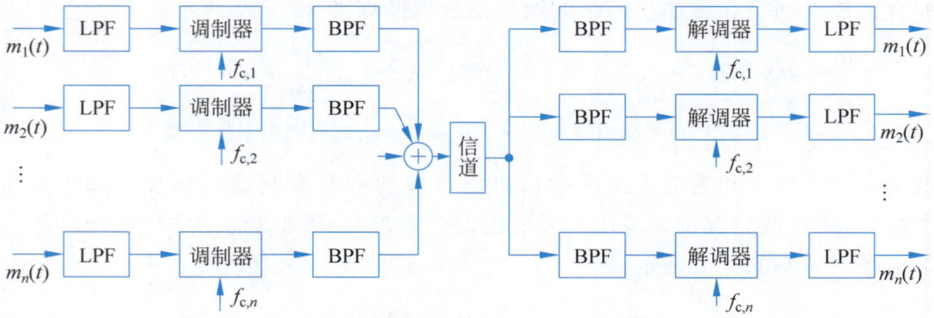

图 4.4.1　频分多路复用的原理框图

为了防止相邻信号之间产生相互干扰，应合理选择载波频率 $f_{c,1}, f_{c,2}, \cdots, f_{c,n}$，以使各路已调信号频谱之间留有一定的防护频带。

FDM 技术主要用于模拟通信，广泛应用于长途载波电话、调频立体声广播、电视广播等方面。

4.5　模拟通信的典型应用

视频

4.5.1　载波电话

在多路载波电话中采用单边带调制频分复用，目的在于最大限度地节省传输频带，并且使用层次结构：由 12 路电话复用为一个基群(basic group)；5 个基群复用为一个超群(super group)，共 60 路电话；由 10 个超群复用为一个主群(master group)，共 600 路电话。如果需要传输更多路电话，可以将多个主群进行复用，组成巨群(jumbo group)。每路电话信号的频带限制在 300～3400Hz，为了在各路已调信号间留有防护频带，每路电话信号取 4kHz 作为标准带宽。

图 4.5.1 给出了多路载波电话系统的基群频谱结构示意图。该电话基群由 12 个上边带(USB)组成，占用 64～112kHz 的频率范围，其中每路电话信号取 4kHz 作为标准带宽。复用中所有的载波都由一个振荡器合成，起始频率为 64kHz，间隔为 4kHz。因此，可以计算出各路载波频率为

$$f_{c,n}=[64+4(n-1)]\text{kHz} \tag{4.5.1}$$

式中，$f_{c,n}$ 为第 n 路信号的载波频率，n 为 1～12。

图 4.5.1　12 路电话基群频谱结构示意图

4.5.2　调频立体声广播

许多调频无线电广播电台发送的音乐节目是立体声，而立体声调频广播中的立体声复用是频分复用的一个实例。

立体声广播信号的形成如图 4.5.2 所示，声音在空间上被分成两路音频信号，一个左声道信号 L，一个右声道信号 R，其频率为 50Hz～15kHz。左声道与右声道相加形成和信号 $L+R$，相减形成差信号 $L-R$。在调频之前，差信号 $L-R$ 先对 38kHz 的副载波进行抑制载波双边带（DSB-SC）调制，然后与和信号 $L+R$ 进行频分复用后，作为 FM 立体声广播的基带信号。其频谱结构如图 4.5.3 所示，其中：0～15kHz 用于传送 $L+R$ 信号，23～53kHz 用于传送 $L-R$ 信号，59～75kHz 则用作辅助通道；$L-R$ 信号的载波频率为 38kHz，在 19kHz 处发送一个单频信号（导频），用于接收端提取相干载波和立体声指示。立体声调频广播与普通调频广播是兼容的。在普通调频广播中只发送 0～15kHz 的 $L+R$ 信号。

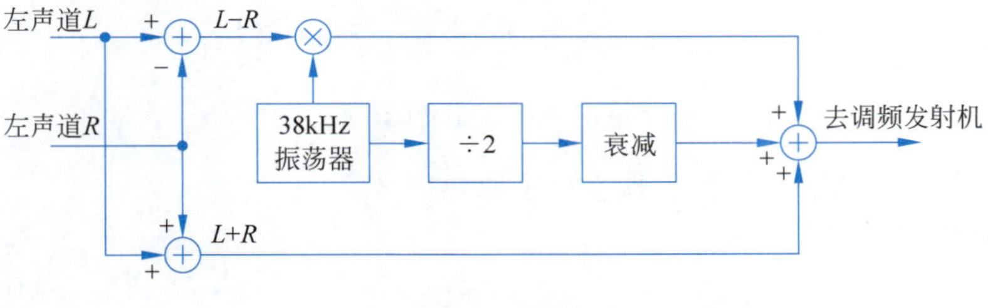

图 4.5.2 立体声广播信号的形成

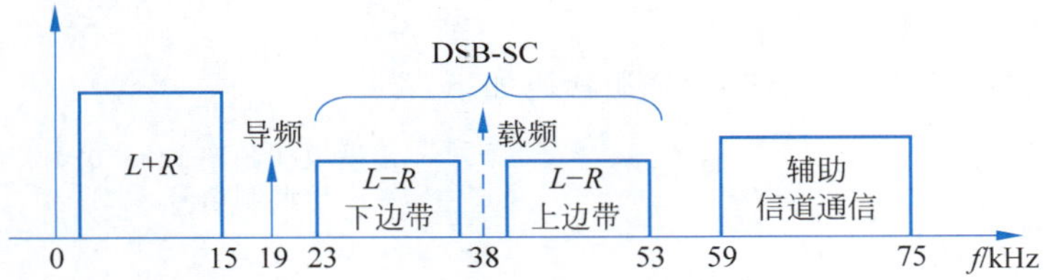

图 4.5.3　立体声广播信号的频谱

接收立体声广播后先进行鉴频，得到频分复用信号。对频分复用信号进行相应的分离，以恢复出左声道信号 L 和右声道信号 R，其原理框图如图 4.5.4 所示。

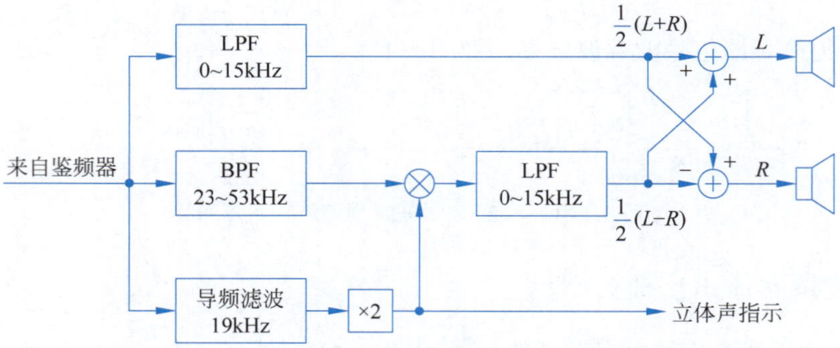

图 4.5.4 立体声广播信号的解调原理框图

4.6 MATLAB 仿真举例

4.6.1 双边带调制与解调仿真

设模拟基带信号为 $m(t)$,DSB 信号为

$$s_{\mathrm{DSB}}(t)=m(t)\cos(2\pi f_c t) \tag{4.6.1}$$

当 $m(t)$为确知信号时,其频谱为

$$S_{\mathrm{DSB}}(f)=\frac{1}{2}[M(f+f_c)+M(f-f_c)] \tag{4.6.2}$$

其中,$M(f)$是 $m(t)$的频谱。接收端采用如下相干解调:

$$\begin{aligned} r(t)&=s_{\mathrm{DSB}}(t)\cos(2\pi f_c t)=m(t)\cos^2(2\pi f_c t)\\ &=\frac{1}{2}m(t)+\frac{1}{2}m(t)\cos(2\pi f_c t) \end{aligned} \tag{4.6.3}$$

再用低通滤波器滤去高频分量,就恢复出了原始信号。

设调制信号为

$$m(t)=\mathrm{e}^{-640\pi(t-1/8)^2}+\mathrm{e}^{-640\pi(t-3/8)^2}+\mathrm{e}^{-640\pi(t-4/8)^2}+\mathrm{e}^{-640\pi(t-6/8)^2}+\mathrm{e}^{-640\pi(t-7/8)^2} \tag{4.6.4}$$

载波中心频率为 100Hz。

DSB 通信系统仿真的 MATLAB 源代码如下:

```
n = 1024;fs = n;                                    % 设取样频率 fs = 1024Hz
s = 640 * pi;                                       % 产生调制信号 m(t)
i = 0:1:n - 1;
t = i/n;
t1 = (t - 1/8).^2;t3 = (t - 3/8).^2;t4 = (t - 4/8).^2;
t6 = (t - 6/8).^2;t7 = (t - 7/8).^2;
m = exp( - s * t1) + exp( - s * t3) + exp( - s * t4) + exp( - s * t6) + exp( - s * t7);
c = cos(2 * pi * 100 * t);                          % 产生载波信号,载波频率 fc = 100Hz
x = m. * c;                                         % 正弦波幅度调制(DSB)
y = x. * c;                                         % 解调
wp = 0.1 * pi;ws = 0.12 * pi;Rp = 1;As = 15;        % 设计巴特沃思数字低通滤波器
```

```
[N,wn] = buttord(wp/pi,ws/pi,Rp,As);
[b,a] = butter(N,wn);
m1 = filter(b,a,y);                              % 滤波
m1 = 2 * m1;
M = fft(m,n);                                    % 求上述各信号及滤波器的频率特性
C = fft(c,n);
X = fft(x,n);
Y = fft(y,n);
[H,w] = freqz(b,a,n,'whole');
f = ( - n/2:1:n/2 - 1);                          % 绘图
subplot(341),plot(t,m,'k');,axis([0,1, - 0.25,1.25]);
title('调制信号的波形')
subplot(342),plot(f,abs(fftshift(M)),'k');axis([ - 300,300,0,250]);
title('调制信号的频谱')
subplot(343),plot(t,c,'k');axis([0,0.2, - 1.2,1.2]);
title('载波的波形')
subplot(344),plot(f,abs(fftshift(C)),'k');axis([ - 300,300,0,600]);
title('载波的频谱')
subplot(345),plot(t,x,'k');axis([0,1, - 1.2,1.2]);
title('已调信号的波形')
subplot(346),plot(f,abs(fftshift(X)),'k');axis([ - 300,300,0,120]);
title('已调信号的频谱')
subplot(347),plot(t,y,'k'); axis([0,1,0,1.2]);
title('解调信号的波形')
subplot(348),plot(f,abs(fftshift(Y)),'k');axis([ - 300,300,0,120]);
title('解调信号的频谱')
subplot(3,4,10),plot(f,abs(fftshift(H)),'k');axis([ - 300,300,0,1.25]);
title('滤波器传输特性')
subplot(3,4,11),plot(t,m1,'k'),axis([0,1, - 0.25,1.25]);
title('解调滤波后的信号')
```

程序运行结果如图 4.6.1 所示。

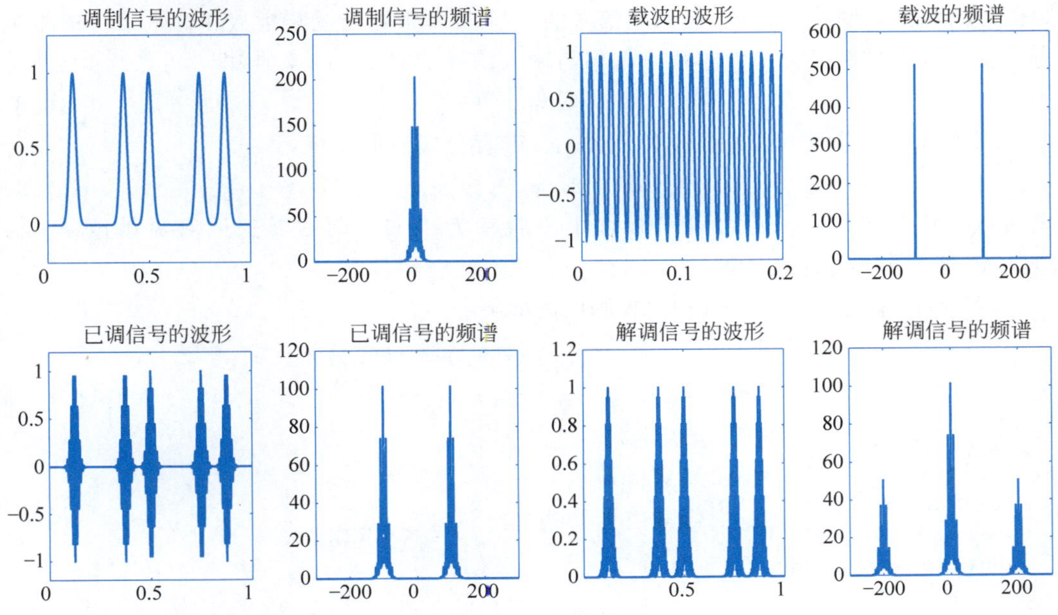

图 4.6.1　双边带调制与解调仿真

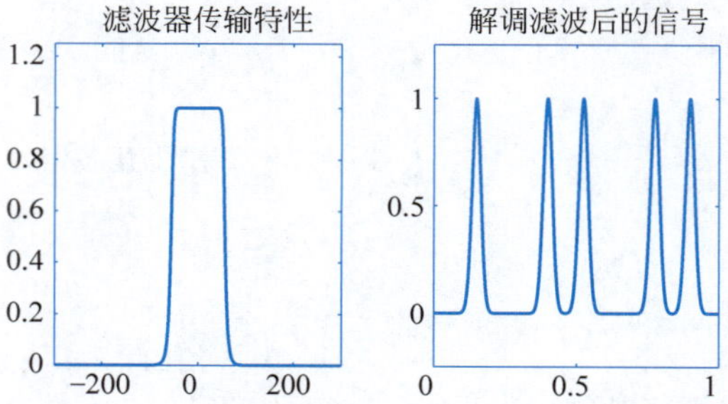

图 4.6.1 (续)

4.6.2 FM 调制与解调的仿真

当正弦载波的频率变化与输入基带信号幅度的变化呈线性关系时，就构成了调频信号。调频信号可以写成

$$s_{FM}(t)=A\cos[2\pi f_c t+2\pi K_f\int_{-\infty}^{t}m(\tau)\mathrm{d}\tau] \tag{4.6.5}$$

该信号的瞬时相位为

$$\phi(t)=2\pi f_c t+2\pi K_f\int_{-\infty}^{t}m(\tau)\mathrm{d}\tau \tag{4.6.6}$$

瞬时频率为

$$\frac{1}{2\pi}\frac{\mathrm{d}\phi}{\mathrm{d}t}=f_c+K_f m(t) \tag{4.6.7}$$

因此，调频信号的瞬时频率与输入信号呈线性关系，K_f 称为调频灵敏度。

调频信号的频谱与输入信号频谱之间不再是频率搬移的关系，因此通常无法写出调频信号的频谱的明确表达式，但调频信号的 98%功率带宽与调频指数和输入信号的带宽有关。调频指数定义为最大的频率偏移与输入信号带宽 f_m 的比值，即

$$m_f=\Delta f_{max}/f_m \tag{4.6.8}$$

调频信号的带宽可以根据经验公式——卡森公式近似计算：

$$B=2(m_f+1)f_m \tag{4.6.9}$$

设调制信号为 $m(t)=\cos(2\pi t)$，载波中心频率为 10Hz，调频器的调频灵敏度 K_f 为 5Hz/V，载波平均功率为 1W。

FM 通信系统仿真的 MATLAB 源代码如下：

```
Kf = 5;                                          % 调频灵敏度
fc = 10;                                         % 载波频率
T = 5;
dt = 0.001;
fs = 1/dt;
t = 0:dt:T;
fm = 1;                                          % 产生调制信号
mt = cos(2 * pi * fm * t);
A = sqrt(2);
```

```
mti = 1/2/pi/fm * sin(2 * pi * fm * t);                    % m(t)的积分
st = A * cos(2 * pi * fc * t + 2 * pi * Kf * mti);         % FM 调制
figure(1);
subplot(311);plot(t,st,'k');hold on;
plot(t,mt,'k--');
title('调频信号')
xlabel('时间/s')
ylabel('幅度')
subplot(312);
[f sf] = T2F(t,st);                                        % 调频信号的傅里叶变换
plot(f,abs(sf),'k');                                       % 调频信号的幅度谱
axis([-25 25 0 3])
title('调频信号幅度谱')
xlabel('频率/Hz')
ylabel('幅度')
mo = demod(st,fc,fs,'fm');                                 % FM 解调
subplot(313);plot(t,mo,'k');
title('解调信号')
xlabel('时间/s')
ylabel('幅度')

% 脚本文件 T2F.m 定义了函数 T2F,计算信号的傅里叶变换
function[f,sf] = T2F(t,st)
dt = t(2) - t(1);
T = t(end);
df = 1/T;
N = length(st);
f = -N/2 * df:df:N/2 * df - df;
sf = fft(st);
sf = T/N * fftshift(sf);
```

执行结果如图 4.6.2 所示。

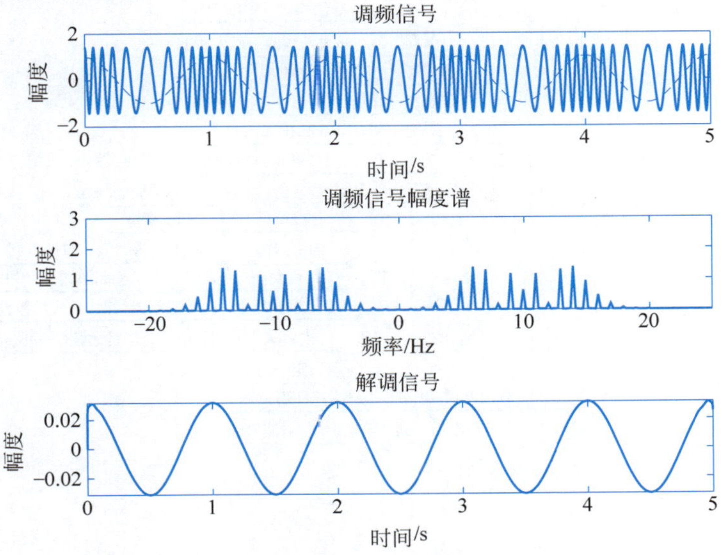

图 4.6.2 FM 调制与解调的仿真

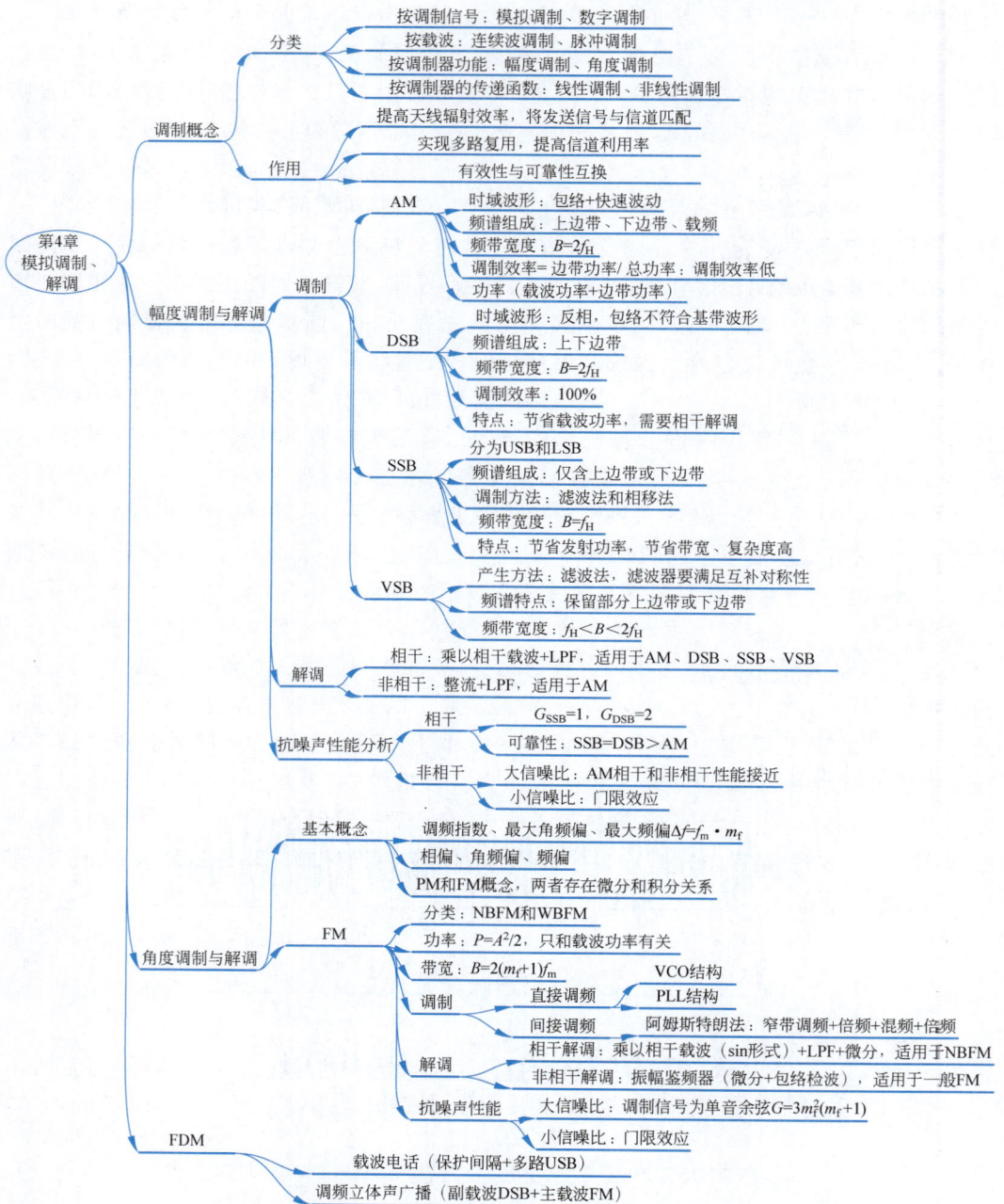

4.7 本章小结

- 第4章 模拟调制、解调
  - 调制概念
    - 分类
      - 按调制信号：模拟调制、数字调制
      - 按载波：连续波调制、脉冲调制
      - 按调制器功能：幅度调制、角度调制
      - 按调制器的传递函数：线性调制、非线性调制
    - 作用
      - 提高天线辐射效率，将发送信号与信道匹配
      - 实现多路复用，提高信道利用率
      - 有效性与可靠性互换
  - 幅度调制与解调
    - 调制
      - AM
        - 时域波形：包络+快速波动
        - 频谱组成：上边带、下边带、载频
        - 频带宽度：$B=2f_H$
        - 调制效率=边带功率/总功率：调制效率低
        - 功率（载波功率+边带功率）
      - DSB
        - 时域波形：反相，包络不符合基带波形
        - 频谱组成：上下边带
        - 频带宽度：$B=2f_H$
        - 调制效率：100%
        - 特点：节省载波功率，需要相干解调
      - SSB
        - 分为USB和LSB
        - 频谱组成：仅含上边带或下边带
        - 调制方法：滤波法和相移法
        - 频带宽度：$B=f_H$
        - 特点：节省发射功率，节省带宽、复杂度高
      - VSB
        - 产生方法：滤波法，滤波器要满足互补对称性
        - 频谱特点：保留部分上边带或下边带
        - 频带宽度：$f_H<B<2f_H$
    - 解调
      - 相干：乘以相干载波+LPF，适用于AM、DSB、SSB、VSB
      - 非相干：整流+LPF，适用于AM
    - 抗噪声性能分析
      - 相干
        - $G_{SSB}=1$，$G_{DSB}=2$
        - 可靠性：SSB=DSB>AM
      - 非相干
        - 大信噪比：AM相干和非相干性能接近
        - 小信噪比：门限效应
  - 角度调制与解调
    - 基本概念
      - 调频指数、最大角频偏、最大频偏$\Delta f=f_m \cdot m_f$
      - 相偏、角频偏、频偏
      - PM和FM概念，两者存在微分和积分关系
    - FM
      - 分类：NBFM和WBFM
      - 功率：$P=A^2/2$，只和载波功率有关
      - 带宽：$B=2(m_f+1)f_m$
      - 调制
        - 直接调频
          - VCO结构
          - PLL结构
        - 间接调频
          - 阿姆斯特朗法：窄带调频+倍频+混频+倍频
      - 解调
        - 相干解调：乘以相干载波（sin形式）+LPF+微分，适用于NBFM
        - 非相干解调：振幅鉴频器（微分+包络检波），适用于一般FM
      - 抗噪声性能
        - 大信噪比：调制信号为单音余弦$G=3m_f^2(m_f+1)$
        - 小信噪比：门限效应
  - FDM
    - 载波电话（保护间隔+多路USB）
    - 调频立体声广播（副载波DSB+主载波FM）

4.8 习题

4-1　AM 信号的频谱由________、上边带和下边带 3 部分组成。

4-2　某 DSB 通信系统中，基带信号为 $m(t)=0.2\cos(10\pi t)$V，载波信号为 $c(t)=\cos(100\pi t)$V，已调信号的带宽为________Hz，已调信号功率为________W，设叠加于 DSB 信号的白噪声双边功率谱密度为 5×10^{-6}W/Hz，则接收端带通滤波器输出后，解调器输入端的噪声功率为________W，信噪比为________dB。

4-3　在 AM、DSB、SSB、WBFM 中，________的有效性最好，________的可靠性最好，________的有效性与 DSB 相同。

4-4　FM 信号表达式为 $S_{FM}(t)=20\cos[10^6\pi t+4\sin1000\pi t]$，其调频指数为________，最大频偏为________Hz，信号功率为________W。

4-5　在相同的输入信号功率 S_i，相同的输入信噪声功率谱密度 n_0 和相同的基带信号带宽 f_H 的条件下，DSB 信号解调信噪比增益为________，SSB 信号解调信噪比增益为________，DSB 信号的输出信噪比________(高于，等于，低于)SSB 信号。

4-6　设基带信号是最高频率为 20kHz 的音乐信号，则 AM 信号带宽为________，SSB 信号带宽为________，DSB 信号带宽为________。

4-7　在 4 种线性调制系统中，________可用非相干解调，而________必须用相干解调，利用非相干解调的条件是已调波的包络正比于调制信号。

4-8　通常将输入信噪比下降到某值时，若继续下降，则输出信噪比将急剧恶化的现象称为________。

4-9　线性调制系统的已调波功率均由________的功率决定。角度调制的已调波功率则取决于________，与调制信号功率的关系为________。

4-10　模拟通信的多路复用多采用________技术。

4-11　设某信道具有单边噪声功率谱密度 1×10^{-6}W/Hz，在该信道中传输 SSB 信号，并设调制信号的频带限制在 10kHz 内，已调信号的功率为 1kW。若接收机的输入信号在加至解调器之前，先经过一理想带通滤波器，试求：

(1) 写出该理想带通滤波器的作用，并求其带宽；

(2) 解调器输入端的信噪功率比(dB 为单位)；

(3) 解调器输出端的信噪功率比(dB 为单位)。

4-12　将模拟基带信号 $m(t)=\cos(2\pi f_m t)$与载波 $c(t)=\cos(2\pi f_c t)$相乘得到 DSB 信号，设 $f_m=3$Hz，$f_c=8f_m$。

(1) 画出 DSB 信号频谱图；

(2) 画出 DSB 信号解调框图，并写出相干载波的表达式。

4-13　有一基带信号取值范围为[−1V，+1V]，该信号经 AM 调制后波形如图 4.8.1 所示，试画出其包络检波解调后输出波形，并分析 AM 调制时直流偏置大小。

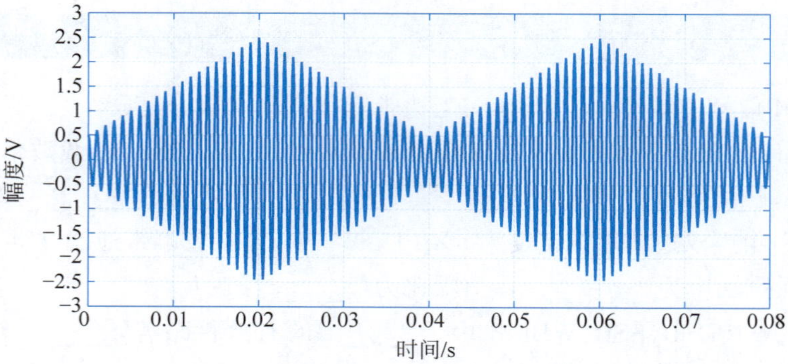

图 4.8.1　题 4-13 图

4-14　设某信道具有均匀的双边噪声功率谱密度 $P_n(f)=(0.5\times10^{-3})\text{W/Hz}$,在该信道中传输 AM 信号,并设调制信号 $m(t)$的频带限制在 5kHz,而载波为 100kHz.边带功率为 10kW,载波功率为 40kW。若接收机的输入信号先经过一个合适的理想带通滤波器,然后加至包络检波器进行解调,试求:

(1) 解调器输入端的信噪比;

(2) 解调器输出端的信噪比;

(3) 信噪比增益 G。

4-15　设某信道具有双边噪声功率谱密度 $P_n(f)=(0.5\times10^{-3})\text{W/Hz}$,在该信道中传输抑制载波的双边带信号,并设调制信号 $m(t)$的频带限制在 5kHz 内,而载波为 100kHz,已调信号的功率为 10kW。若接收机的输入信号在加至解调器之前,先经过带宽为 10kHz 的一理想带通滤波器,试求:

(1) 该理想带通滤波器中心频率;

(2) 解调器输入端的信噪功率比;

(3) 解调器输出端的信噪功率比;

(4) 解调器输出端的噪声功率谱密度,并用图形表示出来。

4-16　设一宽带 FM 系统,载波振幅为 100V,频率为 100MHz,调制信号 $m(t)$的频带限制在 5kHz 以内,$\overline{m^2(t)}=5000\text{V}^2$,$K_f=500\pi\text{rad/(s·V)}$,最大频偏 $\Delta f=75\text{kHz}$,信道具有双边噪声功率谱密度 $P_n(f)=(0.5\times10^{-3})\text{W/Hz}$,试求:

(1) 接收机输入端理想带通滤波器的传输特性 $H(\omega)$;

(2) 解调器输入端的信噪功率比;

(3) 解调器输出端的信噪功率比;

(4) 若 $m(t)$以 AM 调制方法传输,并以包络检波进行解调,试比较输出信噪比和所需带宽方面与 FM 系统有何不同。

4-17　有 60 路模拟话音信号采用频分复用方式传输。已知每路话音信号频率范围为 0～4kHz(已含防护频带),副载波采用 SSB 调制,主载波采用 FM 调制,调频指数 $m_f=2$。

(1) 试计算副载波调制合成信号带宽;

(2) 求信道传输信号带宽。

4-18　若有5个频谱范围均为60～108kHz的信号(已包括防护频带)，现将这5个信号采用频分复用的方式合成一个频谱为312～552kHz的信号。

(1) 对应于这5个信号所用的载波频率分别为多少(取上边带)?

(2) 画出频分复用的原理框图；

(3) 画出频分复用的频谱图。

第5章 模拟信号的数字化

5.1 引言

数字通信系统模型中的信源可以是数字的也可以是模拟的，如果是模拟的，则信源中应包含将模拟信号进行数字化的模/数转换部分。模/数转换包含对模拟信号进行抽样、量化和编码，使之转变成数字信号再进行传输。在接收端则将收到的数字信号进行数/模变换，使之还原成模拟信号再送至信宿。通常把从模拟信号抽样、量化，直到变换成为二进制码元的基本过程，称为脉冲编码调制(PCM)。PCM是模拟信号数字化最基本和最常用的编码方法。编码方法直接和系统的传输效率有关，为了提高传输效率，常常将这种PCM信号进一步压缩编码，如差分脉冲编码调制(DPCM)和增量调制(ΔM)。

模拟信号的数字化是现代通信技术发展的重要基础之一，为实现高速、稳定的信息传输提供了坚实的技术支撑。通过将模拟信号数字化，可以显著提升通信系统的可靠性、传输效率和抗干扰能力。从理论研究到实际应用的不断突破，反映了科学精神在解决实际问题中的核心作用。

模/数(A/D)转换功能通常由集成芯片完成。这类芯片作为通信系统的关键元件，其性能直接影响系统整体的工作效率。当前，高性能集成芯片的设计与制造仍是我国技术攻关的重点方向，也是科技发展的短板之一。加强在这一领域的研究和创新，是提升通信技术自主性和国际竞争力的重要途径。

本章首先介绍模拟信号的数字化过程，然后介绍DPCM和ΔM的原理和方法，最后介绍时分复用和数字复接。

5.2 抽样

抽样是任何模拟信号进行数字化过程的第一步，也是时分复用的基础。抽样的物理过程如图5.2.1所示。其中，$m(t)$是一个模拟信号，在等时间间隔T_s上对它抽样取值。在理论上抽样过程可以看成周期性单位冲激脉冲$\delta_{T_s}(t)$和模拟信号$m(t)$相乘，抽样结果得到的是一系列冲激脉冲$m_s(t)$。在实际中，是用周期性窄脉冲代替冲激脉冲与模拟信号相乘。

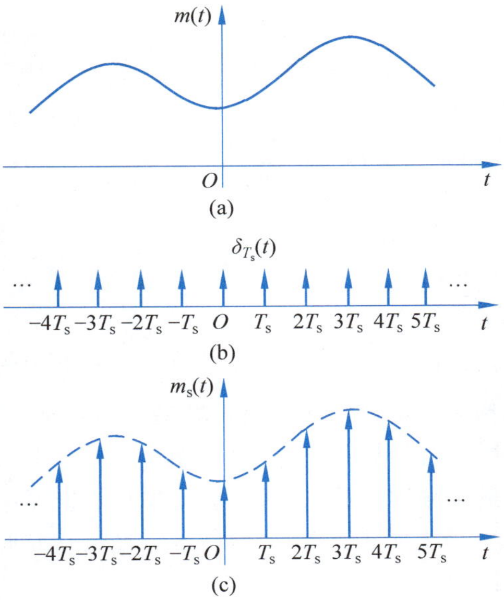

图5.2.1 抽样的物理过程

抽样定理实质上是一个模拟信号经过抽样变成离散序列后，能否由此离散序列样值重建原始模拟信号的问题。

5.2.1 低通信号抽样定理

低通信号抽样定理：一个频带限制在$0 \sim f_H$的连续模拟信号$m(t)$，如果以$T_s \leqslant$

$1/(2f_H)$的等间隔时间对它抽样，则所得的抽样信号 $m_s(t)$可以完全确定原信号 $m(t)$。

证明： 由图 5.2.1 可知，抽样信号 $m_s(t)$可表示为

$$m_s(t)=m(t)\delta_{T_s}(t) \tag{5.2.1a}$$

其中，

$$\delta_{T_s}(t)=\sum_{k=-\infty}^{\infty}\delta(t-kT_s) \tag{5.2.1b}$$

令 $M(f)$、$\Delta_{f_s}(f)$和 $M_s(f)$分别表示 $m(t)$、$\delta_{T_s}(t)$和 $m_s(t)$的频谱，则按照频率卷积定理得

$$M_s(f)=M(f)*\Delta_{f_s}(f) \tag{5.2.2}$$

因为

$$\Delta_{f_s}(f)=f_s\sum_{n=-\infty}^{\infty}\delta(f-nf_s),\quad f_s=\frac{1}{T_s}$$

所以

$$M_s(f)=f_s\left[M(f)*\sum_{n=-\infty}^{\infty}\delta(f-nf_s)\right]=f_s\sum_{n=-\infty}^{\infty}M(f-nf_s) \tag{5.2.3}$$

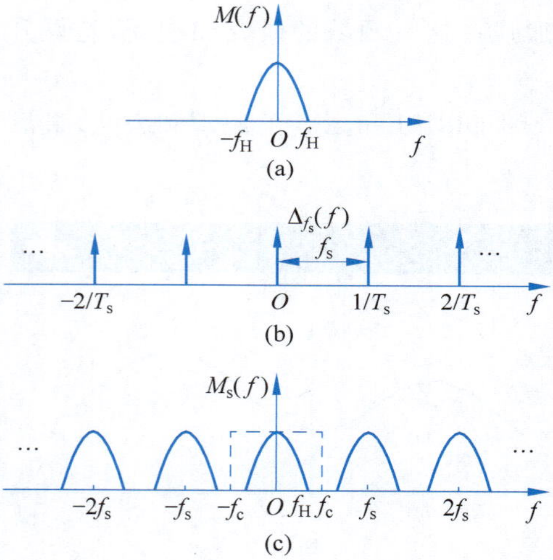

图 5.2.2　低通信号抽样前后的频谱

式(5.2.3)表明，由于 $M(f-nf_s)$是原信号频谱 $M(f)$在频率轴上平移了 nf_s 的结果，所以抽样信号的频谱 $M_s(f)$是由无数间隔频率为 f_s 的原信号频谱 $M(f)$相叠加而成的。因为已经假设信号 $m(t)$的最高频率小于 f_H，所以若频率间隔 $f_s\geqslant 2f_H$，则 $M_s(f)$中包含的每个原信号频谱 $M(f)$之间互不重叠。$M(f)$、$\Delta_{f_s}(f)$及 $M_s(f)$的频谱如图 5.2.2 所示。

由图 5.2.2(c)可见，只要让 $m_s(t)$通过一个截止频率为 $f_c=f_s/2$ 的理想低通滤波器，就可以分离出信号 $m(t)$的频谱 $M(f)$，也就是能从抽样信号中不失真地恢复原信号。

这里，恢复原信号的条件是

$$f_s\geqslant 2f_H \tag{5.2.4}$$

即抽样频率 f_s 应不小于 f_H 的 2 倍。这一最低抽样速率 $2f_H$ 称为奈奎斯特速率，与此相应的最大抽样时间间隔 $1/(2f_H)$称为奈奎斯特间隔。

若抽样频率 f_s 低于奈奎斯特速率，则由图 5.2.2(c)可以看出，相邻周期的频谱间将发生频谱重叠，此时不能无失真地恢复原信号。

从频域上看，抽样信号经过传输特性为 $H(f)$的理想低通滤波器后，重建信号的频谱为

$$M_o(f)=M_s(f)H(f),\quad |f|<f_H \tag{5.2.5}$$

其中，

$$H(f)=\begin{cases}1, & |f|\leqslant f_H \\ 0, & |f|>f_H\end{cases}$$

显然，根据抽样定理，应当满足 $f_s\geqslant 2f_H$ 的条件。

从时域上看，重建信号可以表达为

$$\begin{aligned}m_o(t)&=h(t)*m_s(t)=2f_H\left[\frac{\sin 2\pi f_H t}{2\pi f_H t}\right]*\sum_{k=-\infty}^{\infty}m(kT_s)\delta(t-kT_s)\\&=2f_H\sum_{k=-\infty}^{\infty}m(kT_s)\frac{\sin[2\pi f_H(t-kT_s)]}{2\pi f_H(t-kT_s)}\\&=2f_H\sum_{k=-\infty}^{\infty}m(kT_s)\mathrm{Sa}[2\pi f_H(t-kT_s)]\end{aligned}\tag{5.2.6}$$

式中，$h(t)$是$H(f)$的逆傅里叶变换。由式(5.2.6)所得重建信号的波形如图5.2.3所示，它是以T_s为间隔、以各抽样值$m(kT_s)$作为峰值的Sa()形状波形序列的总和。

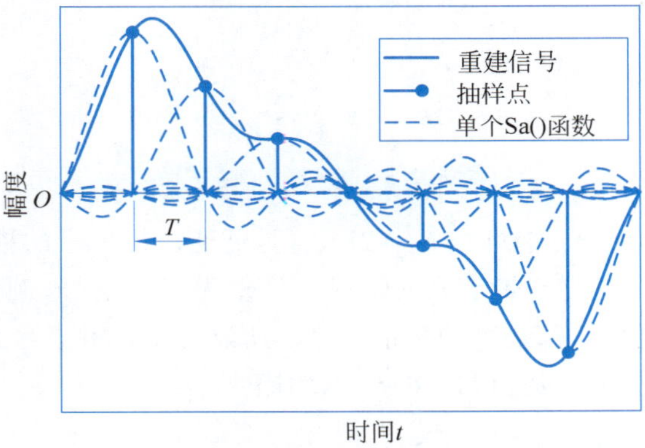

图5.2.3 抽样信号经过理想低通滤波器输出波形

由于$H(f)$所对应的理想滤波器在物理上不可实现，即实用滤波器的截止边缘不可能做到如此陡峭，所以，实际使用的抽样频率f_s必须比$2f_H$大一些。例如，典型电话信号的最高频率通常限制在3400Hz以下，而抽样频率通常采用8000Hz。

5.2.2 带通信号抽样定理

在实际应用中所遇到的许多信号是带通信号。例如基群载波电话信号，其频率为60～108kHz。设带通模拟信号的频带限制在$f_L\sim f_H$范围内，如图5.2.4所示，则信号带宽$B=f_H-f_L$，此时并不一定需要抽样频率高于2倍最高频率。可以证明，从抽样信号无失真恢复原信号的条件为

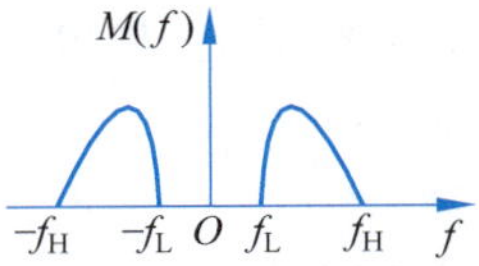

图5.2.4 带通模拟信号的频谱

$$\frac{2f_H}{m}\leqslant f_s\leqslant\frac{2f_L}{m-1},\quad m=1,2,\cdots,n\tag{5.2.7}$$

其中，m 为正整数，n 为 f_H/B 的整数部分，当 $m=n$ 时，可以取得最小抽样频率 f_s 为

$$f_s=\frac{2f_H}{n}=\frac{2B(n+k)}{n}=2B\left(1+\frac{k}{n}\right) \tag{5.2.8}$$

式中，n 为 f_H/B 的整数部分，k 为 f_H/B 的小数部分，$0\leqslant k<1$。

由式(5.2.8)画出的 f_s 和 f_L 关系的曲线如图 5.2.5 所示。可以看到，当 f_L 从 0 变到 B，即 f_H 从 B 变到 $2B$ 时，由定义有 $n=1$，而 k 从 0 变到 1，这时式(5.2.8)变成了 $f_s=2B(1+k)$，即 f_s 线性地从 $2B$ 增加到 $4B$，这就是曲线的第一段；当 f_L 在 $B\sim 2B$ 这一变化范围内时，n 变为 2，于是 f_s 从 $2B$ 线性地变到 $3B$，形成曲线的第二段，以此类推。

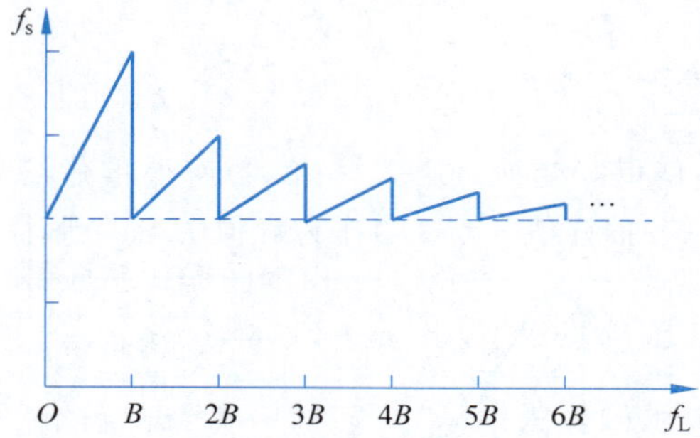

图 5.2.5　f_L 与 f_s 的关系

由图 5.2.5 可见，当 $f_L=0$ 时，$f_s=2B$，这是低通模拟信号的抽样情况；而当 f_L 很大时，f_s 也趋近于 $2B$，这是窄带信号的情况。许多无线电信号，例如在无线电接收机的高频和中频系统中的信号，都是这种窄带信号。所以对于这种信号抽样，无论 f_H 是否为 B 的整数倍，在理论上都可以近似地将 f_s 取为略大于 $2B$。

5.2.3　抽样保持电路

抽样定理中采用的抽样脉冲序列是理想冲激脉冲序列 $\delta_{T_s}(t)$，称为理想抽样。但实际抽样电路中用于抽样的脉冲是具有一定宽度 τ 的矩形脉冲，其抽样后，在脉宽期间抽样信号的幅度可以是不变的，也可以随信号幅度而变化。前者属于平顶抽样，后者则属于自然抽样。

1. 自然抽样

设模拟基带信号为 $m(t)$，抽样脉冲序列是幅度为 A、脉冲宽度为 τ、周期为 T_s 的周期矩形脉冲 $s(t)$，其相应的频谱为 $M(f)$和 $S(f)$。自然抽样时，抽样过程实际上是相乘过程，即

$$m_s(t)=m(t)s(t) \tag{5.2.9}$$

则已抽样后的信号 $m_s(t)$通常称为 PAM(脉冲幅度调制)信号，其频谱为

$$M_s(f)=M(f)*S(f)=M(f)*A\tau f_s\sum_{n=-\infty}^{\infty}\mathrm{Sa}(\pi n\tau f_s)\delta(f-nf_s)$$

$$=A\tau f_s\sum_{n=-\infty}^{\infty}\mathrm{Sa}(\pi n\tau f_s)M(f-nf_s) \tag{5.2.10}$$

将式(5.2.10)与式(5.2.3)比较可知，自然抽样与理想抽样信号的频谱，其差别仅在于差一个常数 $A\tau\mathrm{Sa}(\pi n\tau f_s)$，但每个频谱分量的形状不变，如图 5.2.6 所示。若 $s(t)$ 的周期 $T_s\leqslant(1/2f_H)$，或其重复频率 $f_s\geqslant 2f_H$，则采用一个截止频率为 f_H 的低通滤波器仍可以恢复出原模拟基带信号，如图 5.2.6(f)所示。

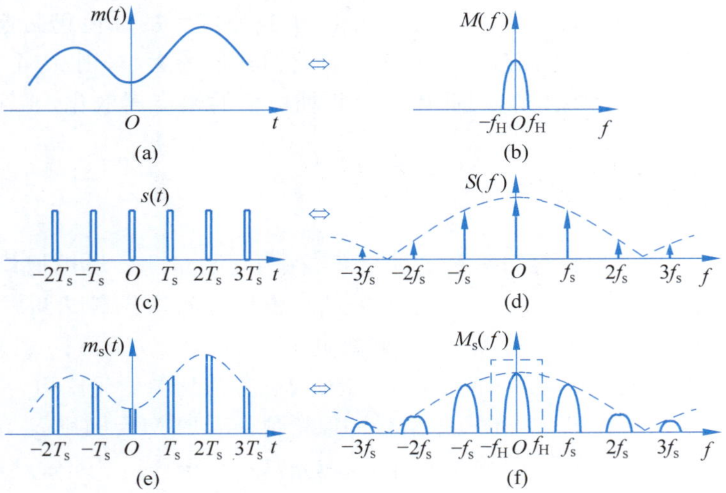

图 5.2.6 自然抽样的波形和频谱

2. 平顶抽样

通常抽样后的信号将被送到编码器中进行编码，而编码器要求被编码的样值大小在编码期间尽可能维持不变，而采用自然抽样后的样值大小在脉冲期间 τ 内，样值的幅度大小是变化的，显然不适合用于编码。平顶抽样就是用于解决这个问题的，它使每个抽样脉冲的顶部不随信号变化。在实际应用中，常用抽样保持电路产生平顶抽样信号。这种电路的原理框图可以用图 5.2.7 表示。其中模拟信号 $m(t)$ 先采用较窄的抽样脉冲(近似冲激脉冲)进行抽样，然后通过一个保持电路，将抽样电压保持一定时间。这样，保持电路的输出脉冲保持平顶，如图 5.2.8 所示。

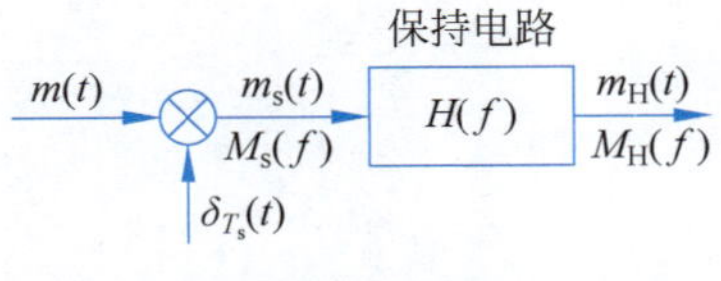

图 5.2.7 抽样保持电路原理框图

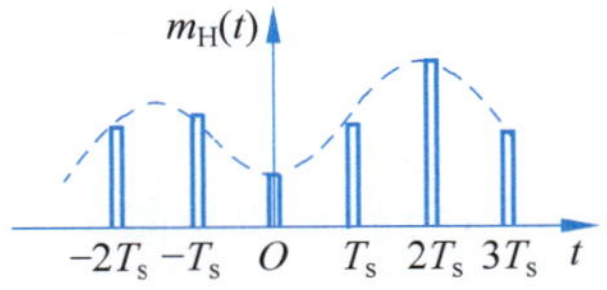

图 5.2.8 平顶抽样信号

设保持电路的传输函数为 $H(f)$，则其输出信号的频谱 $M_H(f)$ 为

$$M_H(f)=M_s(f)H(f)=f_s\sum_{n=-\infty}^{\infty}H(f)M(f-nf_s) \tag{5.2.11}$$

由式(5.2.11)可见,平顶抽样信号频谱中的每一项都被 $H(f)$ 加权,不再与理想抽样信号的频谱 $M_s(f)$ 保持线性关系,因而不能用低通滤波器恢复原始模拟信号。但从原理上看,只要在低通滤波器之前加一个传输函数为 $1/H(f)$ 的修正滤波器,就能无失真地恢复原模拟信号。

视频

5.3 量化

模拟信号经抽样后实现了时间上的离散化,但其幅度上的取值仍是连续的,仍然为模拟信号。若仅用 N 个二进制数字码元来代表此抽样值的大小,则 N 个二进制码元只能代表 $M=2^N$ 个不同的抽样值,因此还必须将抽样值的幅度离散化。幅度的离散化过程称为量化。

5.3.1 均匀量化

把输入信号的取值域按等间隔分割的量化,称为均匀量化。设模拟信号 $m(t)$ 的取值范围为 $[-a,a]$,取样值为 $m(kT_s)$,将信号的取值域等间隔分割成 M 个区间,每个区间用一个电平 q_i 表示。这样,共有 M 个离散电平 $q_1,q_2,\cdots,q_i,\cdots,q_M$,称之为量化电平。用这 M 个量化电平表示取样值 $m(kT_s)$ 的过程,称为均匀量化。均匀量化的过程如图 5.3.1 所示,其中,$m(kT_s)$ 表示模拟信号的取样值。若取 $M=6$,则 $q_1,q_2,\cdots,q_i,\cdots,q_6$ 是量化后信号的 6 个可能的输出电平,$m_0,m_1,m_2,\cdots,m_i,\cdots,m_6$ 为量化区间的端点。

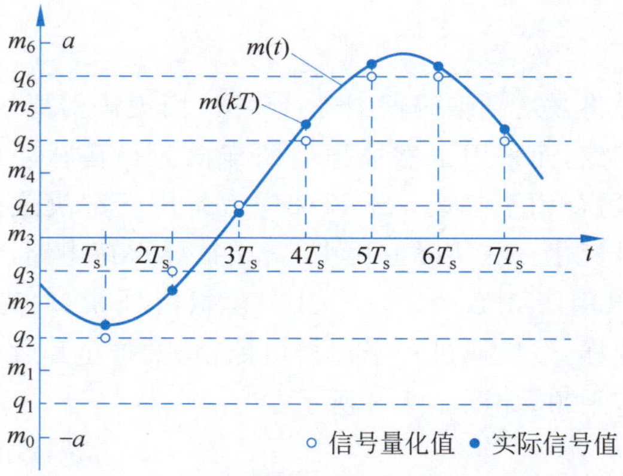

图 5.3.1　均匀量化的过程

均匀量化时的量化间隔为

$$\Delta v = 2a/M \tag{5.3.1}$$

量化区间的端点为

$$m_i = -a + i\Delta v, \quad i=0,1,\cdots,M \tag{5.3.2}$$

若量化输出电平 q_i 取为量化间隔的中点,则

$$q_i = (m_i + m_{i-1})/2 = -a + i\Delta v - \Delta v/2, \quad i=1,2,\cdots,M \tag{5.3.3}$$

显然,量化输出电平 q_i 和取样值 $m(kT_s)$ 一般不同,即存在量化误差,量化误差的范围为 $[-\Delta v/2, \Delta v/2]$,这个误差常称为量化噪声,并用信号功率与量化噪声功率之比衡量此误差对于信号的影响,这个比值称为信号量噪比。对于给定的信号最大幅度 a,量化电平数越多,量化噪声就越小,信号量噪比也就越高。信号量噪比是量化器的主要指标之一。

假设抽样信号在区间 $[-a, a]$ 内具有均匀的概率密度,即 $f(m_k)=1/(2a)$,m_k 为模拟信号的抽样值,即 $m(kT_s)$,量化噪声功率的平均值 N_q 为

$$\begin{aligned}
N_q &= E[(m_k-q_i)^2]=\int_{-a}^{a}(m_k-q_i)^2 f(m_k)\mathrm{d}m_k \\
&= \sum_{i=1}^{M}\int_{m_{i-1}}^{m_i}(m_k-q_i)^2 f(m_k)\mathrm{d}m_k \\
&= \sum_{i=1}^{M}\int_{-a+(i-1)\Delta v}^{-a+i\Delta v}\left(m_k+a-i\Delta v+\frac{\Delta v}{2}\right)^2\left(\frac{1}{2a}\right)\mathrm{d}m_k \\
&= \sum_{i=1}^{M}\left(\frac{1}{2a}\right)\left(\frac{\Delta v^3}{12}\right)=\frac{M(\Delta v)^3}{24a}
\end{aligned}$$

因为 $M\Delta v=2a$,所以有

$$N_q=(\Delta v)^2/12 \tag{5.3.4}$$

抽样信号 $m(kT_s)$ 的平均功率为

$$\begin{aligned}
S_0 &= E(m_k^2)=\int_{-a}^{a}m_k^2 f(m_k)\mathrm{d}m_k \\
&= \int_{-a}^{a}m_k^2\left(\frac{1}{2a}\right)\mathrm{d}m_k=\frac{M^2}{12}(\Delta v)^2
\end{aligned} \tag{5.3.5}$$

所以,平均信号量噪比为

$$S_0/N_q=M^2 \tag{5.3.6a}$$

或写成

$$(S_0/N_q)_{\mathrm{dB}}=20\lg M=20\lg 2^N=6N(\mathrm{dB}) \tag{5.3.6b}$$

由式(5.3.6b)可以看出,量化器的平均输出信号量噪比随量化电平数 M 的增大而提高,每多1位编码,量化信噪比改善6dB。

在实际应用中,对于给定的量化器,量化电平数 M 和量化间隔 Δv 都是确定的;而且由式(5.3.4)可知,量化噪声 N_q 也是确定的。但是,信号的强度可能随时间变化,例如语音信号,并且语音信号中小信号的出现概率往往比大信号的出现概率大。当信号很小时,信号量噪比也很低。所以,这种均匀量化器对于小输入信号很不利。为了克服这个缺点,改善小信号时的信号量噪比,在实际应用中常采用非均匀量化。

5.3.2 非均匀量化

非均匀量化时,量化间隔随信号抽样值的不同而变化。当信号抽样值很小时,量化间隔 Δv 也很小;当信号抽样值变大时,量化间隔 Δv 也变大。非均匀量化过程可以用如图5.3.2所示的压缩扩张的方法来实现。

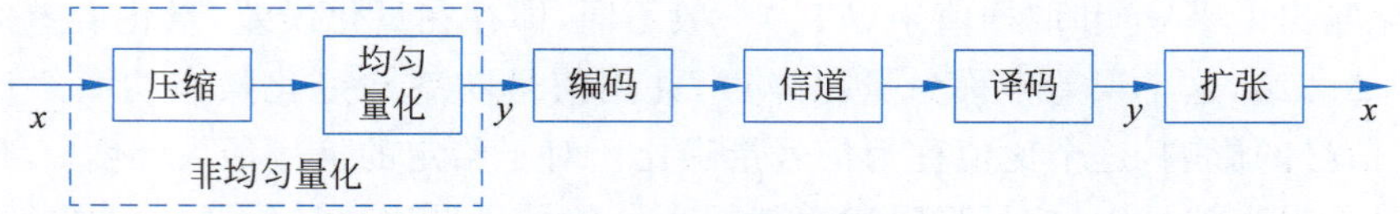

图 5.3.2　非均匀量化原理框图

抽样后的样值信号通过一个压缩器(非线性放大器),使小信号的放大倍数变大,而使大信号的放大倍数变小;经压缩后的信号再进行均匀量化。压缩器的压缩特性如图 5.3.3(a)所示,其中,纵坐标 y 是均匀刻度的,横坐标 x 是非均匀刻度的,输入电压 x 越小,量化间隔也就越小。也就是说,小信号的量化误差也小,信噪比得到提高。在接收端,先进行译码,然后送入扩张器,其扩张特性如图 5.3.3(b)所示,作用恰好与压缩器相反,还原出未经压缩扩张的抽样信号。

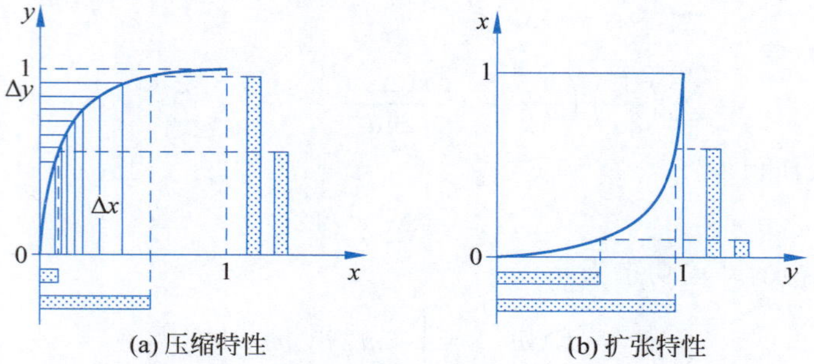

图 5.3.3　压缩扩张特性

图 5.3.3 中仅画出压缩扩张特性曲线的正半部分,在第 3 象限奇对称的负半部分没有画出。下面就压缩特性作定量分析。在图 5.3.3(a)中,当量化区间划分得很多时,在每一量化区间内压缩特性曲线可以近似看成一段直线。因此,这段直线的斜率可以写为

$$\frac{\Delta y}{\Delta x}=\frac{\mathrm{d}y}{\mathrm{d}x}=y' \tag{5.3.7}$$

并且有

$$\Delta x=\frac{\mathrm{d}x}{\mathrm{d}y}\Delta y \tag{5.3.8}$$

设此压缩器的输入和输出电压范围都限制在 0 和 1 之间,即进行归一化,且纵坐标 y 在 0 和 1 之间均匀划分成 N 个量化区间,则每个量化区间的间隔为

$$\Delta y=1/N \tag{5.3.9}$$

将其代入式(5.3.8),得到

$$\Delta x=\frac{\mathrm{d}x}{\mathrm{d}y}\Delta y=\frac{1}{N}\frac{\mathrm{d}x}{\mathrm{d}y}$$

故

$$\mathrm{d}x/\mathrm{d}y=N\Delta x \tag{5.3.10}$$

为了对不同的信号强度保持信号量噪比恒定,当输入电压 x 减小时,应当使量化间隔 Δx 按比例地减小,即要求 $\Delta x \propto x$,因此式(5.3.10)可以写成

$$\mathrm{d}x/\mathrm{d}y = kx \tag{5.3.11}$$

式中，k 为比例常数。

式(5.3.11)是个一阶微分方程，其解为

$$\ln x = ky + c \tag{5.3.12}$$

其中，c 为常数，根据压缩器的条件，当输入 $x=1$ 时，$y=1$，代入式(5.3.12)得

$$\ln 1 = k + c \quad 或 \quad c = -k$$

此时式(5.3.12)可写成 $\ln x = ky - k$，即

$$y = 1 + \frac{1}{k}\ln x \tag{5.3.13}$$

由式(5.3.13)可以看出，为了对不同的信号强度保持信号量噪比恒定，在理论上要求压缩特性具有对数特性，如图5.3.4所示。从图5.3.4可见，当输入 $x=0$ 时 $y=-\infty$，这不符合物理事实，也无法实现。所以，这个理想压缩特性的具体形式还要做适当修正，必须满足当 $x=0$ 时，$y=0$。

关于电话信号的压缩特性，国际电信联盟(ITU)制定了两种建议(即 A 压缩律和 μ 压缩律)以及相应的近似算法(13折线法和15折线法)。中国、欧洲各国以及国际互连时采用 A 压缩律(简称 A 律)及相应的13折线法，北美、日本和韩国等少数国家和地区采用 μ 压缩律(简称 μ 律)及15折线法。下面仅讨论 A 律及其近似实现方法。

A 律的修正方法是，根据图5.3.4过原点作曲线的切线，切点坐标为(x_1, y_1)，不难求得切点坐标为：$x_1 = \mathrm{e}^{-(k-1)}$，$y_1 = 1/k$。若令 $x_1 = \mathrm{e}^{-(k-1)} = 1/A$，则 $y_1 = 1/(1+\ln A)$，A 为压缩程度参数，A 律压缩特性如图5.3.5所示。这样，可以求得 A 律的数学表达式为

$$y = \begin{cases} \dfrac{Ax}{1+\ln A}, & 0 < x \leqslant \dfrac{1}{A} \\[2ex] \dfrac{1+\ln Ax}{1+\ln A}, & \dfrac{1}{A} \leqslant x \leqslant 1 \end{cases} \tag{5.3.14}$$

从式(5.3.14)可以得出：当 $A=1$ 时，$y=x$，属于均匀量化；当 $A>1$ 时，随着 A 值的增大，其压缩程度越来越显著。在实际应用中，选择 $A=87.6$。

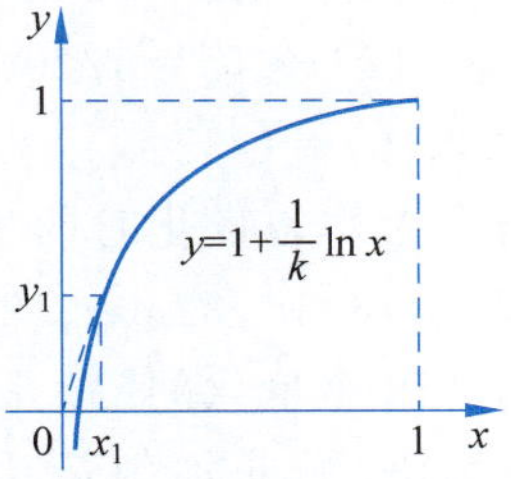

图5.3.4 理想压缩特性

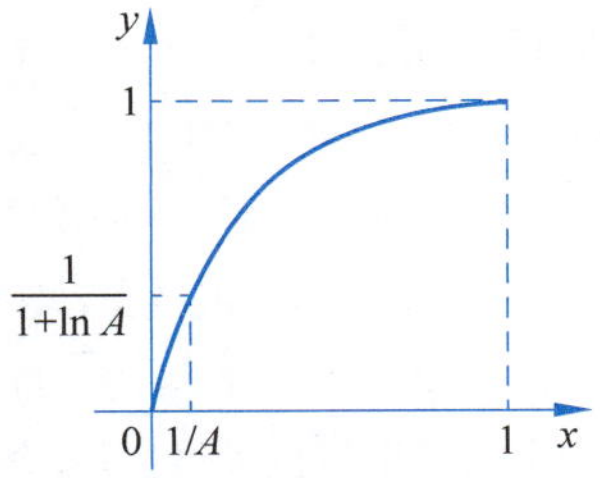

图5.3.5 A律压缩特性

A 律表达式是一条平滑曲线，用电子线路很难准确实现，一般用13折线特性曲线来近似地表示 A 律特性曲线，如图5.3.6所示。

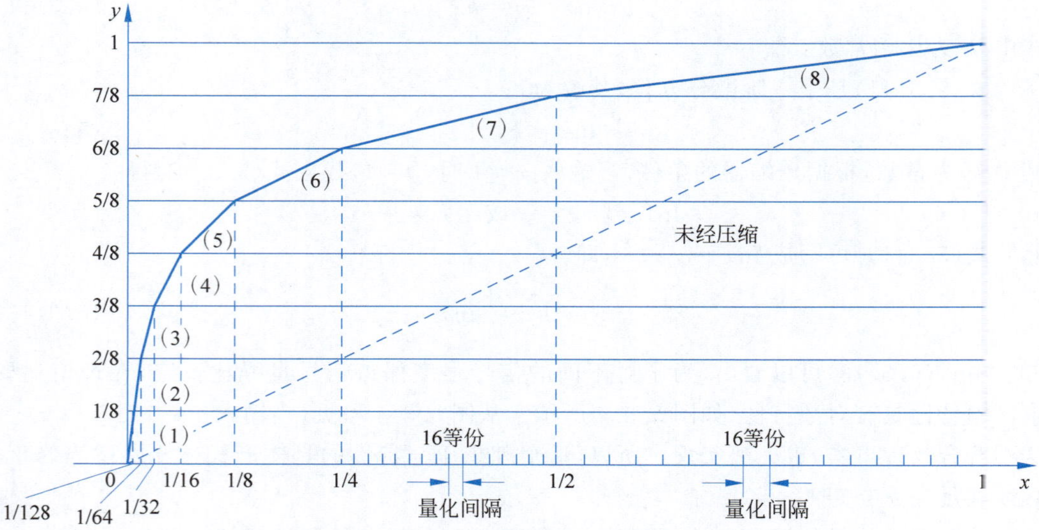

图 5.3.6　13 折线压缩特性

在图 5.3.6 中,横坐标 x 在 0~1 被分为不均匀的 8 段:1/2~1 的线段称为第 8 段;1/4~1/2 的线段称为第 7 段;以此类推,直到 0~1/128 的线段称为第 1 段。纵坐标 y 则均匀地划分为 8 段。将与这 8 段相应的坐标点(x,y)相连,就得到了一条折线。由图 5.3.6 可见,除第 1 段和第 2 段外,其他各段折线的斜率都不相同:

折线段号	1	2	3	4	5	6	7	8
斜　　率	16	16	8	4	2	1	1/2	1/4

因为语音信号为交流信号,所以,图 5.3.6 所示的压缩特性只是实际应用中压缩特性曲线的一半,为第 1 象限中的曲线,在第 3 象限还有对原点奇对称的另一半曲线。第 1 象限中的第 1 段和第 2 段折线,第 3 象限中的第 1 段和第 2 段折线,其斜率均相同,这 4 段折线实际上构成了一条直线。因此,共有 13 段折线,称为 13 折线压缩特性。

在 13 段折线中,每段再均匀地分为 16 等份,每一等份就为一个量化间隔。可见,在 0~1 范围内共有 16×8=128 个量化间隔,但不同段上的量化间隔是不均匀的。这样,对输入信号就形成了非均匀量化。其中,最小量化间隔为 1/(128×16)=1/2048,后面将此最小量化间隔称为 1 个量化单位;最大量化间隔为 1/(2×16)=1/32。

若用 13 折线法中的(第 1 和第 2 段)最小量化间隔作为均匀量化时的量化间隔,则 13 折线法中第 1 至第 8 段包含的均匀量化间隔数分别为 16、16、32、64、128、256、512、1024,共有 2048 个均匀量化间隔,而非均匀量化时只有 128 个量化间隔。因此,在保证小信号的量化间隔相等的条件下,均匀量化需要 11b 编码,而非均匀量化只要 7b 就够了。

视频

5.4 编码

把量化后的信号电平值变换成代码的过程叫作编码，其相反过程称为译码。

5.4.1 常用的二进制码型

对于量化后的信号，总是能够用一定位数的二进制码元(或多进制码元)来表示。通常被用来编码的多为二进制码，其表示方式可以有自然二进码和折叠二进码。自然二进码是按照二进制数的自然规律排列的，是人们熟悉并习惯的最普通二进制数码。但是，它不是唯一一种编码方法。对于电话信号的编码，除了自然二进制码外，还常用折叠二进制码。现以 4 位码为例，将这两种编码列于表 5.4.1 中。因为电话信号是交流信号，故在此表中将 16 个双极性量化值分成两部分：第 0～7 个量化值对应于负极性电压；第 8～15 个量化值对应于正极性电压。显然，对于自然二进制码，这两部分之间没有什么对应联系。但是，对于折叠二进制码，除了其最高位符号相反外，其上、下两部分还呈现映像关系，或称折叠关系。这种码用最高位表示电压的极性，而用其他位来表示电压的绝对值。这就是说，在用最高位表示极性后，双极性电压可以采用单极性编码方法处理，从而使编码电路和编码过程大为简化。

表 5.4.1 自然二进码和折叠二进码比较

量化值序号	量化电压极性	自然二进制码	折叠二进制码
15	正极性	1111	1111
14		1110	1110
13		1101	1101
12		1100	1100
11		1011	1011
10		1010	1010
9		1001	1001
8		1000	1000
7	负极性	0111	0000
6		0110	0001
5		0101	0010
4		0100	0011
3		0011	0100
2		0010	0101
1		0001	0110
0		0000	0111

折叠码的另一个优点是误码对于小电压的影响较小。例如，若有 1 个码组为 1000，在传输或处理时发生 1 个符号错误，变成 0000。由表 5.4.1 可见，若它为自然码，则它所代表的电压值将从 8 变成 0，误差为 8；若它为折叠码，则它将从 8 变成 7，误差为 1。但是，若一个码组从 1111 错成 0111，则自然码将从 15 变成 7，误差仍为 8；而折叠码则将从

15 错成 0,误差增大为 15。这表明,折叠码对于小信号有利。由于语音信号小电压出现的概率较大,所以折叠码有利于减小语音信号在传输或处理时由于误码所产生的平均噪声。

在语音通信中,采用 A 律 13 折线压缩特性进行非均匀量化,共有 256 个量化电平。也就是说,用 8 位的折叠二进制码就能够保证满意的通信质量。其中,第 1 位 c_1 表示量化值的极性正负。后面的 7 位分为段落码和段内码两部分,用来表示量化值的绝对值。其中,第 2～4 位($c_2c_3c_4$)是段落码,共计 3 位,可以表示 8 种斜率的段落;其他 4 位($c_5c_6c_7c_8$)为段内码,可以表示每一段落内的 16 种量化电平。段内码代表的 16 个量化电平是均匀划分的。所以,这 7 位码总共能表示 $2^7=128$ 种量化值。在表 5.4.2 和表 5.4.3 中给出了段落码和段内码的编码规则。

表 5.4.2 段落码

段落序号	$c_2\ c_3\ c_4$	段落范围(量化单位)
8	1 1 1	1024～2048
7	1 1 0	512～1024
6	1 0 1	256～512
5	1 0 0	128～256
4	0 1 1	64～128
3	0 1 0	32～64
2	0 0 1	16～32
1	0 0 0	0～16

表 5.4.3 段内码

量化间隔	$c_5\ c_6\ c_7\ c_8$	量化间隔	$c_5\ c_6\ c_7\ c_8$
15	1 1 1 1	7	0 1 1 1
14	1 1 1 0	6	0 1 1 0
13	1 1 0 1	5	0 1 0 1
12	1 1 0 0	4	0 1 0 0
11	1 0 1 1	3	0 0 1 1
10	1 0 1 0	2	0 0 1 0
9	1 0 0 1	1	0 0 0 1
8	1 0 0 0	0	0 0 0 0

典型电话信号的抽样频率是 8kHz,故在采用这类非均匀量化编码器时,典型的数字信号传输速率为 64kb/s。

5.4.2 逐次比较型编码与译码

实现将抽样信号变成二进制代码的编码器种类很多,如计数型、直读型、逐次比较型、折叠级联型及混合型等,但用得比较多的是逐次比较型(也称逐次反馈型)编码器。下面介绍逐次比较型编码器。

从表 5.4.2 和表 5.4.3 中可以看出:各位码的取值有明显的规律。例如,c_2 在第 1～4 段为 0,第 5～8 段为 1,这样就可以通过将输入的样值脉冲信号与第 5 段的起始电平 128 进行比较，当大于 128 时，$c_2=1$；当小于 128 时，$c_2=0$。如果 $c_2=0$，则信号幅度处于第 1～4 段，c_3 在第 1～4 段中的规律是 1～2 段 $c_3=0$，3～4 段 $c_3=1$，这时的比较标准是第 3 段的起始电平值 32：当大于 32 时，$c_3=1$；当小于 32 时，$c_3=0$。如果 $c_3=0$，则 c_4 在第 1～2 段的规律是第 1 段 $c_4=0$，第 2 段 $c_4=1$，只要信号大于第 2 段的起始电平 16，则 $c_4=1$，反之 $c_4=0$。经过 3 次比较即可确定信号的幅度所处的具体段落，用类似的方法再经过 4 次比较可以确定信号幅度具体为某段的哪一量化间隔，也就是说，通过 7 次比较就可以完成对样值脉冲幅度的量化和编码了。逐次比较型编码器就是利用上述原理实现量化和编码，其框图如图 5.4.1 所示，它由整流器、保持电路、比较器及本地译码电路组成。

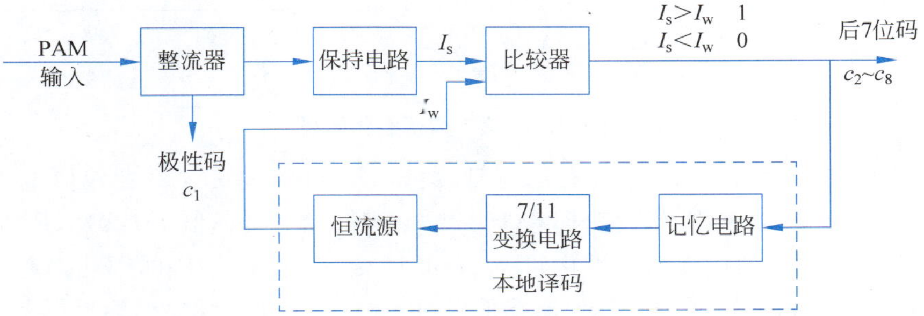

图 5.4.1 逐次比较型编码器框图

整流器用来判别输入样值脉冲的极性，编出第 1 位极性码 c_1，同时将双极性值变成单极性值。

保持电路的作用是保持输入信号的抽样值在整个比较过程中具有一定的幅度。

比较器是编码器的核心。它通过对输入信号抽样脉冲电流(或电压)I_s 和称为权值电流的标准电流 I_w 逐次比较，每比较一次，得出 1 位二进制码：当 $I_s>I_w$ 时，输出为 1 码；反之，输出为 0 码。由于在 A 律 13 折线中用了 7 位二进制码来代表段落码和段内码，所以对一个输入信号的抽样值需要进行 7 次比较。每次所需的权值电流 I_w 均由本地译码电路提供。

本地译码电路包括记忆电路、7/11 变换电路和恒流源。记忆电路用来寄存二进制码，除第一次比较外，其余各次比较都要依据前几次比较的结果来确定权值电流 I_w。因此，每输出一位码都还要送入记忆电路暂存。7/11 变换电路的功能是将 7 位的非均匀量化码变换成 11 位的均匀量化码，以便于恒流源能够产生所需的权值电流 I_w。

用逐次比较型编码完成量化和编码的过程可由下面的例子说明。

【例 5-1】 设输入电话信号抽样值的归一化动态范围为 −1～+1，将此动态范围划分为 4096 个量化单位，即将 1/2048 作为 1 个量化单位。当输入抽样值为 970 个量化单位时，试用逐次比较法将其按照 13 折线 A 律特性进行编码。

解：其编码过程如下：

(1) 确定极性码 c_1：因为输入抽样值 +970 为正极性，所以 $c_1=1$。

(2) 确定段落码 $c_2c_3c_4$：由段落码编码规则(见表 5.4.2)可见，c_2 值决定于信号抽样值大于还是小于 128,即此时的权值电流 $I_w=128$。现在输入抽样值等于 970,故 $c_2=1$。在确定 $c_2=1$ 后,c_3 决定于信号抽样值大于还是小于 512,即此时的权值电流 $I_w=512$,因此判定 $c_3=1$。同理,在 $c_2c_3=11$ 的条件下,决定 c_4 的权值电流 $I_w=1024$,将其和抽样值 970 比较后,得到 $c_4=0$。上述 3 次比较,就得出了段落码 $c_2c_3c_4=110$,并且得知抽样值 970 位于第 7 段落内。

(3) 确定段内码 $c_5c_6c_7c_8$:段内码是按量化间隔均匀编码的,每一段落均被均匀地划分为 16 个量化间隔。但是,因为各个段落的斜率和长度不等,故不同段落的量化间隔是不同的。对于第 7 段落,其量化间隔如图 5.4.2 所示。

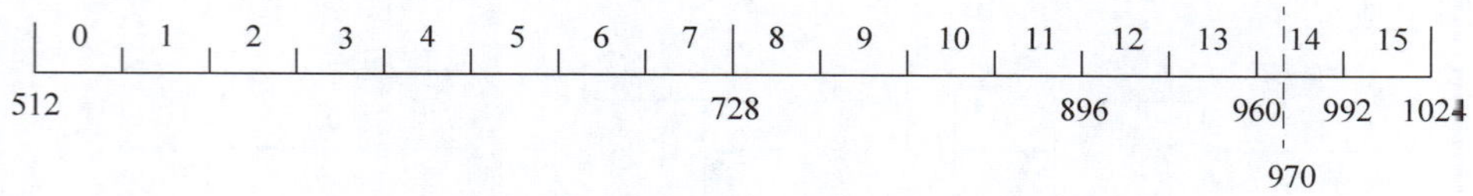

图 5.4.2　第 7 段落量化间隔

由段内码编码规则表(见表 5.4.3)可见,决定 $c_5=1$ 还是 $c_5=0$ 的权值电流值在量化间隔 7 和 8 之间,对于第 7 段落,即有 $I_w=768$,现在信号抽样值 $I_s=970$,所以 $c_5=1$。同理,决定 c_6 值的权值电流值在量化间隔 11 和 12 之间,故 $I_w=896$,因此仍有 $I_s>I_w$,所以 $c_6=1$。如此继续下去,决定 c_7 的权值电流 $I_w=960$,仍有 $I_s>I_w$,所以 $c_7=1$。最后,决定 c_8 的权值电流 $I_w=992$,现在 $I_s<I_w$,所以 $c_8=0$。

经上述 7 次比较,编出的 8 位码为 11101110。它表示输入抽样值在第 7 段落的第 14 量化间隔。在接收端译码时,通常将此码组转换成此量化间隔的中间值输出,即输出样值等于 976 个量化单位,故量化误差等于 6 个量化单位。

从以上的编码原理可以看出,量化和编码过程是结合在一起完成的,不一定存在独立的量化器。

在接收端译码中,译码器的核心部分原理和编码器的本地译码器的原理一样。由记忆电路接收发送来的码组。当记忆电路接收到码组的最后一位 c_8 后,经过 7/11 变换,由 11 位线性码控制恒流源产生一个权值电流,它等于量化间隔的中间值。由于编码器中的比较器只是比较抽样的绝对值,本地译码器也只是产生正值权值电流,所以在接收端的译码器中,最后一步要根据接收码组的第一位 c_1 值控制输出电流的正负极性。接收端译码器的原理框图如图 5.4.3 所示。

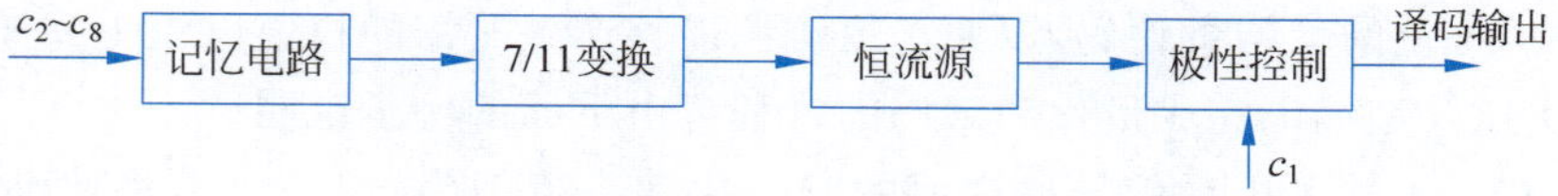

图 5.4.3　接收端译码器的原理框图

【例 5-2】 设收到码组为 11101110,将其译码输出。

解: 从码组 $c_1=1$ 知道样值脉冲为正极性,由段落码 $c_2c_3c_4=110$ 知道样值脉冲处在第 7 段落内,第 7 段落的起始电平为 512;段内码 $c_5c_6c_7c_8=1110$,表示抽样值在第 7 段落的第 14 个量化间隔。第 7 段落的每个量化间隔为 32 个量化单位,所以可方便地得出 7 位非线性码 1101110 对应的 11 位线性码为 01111010000，如下所示：

b_{11}	b_{10}	b_9	b_8	b_7	b_6	b_5	b_4	b_3	b_2	b_1
1024	512	256	128	64	32	16	8	4	2	1
0	1	1	1	1	0	1	0	0	0	0

11 位线性码中第 5 位 $b_5=1$，是为了取量化间隔的中心电平为量化电平所加的半个量化间隔，即译码时添加了 16 个量化单位。

由所得的 11 位线性码算出译码后的量化电平为 512＋256＋128＋64＋16＝976 个量化单位。

5.4.3 PCM 系统的抗噪声性能

PCM 系统的原理框图如图 5.4.4 所示。

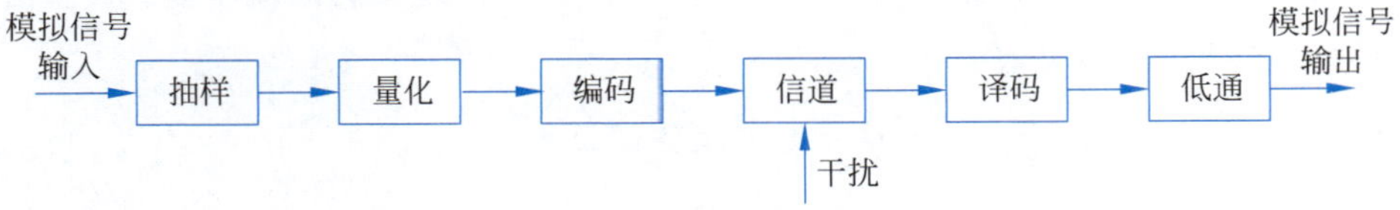

图 5.4.4 PCM 系统的原理框图

在 PCM 通信系统中，重建信号的误差来源有两种：量化噪声和加性噪声，而且它们互不依赖，是彼此独立的，所以可以分别进行讨论。

为简单起见，这里仅讨论均匀量化时 PCM 系统的量化噪声。在 5.3.1 节中，已求出均匀量化器的输出信号量噪比为

$$\frac{S_0}{N_q}=\frac{\frac{M^2}{12}(\Delta v)^2}{\frac{(\Delta v)^2}{12}}=M^2 \tag{5.4.1a}$$

对于 PCM 系统，解码器中具有这个信号量噪比的信号还要通过低通滤波器，然后输出。由于这个比值是按均匀量化器中的抽样值计算出来的，它与波形无关。所以，在低通滤波器后这个比值不变。当量化电平数 M 可用 N 位二进制码进行编码时，则式(5.4.1a)写为

$$S_0/N_q=M^2=2^{2N} \tag{5.4.1b}$$

PCM 信号在传输过程中受到加性干扰，将使接收码组中产生误码，造成信噪比下降。通常仅需考虑在码组中有一位误码的情况，因为在同一码组中出现两个以上误码的概率非常小，可以忽略。例如，当误码率为 $P_e=10^{-4}$ 时，在一个 8 位码组中出现一位误码的概率为 $P'_e=8P_e=8\times10^{-4}$，而出现 2 位误码的概率为 $P''_e=C_8^2P_e^2=2.8\times10^{-7}$，所以 $P''_e\ll P'_e$。

现在仅讨论高斯白噪声对均匀量化自然码的影响。这时，可以认为码组中出现的误码是彼此独立和均匀分布的。设每个码元的误码率为 P_e，码组的构成如图 5.4.5 所示，计算由于误码而造成的噪声功率。

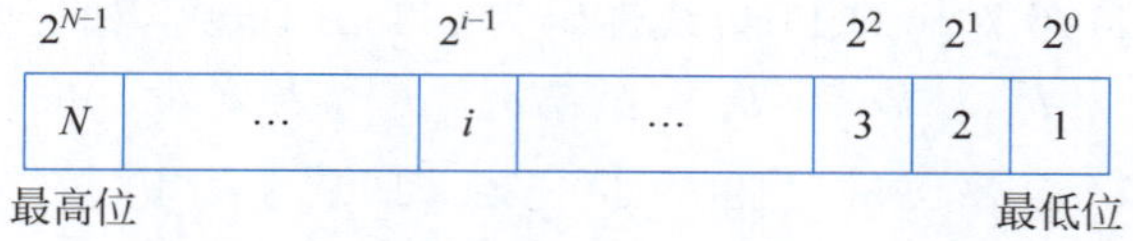

图 5.4.5　码组的构成

在一个长度为 N 的自然码码组中，每位的权值分别为 $2^0,2^1,2^2,\cdots,2^{N-1}$，设量化间隔为 Δv，则第 i 位码元代表的信号权值为 $2^{i-1}\Delta v$。若该位码元发生错误，则产生的误差将为 $\pm(2^{i-1}\Delta v)$。由于已假设误码是均匀分布的，所以一个码组中，如果只有一个码元发生差错，它所造成的该码组误差功率的(统计)平均值将等于

$$\sigma_n^2=\frac{1}{N}\sum_{i=1}^{N}(2^{i-1}\Delta v)^2=\frac{(\Delta v)^2}{N}\sum_{i=1}^{N}(2^{i-1})^2=\frac{2^{2N}-1}{3N}(\Delta v)^2\approx\frac{2^{2N}}{3N}(\Delta v)^2 \tag{5.4.2}$$

考虑到每个码元发生误码的概率为 P_e，则一个码组出现误码的概率为 NP_e，白于误码而造成的噪声平均功率为

$$N_a=NP_e\frac{2^{2N}}{3N}(\Delta v)^2=\frac{2^{2N}P_e}{3}(\Delta v)^2 \tag{5.4.3}$$

因此，在这种情况下，由加性噪声引起误码产生的输出信噪比为

$$\frac{S_o}{N_a}=\frac{\frac{M^2}{12}(\Delta v)^2}{2^{2N}P_e(\Delta v)^2/3}=\frac{1}{4P_e} \tag{5.4.4}$$

可见，由误码引起的信噪比与误码率成反比。

最后得到 PCM 系统的总输出信噪比

$$\frac{S}{N}=\frac{S_0}{N_a+N_q}=\frac{\frac{M^2}{12}(\Delta v)^2}{2^{2N}P_e(\Delta v)^2/3+(\Delta v)^2/12}$$

$$=\frac{M^2}{2^{2(N+1)}P_e+1}=\frac{2^{2N}}{1+2^{2(N+1)}P_e} \tag{5.4.5}$$

在大信噪比条件下，即当 $2^{2(N+1)}P_e\ll 1$，误码率很小时，式(5.4.5)变成

$$S/N\approx 2^{2N} \tag{5.4.6}$$

这时系统中的量化噪声是主要的，为改善系统的信噪比，应设法减小量化误差，使月量化级数 M 大的量化器。

在小信噪比条件下，即当 $2^{2(N+1)}P_e\gg 1$，加性噪声的影响将占主要地位时，式(5.4.5)变成

$$S/N\approx 1/(4P_e) \tag{5.4.7}$$

视频

5.5　语音压缩编码

目前数字电话系统中采用的 PCM 编码需要 64kb/s 的速率传输 1 路电话信号。在第 6 章介绍的二进制基带传输系统中，传输 64kb/s 数字信号的最小频带理论值为

32kHz。而模拟单边带多路载波电话占用的频带仅为4kHz。PCM占用频带要比模拟单边带通信系统宽很多倍。这将严重限制PCM在已经相当拥挤的那些频段中的应用。因此,几十年来,人们一直致力于压缩数字化语音占用频带的研究工作,也就是在相同质量指标的条件下,努力降低数字化语音速率,以提高通信系统的频带利用率。通常,人们把低于64kb/s码元速率的语音编码称为语音压缩编码。差分脉冲编码调制(DPCM)就是实现语音压缩编码的办法之一。

5.5.1 差分脉冲编码调制

DPCM属于预测编码。在预测编码中,每个抽样值不是独立地编码,而是先根据前面几个抽样值计算出一个预测值,再取当前抽样值和预测值之差进行编码并传输。此差值称为预测误差。由于抽样值与其预测值之间有较强的相关性,即抽样值和其预测值非常接近,使此预测误差的可能取值范围比抽样值的变化范围小。所以,如果量化间隔相等,传输预测误差信号就可以采用较少的编码位数,从而降低其比特率。

一般来说,可以利用前面的几个抽样值的线性组合来预测当前的抽样值,称为线性预测。若仅用前面的1个抽样值预测当前的抽样值,那就是DPCM。图5.5.1给出了线性预测编码、译码原理框图。其中输入抽样信号为m_k,此抽样信号和预测器输出的预测值m'_k相减,得到预测误差e_k。此预测误差经过量化后得到量化预测误差r_k。r_k除了送到编码器编码并输出外,还用于更新预测值。它和原预测值m'_k相加,构成预测器新的输入m^*。假定量化器的量化误差为零,即$r_k=e_k$,则由图5.5.1(a)可见

$$m_k^* = r_k + m'_k = e_k + m'_k = (m_k - m'_k) + m'_k = m_k \tag{5.5.1}$$

因此,m^*可以看成带有量化误差的抽样信号m_k。

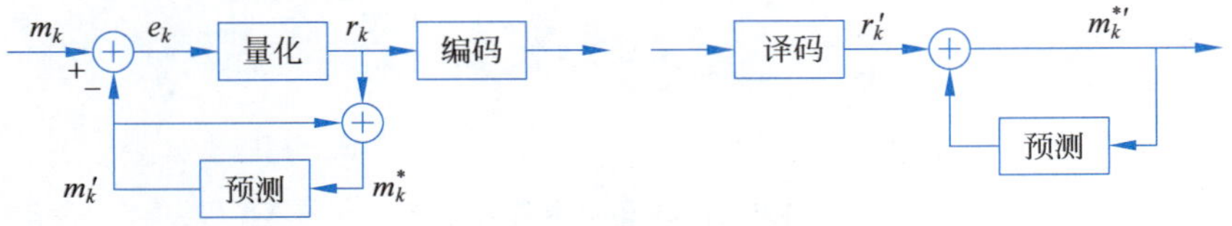

(a) 编码器　　(b) 译码器

图5.5.1 线性预测编码、译码原理框图

预测器的输出和输入关系为

$$m'_k = \sum_{i=1}^{p} a_i m_{k-i}^* \tag{5.5.2}$$

式中,p是预测阶数,a_i是预测系数。式(5.5.2)表明,预测值m'_k是前面p个带有量化误差的抽样信号值的加权和。在DPCM中,$p=1$,$a_1=1$,故$m'_k=m_{k-1}^*$。这时,图5.5.1中的预测器就简化成为一个延迟电路,其延迟时间为1个抽样间隔时间T_s。

由图5.5.1可见,编码器中预测器输入端和相加器的连接电路,与译码器中的完全一样。当无传输误码,即编码器的输出就是译码器的输入时,这两个相加器的输入信号相同,即$r'_k=r_k$。所以,此时译码器的输出信号$m_k^{*\prime}$和编码器中相加器输出信号m_k^*相

同,即等于带有量化误差的信号抽样值 m_k。

现在,传输码元速率为 32kb/s 的 DPCM 系统的通话质量,大致可达到 64kb/s PCM 的水平。为了改善 DPCM 体制的性能,将自适应技术引入量化和预测过程,得出自适应差分脉码调制(ADPCM)体制,它能大大提高信号量噪比和动态范围。

5.5.2 增量调制

PCM 和 DPCM 都是利用一组包含 $N(N \geqslant 2)$ 个二进制码元的代码来表示抽样值或预测误差值,因此收发双方除了必须保持码元(位)同步外,还必须保持码组(帧)同步,从而增加了系统的复杂性。如果用一个二进制码来传输抽样点的信息,则会使系统变得简单。利用一个二进制码来传输抽样点信息的通信方式就是增量调制(ΔM 或 DM)。显然,一位二进制码只能代表两种状态,不可以直接去表示模拟信号的抽样值,但是它可以表示相邻抽样值的相对大小,而相邻抽样值的变化同样反映出模拟信号的变化规律,因此用一位二进制码去描述模拟信号是完全可能的。增量调制是采用一种较低速率(16～32kb/s)且极易实现的调制方式,由于电路简单,而语音质量也能满足一般要求,因此常用在军事通信及一些特殊通信中。

1. 增量调制原理

增量调制(ΔM)可以看成是一种最简单的 DPCM。当 DPCM 系统中量化器的量化电平数取为 2,且预测器仍简单地是一个延迟时间为抽样间隔 T_s 的延迟器时,DPCM 系统就成为增量调制系统。其原理框图如图 5.5.2 所示。

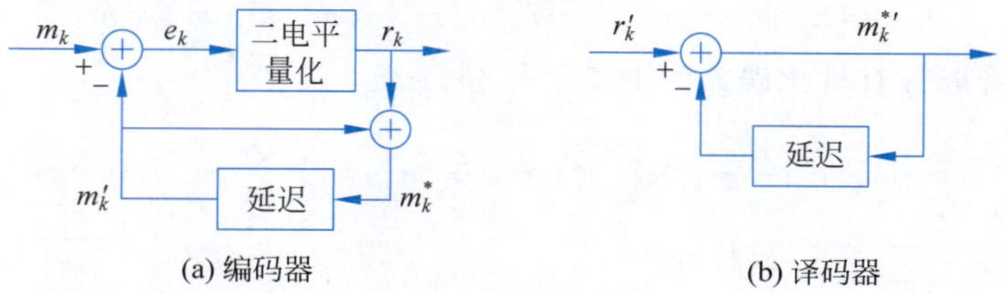

图 5.5.2 增量调制原理框图

图 5.5.2(a)中预测误差 $e_k = m_k - m_k'$ 被量化成两个电平 $+\sigma$ 和 $-\sigma$。σ 值称为量化台阶。这就是说,量化器输出信号 r_k 只取两个值 $+\sigma$ 或 $-\sigma$,因此可用一个二进制符号表示。例如,用 1 表示 $+\sigma$,用 0 表示 $-\sigma$。译码器的延迟相加电路和编码器中的相同。所以当无传输误码时,$m_k^{*\prime} = m_k^*$。

在实际应用中,为了简单起见,通常用一个积分器来代替延迟相加电路,如图 5.5.3 所示。

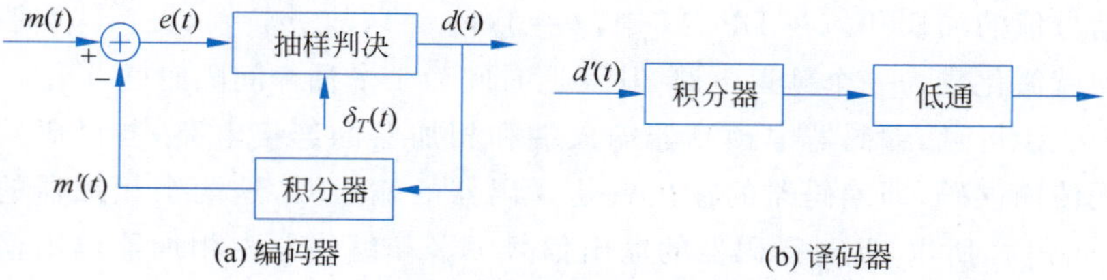

图 5.5.3 增量调制原理框图

图 5.5.3(a)中编码器输入信号为 $m(t)$，它与预测信号 $m'(t)$值相减，得到预测误差 $e(t)$。预测误差 $e(t)$被周期为 T_s 的冲激序列 $\delta_T(t)$抽样。若抽样值为正值，则判决输出电压 $+\sigma$(用 1 表示)；若抽样值为负值，则判决输出电压 $-\sigma$(用 0 表示)。这样就得到二进制输出数字信号。图 5.5.4 中给出了这一过程。

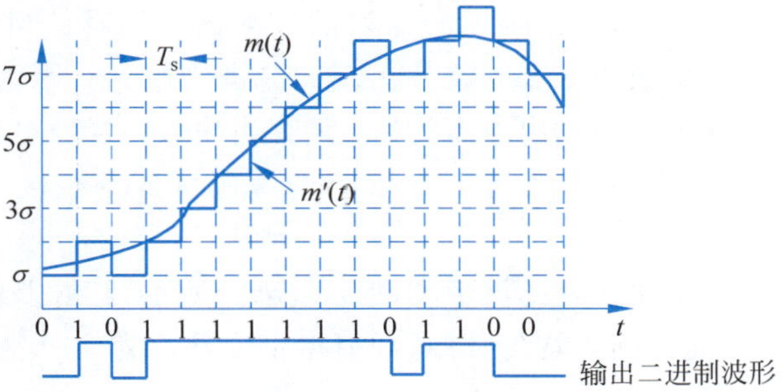

图 5.5.4 增量调制波形图

在译码器中，积分器只要每收到一个 1 码元就使其输出升高 σ，每收到一个 0 码元就使其输出降低 σ，这样就可以恢复出图 5.5.4 中的阶梯形电压 $m'(t)$。这个阶梯电压通过低通滤波器平滑后，就得到十分接近编码器原输入的模拟信号。

2. 量化信噪功率比

与 PCM 一样，增量调制在模数转换过程中同样存在量化误差并形成量化噪声。因为增量调制中，虽然译码器中积分器所恢复的阶梯形电压 $m'(t)$与输入信号 $m(t)$的波形近似，但是存在失真。这种失真称为量化噪声。产生这种量化噪声的原因有两种，如图 5.5.5 所示。第一种是由于编译码时用阶梯波形去近似表示模拟信号波形，由阶梯本身的电压突跳产生失真。这是增量调制的基本量化噪声，又称一般量化噪声，见图 5.5.5(a)。它伴随着信号永远存在，即只要有信号，就有这种噪声。第二种噪声发生在输入信号斜率的绝对值过大时。由于当抽样频率 $f_s=1/T_s$ 和量化台阶 σ 确定后，阶梯波的最大斜率 k 就确定了，即 $k=\sigma/T_s=\sigma f_s$，也称为译码器的最大跟踪斜率。这样，当输入信号斜率大于该斜率时，就会出现阶梯波 $m'(t)$跟不上输入信号 $m(t)$的现象，见图 5.5.5(b)，从而产生大的失真，称为过载量化噪声。

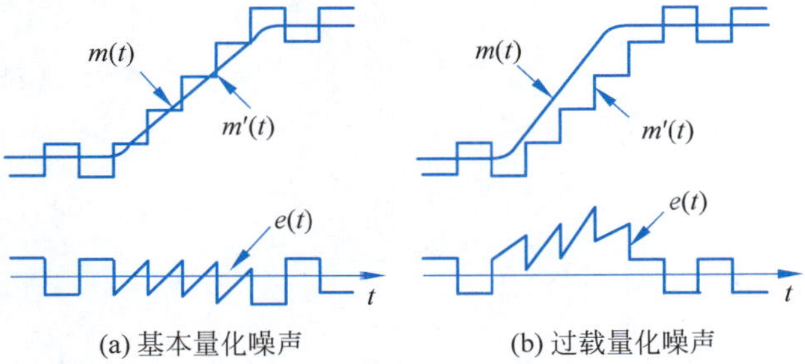

图 5.5.5 增量调制的量化噪声

为了避免发生过载量化噪声,必须使乘积 σf_s 足够大,使信号的斜率不超过这个值。另外,σ 值直接和基本量化噪声的大小有关,若取 σ 值太大,势必增大基本量化噪声。所以,用增大 f_s 的办法增大乘积 σf_s,才能保证基本量化噪声和过载量化噪声两者都不超过要求。实际中增量调制采用的抽样频率 f_s 值比 PCM 和 DPCM 的抽样频率值都大很多。

增量调制编码器不可能对任何幅度的输入信号都进行编码。当输入电压的峰-峰值小于 σ 时,编码器的输出就成为 1 和 0 交替出现的二进制序列。因为译码器的输出端接有低通滤波器,故这时译码器的输出电压为 0。只有当输入的峰值电压大于 $\sigma/2$ 时,输出代码结构才与信号的变化有关,一般小于 $\sigma/2$ 为非编码区或空载区,故称 $\sigma/2$ 为增量调制编码器的最小编码电平。

在不过载的条件下,量化误差的波形如图 5.5.5(a)所示,其误差值 $e(t)$ 在区间 $(-\sigma,+\sigma)$ 内变化。假设它在此区间内均匀分布,即概率密度函数为

$$f(e)=\frac{1}{2\sigma},\quad -\sigma \leqslant e \leqslant +\sigma \tag{5.5.3}$$

则量化噪声功率为

$$E[e^2(t)]=\int_{-\sigma}^{\sigma} e^2 f(e)\mathrm{d}e=\frac{1}{2\sigma}\int_{-\sigma}^{\sigma} e^2\mathrm{d}e=\sigma^2/3 \tag{5.5.4}$$

因为 $e(t)$ 的最小周期为 $T_s=1/f_s$,因此可认为这个功率的频谱均匀分布在从 0 到抽样频率 f_s 之间,即其功率谱密度 $P(f)$ 可以近似地表示为

$$P(f)=\frac{\sigma^2}{3f_s},\quad 0<f<f_s \tag{5.5.5}$$

由于接收端译码器后均接有低通滤波器,它的截止频率为 f_m,f_m 是信号的最高频率,则经低通滤波器后的输出量化噪声功率为

$$N_q=P(f)f_m=\frac{\sigma^2}{3}\left(\frac{f_m}{f_s}\right) \tag{5.5.6}$$

由此可见,基本量化噪声功率和输入信号大小无关,只和量化台阶 σ 与 f_m/f_s 有关。

当输入信号为正弦信号时,$m(t)=A\sin(\omega_k t)$,其斜率为 $A\omega_k$,则临界过载时,有 $A_{max}\omega_k=\sigma/T_s=\sigma f_s$,$A_{max}=\sigma f_s/\omega_k$,所以最大信号功率为

$$S_{max}=\frac{A_{max}^2}{2}=\frac{\sigma^2 f_s^2}{2\omega_k^2}=\frac{\sigma^2 f_s^2}{8\pi^2 f_k^2} \tag{5.5.7}$$

这时最大的信号量噪比为

$$S_{max}/N_q=\frac{\sigma^2 f_s^2}{8\pi^2 f_k^2}\left[\frac{3}{\sigma^2}\left(\frac{f_s}{f_m}\right)\right]=\frac{3}{8\pi^2}\left(\frac{f_s^3}{f_k^2 f_m}\right)\approx 0.04\,\frac{f_s^3}{f_k^2 f_m} \tag{5.5.8}$$

式(5.5.8)若用 dB 表示,则可写成

$$\left(\frac{S_{max}}{N_q}\right)_{dB}=30\lg f_s-10\lg f_m-20\lg f_k-14 \tag{5.5.9}$$

式(5.5.8)和式(5.5.9)表明:ΔM 的量化信噪比与 f_s 的 3 次方成正比,即抽样频率每提高 1 倍,信噪比提高 9dB。因此,一般 ΔM 的抽样频率高于 16kHz 才能使量化信噪

比达到 15dB 以上。32kHz 时，量化信噪比约为 26dB，只能满足一般通信质量要求。而量化信噪比和信号频率 f_k 的平方成反比，即信号频率每提高 1 倍，量化信噪比下降 6dB。因此，ΔM 时语音高频段的量化信噪比下降。为了提高增量调制的质量和降低编码速率，出现了一些改进方案，如增量总和（Δ-Σ）调制、压扩式自适应增量调制等。

5.6 时分复用与数字复接

视频

5.6.1 时分复用基本原理

在数字通信中，PCM、ΔM、ADPCM 或者其他模拟信号的数字化，一般都采用时分复用方式来提高信道的传输效率。

时分复用（TDM）是利用不同时间间隙来传送各路不同信号的，其原理示意图如图 5.6.1(a)所示。首先，各路信号通过相应的低通变为带限信号，然后送到抽样旋转开关。旋转开关每 T_s 秒将各路信号依次抽样一次，这样 N 个样值按先后顺序错开纳入抽样间隔 T_s 之内，称为 1 帧。各路信号是断续地发送的，因此必须满足抽样定理。例如，语音信号的抽样频率为 8kHz，则旋转开关应每秒旋转 8000 次。合成的复用信号是 N 个抽样信号之和，如图 5.6.1(d)所示。相邻两个抽样脉冲之间的时间间隔称为时隙。在接收端，若开关同步地旋转，则对应各路的低通滤波器输入端能得到相应路的抽样信号。

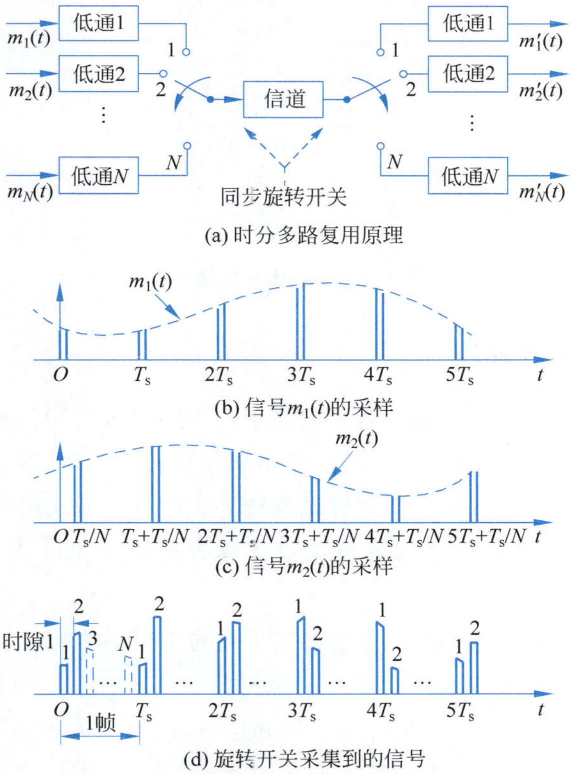

图 5.6.1 时分复用原理示意图

TDM 与 FDM 原理的差别在于：TDM 在时域上是各路信号分割开来的，但在频域上是各路信号混叠在一起的。FDM 在频域上是各路信号分割开来的，但在时域上是混叠在一起的。TDM 的主要优点：便于实现数字通信，易于制造，适于采用集成电路实现，生产成本较低。

国际上通用的 PCM 有两种标准，即 A 律 PCM 和 μ 律 PCM，其编码规则和帧结构均不相同。由于抽样频率为 8000Hz，故每帧的长度为 125μs。A 律基群帧结构如图 5.6.2 所示，在 A 律基群中，一帧共有 32 个时隙。各个时隙从 0～31 顺序编号，分别记为 TS0，TS1，TS2，…，TS31，其中 TS1～TS15 和 TS17～TS31，用于传输 30 路语音抽样值的 8 位码组，TS0 用于传输帧同步码，TS16 用于传输话路信令。

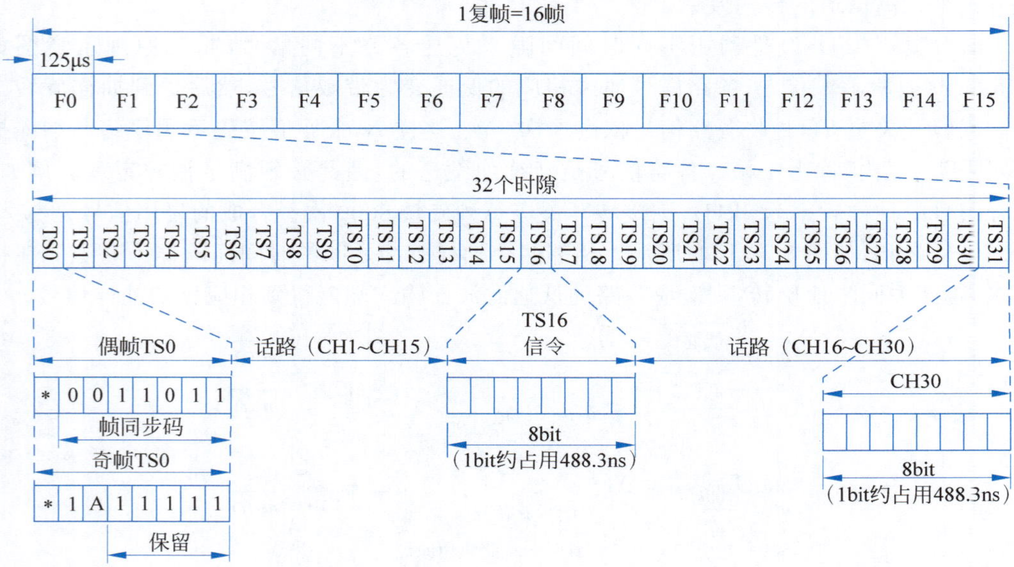

图 5.6.2 A 律基群帧结构

5.6.2 数字复接基本原理

在通信网中往往有多次复用，由若干链路来的多路时分复用信号，再次复用，构成高次群。各链路信号来自不同地点，其时钟(频率和相位)之间存在误差。所以在低次群合成高次群时，需要将各路输入信号的时钟调整统一。这种将低次群合并成高次群的过程称为复接；反之，将高次群分解为低次群的过程称为分接。目前大容量链路的复接几乎都是 TDM 信号的复接。

ITU 对于 TDM 多路电话通信系统，制定了准同步数字体系(PDH)和同步数字体系(SDH)标准的建议。

准同步数字体系(PDH)有两种标准系列和速率，即 E 体系和 T 体系。中国、欧洲及国际连接采用 E 体系，北美、日本和其他少数国家和地区采用 T 体系。这两种体系的层次、路数和比特率的规定如表 5.6.1 所示。

表 5.6.1 准同步数字体系

	层　次	比特率/(Mb/s)	路数(每路 64kb/s)
E体系	E-1	2.048	30
	E-2	8.448	120
	E-3	34.368	480
	E-4	139.264	1920
	E-5	565.148	7680
T体系	T-1	1.544	24
	T-2	6.312	96
	T-3	32.064(日本)	480
		44.736(北美)	672
	T-4	97.728(日本)	1440
		274.176(北美)	4032
	T-5	397.200(日本)	5760
		560.160(北美)	8064

E 体系的结构如图 5.6.3 所示。它以 30 路 PCM 数字电话信号的复用设备为基本层(E-1),每路 PCM 信号的比特率为 64kb/s。由于需要加入群同步码元和信令码元等额外开销,所以实际占用 32 路 PCM 信号的比特率,故其输出总比特率为 2.048Mb/s。此输出称为一次群信号,也称为基群信号。4 个一次群信号进行二次复用,得到二次群信号,其比特率为 8.448Mb/s。按照同样的方法再次复用,得到比特率为 34.368Mb/s 的

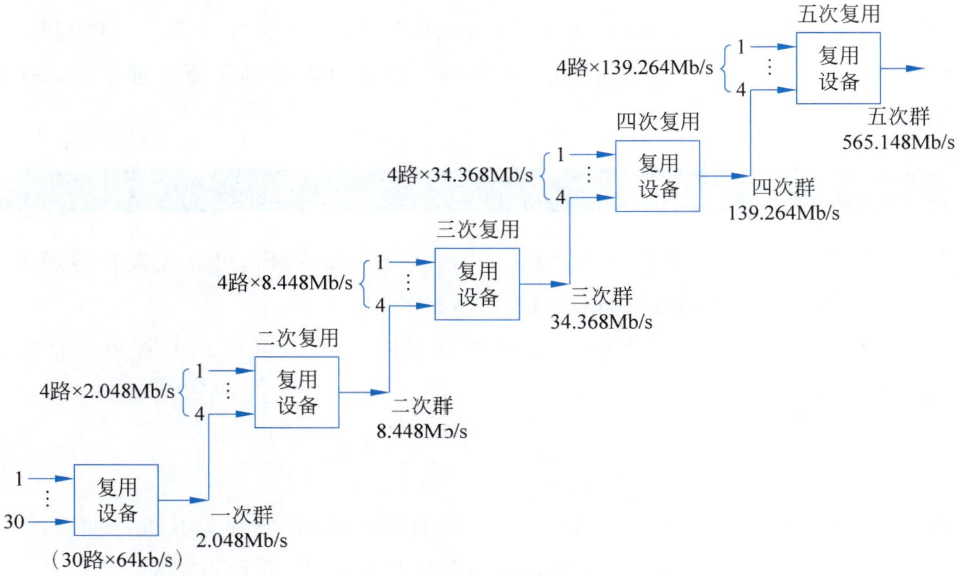

图 5.6.3 E 体系的结构

三次群信号和比特率为139.264Mb/s的四次群信号等。由此可见,相邻层次群之间路数成4倍关系,但是比特率之间不是严格的4倍关系。和一次群的额外开销一样,高次群也需要额外开销,故其输出比特率比相应的1路输入比特率的4倍还高一些。额外开销占总比特率很小的百分比,但是当总比特率增高时,此开销的绝对值并不小,很不经济。

随着数字通信速率的不断提高,PDH体系已经不能满足要求。另外,用于PDH有E和T两种体系,它们分别用于不同地区,这样不利于国际的互连互通。20世纪80年代中期,为了克服PDH的缺点,美国贝尔公司首先提出同步光网络(SONET),ITU参照SONET体系在1989年制定了同步数字体系(SDH)。SDH是针对更高速率的传输系统制定出的全球统一的标准,其整个网络中各设备的时钟来自同一个极精确的时间标准(如铯原子钟),没有准同步系统中各设备定时存在误差的问题。

TDM广泛应用于地面通信中,尤其在传统的电话通信和数字传输系统中,TDM技术通过在不同的时间间隙内传送多路信号,有效提高了信道的传输效率。在地面通信中,TDM可以在有限的带宽资源下,同时传输多路信号,常见应用包括PCM信号的多路复用。在卫星通信中,如“北斗”卫星导航系统,由于其传输覆盖范围广泛,往往需要同时支持大量用户,各路信号通过不同的时间窗口依次发送,保证了有限带宽的最大化利用,并确保了不同用户的数据流不相互干扰,为全球定位服务提供了稳定的信号传输。在移动通信领域,基于TDM技术的TD-SCDMA是中国主导研发的第三代移动通信国际标准,其核心创新在于采用时分同步的方式处理多路信号,不仅提高了频谱利用率,还减少了对现有通信环境的干扰。这一成果标志着我国从通信技术的“追随者”逐渐成为“规则制定者”。从地面通信到卫星通信,再到移动通信,TDM技术贯穿了多个关键通信领域。这不仅体现了理论与实践结合的重要性,也强调了技术创新在满足复杂通信需求中的关键作用。

5.7 MATLAB仿真举例

对于带宽受限的信号,抽样定理表明,采用一定速率的抽样,可以无失真地表示原始信号。下面举例说明低通抽样定理的MATLAB实现。

低通抽样定理:一个频带为$[0, f_H]$的低通信号$m(t)$,可以无失真地被抽样速率$f_s \geqslant 2f_H$的抽样序列所恢复,即

$$m(t)=\sum_{k=-\infty}^{\infty} m(kT_s)\frac{\sin[2\pi f_H(t-kT_s)]}{2\pi f_H(t-kT_s)} \tag{5.7.1}$$

设有一低通型信号$m(t)=50\mathrm{Sa}^2(200t)$,分别用两种抽样频率对其进行抽样:$f_{s,1}=100\mathrm{Hz}$,$f_{s,2}=200\mathrm{Hz}$,通过m文件得到抽样后的图像及频谱,并给出结论。

(1) 画出模拟信号的波形和频谱。MATLAB 源代码如下：

```
clear
t0 = 10;                                          % 定义时间长度
ts = 0.001;                                       % 抽样周期，取得很小
fs = 1/ts;
df = 0.5;                                         % 定义频率分辨率
t = [ - t0/2:ts:t0/2];                            % 定义时间序列
x = sin(200 * t); m = x./(200 * t);               % 定义抽样函数
w = t0/(2 * ts) + 1;                              % 确定 t = 0 的点
m(w) = 1;                                         % t = 0 点的信号值为 1
m = m. * m; m = 50. * m;                          % 得到信号序列
[M,mn,dfy] = fftseq(m,ts,df);                     % 傅里叶变换
M = M/fs;
f = [0:dfy:dfy * length(mn) - dfy] - fs/2;        % 定义频率序列
subplot(1,2,1); plot(t,m,'k')
title('原信号的波形')
axis([ - 0.15,0.15, - 1,50]); subplot(1,2,2)
plot(f,abs(fftshift(M)),'k')                      % 作出原信号的频谱图
axis([ - 500,500,0,1]);
title('原信号的频谱')
```

程序运行结果如图 5.7.1 所示。原信号 $m(t)=50\mathrm{Sa}^2(200t)$的最高频率 $f_H=64\mathrm{Hz}$。

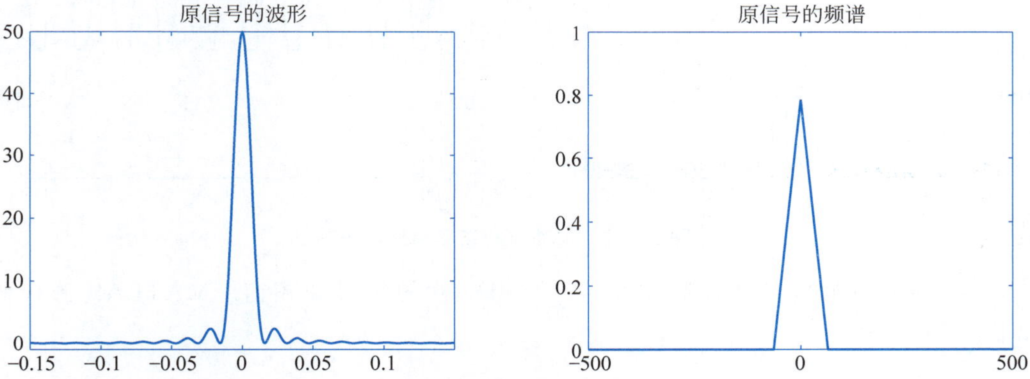

图 5.7.1 模拟信号的波形和频谱图

(2) 画出模拟信号抽样频率 $f_{s,1}=100\mathrm{Hz}$ 时的波形和频谱。MATLAB 源代码如下：

```
clear
t0 = 10;                                          % 定义时间长度
ts1 = 0.01; fs1 = 1/ts1;                          % 抽样频率小于抽样定理要求的频率
df = 0.5;                                         % 定义频率分辨力
t1 = [ - t0/2:ts1:t0/2];                          % 定义抽样时间序列
x1 = sin(200 * t1);                               % 计算对应抽样序列的信号序列
m1 = x1./(200 * t1);                              % 计算函数序列
w1 = t0/(2 * ts1) + 1;                            % 由于除 0 产生了错误值，计算该值标号
```

```
m1(w1) = 1;                                          % 将错误值修正
m1 = m1. * m1;m1 = 50. * m1;
[M1,mn1,df1] = fftseq(m1,ts1,df);                    % 对抽样序列进行傅里叶变换
M1 = M1/fs1;
N1 = [M1, M1, M1, M1, M1, M1, M1, M1, M1, M1, M1, M1, M1];
f1 = [ - 7 * df1 * length(mn1):df1:6 * df1 * length(mn1) - df1] - fs1/2;
subplot(1,2,1);stem(t1,m1,'k');
title('欠抽样信号的波形')
axis([ - 0.15,0.15, - 1,50]); subplot(1,2,2)
plot(f1,abs(fftshift(N1)),'k')                      % 作出欠抽样信号的频谱图
title('欠抽样信号的频谱 fs = 100Hz')
axis([ - 500,500,0,1]);
```

程序运行结果如图 5.7.2 所示。由于抽样频率 $f_{s,1}=100\text{Hz}<2f_H$，属于欠抽样，不满足低通抽样定理的要求，故抽样信号频谱出现混叠。

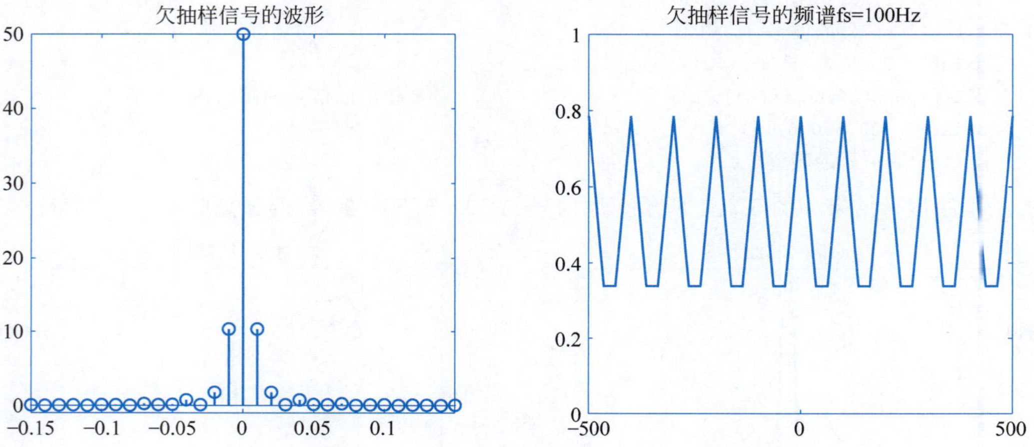

图 5.7.2 欠抽样的波形和频谱图

(3) 画出模拟信号抽样频率 $f_{s,2}=200\text{Hz}$ 时的波形和频谱。MATLAB 源代码如下：

```
clear
t0 = 10;                                             % 定义时间长度
ts2 = 0.005; fs2 = 1/ts2;                            % 抽样周期
df = 0.5;                                            % 定义频率分辨率
t2 = [ - t0/2:ts2:t0/2];                             % 定义抽样时间序列
x2 = sin(200 * t2);                                  % 计算对应抽样序列的信号序列
m2 = x2./(200 * t2);                                 % 计算函数序列
w2 = t0/(2 * ts2) + 1;                               % 由于除 0 产生了错误值,计算该值标号
m2(w2) = 1;                                          % 将错误值修正
m2 = m2. * m2; m2 = 50. * m2;
[M2,mn2,df2] = fftseq(m2,ts2,df);                    % 对抽样序列进行傅里叶变换
M2 = M2/fs2;
N2 = [M2, M2, M2, M2, M2, M2, M2, M2, M2, M2, M2, M2, M2];
```

```
f2 = [ - 7 * df2 * length(mn2):df2:6 * df2 * length(mn2) - df2] - fs2/2;
subplot(1,2,1);stem(t2,m2,'k');
title('满足抽样定理时信号的波形')
axis([ - 0.15,0.15, - 1,50]); subplot(1,2,2)
plot(f2,abs(fftshift(N2)),'k')                    % 作出抽样信号的频谱图
title('满足抽样定理时信号的频谱 fs = 200')
axis([ - 500,500,0,1]);
```

程序运行结果如图 5.7.3 所示。由于抽样频率 $f_{s,2}=200\text{Hz}>2f_H$，满足低通抽样定理的要求，抽样信号频谱包含原信号频谱结构。

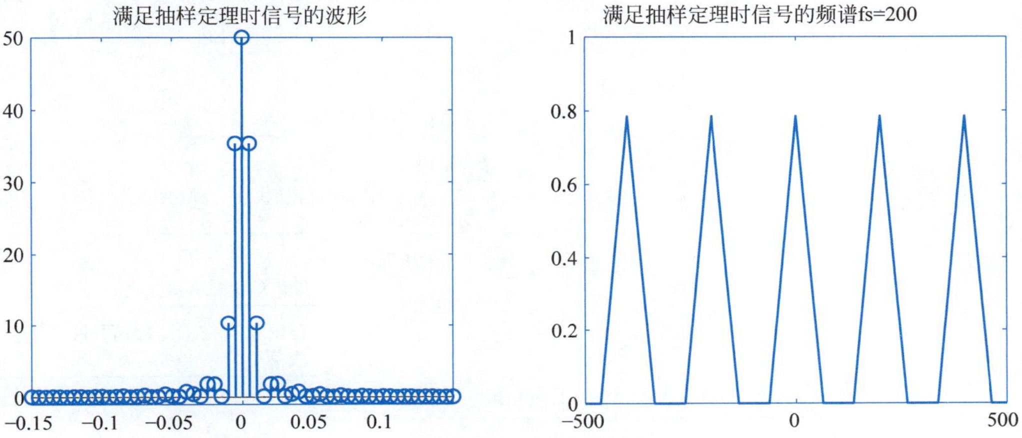

图 5.7.3 满足抽样定理的信号波形和频谱图

脚本文件 fftseq .m 定义了函数 fftseq()，用于计算信号的傅里叶变换：

```
function [M,m,df] = fftseq(m,ts,df)
% [M,m,df] = fftseq(m,ts,df)
% [M,m,df] = fftseq(m,ts)
% FFTSEQ 生成 M,它是时间序列 m 的 FFT
% 对序列填充零,以满足所要求的频率分辨率"df"
% "ts"是抽样间隔,输出"df"是最终的频率分辨率
% 输出"m"是输入"m"的补过零的版本,"M"是 FFT
fs = 1/ts;
if nargin == 2                        % 函数变量个数为 2,表示 [M,m,df] = fftseq(m,ts)
n1 = 0;
else                                  % 否则函数变量个数为 3,表示[M,m,df] = fftseq(m,ts,df)
n1 = fs/df;
end
n2 = length(m);                       % 求序列长度
n = 2^(max(nextpow2(n1),nextpow2(n2))); % 将 n1 或 n2 值按 2 的幂次度量,取大者
M = fft(m,n);                         % 得到 FFT
m = [m,zeros(1,n - n2)];              % 时间序列补零
df = fs/n;                            % 得到最终的频率分辨率
```

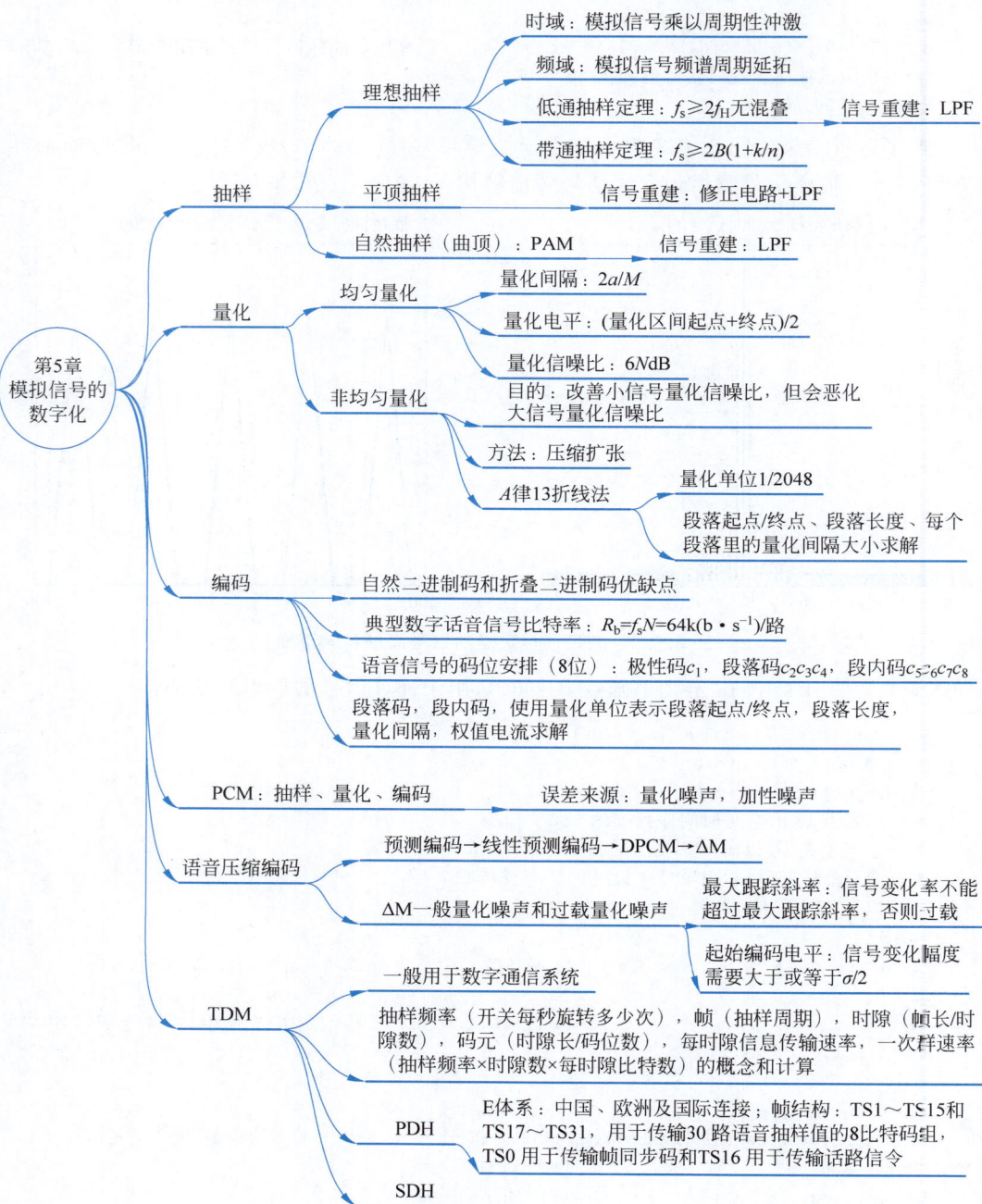

5.8 本章小结

- 第5章 模拟信号的数字化
  - 抽样
    - 理想抽样
      - 时域：模拟信号乘以周期性冲激
      - 频域：模拟信号频谱周期延拓
      - 低通抽样定理：$f_s \geqslant 2f_H$无混叠 → 信号重建：LPF
      - 带通抽样定理：$f_s \geqslant 2B(1+k/n)$
    - 平顶抽样 → 信号重建：修正电路+LPF
    - 自然抽样（曲顶）：PAM → 信号重建：LPF
  - 量化
    - 均匀量化
      - 量化间隔：$2a/M$
      - 量化电平：(量化区间起点+终点)/2
      - 量化信噪比：$6N$dB
    - 非均匀量化
      - 目的：改善小信号量化信噪比，但会恶化大信号量化信噪比
      - 方法：压缩扩张
      - A律13折线法
        - 量化单位1/2048
        - 段落起点/终点、段落长度、每个段落里的量化间隔大小求解
  - 编码
    - 自然二进制码和折叠二进制码优缺点
    - 典型数字话音信号比特率：$R_b=f_sN=64\text{k}(\text{b}\cdot\text{s}^{-1})$/路
    - 语音信号的码位安排（8位）：极性码c_1，段落码$c_2c_3c_4$，段内码$c_5c_6c_7c_8$
    - 段落码，段内码，使用量化单位表示段落起点/终点，段落长度，量化间隔，权值电流求解
  - PCM：抽样、量化、编码 → 误差来源：量化噪声，加性噪声
  - 语音压缩编码
    - 预测编码→线性预测编码→DPCM→ΔM
    - ΔM一般量化噪声和过载量化噪声
      - 最大跟踪斜率：信号变化率不能超过最大跟踪斜率，否则过载
      - 起始编码电平：信号变化幅度需要大于或等于$\sigma/2$
  - TDM
    - 一般用于数字通信系统
    - 抽样频率（开关每秒旋转多少次），帧（抽样周期），时隙（帧长/时隙数），码元（时隙长/码位数），每时隙信息传输速率，一次群速率（抽样频率×时隙数×每时隙比特数）的概念和计算
    - PDH
      - E体系：中国、欧洲及国际连接；帧结构：TS1～TS15和TS17～TS31，用于传输30路语音抽样值的8比特码组，TS0用于传输帧同步码和TS16用于传输话路信令
    - SDH

5.9 习题

5-1 PCM 方式的模拟信号数字化要经过________、________、________ 3 个过程。

5-2 某信号电压抽样值的取值范围为[−8V，+8V]，若对该信号进行均匀量化，想要得到 0.5V 的量化间隔，需要量化级数为________，信号量噪比为________ dB。

5-3 在均匀量化 PCM 中，若保持抽样频率为 8kHz 不变，而编码后的比特率由 16kb/s 增大到 64kb/s，则量化信噪比增加了________ dB，编码位数增加了________位。

5-4 非均匀量化的目的是提高________，其代价是减小________。

5-5 简单增量调制中所产生的两种量化噪声是________和________。

5-6 电话采用的 A 律 13 折线 8 位非线性码的性能相当于编线性码位数为________位。

5-7 试画出模拟信号 $m(t)=\cos(1000\pi t)$ 以 $f_s=600$Hz 为抽样速率抽样后的频谱图，随后将抽样后信号通过一个截止频率为 600Hz 的低通滤波器，分析最终输出信号的频谱成分。

5-8 设电话信号的带宽为 300～3400Hz，抽样速率为 8000Hz，采用 A 律 13 折线编码。

(1) 某抽样脉冲值为+321 量化单位，试求编码器输出码组；

(2) 现将 10 路电话信号进行 PCM 时分复用传输，此时的码元速率为多少？

(3) 传输此 10 路时分复用 PCM 信号所需要的奈奎斯特基带带宽为多少？

5-9 已知某信号 $m(t)$ 的频谱 $M(\omega)$ 如图 5.9.1(a)所示。将它通过传输函数为 $H_1(\omega)$（如图 5.9.1(b)所示）的滤波器后再进行理想抽样，如图 5.9.1(c)所示（$\omega_2>\omega_1$）。

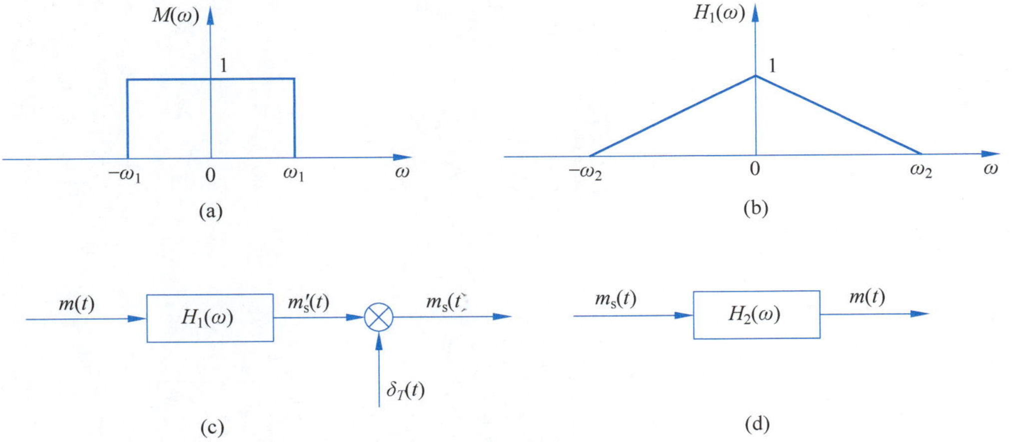

图 5.9.1 题 5-9 图

(1) 试求此时抽样速率应为多少；

(2) 若用 $f_s=3f_1$ 的速率抽样，画出已抽样信号 $m_s(t)$ 的频谱；

(3) 接收端的 $H_2(\omega)$[如图 5.9.1(d)所示]应具有怎样的传输特性才能不失真地恢

复 $m(t)$?

5-10　采用 13 折线 A 律编码,设最小量化间隔为 1 个量化单位,已知抽样脉冲值为 +321 个量化单位。

(1) 试求此时编码器输出的码组,并计算量化误差;

(2) 写出相对应于该 7 位码(不包括极性码)的 11 位线性码。

5-11　设 10 路(每路带宽为 4kHz)电话频分复用后的基群频谱为 30～70kHz,现将其采用 PCM 方式进行传输。试求:

(1) 频分复用后信号的抽样频率;

(2) 试画出抽样后的频谱图(用三角频谱表示);

(3) 若编 8 位码,则所需要的奈奎斯特基带带宽为多少?

5-12　已知输入语音信号中含最高音频分量为 3.4kHz,幅度为 1V。若 f_s =32kHz,则增量调制器量化器的量化台阶是多少?

第6章 数字信号的基带传输

视频

6.1 引言

在数字通信系统中,信源输出消息由传感器转换为电信号,信源编码把该电信号用尽量低速率的数字码流来表示。数字码流所占据的频谱从零频或很低的频率开始,称为数字基带信号。与之相对应,经过载波调制的数字信号称为频带信号。若信道的传递函数是低通型的,即基带信道,如同轴电缆和双绞线信道,基带信号可以不经过载波调制而直接传输,此系统称为数字基带传输系统。若信道是带通型的,如无线通信和光通信信道,则信道为带通信道。数字基带信号必须通过调制成为带通信号,才能在带通信道中传输,此系统称为数字频带传输系统。举个例子:如图 6.1.1 所示,由工作组交换机与若干台计算机、打印机等构成了一个有线局域网。在局域网中,计算机发出的数字基带信号不需要经过调制就可以通过网线和交换机传递至其他计算机或者打印机,所以,这个有线局域网属于基带传输系统。若通过无线路由器将这个局域网和外网连接起来,平板电脑、笔记本电脑等设备可以通过无线网卡收发信号,无线网卡与无线路由器之间传输的是高频带通信号,平板电脑等设备里的无线网卡实现了调制、解调的功能,所以这部分无线网络属于数字带通传输系统。

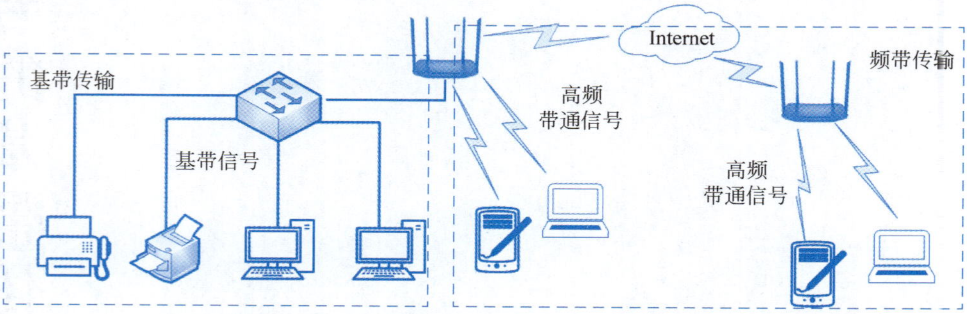

图 6.1.1　数字基带传输系统与频带传输系统示例

在实际的通信系统中,基带传输方式一般只能进行短距离传输,因此其应用不如频带传输方式那样广泛。但是,对于基带传输系统的研究仍然具有十分重要的意义。第一,数字基带传输的基本理论不仅适用于基带传输,而且适用于频带传输,因为所有线性带通系统对信号的响应均可以用等效低通思想进行分析;第二,基带传输技术广泛应用于局域网通信、计算机与外设间通信、芯片间通信、工业自动化、智能家居、智能交通系统等场景;第三,频带传输系统的有效运作离不开基带技术,例如,移动通信系统,从手机到基站再到核心网,每一环节都离不开高效的基带处理。因此掌握数字信号的基带传输原理是十分重要的。

一个典型的数字基带传输系统组成框图如图 6.1.2 所示。它主要由发送滤波器、信道、接收滤波器、同步提取电路和抽样判决器等组成。

(1) 发送滤波器(信道信号形成器):产生适合在信道中传输的信号。传输码序列通常为矩形脉冲,频谱很宽,不利于传输;发送滤波器对其进行频谱压缩,转换成适合在信

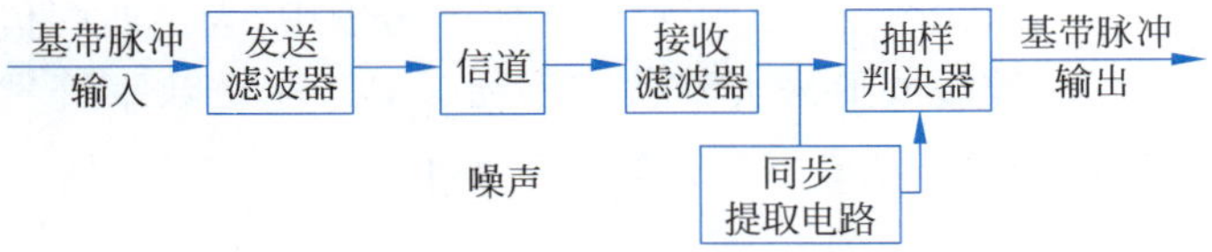

图 6.1.2 数字基带传输系统组成框图

道中传输的基带波形。这种变换主要通过码型变换和波形变换来实现。

(2) 信道：允许基带信号通过的媒质，通常为有线信道，如同轴电缆、双绞线等。在通信系统的分析中，常常把噪声 $n(t)$ 集中在信道中引入，一般假设它是均值为零的高斯白噪声。信号通过信道传输会引起畸变，信道固有的幅频、相频特性和加性噪声会引起随机畸变。

(3) 接收滤波器：主要作用是滤除带外噪声，对信道特性进行均衡，使输出的基带波形有利于抽样判决。

(4) 同步提取电路：用同步提取电路从接收信号中提取定时脉冲。

(5) 抽样判决器：作用是在规定时刻(由位定时脉冲控制)对接收滤波器的输出波形进行抽样判决，以恢复或再生基带信号。用来抽样的位定时脉冲则依靠定时提取电路从接收信号中提取，位定时的准确度直接影响判决效果。

本章在分析基带传输系统的组成、信号波形、传输码型及其频谱特性的基础上，重点讨论码间串扰(Inter Symbol Interference，ISI)的形成原因和消除思想；分析在加性高斯白噪声信道条件下数字基带传输系统的抗噪声性能；介绍一种利用实验手段直观估计系统性能的方法——眼图；简单介绍两种改善基带传输系统性能的措施——均衡技术和部分响应系统；最后，介绍匹配滤波原理以及基于匹配滤波器的最佳基带传输系统。

6.2 数字基带信号的描述

在数字通信中，基带信号通常是以一系列离散的电平表示的脉冲序列，这些电平代表二进制数据(0 和 1)。基带信号的波形和码型描述了如何用电信号表示这些二进制数据。

数字通信系统中，从信源送出的数字信息可以表示成数字码元序列，数字基带信号是数字码元序列的脉冲电压或电流表现形式。由于数字信道的特性及要求不同，例如，很多信道不能传输信号的直流分量和频率很低的分量，这时需要对基带信号的频谱有所了解，基带信号的功率谱可以反映基带信号的频谱特性。另外，为了在接收端得到每个码元的起止时刻，需要在发送的信号中带有码元起止时刻的信息，为此需要将原码元依照一定的规则转换成适合信道传输要求的传输码(又称作线路码)。所以，本节通过波形、功率谱和码型来描述基带信号。

6.2.1 数字基带信号的波形

视频

在数字通信系统中，信源输出的是消息(符号)，比如四进制符号可以是字母符号(如A、B、C、D)、数字符号(如 0、1、2、3)，也可以是数字序列(如 00、01、10、11)，也可以是由高低电平表示的电波形符号,如图 6.2.1 所示。在实际传输中,为了匹配信道特性,提高传输效果,需要选择不同的传输波形来表示数字序列。对于单个数字符号,我们可以采用矩形脉冲、三角脉冲、高斯脉冲或者升余弦脉冲来表示。

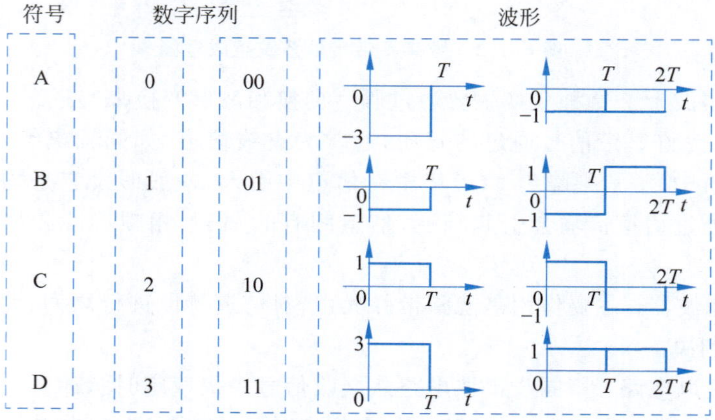

图 6.2.1 符号与波形

以矩形脉冲为例,我们可以采用 6 种基本的信号波形,如图 6.2.2 所示。

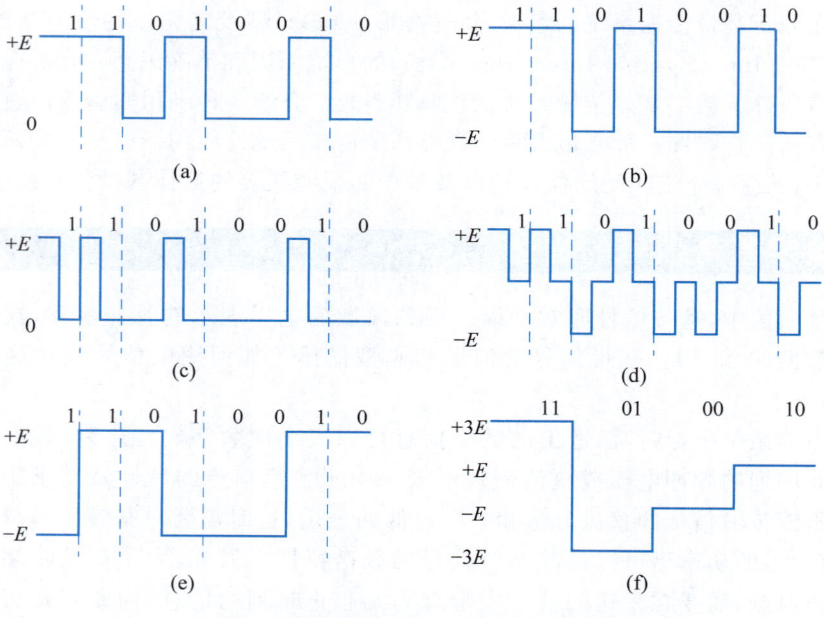

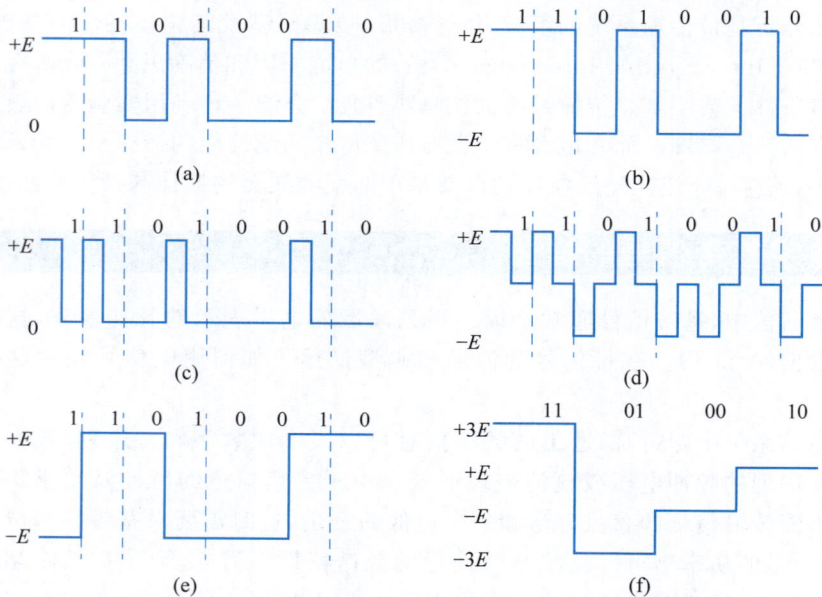

图 6.2.2 几种常见的基带信号波形

(1) 单极性不归零波形:基带信号的零电平和正电平分别与二进制码元的 0 和 1 一一对应,在整个码元期间内电平保持不变,如图 6.2.2(a)所示。这是最常见的一种二元码,这种波形常记作 NRZ(不归零)。例如,常见的 TTL 电平信号,高电平为 5V、低电平为 0V。单极性不归零波形的优点是电脉冲之间无间隔,极性单一,易于用 TTL、CMOS 电路产生;缺点是没有时钟分量,不利于定时信号的提取,可能存在有长串的连 0 和连

1，并且有直流分量，要求传输线路具有直流传输能力，因而不适于有交流耦合的远距离传输，只适于计算机内部或近距离的传输。

(2) 双极性不归零波形：与单极性 NRZ 基本一样，只是在电平表示上 0 码用负电平表示。因此，它是一个正负电平变化的信号，不存在零电平，波形如图 6.2.2(b)所示。当 1 和 0 等概率出现时无直流分量，有利于在信道中传输，并且接收端恢复信号的判决电平为零，因而不受信道特性变化的影响，抗干扰能力也较强。

(3) 单极性归零波形：码元的电脉冲宽度比码元宽度窄，每个脉冲都回到零电位，如图 6.2.2(c)所示。这是基带传输系统中常采用的波形。通常，归零波形使用半占空码，即占空比为 50%。从单极性归零波形可以直接提取定时信息。单极性归零码的功率谱如图 6.2.3 所示。其中含有极其丰富的离散分量和边瓣，在低频受限的信道中传输将产生严重的频率失真。

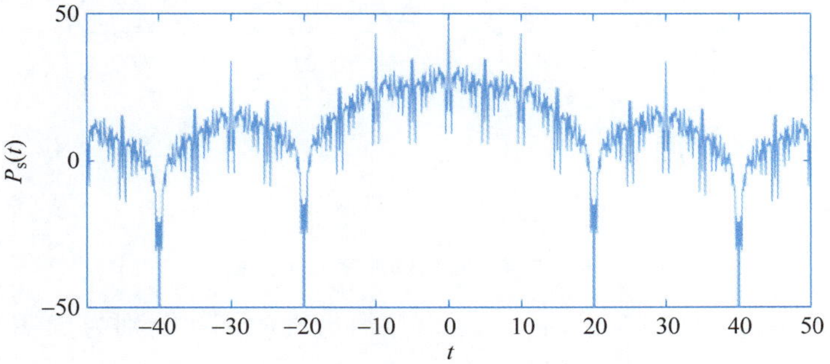

图 6.2.3　单极性 RZ 信号的功率谱密度

(4) 双极性归零波形：它是双极性波形的归零形式，如图 6.2.2(d)所示。它兼有双极性和归零的特点，使得接收端很容易识别出每个码元的起止时刻，便于同步。显然，这种码具有三种不同的状态，因此属于三元码(三进制码)。

(5) 差分波形：把数字符号 0 和 1 反映在相邻码元的相对变化上，如图 6.2.2(e)所示。通常先进行差分编码，之后再将其用单极性码或双极性码表示，常在相位调制系统的码变换器中使用。差分波形也称相对码波形，而前面介绍的单极性和双极性波形称为绝对码波形。

(6) 多电平波形：一个脉冲对应多个二进制码元，如图 6.2.2(f)所示。故当波特率 R_B 一定时，比特率 R_b 随进制数增加而提高。多电平波形适用于数据速率要求较高的系统。

若表示各码元的波形相同而电平取值不同，则数字基带信号可表示为

$$s(t)=\sum_{n=-\infty}^{\infty} a_n g(t-nT) \tag{6.2.1}$$

式中，a_n 是第 n 个码元所对应的电平值，T 为码元持续时间，$g(t)$为某种脉冲波形。

由于 a_n 的随机性，数字基带信号实际上是一个随机信号(脉冲序列)。一般情况下，数字基带信号可表示为一随机脉冲序列：

$$s(t)=\sum_{n=-\infty}^{\infty} s_n(t) \tag{6.2.2}$$

视频

6.2.2 数字基带信号的功率谱

基带信号的带宽是多少？是否有直流分量？是否含有接收端需要的位同步时钟分量？这些问题都可通过研究波形的频谱特性来解答。数字基带信号一般是随机信号，因此不能用求确定信号频谱函数的方法来分析频谱特性，随机信号的频谱特性可用功率谱密度来描述。

假设一个二进制的随机脉冲序列如图 6.2.4 所示。其中，1 码的基本波形为 $g_1(t)$，0 码为 $g_2(t)$，码元宽度为 T。为了容易区分，$g_1(t)$为三角形波，$g_2(t)$为半圆形波。

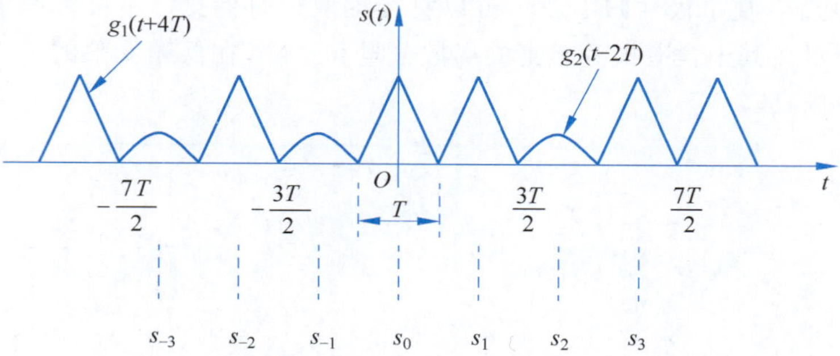

图 6.2.4 随机脉冲序列示意图

设序列中任一码元时间 T 内 $g_1(t)$和 $g_2(t)$出现的概率分别为 P 和 $1-P$，且认为它们的出现是统计独立的，则该序列可表示为

$$s(t)=\sum_{n=-\infty}^{+\infty} s_n(t)=\begin{cases} g_1(t-nT), & \text{以概率 } P \text{ 出现} \\ g_2(t-nT), & \text{以概率 } 1-P \text{ 出现} \end{cases} \tag{6.2.3}$$

为了简化推导过程，把 $s(t)$分解成稳态波 $v(t)$和交变波 $u(t)$。所谓稳态波，即随机序列 $s(t)$的统计平均分量，取决于每个码元内出现 $g_1(t)$和 $g_2(t)$的概率加权平均，可表示为

$$v(t)=\sum_{n=-\infty}^{\infty}[Pg_1(t-nT)+(1-P)g_2(t-nT)]=\sum_{n=-\infty}^{\infty} v_n(t) \tag{6.2.4}$$

由于 $v(t)$在每个码元内的统计平均波形相同，故 $v(t)$是以 T 为周期的周期信号。交变波 $u(t)$是 $s(t)$与稳态波 $v(t)$之差，即

$$u(t)=s(t)-v(t)=\sum_{n=-\infty}^{\infty} u_n(t)=\sum_{n=-\infty}^{\infty}[s_n(t)-v_n(t)] \tag{6.2.5}$$

由式(6.2.3)和式(6.2.4)可得

$$\begin{aligned} u_n(t)&=\begin{cases} g_1(t-nT)-Pg_1(t-nT)-(1-P)g_2(t-nT), & \text{以概率 } P \text{ 出现} \\ g_2(t-nT)-Pg_1(t-nT)-(1-P)g_2(t-nT), & \text{以概率 } 1-P \text{ 出现} \end{cases} \\ &=\begin{cases} (1-P)[g_1(t-nT)-g_2(t-nT)], & \text{以概率 } P \text{ 出现} \\ -P[g_1(t-nT)-g_2(t-nT)], & \text{以概率 } 1-P \text{ 出现} \end{cases} \end{aligned} \tag{6.2.6}$$

或者写成

$$u_n(t)=a_n[g_1(t-nT)-g_2(t-nT)] \tag{6.2.7}$$

式中，

$$a_n=\begin{cases}1-P, & 以概率 P 出现\\ -P, & 以概率 1-P\end{cases} \tag{6.2.8}$$

显然，$u(t)$是一个随机脉冲序列。由式(6.2.4)及式(6.2.6)可见，稳态波和交变波都有相应的表达式，因此可以分别得到它们的频谱特性。再根据式(6.2.5)的关系最后得出$s(t)$的频谱特性。

1. 求稳态波$v(t)$的功率谱密度$P_v(f)$

$v(t)=\sum\limits_{n=-\infty}^{\infty}[Pg_1(t-nT)+(1-P)g_2(t-nT)]$，由于$v(t)$是以$T$为周期的周期信号，故$v(t)$可以展开形成傅里叶级数

$$v(t)=\sum_{m=-\infty}^{\infty}C_m(mf_T)e^{j2\pi mf_Tt} \tag{6.2.9}$$

其中，

$$C_m(mf_T)=\frac{1}{T}\int_{-T/2}^{T/2}v(t)e^{-j2\pi mf_Tt}dt \tag{6.2.10}$$

式中，$f_T=1/T$。由于在$(-T/2,T/2)$范围内，$v(t)=Pg_1(t)+(1-P)g_2(t)$，所以

$$C_m(mf_T)=\frac{1}{T}\int_{-T/2}^{T/2}[Pg_1(t)+(1-P)g_2(t)]e^{-j2\pi mf_Tt}dt \tag{6.2.11}$$

又由于$Pg_1(t)+(1-P)g_2(t)$只存在于$(-T/2,T/2)$范围内，所以式(6.2.11)的积分限可以改为$-\infty$到$+\infty$，因此

$$\begin{aligned}C_m(mf_T)&=f_T\int_{-\infty}^{\infty}[Pg_1(t)+(1-P)g_2(t)]e^{-j2\pi mf_Tt}dt\\&=f_T[PG_1(mf_T)+(1-P)G_2(mf_T)]\end{aligned} \tag{6.2.12}$$

式中，

$$G_1(mf_T)=\int_{-\infty}^{\infty}g_1(t)e^{-j2\pi mf_Tt}dt,\quad 即\ g_1(t)\leftrightarrow G_1(mf_T)$$

$$G_2(mf_T)=\int_{-\infty}^{\infty}g_2(t)e^{-j2\pi mf_Tt}dt,\quad 即\ g_2(t)\leftrightarrow G_2(mf_T)$$

根据周期信号的功率谱密度与傅里叶系数C_m的关系，可以得到$v(t)$的功率谱密度为

$$\begin{aligned}P_v(f)&=\sum_{m=-\infty}^{\infty}|C_m(mf_T)|^2\delta(f-mf_T)\\&=\sum_{m=-\infty}^{\infty}|f_T[PG_1(mf_T)+(1-P)G_2(mf_T)]|^2\cdot\delta(f-mf_T)\end{aligned} \tag{6.2.13}$$

式(6.2.13)表明,稳态波的功率谱是冲激强度为$|C_m(mf_T)|^2$的离散线谱,根据离散线谱可以确定随机序列是否包含直流分量($m=0$)和定时分量($m=1$)。

根据帕塞瓦尔定理:周期信号的总功率等于各个频率分量单独贡献出的功率之和,即

$$P=\sum_{n=-\infty}^{\infty}F_n(\omega)F_n^*(\omega)=\sum_{n=-\infty}^{\infty}|F_n(\omega)|^2 \tag{6.2.14}$$

因此,周期信号的功率谱密度可利用冲激函数$\delta(t)$的抽样性质求得

$$P(\omega)=2\pi\sum_{n=-\infty}^{\infty}|F_n(\omega)|^2\delta(\omega-n\omega_0) \tag{6.2.15}$$

2. 求交变波$u(t)$的功率谱密度$P_u(f)$

由于交变波$u(t)$是一个功率型的随机脉冲序列,它的功率谱密度可采用截断函数和统计平均的方法来求:

$$P_u(f)=\lim_{T'\to\infty}\frac{E[|U_{T'}(f)|^2]}{T'} \tag{6.2.16}$$

式中,E表示统计平均;$U_{T'}(f)$是$u(t)$的截断函数$u_{T'}(t)$所对应的频谱函数;T'是截取时间,设它等于$2N+1$个码元的长度。此时,式(6.2.16)可以写成

$$P_u(f)=\lim_{N\to\infty}\frac{E[|U_{T'}(f)|^2]}{(2N+1)T} \tag{6.2.17}$$

下面先求出$u_{T'}(t)$的频谱函数。

$$\begin{aligned}U_{T'}(f)&=\int_{-\infty}^{\infty}u_{T'}(t)\mathrm{e}^{-\mathrm{j}2\pi ft}\mathrm{d}t\\&=\sum_{n=-N}^{N}a_n\int_{-\infty}^{\infty}[g_1(t-nT)-g_2(t-nT)]\mathrm{e}^{-\mathrm{j}2\pi ft}\mathrm{d}t\\&=\sum_{n=-N}^{N}a_n\mathrm{e}^{-\mathrm{j}2\pi nT}[G_1(f)-G_2(f)]\end{aligned} \tag{6.2.18}$$

式中,

$$\begin{aligned}G_1(f)&=\int_{-\infty}^{\infty}g_1(t)\mathrm{e}^{-\mathrm{j}2\pi ft}\mathrm{d}t\\G_2(f)&=\int_{-\infty}^{\infty}g_2(t)\mathrm{e}^{-\mathrm{j}2\pi ft}\mathrm{d}t\end{aligned} \tag{6.2.19}$$

于是

$$\begin{aligned}|U_{T'}(f)|^2&=U_{T'}(f)U_{T'}^*(f)\\&=\sum_{m=-N}^{N}\sum_{n=-N}^{N}a_m a_n\mathrm{e}^{\mathrm{j}2\pi f(n-m)T}[G_1(f)-G_2(f)]\times[G_1^*(f)-G_2^*(f)]\end{aligned} \tag{6.2.20}$$

其统计平均值为

$$E[|U_{T'}(f)|^2]=\sum_{m=-N}^{N}\sum_{n=-N}^{N}E(a_m a_n)\mathrm{e}^{\mathrm{j}2\pi f(n-m)T}[G_1(f)-G_2(f)]\times[G_1^*(f)-G_2^*(f)] \tag{6.2.21}$$

不难看出，当 $m=n$ 时，

$$a_m a_n=a_n^2=\begin{cases}(1-P)^2, & \text{以概率 } P \text{ 出现}\\ P^2, & \text{以概率 } 1-P \text{ 出现}\end{cases} \tag{6.2.22}$$

所以

$$E[a_n^2]=P(1-P)^2+(1-P)P^2=P(1-P) \tag{6.2.23}$$

当 $m\neq n$ 时，

$$a_n a_m=\begin{cases}(1-P)^2, & \text{以概率 } P^2 \text{ 出现}\\ P^2, & \text{以概率}(1-P)^2 \text{ 出现}\\ -P(1-P), & \text{以概率 } 2P(1-P) \text{ 出现}\end{cases} \tag{6.2.24}$$

所以，

$$E[a_m a_n]=P^2(1-P)^2+(1-P)^2P^2+2P(1-P)(P-1)P=0 \tag{6.2.25}$$

因此，

$$\begin{aligned}E[|U_{T'}(f)|^2]&=\sum_{n=-N}^{N}E[a_n^2]|G_1(f)-G_2(f)|^2\\&=(2N+1)P(1-P)|G_1(f)-G_2(f)|^2\end{aligned} \tag{6.2.26}$$

将其代入式(6.2.17)，可以得到 $u(t)$ 的功率谱密度：

$$\begin{aligned}P_u(f)&=\lim_{N\to\infty}\frac{(2N+1)P(1-P)|G_1(f)-G_2(f)|^2}{(2N+1)T}\\&=f_T P(1-P)|G_1(f)-G_2(f)|^2\end{aligned} \tag{6.2.27}$$

式(6.2.27)表明，$P_u(f)$ 是连续谱，它与 $g_1(t)$ 和 $g_2(t)$ 的频谱以及概率 P 有关。通常，根据连续谱可以确定随机序列的带宽。

3. $s(t)$ 的功率谱密度 $P_s(f)$

根据式(6.2.13)和式(6.2.26)，由于 $s(t)=u(t)+v(t)$，所以有

$$\begin{aligned}P_s(f)=P_u(f)+P_v(f)=&f_T P(1-P)|G_1(f)-G_2(f)|^2+\\&\sum_{m=-\infty}^{\infty}|f_T[PG_1(mf_T)+(1-P)G_2(mf_T)]|^2\delta(f-mf_T)\end{aligned} \tag{6.2.28}$$

式(6.2.28)为双边功率谱密度表示式。如果写成单边的，则有

$$\begin{aligned}P_s(f)=&f_T P(1-P)|G_1(f)-G_2(f)|^2+f_T^2|PG_1(0)+(1-P)G_2(0)|^2\delta(f)+\\&2f_T^2\sum_{m=1}^{\infty}|PG_1(mf_T)+(1-P)G_2(mf_T)|^2\delta(f-mf_T),\quad f\geqslant 0\end{aligned} \tag{6.2.29}$$

式(6.2.29)中包含3项：

第一项是交变波 $u(t)$ 产生的连续谱 $P_u(f)$，由于代表数字信息的 $g_1(t)$ 和 $g_2(t)$ 不

可能完全相同,即 $G_1(f) \neq G_2(f)$,所以 $P_u(f)$ 总是存在。连续谱包含无穷多频率成分,主要关心其能量集中的频率范围,以便能确定信号带宽。

第二项是由稳态波 $v(t)$ 产生的直流成分功率谱密度,不一定都存在直流成分;当 $g_1(t)$ 和 $g_2(t)$ 是双极性脉冲,且波形出现的概率相同($P=1/2$)时,式(6.2.29)中的第二项恰好为0。

第三项是由 $v(t)$ 产生的离散谱,主要用于同步,这一项也不一定总是存在;当 $g_1(t)$ 和 $g_2(t)$ 是双极性脉冲,且波形出现的概率相同($P=1/2$)时,式(6.2.29)中的第三项也为0。

在上述分析中,对 $g_1(t)$ 和 $g_2(t)$ 的波形并没有做严格的限制,只要是二进制随机序列,式(6.2.28)将普遍适用,对于不属于基带波形范围的各种调制波,式(6.2.28)也适用。

为了加深对数字基带信号功率谱的理解,下面举两个例子进行说明。

【例 6-1】 计算0、1等概率的单极性二进制信号功率谱密度。

解: 假设单极性二进制信号中对应于信码0、1的幅度取值分别为0、+1,输入信码为各态遍历随机序列,0、1的出现统计独立。信号的波形集合为

$$\begin{cases} g_1(t)=g(t), & \text{以概率 } P \text{ 出现} \\ g_2(t)=0, & \text{以概率 } 1-P \text{ 出现} \end{cases}$$

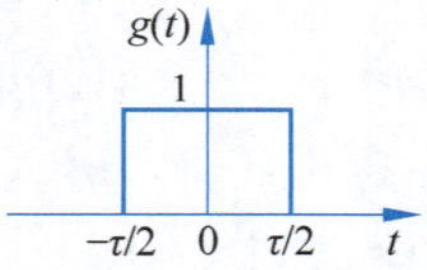

图 6.2.5 矩形脉冲波形

其中,矩形脉冲 $g(t)$ 的波形如图6.2.5所示。则由式(6.2.28)可得

$$P_s(f)=f_T P(1-P)|G(f)|^2+ f_T^2\sum_{m=-\infty}^{\infty}|PG(mf_T)|^2\cdot\delta(f-mf_T) \quad (6.2.30)$$

0、1等概率出现,即 $P=1/2$,则式(6.2.30)为

$$P_s(f)=\frac{1}{4T}|G(f)|^2+\frac{1}{4T^2}\sum_{m=-\infty}^{\infty}|G(mf_T)|^2\cdot\delta(f-mf_T) \quad (6.2.31)$$

式中,第一项为连续谱,第二项为离散谱。可见,功率谱的连续部分与单个矩形脉冲波形频谱函数的平方成正比,取决于周期性矩形脉冲的频谱特性

$$G(mf_T)=\tau\frac{\sin(m\pi\tau f_T)}{m\pi\tau f_T} \quad (6.2.32)$$

已知单极性矩形脉冲的频谱 $G(f)$ 为

$$G(f)=\tau\frac{\sin(\pi f\tau)}{\pi f\tau}=\tau\mathrm{Sa}(\pi f\tau) \quad (6.2.33)$$

因此,0、1等概率情况下单极性数字信号的功率谱可写成

$$P_s(f)=\frac{(\tau)^2}{4T}\left|\frac{\sin(\pi f\tau)}{\pi f\tau}\right|^2+ \frac{1}{4}\left(\frac{\tau}{T}\right)^2\sum_{m=-\infty}^{\infty}\left|\frac{\sin(m\pi\tau f_T)}{m\pi\tau f_T}\right|^2\cdot\delta(f-mf_T) \quad (6.2.34)$$

离散线谱是否存在取决于单极性基带信号矩形脉冲的占空比 τ/T。对于 NRZ 信号来说，脉宽等于周期，即 $\tau=T$，这时 $G(mf_T)=T\text{Sa}(m\pi)=0$，$G(0)\neq 0$，因此除直流分量外不存在离散线谱。0、1 等概率情况下，二进制单极性 NRZ 信号的功率谱可以表示为

$$P_s(f)=\frac{T}{4}\text{Sa}^2(\pi f T)+\frac{1}{4}\delta(f) \tag{6.2.35}$$

对于占空比为 50%的归零信号，脉宽为周期之半 $\tau/T=50\%$，此时当 m 为奇数时存在离散线谱，当 m 为偶数时不存在离散线谱。因此如前所述，占空比为 50%的单极性二进制 RZ 信号中存在位定时分量。0、1 等概率情况下，二进制单极性 RZ 信号的功率谱可以表示为

$$P_s(f)=\frac{T}{16}\text{Sa}^2\left(\frac{\pi f T}{2}\right)+\frac{1}{16}\sum_{m=-\infty}^{\infty}\text{Sa}^2\left(\frac{m\pi}{2}\right)\delta(f-mf_T) \tag{6.2.36}$$

单极性信号的功率谱密度分别如图 6.2.6(a)中的实线和虚线所示。

【例 6-2】 双极性二进制信号的功率谱密度计算。

解：设双极性二进制信号的波形集合为

$$\begin{cases} g_1(t)=g(t), & \text{以概率 } 1/2 \text{ 出现} \\ g_2(t)=-g(t), & \text{以概率 } 1/2 \text{ 出现} \end{cases}$$

则由式(6.2.28)可得

$$P_s(f)=4f_T P(1-P)|G(f)|^2+\sum_{m=-\infty}^{\infty}|f_T(2P-1)G(mf_T)|^2\delta(f-mf_T) \tag{6.2.37}$$

等概率时，上式变为

$$P_s(f)=f_T|G(f)|^2 \tag{6.2.38}$$

可以看出，在 0、1 等概率的情况下，双极性码的功率谱密度中不存在离散线谱。

如果矩形脉冲 $g(t)$ 的波形仍如图 6.2.5 所示，将式(6.2.33)代入式(6.2.38)，得到功率谱密度为

$$P_s(f)=\frac{\tau^2}{T}\left[\frac{\sin(\pi f\tau)}{\pi f\tau}\right]^2 \tag{6.2.39}$$

显然，双极性码其功率谱中不存在离散线谱，当然不包含定时分量。双极性信号的功率谱密度分别如图 6.2.6(b)中的实线和虚线所示。

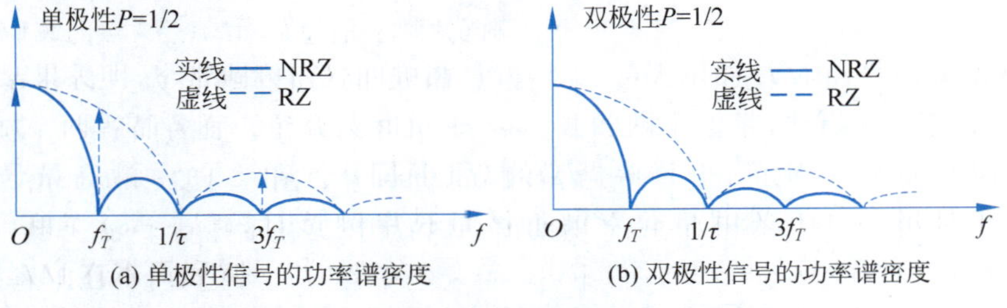

(a) 单极性信号的功率谱密度　(b) 双极性信号的功率谱密度

图 6.2.6 二进制基带信号的功率谱密度

分析：

(1) 单极性信号波形功率谱中含有连续谱和直流分量，单极性归零信号波形还有位同步时钟分量。

(2) 0、1 等概率的双极性信号波形中无离散谱，只有连续谱。

(3) 不归零的信号带宽为 $B=f_T$，数值上与码元速率相等；归零码的信号带宽为 $B=1/\tau$。

视频

6.2.3 数字基带信号的传输码

数字基带信号的码型指的是传输码元序列的结构。在基带传输中，需要将原码元依照一定的规则转换成适合信道传输要求的传输码(又称为线路码)，国际上有统一规定。需要传输码的原因是：

(1) 为了在接收端得到每个码元的起止时刻，需要在发送的信号中带有码元起止时刻的信息；

(2) 某些基带传输的媒介(比如同轴电缆)低频传输特性差，不能传输低于 60kHz 的信号，需要通过调整码元序列结构来改变基带信号的频域特性；

(3) 单极性基带信号含有直流和低频分量，所以不适宜在低频传输特性较差的信道中传输，需要通过调整码元序列结构来改变基带信号的频域特性。

1. 传输码的设计原则

为了匹配于基带信道的传输特性，并考虑到接收端提取时钟方便，希望所设计的传输码具有以下特性：

(1) 不含直流分量，且低频分量较少；

(2) 便于从接收码流中提取位同步时钟信号；

(3) 功率谱主瓣宽度窄，以节省传输频带；

(4) 不受信息源统计特性的影响；

(5) 具有内在的检错能力；

(6) 编译码简单，以降低通信延时和成本。

满足或部分满足以上特性的传输码型种类很多，下面介绍目前常用的几种。

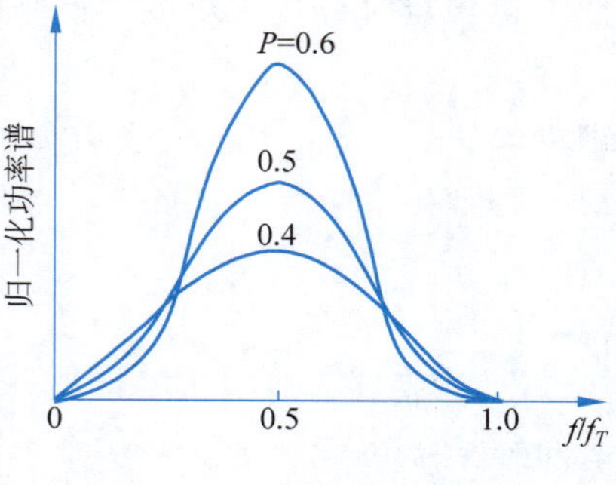

图 6.2.7 AMI 码的功率谱

2. 常用传输码型

1) AMI 码(传号交替反转码)

编码规则：信息码元 0(空号)仍编码为 0(0 电平)，信息码元 1(传号)编码为 +1(+A 电平)和 −1(−A 电平)交替出现的半占空归零脉冲。AMI 码的功率谱如图 6.2.7 所示。由 AMI 码的功率谱可以看出，其频谱中无直流分量，低频分量较小，能量集中在 $f_T/2$ 之处。AMI 码虽然没有时钟分量，但只要将基带信号进行 2 倍频就可获得时钟频率,2倍频可以通过对信号进行全波整流来实现。

AMI码具有检错能力,若在传输过程中因传号极性交替规律受到破坏而出现误码,则在接收端很容易发现这种错误,例如,

二进制信息	1	0	1	0	0	0	0	0	1	0	0	1	1
发送AMI码	+1	0	−1	0	0	0	0	0	+1	0	0	−1	+1
接收AMI码	+1	0	−1	0	−1	0	0	0	+1	0	0	−1	+1

显然,接收到的AMI码的交替规律被破坏了,这是能够检测到的。但当出现连续偶数个误码时将无能为力。从信息论的角度看,AMI码之所以有检错能力,是因为它含有冗余的信息量。

当信息中出现长串连0码时,AMI码信号将维持长时间的零电平,因而定时信息提取困难。

2) HDB_3码(三阶高密度双极性码)

(1) 当信息代码中连0个数不大于3时,仍按AMI码的编码规则。

(2) 当连0个数超过3时,将每4个连0码串的第4个0编码为与前一非0码同极性的正脉冲或负脉冲。该脉冲破坏了"极性交替反转"原则,因此称为破坏码或V码。

(3) 相邻V码的极性必须相反,为此,当相邻V码间有偶数个1时,将后面的连0码串中第1个0编码为B符号,B符号的极性与前一非0码的极性相反,而B符号后面的V码与B符号的极性相同。

(4) V码后面的非0码的极性交替反转。

原码:　　1 000　0　1 000　0　1　1　000　0　0　1　1

AMI码:　+1 000　0　−1 000　0　+1 −1　000　0　0　+1 −1

HDB_3码: +1 [0 0 0 +V] −1 [0 0 0 −V] +1 −1 [+B 0 0 +V] 0 −1 +1

优点:具有AMI码的优点,编码输出连0个数不超过3个,HDB_3码的功率谱与信源统计特性无关。

应用:被前CCITT推荐作为欧洲系列PCM语音系统一次群、二次群、三次群线路接口码型,在高速长距离数据传输中采用。一些卫星链路中,尤其在涉及长距离传输并且需要维持良好同步的情况下,常采用HDB3码。

AMI码与HDB_3码波形如图6.2.8所示。

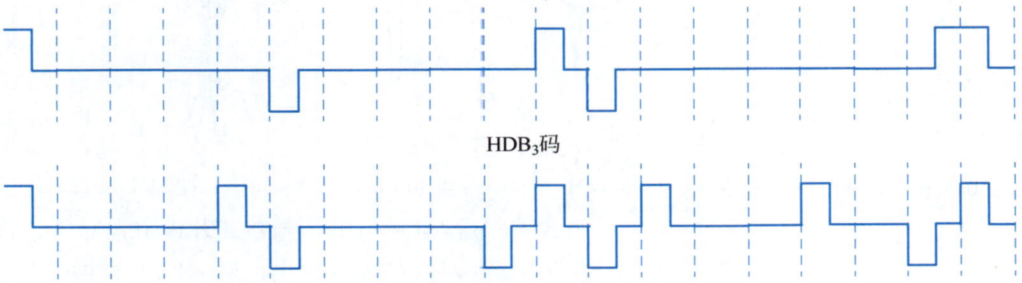

图6.2.8　AMI码与HDB_3码波形图

在上述 AMI 码、HDB_3 码中,每位二进制信码都被变换成一位三电平取值的码,因此,这类码也称为 1B1T 码。

3) CMI 码(传号反转码)

编码规则:将信息代码 0 编码为线路码 01,信息代码 1 用 11、00 交替表示。

优点:具有较多的电平跳变,便于在接收端提取位同步时钟,具有检错能力。

应用:被前 CCITT 推荐为 PCM 语音系统四次群的线路接口码型,用于光缆传输系统。

4) 双相码(Manchester 码)

编码规则:将信息代码 0 编码为线路码 01,信息代码 1 编码为线路码 10。

优点:可在接收端利用电平的正负跳变提取位同步时钟,编码过程简单。

缺点:信号带宽比前几种码型宽 1 倍。

应用:在本地局域网和数据传输速率为 10Mb/s 的数据接口线路中使用。

设二进制基带信号的码元速率为 1000Bd,1 码出现的概率为 0.4,AMI 码、HDB_3 码以及双相码信号的功率谱密度曲线如图 6.2.9 所示。为了方便对比,图 6.2.9 也给出了单极性归零信号的功率谱。

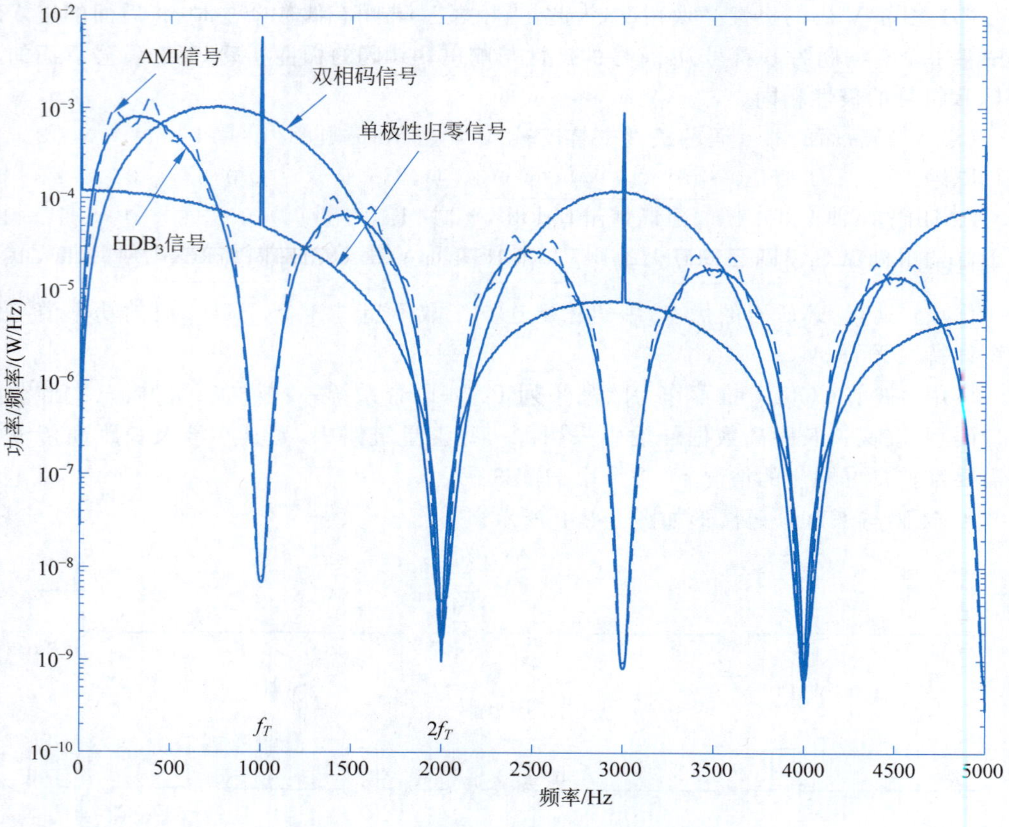

图 6.2.9　常见传输码的功率谱密度

可以发现，单极性归零信号的功率谱包含直流分量和定时分量，能量主要集中在零频附近，且频谱较宽。AMI 码与 HDB3 码的功率谱类似，能量主要集中在 $f_T/2$ 处。正常情况下，AMI 码的能量分布相对均匀且集中在较低频率范围内。但由于 AMI 码的编码规则，如果数据序列中有较多的连续 0，使得在一段时间内信号保持不变(零电平)，这种现象会导致功率谱倾向于低频部分，减少了高频成分的比例，导致频谱不均衡。相较于 AMI 码，HDB3 码专门针对连续 4 个或更多 0 的情况进行了处理，因此其功率谱更加平坦，减少了因连 0 引起的功率集中现象。双相码的功率谱没有直流分量，但是包括定时分量，因为 0、1 不等概率。另外因双相码每个比特周期内都有一个电平转换，所以其功率谱包含更多的高频分量，且频谱较宽。

6.3 数字基带信号的传输特性

6.3.1 数字基带信号传输与码间串扰

视频

前面从不同角度介绍了基带信号的特点，下面讨论基带信号的传输问题。1924 年，美国物理学家奈奎斯特在《贝尔系统技术》上发表了一篇文章，题为“影响电报传输速度的因素”。文章指出，一个带宽为 WHz 的无噪声低通信道，其最高码元速率为 $2W$Bd。若实际码元速率超过了 $2W$Bd，则接收信号将出现码元之间的互相干扰，导致波形失真。那么究竟什么是码元间的干扰，其产生的原因又是什么呢？本节将对此展开分析。

携带数字信息的基带波形可以有各种形式，其中较常见的基带波形是以其幅度来表示数字信息。下面就以这种形式为基础，分析基带信号传输的特点。图 6.3.1 所示是一个典型的数字基带信号传输系统框图。它主要由发送滤波器、信道、接收滤波器和抽样判决器组成。为了基带信号的恢复或再生，还要求有一个良好的同步系统(位同步及群同步等)。

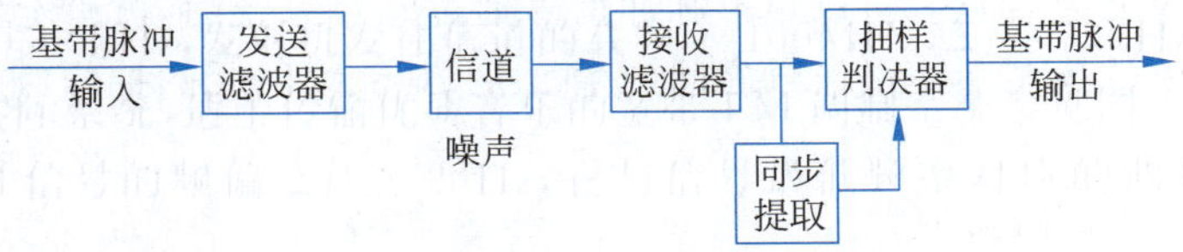

图 6.3.1 数字基带传输系统框图

图 6.3.2 画出了基带系统的各点波形示意图。其中，图 6.3.2(a)是输入的基带信号，这是常见的单极性不归零信号；图 6.3.2(b)是进行波形及码变换后的波形；图 6.3.2(c)发送滤波器输出波形，是一种适合在信道中传输的信号；图 6.3.2(d)是信道输出信号，由于信道传输不理想，波形发生失真且叠加了噪声；图 6.3.2(e)是接收滤波器输出波形，与图 6.3.2(d)相比，失真和噪声减弱；图 6.3.2(f)是位定时同步脉冲；图 6.3.2(g)为恢复的信息，其中第 5 个码元出现误码，造成误码的原因之一是信道加性噪声干扰，原因之二是系统传输总特性不理想。

从图 6.3.2 可以看出，接收端抽样判决器会产生错误判决。导致错误判决的原因有两方面：一是信道特性的影响，使信号产生畸变，造成码间串扰(InterSymbol Interference,

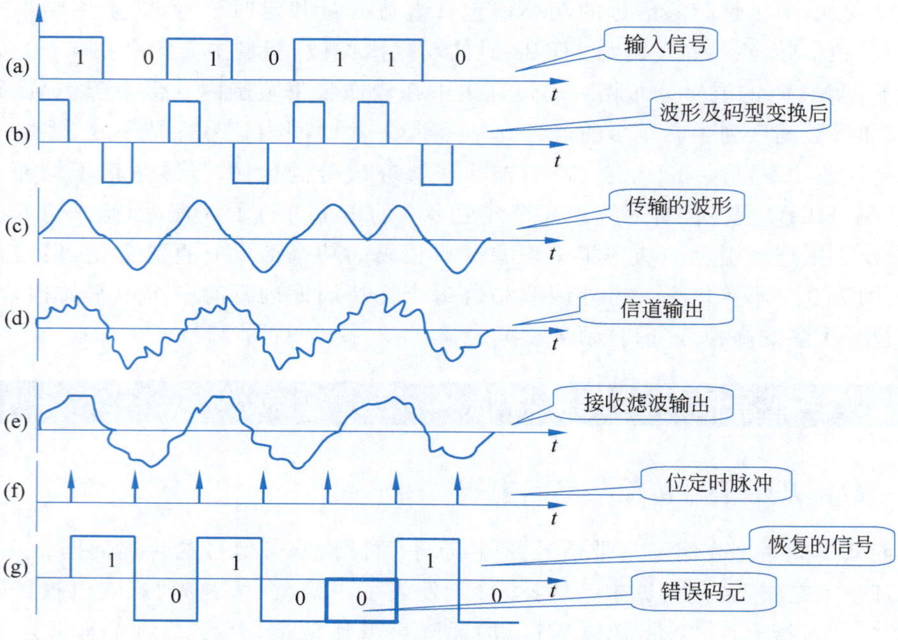

图 6.3.2　基带系统各点波形示意图

ISI)；二是信道中噪声的影响，造成信号的随机畸变。所谓码间串扰，是指由于系统传输总特性不理想，导致前后码元的波形畸变出现很长的拖尾，从而对当前码元的判决造成串扰。当码间串扰严重时，就会造成错误判决。

接下来分析码间串扰产生的原因。假设发送端发送的是矩形脉冲序列，矩形脉冲信号的功率谱由主瓣和许多旁瓣组成，信号频谱很宽。由于基带系统可视作低通系统，矩形脉冲信号通过基带系统，其功率谱中的大部分旁瓣会被滤除。我们知道，如果信号在频域受限，则在时域会展宽。所以矩形脉冲信号通过基带系统后，波形会发生畸变，产生长长的拖尾，波形的拖尾会使得信号之间产生混叠，对后续码元的抽样判决形成干扰，如图 6.3.3 所示。

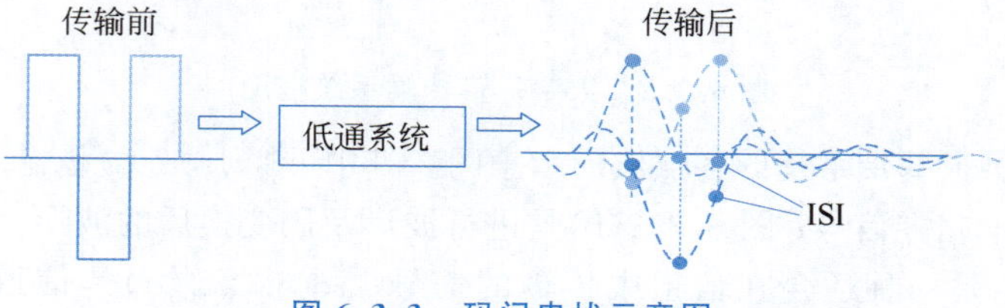

图 6.3.3　码间串扰示意图

其他因素也会导致码间串扰，比如移动通信中广泛存在的多径传播。如果将多径信道视作一个系统，那么由于多径效应，引入了系统的相关带宽，使得信号频带受限，因此产生了码间串扰。从这个角度来看，多径传播导致的码间串扰与基带系统产生的码间串扰在本质上是类似的。

由于多径传播会造成码间串扰，因此早期的无线通信系统总是将多径效应当作不利因素来对待。但事物总有两面性。在移动通信的主流技术多输入多输出(Multiple-Input Multiple-Output,MIMO)中,多径传播被很好地利用起来,利用不同天线发送信号的副本,接收机将不同副本组合处理,可以提高移动通信系统的容量和可靠性。大规模MIMO(Massive MIMO)更是成为5G中提高系统容量和频谱利用率的关键技术。

为了定量地分析基带传输系统性能,可以用如图6.3.4所示的传输模型来表示基带系统。

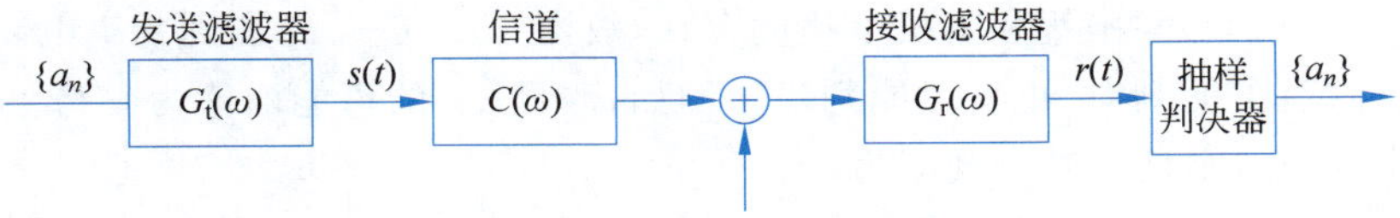

图6.3.4 数字基带传输系统模型

设$\{a_n\}$为发送滤波器的输入符号序列,在二进制的情况下,符号a_n取值为0、1或−1、+1。为分析方便,把这个序列对应的基带信号表示为

$$d(t)=\sum_{n=-\infty}^{\infty}a_n\delta(t-nT) \tag{6.3.1}$$

这个信号由时间间隔为T的一系列$\delta(t)$所组成,而每一$\delta(t)$的强度则由$\{a_n\}$决定。当$d(t)$激励发送滤波器时,发送滤波器将产生信号$s(t)$,它可表示如下:

$$s(t)=\sum_{n=-\infty}^{\infty}a_n g_T(t-nT) \tag{6.3.2}$$

其中,$g_T(t)$是单个$\delta(t)$作用下形成的发送波形。设发送滤波器的传输特性为$G_t(\omega)$,则$g_t(t)$由下式确定:

$$g_t(t)=\frac{1}{2\pi}\int_{-\infty}^{\infty}G_t(\omega)e^{j\omega t}d\omega \tag{6.3.3}$$

信号$s(t)$通过信道时,它要产生波形畸变,同时还要叠加噪声。因此,若设信道的传输特性为$C(\omega)$,接收滤波器的传输特性为$G_r(\omega)$,则接收滤波器输出信号$r(t)$可表示为

$$r(t)=\sum_{n=-\infty}^{\infty}a_n h(t-nT)+n_r(t) \tag{6.3.4}$$

式中,

$$h(t)=\frac{1}{2\pi}\int_{-\infty}^{\infty}G_t(\omega)C(\omega)G_r(\omega)e^{j\omega t}d\omega \tag{6.3.5}$$

$n_r(t)$为加性噪声$n(t)$通过接收滤波器后的波形。

$r(t)$被送入识别电路,并由该电路确定a_n的取值。假定识别电路是一个抽样判决电路,信号的抽样时刻一般在$(kT+t_0)$。其中,k是相应的第k个时刻,t_0是可能的延迟(通常由信道特性和接收滤波器决定)。因而,为了确定a_k的取值,必须根据式(6.3.4)首先确定$r(t)$在该样点上的值:

$$r(kT+t_0)=\sum_{n=-\infty}^{\infty}a_n h(kT+t_0-nT)+n_r(kT+t_0)$$

$$=a_k h(t_0)+\sum_{n\neq k} a_n h[(k-n)T+t_0]+n_r(kT+t_0) \quad (6.3.6)$$

这里,$a_k h(t_0)$是第 k 个接收码元波形在上述抽样时刻上的取值,它是确定 a_k 的依据。$\sum_{n\neq k} a_n h[(k-n)T+t_0]$是接收信号中除第 k 个以外的所有其他码元波形在第 k 个抽样时刻上的抽样值总和(代数和),称这个值为码间串扰值。由于 a_n 是以某种概率出现的,故这个值通常是一个随机变量;$n_r(kT+t_0)$是输出噪声在抽样时刻的值,显然是一种随机干扰。由于码间串扰和随机干扰的存在,故当 $n_r(kT+t_0)$加到判决电路时,对 a_k 取值的判决就有可能判对,也有可能判错。例如,假设 a_k 的可能取值为 0 与 1,判决电路的判决门限为 V_0,则这时判决规则为

$$\begin{cases} r(kT+t_0)\geqslant V_0, & 判\ a_k\ 为\ 1 \\ r(kT+t_0)< V_0, & 判\ a_k\ 为\ 0 \end{cases} \quad (6.3.7)$$

显然,只有当码间串扰和随机干扰足够小时,才能保证上述判决的正确;当串扰及噪声严重时,则判错的可能性就很大。

由此可见,为使基带脉冲传输获得足够小的误码率,必须最大限度地减小码间串扰和随机干扰的影响,这也是研究基带信号传输的基本出发点。如果外部噪声不好控制和难以避免,至少可通过合理地设计系统的传输特性去减少码间串扰。

要消除码间串扰,从数学式子看,只要 $\sum_{n\neq k} a_n h[(k-n)T+t_0]=0$ 即可。

由于 a_n 是随机变量,要想通过各项互相抵消使串扰为 0 是不行的,这就需要对 $h(t)$ 的波形提出要求。

从码间串扰的各项影响来看,前一个码元对本码元的影响最大。如果能让前一个码元波形在到达本码元抽样判决时刻已衰减到 0,则可消除这种影响;但这种波形不易实现。

要合理地消除码间串扰,可采用另一种波形:允许波形在 t_0+T 到达时没有衰减到 0,但它在 t_0+T、t_0+2T 等后面码元抽样判决时刻正好为 0,如图 6.3.5 所示。

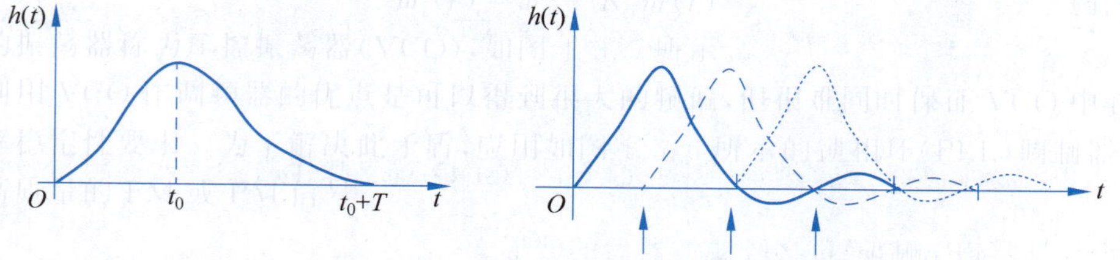

图 6.3.5　消除码间串扰的基本思想

码间串扰和信道噪声都会影响基带传输系统的性能,因此有必要研究如何减小它们的影响,使系统的误码率达到规定要求。为了简化分析,本节先讨论在不考虑噪声情况下,如何消除码间串扰;至于在无码间串扰的情况下,如何减小信道噪声的影响,将在 6.4 节讨论。

6.3.2 奈奎斯特第一准则

如前所述,只要基带传输系统的冲激响应波形 $h(t)$ 仅在本码元的抽样时刻上有最大值,并在其他码元的抽样时刻上均为 0,则可消除码间串扰。也就是说,若对 $h(t)$ 在时刻 $t=kT$(这里假设信道和接收滤波器所造成的延迟 $t_0=0$)抽样,则应有下式成立:

$$h(kT)=\begin{cases}1, & k=0\\ 0, & k\ \text{为其他整数}\end{cases}\tag{6.3.8}$$

式(6.3.8)称为无码间串扰的时域条件。也就是说,若 $h(t)$ 的抽样值除了在 $t=0$ 时不为 0 外,在其他所有抽样点上均为 0,则不存在码间串扰。根据 $h(t)\Leftrightarrow H(\omega)$ 的关系,寻找符合无码间串扰的 $h(t)$ 可以等价为设计基带传输系统总特性 $H(\omega)$ 的问题。

视频

根据 $h(t)$ 和 $H(\omega)$ 之间存在的傅里叶变换关系:

$$h(t)=\frac{1}{2\pi}\int_{-\infty}^{\infty}H(\omega)\mathrm{e}^{\mathrm{j}\omega t}\,\mathrm{d}\omega\tag{6.3.9}$$

在 $t=kT$ 时刻,有

$$h(kT)=\frac{1}{2\pi}\int_{-\infty}^{\infty}H(\omega)\mathrm{e}^{\mathrm{j}\omega kT}\,\mathrm{d}\omega\tag{6.3.10}$$

用分段积分求和代替式(6.3.10)中的区间积分,每段长为 $2\pi/T$,则式(6.3.10)可写成

$$h(kT)=\frac{1}{2\pi}\sum_i\int_{(2i-1)\pi/T}^{(2i+1)\pi/T}H(\omega)\mathrm{e}^{\mathrm{j}\omega kT}\,\mathrm{d}\omega\tag{6.3.11}$$

做变量代换:令 $\omega'=\omega-2\pi i/T$,则有 $\mathrm{d}\omega'=\mathrm{d}\omega$,$\omega=\omega'+2\pi i/T$。于是

$$\begin{aligned}h(kT)&=\frac{1}{2\pi}\sum_i\int_{-\pi/T}^{\pi/T}H\left(\omega'+\frac{2i\pi}{T}\right)\mathrm{e}^{\mathrm{j}\omega' kT}\mathrm{e}^{\mathrm{j}2\pi ik}\,\mathrm{d}\omega'\\&=\frac{1}{2\pi}\sum_i\int_{-\pi/T}^{\pi/T}H\left(\omega'+\frac{2i\pi}{T}\right)\mathrm{e}^{\mathrm{j}\omega' kT}\,\mathrm{d}\omega'\end{aligned}\tag{6.3.12}$$

用 ω 代替 ω',于是

$$\begin{aligned}h(kT)&=\frac{1}{2\pi}\int_{-\pi/T}^{\pi/T}\sum_i H\left(\omega+\frac{2i\pi}{T}\right)\mathrm{e}^{\mathrm{j}\omega kT}\,\mathrm{d}\omega\\&=\frac{1}{2\pi}\int_{-\pi/T}^{\pi/T}F(\omega)\mathrm{e}^{\mathrm{j}\omega kT}\,\mathrm{d}\omega\end{aligned}\tag{6.3.13}$$

其中,已设

$$F(\omega)=\sum_i H\left(\omega+\frac{2i\pi}{T}\right)\tag{6.3.14}$$

从式(6.3.14)可以看出,$F(\omega)$ 是周期为 $2\pi/T$ 的频率函数,所以可以将它展开成傅里叶级数

$$F(\omega)=\sum_n f_n\mathrm{e}^{-\mathrm{j}n\omega T}\tag{6.3.15}$$

其中,傅里叶级数的系数 f_n 为

$$f_n=\frac{T}{2\pi}\int_{-\pi/T}^{\pi/T}F(\omega)\mathrm{e}^{\mathrm{j}n\omega T}\,\mathrm{d}\omega\tag{6.3.16}$$

对照式(6.3.16)与式(6.3.13),可以发现,$h(kT)$ 就是$\frac{1}{T}\sum_i H\left(\omega+\frac{2i\pi}{T}\right)$的指数型傅里叶级数的系数,即有

$$\frac{1}{T}\sum_i H\left(\omega+\frac{2\pi i}{T}\right)=\sum_k h(kT)\mathrm{e}^{-\mathrm{j}\omega kT}=1 \tag{6.3.17}$$

因此,在无码间串扰时域条件的要求下,得到无码间串扰时的基带传输特性应满足

$$\frac{1}{T}\sum_i H\left(\omega+\frac{2\pi i}{T}\right)=1,\quad |\omega|\leqslant\frac{\pi}{T} \tag{6.3.18}$$

或写成

$$H_{\mathrm{eq}}=\sum_i H\left(\omega+\frac{2\pi i}{T}\right)=T,\quad |\omega|\leqslant\frac{\pi}{T} \tag{6.3.19}$$

该条件称为奈奎斯特第一准则,或无码间串扰准则。

奈奎斯特第一准则告诉我们:信号经传输后不管其波形发生了什么变化,但只要其抽样点的抽样值保持不变,那么用抽样判决的方法仍然可以准确无误地恢复出原始信码。基带系统的总特性 $H(\omega)$ 凡是能符合此要求的,均能消除码间串扰。

式(6.3.19)的物理意义是:将传递函数 $H(\omega)$ 在 ω 轴上以 $2\pi/T$ 为间隔切开,然后分段沿 ω 轴平移到$(-\pi/T,\pi/T)$区间内,将它们进行叠加,其结果应当为一常数(不必一定是 T)。也就是说,一个实际的 $H(\omega)$ 特性若能等效成一个宽度为 $1/T$ 的理想(矩形)低通滤波器,则可实现无码间串扰。满足式(6.3.19)的 $H(\omega)$ 不是只有单一的解,而是可以有无穷多个解。

假设某基带系统的传输特性在区间$(-2\pi/T,2\pi/T)$上,由式(6.3.19),这时相当于 $i=0,\pm1$,无码间串扰时的等效理想低通传输特性应该为

$$H_{\mathrm{eq}}=H\left(\omega-\frac{2\pi}{T}\right)+H(\omega)+H\left(\omega+\frac{2\pi}{T}\right)=\begin{cases}T, & |\omega|\leqslant\pi/T\\ 0, & |\omega|>\pi/T\end{cases} \tag{6.3.20}$$

实际上是将 $H(\omega)$ 按区间$(-\pi/T,\pi/T)$的宽度分割成 3 段:$H(\omega-2\pi/T)$、$H(\omega)$、$H(\omega+2\pi/T)$,只要这 3 段在$(-\pi/T,\pi/T)$上能叠加出理想低通特性,这样的 $H(\omega)$ 就可以实现抽样点无失真。图 6.3.6 示出了分割的过程。由此可进一步看出,当 $H(\omega)$ 的定义区间超过$[-\pi/T,\pi/T]$时,满足式(6.3.19)的 $H(\omega)$ 不是只有单一的解,而是可以有无穷多个解。

【例 6-3】 图 6.3.7(a)为某滚降特性,当传输码元间隔为 T 的二进制信号时,试问:

(1) 当 $T=0.5$ms、$T=0.75$ms 和 $T=1.0$ms 时是否会引起码间串扰?

(2) 对不产生码间串扰的情况,计算频谱利用率。

解:(1) $T=0.5$ms、$T=0.75$ms 和 $T=1.0$ms,即等效理想低通传输特性的宽度 $1/T$ 应该分别为 2kHz、1.33kHz 和 1kHz。

根据无码间串扰条件,$T=0.5$ms 和 $T=1.0$ms 时不会产生码间串扰,叠加之后的等效低通特性分别如图 6.3.7(b)和图 6.3.7(c)所示。$T=0.75$ms 时不能叠加出宽度为 1.33kHz 的理想低通特性,因此会产生码间串扰。

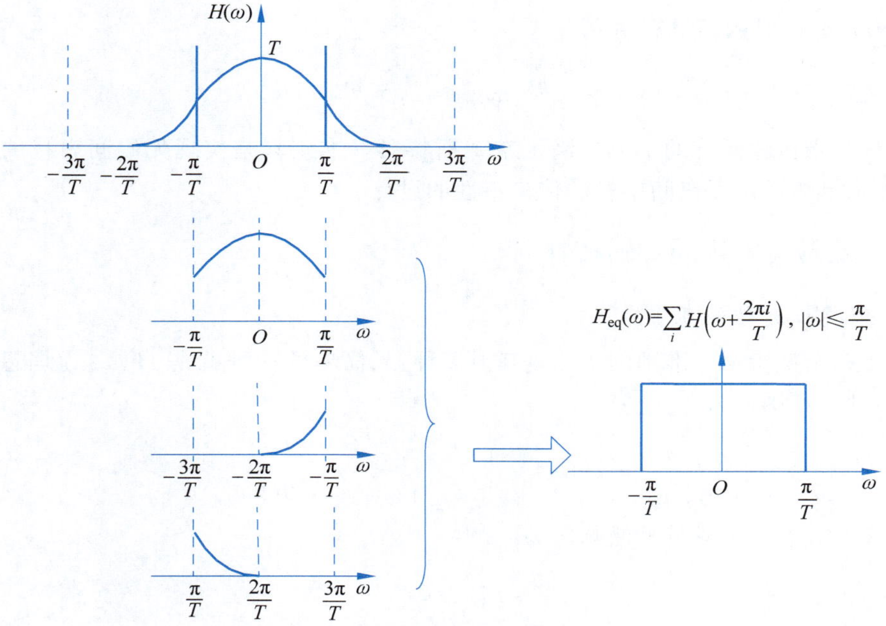

图 6.3.6　系统传输总特性的检验

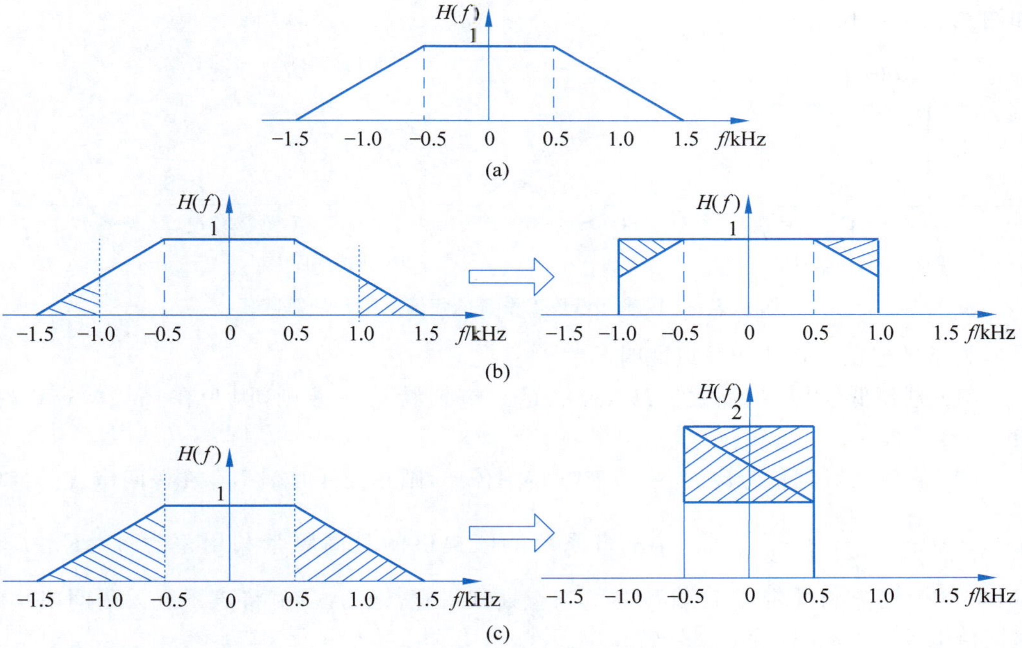

图 6.3.7　奈奎斯特第一准则应用

(2) $T=0.5$ms 时的频谱利用率为

$$\eta=\frac{R_B}{B}=\frac{2}{1.5}\approx 1.33(\mathrm{Bd/Hz})$$

$T=1.0\text{ms}$ 时的频谱利用率为

$$\eta=\frac{R_B}{B}=\frac{1}{1.5}\approx 0.67(\text{Bd/Hz})$$

要求基带传输系统的 $H(\omega)$ 满足奈奎斯特第一准则只是实现无码间串扰的基本要求，下面来具体讨论无码间串扰的传输特性的设计。

视频

6.3.3 无码间串扰的传输特性

1. 理想低通传输函数

满足奈奎斯特第一准则的 $H(\omega)$ 有很多种，最简单的一种就是 $H(\omega)$ 为理想低通传输系统，其传递函数为

$$H(\omega)=\begin{cases}T, & |\omega|\leqslant \pi/T\\ 0, & |\omega|>\pi/T\end{cases} \tag{6.3.21}$$

如图 6.3.8(a)所示；它的冲激响应为

$$h(t)=\frac{\sin\left(\frac{\pi}{T}t\right)}{\frac{\pi}{T}t}=\text{Sa}(\pi t/T) \tag{6.3.22}$$

如图 6.3.8(b)所示。

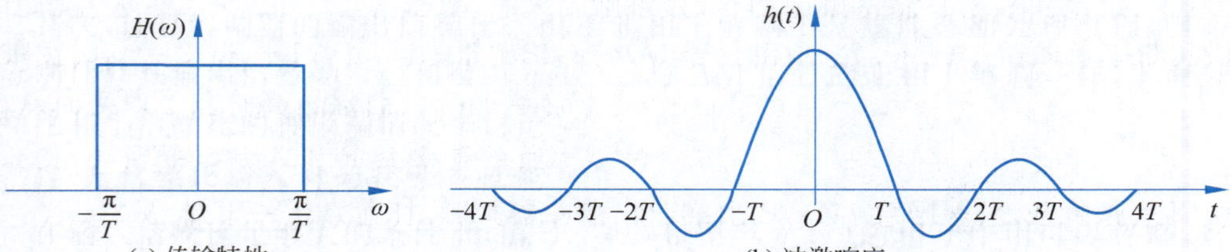

(a) 传输特性　　(b) 冲激响应

图 6.3.8 理想低通传输系统的传递函数和冲激响应

关于理想低通特性的几点说明：

(1) 理想低通传递特性的 $H(\omega)$ 满足奈奎斯特第一准则，因为在 $|\omega|\leqslant\pi/T$ 内，$H(\omega)=$ 常数。

(2) 若输入数据信号以 $R_B=1/T$ 波特率传递，则在抽样时刻不存在码间串扰。带宽 $B=\frac{\pi}{T}\cdot\frac{1}{2\pi}=\frac{1}{2T}=\frac{R_B}{2}$。此时，基带系统能够提供的最高频带利用率为 $\eta=R_B/B=2(\text{Bd/Hz})$，通常将此带宽 $1/(2T)$ 称为奈奎斯特带宽，记为 f_N；将该系统无码间串扰的最高传输速率 $2f_N$ 称为奈奎斯特速率。

(3) 理想低通传输特性尽管满足奈奎斯特第一准则，但仍然存在 $h(t)$ 拖尾衰减慢的问题，如果接收端抽样时刻稍有偏差，就会出现严重的码间串扰。因此，理想低通型传输特性通常只是作为一个理想的“标准”，以便于进行系统特性的比较。

2. 余弦滚降传输函数

对于如图 6.3.6 所示的过程，可以将 $H(\omega)$ 看成是在一定条件下对 $H_{eq}(\omega)$ 进行“圆滑”的结果。这个限定条件可以用图 6.3.9 来说明，即 $H(\omega)$ 可以看成是 $H_{eq}(\omega)$ 与 $H'(\omega)$ 的叠加：$H(\omega)=H_{eq}(\omega)+H'(\omega)$。不难看出，只要 $H(\omega)$ 具有呈奇对称的振幅特性，则 $H(\omega)$ 必满足式(6.3.19)的条件，此时的“圆滑”通常被称为“滚降”。图 6.3.9 中 f_N 为无滚降（理想低通）时的截止频率，f_N+f_Δ 为滚降时的截止频率，则用 $\alpha=f_\Delta/f_N$ 的大小来衡量滚降的程度，这里的 α 称为滚降系数。

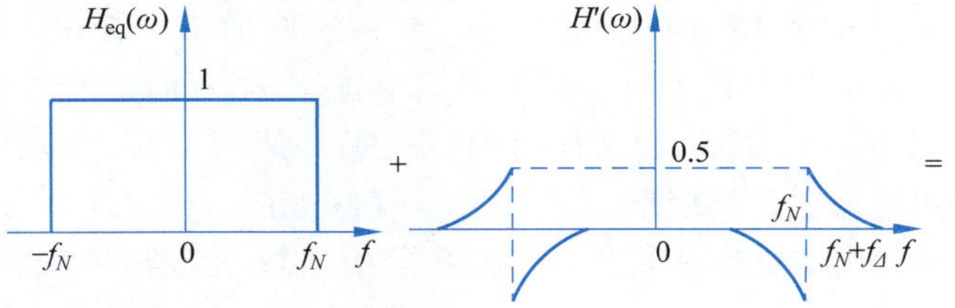

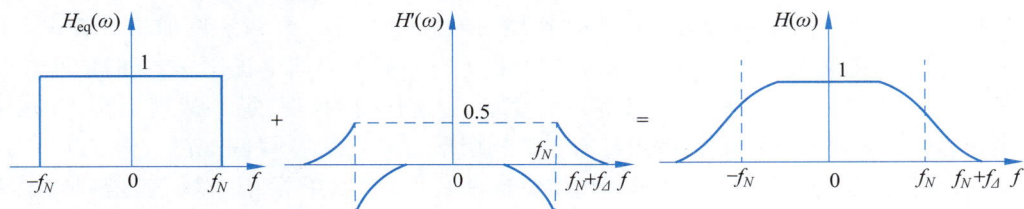

图 6.3.9　滚降特性的构成

具有“滚降”特性的 $H(\omega)$ 有很多，其中最常用的是余弦滚降，即 $H(\omega)$ 具有升余弦形状的过渡带，如图 6.3.10 所示。

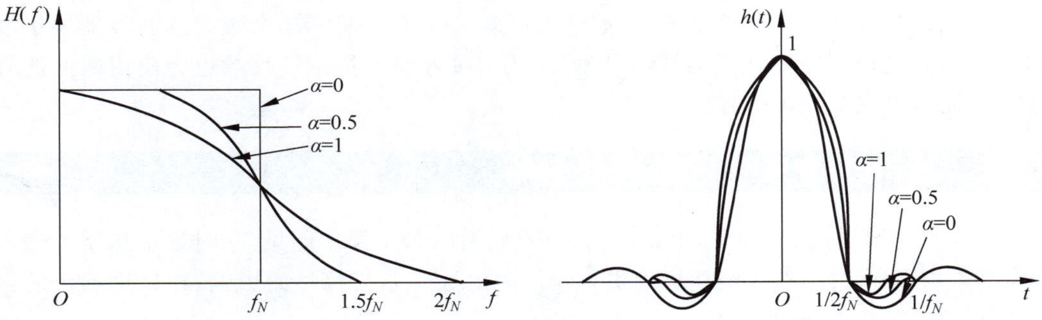

图 6.3.10　余弦滚降特性

余弦滚降可用下式表示：

$$H(\omega)=\begin{cases}1, & 0\leqslant|\omega|\leqslant\dfrac{(1-\alpha)\pi}{T}\\ 1+\cos\dfrac{T}{2\alpha}\left(\omega-\dfrac{(1-\alpha)\pi}{T}\right), & \dfrac{(1-\alpha)\pi}{T}\leqslant|\omega|\leqslant\dfrac{(1+\alpha)\pi}{T}\\ 0, & |\omega|\geqslant\dfrac{(1+\alpha)\pi}{T}\end{cases} \tag{6.3.23}$$

其 $h(t)$ 可表示为

$$h(t)=\frac{\sin(\pi t/T)}{\pi t/T}\cdot\frac{\cos(\alpha\pi t/T)}{1-4\alpha^2t^2/T^2} \tag{6.3.24}$$

当 $\alpha=1$ 时，式(6.3.23)变为

$$H(\omega)=\begin{cases}1+\cos\dfrac{\omega T}{2}, & |\omega|\leqslant\dfrac{2\pi}{T}\\ 0, & |\omega|\geqslant\dfrac{2\pi}{T}\end{cases} \tag{6.3.25}$$

称为升余弦滚降,其 $h(t)$ 可表示为

$$h(t)=\frac{\sin(\pi t/T)}{\pi t/T}\cdot\frac{\cos(\pi t/T)}{1-4t^2/T^2} \tag{6.3.26}$$

由图 6.3.10 可以看出,滚降特性所形成的波形 $h(t)$ 除抽样点 $t=0$ 处不为 0 外,其余抽样点上均为 0,并且随着 α 的增大,“拖尾”振荡幅度减小,衰减速度加快。若 $\alpha>0$,则 $h(t)$ 的尾巴随时间以 $1/t^3$ 衰减,所以定时误差时引起的码间串扰比 $\alpha=0$ 时的小。特别是当 $\alpha=1$ 时,它在两抽样点之间多一次过零点,这使得“拖尾”振荡幅度更小,衰减速度更快。余弦滚降系统能够提供的最高频带利用率为 $\eta=2f_N/[(1+\alpha)f_N]=2/(1+\alpha)$ (Bd/Hz),但是随着 α 的增大,频谱利用率将逐渐减小,其中升余弦滚降时频谱利用率为理想低通时的一半,在二进制时为 1Bd/Hz。

α 决定了 $H(\omega)$ 过渡带的宽度以及 $h(t)$ 拖尾的形状。α 越小,意味着过渡带越窄,频谱效率越高,但同时也可能导致更长的拖尾和更大的码间串扰。因此,在实际应用中,α 的选择是一个折中的结果,需要根据具体应用场景的要求来决定。

在无线和有线数字通信系统中,如蜂窝网络、Wi-Fi、DSL 等,余弦滚降滤波器用于发送端对信号进行预处理,以限制信号带宽并减少符号间干扰。接收端也会使用匹配的升余弦滤波器来恢复原始信号。

视频

6.4 基带传输系统抗噪性能分析

6.3 节主要讨论了无码间串扰的基带传输特性,为了简单起见,在讨论中忽略了噪声的影响。本节将讨论在传输信道中引入噪声时对数字基带信号的影响,在讨论噪声的影响时不考虑码间串扰的作用。

在基带信号传输系统中,接收滤波器有两个作用:一是限制传输信道所引入噪声;二是与发送滤波器共同得到所需形状的基带信号波形。从限制传输信道所引入噪声的角度来说,接收滤波器应设计为匹配滤波器(参见 6.8.1 节),以获得最大信噪比。但此时发送端输出波形通常与所需无失真基带信号波形不同。在无线传输系统中,特别是信噪比较差的情况下,这两个作用必须同时予以考虑。而有线传输系统中信噪比一般很高,因而无须采用匹配滤波器,接收滤波器的作用主要是有效地利用频带,得到设计所预期的基带信号波形,使码间串扰最小。

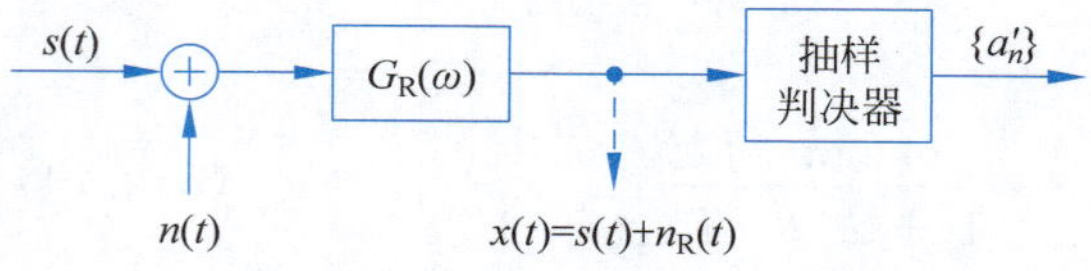

图 6.4.1　余弦滚降特性

基带传输系统抗噪性能分析模型如图 6.4.1 所示。

假设信道噪声 $n(t)$ 为均值等于 0 的加性高斯白噪声。因为接收滤波器是一个线性网络,故判决电路输入噪声 $n_R(t)$

也是均值为0的平稳高斯噪声，且它的功率谱密度为 $P_n(f)=\frac{n_0}{2}|G_R(f)|^2$，方差为

$$\sigma_n^2=\int_{-\infty}^{\infty}\frac{n_0}{2}|G_R(f)|^2 df \tag{6.4.1}$$

$n_R(t)$的幅度概率密度函数为

$$f(v)=\frac{1}{\sqrt{2\pi}\sigma}e^{-v^2/(2\sigma_n^2)} \tag{6.4.2}$$

6.4.1 二进制双极性系统

设二进制双极性信号 $s(t)$在抽样时刻的电平取值为$+A$或$-A$（分别对应信码1或0），则在一个码元持续时间内，抽样判决器输入端的（信号+噪声）波形 $r(t)$在抽样时刻的取值为

$$x(kT)=\begin{cases}A+n_R(kT), & \text{发送 1 时}\\ -A+n_R(kT), & \text{发送 0 时}\end{cases} \tag{6.4.3}$$

因此，叠加噪声后接收波形 $x(t)$的幅度概率密度函数为

$$f_1(x)=\frac{1}{\sqrt{2\pi}\sigma}e^{-(x-A)^2/(2\sigma_n^2)}, \quad \text{发送 1 时} \tag{6.4.4}$$

$$f_0(x)=\frac{1}{\sqrt{2\pi}\sigma}e^{-(x+A)^2/(2\sigma_n^2)}, \quad \text{发送 0 时} \tag{6.4.5}$$

图6.4.2中画出了式(6.4.4)、式(6.4.5)所示的概率密度函数。

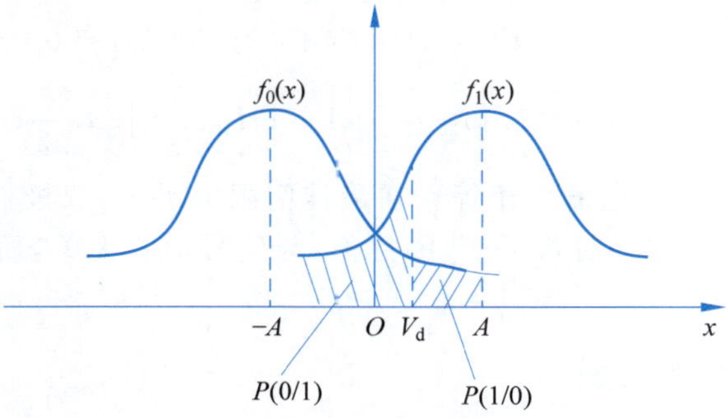

图6.4.2 信号+噪声的概率密度曲线

在$-A$到$+A$之间选择一个适当的电平 V_d 作为判决门限，根据判决规则将出现以下几种情况：

$$\text{对 1 码}\begin{cases}\text{当 } x(kT)>V_d, & \text{判为 1 码（正确）}\\ \text{当 } x(kT)<V_d, & \text{判为 0 码（错误）}\end{cases} \tag{6.4.6}$$

$$\text{对 0 码}\begin{cases}\text{当 } x(kT)<V_d, & \text{判为 0 码（正确）}\\ \text{当 } x(kT)>V_d, & \text{判为 1 码（错误）}\end{cases} \tag{6.4.7}$$

可见有两种差错形式：发送的1码被判为0码；发送的0码被判为1码。下面分别计算这两种差错概率。设0码错判为1码的概率为$P(1/0)$，1码错判为0码的概率为$P(0/1)$，则有

$$P(0/1)=P(x<V_d)=\int_{-\infty}^{V_d}p_1(x)dx$$

$$=\int_{-\infty}^{V_d}\frac{1}{\sqrt{2\pi}\sigma_n}\exp\left(-\frac{(x-A)^2}{2\sigma_n^2}\right)dx=\frac{1}{2}+\frac{1}{2}\mathrm{erf}\left(\frac{V_d-A}{\sqrt{2}\sigma_n}\right) \quad (6.4.8)$$

$$P(1/0)=P(x>V_d)=\int_{V_d}^{\infty}f_0(x)dx$$

$$=\int_{V_d}^{+\infty}\frac{1}{\sqrt{2\pi}\sigma_n}\exp\left(-\frac{(x+A)^2}{2\sigma_n^2}\right)dx=\frac{1}{2}-\frac{1}{2}\mathrm{erf}\left(\frac{V_d+A}{\sqrt{2}\sigma_n}\right) \quad (6.4.9)$$

两种错判概率分别如图6.4.2中阴影部分所示。假设信源发送0码或1码的概率分别为$P(0)$和$P(1)$，则总误比特率为

$$P_e=P(0)P(1/0)+P(1)P(0/1) \quad (6.4.10)$$

可以看出，误码率与发送概率$P(1)$、$P(0)$，信号的峰值A，噪声功率σ_n^2，以及判决门限电平V_d有关。因此，在$P(1)$、$P(0)$给定时，误码率最终由A、σ_n^2和判决门限V_d决定。

在A和σ_n^2一定的条件下，可以找到一个使误码率最小的判决门限电平，称为最佳门限电平。若令$\frac{\partial P_e}{\partial V_d}=0$，则可求得最佳门限电平为

$$V_d^*=\frac{\sigma_n^2}{2A}\ln\frac{P(0)}{P(1)} \quad (6.4.11)$$

通常0、1为等概率出现，即$P(1)=P(0)=1/2$，此时，$V_d^*=0$。于是有

$$P_e=\frac{1}{2}[P(1/0)+P(0/1)]=\frac{1}{2}\left[1-\mathrm{erf}\left(\frac{A}{\sqrt{2}\sigma_n}\right)\right]=\frac{1}{2}\mathrm{erfc}\left(\frac{A}{\sqrt{2}\sigma_n}\right) \quad (6.4.12)$$

由式(6.4.12)可见，发送概率相等且在最佳门限电平下，双极性基带系统的误码率仅依赖于信号峰值A与噪声标准差σ_n的比值，与信号形式无关，而且比值A/σ_n越大，P_e就越小。

6.4.2 二进制单极性系统

设二进制单极性信号在抽样时刻的电平取值为$+A$或0(分别对应信码1或0)，则在一个码元持续时间内，抽样判决器输入端的(信号+噪声)波形$r(t)$在抽样时刻的取值为

$$x(kT)=\begin{cases}A+n_R(kT), & \text{发送 1 时}\\ n_R(kT), & \text{发送 0 时}\end{cases} \quad (6.4.13)$$

因此，叠加噪声后接收波形$x(t)$的幅度概率密度函数为

$$f_1(x)=\frac{1}{\sqrt{2\pi}\sigma_n}e^{-(x-A)^2/(2\sigma_n^2)}, \quad \text{发送 1 时} \quad (6.4.14)$$

$$f_0(x)=\frac{1}{\sqrt{2\pi}\sigma_n}e^{-x^2/(2\sigma_n^2)},\quad 发送0时 \tag{6.4.15}$$

它们相应的曲线只需将图 6.4.2 中 $f_0(x)$ 曲线的分布中心由 $-A$ 移到 0 即可。这样可求得最佳门限电平为

$$V_d^*=\frac{A}{2}+\frac{\sigma_n^2}{A}\ln\frac{P(0)}{P(1)} \tag{6.4.16}$$

当 $P(1)=P(0)=1/2$ 时，有

$$V_d^*=A/2 \tag{6.4.17}$$

$$P_e=\frac{1}{2}\operatorname{erfc}\left(\frac{A}{2\sqrt{2}\sigma_n}\right) \tag{6.4.18}$$

比较式(6.4.12)和式(6.4.18)可见，当比值 A/σ_n 一定时，双极性基带系统的误码率比单极性的低，抗噪声性能好。此外，在等概条件下，双极性的最佳判决门限电平为 0，与信号幅度无关，因而不随信道特性变化而变，故能保持最佳状态。而单极性的最佳判决门限电平为 $A/2$，信道峰值 A 易受信道特性变化的影响，从而导致误码率增大。由于以上原因，双极性基带系统比单极性基带系统应用更为广泛。

6.5 眼图

视频

由前面的讨论可知，码间串扰问题与发送滤波器特性、信道特性、接收滤波器特性等因素有关，因而计算由于这些因素所引起的误码率非常困难，尤其在信道特性不能完全确知的情况下，甚至得不到一种合适的定量分析方法。因此，在考虑码间串扰和噪声同时存在的情况下，系统性能的定量分析非常繁杂。

眼图是利用实验手段方便地估计系统性能的一种方法。这种方法的具体做法是：用一个示波器跨接在接收滤波器的输出端，然后调整示波器水平扫描周期，使其与接收码元的周期同步，这时就可以从示波器显示的图形上观察码间串扰和噪声的影响，从而估计出系统性能的优劣程度。所谓眼图，就是指示波器显示的基带信号波形，因为在显示二进制信号波形时，它很像人的一只眼睛，故而得名。传输二进制信号时的眼图只有一只“眼睛”，当传输三元码时，会显示两只“眼睛”。不难想到，对于 M 进制码元则有 $M-1$ 只眼睛。

现在来解释这种观察方法。为了便于理解，暂先不考虑噪声的影响。在无噪声存在的情况下，一个二进制的基带系统将在接收滤波器输出端得到一个基带脉冲的序列。如果基带传输特性是理想的，则将得到如图 6.5.1(a)所示的无码间串扰的基带脉冲序列；如果基带传输是非理想的，则将得到存在码间串扰的基带脉冲序列，如图 6.5.1(b)所示。

用示波器先观察图 6.5.1(a)中的波形，并将示波器扫描周期调整到码元的周期 T。这时图 6.5.1(a)中的每个码元将重叠在一起。尽管图 6.5.1(a)中的波形并不是周期的(实际是随机的)，但由于荧光屏的余辉作用，仍将若干码元重叠并显示图形。显然，由于图 6.5.1(a)波形是无码间串扰的，因而重叠的图形都完全重合，故示波器显示的迹线又细又清晰，如图 6.5.1(b)所示。当观察图 6.5.1(c)波形时，由于存在码间串扰，示波器的

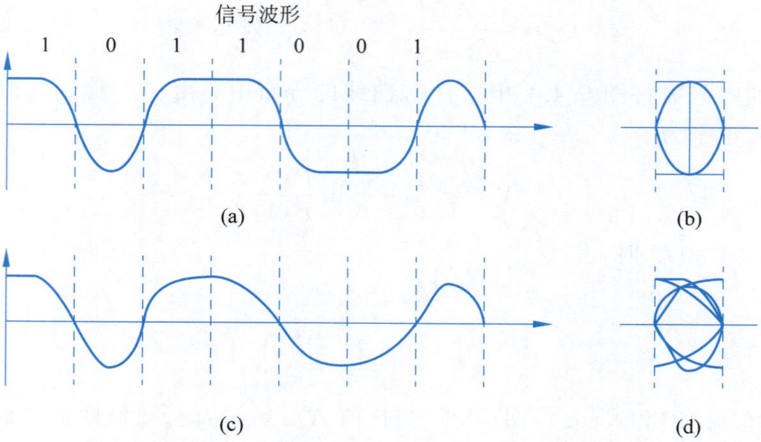

图 6.5.1 基带信号波形及眼图

扫描迹线就不完全重合,于是形成的线迹较粗而且也不清晰,如图 6.5.1(d)所示。

从图 6.5.1(b)和图 6.5.1(d)可以看到,当波形无码间串扰时,眼图像一只完全张开的眼睛,并且眼图中央的垂直线即表示最佳的抽样时刻,取值为±1,眼图中央的横轴位置即为最佳的判决门限电平。当波形存在码间串扰时,在抽样时刻得到的取值不再等于±1,而是分布在比 1 小或比−1 大的附近,因而眼图将部分地闭合。由此可见,眼图"眼睛"张开的大小,将反映码间串扰的强弱。

存在噪声时,眼图线迹变成了模糊的带状线;噪声越大,线条越宽、越模糊,"眼睛"张开得越小。不过应该注意,从图形上并不能观察到随机噪声的全部形态,例如,出现机会少的大幅度噪声,由于它在示波器上一晃而过,因而用人眼是观察不到的。所以,在示波器上只能大致估计噪声的强弱。

为了说明眼图和系统性能之间的关系,可以把眼图简化为一个模型,如图 6.5.2 所示。

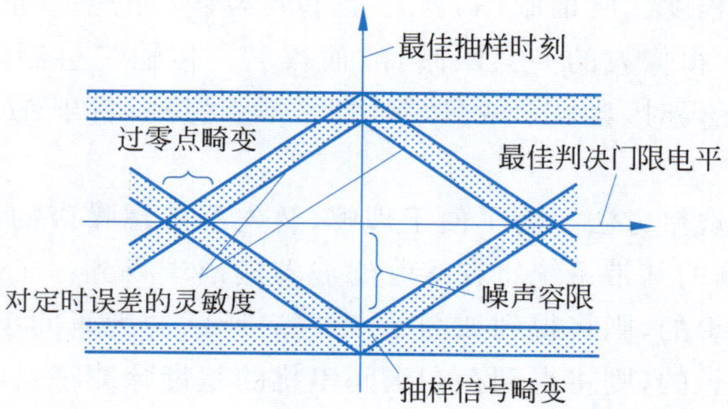

图 6.5.2 眼图模型

图 6.5.2 含有下列信息:最佳抽样时刻应是眼睛张开最大的时刻;眼图斜边的斜率越大,对定时误差就越灵敏;图中 6.5.2 阴影区的垂直高度表示信号畸变范围;图 6.5.2 中央的横轴位置对应判决门限电平;在抽样时刻,上下两阴影区的间隔距离之半为噪声

的容限(或称噪声边际),即若噪声瞬时值超过这个容限,就可能发生错误判决。

6.6 时域均衡

6.6.1 均衡技术

均衡技术是通信系统中用于补偿信道传输特性,以减少码间串扰的一种方法。在实际的通信信道中,由于多径效应、频率选择性衰落和其他因素,信号可能会发生畸变,导致接收端接收到的信号波形失真,从而影响到符号间的区分度。当码间串扰严重时,就必须采取一定的校正措施,以对整个系统的传递特性进行补偿,使其尽可能接近无失真传输条件。这种校正通常采用串接一个滤波器的方法,以补偿整个系统的幅频和相频特性,这种滤波器被称为均衡器。

视频

视频

均衡技术的原理如图 6.6.1 所示,其中 $H(\omega)$为均衡前的系统特性,$T(\omega)$代表插入的均衡器系统特性,$H'(\omega)$代表均衡后的系统特性。

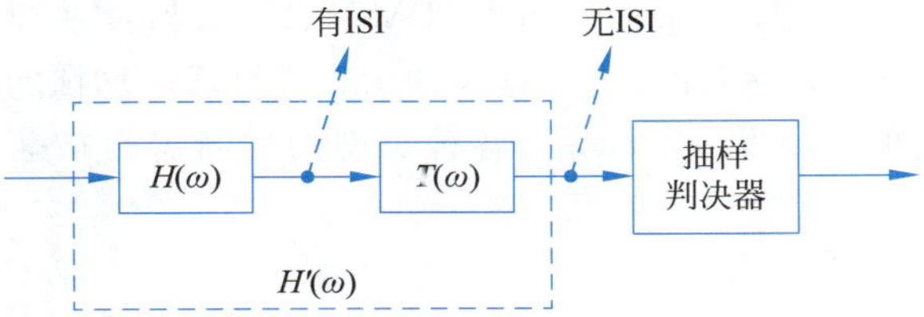

图 6.6.1　均衡技术示意图

1. 时域均衡和频域均衡

时域均衡器直接校正已失真的时域波形。时域均衡器在接收到的时间序列信号上进行操作,通过调整接收信号来恢复原始发送信号。由于时域均衡是直接对系统的响应波形进行校正,因而非常适用于数字传输系统,随着数字信号处理理论和集成电路的发展,时域均衡已成为高速数据传输中所使用的主要均衡方法。

频域均衡首先将接收到的信号从时域转换到频域,通常使用快速傅里叶变换(Fast Fourier Transform,FFT)。在频域中,信号被视为分布在多个频率上的分量。每个频率分量(子载波)独立地进行相位和幅度校正,从而补偿信道引起的失真。经过频域均衡处理后,信号再通过逆快速傅里叶变换(Inverse Fast Fourier Transform,IFFT)变回到时域用于进一步处理或解调。

时域均衡器更适合于那些信道冲激响应较短且不存在严重频率选择性衰落的应用,例如一些有线通信系统或特定的无线短距离通信。频域均衡器则广泛应用于无线通信系统中,尤其是当信道表现出强烈频率选择性衰落特性时,如移动通信中的多径传播环境。

2. 线性均衡和非线性均衡

线性均衡和非线性均衡是通信系统中用于补偿信道失真、减少码间串扰的两种主要方法,适用于不同类型的信道条件和应用场景。线性均衡器通过对接收信号进行线性组合来恢复原始发送信号,它适用于线性的信道失真,并通过调整滤波器系数来补偿这种失真。线性均衡器主要包括横向滤波器、递归均衡器等。

非线性均衡器不仅考虑接收信号的线性部分，还考虑了非线性成分，如符号间的相互作用。非线性均衡能够处理较强的码间串扰和非线性失真。非线性均衡器主要包括判决反馈均衡(DFE)、最大似然序列估计、最大似然符号估计、盲均衡等。非线性均衡的优点是对信号幅度畸变有良好的补偿性能，对信号采用的相位不敏感。

3. 自适应均衡器

数字通信系统的信道特性具有随机性和时变性(如无线移动通信信道)，即信道事先是未知的，信道响应是时变的，这就要求均衡器必须能够实时跟踪数字通信信道的时变特性，可以根据信道响应自动调整抽头系数，这种均衡器称为自适应均衡器。

自适应均衡器一般包括两种模式，即训练模式和跟踪模式，首先发射机发射一个已知的、定长的训练序列，以便接收机的均衡器可以做出正确的设置。在接收用户数据时，均衡器通过递推算法来评估信道特性并修正滤波器系数，以对信道进行补偿。为了保证能有效地消除码间串扰，均衡器需要周期地重复训练。

基于最小均方误差算法的自适应均衡(LMS)、DFE 和自适应极大似然序列估计(MLSE)(结合了自适应信道估计技术)，这 3 种构成了自适应均衡的主要框架。

目前自适应均衡的主要发展方向是：各种类型的均衡器相互融合，与通信系统中的其他环节相结合。

6.6.2 时域均衡原理

时域均衡利用波形补偿的方式将畸变的波形直接加以校正，从而消除码间串扰。当信道冲激响应较短时，时域均衡效果较好，复杂度较低。时域均衡可以应用于各种类型的调制方案，不需要改变基本结构。时域均衡的原理可通过图 6.6.2 来表述，其中，图 6.6.2(a)是发送的波形，图 6.6.2(b)为接收到的波形。由于传输特性的不理想波形产生了畸变(拖了“尾巴”)，在后续码元的抽样点上将会造成串扰。如果在接收到波形的基础上加上一个如图 6.6.2(c)所示的波形，其大小与拖尾波形相等、极性相反，那么这个波形恰好把接收波形中的“尾巴”抵消掉。图 6.6.2(d)为校正后的波形，显然均衡后的波形就不存在码间串扰了。

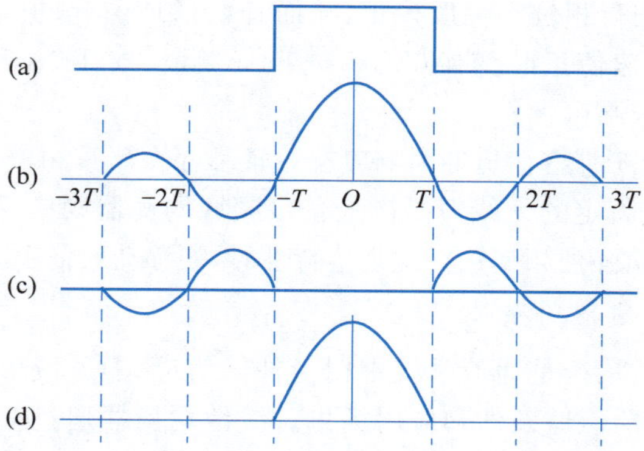

图 6.6.2　时域均衡示意图

如何才能得到补偿波形？实际上补偿波形可以由接收到的波形经过延时加权来得到。这种具有延时加权功能的时域均衡器，称为横向滤波器。横向滤波器是目前时域均衡中普遍采用的一种，它是由一横向排列的延迟单元 T 和抽头系数 C_n 组成的。抽头间隔等于码元周期，每个抽头的延时信号经加权送到一个相加电路汇总后输出，其形式与有限冲激响应滤波器相同，如图 6.6.3 所示。

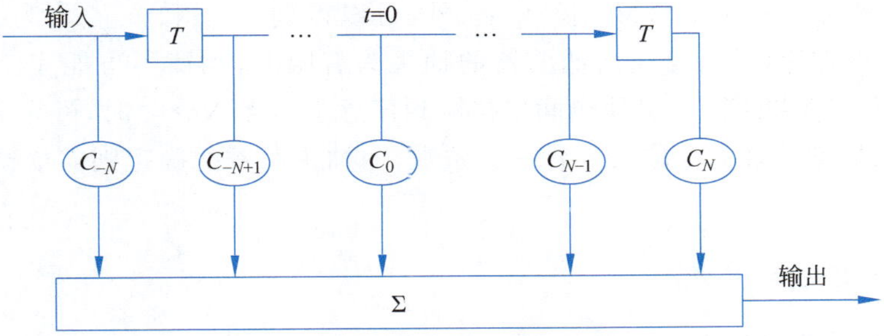

图 6.6.3 横向滤波器示意图

横向滤波器的相加输出经抽样送往判决电路。每个抽头的加权系数是可调的，设置为可以消除码间串扰的数值。假设有 $2N+1$ 个抽头，加权系数分别为 $C_{-N}, C_{-N+1}, \cdots, C_N$，$T$ 为一个延迟单元。Σ 是相加器，$y(t)$ 为均衡后的波形。我们知道，一个增益为 1 的延迟单元的传递函数为 $e^{-j\omega\tau}$，其中 τ 为延迟时间，则如图 6.6.3 所示横向滤波器的传递函数为

$$H(\omega)=\sum_{n=-N}^{N} C_n e^{-j\omega nT} \tag{6.6.1}$$

其相应的冲激响应为

$$h(t)=\sum_{n=-N}^{N} C_n \delta(t-nT) \tag{6.6.2}$$

显然，均衡器的输出 $y(t)$ 为输入信号 $x(t)$ 与横向滤波器的冲激响应 $h(t)$ 的卷积，即

$$y(t)=x(t)*h(t)=\sum_{n=-N}^{N} C_n x(t-nT) \tag{6.6.3}$$

如果第 k 个码元的抽样时间为 $t=t_0+kT$，则 $y(t)$ 的抽样值为

$$y(t_0+kT)=\sum_{n=-N}^{N} C_n x[t_0+(k-n)T] \tag{6.6.4}$$

或简写成

$$y_k=\sum_{n=-N}^{N} C_n x_{k-n} \tag{6.6.5}$$

式(6.6.5)表明，均衡器在第 k 个码元的抽样值 y_k 由 $2N+1$ 个 C_n 与 x_{k-n} 的乘积之和来确定。根据时域均衡的目的和要求可知，期望均衡后的输出应达到：在抽样时刻 $t=t_0(k=0)$ 时，y_k 有值，而在其他抽样时刻，y_k 都应为 0。由于 $x(t)$ 是输入序列，它通常是给定的(当然 x_{k-n} 的序列值也是确定的)。显然，通过调节 C_n 使某一特定的 y_k 等

于0是容易做到的,但是,要做到除 $k=0$ 以外的所有 y_k 都为0很难。例如,若输入序列为 $x_{-1}=1/3, x_0=1, x_{+1}=1/2$,横向滤波器为有限个抽头(如3个抽头),其抽头系数 C_n 为 $C_{-1}=-1/3, C_0=1, C_{+1}=-1/2$,则均衡器的输出为

$$y(t)=C_{-1}x(t+T)+C_0x(t)+C_{+1}x(t-T) \tag{6.6.6}$$

由式(6.6.6)可以得到:$y_{-2}=-1/9, y_{-1}=0, y_0=2/3, y_{+1}=0, y_{+2}=-1/4$。可以看到,输出序列比输入序列长。除了 y_0 外,可以得到 y_{-1} 和 y_{+1} 均为0,但 y_{-2} 和 y_{+2} 不为0。可理论证明,当横向滤波器的抽头为有限时,均衡不可能完全消除码间串扰,增大横向滤波器长度 N,可使码间串扰减到任意小。当 $N\to\infty$ 时,可完全消除码间串扰。横向滤波器的特性完全取决于各抽头系数,而抽头系数的确定则需依据均衡所要达到的效果。

6.6.3 均衡准则与实现

如前所述,有限长横向滤波器不可能完全消除码间串扰,为了衡量滤波器均衡的效果,需要建立度量均衡效果的标准。通常采用峰值失真和均方失真来衡量。

1. 峰值畸变准则和迫零算法

峰值畸变的定义为

$$D=\frac{1}{y_0}\sum_{\substack{k=-\infty\\k\neq 0}}^{\infty}|y_k| \tag{6.6.7}$$

式中,y_0 为 $k=0$ 时刻的均衡器输出抽样值;$\sum\limits_{\substack{k=-\infty\\k\neq 0}}^{\infty}|y_k|$ 是除 $k=0$ 外的所有抽样时刻得到的码间串扰最大值。峰值畸变 D 表示所有抽样时刻上得到的码间串扰最大可能值(峰值)与 $k=0$ 时刻的样值之比。显然,D 值越小,均衡效果越好;如果能做到除 $k=0$ 外所有 $y_k=0$,则峰值畸变 $D=0$,这时就完全消除了码间串扰。

为了讨论方便,将 y_k 归一化,并令 $y_0=1$,由式(6.6.5)可知,

$$y_0=y(t_0)=\sum_{n=-N}^{N}C_nx_{-n}=1 \tag{6.6.8}$$

或写成如下形式:

$$y_0=C_0x_0+\sum_{\substack{n=-N\\n\neq 0}}^{N}C_nx_{-n}=1 \tag{6.6.9}$$

若令 $x_0=1$,则由式(6.6.9)可得

$$C_0=1-\sum_{\substack{n=-N\\n\neq 0}}^{N}C_nx_{-n} \tag{6.6.10}$$

将式(6.6.10)代入式(6.6.5)得

$$y_k=\left(1-\sum_{\substack{n=-N\\n\neq 0}}^{N}C_nx_{-n}\right)x_k+\sum_{\substack{n=-N\\n\neq 0}}^{N}C_nx_{k-n}$$

$$= \sum_{\substack{n=-N \\ n\neq 0}}^{N} C_n (x_{k-n} - x_{-n} x_k) + x_k \tag{6.6.11}$$

再将式(6.6.11)代入式(6.6.7)可得峰值畸变

$$D = \sum_{\substack{k=-\infty \\ k\neq 0}}^{\infty} \left| \sum_{\substack{n=-N \\ n\neq 0}}^{N} C_n (x_{k-n} - x_{-n} x_k) + x_k \right| \tag{6.6.12}$$

由此可见，D 是输入序列 x_k 和各抽头增益 C_n（C_0 除外）的函数，当输入序列已定的情况下，D 只与各抽头增益 C_n 有关。由于码间串扰是由传输中码的拖尾造成的，一般在本码元附近影响严重，而离该码元越远，影响越小。当 N 足够大，调节 C_n 满足如下方程组，即可达到峰值畸变最小：

$$\begin{cases} y_{-N} = x_0 C_{-N} + x_{-1} C_{-N+1} + \cdots x_{-N} C_0 + \cdots x_{-2N} C_N = 0 \\ \vdots \\ y_0 = x_N C_{-N} + x_{N-1} C_{-N+1} + \cdots x_0 C_0 + \cdots x_{-N} C_N = 1 \\ \vdots \\ y_N = x_{2N} C_{-N} + x_{2N-1} C_{-N+1} + \cdots x_N C_0 + \cdots x_0 C_N = 0 \end{cases} \tag{6.6.13}$$

可以将式(6.6.13)写成矩阵形式，有

$$\begin{bmatrix} x_0 & x_{-1} & \cdots & x_{-2N} \\ \vdots & \vdots & & \vdots \\ x_N & x_{N-1} & \cdots & x_{-N} \\ \vdots & \vdots & & \vdots \\ x_{2N} & x_{2N-1} & \cdots & x_0 \end{bmatrix} \begin{bmatrix} C_{-N} \\ C_{-N+1} \\ \vdots \\ C_0 \\ \vdots \\ C_{N-1} \\ C_N \end{bmatrix} = \begin{bmatrix} 0 \\ \vdots \\ 0 \\ 1 \\ 0 \\ \vdots \\ 0 \end{bmatrix} \tag{6.6.14}$$

这说明，通过调整 $2N$ 个抽头增益 C_n（C_0 除外），可以迫使均衡器输出的各个抽样值 y_k 等于零，从而达到均衡调整的最佳状态。通常把这种调整叫作迫零调整。

【例 6-4】 设计一个具有 3 个抽头的迫零均衡器，以减小码间串扰。已知 $x_{-2}=0.1$，$x_{-1}=0.2$，$x_0=1$，$x_1=0.1$，$x_2=0$，求 3 个抽头的系数，并计算均衡前后的峰值失真。

解： 根据式(6.6.14)和 $2N+1=3$，列出矩阵方程为

$$\begin{bmatrix} x_0 & x_{-1} & x_{-2} \\ x_1 & x_0 & x_{-1} \\ x_2 & x_1 & x_0 \end{bmatrix} \begin{bmatrix} C_{-1} \\ C_0 \\ C_1 \end{bmatrix} = \begin{bmatrix} 0 \\ 1 \\ 0 \end{bmatrix}$$

将样值代入上式，可列出方程组

$$\begin{cases} C_{-1} - 0.2C_0 + 0.1C_1 = 0 \\ 0.1C_{-1} + C_0 - 0.2C_1 = 1 \\ 0.1C_0 + C_1 = 0 \end{cases}$$

解联立方程可得

$$C_{-1}=0.20173,\quad C_0=0.9606,\quad C_1=-0.09606$$

然后通过下式

$$y_k=\sum_{i=-N}^{N}C_i x_{k-i}$$

可算出

$$y_{-1}=0,\quad y_0=1,\quad y_1=0$$

$$y_{-3}=0.02016,\quad y_{-2}=0.0557,\quad y_2=-0.0096,\quad y_3=0$$

输入峰值失真为

$$D_0=\frac{1}{x_0}\sum_{\substack{k=-\infty\\k\neq0}}^{\infty}|x_k|=0.4$$

输出峰值失真为

$$D=\frac{1}{y_0}\sum_{\substack{k=-\infty\\k\neq0}}^{\infty}|y_k|=0.0869$$

通过比较可知，均衡后的峰值失真减小至1/4.6。

通常在实际应用中，N不可能取无穷大，且信道的特性是变化的。因此，要使均衡器处于最佳状态，就必须随时调整抽头增益C_n，故均衡往往是自动的。一般自动均衡器包括两部分：横向滤波器和自动控制。按其方法可分为预置式均衡和自适应均衡。

预置式均衡是在正常传输数据之前，先传输预定的测试脉冲，接收端自动调整各抽头增益，当调整好后再传送数据；而自适应均衡不用预先发测试脉冲，调整抽头增益的控制信号是从数字信号中提取的。

图6.6.4示出了一个三抽头自适应均衡器的原理框图。其中，并/串转换的位数为$\log_2 L$位，L为发送信号的电平数；A/D转换器则为$n=\log_2 L+1$位。A/D转换器的第

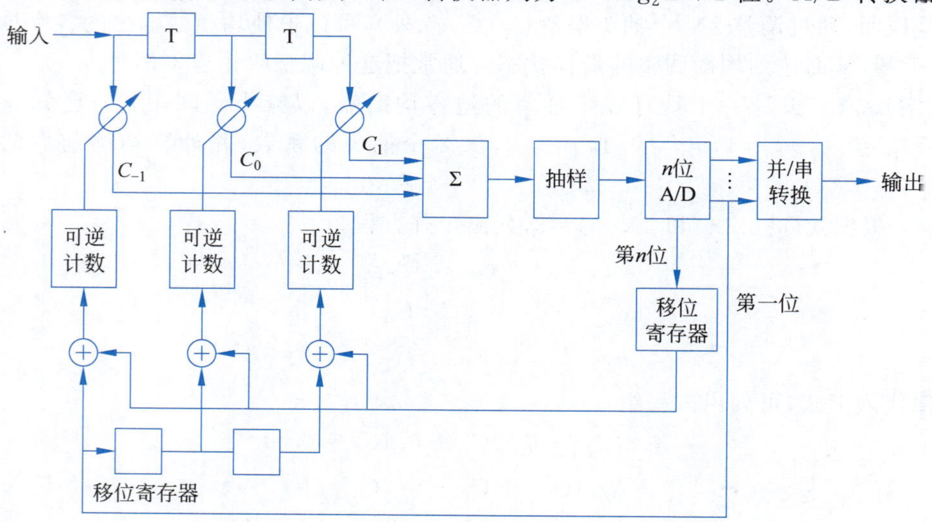

图6.6.4 迫零算法自适应均衡器

一位输出码表示抽样值的极性，第 n 位则反映了误差信息。信号极性经移位寄存器与误差的极性用模 2 求和后送入可逆计数器进行统计，当可逆计数器溢出或退尽时控制抽头增益的增减。

2. 最小均方失真准则

度量均衡效果的另一标准为均方失真，它的定义是

$$e^2=\frac{1}{y_0}\sum_{\substack{k=-\infty\\k\neq 0}}^{\infty} y_k^2 \tag{6.6.15}$$

式中，y_k 为均衡后冲激响应的抽样值。在自适应均衡时，均衡器的输出波形不再是单脉冲冲激响应，而是实际的数据信号，此时误差信号为

$$e_k=y_k-\delta_k \tag{6.6.16}$$

式中，δ_k 为所发送的幅度电平。均方畸变定义为

$$\overline{e^2}=\sum_{k=-N}^{N}(y_k-\delta_k)^2 \tag{6.6.17}$$

式中，$\overline{e^2}$ 表示均方误差的时间平均。

以最小均方畸变为准则时，均衡器应调整它的各抽头系数，使它们满足

$$\frac{\partial \overline{e^2}}{\partial C_i}=0,\quad i=\pm 1,\pm 2,\cdots,\pm N \tag{6.6.18}$$

由式(6.6.18)得

$$\frac{\partial \overline{e^2}}{\partial C_i}=2\sum_{k=-N}^{N}(y_k-\delta_k)\frac{\partial y_k}{\partial C_i} \tag{6.6.19}$$

将式(6.6.5)、式(6.6.16)代入式(6.6.19)可得

$$\frac{\partial \overline{e^2}}{\partial C_i}=2\sum_{k=-N}^{N}e_k x_{k-i},\quad i=\pm 1,\pm 2,\cdots,\pm N \tag{6.6.20}$$

由式(6.6.20)可知，当误差信号与输入抽样值的互相关为零时，抽头系数为最佳值。与迫零算法时相同，在最小均方误差算法中抽头系数的调整过程也可以采用迭代的方法，在每个抽样时刻抽头系数可以刷新一次，增或减一个步长。最小均方畸变算法可以用于预置式均衡器，也可以用于自适应均衡器。图 6.6.5 示出了一个三抽头最小均方畸变算法的自适应均衡器原理框图，其中“统计平均”采用可逆计数器。

理论分析和实验表明，最小均方误差算法比最小峰值畸变算法(即迫零算法)的收敛性好，调整时间短。

由于自适应均衡器的各抽头系数可随信道特性的时变而自适应调节，故调整精度高，不需要预调时间。在高速数传系统中，普遍采用自适应均衡器来克服码间串扰。在实际系统中预置式均衡器常常与自适应均衡器混合使用。

自适应均衡器还有多种实现方案，经典的自适应均衡器准则或算法有迫零算法(ZF)、最小均方误差算法(LMS)、递推最小二乘算法(RLS)、卡尔曼算法等。

另外，上述均衡器属于线性均衡器(因为横向滤波器是一种线性滤波器)，它对于像

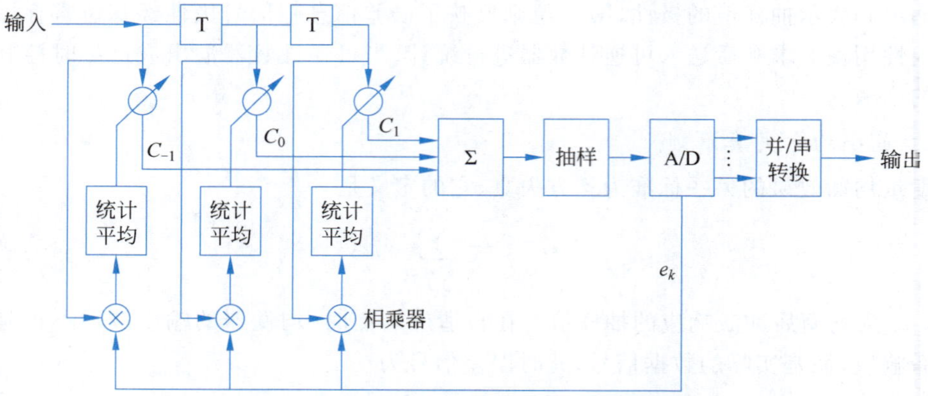

图 6.6.5 最小均方畸变算法自适应均衡器原理框图

电话线这样的信道来说性能良好；而对于无线信道传输，当信道严重失真造成的码间串扰以致线性均衡器不易处理时，可采用非线性均衡器。

视频

6.7 部分响应系统

6.4 节我们讨论了无码间串扰的基带传输系统的设计，理想低通传输特性的频带利用率可达基带系统的理论极限值 2Bd/Hz，但它不能在物理上实现，且响应波形 $(\sin x)/x$ 的尾巴振荡幅度大、收敛慢，对定时要求十分严格；余弦滚降传输特性能解决理想低通存在的问题，但代价是所需的频带加宽，频带利用率下降。能否找到频带利用率既高又能使拖尾衰减快的传输波形呢？奈奎斯特第二准则：人为地、有规律地在码元抽样时刻引入码间串扰，并在接收端判决前加以消除，可以达到改善频谱特性、压缩传输频带、使频带利用率达到最大，以及加速传输波形拖尾的衰减和降低对定时精度的要求等目的，通常将这种波形称为部分响应波形。利用部分响应波形传输的基带系统称为部分响应系统。

部分响应系统的基本设计思想是：在既定的信息传输速率下，采用相关编码法，在前后符号之间注入相关性，用来改变信号波形的频谱特性，使得所传输信号波形的频谱变窄，以达到提高频带利用率的目的。相关编码会使基带传输系统在收端抽样时刻引入码间串扰，然而此码间串扰是受控的、已知的，所以在收端检测时可解除其相关性，恢复原始数字序列。这种部分响应系统能够达到理论上的最大频带利用率 2Bd/Hz。

6.7.1 第Ⅰ类部分响应波形

由前面的讨论得知，理想低通的响应波形呈 $\mathrm{Sa}(\pi t/T)$ 形状，这种波形拖尾很严重。可以发现，相距 1 个码元间隔的两个 $\mathrm{Sa}(\pi t/T)$ 波形的拖尾刚好正负相反，利用这样的波形组合可以构成拖尾衰减很快的脉冲波形，因此可用两个间隔为 1 个码元长度 T 的 $\mathrm{Sa}(\pi t/T)$ 的合成波形来代替 $\mathrm{Sa}(\pi t/T)$，如图 6.7.1(a)所示。其相加的结果 $g(t)$ 可表示为

$$g(t)=\frac{\sin\left[\frac{\pi}{T}\left(t+\frac{T}{2}\right)\right]}{\frac{\pi}{T}\left(t+\frac{T}{2}\right)}+\frac{\sin\left[\frac{\pi}{T}\left(t-\frac{T}{2}\right)\right]}{\frac{\pi}{T}\left(t-\frac{T}{2}\right)}=\frac{4}{\pi}\cdot\frac{\cos(\pi t/T)}{1-4t^2/T^2} \tag{6.7.1}$$

式中，B 为奈奎斯特频率间隔，$B=1/(2T)$。

由傅里叶变换可得出 $g(t)$ 的频谱函数 $G(\omega)$ 为

$$G(\omega)=\begin{cases}2T\cos(\omega t/2), & |\omega|\leqslant \pi/T\\ 0, & |\omega|>\pi/T\end{cases} \tag{6.7.2}$$

显然，$G(\omega)$ 呈余弦型，如图 6.7.1(b)所示。

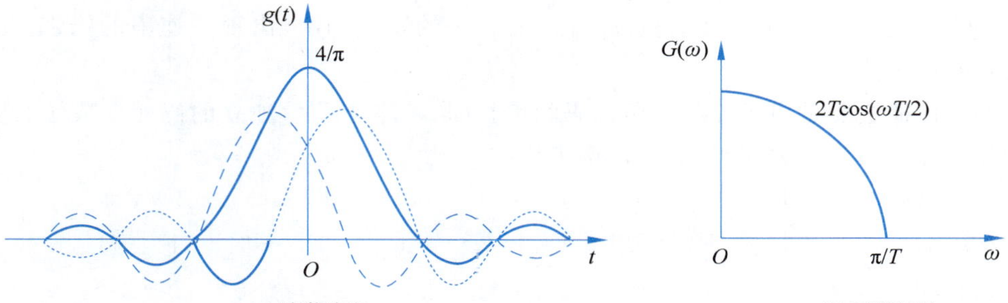

图 6.7.1　部分响应波形及其频谱

根据式(6.7.1)、式(6.7.2)以及图 6.7.1，可以得出 $g(t)$ 具有以下特点：

(1) $g(t)$ 的拖尾幅度随 t^2 下降，比 $\mathrm{Sa}(\pi t/T)$ 波形收敛快，衰减大。

(2) $g(t)$ 的频谱限制在 $(-f_N, +f_N)$ 内，与理想低通系统一样。

(3) $g(t)$ 除了在相邻的取样时刻 $t=\pm T/2$ 处 $g(t)=1$ 外，在其余的取样时刻具有等间隔的零点。若用 $g(t)$ 作为传送波形且传送码元间隔为 T，则在抽样时刻仅发生发送码元与其前后码元相互干扰，而与其他码元不发生干扰。

由图 6.7.2 可以看出，后一个码元上的干扰是由前一个码元被延时后所致，因此当前一个码元被正确接收后，只要将后一个码元的抽样结果减去前一个码元，就可消除串扰，还原出后一个码元。

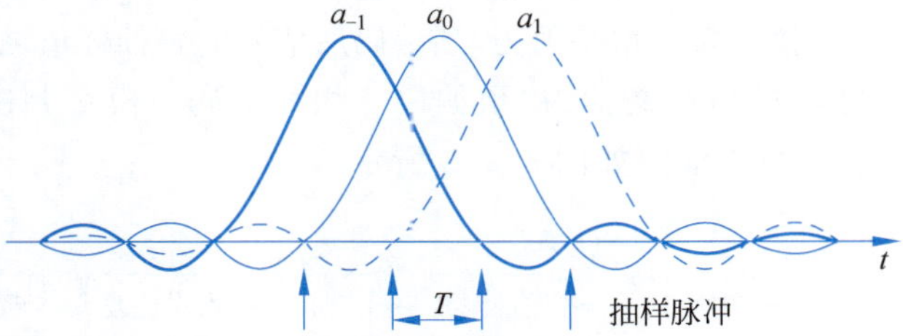

图 6.7.2　部分响应波形及干扰

设输入的二进制码元序列为 $\{a_k\}$，并设 a_k 的取值为 +1 和 −1(分别对应 1 和 0)。这样，当发送码元 a_k 时，接收波形 $g(t)$ 在相应时刻(第 k 时刻)的抽样值 C_k 由下式确定：

$$c_k = a_k + a_{k-1} \tag{6.7.3}$$

或

$$a_k = c_k - a_{k-1} \tag{6.7.4}$$

式中，a_{k-1} 是 a_k 的前一码元在第 k 时刻的抽样值(即串扰值)。

由于串扰值和信码抽样值相等，因此 $g(t)$ 的抽样值将有 3 种取值 −2、0、+2，即成为伪三进制序列。如果前一码元 a_{k-1} 已经接收判定，则接收端可根据收到的 c_k，由式(6.7.4)得到 a_k 的取值。因为 a_k 的恢复不仅仅由 c_k 来确定，而是必须参考前一码元 a_{k-1} 的判决结果，如果$\{c_k\}$序列中某个抽样值因干扰而发生差错，则不但会造成当前恢复的 a_k 值错误，而且还会影响到以后所有的 $a_{k+1}, a_{k+2}, \cdots$ 的正确判决，出现一连串的错误。这一现象叫差错传播。

差错传播主要是由于控制地引入码间串扰时，将本来前后独立的码元变成了相关码元，即式(6.7.3)为相关编码，下面举例来说明。

输入信码	1	0	1	1	0	0	0	1	0	1	1
发送端$\{a_k\}$	+1	1	+1	+1	1	1	1	+1	−1	+1	+1
接收端$\{c_k\}$		0	0	+2	0	2	2	0	0	0	+2
接收端$\{c'_k\}$		0	0	+2	0	2	0	0	0	0	+2
恢复的$\{a'_k\}$	+1	−1	+1	+1	1	1	+1	1	+1	1	+3

由此来看，部分响应传输方式失去了实用的意义。为了解决上述问题，在相关编码前加入差分编码电路，即使相关编码器的输入为相对码。设 a_k 为绝对码，b_k 为相对码，则差分编译码的逻辑关系为

$$b_k = a_k \oplus b_{k-1} \tag{6.7.5}$$

然后进行相关编码：

$$c_k = b_k + b_{k-1}$$

在接收端进行模 2 判决：

$$[c_k]_{\text{mod2}} = [b_k + b_{k-1}]_{\text{mod2}} = b_k \oplus b_{k-1} = a_k \tag{6.7.6}$$

上式表明，对接收到的 c_k 进行模 2 处理便得到发送端的 a_k，此时不需要预先知道 a_{k-1}，因而不存在错误传播现象。这是因为，预编码后信号的各抽样值之间解除了相关性。

因此，整个上述处理过程可概括为"预编码—相关编码—模 2 判决"的过程，这属于第Ⅰ类部分响应系统，其组成框图如图 6.7.3 所示。

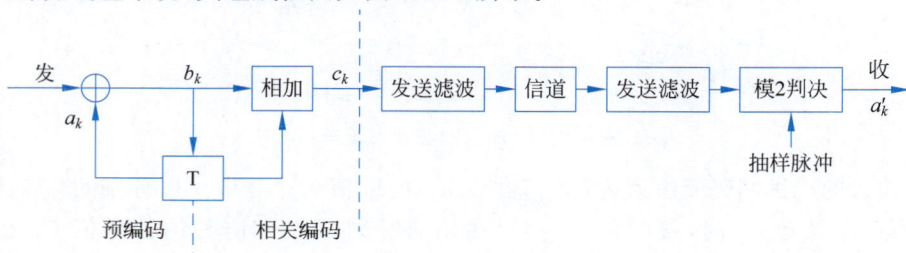

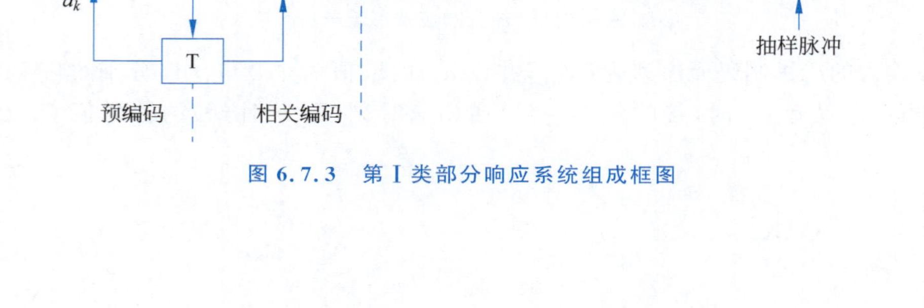

图 6.7.3　第Ⅰ类部分响应系统组成框图

6.7.2 部分响应波形的一般形式

部分响应波形的一般形式可以是 N 个 $\mathrm{Sa}(\pi t/T)$波形之和，其表达式为

$$g(t)=r_0\frac{\sin\left[\dfrac{\pi}{T}\left(t-\dfrac{T}{2}\right)\right]}{\dfrac{\pi}{T}\left(t-\dfrac{T}{2}\right)}+r_1\frac{\sin\left[\dfrac{\pi}{T}\left(t+\dfrac{T}{2}\right)\right]}{\dfrac{\pi}{T}\left(t+\dfrac{T}{2}\right)}+$$

$$r_2\frac{\sin\left[\dfrac{\pi}{T}\left(t+\dfrac{3T}{2}\right)\right]}{\dfrac{\pi}{T}\left(t+\dfrac{3T}{2}\right)}+\cdots+r_N\frac{\sin\left[\dfrac{\pi}{T}\left(t+\dfrac{2N-1}{2}T\right)\right]}{\dfrac{\pi}{T}\left(t+\dfrac{2N-1}{2}T\right)} \tag{6.7.7}$$

其中，加权系数 $r_0,r_1,r_2,\cdots r_N$ 为整数。式(6.7.7)所示部分响应波形的频谱函数为

$$G(\omega)=\begin{cases}T\sum\limits_{k=0}^{N}r_k\mathrm{e}^{-\mathrm{j}\omega T(2k-1)/2}, & |\omega|\leqslant\pi/T\\ 0, & |\omega|>\pi/T\end{cases} \tag{6.7.8}$$

表6.7.1中示出5类部分响应信号的波形、频谱特性及加权系数 r_k，分别命名为第Ⅰ、Ⅱ、Ⅲ、Ⅳ、Ⅴ类部分响应信号。为了便于比较，把具有$(\sin x)/x$ 波形的理想低通也列在表内，并称为第0类。可见，本节讨论的例子属于第Ⅰ类。各类部分响应信号的频谱均不超过理想低通信号的频谱宽度，但它们的频谱结构相对邻近码元抽样时刻的串扰不同。目前应用最广的是第Ⅰ类部分响应信号和第Ⅳ类部分响应信号，前者的频谱能量主要集中在低频段，适用于传输系统中信道频带在高端严重受限的情况。第Ⅰ类部分响应信号又称为双二进制编码信号。第Ⅳ类部分响应信号具有无直流分量且低频分量很小的特点。由表6.7.1可知，第Ⅰ、Ⅳ类部分响应信号的抽样值电平数比其他类别要少，这也是它们得到广泛应用的原因之一。当输入为 L 进制信号时，经部分响应传输系统得到的第Ⅰ、Ⅳ类部分响应信号，其电平数为 $2L-1$。

表6.7.1 5类部分响应波形、加权系数和频谱特性的比较

类别	r_0	r_1	r_2	r_3	r_4	$g(t)$	$\lvert G(\omega)\rvert$	抽样值电平数
0	1					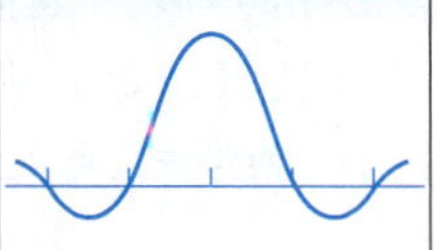	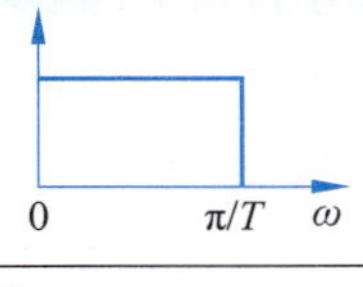	2
Ⅰ	1	1				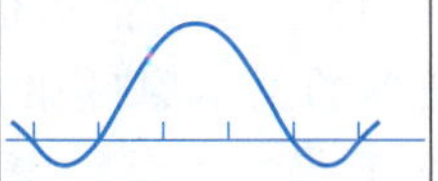	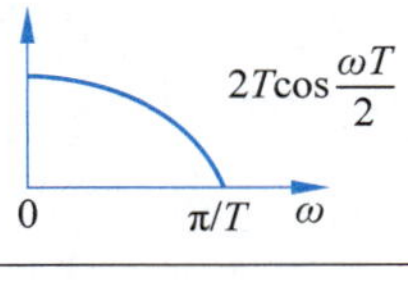	3

续表

类别	r_0	r_1	r_2	r_3	r_4	$g(t)$	$\|G(\omega)\|$	抽样值电平数
II	1	2	1				$4T\cos^2\dfrac{\omega T}{2}$	5
III	2	1	−1				$2T\cos\dfrac{\omega T}{2}\sqrt{5-4\cos(\omega T)}$	5
IV	1	0	−1				$2T\sin(\omega T)$	3
V	−1	0	2	−1			$2T\sin^2(\omega T)$	5

总之,部分响应系统的优点是,能实现 2Bd/Hz 的频带利用率,且传输波形的拖尾衰减大、收敛快。部分响应系统的缺点是当输入数据为 L 进制时,部分响应波形的相关编码电平数要超过 L 个。因此,在同样输入信噪比条件下,部分响应系统的抗噪声性能要比理想低通系统差。

6.8 最佳基带传输系统

6.8.1 匹配滤波器

在数字通信中,最佳线性滤波器通常指的是在给定的噪声环境下能够最小化误差或最大化 SNR 的滤波器。这类滤波器用于接收端,目的是从接收到的信号中尽可能准确地恢复原始传输信号。最常见的一种最佳线性滤波器是维纳滤波器(Wiener Filter),它旨在使滤波器输出的信号波形与发送信号波形之间的均方误差(Mean Square Error, MSE)最小。另一种广泛使用的最佳线性滤波器是匹配滤波器(Matched Filter),它旨在使滤波器输出信噪比在某一特定时刻达到最大,匹配滤波器适用于已知信号形状和统计特性的场景。

在数字通信理论、信号最佳接收理论以及雷达信号的检测理论等方面,匹配滤波器均有重要意义。本节介绍匹配滤波器的基本原理和主要性质。

匹配滤波器能够在某时刻 t_0 上有最大的信号瞬时功率与噪声平均功率之比,下面推导在最大输出信噪比准则下线性滤波器的传输特性 $H(\omega)$。设线性滤波器输入端信号与噪声的混合波形为 $x(t)=s(t)+n(t)$,假定噪声为白噪声,其双边功率谱密度 $P_n(\omega)=n_0/2$,信号 $s(t)$ 的频谱函数为 $S(\omega)$,即 $s(t) \Leftrightarrow S(\omega)$。

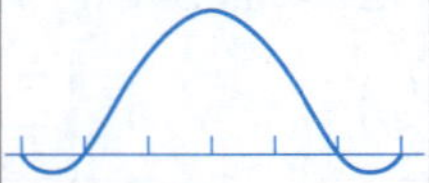

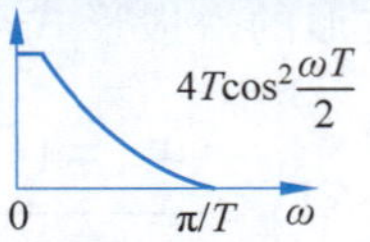

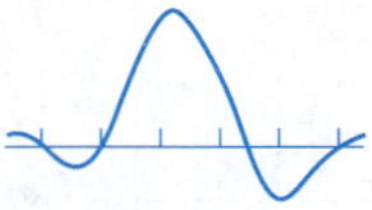

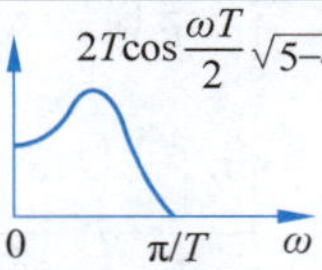

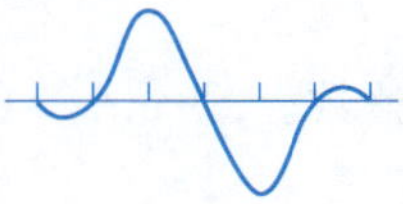

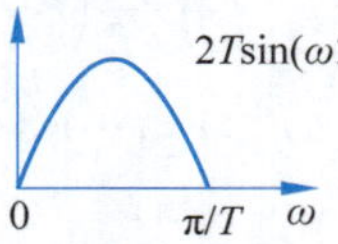

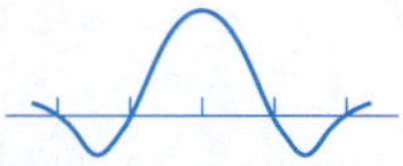

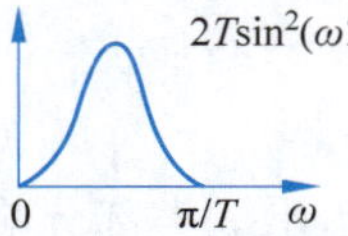

根据线性叠加原理，线性滤波器的输出 $y(t)$ 也包含有信号与噪声两部分：

$$y(t)=s_o(t)+n(t) \tag{6.8.1}$$

式中，

$$s_o(t)=s(t)*h(t)=\frac{1}{2\pi}\int_{-\infty}^{\infty}H(\omega)S(\omega)e^{j\omega t}d\omega \tag{6.8.2}$$

输出噪声的功率谱密度为

$$P_{no}(\omega)=\frac{n_0}{2}\cdot|H(\omega)|^2$$

输出噪声平均功率 N_o 为

$$N_o=\frac{1}{2\pi}\int_{-\infty}^{\infty}\frac{n_0}{2}\cdot|H(\omega)|^2d\omega=\frac{n_0}{4\pi}\int_{-\infty}^{\infty}|H(\omega)|^2d\omega \tag{6.8.3}$$

令 t_0 为某一指定的时刻，则线性滤波器输出 SNR 为

$$\mathrm{SNR}=\frac{|s_o(t_0)|^2}{N_o}=\frac{\left|\frac{1}{2\pi}\int_{-\infty}^{\infty}H(\omega)S(\omega)e^{j\omega t}d\omega\right|^2}{\frac{n_0}{4\pi}\int_{-\infty}^{\infty}|H(\omega)|^2d\omega} \tag{6.8.4}$$

下面，寻求最大化 SNR 的线性滤波器传递函数。这个问题可以用变分法或用施瓦兹(Schwarz)不等式加以解决。施瓦兹不等式表明，两个函数乘积的积分有如下性质：

$$\left|\int_{-\infty}^{\infty}X(\omega)Y(\omega)d\omega\right|^2\leqslant\int_{-\infty}^{\infty}|X(\omega)|^2d\omega\cdot\int_{-\infty}^{\infty}|Y(\omega)|^2d\omega \tag{6.8.5}$$

要使不等式成为等式，需要

$$X(\omega)=KY^*(\omega) \tag{6.8.6}$$

式中，K 为常数。现在将此不等式用于式(6.8.4)的分子，并令

$$X(\omega)=H(\omega),\quad Y(\omega)=S(\omega)e^{j\omega t_0}$$

则可得

$$\mathrm{SNR}\leqslant\frac{\frac{1}{4\pi^2}\int_{-\infty}^{\infty}|H(\omega)|^2d\omega\int_{-\infty}^{\infty}|S(\omega)|^2d\omega}{\frac{n_0}{4\pi}\int_{-\infty}^{\infty}|H(\omega)|^2d\omega}$$

$$=\frac{\frac{1}{2\pi}\int_{-\infty}^{\infty}|S(\omega)|^2d\omega}{\frac{n_0}{2}}=\frac{2E}{n_0} \tag{6.8.7}$$

式中，E 是信号 $s(t)$ 的总能量，即

$$E=\frac{1}{\pi}\int_{0}^{\infty}|S(\omega)|^2d\omega \tag{6.8.8}$$

式(6.8.7)说明，线性滤波器所能给出的最大输出信噪比为 $r_{omax}=2E/n_0$，它出现于式(6.8.6)成立时，即这时

$$H(\omega)=KS^*(\omega)e^{-j\omega t_0} \tag{6.8.9}$$

式中，$S^*(\omega)$为$S(\omega)$的复共轭。式(6.8.9)就是最佳线性滤波器的传输特性。

由此得到结论：在白噪声干扰背景下，按式(6.8.9)设计的线性滤波器将能在给定时刻t_0上获得最大的输出SNR($2E/n_0$)，这种滤波器就是最大SNR意义下的最佳线性滤波器。因其传输特性与信号频谱的复共轭相一致(除相乘因子$e^{-j\omega t_0}$外)，故又称为匹配滤波器。

匹配滤波器的传输特性$H(\omega)$还可用它的冲激响应$h(t)$来表示，这时有

$$\begin{aligned}
h(t) &= \frac{1}{2\pi}\int_{-\infty}^{\infty} H(\omega)e^{j\omega t}\,d\omega = \frac{1}{2\pi}\int_{-\infty}^{\infty} KS^*(\omega)e^{-j\omega t_0}e^{j\omega t}\,d\omega \\
&= \frac{K}{2\pi}\int_{-\infty}^{\infty}\left[\int_{-\infty}^{\infty} s(\tau)e^{-j\omega\tau}d\tau\right]^* e^{-j\omega(t_0-t)}\,d\omega \\
&= K\int_{-\infty}^{\infty}\left[\frac{1}{2\pi}\int_{-\infty}^{\infty} e^{j\omega(\tau-t_0+t)}\,d\omega\right]s(\tau)\,d\tau \\
&= K\int_{-\infty}^{\infty} s(\tau)\delta(\tau-t_0+t)\,d\tau \\
&= Ks(t_0-t)
\end{aligned} \tag{6.8.10}$$

由此可见，匹配滤波器的冲激响应便是信号$s(t)$的镜像信号$s(-t)$在时间上再平移t_0。图6.8.1画出了从$s(t)$到$s(-t)$和$h(t)$的图解过程。

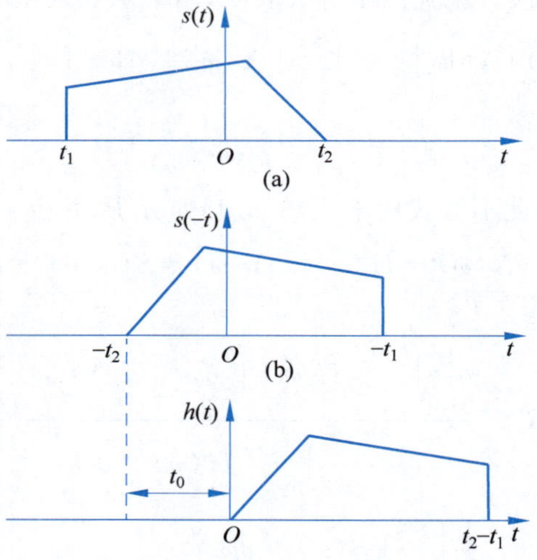

图6.8.1 从$s(t)$得出$h(t)$的图解

为了获得物理可实现的匹配滤波器，要求当$t<0$时有$h(t)=0$，为了满足这个条件，就要求满足

$$s(t_0-t)=0,\quad t<0 \tag{6.8.11}$$

即

$$s(t)=0,\quad t>t_0 \tag{6.8.12}$$

这个条件表明，物理可实现的匹配滤波器，其输入端的信号$s(t)$必须在它输出最大信噪比的时刻t_0之前消失(等于0)。一般不希望在码元结束之后很久才抽样，故通常选择在

码元末尾抽样，即选 $t_0=T$。故匹配滤波器的冲激响应可以写为

$$h(t)=Ks(T-t) \tag{6.8.13}$$

进而，匹配滤波器的输出信号波形可表示为

$$\begin{aligned} s_0(t)&=\int_{-\infty}^{\infty}s(t-\tau)h(\tau)\mathrm{d}\tau=K\int_{-\infty}^{\infty}s(t-\tau)s(t_0-\tau)\mathrm{d}\tau \\ &=K\int_{-\infty}^{\infty}s(-\tau')s(t-t_0-\tau')\mathrm{d}\tau'=KR(t-t_0) \end{aligned} \tag{6.8.14}$$

式中，$R(t)$为自相关函数。

由此可见，匹配滤波器的输出信号波形是输入信号的自相关函数的 K 倍。这是一个重要的概念，今后常把匹配滤波器看成是一个相关器。

至于常数 K，实际上它是可以任意选取的，因为它对结果毫无影响(SNR 与 K 无关)。因此，在分析问题时，可令 $K=1$。

【例 6-5】 设输入信号如图 6.8.2(a)所示，试求该信号的匹配滤波器传输函数、输出信号波形。

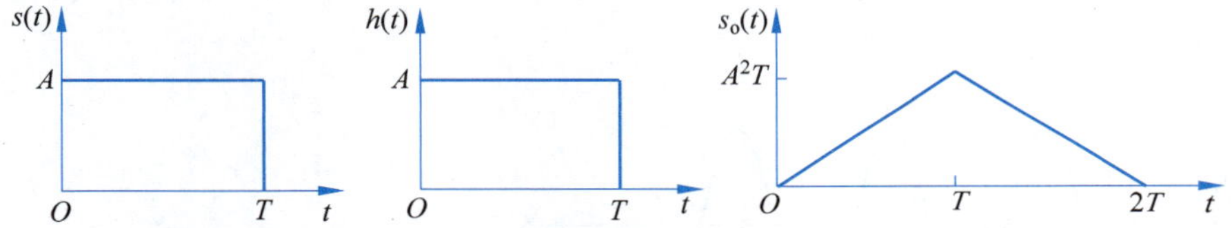

(a) 接收信号波形 (b) 匹配滤波器冲激响应 (c) 输出信号波形

图 6.8.2 单个矩形脉冲及其匹配滤波器波形

解：输入信号 $s(t)$的表达式为

$$s(t)=\begin{cases}A, & 0\leqslant t\leqslant T\\ 0, & 其他\end{cases} \tag{6.8.15}$$

其频谱为

$$S(\omega)=\int_{-\infty}^{\infty}s(t)\mathrm{e}^{-\mathrm{j}\omega t}\mathrm{d}t=\int_0^T\mathrm{e}^{-\mathrm{j}\omega t}\mathrm{d}t=A\frac{1}{\mathrm{j}\omega}(1-\mathrm{e}^{-\mathrm{j}\omega T}) \tag{6.8.16}$$

由式(6.8.8)，令 $K=1$，可知其匹配滤波器的传递函数为

$$H(\omega)=S^*(\omega)\mathrm{e}^{-\mathrm{j}\omega t_0}=A\frac{1}{\mathrm{j}\omega}(\mathrm{e}^{\mathrm{j}\omega T}-1)\mathrm{e}^{-\mathrm{j}\omega t_0} \tag{6.8.17}$$

由式(6.8.9)，令 $K=1$，可得匹配滤波器的冲激响应为

$$h(t)=s(t_0-t) \tag{6.8.18}$$

取 $t_0=T$，则有

$$H(\omega)=A\frac{1}{\mathrm{j}\omega}(\mathrm{e}^{\mathrm{j}\omega T}-1)\mathrm{e}^{-\mathrm{j}\omega T}=A\frac{1}{\mathrm{j}\omega}(1-\mathrm{e}^{-\mathrm{j}\omega T}) \tag{6.8.19}$$

$$h(t)=s(T-t) \tag{6.8.20}$$

此冲激响应的波形如图 6.8.2(b)所示。

由式(6.8.14)，可得匹配滤波器的输出为

$$s_o(t)=R(t-t_0)=\int_{-\infty}^{\infty}s(x)s(x+t-t_0)\mathrm{d}x$$

$$=\begin{cases}t, & 0\leqslant t\leqslant T\\ 2T-t, & T\leqslant t\leqslant 2T\\ 0, & \text{其他}\end{cases}\tag{6.8.21}$$

其波形如图 6.8.2(c)所示。

由式(6.8.17)可以画出此匹配滤波器的框图如图 6.8.3 所示。式(6.8.19)中的 $1/(\mathrm{j}\omega)$是理想积分器的传输函数,$\exp(-\mathrm{j}\omega T)$是延迟时间为 T 的延迟电路的传输函数。

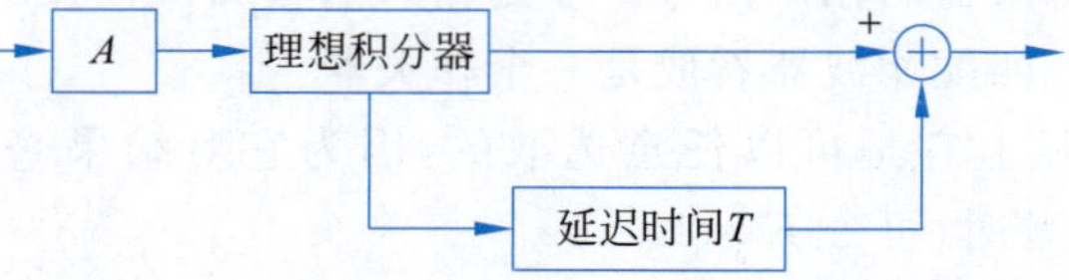

图 6.8.3 单个矩形脉冲的匹配滤波器框图

【例 6-6】 设接收信号波形如图 6.8.4(a)所示,试求其匹配滤波器的特性,并确定其输出波形。

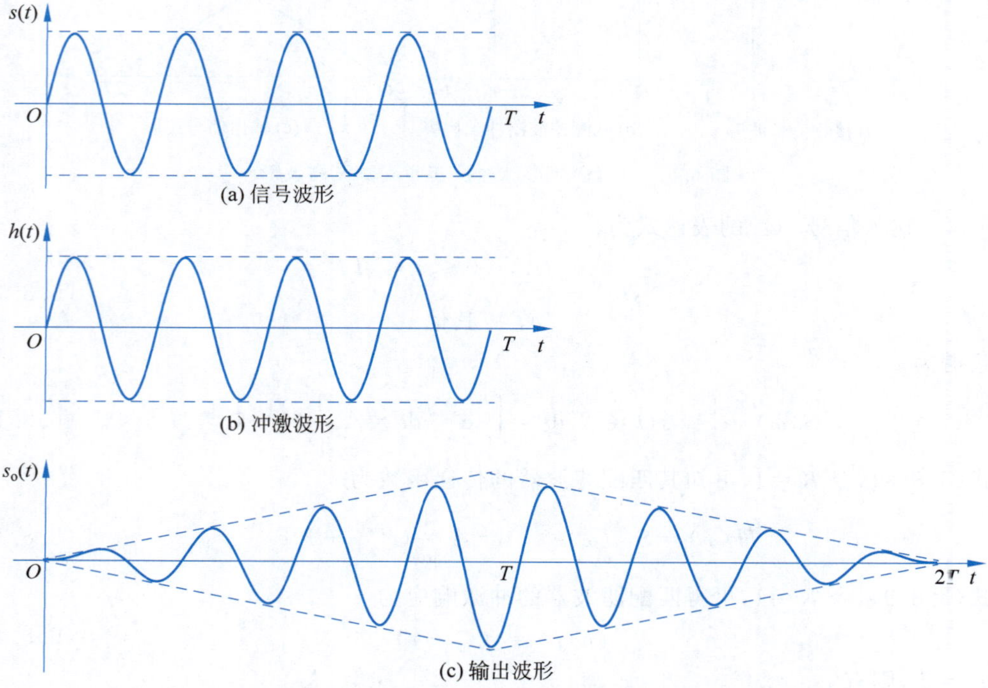

图 6.8.4 单个射频脉冲及其匹配滤波器输出波形

解:根据图 6.8.4(a),接收信号可表示成

$$s(t)=\begin{cases}\cos(\omega_0 t), & 0\leqslant t\leqslant T\\ 0, & \text{其他}\end{cases}\tag{6.8.22}$$

于是,匹配滤波器的传输特性 $H(\omega)$ 为

$$H(\omega)=S(\omega)^{*}\mathrm{e}^{-\mathrm{j}\omega t_0}$$
$$=\frac{(\mathrm{e}^{\mathrm{j}(\omega-\omega_0)T}-1)\mathrm{e}^{-\mathrm{j}\omega t_0}}{2\mathrm{j}(\omega-\omega_0)}+\frac{(\mathrm{e}^{\mathrm{j}(\omega+\omega_0)T}-1)\mathrm{e}^{-\mathrm{j}\omega t_0}}{2\mathrm{j}(\omega+\omega_0)} \tag{6.8.23}$$

令 $t_0=T$,则

$$H(\omega)=\frac{\mathrm{e}^{-\mathrm{j}\omega T}}{2}\left[\frac{\mathrm{e}^{\mathrm{j}(\omega-\omega_0)T}}{\mathrm{j}(\omega-\omega_0)}+\frac{\mathrm{e}^{\mathrm{j}(\omega+\omega_0)T}}{\mathrm{j}(\omega+\omega_0)}\right]-$$
$$\frac{\mathrm{e}^{-\mathrm{j}\omega T}}{2}\left[\frac{1}{\mathrm{j}(\omega-\omega_0)}+\frac{1}{\mathrm{j}(\omega+\omega_0)}\right] \tag{6.8.24}$$

利用式(6.8.13),可求得滤波器冲激响应:

$$h(t)=S(t_0-t)=\cos\omega_0(t_0-t),\quad 0\leqslant t\leqslant T \tag{6.8.25}$$

在 $t_0=T$ 时,

$$h(t)=\cos\omega_0(T-t),\quad 0\leqslant t\leqslant T \tag{6.8.26}$$

为简便起见,假设余弦波信号的载频周期为 T_0,且有

$$T=kT_0 \tag{6.8.27}$$

式中,K 为整数,则

$$H(\omega)=\frac{1}{2}\left[\frac{1}{\mathrm{j}(\omega-\omega_0)}+\frac{1}{\mathrm{j}(\omega+\omega_0)}\right](1-\mathrm{e}^{-\mathrm{j}\omega T}) \tag{6.8.28}$$

而

$$h(t)=\cos(\omega_0 t),\quad 0\leqslant t\leqslant T \tag{6.8.29}$$

同样,由式(6.8.14)可求得滤波器输出波形 $s_o(t)$,由于 $s_o(t)$ 及 $h(t)$ 只在 $(0,T)$ 时间域内才有值,故上面的积分值可分别按 $t<0$,$0\leqslant t\leqslant T$,$T\leqslant t\leqslant 2T$ 及 $t>2T$ 的时间段来求解 $s_o(t)$。显然,当 $t<0$ 及 $t>2T$ 时,$s(t)$ 与 $h(t)$ 卷积时两波形不相交,故 $s_o(t)$ 为零。此时分段求解的结果如下:

当 $0\leqslant t\leqslant T$ 时,则

$$s_o(t)=\int_0^t s(\tau)h(t-\tau)\mathrm{d}\tau$$
$$=\int_0^t \cos(\omega_0\tau)\cos\omega_0(t-\tau)\mathrm{d}\tau$$
$$=\int_0^t \frac{1}{2}\{\cos(\omega_0 t)+\cos[\omega_0(t-2\tau)]\}\mathrm{d}\tau$$
$$=\frac{t}{2}\cos(\omega_0 t)+\frac{1}{2\omega_0}\sin(\omega_0 t) \tag{6.8.30}$$

当 $T\leqslant t\leqslant 2T$ 时,则

$$S_0(t)=\int_{t-T}^{T} s(\tau)h(t-\tau)\mathrm{d}\tau$$
$$=\int_{t-T}^{T}\cos(\omega_0\tau)\ \cos\omega_0(t-\tau)\mathrm{d}\tau$$

$$=\frac{2T-t}{2}\cos(\omega_0 t)-\frac{1}{2\omega_0}\sin(\omega_0 t) \tag{6.8.31}$$

当 $\omega_0 \gg 1\text{rad/s}$ 时,可得

$$s_o(t)\approx\begin{cases}\frac{t}{2}\cos(\omega_0 t), & 0\leqslant t\leqslant T\\ \frac{2T-t}{2}\cos(\omega_0 t), & T\leqslant t\leqslant 2T\\ 0, & \text{其他}\end{cases} \tag{6.8.32}$$

图 6.8.4(b)、(c)分别为 $h(t)$和 $s_o(t)$的波形图。由图 6.8.4(c)可以看出,匹配滤波器输出波形在 $t=T$ 时达到最大值。

上面的讨论中对于信号波形没有要求,也就是说,最大输出信噪比和信号波形无关,只取决于信号能量 E 与噪声功率谱密度 n_0 之比。所以匹配滤波法对于任何一种数字信号波形都适用,不论是数字基带信号还是数字频带信号。例 6-5 中给出的是数字基带信号的例子,例 6-6 中给出的信号则是数字频带信号的例子。

根据匹配滤波器原理构成的二进制数字信号接收机可用图 6.8.5 表示。其中两个匹配滤波器分别与 $s_1(t)$和 $s_2(t)$匹配,滤波器输出在 $t=T$ 时刻进行比较,选择其中最大的信号作为判决结果。

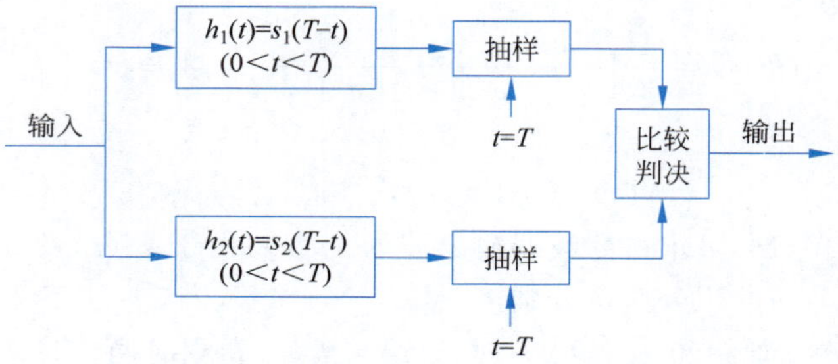

图 6.8.5 匹配滤波器接收电路框图

在数字通信中,通常发送信号 $s(t)$只在$(0,T)$时间域内出现,因而当 $s(t)$的匹配滤波器输入为 $x(t)$时,其输出的信号部分可表示为

$$\begin{aligned}s_o(t)&=x(t)*h(t)=K\int_0^T x(t-\tau)h(\tau)\mathrm{d}\tau=K\int_0^T x(t-\tau)s(T-\tau)\mathrm{d}\tau\\&=K\int_{t-T}^{t}x(\tau')s(T-t+\tau')\mathrm{d}\tau'\end{aligned} \tag{6.8.33}$$

当 $t=T$ 时,有

$$s_o(T)=K\int_0^T x(\tau')s(\tau')\mathrm{d}\tau'=K\int_0^T x(t)s(t)\mathrm{d}t \tag{6.8.34}$$

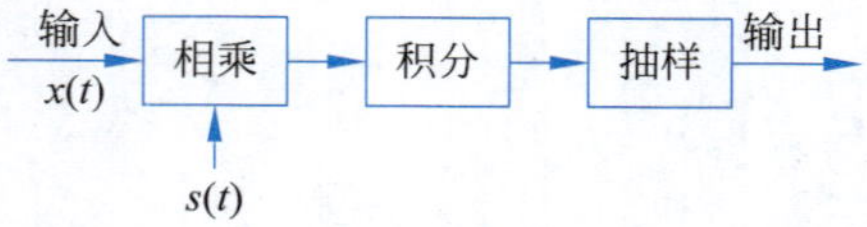

图 6.8.6 与匹配滤波器等效的最佳接收机

由式(6.8.33)可画出另一形式的匹配滤波器最佳接收机,如图 6.8.6 所示。其中的相乘与积分起到相关器的功能,它在 $t=T$ 时的抽样值与匹配滤波器在 $t=T$ 时的输出值是相等的。

视频

6.8.2 基于匹配滤波器的最佳基带传输系统

最佳基带传输系统的准则是：判决器输出差错概率最小。设基带传输系统由发送滤波器、信道和接收滤波器组成（参见图6.2.1），其传输函数分别为$G_t(f)$、$C(f)$和$G_r(f)$。将这3个滤波器集中用一个基带总传输函数$H(f)$表示：

$$H(f)=G_t(f)\cdot C(f)\cdot G_r(f) \tag{6.8.35}$$

在基带信道理想低通情况下，设计发送滤波器及接收滤波器的传输函数，使得在接收端抽样时刻的码间串扰为零，则系统的总传输特性应满足以下条件：

$$H(f)=G_t(f)\cdot C(f)\cdot G_r(f)=X_{余弦}(f)=|X_{余弦}(f)|\mathrm{e}^{-\mathrm{j}2\pi f t_0},\quad |f|\leqslant W \tag{6.8.36}$$

即满足

$$\begin{cases}\theta_t(f)\theta_c(f)\theta_r(f)=-2\pi f t_0\\ |G_t(f)|\cdot|C(f)|\cdot|G_r(f)|=|X_{余弦}(f)|\end{cases} \tag{6.8.37}$$

式中，$X_{余弦}(f)$表示余弦滚降特性；$\theta_t(f)$、$\theta_c(f)$、$\theta_r(f)$分别是发送滤波器、信道及接收滤波器的相频特性；t_0是发送滤波器、信道、接收滤波器引入的总时延；W为余弦滚降系统的截止频率，其值取决于奈奎斯特带宽和滚降系数。

通常将消除了码间串扰且噪声最小的基带传输系统称为最佳基带传输系统。在$H(f)$满足消除码间串扰的条件之后，如何设计$G_t(f)$、$C(f)$和$G_r(f)$，以使系统在加性白色高斯噪声条件下误码率最小呢？下面进行分析。

信道的传输特性$C(f)$往往不易得知，而且还可能是时变的。为了分析简便，假设信道是理想低通信道，并且信道不引入时延（$t_c=0$），即

$$C(f)=\begin{cases}1, & |f|\leqslant W\\ 0, & |f|>W\end{cases} \tag{6.8.38}$$

则接收到的确定信号的频谱仅取决于发送滤波器的特性$G_t(f)$。由对匹配滤波器频率特性的要求可知，接收匹配滤波器的传输函数$G_r(f)$应当是信号频谱$S(f)$的复共轭。现在，信号的频谱就是发送滤波器的传输函数$G_t(f)$，所以要求接收匹配滤波器的传输函数为

$$G_r(f)=G_t^*(f)\mathrm{e}^{-\mathrm{j}2\pi f t_0}=|G_r(f)|\mathrm{e}^{-\mathrm{j}2\pi f t_r} \tag{6.8.39}$$

其中，已经假定$k=1$。由于$X_{余弦}(f)=G_t(f)\cdot G_r(f)$，则

$$X_{余弦}(f)=G_t(f)\cdot G_r(f)=|G_t(f)|^2\mathrm{e}^{-\mathrm{j}2\pi f t_0} \tag{6.8.40}$$

$$|G_t(f)|=|G_r(f)|=\sqrt{|X_{余弦}(f)|}=\sqrt{|H(f)|} \tag{6.8.41}$$

$$G_t(f)=\sqrt{|X_{余弦}(f)|}\mathrm{e}^{-\mathrm{j}2\pi f t_t} \tag{6.8.42}$$

$$G_r(f)=\sqrt{|X_{余弦}(f)|}\mathrm{e}^{-\mathrm{j}2\pi f t_r} \tag{6.8.43}$$

式(6.8.42)中t_t代表发送滤波器的延时，式(6.8.43)中t_r代表接收滤波器的延时。

综上所述,在理想低通条件下,最佳基带传输系统的设计是:系统总传输函数要符合无码间串扰基带传输特性,并且还要考虑在抽样时刻信噪比最大的收、发滤波器共轭匹配的条件。式(6.8.42)和式(6.8.43)就是基于匹配滤波器的最佳基带传输系统对于收、发滤波器传输函数的要求。

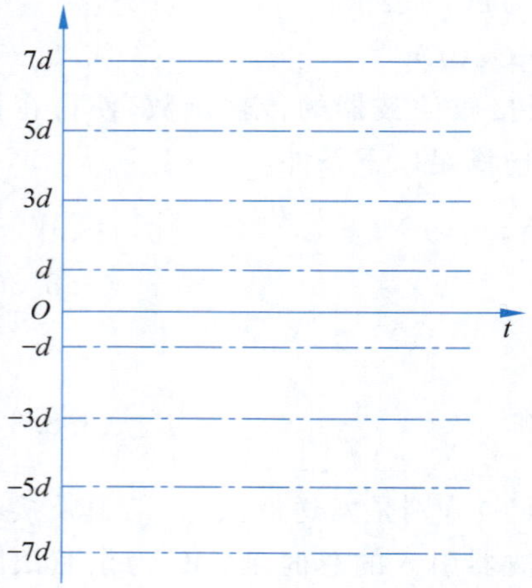

图 6.8.7 多电平的位置

下面讨论这种最佳基带传输系统的误码率性能。设基带信号码元为 M 进制的多电平信号,一个码元可以取下列 M 种电平之一:$\pm d, \pm 3d, \cdots, \pm(M-1)d$;其中,$d$ 为相邻电平间隔的一半(如图 6.8.7 所示,其中 $M=8$)。

在接收端,判决电路的判决门限值则应当设定为:$0, \pm 2d, \pm 4d, \cdots, \pm(M-2)d$。在接收端抽样判决时刻,若噪声值不超过 d,则不会发生错误判决。当噪声值大于最高信号电平值或小于最低电平值时,也不会发生错误判决;也就是说,对于最外侧的两个电平,只在一个方向有出错的可能,这种情况的出现占所有可能的 $1/M$。所以,错误概率为

$$P_e = \left(1 - \frac{1}{M}\right) P(|\xi| > d) \tag{6.8.44}$$

式中,ξ 是噪声的抽样值,而 $P(|\xi|>d)$ 是噪声抽样值大于 d 的概率。

现在来计算式(6.8.44)中的 $P(|\xi|>d)$。设接收滤波器输入端高斯白噪声的单边功率谱密度为 n_0,接收滤波器输出的带限高斯噪声的功率为 σ^2,则有

$$\sigma^2 = \frac{n_0}{2}\int_{-\infty}^{\infty} |G_r(f)|^2 \mathrm{d}f = \frac{n_0}{2}\int_{-\infty}^{\infty} \left|\sqrt{|X_{余弦}(f)|}\right|^2 \mathrm{d}f \tag{6.8.45}$$

其中的积分值是一个实常数,假设其等于 1,即假设

$$\int_{-\infty}^{\infty} \left|\sqrt{|X_{余弦}(f)|}\right|^2 \mathrm{d}f = 1 \tag{6.8.46}$$

故有

$$\sigma^2 = n_0/2 \tag{6.8.47}$$

这样假设并不影响对误码率性能的分析。由于接收滤波器是一个线性滤波器,故其输出噪声的统计特性仍服从高斯分布。因此,输出噪声 ξ 的一维概率密度函数为

$$f(\xi) = \frac{1}{\sqrt{2\pi}\sigma}\exp\left(-\frac{\xi^2}{2\sigma^2}\right) \tag{6.8.48}$$

从而可得抽样噪声值超过 d 的概率:

$$P(|\xi| > d) = 2\int_d^{\infty} \frac{1}{\sqrt{2\pi}\sigma}\exp\left(-\frac{\xi^2}{2\sigma^2}\right)\mathrm{d}\xi$$

$$=\frac{2}{\sqrt{\pi}}\int_{d/\sqrt{2}\sigma}^{\infty}\exp(-z^2)\mathrm{d}z=\mathrm{erfc}\left(\frac{d}{\sqrt{2}\sigma}\right) \tag{6.8.49}$$

式中,已令 $z^2=\zeta^2/2\sigma^2$。将式(6.8.49)代入式(6.8.44),得到

$$P_e=\left(1-\frac{1}{M}\right)\mathrm{erfc}\left(\frac{d}{\sqrt{2}\sigma}\right) \tag{6.8.50}$$

现在,再将式(6.8.50)中的 P_e 和 d/σ 的关系变换成 P_e 和 E/n_0 的关系。由上述讨论已知,在 M 进制基带多电平最佳传输系统中,发送码元的频谱形状由发送滤波器的特性决定:

$$X(f)=G_t(f)=\sqrt{|X_{余弦}(f)|}\,\mathrm{e}^{-\mathrm{j}2\pi f t_t} \tag{6.8.51}$$

发送码元多电平波形的最大值为 $\pm d,\pm 3d,\cdots,\pm(M-1)d$。根据帕塞瓦尔定理:

$$\int_{-\infty}^{\infty}x^2(t)\mathrm{d}t=\int_{-\infty}^{\infty}|X(f)|^2\mathrm{d}f \tag{6.8.52}$$

在计算码元能量时,设多电平码元的波形为 $Ax(t)$,其中,$x(t)$的最大值等于1,$A=\pm d,\pm 3d,\cdots,\pm(M-1)d$,则码元能量为

$$A^2\int_{-\infty}^{\infty}x^2(t)\mathrm{d}t=A^2\int_{-\infty}^{\infty}\left|\sqrt{|X_{余弦}(f)|}\right|^2\mathrm{d}f=A^2 \tag{6.8.53}$$

式(6.8.53)的计算中已经代入了式(6.8.46)的假设。因此,对于 M 进制等概率多电平码元,可求出其平均码元能量 E 如下:

$$E=\frac{2}{M}\sum_{i=1}^{M/2}[d(2i-1)]^2=d^2\frac{2}{M}[1+3^2+5^2+\cdots+(M-1)^2]=\frac{d^2}{3}(M^2-1) \tag{6.8.54}$$

由此可以看出

$$d^2=3E/(M^2-1) \tag{6.8.55}$$

将式(6.8.47)和式(6.8.55)代入式(6.8.50),可以得到误码率的最终表示式:

$$P_e=\left(1-\frac{1}{M}\right)\mathrm{erfc}\left(\frac{d}{\sqrt{2}\sigma}\right)=\left(1-\frac{1}{M}\right)\mathrm{erfc}\left[\left(\frac{3}{M^2-1}\cdot\frac{E}{n_0}\right)^{1/2}\right] \tag{6.8.56}$$

当 $M=2$ 时,有

$$P_e=\frac{1}{2}\mathrm{erfc}(\sqrt{E/n_0}) \tag{6.8.57}$$

式(6.8.55)是理想信道中,在消除码间串扰条件下,二进制双极性基带信号传输的最佳误码率。

图6.8.8所示是按照上述结果画出的 M 进制信号最佳基带传输系统的误码率曲线。可以看出:当误码率较低时,为保持误码率不变,M 值增大到2倍,信噪比大约需要增加7dB。

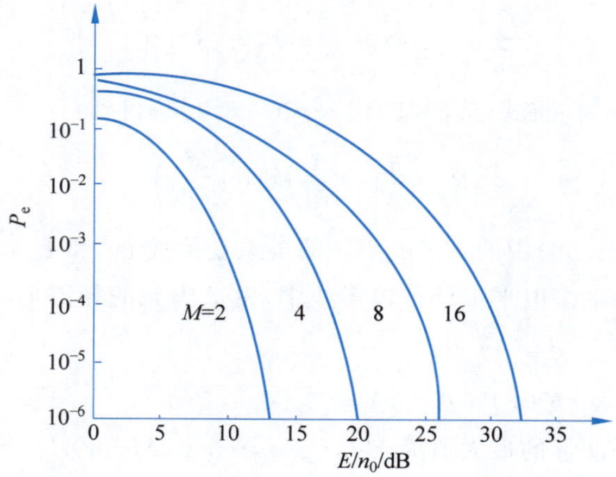

图 6.8.8 最佳基带传输系统误码率曲线

6.9 MATLAB 仿真举例

6.9.1 二进制数字基带信号波形与功率谱密度仿真

(1) 产生 1000 个长度为 N 的随机信号序列，分别用双极性 NRZ 码、双极性 RZ 码编码。

(2) 利用维纳辛钦公式求 NRZ 信号、RZ 信号功率谱密度，计算 1000 个序列的平均功率谱密度。

(3) 绘制双极性 NRZ 码、双极性 RZ 码波形，绘制 1000 个序列的平均功率谱密度曲线。

仿真结果如图 6.9.1 所示，从功率谱密度曲线可以明显地看出双极性 NRZ 码、双极性 RZ 码谱零点带宽的区别。仿真结果验证了例 6-2 中得到的相关结论。

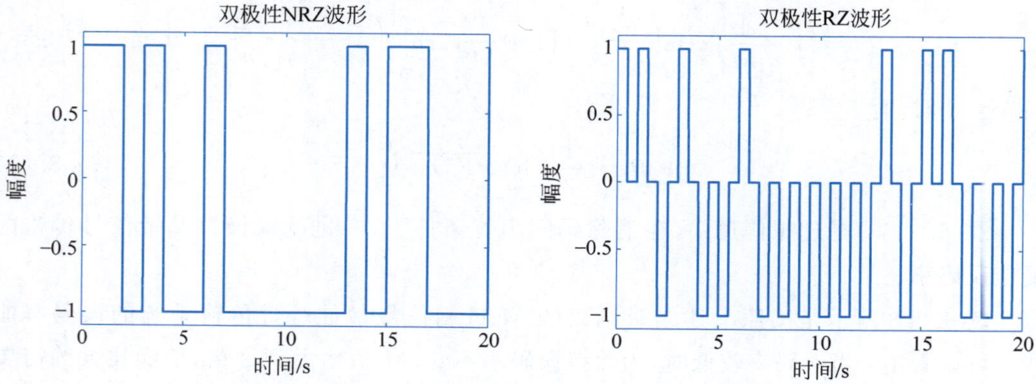

图 6.9.1 二进制双极性信号波形及功率谱的仿真结果

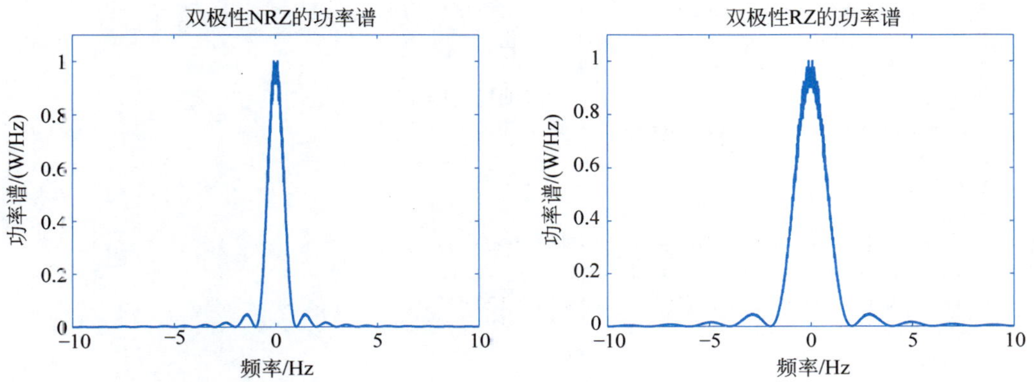

图 6.9.1 （续）

源代码如下：

```
%参数设置
N = 100;                                  %码元数
T = 1;                                    %码元周期
Fs = 100;                                 %抽样频率(每个码元 100 个抽样点)
t = 0:1/Fs:N * T - 1/Fs;                  %时间向量
N_sample = T * Fs;                        %单个码元抽样点数
gt = ones(1, N_sample./2);                %RZ
num_averages = 1000;                      %设置抽样次数

%计算平均功率谱密度
Ev_nrz = zeros(1,2 * Fs * N - 1);
Ev_rz = zeros(1,2 * Fs * N - 1);
for ii = 1:num_averages                   %循环抽样
data = randi([0, 1], 1, N);               %生成 0 和 1 的随机序列
data(data == 0) = -1;                     %将 0 映射到 -1,得到双极性数据序列
%生成 NRZ 波形
nrz_wave = repmat(data, Fs, 1);
nrz_wave = nrz_wave(:)';
%生成 RZ 波形
rz_wave = zeros(1, N * Fs);
  for i = 1:N
      if data(i) == 1
          rz_wave((i-1) * Fs + 1:(i-1) * Fs + Fs/2) = 1;
     elseif data(i) == -1
          rz_wave((i-1) * Fs + 1:(i-1) * Fs + Fs/2) = -1;
     end
  end
Rnrz = xcorr(nrz_wave);                   %计算自相关函数
nrz_psd = abs(fftshift(fft(Rnrz)));
Ev_nrz = Ev_nrz + nrz_psd;
Rrz = xcorr(rz_wave);                     %计算自相关函数
rz_psd = abs(fftshift(fft(Rrz)));
Ev_rz = Ev_rz + rz_psd;
end
Ev_rz = Ev_rz/num_averages;               %功率谱密度的均值
```

```
Ev_nrz = Ev_nrz/num_averages;          % 功率谱密度的均值
Ev_rz = Ev_rz/max(Ev_rz);              % 归一化
Ev_nrz = Ev_nrz/max(Ev_nrz);           % 归一化
df = 1/(T * N);                        % 频域抽样间隔
f = ( - Fs * N + 1:Fs * N - 1) * df/2; % 频率轴
figure;
subplot(2, 2, 1);
plot(t, nrz_wave);
title('双极性 NRZ 波形','fontname','宋体','fontsize',12);
xlabel('时间/s','fontname','宋体','fontsize',12);
ylabel('幅度','fontname','宋体','fontsize',12);
axis([0 20 -1.1 1.1]);
subplot(2, 2, 3);
plot(f, Ev_nrz);
title('双极性 NRZ 的功率谱','fontname','宋体','fontsize',12);
xlabel('频率/Hz','fontname','宋体','fontsize',12);
ylabel('功率谱/(W/Hz)','fontname','宋体','fontsize',12);
axis([-10 10 0 1.1]);
%绘制 RZ 波形和 PSD
subplot(2, 2, 2);
plot(t, rz_wave);
title('双极性 RZ 波形','fontname','宋体','fontsize',12);
xlabel('时间 (s)','fontname','宋体','fontsize',12);
ylabel('幅度','fontname','宋体','fontsize',12);
axis([0 20 -1.1 1.1]);
subplot(2, 2, 4);
plot(f, Ev_rz);
title('双极性 RZ 的功率谱','fontname','宋体','fontsize',12);
xlabel('频率/Hz','fontname','宋体','fontsize',12);
ylabel('功率谱/(W/Hz)','fontname','宋体','fontsize',12);
axis([-10 10 0 1.1]);
```

6.9.2 二进制数字基带信号传输码与眼图仿真

(1) 产生 150 个 1 码概率为 0.2 的单极性不归零矩形脉冲序列，画出波形。

(2) 对上述基带信号进行 HDB_3 编码和译码，画出波形，如图 6.9.2 所示。

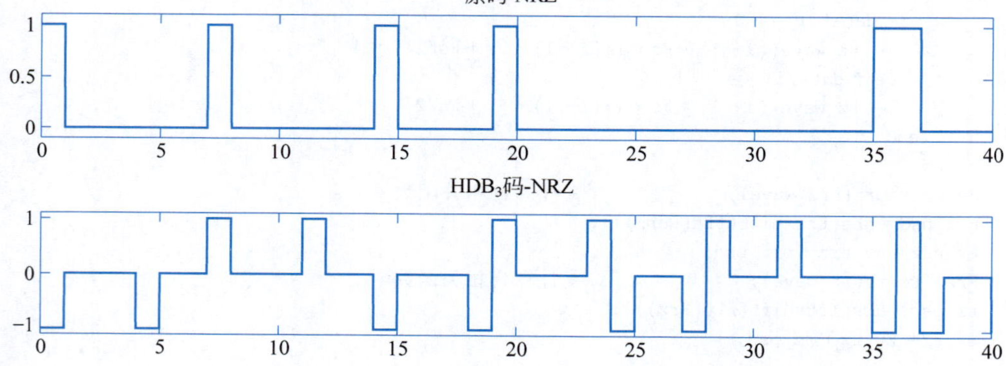

图 6.9.2 原码和 HDB_3 码波形

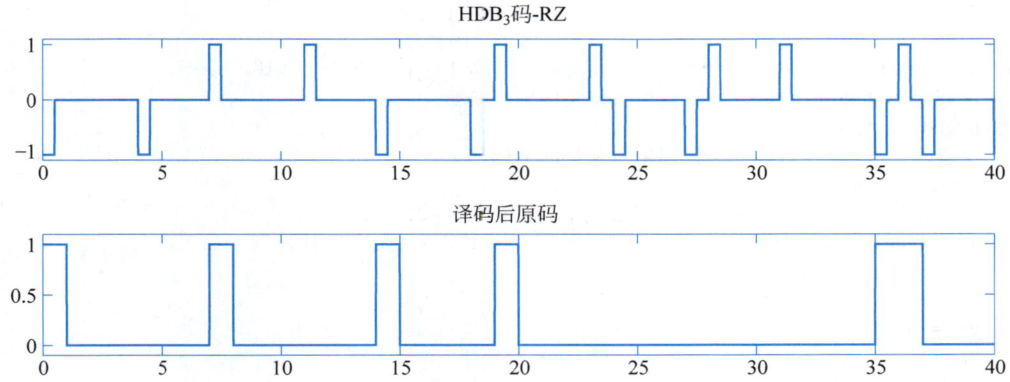

图 6.9.2 （续）

(3) 将 HDB_3 码信号序列过抽样，通过一个升余弦滤波器，滤波后的信号将不同码元周期内的图形平移至一个周期内。

(4) 调用 MATLAB 函数 eyediagram(x,n)画眼图。其中，x 为消息序列；n 为扫描周期/码元周期。眼图结果如图 6.9.3 所示，其中，粗线部分为“眼睛”，可以看出，HDB_3 码的眼图中额外地产生了两交叉的直线，这是因为它是三元码，码中出现 −1→0→1 或 1→0→−1 的变化时就会产生眼图中的斜线。

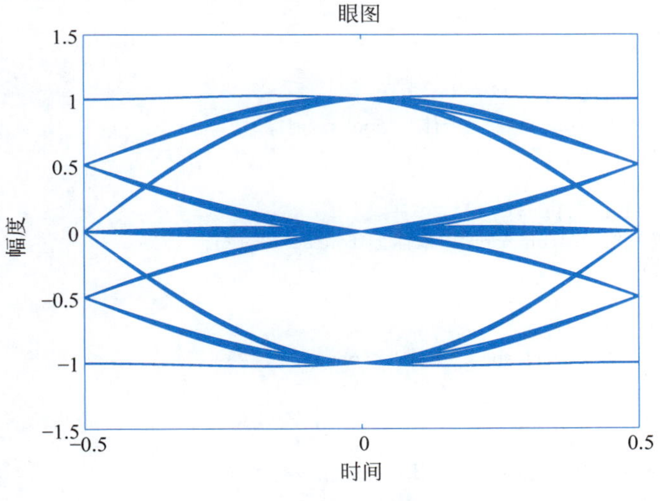

图 6.9.3 HDB_3 码的眼图

源代码如下：

```
clc;clear;
%程序第 1 部分：随机产生一列随机的 0、1 信号序列
N = 15000;                                  %取样点数
M = 150;                                    %码元数目
A = N/M;                                    %一个码元的取样点数
dt = 1/A;                                   %时域抽样间隔
t = (0:N-1) * dt;                           %时间轴
```

```
T = N * dt/M;                              % 码元周期
P = 0.2;                                   % 1 码概率
a = round(rand(1,M) + P - 0.5);            % 产生一列不等概 0、1 码
 % 程序第 2 部分: HDB3 编码,调用自定义的编码函数
b = hdb3(a);
 % 程序第 3 部分: HDB3 解码,调用自定义的编码函数
c = dehdb3(b);
 % 程序第 4 部分: 产生双极性归零信号,比较原码和 HDB3 码
x  =  repelem(a, A);                       % 补充每个码元的抽样点
y  =  repelem(b, A);
z  =  repelem(c, A);
yrz = zeros(1,N);
yrz = y;
 % 将 HDB3 码转换为归零码
for i = 1:A:N
        if y(i) == 1
            yrz(i:i + A/2 - 1) = 1;        % 使 NRZ 码元前一半抽样点元素都为 1
            yrz(i + A/2:i + A - 1) = 0;    % 使 NRZ 码元后一半抽样点元素都为 0
        else if y(i) == -1
            yrz(i:i + A/2 - 1) = -1;       % 使 NRZ 码元前一半抽样点元素都为 -1
            yrz(i + A/2:i + A - 1) = 0;    % 使 NRZ 码元后一半抽样点元素都为 0
                end
        end
    end
figure(1);
subplot(4,1,1);
plot(t,x);
axis([0 40  -0.1 1.1]);
title('原码 - NRZ','fontname','宋体','fontsize',12);
subplot(4,1,2);
plot(t,y);
axis([0 40  -1.1 1.1]);
title('HDB3 码 - NRZ','fontname','宋体','fontsize',12);
subplot(4,1,3);
plot(t,yrz);
axis([0 40  -1.1 1.1]);
title('HDB3 码 - RZ','fontname','宋体','fontsize',12);
subplot(4,1,4);
plot(t,z);
axis([0 40  -0.1 1.1]);
title('译码后原码','fontname','宋体','fontsize',12);
 % 程序第 5 部分: 画眼图
 %  过抽样
temp = [1;zeros(A - 1,1)];
y1 = temp * b;
y1 = y1(1:end);                            % 过抽样信号
 % 通过升余弦滤波器,成形滤波
N_T = 5;                                   % 控制滤波器长度,滤波器的阶数为 2 * N_T + 1
alpha  =  1;                               % 滚降系数,影响带宽
r = rcosfir(alpha,N_T,A,1);                % 产生升余弦滤波器系数
y2 = conv(r,y1);
y2 = y2(fix(A * N_T) + 1:end - fix(A * N_T));  % 删去由于卷积产生的拖尾的 0
```

```
%将不同码元周期内的图形平移至一个周期内画出眼图
eyediagram(y2, 100);
%添加标题和标签
title('眼图','fontname','宋体','fontsize',12);
xlabel('时间','fontname','宋体','fontsize',12);
ylabel('幅度','fontname','宋体','fontsize',12);
```

上面这段程序中需要调用自定义的 HDB3 编码函数 hdb3()和译码函数 dehdb3()，代码如下：

```
function encoded_bits = hdb3(data)                          %HDB3 编码
    %初始化编码后的比特流和相关变量
    encoded_bits = zeros(1, length(data));
    B_count = 0;
    V_flag = 1;                                             %初始极性标志
    last_V_position = 0;
    last_nonzero_flag = 1;                                  %记录最后一个非零脉冲的极性
    for i = 1:length(data)
        if data(i) == 1
            %对于输入数据中的每个'1',直接替换为当前极性的脉冲,并切换 V_flag
            encoded_bits(i) = V_flag;
            last_nonzero_flag = V_flag;                     %更新最后一个非零脉冲的极性
            V_flag = -V_flag;                               %下一个脉冲将具有相反的极性
            %重置 B 计数器
            B_count = 0;
        else
            if B_count < 3
                %如果连续'0'的数量少于 3 个,则继续累计
                encoded_bits(i) = 0;
                B_count = B_count + 1;
            else
                %当遇到 4 个连续的'0'时,根据情况插入 V 或 B 脉冲
                if sum(encoded_bits(last_V_position+1:i)) == 0
                    %插入 V 脉冲,保持极性不变
                    encoded_bits(i) = V_flag;
                    last_V_position = i;
                else
                    %插入 B 脉冲,其极性与上一个非零脉冲相反
                    encoded_bits(i) = -last_nonzero_flag; %B 脉冲
                end
                %更新最后一个非零脉冲的极性
                last_nonzero_flag = encoded_bits(i);
                %准备下一个 V 脉冲的极性与当前 B 脉冲相反
                V_flag = -encoded_bits(i);
                %重置 B 计数器
                B_count = 0;
            end
        end
    end
end

function decoded_bits = dehdb3(data)                        %HDB3 解码
```

```
decoded_bits = data;
sign = 0;                                              % 极性标志初始化
for k = 1:length(data)
    if data(k) ~= 0
        if sign == data(k)                             % 如果当前码与前一个非零码的极性相同
            decoded_bits(k-3:k) = [0 0 0 0];           % 则该码判为 V 码并将 *00V 清零
        end
        sign = data(k);                                % 极性标志
    end
end
decoded_bits = abs(decoded_bits);                      % 整流
```

6.10 本章小结

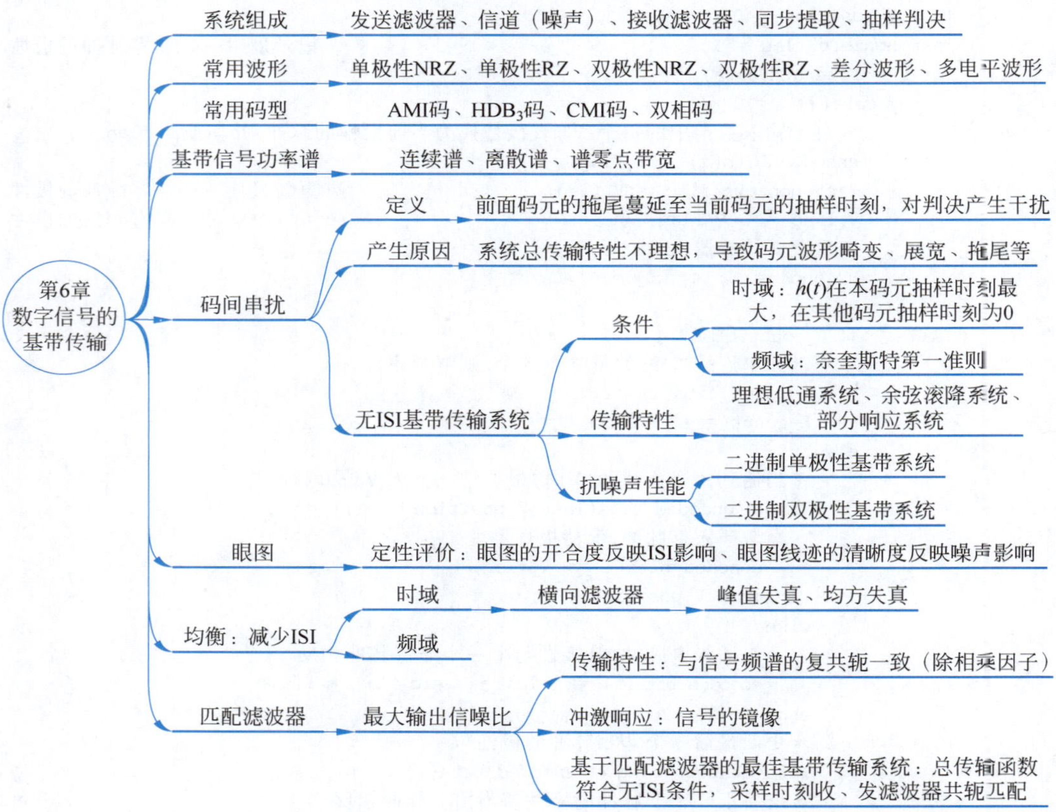

6.11 习题

6-1 已知绝对码序列 11100101，对应的传号差分码为________。

6-2 已知某 HDB_3 码序列为 1-1000-110010-1，与之对应的原码为________。

6-3 已知码元序列 1010000011000011，对应的 HDB_3 码为________。

6-4 设二进制信息代码序列的速率为 1200Bd，其对应的数字双相码的谱零点带宽为________ Hz。

6-5 对于二进制双极性基带信号，当满足________时，其功率谱中无离散分量。

6-6 设基带系统传输的码元速率为 2.048Mb/s，则滚降系数为 $\alpha=1$ 时的传输带宽为________，$\alpha=0.5$ 时传输带宽为________。

6-7 在加性高斯白噪声背景下接收二进制双极性信号，抽样判决器输入信号的峰-峰值为 10V。若 0、1 等概率，则最佳判决门限电平为________ V；若发 1 的概率大于发 0 的概率，则最佳判决门限电平应调________。

6-8 匹配滤波器是基于________________准则的最佳接收机。

6-9 设二进制随机序列的 0 和 1 出现概率分别为 p 和 $1-p$，0 由 $g(t)$表示，1 由 $-g(t)$表示：

(1) 求该二进制随机序列的功率谱密度及功率；

(2) 若 $g(t)$波形如图 6.11.1(a)所示，T 为码元宽度，则该序列是否存在 $f=1/T$ 的离散分量？

(3) 若 $g(t)$波形改为如图 6.11.1(b)所示，重新回答(2)所问。

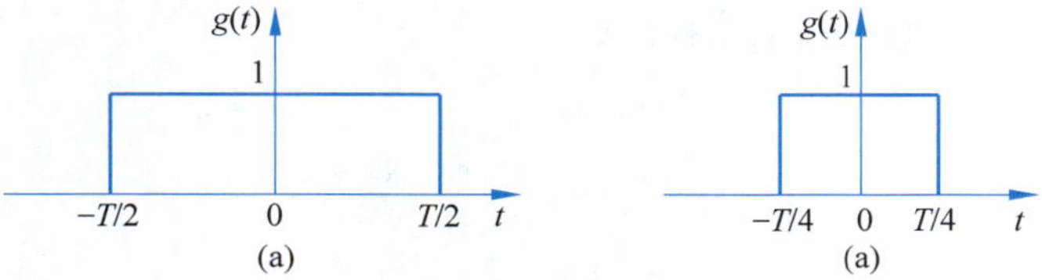

图 6.11.1 题 6-9 图

6-10 设某二进制序列的 0 和 1 出现概率相等，0 和 1 分别用 $g(t)$的有无表示，$g(t)$为三角形脉冲，如图 6.11.2 所示。

(1) 求该二进制随机序列的功率谱密度，并画出功率谱密度图；

(2) 该序列是否存在 $f=1/T$ 的离散分量？若存在，试计算该分量的功率。

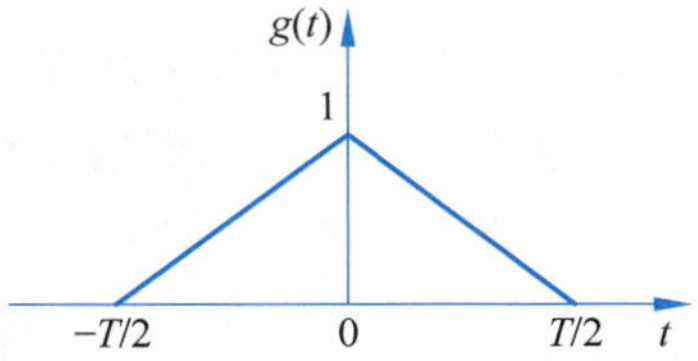

图 6.11.2 题 6-10 图

6-11 设某设二进制基带信号中，数字信息的 1 和 0 出现概率相等，1 和 0 分别用 $g(t)$和 $-g(t)$表示，$g(t)$为升余弦频谱脉冲，即 $g(t)$的频谱为

$$G(\omega)=\begin{cases}1+\cos(\omega T/2), & |\omega|\leqslant 2\pi/T\\ 0, & |\omega|\geqslant 2\pi/T\end{cases}$$

(1) 求该二进制基带信号的功率谱密度，并画出功率谱密度示意图；

(2) 该基带信号是否存在 $f=1/T$ 的定时分量？

(3) 若码元间隔 $T=2\times10^{-3}$s，求该数字基带信号所占据的频带宽度。

6-12 设基带传输系统的发送滤波器、信道及接收滤波器组成总特性为 $H(\omega)$，若要求以 $2/T$ 波特的速率进行数据传输，试检验图 6.11.3 中各种 $H(\omega)$是否满足消除抽样点上码间串扰的条件。

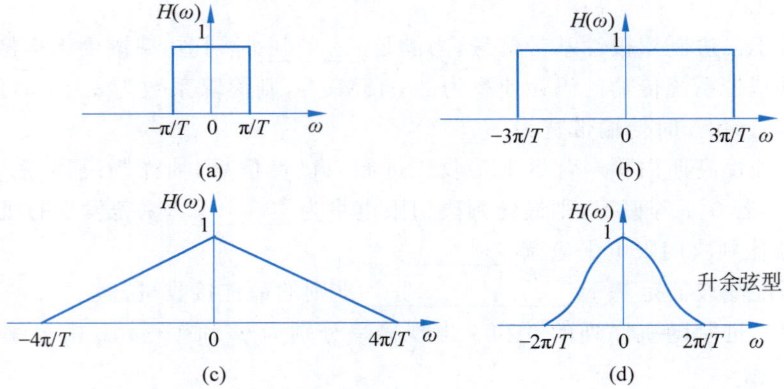

图 6.11.3　题 6-12 图

6-13　设有一码元速率为 $R_B=1000$Bd 的数字信号，通过如图 6.11.4 所示的 3 种不同传输特性的信道进行传输。问：

(1) 简要讨论这 3 种传输特性是否会引起码间串扰；

(2) 简要讨论采用哪种传输特性较好。

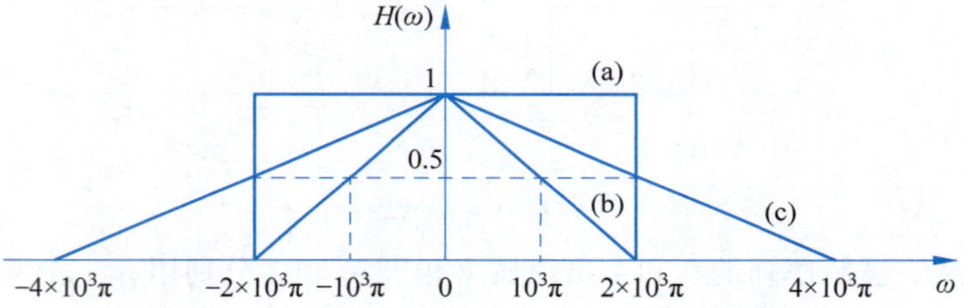

图 6.11.4　题 6-13 图

6-14　某二进制数字基带系统所传送的是单极性基带信号，且数字信息 1 和 0 的出现概率相等。接收滤波器输出信号在抽样判决时刻的值用 A(V)表示，接收滤波器输出噪声是均值为 0、均方根值为 0.2(V)的高斯噪声。问：

(1) 若要求误码率 P_e 不大于 10^{-5}，试确定 A 至少是多少；

(2) 若 $A=1$，求这时的误码率。

6-15　某二进制数字基带系统如图 6.11.5 所示。

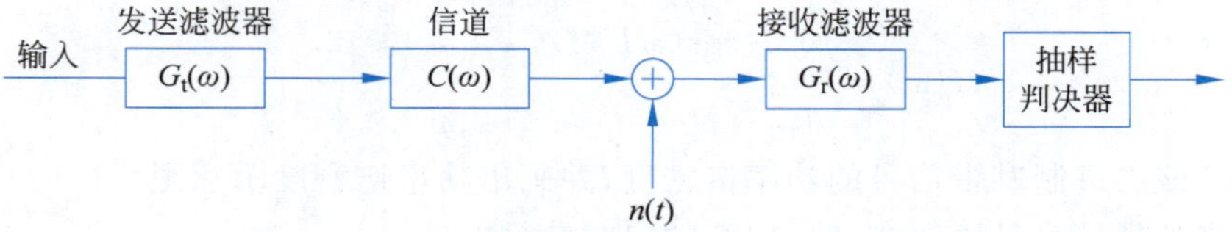

图 6.11.5　题 6-15 图

设该系统无码间串扰，且发送数据 1 的概率为 $P(1)$，发送数据 0 的概率为 $P(0)$。信道噪声 $n(t)$ 为高斯白噪声，其双边功率谱密度为 $n_0/2$(W/Hz)。所传送的信号为单极性基带信号，且发送数据 1 时，在接收滤波器输出端有用信号的抽样值为 A；发送数据 0

时，在接收滤波器输出端有用信号的抽样值为0。接收滤波器的传递函数为

$$G_r(\omega)=\begin{cases}1, & |f|\leqslant B\\ 0, & 其他\end{cases}$$

式中，B 为理想滤波器的带宽。

(1) 求接收滤波器输出的噪声功率；

(2) 若 $P(1)=P(0)$，试分析该基带传输系统的误码率表示式；

(3) 若 $P(1)\neq P(0)$，试分析该基带传输系统的最佳判决门限。

6-16 已知一个三抽头的横向滤波器如图6.11.6所示，$C_{-1}=-1/4$，$C_0=1$，$C_1=-1/2$，输入信号 $x(t)$ 在各抽样点的值依次为 $x_{-1}=1/4$、$x_0=1$、$x_1=1/2$，其余均为0。

(1) 求均衡器输出 $y(t)$ 的抽样值；

(2) 比较均衡前后的峰值畸变。

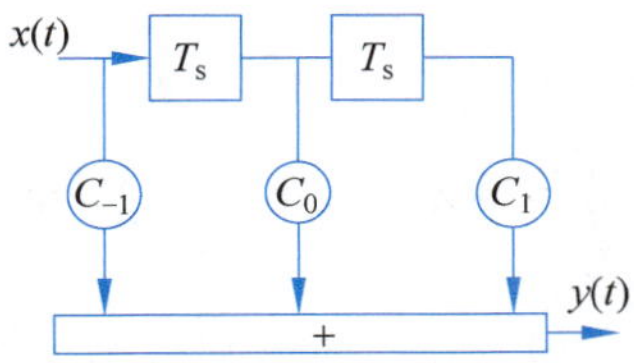

图6.11.6 题6-16图

6-17 以表6.7.1中第Ⅳ类部分响应系统为例，试画出包括预编码在内的第Ⅳ类部分响应系统的方框图。

6-18 某系统如图6.11.7(a)所示，其输入 $s(t)$ 及 $h_1(t)$、$h_2(t)$ 分别如图6.12.7(b)、(c)、(d)所示。

(1) 绘图解出 $h_1(t)$ 的输出波形；

(2) 绘图解出 $h_2(t)$ 的输出波形；

(3) 说明 $h_1(t)$、$h_2(t)$ 是否是 $s(t)$ 的匹配滤波器。

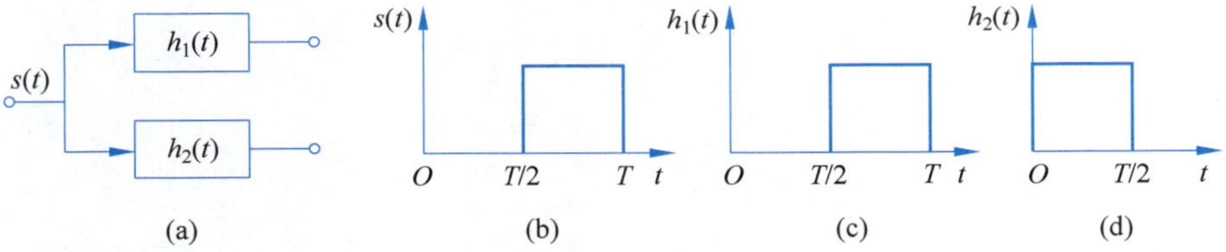

图6.11.7 题6-18图

6-19 在功率谱密度为 $n_0/2$ 的高斯白噪声下，设计一个如图6.11.8所示 $f(t)$ 的匹配滤波器。

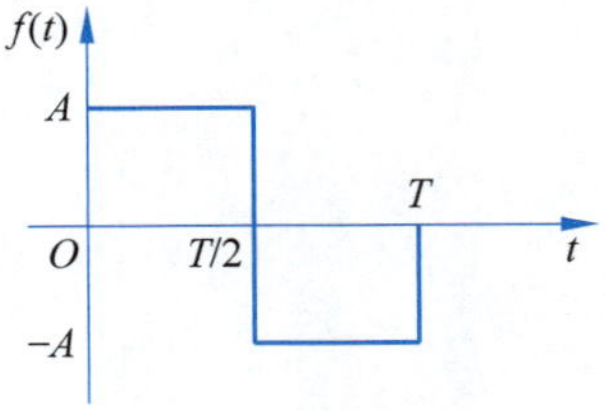

图6.11.8 题6-19图

(1) 如何确定最大输出信噪比的时刻；

(2) 求匹配滤波器的冲激响应 $h(t)$，并绘出 $h(t)$ 波形和输出信号图形；

(3) 求最大输出信噪比的值。

6-20 某二进制数字基带传输系统如图6.11.9所示。其中 $\{a_n\}$ 与 $\{a'_n\}$ 分别为发送的数字序列和恢复的数字序列，已知发送滤波器的传输函数 $G_t(\omega)$ 为

$$G_t(\omega)=\begin{cases}\sqrt{\dfrac{1}{2}\left(1+\cos\dfrac{\omega T}{2}\right)}, & |\omega|\leqslant\dfrac{2\pi}{T}\\ 0, & |\omega|>\dfrac{2\pi}{T}\end{cases}$$

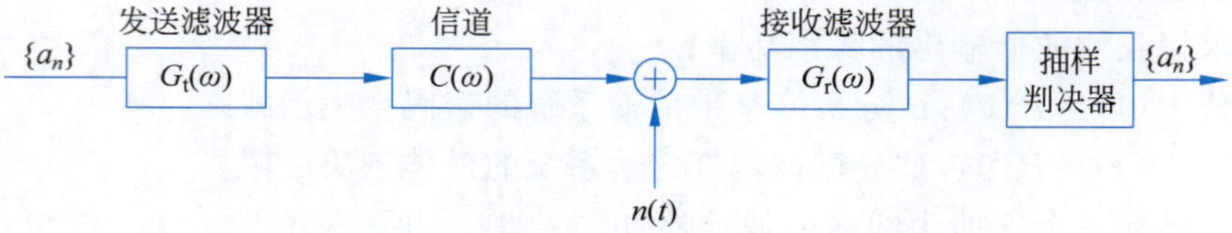

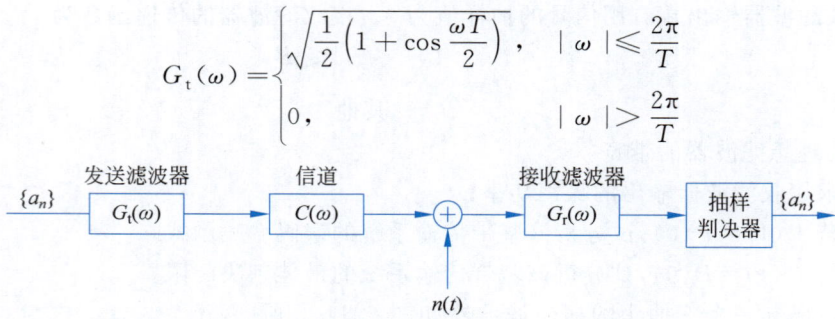

图 6.11.9　题 6-20 图

信道传输函数 $C(\omega)=1$，$n(t)$ 是双边功率谱密度为 $n_0/2$(W/Hz)、均值为 0 的高斯白噪声。

(1) 若要使该基带传输系统最佳化，试问 $G_r(\omega)$ 应如何选择？

(2) 该系统无码间串扰的最高码元传输速率是多少？

第7章 数字信号的频带传输

视频

7.1 引言

第 6 章对数字信号的基带传输进行了详细分析。然而,实际通信中的信道多为带通信道,如卫星通信、移动通信、光纤通信等,均是在规定带通信道内传输频带信号。本章侧重讲解数字基带信号通过载波调制成为频带信号后,在带通信道中传输并在接收端进行解调的工作原理;同时,围绕频带信号的功率谱密度和系统的误码率两方面,分析频带传输系统的基本性能。

本章主要讨论如何利用数字基带信号控制正弦载波参数的过程,即数字调制。数字调制可分为线性调制和非线性调制。若数字已调信号的功率谱密度是数字基带信号功率谱密度在频率轴上的线性搬移,即只有幅度上的衰减,没有频谱的变化,则此调制为线性调制;否则为非线性调制。根据载波调制参数的不同,数字调制还可分为振幅键控(ASK)、频移键控(FSK)和相移键控(PSK)3 种基本方式。在这 3 种数字调制中,只有 ASK 为线性调制,而 FSK 和 PSK 为非线性调制。

在信息传输的过程中,数字码元有二进制和多进制之分,所以数字调制又分为二进制数字调制和多进制数字调制。二进制数字调制是将 0 和 1 两个二进制码元信息分别映射为两个不同参数的载波信号;而多进制数字调制则是将多个码元信息映射为多个不同参数的载波信号。本章重点讨论二进制数字调制与解调的基本原理、信号功率谱密度及系统的抗噪声性能,并简要介绍多进制数字调制的基本原理及抗噪声性能。

从模拟调制技术向数字调制技术的演进,标志着通信技术领域的一项重大革新,这一演进不仅极大地推动了信息技术的飞速发展,更为人类社会的进步注入了强劲动力。在航空航天领域,数字调制技术被用于卫星通信、深空探测器与地球之间的通信、飞机间及飞机与地面控制中心的通信等。比如,现代卫星通信系统依赖于诸如 QPSK(正交相移键控)、8PSK(八进制相移键控)和更高级的调制方式来实现高效率的数据传输。此外,由于海洋环境中的信道特性更复杂,如声速剖面变化、多径效应、噪声等,使得传统的模拟通信难以满足需求。数字调制技术在水声通信这一领域也有广泛应用。数字调制技术从最初的概念萌芽到如今的成熟应用,体现了科学家与工程师们不懈探索、追求卓越的精神。

视频

7.2 二进制振幅键控

本节主要讨论二进制振幅键控(2ASK)的基本原理及调制、解调基本方法,通过分析 2ASK 信号的功率谱来了解其频域特性,并且详细讨论 2ASK 传输系统的抗噪声性能。

7.2.1 2ASK 调制与解调基本原理

1. 2ASK 的基本原理

ASK 利用正弦载波的幅度变化来传递数字信息,而其频率和初始相位保持不变。对于 2ASK,当发送码元 1 时取正弦载波的振幅为 A_1;当发送码元 0 时取振幅为 A_2,根据

载波的振幅不同来区分码元信息，即

$$e_{2ASK}(t)=\begin{cases}A_1\cos(\omega_c t+\varphi) & 以概率\ p\ 发送\ 1\ 时\\ A_2\cos(\omega_c t+\varphi) & 以概率\ 1-p\ 发送\ 0\ 时\end{cases} \tag{7.2.1}$$

若取 $A_1=A, A_2=0$，且初始相位 $\varphi=0$，则式(7.2.1)可简化为

$$e_{2ASK}(t)=\begin{cases}A\cos(\omega_c t) & 以概率\ p\ 发送\ 1\ 时\\ 0 & 以概率\ 1-p\ 发送\ 0\ 时\end{cases} \tag{7.2.2}$$

这种常见的、最简单的、类似于正弦载波导通与关闭的数字调制方式，也称为通-断键控(OOK)。

根据2ASK的基本实现原理，可以写出信号的一般表达式：

$$e_{2ASK}(t)=s(t)\cos(\omega_c t) \tag{7.2.3}$$

式中，$s(t)=\sum_n a_n g(t-nT)$为二进制单极性不归零基带信号，a_n为第n个码元值，取值为1或0；$g(t)$为矩形脉冲波形，其幅值为A、宽度为T(一个码元持续时间)。下面通过波形图举例说明2ASK(OOK)信号产生的基本原理。

【例7-1】 试画出二进制码元序列$\{a_n\}$为1010的2ASK信号波形。

解：二进制码元序列$\{a_n\}$为1010的2ASK信号波形如图7.2.1所示。

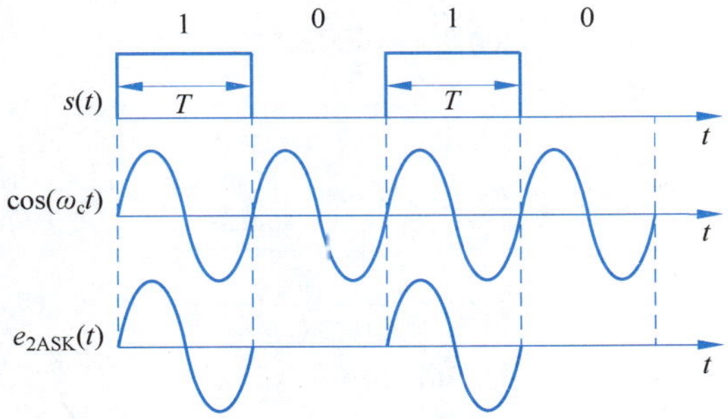

图7.2.1 2ASK调制原理波形图

在图7.2.1中，在一个码元持续时间T内只有一个周期正弦载波，这是为了分析问题方便。实际在一个T内有多个周期载波。并且，本章载波数学表达式为$\cos(\omega_c t)$，而图中载波波形为正弦波，这主要是为了绘图简便，两者并不矛盾，实际只相差$\pi/2$相位。

2. 2ASK的调制

根据产生2ASK信号的基本原理，可得到两种基本调制方法：模拟调幅法和键控法，其原理框图如图7.2.2所示。

在键控法中，开关电路的开启方式受二进制单极性基带信号$s(t)$的控制，从而产生2ASK信号：当$s(t)$为矩形脉冲时，开关电路连接振荡信号产生器，输出$\cos(\omega_c t)$，持续时间T；当$s(t)$为0时，开关电路接地，无信号输出。

3. 2ASK的解调

2ASK信号有两种基本解调方法：相干解调和非相干解调。相干解调需要在接收端

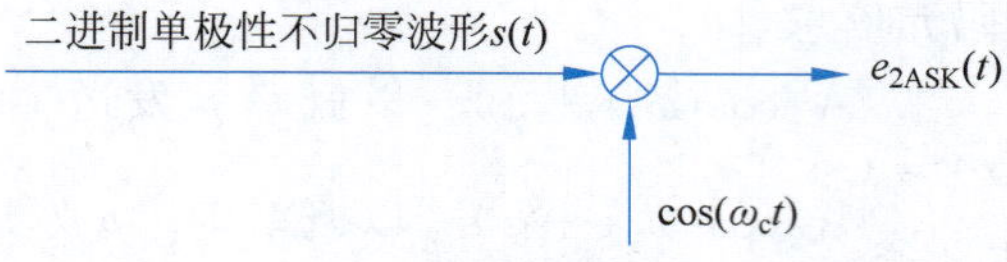

(a) 模拟调幅法

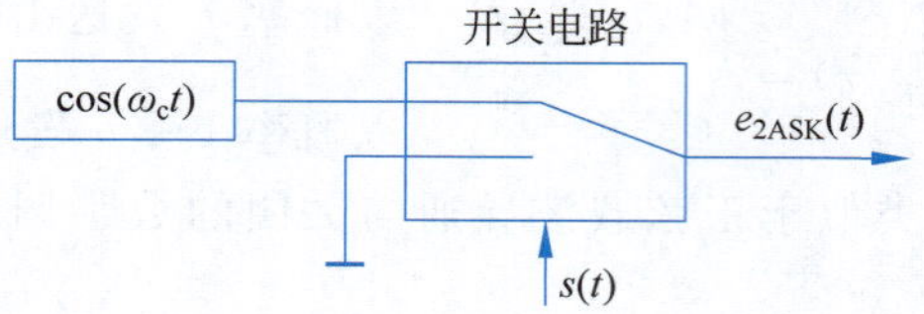

(b) 键控法

图 7.2.2　2ASK 调制原理框图

乘以与发送端同频同相的载波，所以又称同步检测；非相干解调只需检测出信号包络，所以又称包络检波。两种解调方法的原理如图 7.2.3 所示。

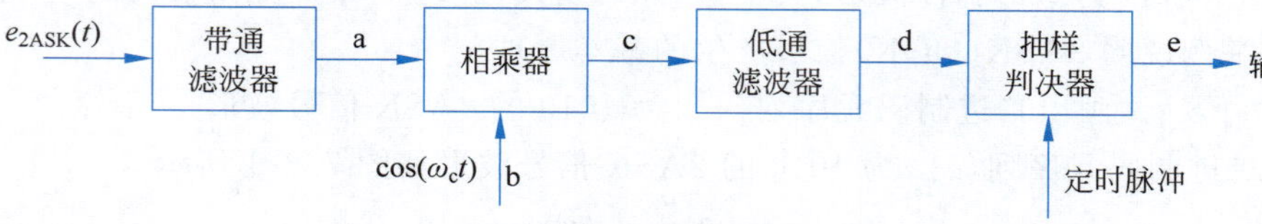

(a) 相干解调原理框图

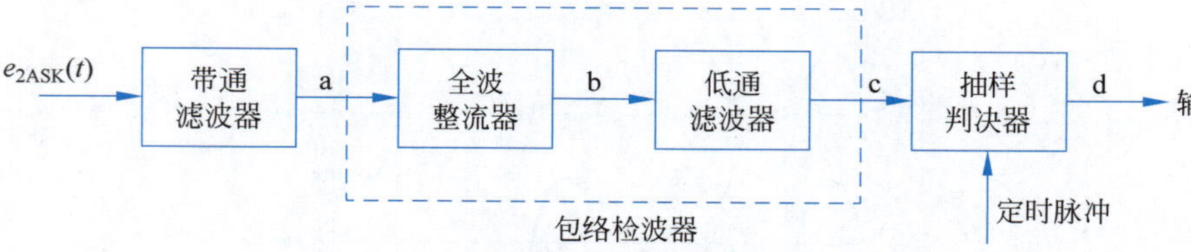

(b) 非相干解调原理框图

图 7.2.3　2ASK 解调原理框图

在非相干解调中，全波整流器和低通滤波器构成了包络检波器。下面通过波形图举例说明 2ASK 解调原理。

【例 7-2】　试画出 2ASK 信号相干解调时(参见图 7.2.3(a))各模块的输出波形。二进制码元序列$\{a_n\}$为 1010。

解：二进制码元序列$\{a_n\}$为 1010 的 2ASK 已调信号经过相干解调后，各模块输出波形如图 7.2.4 所示。

图 7.2.4 中波形 a～e 对应了相干解调系统框图中各模块的输出信号。其中，波形 a 为 2ASK 已调信号经过带通滤波器后的输出波形。由于带通滤波器的作用是保留信号、滤除噪声，这里不考虑信道中噪声影响，所以波形 a 与 2ASK 已调信号一致。波形 b 为接收端载波，与发送端同频同相。波形 c 是波形 a 与波形 b 相乘后的输出结果。波形 d 为低通滤波器输出信号。这里取波形 d 中每个码元持续时间的中间时刻进行抽样判决(幅值最大时刻)，判决门限为 V_d：当抽样值 V 大于 V_d 时，抽样判决器输出高电平(对应

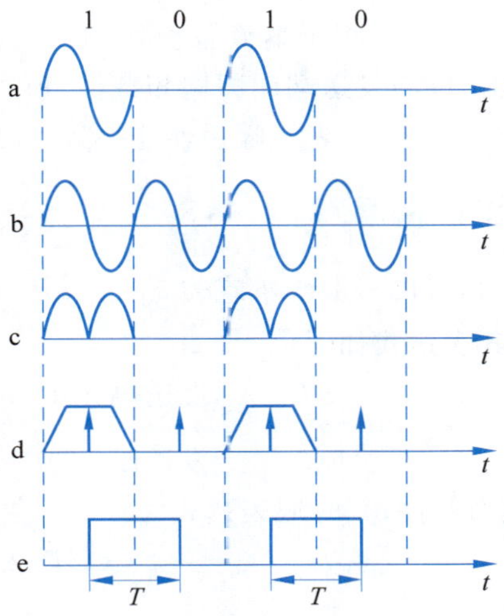

图 7.2.4　2ASK 相干解调各模块输出波形

码元 1)，波形延时 T；当抽样值 V 小于 V_d 时，抽样判决器输出低电平(对应码元 0)，延时 T。由此得到 2ASK 解调信号 e，对应码元信息为 1010，与原始码元序列$\{a_n\}$一致。

需要注意的是，判决规则的设置要与调制规则相吻合。因为当二进制码元为 1 时，2ASK 已调信号为 $A\cos(\omega_c t)$，而当二进制码元为 0 时，2ASK 已调信号为 0，所以判决规则如上所设。同时，这里判决门限可取任意值，对于不同的判决门限可得到不同的误码率。一般情况下，若 0/1 等概率，当判决门限取为低通滤波器输出信号最大幅值的一半时，系统误码率最小，具体情况见 2ASK 系统抗噪声性能分析。

【例 7-3】 试画出 2ASK 信号非相干解调时(参见图 7.2.3(b))各模块的输出波形。二进制码元序列$\{a_n\}$为 1010。

解：二进制码元序列$\{a_n\}$为 1010 的 2ASK 已调信号经过非相干解调后，各模块输出波形如图 7.2.5 所示。波形 a 与【例 7-2】中相同，波形 b 为全波整流输出波形，波形 c 为低通滤波器输出波形，判决规则同上，得到 2ASK 解调信号 d，对应码元信息为 1010，与原始码元序列$\{a_n\}$一致。

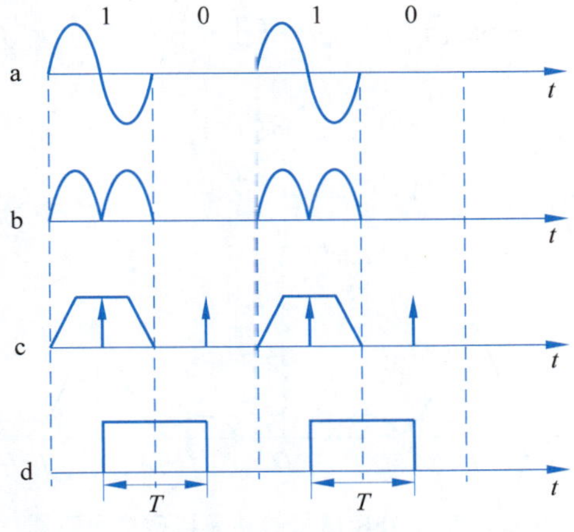

图 7.2.5　2ASK 非相干解调各模块输出波形

由图 7.2.4 和图 7.2.5 可见,非相干解调各模块的输出信号与相干解调相同,唯一区别是相干解调接收端需要乘以与发送端同频同相载波,所以相干解调系统的复杂度高于非相干解调。在大信噪比情况下,二者抗噪声性能一致,一般选用非相干解调。

7.2.2 2ASK 信号的功率谱密度

前面已经讲述了 2ASK 信号的一般表示式为 $e_{2ASK}(t)=s(t)\cos(\omega_c t)$,其中,$s(t)$为二进制单极性不归零信号,其表达式如下:

$$s(t)=\begin{cases} g(t), & \text{发送码元 1} \\ 0, & \text{发送码元 0} \end{cases} \tag{7.2.4}$$

为简化分析,这里 $g(t)$为矩形脉冲,其时域表达式为

$$g(t)=\begin{cases} A, & -T/2 \leqslant t \leqslant T/2 \\ 0, & \text{其他} \end{cases} \tag{7.2.5}$$

对应的频谱函数为

$$G(f)=AT\mathrm{Sa}(\pi fT) \tag{7.2.6}$$

根据第 6 章所述数字基带信号功率谱密度的计算方法,在等概率发送二进制码元的情况下,得到二进制单极性不归零基带信号 $s(t)$的功率谱密度为

$$P_s(f)=\frac{A^2T}{4}\mathrm{Sa}^2(\pi fT)+\frac{A^2}{4}\delta(f) \tag{7.2.7}$$

如图 7.2.6 所示。

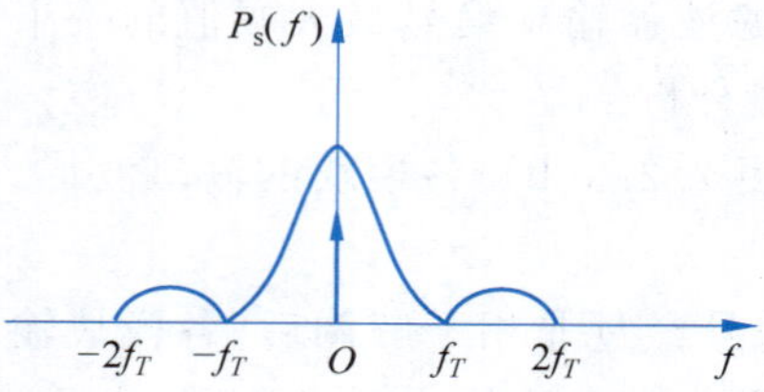

图 7.2.6 $s(t)$的功率谱密度示意图

由 2ASK 信号的时域表达式 $e_{2ASK}(t)=s(t)\cos(\omega_c t)$ 可推导出 $s(t)$的功率谱密度与 2ASK 信号的功率谱密度之间的关系如下:

$$P_{2ASK}(f)=\frac{1}{4}[P_s(f-f_c)+P_s(f+f_c)] \tag{7.2.8}$$

将式(7.2.7)代入式(7.2.8),得到 2ASK 信号的功率谱密度表达式为

$$P_{2ASK}(f)=\frac{A^2T}{16}\mathrm{Sa}^2[\pi(f-f_c)T]+\frac{A^2T}{16}\mathrm{Sa}^2[\pi(f+f_c)T]+\frac{A^2}{16}\delta(f-f_c)+\frac{A^2}{16}\delta(f+f_c) \tag{7.2.9}$$

其示意图如图 7.2.7 所示。

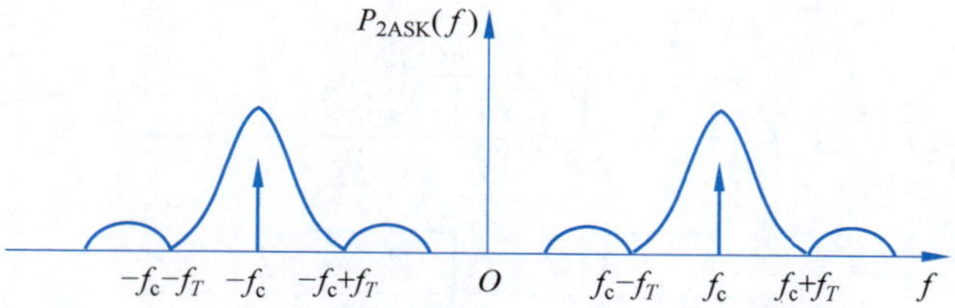

图 7.2.7 2ASK 信号的功率谱密度示意图

由图 7.2.6 和图 7.2.7 可以看出：第一，2ASK 信号的功率谱是基带信号 $s(t)$ 的功率谱在载频 f_c 和 $-f_c$ 上的线性搬移，只有幅值的衰减，没有频谱的变化，因而是线性调制；第二，2ASK 信号的第一谱零点带宽为 $2f_T$（即功率谱主瓣宽度，$f_T=1/T=R_B$ 为码元速率），它是基带信号 $s(t)$ 的第一谱零点带宽的 2 倍；第三，2ASK 信号功率谱中的离散分量使得在接收端容易提取载波信号，所提取的载波可用于相干解调。

7.2.3 2ASK 系统的抗噪声性能

通信系统的抗噪声性能是指系统克服加性噪声影响的能力。数字频带传输系统的一般模型如图 7.2.8 所示。其中，原始数字码元序列 $\{a_n\}$ 经过调制后变成数字频带信号在信道中传输，若信道中无噪声，则解调器输入信号为频带信号，对该信号进行解调，可获得与原码相同的解码；若信道中有噪声，则解调器输入信号为频带信号和噪声的混合信号，由于噪声的影响，导致解码 $\{a_n'\}$ 与原码 $\{a_n\}$ 有一定的区别，所以数字频带传输系统的抗噪声性能通常用误码率来衡量，解调器输入端的信噪比决定了系统抗噪声性能的好坏。为简化分析，本章中关于数字频带传输系统抗噪声性能的分析，均假设信道是恒参信道，在信号的频带范围内具有理想矩形的传输特性，信道中的噪声是加性高斯白噪声。

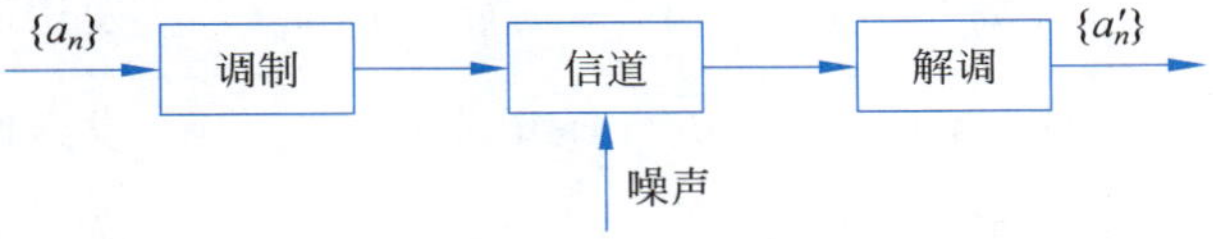

图 7.2.8 数字通信系统的一般模型

本节主要讨论 2ASK 系统的抗噪声性能。前面已经讲过，2ASK 信号的解调方法有相干解调和非相干解调。下面将分别讨论这两种解调系统的抗噪声性能。

1. 2ASK 相干解调系统的抗噪声性能

由于只考虑噪声的影响，所以将数字频带传输系统中的解调器进行扩展，可得到 2ASK 相干解调系统模型，如图 7.2.9 所示。

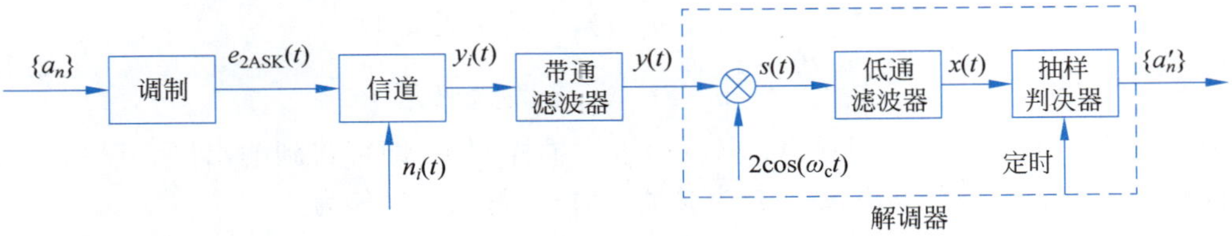

图 7.2.9 2ASK 相干解调系统模型

原始二进制码元序列 $\{a_n\}$ 经过振幅键控调制后得到 2ASK 信号 $e_{2ASK}(t)$，在一个码元周期 T 内，$e_{2ASK}(t)$ 的表达式为

$$e_{2ASK}(t)=\begin{cases}A\cos(\omega_c t), & \text{发送码元 1}\\ 0, & \text{发送码元 0}\end{cases} \tag{7.2.10}$$

经过信道后，接收端输入波形 $y_i(t)=e_{2ASK}(t)+n_i(t)$，在一个码元周期 T 内，$y_i(t)$ 可表示为

$$y_i(t)=\begin{cases}a\cos(\omega_c t)+n_i(t), & \text{发送码元 1}\\ n_i(t), & \text{发送码元 0}\end{cases} \tag{7.2.11}$$

式中，$n_i(t)$是信道中的加性高斯白噪声，均值为0。由于假设信道为恒参信道，它在信号的频带范围内具有理想矩形的传输特性，所以信道只对2ASK信号产生幅值衰减，无频率损失，信号幅值由A衰减为a。

经过带通滤波器后，输出波形$y(t)$为

$$y(t)=\begin{cases}a\cos(\omega_c t)+n(t), & \text{发送码元 1}\\ n(t), & \text{发送码元 0}\end{cases} \tag{7.2.12}$$

其中，$n(t)$是加性高斯白噪声。由于带通滤波器的作用是使信号无失真通过，并且最大可能地滤除噪声，所以信号可无失真通过，仍为$a\cos(\omega_c t)$，而噪声受到限制。由对随机信号的分析可知，高斯窄带噪声$n(t)$的均值仍为0，方差为σ_n^2($\sigma_n^2=n_0 B$，一般取带通滤波器带宽B等于2ASK信号带宽)。$n(t)$的表达式为

$$n(t)=n_c(t)\cos(\omega_c t)-n_s(t)\sin(\omega_c t) \tag{7.2.13}$$

将式(7.2.13)代入式(7.2.12)，得到

$$y(t)=\begin{cases}[a+n_c(t)]\cos(\omega_c t)-n_s(t)\sin(\omega_c t), & \text{发送码元 1}\\ n_c(t)\cos(\omega_c t)-n_s(t)\sin(\omega_c t), & \text{发送码元 0}\end{cases} \tag{7.2.14}$$

$y(t)$与载波$2\cos(\omega_c t)$相乘后得到

$$\begin{aligned}s(t)&=\begin{cases}2[a+n_c(t)]\cos^2(\omega_c t)-2n_s(t)\sin(\omega_c t)\cos(\omega_c t), & \text{发送码元 1}\\ 2n_c(t)\cos^2(\omega_c t)-2n_s(t)\sin(\omega_c t)\cos(\omega_c t), & \text{发送码元 0}\end{cases}\\ &=\begin{cases}[a+n_c(t)][1+\cos 2(\omega_c t)]-n_s(t)\sin 2(\omega_c t), & \text{发送码元 1}\\ n_c(t)[1+\cos 2(\omega_c t)]-n_s(t)\sin 2(\omega_c t), & \text{发送码元 0}\end{cases}\end{aligned} \tag{7.2.15}$$

经过低通滤波器，滤除高频分量，得到$s(t)$的输出包络信号$x(t)$：

$$x(t)=\begin{cases}a+n_c(t), & \text{发送码元 1}\\ n_c(t), & \text{发送码元 0}\end{cases} \tag{7.2.16}$$

式中，a为信号成分，$n_c(t)$为噪声，对$x(t)$进行抽样判决，即可得到输出码元序列$\{a_n'\}$。假设对第k个码元进行判决，取kT为其抽样时刻，得到抽样值为

$$x(kT)=\begin{cases}a+n_c(kT), & \text{发送码元 1}\\ n_c(kT), & \text{发送码元 0}\end{cases} \tag{7.2.17}$$

因为$n(t)$为窄带高斯噪声，所以同相分量$n_c(t)$仍为高斯随机过程，离散值$n_c(kT)$为高斯随机变量，均值为0，方差为σ_n^2。由此得到，发送码元1和0时抽样值$x(kT)$的一维概率密度函数分别为

$$f_1(x)=\frac{1}{\sqrt{2\pi}\sigma_n}\exp\left\{-\frac{(x-a)^2}{2\sigma_n^2}\right\} \tag{7.2.18}$$

$$f_0(x)=\frac{1}{\sqrt{2\pi}\sigma_n}\exp\left\{-\frac{x^2}{2\sigma_n^2}\right\} \tag{7.2.19}$$

取判决门限为 b,当抽样值 $x(kT)\geqslant b$ 时,判输出码元为1;当抽样值 $x(kT)<b$ 时,判输出码元为0。由此得到,发送码元1,错误判决为0的概率为

$$P(0/1)=P(x<b)=\int_{-\infty}^{b}f_1(x)\mathrm{d}x=1-\frac{1}{2}\mathrm{erfc}\left(\frac{b-a}{\sqrt{2}\sigma_n}\right) \tag{7.2.20}$$

而发送码元0,错误判决为1的概率为

$$P(1/0)=P(x\geqslant b)=\int_{b}^{+\infty}f_0(x)\mathrm{d}x=\frac{1}{2}\mathrm{erfc}\left(\frac{b}{\sqrt{2}\sigma_n}\right) \tag{7.2.21}$$

所以系统总的误码率为

$$P_e=P(1)\times P(0/1)+P(0)\times P(1/0) \tag{7.2.22}$$

如图7.2.10中阴影部分面积所示。由式(7.2.22)可以看出,2ASK相干解调系统误码率与发送码元1和0的概率、解调器输入端的信噪比以及判决门限有关,当信源、信道确定时,发送码元概率及信噪比确定,可通过调节判决门限来降低系统误码率。

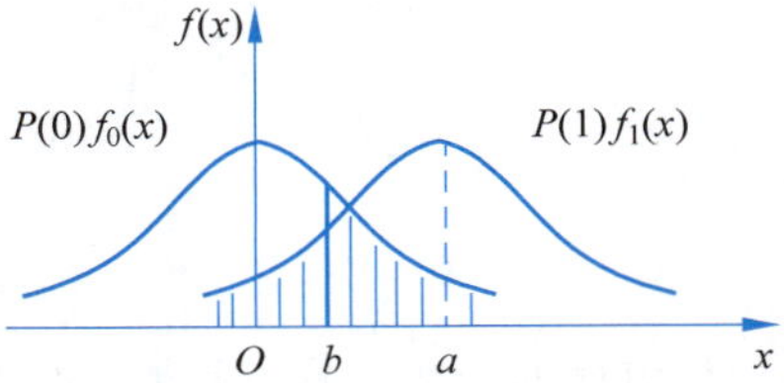

图7.2.10 2ASK相干解调系统误码率几何示意图

定义使系统误码率达到最小的判决门限,为最佳判决门限,可通过以下方程获得:

$$\partial P_e/\partial b=0 \tag{7.2.23a}$$

$$P(1)f_1(b^*)=P(0)f_0(b^*) \tag{7.2.23b}$$

证明过程从略,最佳判决门限 b^* 为

$$b^*=\frac{a}{2}+\frac{\sigma_n^2}{a}\ln\frac{P(0)}{P(1)} \tag{7.2.24}$$

若 $P(0)=P(1)$,则最佳判决门限为 $b^*=a/2$,此时2ASK相干解调时系统的误码率为

$$\begin{aligned}P_e&=P(1)P(0/1)+P(0)P(1/0)\\&=\frac{1}{2}\times\left[1-\frac{1}{2}\mathrm{erfc}\left(\frac{a/2-a}{\sqrt{2}\sigma_n}\right)\right]+\frac{1}{2}\times\frac{1}{2}\mathrm{erfc}\left(\frac{a/2}{\sqrt{2}\sigma_n}\right)\\&=\frac{1}{2}\mathrm{erfc}\left(\frac{a}{2\sqrt{2}\sigma_n}\right)=\frac{1}{2}\mathrm{erfc}\left(\sqrt{\frac{r}{4}}\right)\end{aligned} \tag{7.2.25}$$

式中,$r=\dfrac{a^2}{2\sigma_n^2}$,为解调器输入端的信噪比,其中 $\dfrac{a^2}{2}$ 为信号功率,$\sigma_n^2=n_0B$ 为噪声功率。当 $r\gg1$(大信噪比)时,可近似表示为 $P_e\approx\dfrac{1}{\sqrt{\pi r}}\mathrm{e}^{-r/4}$。

图7.2.11进一步说明了系统最小误码率和最佳判决门限。由式(7.2.23b)可知,最佳判决门限 b^* 为两个概率曲线的交点处,又 $P(0)=P(1)$ 且两个概率曲线 $f_0(x)$、

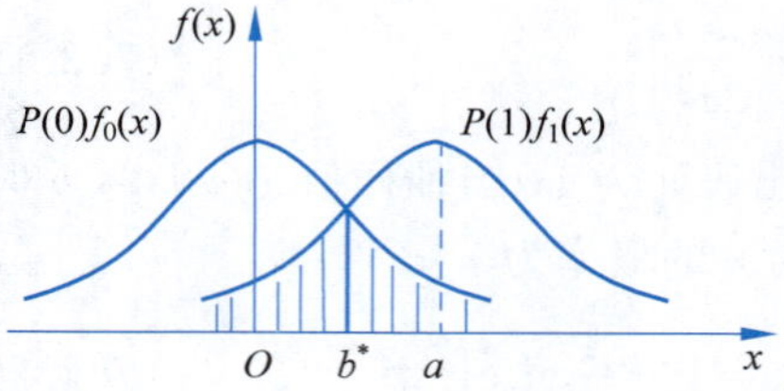

图 7.2.11　2ASK 相干解调系统最小误码率几何示意图

$f_1(x)$形状相同、关于 $a/2$ 对称，所以最佳判决门限 $b^*=a/2$。此时，图 7.2.11 曲线下阴影面积最小，系统误码率最低。

2. 2ASK 非相干解调系统的抗噪声性能

2ASK 非相干解调系统模型如图 7.2.12 所示。这里包络检波器由全波整流器和低通滤波器构成。

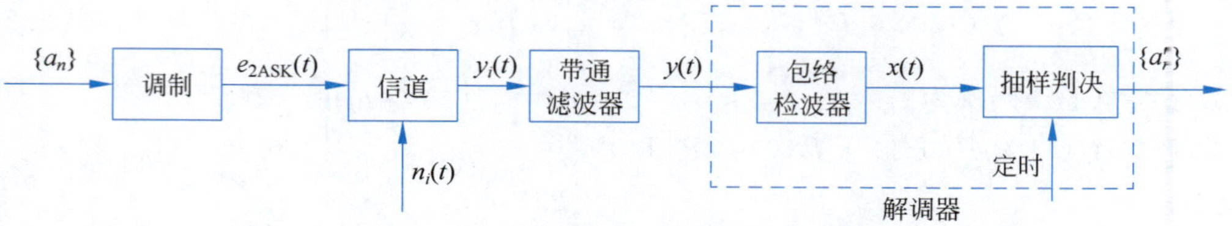

图 7.2.12　2ASK 非相干解调系统模型

与前面的分析一样，带通滤波器的输出 $y(t)$ 为

$$y(t)=\begin{cases}a\cos(\omega_c t)+n(t), & \text{发送码元 1}\\ n(t), & \text{发送码元 0}\end{cases}\tag{7.2.26}$$

式中，$n(t)$是窄带高斯噪声，$n(t)=n_c(t)\cos(\omega_c t)-n_s(t)\sin(\omega_c t)$，代入式(7.2.26)，得到：

$$y(t)=\begin{cases}[a+n_c(t)]\cos(\omega_c t)-n_s(t)\sin(\omega_c t), & \text{发送码元 1}\\ n_c(t)\cos(\omega_c t)-n_s(t)\sin(\omega_c t), & \text{发送码元 0}\end{cases}\tag{7.2.27}$$

经过包络检波器，得到输出包络信号为

$$x(t)=\begin{cases}\sqrt{[a+n_c(t)]^2+n_s^2(t)}, & \text{发送码元 1}\\ \sqrt{n_c^2(t)+n_s^2(t)}, & \text{发送码元 0}\end{cases}\tag{7.2.28}$$

假设对第 k 个码元进行判决，取 kT 为其抽样时刻，得到抽样值为

$$x(kT)=\begin{cases}\sqrt{[a+n_c(kT)]^2+n_s^2(kT)}, & \text{发送码元 1}\\ \sqrt{n_c^2(kT)+n_s^2(kT)}, & \text{发送码元 0}\end{cases}\tag{7.2.29}$$

其中，$n_c(kT)$、$n_s(kT)$均为高斯分布随机变量，均值为 0，方差为 σ_n^2，则得到发送码元 1 时，抽样值 $x(kT)$的一维概率密度函数为

$$f_1(x)=\frac{x}{\sigma_n^2}I_0\left(\frac{ax}{\sigma_n^2}\right)e^{-\frac{x^2+a^2}{2\sigma_n^2}}\tag{7.2.30}$$

发送码元 0 时，抽样值 $x(kT)$的一维概率密度函数为

$$f_0(x)=\frac{x}{\sigma_n^2}e^{-\frac{x^2}{2\sigma_n^2}}\tag{7.2.31}$$

$f_1(x)$满足广义瑞利分布(莱斯分布),$f_0(x)$满足瑞利分布。取判决门限为 b,当抽样值 $x(kT)\geqslant b$ 时,判输出码元为 1;当抽样值 $x(kT)<b$ 时,判输出码元为 0。则发送码元 1 时错判为 0 的概率为

$$P(0/1)=P(x<b)=\int_0^b f_1(x)\mathrm{d}x=1-\int_b^{\infty}\frac{x}{\sigma_n^2}I_0\left(\frac{ax}{\sigma_n^2}\right)\mathrm{e}^{\frac{-(x^2+a^2)}{2\sigma_n^2}}\mathrm{d}x \quad (7.2.32)$$

同理,发送码元 0 时错判为 1 的概率为

$$P(1/0)=P(x\geqslant b)=\int_b^{\infty}f_0(x)\mathrm{d}x=\mathrm{e}^{-b^2/2\sigma_n^2} \quad (7.2.33)$$

所以系统总的误码率为

$$P_e=P(1)P(0/1)+P(0)P(1/0) \quad (7.2.34)$$

图 7.2.13 绘出了 2ASK 非相干解调系统误码率几何示意图。

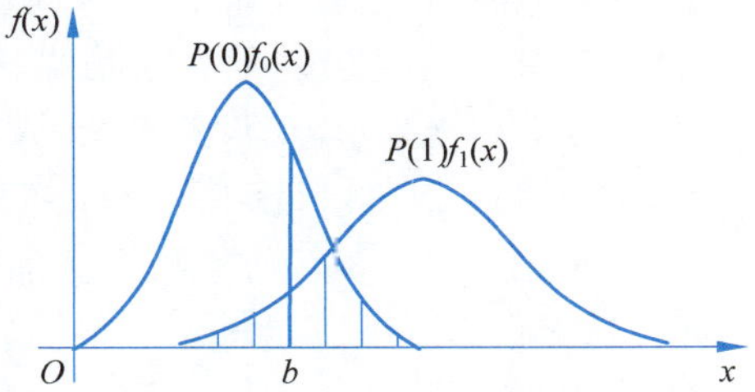

图 7.2.13　2ASK 非相干解调系统误码率几何示意图

可以看出,2ASK 非相干解调系统误码率也与发送码元 1 和 0 的概率、解调器输入端的信噪比和判决门限有关。最佳判决门限也可通过求极值的方法得到,简要推导过程如下:

$$\frac{\partial P_e}{\partial b}=0 \quad (7.2.35a)$$

$$P(1)f_1(b^*)=P(0)f_0(b^*) \quad (7.2.35b)$$

当 $P(1)=P(0)$时,有 $f_1(b^*)=f_0(b^*)$,即 $f_0(x)$和 $f_1(x)$两条曲线交点处的取值就是最佳判决门限值 b^*,得到近似值为

$$b^*\approx\frac{a}{2}\sqrt{1+\frac{8\sigma_n^2}{a^2}}=\frac{a}{2}\sqrt{1+\frac{4}{r}} \quad (7.2.36)$$

式中,$r=a^2/2\sigma_n^2$。当 $r\gg1$ 时,$b^*=a/2$;当 $r\ll1$ 时,$b^*=\sqrt{2}\sigma_n$。

在实际工作中,系统总是工作在大信噪比($r\gg1$)情况下,此时最佳判决门限取 $b^*=a/2$,系统的总误码率为

$$P_e=\frac{1}{4}\mathrm{erfc}\left(\frac{a}{2\sqrt{2}\sigma_n}\right)+\frac{1}{2}\times\mathrm{e}^{-a^2/(8\sigma_n^2)}=\frac{1}{4}\mathrm{erfc}\left(\sqrt{\frac{r}{4}}\right)+\frac{1}{2}\mathrm{e}^{-r/4} \quad (7.2.37)$$

当 $r\to\infty$时,式(7.2.37)中的第二项起主要作用,所以 $P_e\approx\frac{1}{2}\mathrm{e}^{-r/4}$。

如图 7.2.14 所示,两个概率曲线交点处为最佳判决门限(即 $b^* = a/2$),与图 7.2.11 的分析相同,得到 2ASK 非相干解调系统误码率的几何表示,此时曲线下阴影面积最小,系统误码率最低。

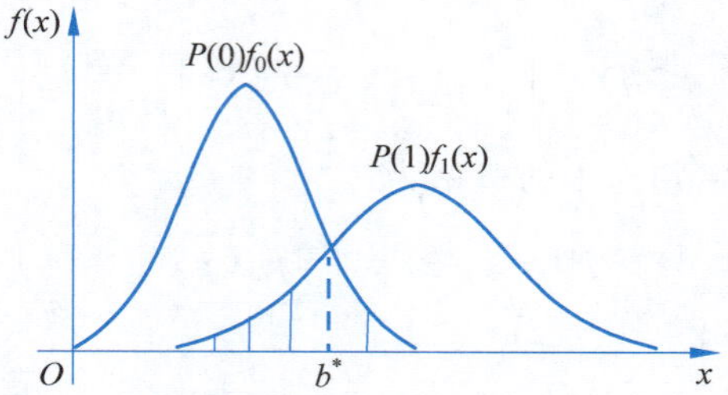

图 7.2.14　2ASK 非相干解调系统最小误码率几何示意图

一般情况下,相干解调系统的抗噪声性能优于非相干解调,在大信噪比情况下,二者性能相似。非相干解调系统设备简单、易于实现,但在小信噪比情况下,存在门限效应;相干解调系统在任何情况下都不存在门限效应,但设备复杂,成本较高。

【例 7-4】　采用 2ASK 方式调制二进制数字信息,已知码元传输速率 $R_B = 2\times10^6$ Bd,接收端解调器输入信号的振幅 $a = 40\mu V$,信道噪声为加性高斯白噪声,且单边功率谱密度 $n_0 = 6\times10^{-18}$ W/Hz,试求:

(1) 非相干解调时,系统的误码率;

(2) 相干解调时,系统的误码率。

解:(1) 因为码元速率为 2×10^6 Bd,所以 $f_T = 2\times10^6$ Hz,则接收端的带通滤波器带宽为 $B = 2f_T = 4$MHz,得到解调端输入噪声的功率为 $N_i = n_0 B = 24\times10^{-12}$ W。

由于信号的功率为 $S_i = \frac{1}{2}a^2 = 8\times10^{-10}$ W,所以信噪比为 $r = \frac{S_i}{N_i} = \frac{8\times10^{-10}}{24\times10^{-12}} \approx 33.33$。

可见 $r \gg 1$,所以非相干解调误码率为 $P_e \approx \frac{1}{2}e^{-\frac{r}{4}} \approx 1.2\times10^{-4}$。

(2) 由于 $r = 33.33 \gg 1$,所以相干解调误码率为 $P_e \approx \frac{1}{\sqrt{\pi r}}e^{-\frac{r}{4}} \approx 2.4\times10^{-5}$。

视频

7.3　二进制频移键控

本节主要讨论二进制频移键控(2FSK)的基本原理及调制、解调基本方法,通过分析 2FSK 信号的功率谱来理解非线性调制的基本原理,并且详细讨论相干和非相干 2FSK 传输系统的抗噪声性能。

7.3.1　2FSK 调制与解调基本原理

1. 2FSK 的基本原理

频移键控是利用正弦载波的频率变化来传递数字信息,而其幅度和初始相位保持不变。对于二进制频移键控,当发送码元 1 时,取载波的频率为 f_1,当发送码元 0 时取频率

为 f_2，根据载波的频率不同来区分码元信息，可表示为

$$e_{2FSK}(t)=\begin{cases}A\cos(\omega_1 t+\varphi), & \text{以概率 } p \text{ 发送 } 1\\ A\cos(\omega_2 t+\varphi), & \text{以概率 } 1-p \text{ 发送 } 0\end{cases} \tag{7.3.1}$$

为简化分析，假设初始相位 $\varphi=0$，推导出 2FSK 信号的一般表达式：

$$e_{2FSK}(t)=s_1(t)\cos(\omega_1 t)+s_2(t)\cos(\omega_2 t) \tag{7.3.2}$$

其中，$s_1(t)$和 $s_2(t)$均为二进制单极性不归零基带信号，表示为

$$s_1(t)=\sum_n a_n g(t-nT) \tag{7.3.3}$$

$$s_2(t)=\sum_n b_n g(t-nT) \tag{7.3.4}$$

式中，a_n 和 b_n 为二进制码元，且互为反码，即 $b_n=\bar{a}_n$，表示为

$$a_n=\begin{cases}1, & \text{概率为 } p\\ 0, & \text{概率为 } 1-p\end{cases},\quad b_n=\begin{cases}0, & \text{概率为 } p\\ 1, & \text{概率为 } 1-p\end{cases} \tag{7.3.5}$$

$g(t)$仍为幅值为 A、宽度为 T 的矩形脉冲。因此，2FSK 信号可以看成两个不同载频的码元序列反相的 2ASK 信号的叠加，下面通过波形图举例说明 2FSK 信号产生的基本原理。

【例 7-5】 设二进制码元序列$\{a_n\}$为 1010，试画出 2FSK 信号波形图。其中调制载波分别为 $\cos(\omega_1 t)$和 $\cos(\omega_2 t)$，载波频率满足 $\omega_1=2\omega_2$。

解： 二进制码元序列$\{a_n\}$为 1010 的 2FSK 信号波形产生过程如图 7.3.1 所示。

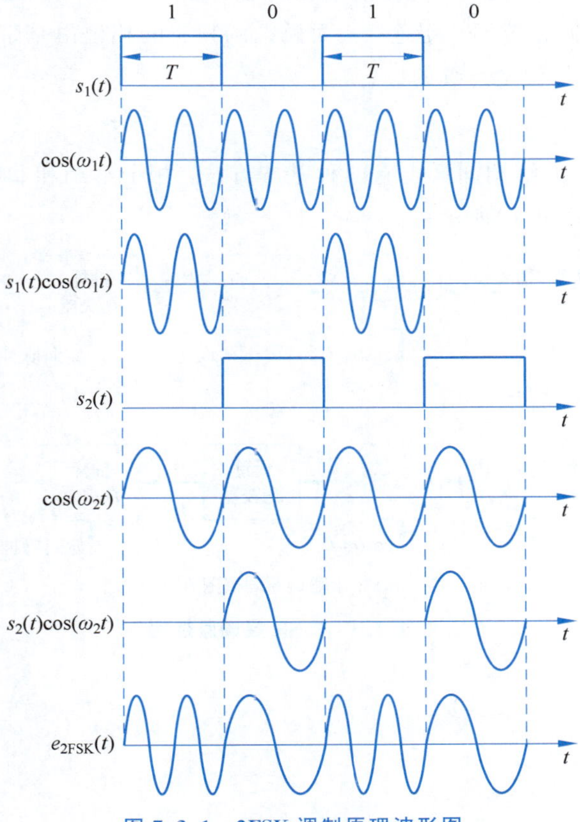

图 7.3.1 2FSK 调制原理波形图

2. 2FSK 的调制

与 2ASK 调制方法一样,2FSK 也有两种基本调制方法:模拟调频法和数字键控法,其原理框图分别如图 7.3.2(a)和(b)所示。

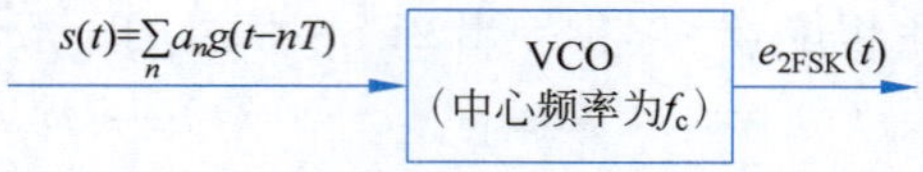

(a) 模拟调频法

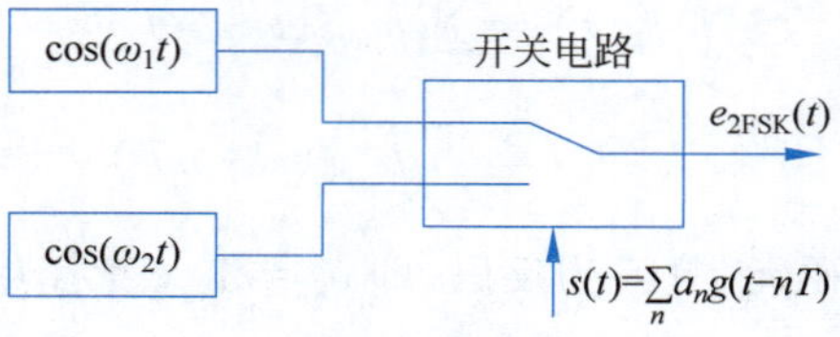

(b) 键控法

图 7.3.2　2FSK 调制原理框图

在键控法中,开关电路的开启方式受二进制单极性不归零信号 $s(t)$的控制。当 $s(t)$为高电平 1 时,开关电路连接到 $\cos(\omega_1 t)$振荡信号产生器,持续时间 T;当 $s(t)$为低电平 0 时,开关电路连接 $\cos(\omega_2 t)$振荡信号产生器,持续时间 T,由此产生 2FSK 信号。而"模拟调频法"利用二进制基带信号对单一频率振荡器进行调频,也可得到 2FSK 信号。这两种方法的差异是:键控法产生的信号是由电子开关在两个独立的频率源之间切换而形成的,相邻码元之间相位不一定连续;而模拟调频法的相位由基带信号 $s(t)$控制压控振荡器(VCO)产生,相位是连续的。

3. 2FSK 的解调

对于 2FSK 信号的解调同样也有两种基本方法:相干解调和非相干解调,其原理框图分别如图 7.3.3(a)和(b)所示。

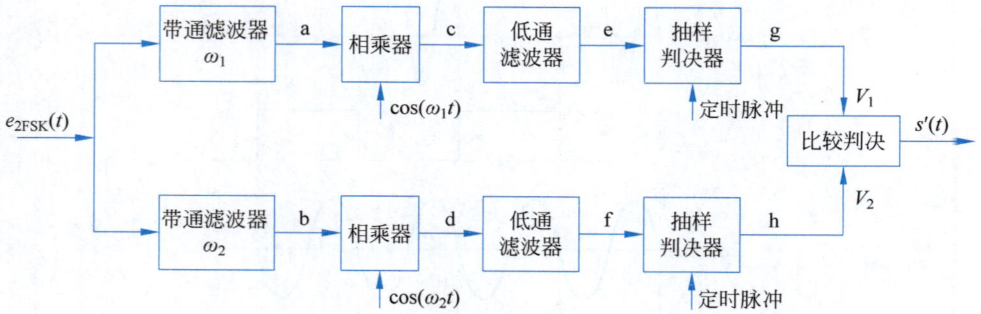

(a) 相干解调原理框图

图 7.3.3　2FSK 解调原理图

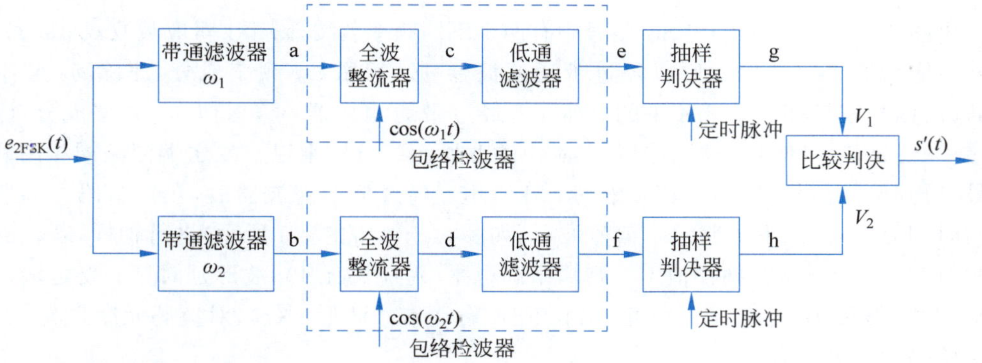

(b) 非相干解调原理框图

图 7.3.3 （续）

由于 2FSK 信号中包含两个不同频率载波，所以需要上、下两个支路分别滤波解调，下面通过波形图举例说明 2FSK 解调原理。

【例 7-6】 设二进制码元序列$\{a_n\}$为 1010，试画出 2FSK 信号相干解调各模块输出波形图。

解：二进制码元序列$\{a_n\}$为 1010 的 2FSK 信号波形 $e_{2FSK}(t)$（参见图 7.3.1）及其经过相干解调（参见图 7.3.3(a)）后各模块输出信号波形分别如图 7.3.4 所示。

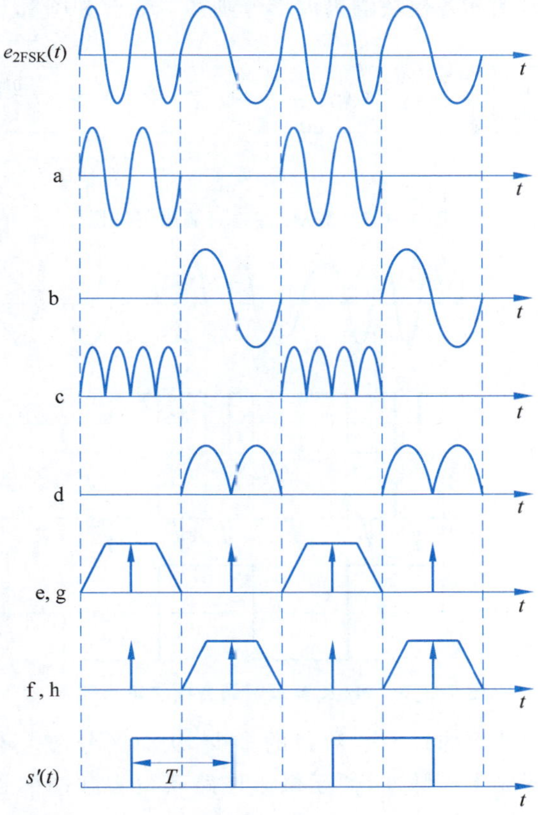

图 7.3.4 2FSK 相干解调各模块输出波形

由图 7.3.1 可以看出,2FSK 信号中有两个不同频率载波,码元 1 对应载波 $\cos(\omega_1 t)$,码元 0 对应载波 $\cos(\omega_2 t)$。所以经过带通滤波器 ω_1,保留 ω_1 频率成分,滤除 ω_2 频率成分,输出信号波形如图 7.3.4 中的 a 所示;经过带通滤波器 ω_2,保留 ω_2 频率成分,滤除 ω_1 频率成分,输出信号波形如图 7.3.4 中的 b 所示。分别乘以与发送端同频同相的载波信号,得到倍频信号,如图 7.3.4 中的 c、d 所示。经过低通滤波器后,在每个码元周期的中间时刻分别对上、下支路包络信号波形(如图 7.3.4 中的 e、f 所示)进行抽样,若上支路抽样值 V_1 大于下支路抽样值 V_2,则输出高电平(对应码元 1),波形延时 T;反之输出低电平(对应码元 0),延时 T。由此得到 2FSK 解调信号波形 $s'(t)$,对应码元序列为 1010,与原始码元序列一致。

可以看出,在对 2FSK 信号进行解调时,不需要设置判决门限,只需比较上、下支路的抽样值,根据判决规则可得到解调信号。需要注意的是,这里的判决规则仍需与调制规则相一致,若假设调制规则与之前的相反,即码元 0 用载波 $\cos(\omega_1 t)$调制,码元 1 用载波 $\cos(\omega_2 t)$调制,仍用图 7.3.3(a)进行相干解调,则为获得正确的输出码元,判决规则也要进行相应的改变,即当上支路抽样值 V_1 大于下支路 V_2 时,判为 0;反之判为 1。

非相干解调各模块输出波形与相干解调相似,这里不再重复,读者可自行分析其解调原理。

除以上两种基本解调方法外,还可通过鉴频法和差分检测法对 2FSK 信号进行解调。其中鉴频法原理框图和各模块输出波形分别如 7.3.5 和图 7.3.6 所示。

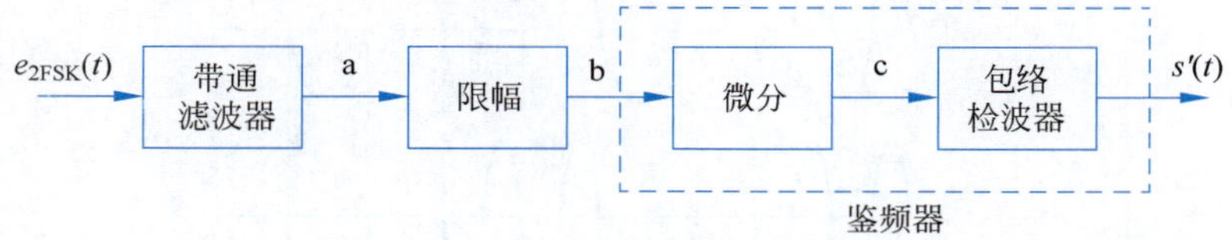

图 7.3.5 2FSK 鉴频解调原理框图

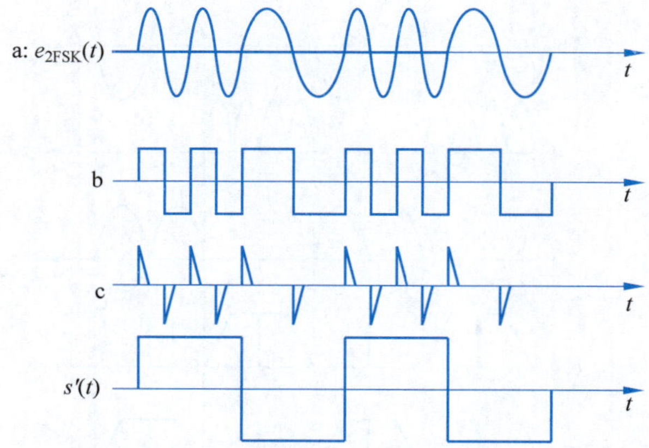

图 7.3.6 2FSK 鉴频解调各模块输出波形

鉴频法是通过检测波形的过零点数目的多少,从而区分两个不同频率的码元信号。通过限幅将正弦信号变成矩形脉冲,便于微分电路获得尖脉冲信号,尖脉冲密集程度与信号频率的高低成正比，也与直流分量成正比，经过包络检波器中的低通滤波器取出直流分量，完成 2FSK 信号到数字基带信号的转换。

差分检测法原理框图如图 7.3.7 所示。

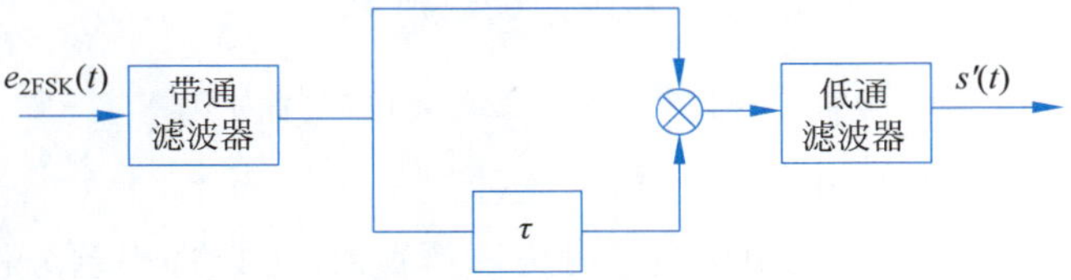

图 7.3.7　2FSK 差分检测法原理框图

设 2FSK 信号的一般表达式为

$$e_{2FSK}(t)=A\cos[(\omega_c+\Delta\omega)t] \tag{7.3.6}$$

根据 $\Delta\omega$ 的不同，可得到两个不同载频，分别对应两个二进制码元。2FSK 信号中两个频率的一般表达式为 $\omega=\omega_c+\Delta\omega$。当 $\Delta\omega<0$ 时，载波频率 $\omega=\omega_1<\omega_c$，调制码元 1；反之，当 $\Delta\omega>0$ 时，载波频率 $\omega=\omega_2>\omega_c$，调制码元 0。

2FSK 信号经过带通滤波器后，一路延时 τ，一路无延时，两路信号相乘，得到表达式：

$$\begin{aligned}e_{2FSK}(t)e_{2FSK}(t-\tau)&=A\cos[(\omega_c+\Delta\omega)t]\cdot A\cos[(\omega_c+\Delta\omega)(t-\tau)]\\&=\frac{A^2}{2}\cos[2(\omega_c+\Delta\omega)t-(\omega_c+\Delta\omega)\tau]+\frac{A^2}{2}\cos[(\omega_c+\Delta\omega)\tau]\end{aligned} \tag{7.3.7}$$

经过低通滤波器后，倍频信号被滤除，输出基带信号 $s'(t)$：

$$\begin{aligned}s'(t)&=\frac{A^2}{2}\cos[(\omega_c+\Delta\omega)\tau]\\&=\frac{A^2}{2}\cos(\omega_c\tau)\cos(\Delta\omega\tau)-\frac{A^2}{2}\sin(\omega_c\tau)\sin(\Delta\omega\tau)\end{aligned} \tag{7.3.8}$$

取 $\cos(\omega_c\tau)=0$，则

$$\sin(\omega_c\tau)=\begin{cases}+1, & \omega_c\tau=\pi/2\\-1, & \omega_c\tau=3\pi/2\end{cases}$$

所以式(7.3.8)化简为

$$s=\begin{cases}-\dfrac{A^2}{2}\sin(\Delta\omega\tau), & \omega_c\tau=\pi/2\\\dfrac{A^2}{2}\sin(\Delta\omega\tau), & \omega_c\tau=3\pi/2\end{cases} \tag{7.3.9}$$

由式(7.3.9)可以看出，延时 τ 为固定值，频偏 $\Delta\omega$ 取正负，s 值也有正负，通过比较 s 离散值的正负来判断输出码元为 1 或 0。取表达式 $s=-\dfrac{A^2}{2}\sin(\Delta\omega\tau)$，则根据调制规则($\Delta\omega<0$，调制码元 1；$\Delta\omega>0$，调制码元 0)，得到判决规则：

$$\begin{cases} 当\ s > 0\ 时 \Rightarrow \quad \Delta\omega < 0 \Rightarrow 判为\ 1 \\ 当\ s < 0\ 时 \Rightarrow \quad \Delta\omega > 0 \Rightarrow 判为\ 0 \end{cases} \tag{7.3.10}$$

同理,若取表达式 $s=\dfrac{A^2}{2}\sin(\Delta\omega\tau)$,则判决规则为

$$\begin{cases} 当\ s > 0\ 时 \Rightarrow \quad \Delta\omega > 0 \Rightarrow 判为\ 0 \\ 当\ s < 0\ 时 \Rightarrow \quad \Delta\omega < 0 \Rightarrow 判为\ 1 \end{cases} \tag{7.3.11}$$

由此可见,当数字频带系统中信道延时失真严重时,可以选用差分检测法进行解调,解调性能优于鉴频法。但差分检测法也有其缺点,它受条件 $\cos(\omega_0\tau)=0$ 的限制。

7.3.2 2FSK 信号的功率谱密度

由前面分析可知,2FSK 信号的一般表示为

$$e_{2FSK}(t)=s_1(t)\cos(\omega_1 t)+s_2(t)\cos(\omega_2 t) \tag{7.3.12}$$

式中,$s_1(t)$为原始数字基带信号 $s(t)$,$s_2(t)=\overline{s(t)}$是原始数字基带信号的反相,二者均为二进制单极性不归零信号,因此 2FSK 信号可以看成是两个不同载频的码元序列反相的 2ASK 信号的叠加。

根据 2ASK 信号功率谱密度的表达式,可得到 2FSK 信号的功率谱密度的一般表达式:

$$P_{2FSK}(f)=\frac{1}{4}[P_{s_1}(f-f_1)+P_{s_1}(f+f_1)]+\frac{1}{4}[P_{s_2}(f-f_2)+P_{s_2}(f+f_2)] \tag{7.3.13}$$

式中,$P_{s_1}(f)$和 $P_{s_2}(f)$分别为 $s_1(t)$、$s_2(t)$的功率谱。$s_1(t)=\overline{s_2(t)}=s(t)$,可表示为

$$s_1(t)=\begin{cases} g(t), & 发送码元\ 1 \\ 0, & 发送码元\ 0 \end{cases} \tag{7.3.14a}$$

$$s_2(t)=\begin{cases} 0, & 发送码元\ 1 \\ g(t), & 发送码元\ 0 \end{cases} \tag{7.3.14b}$$

这里仍取 $g(t)$为矩形脉冲,其时域表达式为

$$g(t)=\begin{cases} A, & -T/2 \leqslant t \leqslant T/2 \\ 0, & 其他 \end{cases} \tag{7.3.15}$$

对应频谱函数为 $G(f)=AT\mathrm{Sa}(\pi fT)$,所以得到在等概发送二进制码元情况下,单极性不归零基带信号 $s_1(t)$、$s_2(t)$的功率谱密度为

$$P_{s_1}(f)=P_{s_2}(f)=\frac{A^2T}{4}\mathrm{Sa}^2(\pi fT)+\frac{A^2}{4}\delta(f) \tag{7.3.16}$$

代入式(7.3.13)中,得到 2FSK 信号的功率谱密度表达式:

$$P_{2FSK}(f)=\frac{A^2T}{16}\mathrm{Sa}^2[\pi(f-f_1)T]+\frac{A^2T}{16}\mathrm{Sa}^2[\pi(f+f_1)T]+$$

$$\frac{A^2T}{16}\mathrm{Sa}^2[\pi(f-f_2)T]+\frac{A^2T}{16}\mathrm{Sa}^2[\pi(f+f_2)T]+$$

$$\frac{A^2}{16}\delta(f-f_1)+\frac{A^2}{16}\delta(f+f_1)+\frac{A^2}{16}\delta(f-f_2)+\frac{A^2}{16}\delta(f+f_2) \quad (7.3.17)$$

可以看出，2FSK 信号功率谱是基带信号 $s_1(t)$、$s_2(t)$的功率谱在频率$\pm f_1$ 和$\pm f_2$ 上的搬移，如图 7.3.8 所示。因为 2FSK 信号的功率谱 $P_{2FSK}(f)$与原始数字基带信号 $s(t)$的功率谱 $P_s(f)(P_{s_1}(f)=P_{s_2}(f))$之间并不是线性关系，所以称 2FSK 调制是非线性调制。

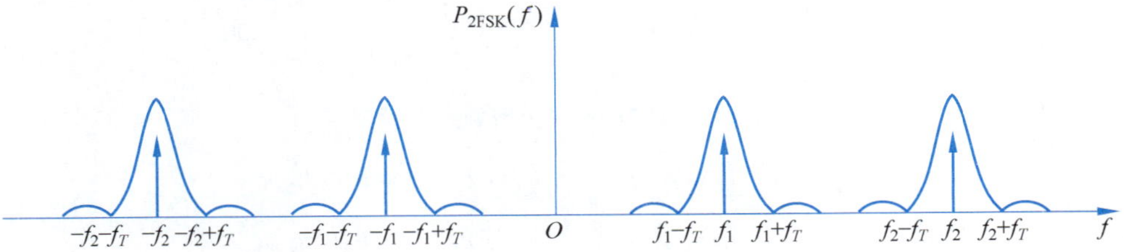

图 7.3.8　2FSK 信号的功率谱密度示意图

由于取 f_1 和 f_2 的间隔较大，所以图 7.3.8 中 2FSK 信号的功率谱有明显的两个波峰；若 f_1 和 f_2 间隔较小，则 $P_{s_1}(f)$和 $P_{s_2}(f)$两个功率谱将会重叠，形成一个波峰。一般情况下，当$|f_2-f_1|>f_T$ 时，功率谱表现为双峰；当$|f_2-f_1|<f_T$ 时，表现为单峰。当然，也可用偏移率 $h=|f_2-f_1|/f_T$ 判断功率谱的单双峰情况：$h>1$ 时为双峰，$h<1$ 时为单峰。若以功率谱第一零点之间的频率间隔计算 2FSK 信号的带宽，则其带宽可写成 $B_{2FSK}=|f_2-f_1|+2f_T$，其中 $f_T=1/T=R_B$ 为码元速率。需要注意的是，相位连续的 2FSK 信号的功率谱，其旁瓣按 $1/f^4$ 规律衰减，而相位不连续的 2FSK 信号的功率谱，其旁瓣按 $1/f^2$ 规律衰减。前者旁瓣衰减速度快，可精确地求得信号带宽，所以常用相位连续的 2FSK 调制方式。

7.3.3　2FSK 系统的抗噪声性能

下面讨论 2FSK 的相干解调系统和非相干解调系统的抗噪声性能。

1. 2FSK 相干解调系统的抗噪声性能

由前面分析可知，2FSK 信号可看成两个 2ASK 信号的叠加。因此，2FSK 的相干解调系统是 2ASK 相干解调系统的扩展，如图 7.3.9 所示。

原始二进制码元序列$\{a_n\}$经过频移键控调制后得到 2FSK 信号 $e_{2FSK}(t)$，假设在一个码元周期 T 内，$e_{2FSK}(t)$的表达式为

$$e_{2FSK}(t)=\begin{cases}A\cos(\omega_1 t), & \text{发送码元 1}\\ A\cos(\omega_2 t), & \text{发送码元 0}\end{cases} \quad (7.3.18)$$

经过信道后，接收端的输入合成波形 $y_i(t)=e_{2FSK}(t)+n_i(t)$，在一个码元周期 T 内，$y_i(t)$可表示为

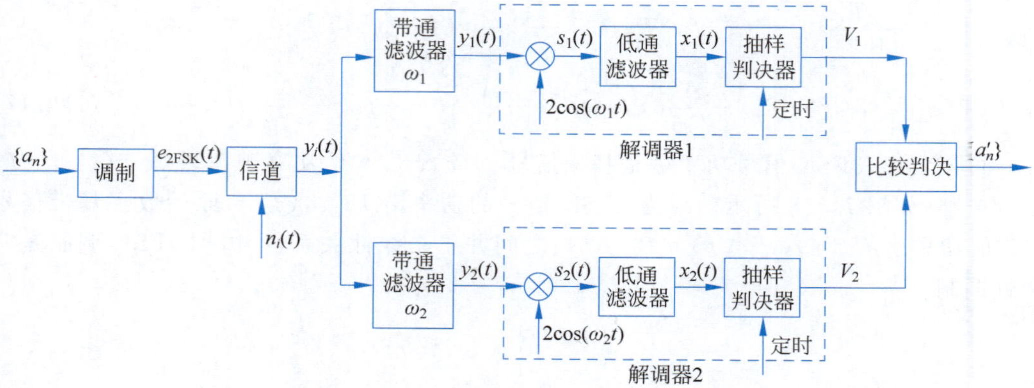

图 7.3.9 2FSK 相干解调系统模型

$$y_i(t)=\begin{cases}a\cos(\omega_1 t)+n_i(t), & \text{发送码元 1}\\ a\cos(\omega_2 t)+n_i(t), & \text{发送码元 0}\end{cases} \tag{7.3.19}$$

与前面的分析一样,这里 $n_i(t)$是信道中的高斯白噪声,均值为 0。由于信道为恒参信道,在信号的频带范围内它具有理想矩形的传输特性,所以只对 2FSK 信号的幅值有衰减,数值由 A 衰减为 a。由于带通滤波器 ω_1 只允许中心频率为 ω_1 的信号通过,所以输出信号 $y_1(t)$为

$$y_1(t)=\begin{cases}a\cos(\omega_1 t)+n_1(t), & \text{发送码元 1}\\ n_1(t), & \text{发送码元 0}\end{cases} \tag{7.3.20}$$

其中,$n_1(t)$为高斯白噪声 $n_i(t)$经过带通滤波器 ω_1 后的窄带高斯噪声,均值为 0,方差为 σ_n^2,其表达式为

$$n_1(t)=n_{1,c}(t)\cos(\omega_1 t)-n_{1,s}(t)\sin(\omega_1 t) \tag{7.3.21}$$

同理,$y_i(t)$经过带通滤波器 ω_2 后,输出信号 $y_2(t)$为

$$y_2(t)=\begin{cases}n_2(t), & \text{发送码元 1}\\ a\cos(\omega_2 t)+n_2(t), & \text{发送码元 0}\end{cases} \tag{7.3.22}$$

其中,$n_2(t)$为高斯白噪声 $n_i(t)$经过带通滤波器 ω_2 后的窄带高斯噪声,均值为 0,方差为 σ_n^2,其表达式为

$$n_2(t)=n_{2,c}(t)\cos(\omega_2 t)-n_{2,s}(t)\sin(\omega_2 t) \tag{7.3.23}$$

这里,$n_1(t)$和 $n_2(t)$均为窄带高斯噪声,只是中心频率不同;它们的方差均为 $\sigma_n^2=n_0B$,B 为带通滤波器的带宽。一般取带通滤波器带宽为信号带宽,由于 2FSK 信号可看成两个 2ASK 信号的叠加,所以上、下两支路的带通滤波器带宽取 $B=2f_T$,其中 f_T 为码元速率。

将式(7.3.21)和式(7.3.23)分别代入式(7.3.20)和式(7.3.22)中,得到

$$y_1(t)=\begin{cases}[a+n_{1,c}(t)]\cos(\omega_1 t)-n_{1,s}(t)\sin(\omega_1 t), & \text{发送码元 1}\\ n_{1,c}(t)\cos(\omega_1 t)-n_{1,s}(t)\sin(\omega_1 t), & \text{发送码元 0}\end{cases} \tag{7.3.24}$$

$$y_2(t)=\begin{cases}n_{2,c}(t)\cos(\omega_2 t)-n_{2,s}(t)\sin(\omega_2 t), & \text{发送码元 1}\\ [a+n_{2,c}(t)]\cos(\omega_2 t)-n_{2,s}(t)\sin(\omega_2 t), & \text{发送码元 0}\end{cases} \tag{7.3.25}$$

由前面的 2ASK 相干解调分析可知，$y_1(t)$和 $y_2(t)$分别与对应同频同相载波相乘，经过低通滤波器后，输出信号为

$$x_1(t)=\begin{cases}a+n_{1,c}(t), & \text{发送码元 1}\\ n_{1,c}(t), & \text{发送码元 0}\end{cases} \tag{7.3.26}$$

$$x_2(t)=\begin{cases}n_{2,c}(t), & \text{发送码元 1}\\ a+n_{2,c}(t), & \text{发送码元 0}\end{cases} \tag{7.3.27}$$

分别对 $x_1(t)$和 $x_2(t)$进行抽样，得到发送码元 1 时，上、下两个支路的抽样值：

$$\begin{cases}V_1=a+n_{1,c}(kT)\\ V_2=n_{2,c}(kT)\end{cases} \tag{7.3.28}$$

以及发送码元 0 时，上、下两支路的抽样值：

$$\begin{cases}V_1=n_{1,c}(kT)\\ V_2=a+n_{2c}(kT)\end{cases} \tag{7.3.29}$$

由于 $n_{1,c}(t)$和 $n_{2,c}(t)$为窄带高斯噪声 $n_1(t)$和 $n_2(t)$的同相分量，仍服从高斯分布，所以在第 k 个时刻上的抽样值 $n_{1,c}(kT)$和 $n_{2,c}(kT)$为高斯随机变量，均值为 0，方差为 σ_n^2。由此得到发送码元 1 时，上、下两支路抽样值的概率密度函数：

$$\begin{cases}f(V_1)=\dfrac{1}{\sqrt{2\pi}\sigma_n}\exp\left\{-\dfrac{(V_1-a)^2}{2\sigma_n^2}\right\}\\ f(V_2)=\dfrac{1}{\sqrt{2\pi}\sigma_n}\exp\left\{-\dfrac{V_2^2}{2\sigma_n^2}\right\}\end{cases} \tag{7.3.30}$$

和发送码元 0 时，上、下两支路抽样值的概率密度函数：

$$\begin{cases}f(V_1)=\dfrac{1}{\sqrt{2\pi}\sigma_n}\exp\left\{-\dfrac{V_1^2}{2\sigma_n^2}\right\}\\ f(V_2)=\dfrac{1}{\sqrt{2\pi}\sigma_n}\exp\left\{-\dfrac{(V_2-a)^2}{2\sigma_n^2}\right\}\end{cases} \tag{7.3.31}$$

由调制规则设置判决规则，当抽样值 $V_1 \geqslant V_2$ 时，判输出码元为 1；当抽样值 $V_1<V_2$ 时，判输出码元为 0。所以，发送码元 1 时，错误判决为 0 的概率为

$$P(0/1)=P(V_1<V_2)=P(V_1-V_2<0) \tag{7.3.32}$$

取随机变量 $Z=V_1-V_2$。由于 V_1 服从均值为 a，方差为 σ_n^2 的高斯分布，记为 $V_1 \sim N(a,\sigma_n^2)$；V_2 服从均值为 0，方差为 σ_n^2 的高斯分布，记为 $V_2 \sim N(0,\sigma_n^2)$，所以 $Z \sim N(a, 2\sigma_n^2)$，式(7.3.32)化简为

$$P(0/1)=P(V_1-V_2<0)=P(Z<0)$$

$$=\int_{-\infty}^{0} f(z)\mathrm{d}z=\int_{-\infty}^{0} \frac{1}{2\sqrt{\pi}\sigma_{\mathrm{n}}} \mathrm{e}^{-\frac{(z-a)^2}{4\sigma_{\mathrm{n}}^2}} \mathrm{d}z \tag{7.3.33}$$

取$\frac{z-a}{2\sigma_{\mathrm{n}}}=-t$,则式(7.3.33)化简为

$$P(0/1)=\int_{\frac{a}{2\sigma_{\mathrm{n}}}}^{\infty} \frac{1}{\sqrt{\pi}} \mathrm{e}^{-t^2} \mathrm{d}t=\frac{1}{2}\mathrm{erfc}\left(\sqrt{\frac{r}{2}}\right) \tag{7.3.34}$$

同理,发送码元 0 时,错判为 1 的概率为

$$P(1/0)=P(V_1 \geqslant V_2)=P(Z \geqslant 0)=\int_{0}^{+\infty} f(z)\mathrm{d}z=\frac{1}{2}\mathrm{erfc}\left(\sqrt{\frac{r}{2}}\right) \tag{7.3.35}$$

所以在等概率情况下,系统总的误码率为

$$P_{\mathrm{e}}=P(1)\times P(0/1)+P(0)\times P(1/0)=\frac{1}{2}\mathrm{erfc}\left(\sqrt{\frac{r}{2}}\right) \tag{7.3.36}$$

式中,$r=a^2/2\sigma_{\mathrm{n}}^2$ 为解调器输入端(带通滤波器输出端)的信噪比。

2. 2FSK 非相干解调系统的抗噪声性能

将相干解调系统模型中的相乘器和低通滤波器换成包络检波器,可得到 2FSK 非相干解调系统模型,如图 7.3.10 所示。

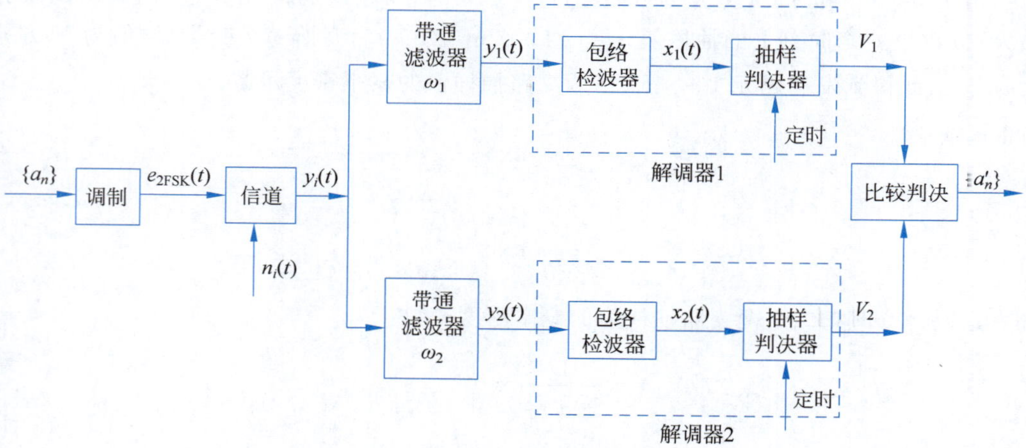

图 7.3.10 2FSK 非相干解调系统模型

与相干解调法一样,混合信号 $y_i(t)$分别经过上、下两支路带通滤波器后,输出信号 $y_1(t)$和 $y_2(t)$分别为

$$y_1(t)=\begin{cases} a\cos(\omega_1 t)+n_1(t), & \text{发送码元 1} \\ n_1(t), & \text{发送码元 0} \end{cases} \tag{7.3.37}$$

$$y_2(t)=\begin{cases} n_2(t), & \text{发送码元 1} \\ a\cos(\omega_2 t)+n_2(t), & \text{发送码元 0} \end{cases} \tag{7.3.38}$$

经过包络检波器,得到上、下两支路的输出包络波形分别为

$$x_1(t)=\begin{cases}\sqrt{[a+n_{1,c}(t)]^2+n_{1,s}^2(t)}, & 发送码元 1\\ \sqrt{n_{1,c}^2(t)+n_{1,s}^2(t)}, & 发送码元 0\end{cases} \tag{7.3.39}$$

$$x_2(t)=\begin{cases}\sqrt{n_{2,c}^2(t)+n_{2,s}^2(t)}, & 发送码元 1\\ \sqrt{[a+n_{2,c}(t)]^2+n_{2,s}^2(t)}, & 发送码元 0\end{cases} \tag{7.3.40}$$

分别对 $x_1(t)$和 $x_2(t)$进行抽样，得到发送码元 1 时，上、下两个支路的抽样值：

$$\begin{cases}V_1=\sqrt{[a+n_{1,c}(kT)]^2+n_{1,s}^2(kT)}\\ V_2=\sqrt{n_{2,c}^2(kT)+n_{2,s}^2(kT)}\end{cases} \tag{7.3.41}$$

和发送码元 0 时，上、下两支路的抽样值：

$$\begin{cases}V_1=\sqrt{n_{1,c}^2(kT)+n_{1,s}^2(kT)}\\ V_2=\sqrt{[a+n_{2,c}(kT)]^2+n_{2,s}^2(kT)}\end{cases} \tag{7.3.42}$$

由于抽样值 $n_{1,c}(kT)$和 $n_{2,c}(kT)$为高斯分布随机变量，均值为 0，方差为 σ_n^2，因此得到发送码元 1 时，上、下两支路抽样值的概率密度函数：

$$\begin{cases}f(V_1)=\dfrac{V_1}{\sigma_n^2}I_0\left(\dfrac{aV_1}{\sigma_n^2}\right)\mathrm{e}^{-(V_1^2+a^2)/(2\sigma_n^2)} & (广义瑞利分布)\\ f(V_2)=\dfrac{V_2}{\sigma_n^2}\mathrm{e}^{-V_2^2/(2\sigma_n^2)} & (瑞利分布)\end{cases} \tag{7.3.43}$$

和发送码元 0 时，上、下两支路抽样值的概率密度函数：

$$\begin{cases}f(V_1)=\dfrac{V_1}{\sigma_n^2}\mathrm{e}^{-V_1^2/(2\sigma_n^2)} & (瑞利分布)\\ f(V_2)=\dfrac{V_2}{\sigma_n^2}I_0\left(\dfrac{aV_2}{\sigma_n^2}\right)\mathrm{e}^{-(V_2^2+a^2)/(2\sigma_n^2)} & (广义瑞利分布)\end{cases} \tag{7.3.44}$$

类似于前面的分析，根据判决规则可求得发送码元为 1 时，错误判决为 0 的概率为(证明过程省略)：

$$P(0/1)=P(V_1<V_2)=\frac{1}{2}\mathrm{e}^{-r/2} \tag{7.3.45}$$

同理，发送码元 0 时，错误判决为 1 的概率为

$$P(1/0)=P(V_1\geqslant V_2)=\frac{1}{2}\mathrm{e}^{-r/2} \tag{7.3.46}$$

所以在等概情况下，系统总的误码率为

$$P_e=P(1)\times P(0/1)+P(0)\times P(1/0)=\frac{1}{2}\mathrm{e}^{-r/2} \tag{7.3.47}$$

式中，$r=a^2/(2\sigma_n^2)$为解调器输入端(带通滤波器输出端)的信噪比。

由以上分析可知，对 2FSK 信号解调无须设置判决门限，所以系统的最小误码率只

与解调器输入端的信噪比有关,而与最佳判决门限无关。由此可见,与 2ASK 系统相比,2FSK 系统的抗噪声性能更好,可靠性更高。

【例 7-7】 若某 2FSK 系统的码元传输速率为 2×10^6 Bd,数字信息为 1 时的频率为 $f_1=10\text{MHz}$,数字信息为 0 时的频率为 $f_2=10.4\text{MHz}$。输入接收解调器的信号峰值振幅 $a=40\mu\text{V}$,信道加性噪声为高斯白噪声,且单边功率谱密度 $n_0=6\times10^{-18}\text{W/Hz}$。试求:

(1) 2FSK 信号的第一零点带宽;

(2) 非相干接收时,系统的误码率;

(3) 相干接收时,系统的误码率。

解:

(1) 因为 2FSK 信号的带宽为 $B_{2\text{FSK}}=|f_1-f_2|+2f_T$,根据题中的已知条件:$f_T=2\times10^6\text{Hz}$,$f_1=10\text{MHz}$,$f_2=10.4\text{MHz}$,所以得到 2FSK 信号的第一零点带宽为 $B_{2\text{FSK}}=|f_1-f_2|+2f_T=(10.4\text{MHz}-10\text{MHz})+2\text{MHz}\times2=4.4\text{MHz}$。

(2) 解调器的输入噪声功率为 $\sigma_n^2=n_0\times2f_T=6\times10^{-18}\text{W/Hz}\times2\times2\times10^6\text{Hz}=2.4\times10^{-11}\text{W}$,输入信噪比为 $r=\dfrac{a^2}{2\sigma_n^2}=\dfrac{(40\times10^{-6})^2}{2\times2.4\times10^{-11}}\approx33.3$。所以,非相干接收时,系统误码率为 $P_e=\dfrac{1}{2}e^{-r/2}=\dfrac{1}{2}e^{-33.3/2}=3\times10^{-8}$。

(3) 同理,相干接收时系统误码率为 $P_e=\dfrac{1}{2}\text{erfc}\left(\sqrt{\dfrac{r}{2}}\right)\approx\dfrac{1}{\sqrt{2\pi r}}e^{-r/2}=4\times10^{-9}$。

视频

7.4 二进制相移键控

二进制相移键控分为绝对相移键控和相对相移键控,本节讨论绝对相移键控,即利用载波不同相位表示二进制数字信号的调制过程,主要从二进制相移键控(2PSK)的基本原理、调制解调基本方法、功率谱和 2PSK 传输系统的抗噪声性能几方面进行分析。

7.4.1 2PSK 调制与解调基本原理

1. 2PSK 的基本原理

相移键控是利用正弦载波的相位变化来传递数字信息,而其频率和幅度保持不变。对于二进制相移键控,当发送码元 1 时取正弦载波的相位为 φ_1,当发送码元 0 时取相位为 φ_2,根据载波的相位不同来区分码元信息,即表示为

$$e_{2\text{PSK}}(t)=\begin{cases}A\cos(\omega_c t+\varphi_1), & \text{以概率 } p \text{ 发送 } 1\\ A\cos(\omega_c t+\varphi_2), & \text{以概率 } 1-p \text{ 发送 } 0\end{cases}\tag{7.4.1}$$

一般情况下,取 $\varphi_1=0$,$\varphi_2=\pi$,则式(7.4.1)可简化为

$$e_{2\text{PSK}}(t)=\begin{cases}A\cos(\omega_c t), & \text{以概率 } p \text{ 发送 } 1\\ -A\cos(\omega_c t), & \text{以概率 } 1-p \text{ 发送 } 0\end{cases}\tag{7.4.2}$$

由此导出 2PSK 信号的一般表达式为

$$e_{2PSK}(t)=s(t)\cos(\omega_c t) \tag{7.4.3}$$

式中，$s(t)$为双极性不归零基带信号，表示为

$$s(t)=\sum_n a_n g(t-nT) \tag{7.4.4}$$

其中，

$$a_n=\begin{cases}1, & \text{概率为 } p \\ -1, & \text{概率为 } 1-p\end{cases} \tag{7.4.5}$$

与 2ASK、2FSK 信号一样，这里仍取 $g(t)$为幅值为 A、宽度为 T 的矩形脉冲。由此可见，2PSK 信号可以看成是双极性基带信号与载波信号相乘所得。下面通过波形变化举例说明 2PSK 信号产生的基本原理。

【例 7-8】 二进制码元序列$\{a_n\}$为 1010，调制载波为 $\cos(\omega_c t)$，试画出 2PSK 信号波形图。

解：二进制码元序列$\{a_n\}$为 1010 的 2PSK 信号波形产生过程如图 7.4.1 所示。

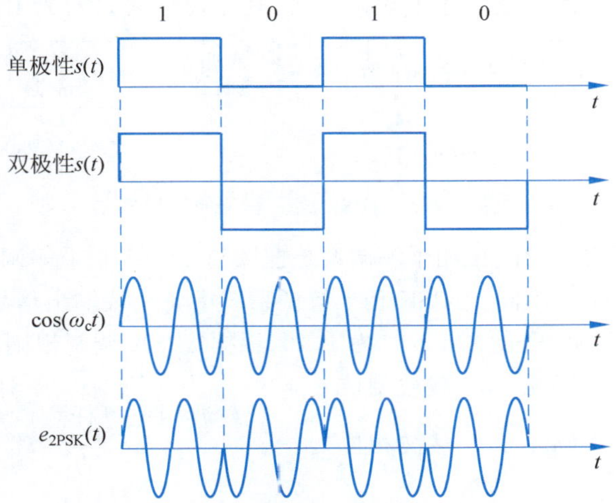

图 7.4.1　2PSK 调制原理波形图

由图 7.4.1 可以看出，发送码元 1 时，2PSK 信号相位为 0；发送码元 0 时，2PSK 信号相位为 π，这种以载波不同相位直接表示相应二进制码元的数字调制方法，又称为二进制绝对相移键控。

2. 2PSK 的调制

产生 2PSK 信号的基本方法也有两种：模拟调相法和键控法，原理框图如图 7.4.2 所示。

从模拟调相法中，可以进一步理解 2PSK 信号产生的基本原理，即将单极性基带信号转换成双极性基带信号，与载波相乘后得到 2PSK 已调信号。与 2ASK 信号的模拟调幅法相比，区别仅是与载波相乘的基带信号不同，2ASK 中是单极性，2PSK 中是双极性。键控法中仍是用单极性基带信号控制开关电路：当 $s(t)$为高电平时(对应码元 1)，开关电路连接 $\cos(\omega_c t)$振荡信号产生器，持续时间为 T；而当 $s(t)$为低电平时(对应码元 0)，开关电路连接振荡信号的 180°相移输出，持续时间 T。

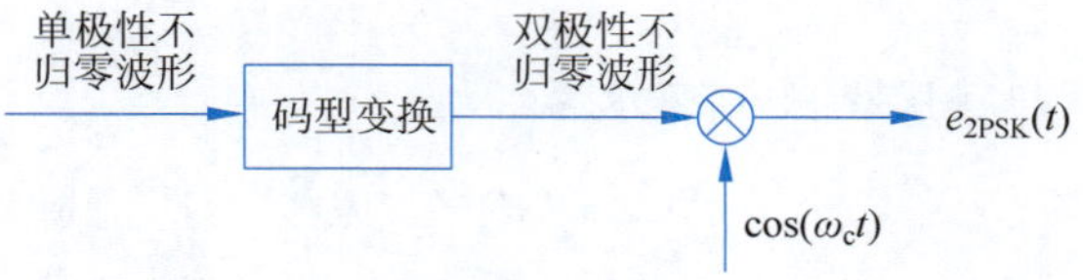

(a) 模拟调相法

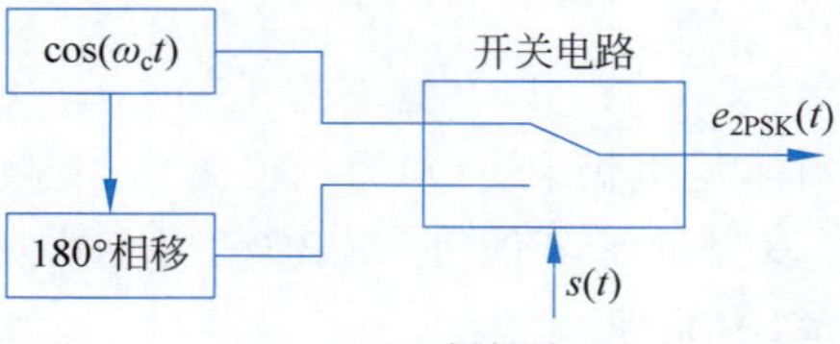

(b) 键控法

图 7.4.2　2PSK 调制原理框图

3. 2PSK 的解调

2PSK 信号的解调通常采用相干解调方式,其原理框图如图 7.4.3 所示。

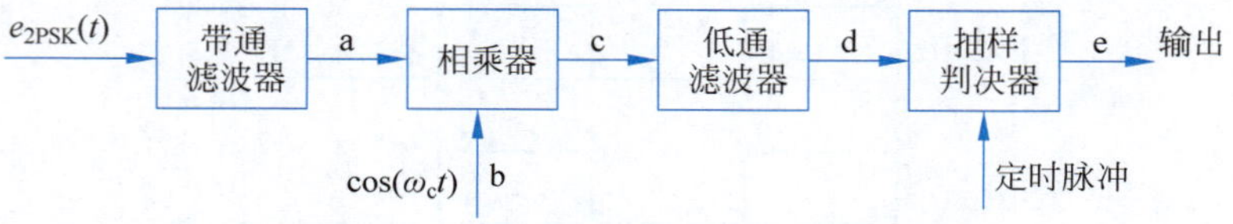

图 7.4.3　2PSK 相干解调原理框图

由图 7.4.3 可以看出,2PSK 相干解调系统框图与 2ASK 相干解调系统框图相同,区别仅是解调端输入频带信号不同。2PSK 相干解调系统中各模块输出信号波形如图 7.4.4 所示,这里假设原始二进制码元序列$\{a_n\}$为 1010,根据 2PSK 调制规则:

$$\begin{cases}\text{发送码元 1,}\quad \text{载波相位 } \varphi = 0 \\ \text{发送码元 0,}\quad \text{载波相位 } \varphi = \pi\end{cases}\quad \text{(载波相位可任意设定)} \tag{7.4.6}$$

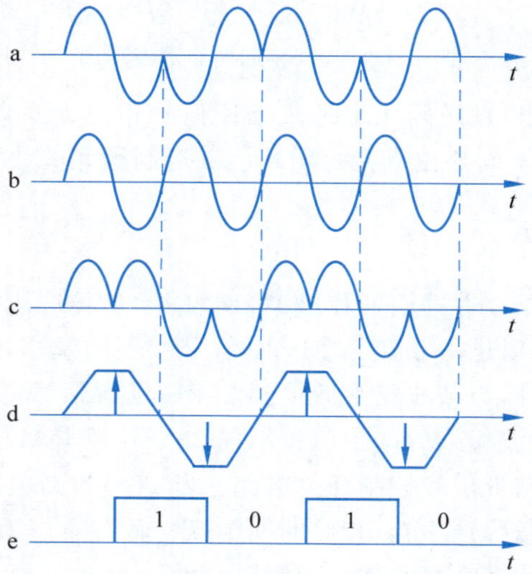

图 7.4.4　2PSK 相干解调各模块输出波形

得到 2PSK 已调信号 $e_{2PSK}(t)$；经过带通滤波器后，输出 2PSK 信号 a 与载波信号 b 相乘，得到倍频信号 c；经过低通滤波器，输出包络信号 d；根据判决规则：

$$\begin{cases} V \geqslant b, & \text{判为码元 1} \\ V < b, & \text{判为码元 0} \end{cases} \tag{7.4.7}$$

得到 2PSK 解调信号 e，对应码元序列为 1010，与原始码元序列一致。这里 b 为判决门限，一般情况取 $b=0$。由于判决规则是根据调制规则制定的，若调制规则变为

$$\begin{cases} \text{发送码元 1}, & \text{载波相位 } \varphi=\pi \\ \text{发送码元 0}, & \text{载波相位 } \varphi=0 \end{cases} \tag{7.4.8}$$

则判决规则也要随之进行相应的改变，即

$$\begin{cases} V \geqslant b, & \text{判为码元 0} \\ V < b, & \text{判为码元 1} \end{cases} \tag{7.4.9}$$

需要注意的是，2PSK 相干解调系统中的解调载波是从 2PSK 信号中提取出来的，一般使用平方环法或科斯塔斯环法进行载波提取。由于这两种方案均使用了锁相环，$\theta=n\pi$（n 为任意整数）的各点都是锁相环的平衡点，锁相环在工作时可能锁定在任一稳定平衡点上，这就意味着调制载波与解调载波的相位差可能是 0 相位，也可能是 π 相位，相位关系的不确定性将造成解调信号与发送信号正好相反，这种现象称为 2PSK 调制的“倒 π”现象。为了解决这一问题，可采用二进制差分相移键控（2DPSK）来进行数字调制，这一方法将在后面讲解。

7.4.2 2PSK 信号的功率谱密度

由前面分析可知，2PSK 信号的一般表达式为

$$e_{2PSK}(t)=s(t)\cos(\omega_c t) \tag{7.4.10}$$

其中，$s(t)$为二进制双极性不归零基带信号，所以 2PSK 信号的功率谱密度可以看成是双极性基带信号 $s(t)$的功率谱密度在$\pm f_c$ 频率上的搬移，其一般表达式为

$$P_{2PSK}(f)=\frac{1}{4}[P_s(f-f_c)+P_s(f+f_c)] \tag{7.4.11}$$

这里

$$s(t)=\begin{cases} g(t), & \text{发送码元 1} \\ -g(t), & \text{发送码元 0} \end{cases}$$

其中，$g(t)$为矩形脉冲，其时域表达式为

$$g(t)=\begin{cases} A, & -T/2 \leqslant t \leqslant T/2 \\ 0, & \text{其他} \end{cases} \tag{7.4.12}$$

对应的频谱函数为

$$G(f)=AT\mathrm{Sa}(\pi fT) \tag{7.4.13}$$

根据第 6 章所述数字基带信号功率谱密度的计算方法，在等概率发送二进制码元的情况下，得到二进制双极性不归零基带信号 $s(t)$的功率谱密度为

$$P_s(f)=A^2T\mathrm{Sa}^2(\pi fT) \tag{7.4.14}$$

由此推导出 2PSK 信号的功率谱密度为

$$P_{2PSK}(f)=\frac{A^2T}{4}\mathrm{Sa}^2[\pi(f-f_c)T]+\frac{A^2T}{4}\mathrm{Sa}^2[\pi(f+f_c)T] \tag{7.4.15}$$

由图 7.4.5 可以看出,2PSK 信号的功率谱密度与 2ASK 信号相似,区别仅是 2PSK 信号在载频 f_c 和 $-f_c$ 上无离散分量。因此,2PSK 调制是非线性调制。2PSK 信号的第一零点带宽也是 $2f_T$。

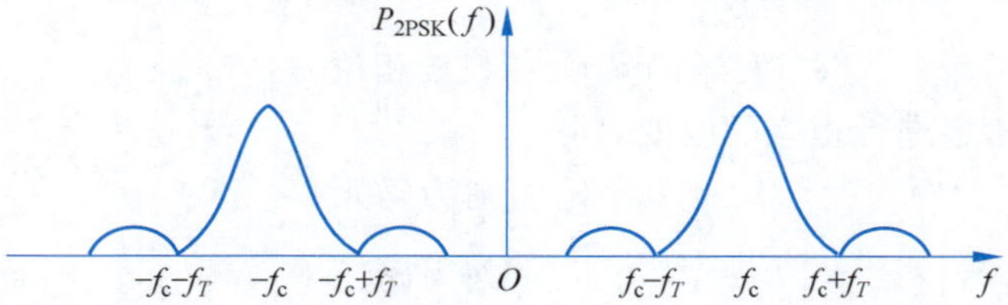

图 7.4.5　2PSK 信号功率谱密度示意图

7.4.3　2PSK 系统的抗噪声性能

本节只考虑 2PSK 相干解调系统的抗噪声性能。与前面分析可知,2PSK 相干解调系统模型与 2ASK 相干解调系统模型一致,如图 7.4.6 所示。

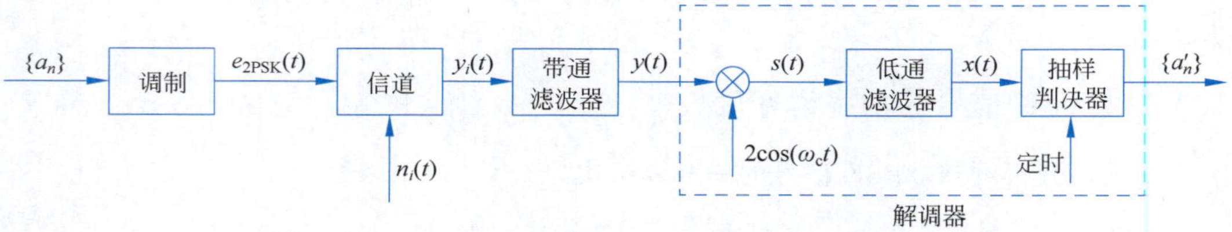

图 7.4.6　2PSK 相干解调系统模型

根据前述调制规则:

$$\begin{cases}\text{发送码元 1}, & \text{载波相位 } \varphi=0\\ \text{发送码元 0}, & \text{载波相位 } \varphi=\pi\end{cases} \tag{7.4.16}$$

得到原始码元序列$\{a_n\}$经过 2PSK 调制后,在一个码元周期 T 内 $e_{2PSK}(t)$的表达式为

$$e_{2PSK}(t)=\begin{cases}A\cos(\omega_c t), & \text{发送码元 1}\\ -A\cos(\omega_c t), & \text{发送码元 0}\end{cases} \tag{7.4.17}$$

同前面的分析,这里假设信道中噪声 $n_i(t)$是高斯白噪声,均值为 0,且信道只对 2PSK 信号产生幅值衰减。所以经过信道后,接收端输入信号 $y_i(t)=e_{2PSK}(t)+n_i(t)$,在一个码元周期 T 内,$y_i(t)$可表示为

$$y_i(t)=\begin{cases}a\cos(\omega_c t)+n_i(t), & \text{发送码元 1}\\ -a\cos(\omega_c t)+n_i(t), & \text{发送码元 0}\end{cases} \tag{7.4.18}$$

经带通滤波器后,输出信号 $y(t)$为

$$y(t)=\begin{cases}a\cos(\omega_c t)+n(t), & \text{发送码元 1}\\ -a\cos(\omega_c t)+n(t), & \text{发送码元 0}\end{cases} \tag{7.4.19}$$

将 $n(t)=n_c(t)\cos(\omega_c t)-n_s(t)\sin(\omega_c t)$ 代入式(7.4.13)，得到

$$y(t)=\begin{cases}[a+n_c(t)]\cos(\omega_c t)-n_s(t)\sin(\omega_c t), & \text{发送码元 1}\\ [-a+n_c(t)]\cos(\omega_c t)-n_s(t)\sin(\omega_c t), & \text{发送码元 0}\end{cases} \tag{7.4.20}$$

与载波相乘，且经过低通滤波器，得到输出 $x(t)$ 为

$$x(t)=\begin{cases}a+n_c(t), & \text{发送码元 1}\\ -a+n_c(t), & \text{发送码元 0}\end{cases} \tag{7.4.21}$$

对 $x(t)$ 进行抽样判决，即可得到解码序列 $\{a_n'\}$。假设对第 k 个符号进行判决，取 kT 为其抽样时刻，则抽样值为

$$x(kT_s)=\begin{cases}a+n_c(kT), & \text{发送码元 1}\\ -a+n_c(kT), & \text{发送码元 0}\end{cases} \tag{7.4.22}$$

因为 $n_c(kT)$ 为高斯分布随机变量，均值为 0，方差为 σ_n^2，所以当发送码元 1 和 0 时，抽样值 $x(kT)$ 也满足高斯分布，它们的一维概率密度函数分别为

$$f_1(x)=\frac{1}{\sqrt{2\pi}\sigma_n}\exp\left\{-\frac{(x-a)^2}{2\sigma_n^2}\right\} \tag{7.4.23}$$

$$f_0(x)=\frac{1}{\sqrt{2\pi}\sigma_n}\exp\left\{-\frac{(x+a)^2}{2\sigma_n^2}\right\} \tag{7.4.24}$$

根据调制规则，得到判决规则：

$$\begin{cases}x(kT)\geqslant b, & \text{判为码元 1}\\ x(kT)<b, & \text{判为码元 0}\end{cases} \tag{7.4.25}$$

发送码元 1 而错判为 0 的概率为

$$P(0/1)=P(x<b)=\int_{-\infty}^{b}f_1(x)\,dx \tag{7.4.26}$$

发送码元 0 而错判为 1 的概率为

$$P(1/0)=P(x\geqslant b)=\int_{b}^{+\infty}f_0(x)\,dx \tag{7.4.27}$$

由最佳判决门限分析可知，当发送符号概率相等时，最佳判决门限 $b^*=0$，此时概率曲线下阴影面积最小，系统误码率最小，如图 7.4.7 所示。此时，发送码元 1 而错判为 0 的概率为

$$P(0/1)=P(x<b)=\int_{-\infty}^{0}f_1(x)\,dx=\frac{1}{2}\operatorname{erfc}(\sqrt{r}) \tag{7.4.28}$$

发送码元 0 而错判为 1 的概率为

$$P(1/0)=P(x\geqslant b)=\int_{0}^{+\infty}f_0(x)\,dx=\frac{1}{2}\operatorname{erfc}(\sqrt{r}) \tag{7.4.29}$$

所以系统最小误码率为 $P_e=\frac{1}{2}\text{erfc}(\sqrt{r})$，其中 $r=\frac{a^2}{2\sigma_n^2}$。在大信噪比 $r\gg1$ 条件下，近似为 $P_e=\frac{1}{2\sqrt{\pi r}}e^{-r}$。

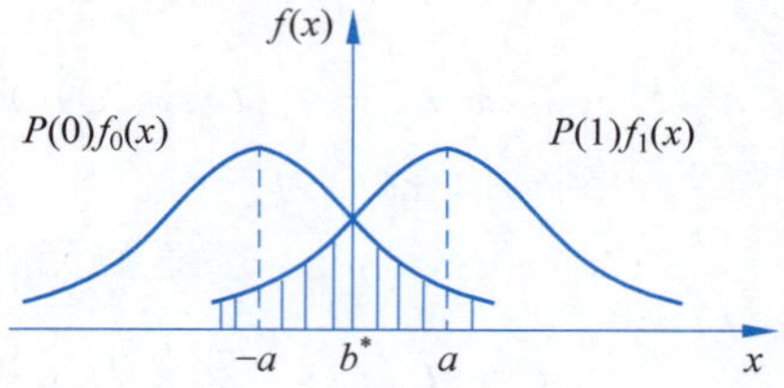

图 7.4.7　2PSK 相干解调系统最小误码率几何示意图

视频

7.5 二进制差分相移键控

由前面的分析可知，二进制相移键控(2PSK)会产生“倒 π”现象，可利用二进制差分相移键控(2DPSK)解决此问题。下面将从二进制差分相移键控(2DPKS)的基本原理、调制与解调基本方法和抗噪声性能几方面进行分析。

7.5.1　2DPSK 调制与解调基本原理

1. 2DPSK 的基本原理

二进制相移键控(2PSK)又称绝对相移键控，它利用不同的载波相位来区分数字信息；而二进制差分相移键控(2DPSK)则是利用前后相邻码元的载波相位变化来传递数字信息，所以又称为相对相移键控。

这里取 $\Delta\varphi$ 表示为当前码元的载波初始相位和前一码元的载波末相的相位差，根据相位差 $\Delta\varphi$ 的取值不同，可分为 A 方式和 B 方式两种调制规则，关系式如下：

$$\text{A 方式 } \Delta\varphi=\begin{cases}0, & \text{表示码元 } 0\\ \pi, & \text{表示码元 } 1\end{cases} \quad \text{或} \quad \Delta\varphi=\begin{cases}\pi, & \text{表示码元 } 0\\ 0, & \text{表示码元 } 1\end{cases} \tag{7.5.1}$$

$$\text{B 方式 } \Delta\varphi=\begin{cases}\pi/2, & \text{表示码元 } 0\\ -\pi/2, & \text{表示码元 } 1\end{cases} \quad \text{或} \quad \Delta\varphi=\begin{cases}-\pi/2, & \text{表示码元 } 0\\ \pi/2, & \text{表示码元 } 1\end{cases} \tag{7.5.2}$$

A 方式和 B 方式的矢量图如图 7.5.1 所示，其中虚线部分表示前一码元的载波结束相位，实线部分表示当前码元的载波起始相位。

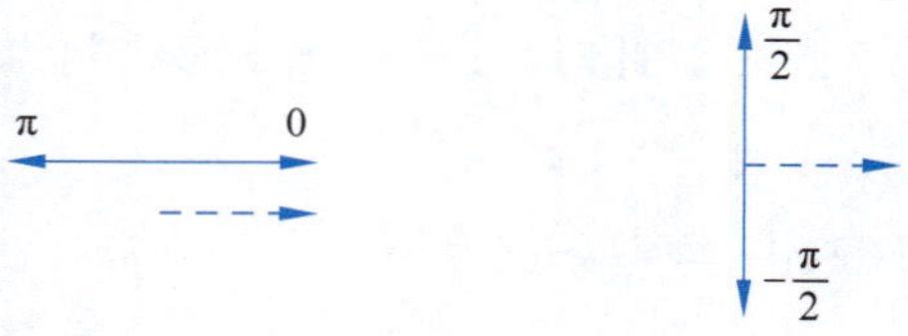

(a) A方式　　(b) B方式

图 7.5.1　相位差矢量图

由此可见，根据数字信息与相位差 $\Delta\varphi$ 的关系，可得到多种 2DPSK 调制波形。下面举例说明。

【例 7-9】　二进制码元序列 $\{a_n\}$ 为 1010，选择 A 方式：$\Delta\varphi=\begin{cases}0, & \text{表示码元 } 0\\ \pi, & \text{表示码元 } 1\end{cases}$ 和 B 方

式：$\Delta\varphi=\begin{cases}\pi/2, & 表示码元0\\ -\pi/2, & 表示码元1\end{cases}$ 两种规则进行 2DPSK 调制，画出 2DPSK 信号波形图。这里假设初始相位为 0，且一个码元周期内包含整数倍的载波周期。

解：(1) A 方式中数字码元与相位差的关系为 $\Delta\varphi=\begin{cases}0, & 表示码元0\\ \pi, & 表示码元1\end{cases}$。

初始相位为 0，得到第一个码元 $a_1=1$ 的载波初始相位为 $0+\pi=\pi$。

因为码元周期内包含整数倍载波周期，所以 $a_1=1$ 的载波末相等于载波初始相位 π，得到第二个码元 $a_2=0$ 的载波初始相位为 $\pi+0=\pi$。

同理，可得到其他码元对应的载波初始相位。因此，二进制码元序列$\{a_n\}$为 1010 在 A 方式调制规则下得到对应的载波初始相位分别为 $\pi\pi00$，2DPSK 调制波形如图 7.5.2(a)所示。

(2) B 方式中数字码元与相位差的关系为 $\Delta\varphi=\begin{cases}\pi/2, & 表示码元0\\ -\pi/2, & 表示码元1\end{cases}$。

初始相位为 0，得到第一个码元 $a_1=1$ 的载波初始相位为 $0+(-\pi/2)=-\pi/2$。

因为码元周期内包含整数倍载波周期，所以 $a_1=1$ 的载波末相等于载波初始相位 $-\pi/2$，得到第二个码元 $a_2=0$ 的载波初始相位为 $-\pi/2+\pi/2=0$。

同理，得到其他码元对应的载波初始相位。因此，二进制码元序列$\{a_n\}$为 1010 在 B 方式调制规则下得到对应的载波初始相位分别为"$\left(-\frac{\pi}{2}\right)\quad 0\quad \left(-\frac{\pi}{2}\right)\quad 0$"，2DPSK 调制波形如图 7.5.2(b)所示。

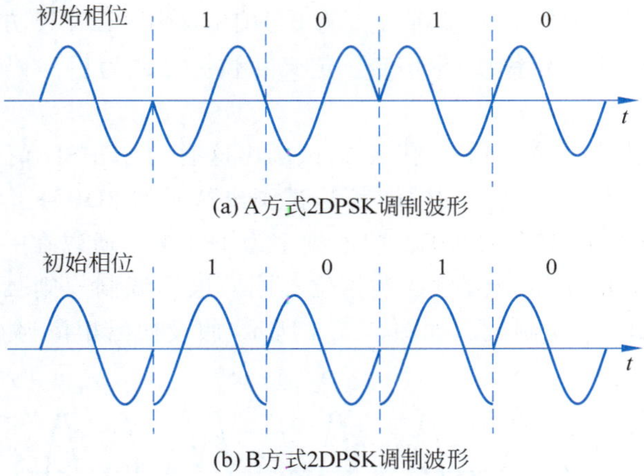

(a) A方式2DPSK调制波形

(b) B方式2DPSK调制波形

图 7.5.2　2DPSK 调制原理波形图

由图 7.5.2 以看出，A 方式的 2DPSK 调制虽然解决了载波相位不确定性问题，但码元的定时问题没有解决；而在 B 方式中，相邻码元之间会发生载波相位的跳变，在接收该信号时，通过利用检测此相位的变化来确定每个码元起止时刻，即可得到码元的定时信息。

需要注意,若假设初始相位不同,即使调制规则不变,得到的 2DPSK 信号波形也不同。在例 7-9 中若假设初始相位为 π,则得到 A 方式 $\Delta\varphi=\begin{cases}0, & \text{表示码元 0}\\ \pi, & \text{表示码元 1}\end{cases}$ 的 2DPSK 信号波形(见图 7.5.3(b)),与初始相位为 0 的波形(见图 7.5.3(a))完全相反。

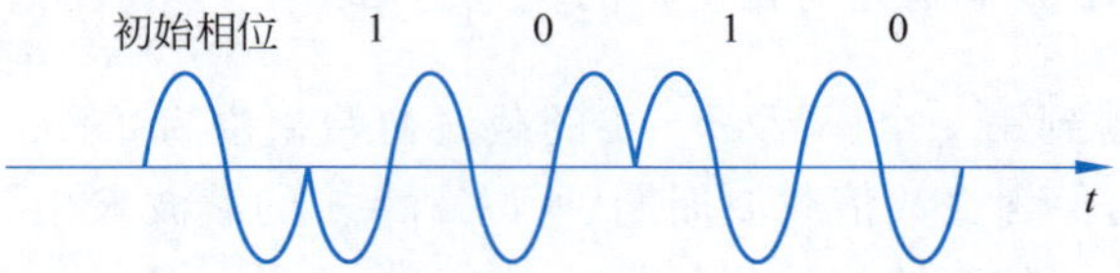

(a) 初始相位为0的2DPSK调制波形

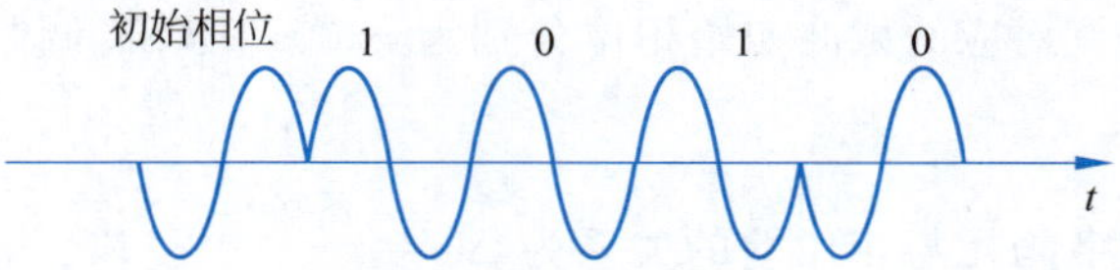

(b) 初始相位为π的2DPSK调制波形

图 7.5.3 初始相位不同的 2DPSK 信号波形

由此可见,2DSPK 信号波形的相位并不直接代表数字信息,前后码元波形的相位差才唯一决定数字信息。从图 7.5.3 可以看出,(a)、(b)两个已调 2DPSK 信号的相位分别为"0ππ00"和"π00ππ",但相位差都为"π0π0",由 A 方式中数字码元与相位差的关系 $\Delta\varphi=\begin{cases}0, & \text{表示码元 0}\\ \pi, & \text{表示码元 1}\end{cases}$,可以正确解码出 1010。

【例 7-10】 设发送的绝对码序列$\{a_n\}$为 011010,采用 2DPSK 方式传输。已知码元传输速率为 1200Bd,载波频率为 1800Hz。定义相位差 $\Delta\varphi$ 为后一码元初始相位和前一码元结束相位之差。

(1) 若 $\Delta\varphi=0°$代表 0,$\Delta\varphi=180°$代表 1,试画出这时的 2DPSK 信号波形;

(2) 若 $\Delta\varphi=270°$代表 0,$\Delta\varphi=90°$代表 1,试画出这时的 2DPSK 信号波形。

解: 由于码元传输速率为 1200Bd,载波频率为 1800Hz,所以在一个码元周期内包含 3/2 个载波周期,码元的起始相位与结束相位不同。根据调制规则 $\Delta\varphi=0°$代表 0,$\Delta\varphi=180°$代表 1,得到 2DPSK 调制波形如图 7.5.4 所示(假设初始相位为 0)。

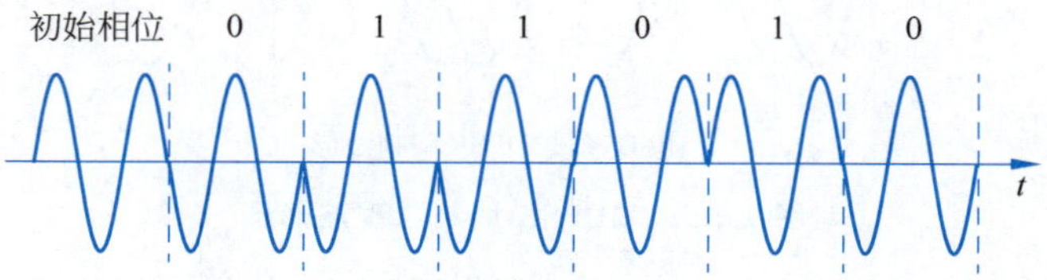

图 7.5.4 A 方式 2DPSK 信号波形

同理,根据调制规则 $\Delta\varphi=270°$代表 0,$\Delta\varphi=90°$代表 1,得到 2DPSK 调制波形如图 7.5.5 所示。

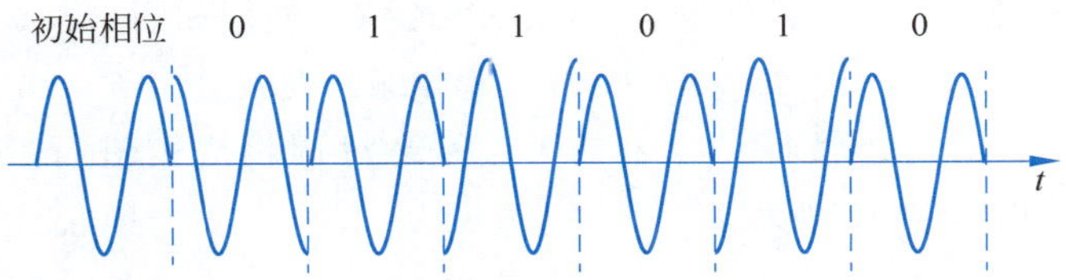

图 7.5.5 B 方式 2DPSK 信号波形

2. 2DPSK 的调制

由前面分析可知，2DPSK 信号波形的前后码元的相位差唯一决定数字信息。所以在设计产生电路时，为了方便获得 2DPSK 信号，可先将表示数字信息的原码 a_n 进行码型变换得到相对码 b_n，再由相对码 b_n 控制开关电路输出不同相位载波，从而获得 2DPSK 信号，其原理框图如图 7.5.6 所示。与 2PSK 调制相比，2DPSK 调制中多了一个码型变换，所以 2DPSK 调制又可看成是相对码 b_n 的 2PSK 调制。

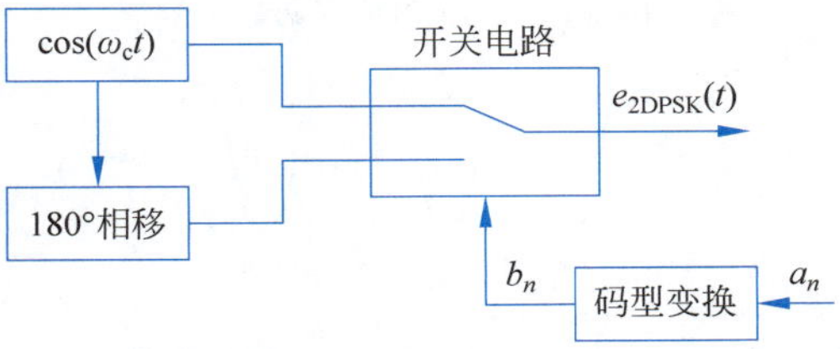

图 7.5.6 2DPDK 调制原理框图

这里的码型变换是指差分编码，相对码 b_n 又称为差分码。一般情况下，差分编码可以分 1 差分编码和 0 差分编码两类，与之对应的差分译码也可分为 1 差分译码和 0 差分译码，它们的变换公式分别为

$$\begin{cases} b_n = a_n \oplus b_{n-1} & (1\text{ 差分编码}) \\ a_n = b_n \oplus b_{n-1} & (1\text{ 差分译码}) \end{cases} \quad \begin{matrix}(7.5.3)\\(7.5.4)\end{matrix}$$

$$\begin{cases} b_n = \bar{a}_n \oplus b_{n-1} & (0\text{ 差分编码}) \\ a_n = \overline{b_n \oplus b_{n-1}} & (0\text{ 差分编码}) \end{cases} \quad \begin{matrix}(7.5.5)\\(7.5.6)\end{matrix}$$

下面通过例子进一步说明如何利用差分编码进行 2DPSK 调制。

【例 7-11】 二进制码元序列 $\{a_n\}$ 为“1010”，根据如图 7.5.4 所示的原理框图，试画出 2DPSK 信号波形。假设码型变换为 1 差分编码，载波绝对相位与码元信息之间的关系分别为

$$\varphi_1 = \begin{cases} 0, & \text{表示码元 0} \\ \pi, & \text{表示码元 1} \end{cases} \quad \text{和} \quad \varphi_2 = \begin{cases} \pi, & \text{表示码元 0} \\ 0, & \text{表示码元 1} \end{cases}$$

解： 由前面的分析可知，2DPSK 信号是由差分码 b_n 进行 2PSK 调制所得，下面分两种情况进行讨论。

(1) 假设初始差分码 $b_0=0$，根据 1 差分编码变换公式 $b_n = a_n \oplus b_{n-1}$，得到差分码序列 $\{b_n\}$ 为 01100。分别用

$$\varphi_1 = \begin{cases} 0, & \text{表示码元 0} \\ \pi, & \text{表示码元 1} \end{cases} \quad \text{和} \quad \varphi_2 = \begin{cases} \pi, & \text{表示码元 0} \\ 0, & \text{表示码元 1} \end{cases}$$

这两种绝对调相规则进行 2PSK 调制，得到 2DPSK 信号波形如图 7.5.7 所示。

(2) 同理，假设初始差分码 $b_0=1$，根据 1 差分编码变换公式 $b_n=a_n\oplus b_{n-1}$，得到差分码序列 $\{b_n\}$ 为 10011。分别用 φ_1 和 φ_2 两种绝对调相规则进行 2PSK 调制，得到 2DPSK 信号波形如图 7.5.8 所示。

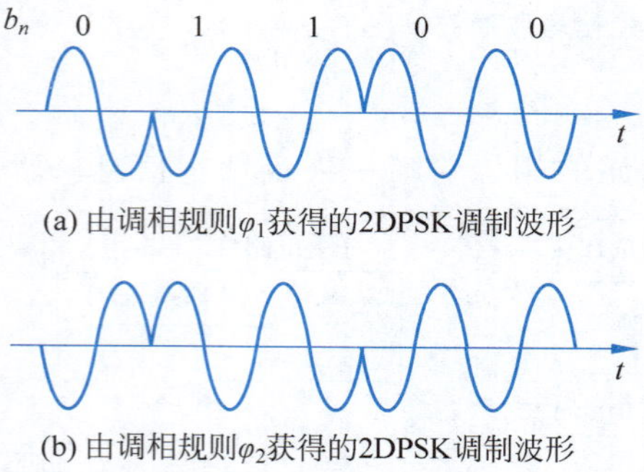

(a) 由调相规则φ_1获得的2DPSK调制波形

(b) 由调相规则φ_2获得的2DPSK调制波形

图 7.5.7 初始差分码 $b_0=0$ 的 2DPSK 波形

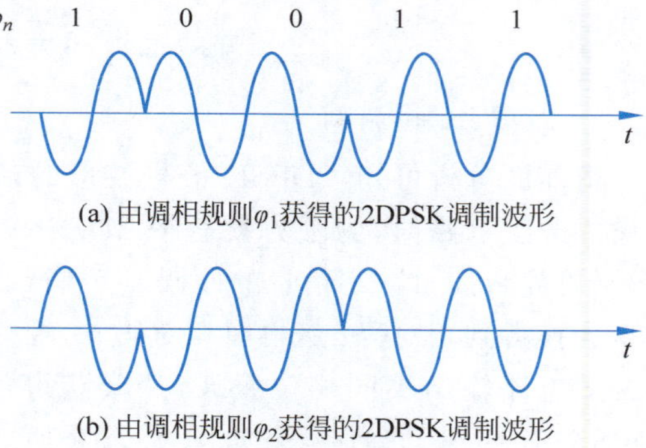

(a) 由调相规则φ_1获得的2DPSK调制波形

(b) 由调相规则φ_2获得的2DPSK调制波形

图 7.5.8 初始差分码 $b_0=1$ 的 2DPSK 波形

由图 7.5.7 和图 7.5.8 可以看出，不同初始差分码和不同绝对调相规则都会影响 2DPSK 信号波形，但这 4 种波形的相位差都是"π0π0"，根据 A 方式中 $\Delta\varphi=\begin{cases}0, & \text{表示码元 0}\\ \pi, & \text{表示码元 1}\end{cases}$ 的调制规则，都可得到相同的解码信息 1010，与原码一致。

由此可见，1 差分编码产生的 2DPSK 信号，无论初始差分码 b_0 为 0 还是 1，也无论绝对调相规则为 φ_1 还是 φ_2，都等效于 A 方式中 $\Delta\varphi=\begin{cases}0, & \text{表示码元 0}\\ \pi, & \text{表示码元 1}\end{cases}$ 调制规则产生的 2DPSK 信号。

同理，0 差分编码产生的 2DPSK 信号波形，无论初始差分码为 0 还是 1，也无论绝对调相规则为 φ_1 还是 φ_2，也都等效于 A 方式中 $\Delta\varphi=\begin{cases}\pi, & \text{表示码元 0}\\ 0, & \text{表示码元 1}\end{cases}$ 调制规则产生的 2DPSK 信号。这里不再作具体讲解，由读者自行分析。

3. 2DPSK 的解调

2DPSK 信号的解调方法之一是相干解调，这与前面的调制方法是对应的。首先通过相干解调获得相对码 b_n，再通过码型反变换转换为绝对码 a_n，从而恢复出原始数字信息，其原理框图如图 7.5.9 所示。

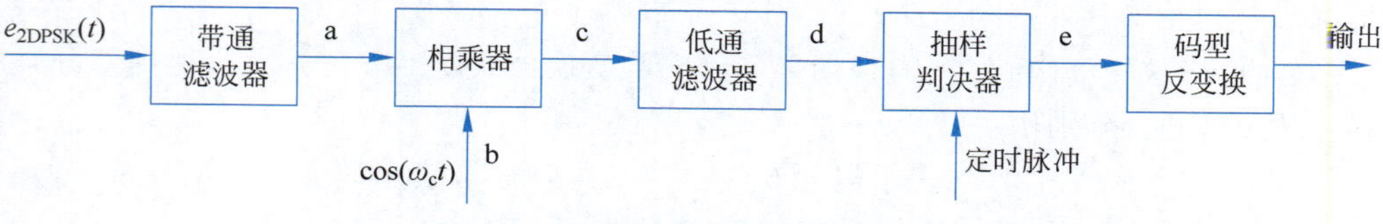

图 7.5.9 2DPSK 相干解调原理框图

2DPSK 相干解调与 2PSK 相干解调是相似的，区别仅在于 2DPSK 相干解调中有一个码型反变换模块，其作用是进行差分译码，这与调制端的差分编码是对应的。采用例 7-11 中的 2DPSK 信号波形（假设调制波形如图 7.5.7(a)或图 7.5.8(b)所示）进行相干解调，则各模块输出信号波形如图 7.5.10 所示。

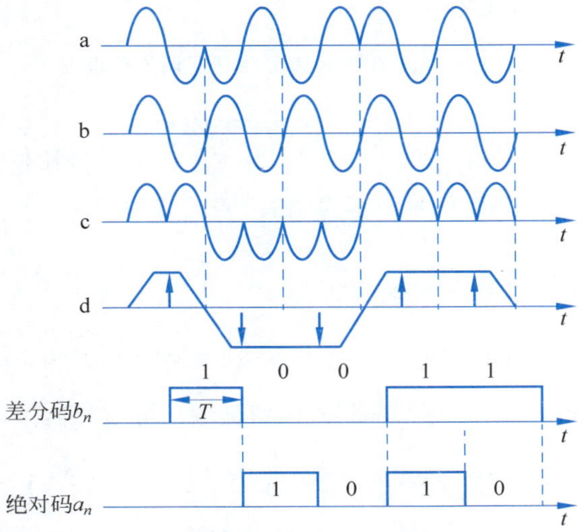

图 7.5.10 2DPSK 相干解调各模块输出波形

在解调过程中，若载波相位模糊，使得解调出的相对码相反（例如，图 7.5.10 中相对码 b_n 变为 01100)，但差分译码（见式(7.5.2)）会比较前后相邻相对码的变化，所以无论相对码是否倒置，绝对码 a_n 都不受影响（仍解码为 1010)，解决了 2PSK 的“倒 π”现象。

对于图 7.5.10 中的包络信号 d，根据判决规则：

$$\begin{cases} V \geqslant 0, & \text{判为码元 } 1 \\ V < 0, & \text{判为码元 } 0 \end{cases} \tag{7.5.7}$$

得到差分码序列$\{b_n\}$为 10011；再利用 1 差分译码公式 $a_n = b_n \oplus b_{n-1}$，可得到绝对码序列$\{a_n\}$为 1010。若改变判决规则：

$$\begin{cases} V < 0, & \text{判为码元 } 1 \\ V \geqslant 0, & \text{判为码元 } 0 \end{cases} \tag{7.5.8}$$

则差分码序列$\{b_n\}$变为 01100，利用 1 差分译码变换，仍可得到正确的绝对码。

由此可见，对于 2DPSK 相干解调，无论判决规则与调制规则是否一致，也无论载波相位是否模糊，经过差分译码后均可得到正确的绝对码。同理，若对图 7.5.7(b)或图 7.5.8(a)进行相干解调分析，也可得到以上结论。

2DPSK 信号的另一种解调方法是差分相干解调，其原理框图如图 7.5.11 所示。差分相干解调中无相干载波，相乘器起着相位比较作用，相乘的结果反映了前后码元相位差，可直接恢复出原始数字信息。

假设在一个码元周期 T 内，带通滤波器的输出信号表达式为

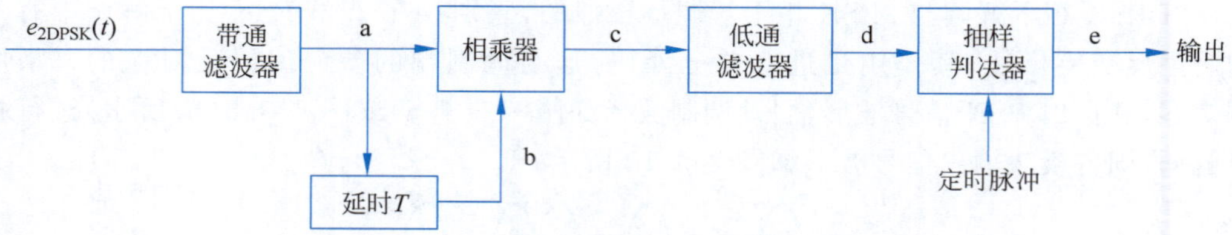

图 7.5.11 2DPSK 差分相干解调原理框图

$$a = A\cos(\omega_c t + \varphi_k) \tag{7.5.9}$$

它表示为第 k 个码元的 2DPSK 信号波形,φ_k 为载波相位。将其延时 T 得到前一个码元(即第 $k-1$ 个码元)的 2DPSK 信号波形,其输出表达式为

$$b = A\cos(\omega_c t + \varphi_{k-1}) \tag{7.5.10}$$

两路信号相乘得到相乘器输出信号表达式为

$$c = \frac{A^2}{2}[\cos(2\omega_c t + \varphi_k + \varphi_{k-1}) + \cos(\varphi_k - \varphi_{k-1})] \tag{7.5.11}$$

利用低通滤波器滤除相乘信号的高频部分,保留低频部分,得到:

$$d = \frac{A^2}{2}\cos(\varphi_k - \varphi_{k-1}) = \frac{A^2}{2}\cos(\Delta\varphi_k) \tag{7.5.12}$$

式中,$\Delta\varphi_k$ 为当前码元载波相位与前一码元载波相位之差。由前面的分析可知,若调制规则为 $\Delta\varphi_k = \begin{cases} 0, & \text{表示码元 } 0 \\ \pi, & \text{表示码元 } 1 \end{cases}$,代入式(7.5.12)可得

$$\begin{cases} \Delta\varphi_k = 0 \quad \Rightarrow \quad d = A^2/2 > 0 \quad \Rightarrow \text{译码 } 0 \\ \Delta\varphi_k = \pi \quad \Rightarrow \quad d = -A^2/2 < 0 \quad \Rightarrow \text{译码 } 1 \end{cases} \tag{7.5.13}$$

同理,若调制规则为 $\Delta\varphi_k = \begin{cases} \pi, & \text{表示码元 } 0 \\ 0, & \text{表示码元 } 1 \end{cases}$,可得

$$\begin{cases} \Delta\varphi_k = \pi \quad \Rightarrow \quad d = -A^2/2 < 0 \quad \Rightarrow \text{译码 } 0 \\ \Delta\varphi_k = 0 \quad \Rightarrow \quad d = A^2/2 > 0 \quad \Rightarrow \text{译码 } 1 \end{cases} \tag{7.5.14}$$

由此得到以下结论:

(1) 由调制规则为 $\Delta\varphi = \begin{cases} 0, & \text{表示码元 } 0 \\ \pi, & \text{表示码元 } 1 \end{cases}$ 产生的 2DPSK 信号,其差分相干解调判决规则为 $\begin{cases} V>0, & \text{判为 } 0 \\ V<0, & \text{判为 } 1 \end{cases}$。

(2) 由调制规则为 $\Delta\varphi = \begin{cases} \pi, & \text{表示码元 } 0 \\ 0, & \text{表示码元 } 1 \end{cases}$ 产生的 2DPSK 信号,其差分相干解调判决规则为 $\begin{cases} V<0, & \text{判为 } 0 \\ V>0, & \text{判为 } 1 \end{cases}$。

下面通过例题进一步验证以上结论。这里采用例 7-11 中的调制波形(假设调制波形如图 7.5.7(a)或图 7.5.8(b)所示)进行差分相干解调,各模块输出波形如图 7.5.12 所示。

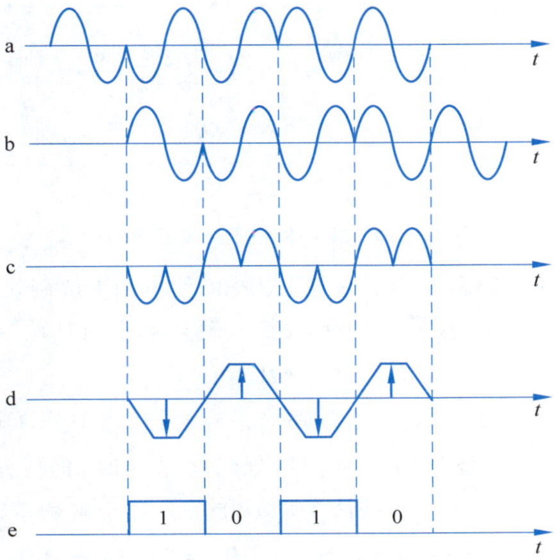

图 7.5.12 2DPSK 差分相干解调各模块输出波形

这里的 2DPSK 信号是利用 $\Delta\varphi=\begin{cases}0, & 表示码元\ 0\\ \pi, & 表示码元\ 1\end{cases}$ 调制规则产生,因此抽样判决时,根据判决规则 $\begin{cases}V>0, & 判为码元\ 0\\ V<0, & 判为码元\ 1\end{cases}$ 可得到正确的输出码元序列 1010。若对原码 a_n 采用 $\Delta\varphi=\begin{cases}\pi, & 表示码元\ 0\\ 0, & 表示码元\ 1\end{cases}$ 规则进行 2DPSK 调制和差分相干解调,各模块输出波形变化由读者自己分析。

7.5.2 2DPSK 信号的功率谱密度

由差分相移键控基本原理可知,2DPSK 调制等效于差分码 b_n 的 2PSK 调制,所以 2DPSK 波形与 2PSK 波形相似,区别仅在于 2DPSK 信号相位变化与差分码 b_n 相对应,而 2PSK 信号相位变化与原码 a_n 相对应。因此,2DPSK 信号的功率谱密度和 2PSK 信号的功率谱密度相同,参见式(7.4.10);其带宽仍为码元速率的 2 倍,即 $B=2f_T$。2DPSK 调制也是非线性调制。

7.5.3 2DPSK 系统的抗噪声性能

1. 2DPSK 相干解调系统的抗噪声性能

2DPSK 信号是由差分码 b_n 进行 2PSK 调制得到,所以 2DPSK 相干解调仅比 2PSK

多一个码型反变换器,如图 7.5.13 所示。因此,输出差分码$\{b'_n\}$的误码率即为解调 2PSK 信号的误码率,只需在此基础上再考虑码型反变换器的误码影响,则可得到 2DPSK 信号的误码率。

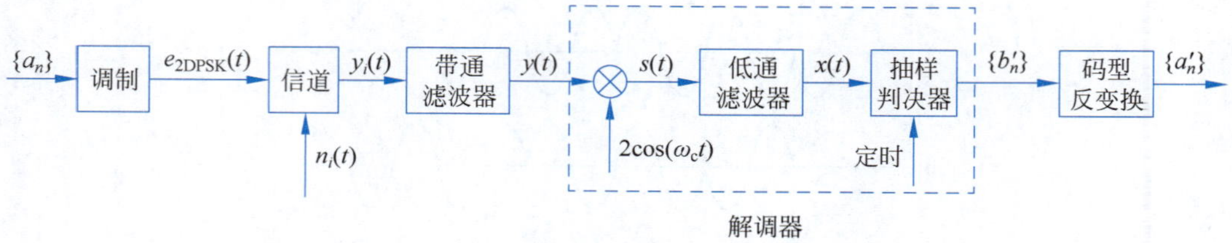

图 7.5.13 2DPSK 相干解调系统模型

设差分码$\{b'_n\}$的平均误码率为 P_e(等于 2PSK 信号相干解调误码率),则正确判决的概率为 $1-P_e$,经过码型反变换后,差分码$\{b'_n\}$正确译码为绝对码$\{a'_n\}$的概率为

$$P_c=(1-P_e)^2+P_e^2 \tag{7.5.15}$$

其中,$1-P_e^2$ 表示当前差分码和前一差分码均正确时,经过差分译码后正确判决出绝对码的概率;P_e^2 则表示当前差分码和前一差分码均错误时,仍可正确译码的概率。将式(7.5.9)展开,得到 $P_c=1-2P_e+2P_e^2$,所以 2DPSK 相干解调系统的误码率为

$$P_{e,D}=1-P_c=2P_e-2P_e^2=2P_e(1-P_e) \tag{7.5.16}$$

可以看出,当 $P_e \ll 1$ 时,$P_{e,D}\approx 2P_e$,这表明当绝对相移键控系统的误码率很小时,差分相移键控系统的误码率主要由码型反变换器产生,是绝对相移键控系统误码率的 2 倍;而当 P_e 接近 1/2 时,$P_{e,D}\approx P_e$,即当绝对相移键控系统的误码率很大(接近一半),差分相移键控系统的误码率接近于绝对相移键控系统的误码率,码型反变换器对其无影响。

2. 2DPSK 差分相干解调系统的抗噪声性能

2DPSK 的差分相干解调系统模型如图 7.5.14 所示。假设经过信道衰减和带通滤波器滤波后,在一个码元周期 T 内解调信号 $y_1(t)$表达式为

$$y_1(t)=\begin{cases} a\cos(\omega_c t)+n_1(t), & \text{发送码元 1} \\ -a\cos(\omega_c t)+n_1(t), & \text{发送码元 0} \end{cases} \tag{7.5.17}$$

经过 T 延时后,得到前一码元波形 $y_2(t)$表达式为

$$y_2(t)=\begin{cases} a\cos(\omega_c t)+n_2(t), & \text{发送码元 1} \\ -a\cos(\omega_c t)+n_2(t), & \text{发送码元 0} \end{cases} \tag{7.5.18}$$

这里的码元 1 或 0 是指差分码,$n_1(t)$为叠加在当前码元调制波形上的窄带高斯噪声,$n_2(t)$为叠加在前一码元调制波形上的窄带高斯噪声,$n_1(t)$和 $n_2(t)$相互独立.其表达式为

$$\begin{cases} n_1(t)=n_{1,c}(t)\cos(\omega_c t)-n_{1,s}(t)\sin(\omega_c t) \\ n_2(t)=n_{2,c}(t)\cos(\omega_c t)-n_{2,s}(t)\sin(\omega_c t) \end{cases} \tag{7.5.19}$$

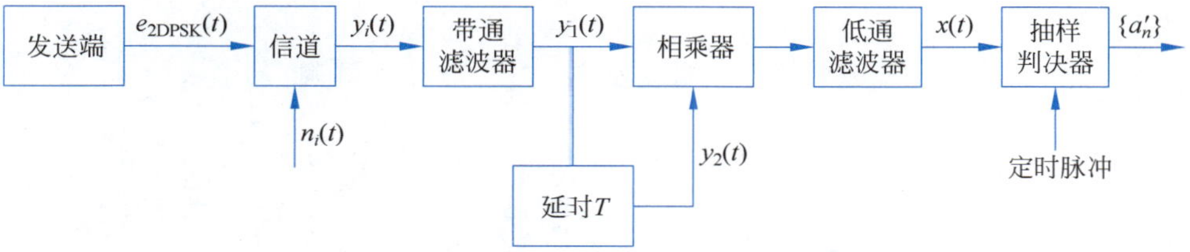

图 7.5.14　2DPSK 差分相干解调系统模型

由于当前差分码和前一差分码都有两种取值：0 或 1，所以低通输出包络有 4 种情况。第一种情况，假设当前差分码为 1，前一差分码也为 1，则 $y_1(t)=a\cos(\omega_c t)+n_1(t)$，$y_2(t)=a\cos(\omega_c t)+n_2(t)$，两路信号相乘且经过低通滤波器后，得到输出包络信号为

$$x(t)=\frac{1}{2}\{[a+n_{1,c}(t)][a+n_{2,c}(t)]+n_{1,s}(t)n_{2,s}(t)\} \tag{7.5.20}$$

若 2DPSK 信号是根据调制规则 $\Delta\varphi=\begin{cases}0, & \text{表示码元 0}\\ \pi, & \text{表示码元 1}\end{cases}$ 产生，则由前面的分析结论，可根据判决规则 $\begin{cases}V>0, & \text{判为码元 0}\\ V<0, & \text{判为码元 1}\end{cases}$ 得到输出解码$\{a_n'\}$。由此得到，发送码元 0 而错判为 1 的误码率为 $P(1/0)=P\{x<0\}=e^{-r/2}$，发送码元 1 而错判为 0 的误码率也为 $P(0/1)=P\{x>0\}=e^{-r/2}$，$r=a^2/(2\sigma_n^2)$为带通滤波器的输出信噪比。同理，对于其他 3 种情况，误码率与第一种情况相同，这里不再详细讨论，证明过程从略。所以，等概情况下 2DPSK 差分相干解调系统总的误码率为

$$P_e=\frac{1}{2}e^{-r} \tag{7.5.21}$$

【例 7-12】 在二进制相移键控系统中，已知解调器输入端信噪比 $r=10\text{dB}$，试分别求出 2PSK 相干解调、2DPSK 相干解调和 2DPSK 差分相干解调的系统误码率。

解：因为解调器输入端信噪比 $r=10\text{dB}$，所以 2PSK 相干解调系统误码率为

$$P_{e,2PSK}=\frac{1}{2}\text{erfc}(\sqrt{r})=\frac{1}{2\sqrt{\pi r}}e^{-r}=4\times10^{-6}$$

又 2DPSK 相干解调系统误码率在大信噪比情况下是 2PSK 相干解调系统的 2 倍，所以

$$P_{e,2DPSK相干}=\text{erfc}(\sqrt{r})=\frac{1}{\sqrt{\pi r}}e^{-r}=8\times10^{-6}$$

最后，2DPSK 差分相干解调系统误码率为

$$P_{e,2DPSK差分}=\frac{1}{2}e^{-r}=2.27\times10^{-5}$$

7.6 二进制数字调制系统的性能比较

视频

下面对二进制数字通信系统的误码率、频带利用率、信道特性的灵敏度、设备复杂度等方面的性能作进一步的比较。

1. 误码率

	相干解调	非相干解调
2ASK	$P_e=\frac{1}{2}\text{erfc}\sqrt{\frac{r}{4}}$	$P_e=\frac{1}{2}e^{-\frac{r}{4}}$
2FSK	$P_e=\frac{1}{2}\text{erfc}\sqrt{\frac{r}{2}}$	$P_e=\frac{1}{2}e^{-\frac{r}{2}}$
2PSK	$P_e=\frac{1}{2}\text{erfc}\sqrt{r}$	
2DPSK	$P_e=\text{erfc}\sqrt{r}$	$P_e=\frac{1}{2}e^{-r}$

从横向来比较,对同一种数字调制信号,相干解调的误码率低于非相干解调;从纵向来比较,在误码率 P_e 一定的情况下,2ASK、2FSK 和 2PSK 系统所需的信噪比关系为

$$r_{2ASK}=2r_{2FSK}=4r_{2PSK} \tag{7.6.1}$$

如果用分贝表示,则式(7.6.1)转换为

$$(r_{2ASK})_{dB}=(r_{2FSK})_{dB}+3dB=(r_{2PSK})_{dB}+6dB \tag{7.6.2}$$

在信噪比一定的情况下,这里假设信噪比较大,则各种调制系统的误码率大小关系为

$$P_{e,2PSK}<P_{e,相干2DPSK}<P_{e,差分2DPSK}<P_{e,相干2FSK}$$
$$<P_{e,非相干2FSK}<P_{e,相干2ASK}<P_{e,非相干2ASK}$$

误码率 P_e 与信噪比 r 的关系曲线如图 7.6.1 所示。

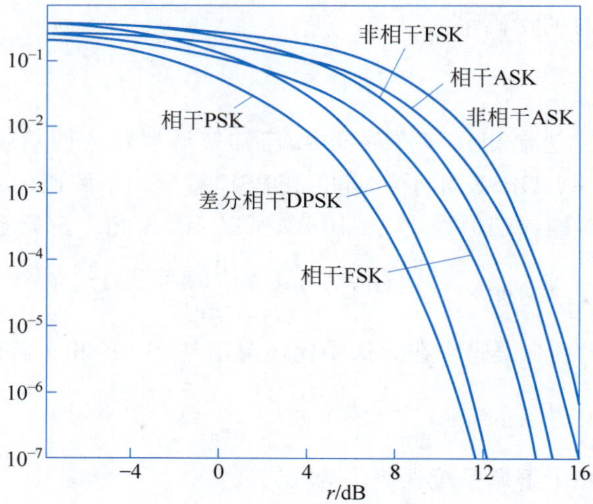

图 7.6.1 二进制数字调制系统误码率与信噪比的关系曲线

2. 频带利用率

若传输的码元速率为 f_T,则各个数字频带信号的带宽分别为

$$B_{2ASK}=B_{2PSK}=B_{2DPSK}=2f_T \tag{7.6.3}$$

$$B_{2FSK}=|f_1-f_2|+2f_T \tag{7.6.4}$$

从频带利用率来看，2FSK 系统的频带利用率最低。

3. 信道特性的灵敏度

在选择数字调制方式时，还应考虑系统对信道特性的变化是否敏感。在 2FSK 系统中，判决器是根据上、下两个支路解调输出样值的大小来作出判决，对信道的变化不敏感。在 2PSK 系统中，当发送符号概率相等时，判决器的最佳判决门限为零，判决门限不随信道特性的变化而变化。在 2ASK 系统中，判决器的最佳判决门限为 $a/2$，它与接收机输入信号的幅度有关，当信道特性发生变化时，接收机输入信号的幅度将随着发生变化，从而导致最佳判决门限也将随之而变，这时接收机不容易保持在最佳判决门限状态。因此，2ASK 对信道特性变化敏感，性能最差。

4. 设备复杂度

相干解调系统需要提取同步载波，所以其设备比非相干解调系统复杂，成本也高。同为非相干解调设备时，2DPSK 最复杂，2FSK 次之，2ASK 最简单。

通过在以上几方面对各种二进制数字调制系统进行比较，可以看出，对数字通信系统的选择需要综合考虑多种因素：若对系统抗噪声性能要求较高，则应考虑 2PSK 和 2DPSK 数字调制方式，而 2ASK 调制不可取；若通信系统要求有较高的频带利用率，则可选择 2PSK、2DPSK、2ASK 调制传输，而 2FSK 最不可取。目前用得最多的数字频带传输方式是相干 2DPSK 传输系统和非相干 2FSK 传输系统，相干 2DPSK 主要用于高速数据传输，而非相干 2FSK 则用于中、低速数据传输，特别是在衰落信道中。

在通信领域，有效性与可靠性的对立统一关系不仅是一个技术问题，更是哲学辩证思维的具体体现。这一关系反映了矛盾双方相互依存、相互贯通，并在一定条件下相互转化，共同推动系统的优化与发展。因此，在通信系统设计中，需要根据具体的应用场景和需求，通过技术创新和优化设计，找到最佳的平衡点，以实现系统的最优性能。

7.7 多进制数字调制

视频

在实际的频带传输系统中，由于信道资源有限，所以需要有效地提高信号的频带利用率，即在有限信道频带内，提高信息传输速率。这就需要采用多进制数字调制系统，它是二进制数字调制的扩展。与二进制数字调制相比，多进制数字调制实现复杂度增加，且在保证相同误码率条件下，接收信号信噪比增加。

多进制数字调制原理与二进制数字调制类似，即用多进制码元去控制载波的振幅、频率或相位，产生多进制振幅键控(MASK)、多进制频移键控(MFSK)和多进制相移键控(MPSK)3 种数字频带信号。本节对多进制数字调制基本原理作简要介绍，并给出主要结论。

7.7.1 多进制振幅键控

多进制振幅键控(MASK)的载波幅度有 M 种取值，在每个码元时间间隔 T 内调制产生一种幅度载波信号，其基本表达式为

$$e_{\mathrm{MASK}}(t)=\left[\sum_{n}a_{n}g(t-nT)\right]\cos(\omega_{c}t) \tag{7.7.1}$$

式中，$g(t)$为矩形脉冲，幅值为 A，持续时间为 T；a_n 表示为第 n 个码元值，可以有$\{0,1,\cdots,M-1\}$共 M 种取值，这些码元发送的概率和为 1。一种四进制数字振幅键控信号的时间波形如图 7.7.1 所示。

由式(7.7.1)可以看出，M 进制数字振幅键控信号的功率谱与 2ASK 信号具有相似的形式。在信息传输速率相同时，码元传输速率降低为 2ASK 信号的 $1/\log_2 M$，因此 M 进制数字振幅调制信号的带宽是 2ASK 信号的 $1/\log_2 M$ 倍。当 M 取不同值时，MASK 系统的总误码率 P_e 与信噪比 r 关系曲线如图 7.7.2 所示。信噪比相同，M 取值越大时，多进制数字振幅调制系统的误码率也随之增大，为了得到相同的误码率，所需的信噪比将随 M 增大而增大。

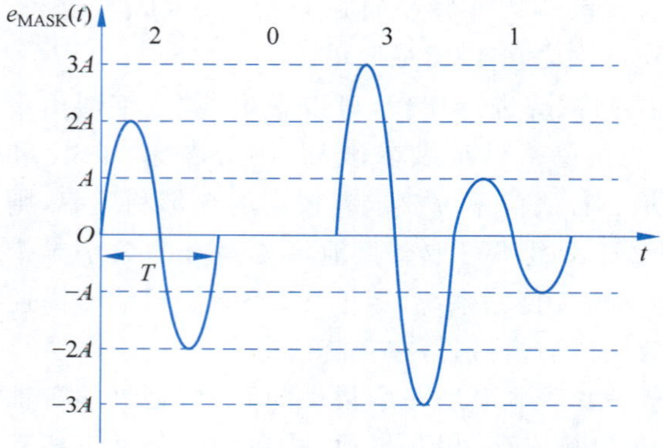

图 7.7.1　M 进制数字振幅键控信号的时间波形

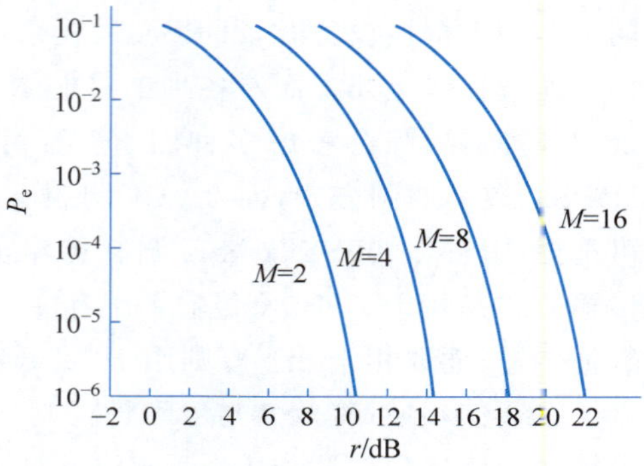

图 7.7.2　MASK 系统误码率性能由线

7.7.2　多进制频移键控

多进制频移键控(MFSK)是二进制频移键控(2FSK)的推广，用 M 个不同频率的载波调制 M 个码元，其基本表达式为

$$e_{\mathrm{MFSK}}(t)=\sum_{n}g(t-nT)\cos(\omega_{n}t) \tag{7.7.2}$$

式中，$g(t)$为矩形脉冲，幅值为 A，持续时间为 T；ω_n 为第 n 个码元的载波频率，共有 M 种取值。一般取 M 种载波频率为 $f_i=\dfrac{i}{2T}(i=1,2,\cdots,M)$，由此获得的 M 种载频信号相互正交。

多进制频移键控信号的带宽近似为

$$B=|f_M-f_1|+2f_T \tag{7.7.3}$$

式中，f_M 为最高载频，f_1 为最低载频，f_T 为码元速率。MFSK 信号具有较宽的频带，所以信道频带利用率不高。一种四进制数字频移键控信号的时间波形如图 7.7.3 所示。

多进制频移键控系统误码率性能曲线如图 7.7.4 所示，图中虚线为非相干解调系统性能，实线为相干解调系统性能。在 M 一定的情况下，信噪比 r 越大，误码率越小；在 r 一定的情况下，M 越大误码率也越大。相干解调和非相干解调的性能差距将随 M 的增大而减小；M 相同时，随着信噪比 r 的增加，非相干解调性能将趋于相干解调性能。

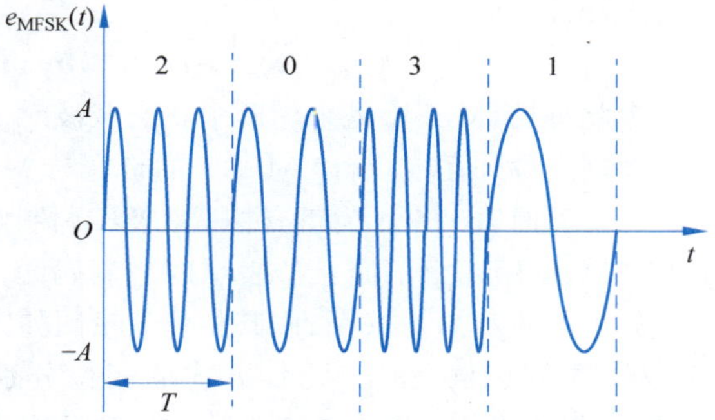

图 7.7.3　M 进制数字频移键控信号的时间波形

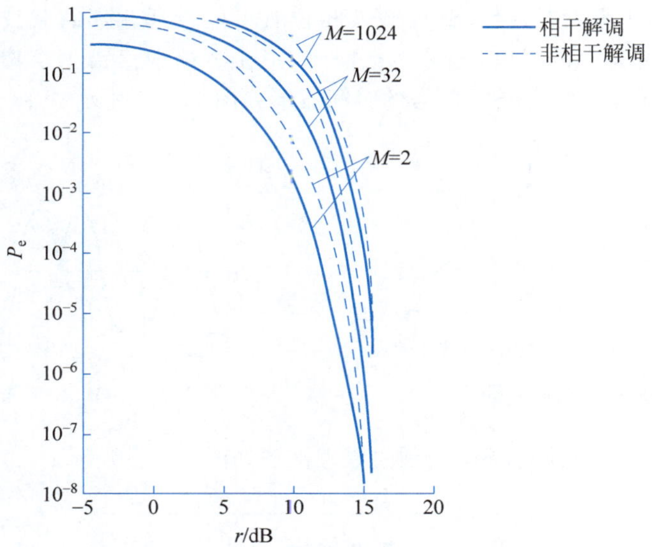

图 7.7.4　MFSK 系统误码率性能曲线

7.7.3　多进制相移键控

多进制相移键控(MPSK)是利用载波的多种不同相位来表征数字信息的调制方法，其一般表达式为

$$e_{\mathrm{MPSK}}(t)=\sum_{n} g(t-nT)\cos(\omega_{c} t+\theta_{n}) \tag{7.7.4}$$

式中，$g(t)$为矩形脉冲，幅值为 A，持续时间为 T；θ_n 为第 n 个码元的初始相位，它有 M 种取值。一般将 2π 平均分成 M 份，$\theta_n=\dfrac{2\pi}{M}(n-1)(n=1,2,\cdots,M)$。当 $M=8$ 时，θ_n 有 8 种取值，如图 7.7.5 所示。

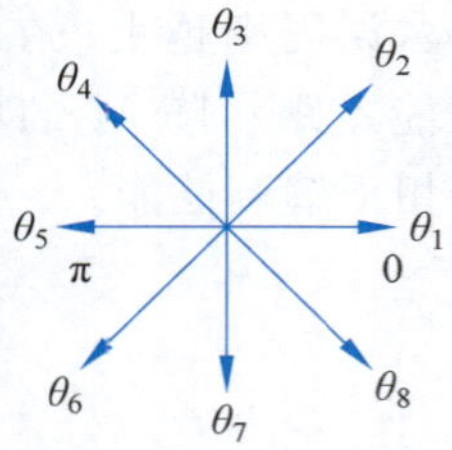

图 7.7.5 8PSK 信号初始相位示意图

由式(7.7.4)可以得到,第 k 个码元符号的 MPSK 信号表达式为 $s_k(t)=A\cos(\omega_c t+\theta_k)$,将其展开得到 $s_k(t)=A\cos\theta_k\cos(\omega_c t)-A\sin\theta_k\sin(\omega_c t)$,取 $a_k=A\cos\theta_k$,$b_k=A\sin\theta_k$,则

$$s_k(t)=a_k\cos(\omega_c t)-b_k\sin(\omega_c t)$$

由此可见,MPSK 是采用两个正交载波对 a_k 和 b_k 进行 MASK 调制后叠加而成,所以 MPSK 的带宽与 MASK 带宽一致。

下面以 $M=4$ 为例,讲解 MPSK 调制解调基本原理。4PSK 又称为正交相移键控(QPSK),可用 4 个不同相位表示四进制码元,即 00、01、10、11。根据相位的不同取值,可分为 A 方式和 B 方式两种,其相位矢量图如图 7.7.6 所示。

A 方式的相位分别为 0°、90°、180°和 270°,B 方式的相位分别为 45°、135°、225°和 315°,两种方式表示了不同的相位取值。图 7.7.6 中码元排列顺序为格雷码,即相邻两个码元之间只有一个位不同。这样编码的好处是,若 QPSK 信号在信道中传输时受到加性噪声干扰,在噪声不太大时,接收到的载波相位有可能接近相邻的载波相位,在解调时,会发生错判为相邻码元的现象,若采用格雷码,则在 2 位中仅错 1 个,减小了误比持率。以 A 方式调制为例,一种 QPSK 信号的时间波形如图 7.7.7 所示。

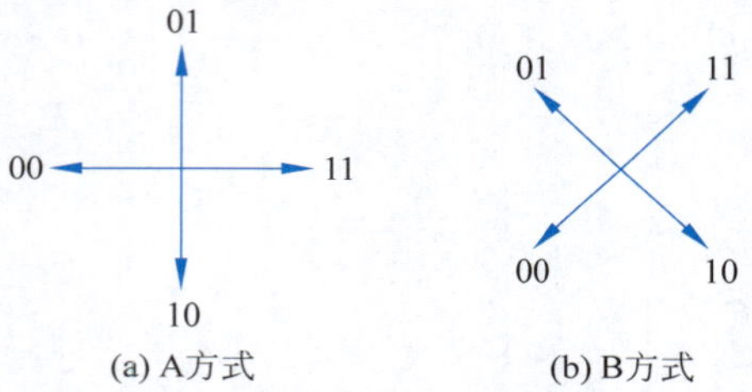

图 7.7.6 QPSK 信号相位矢量图

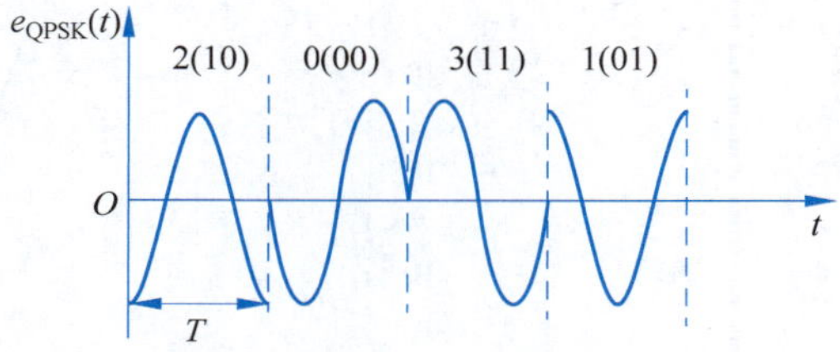

图 7.7.7 QPSK 信号的时间波形

A 方式和 B 方式两种 QPSK 调制的原理框图如图 7.7.8 所示。

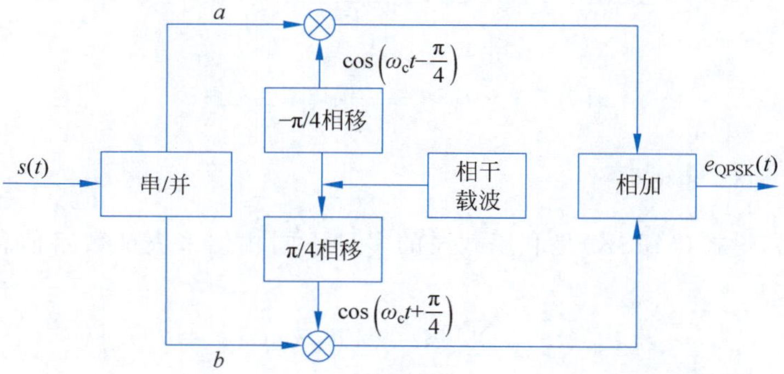

(a) A方式

图 7.7.8 QPSK 调制原理框图

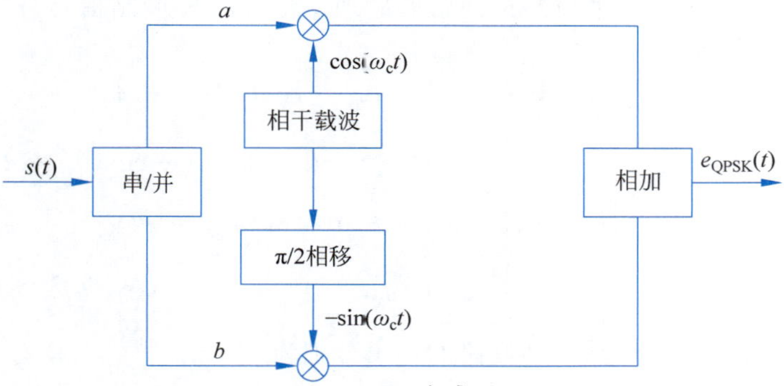

(b) B方式

图 7.7.8 （续）

以 A 方式为例，若 $a=1,b=1$，则 $e_{QPSK}(t)=\cos(\omega_c t-\pi/4)+\cos(\omega_c t+\pi/4)=\sqrt{2}\cos(\omega_c t)$，即码元 11 经 QPSK 调制后得到的载波相位 $\theta_k=0$。同理，可得到其他码元的 QPSK 信号相位。

QPSK 信号的解调框图如图 7.7.9 所示。

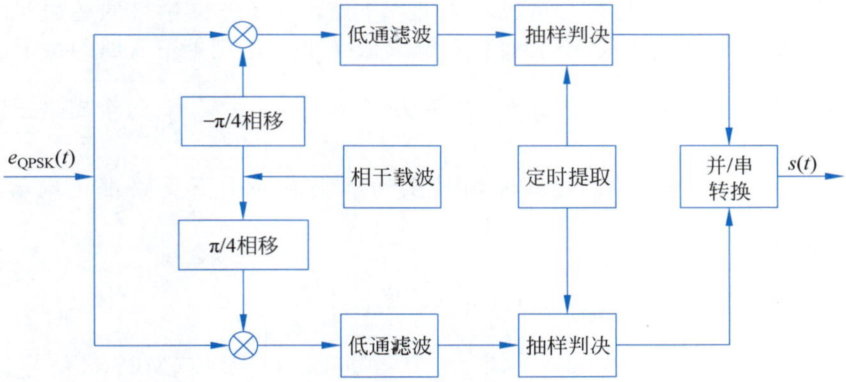

(a) A方式

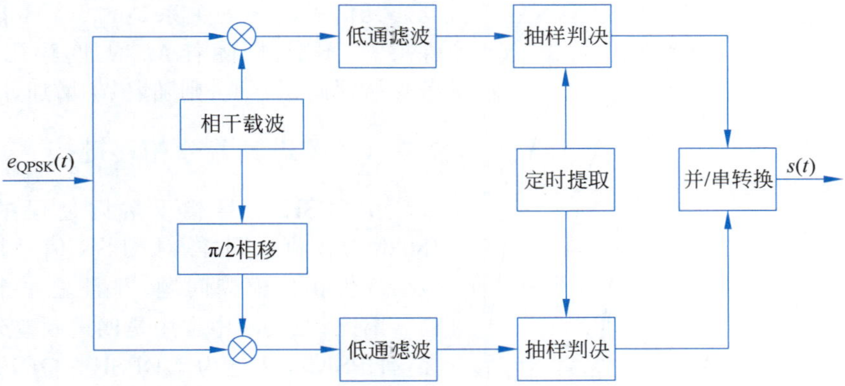

(b) B方式

图 7.7.9 QPSK 解调原理框图

下面以 A 方式为例,阐述 QPSK 的解调原理。将 QPSK 调制信号分别与上、下两支路相移载波相乘,得到

$$e_{\mathrm{QPSK}}(t)\cdot\cos(\omega_c t-\pi/4)=\cos(\omega_c t+\theta_k)\cdot\cos(\omega_c t-\pi/4)$$
$$=\frac{1}{2}[\cos(2\omega_c t+\theta_k-\pi/4)+\cos(\theta_k+\pi/4)] \quad (7.7.5)$$

$$e_{\mathrm{QPSK}}(t)\cdot\cos(\omega_c t+\pi/4)=\cos(\omega_c t+\theta_k)\cdot\cos(\omega_c t+\pi/4)$$
$$=\frac{1}{2}[\cos(2\omega_c t+\theta_k+\pi/4)+\cos(\theta_k-\pi/4)] \quad (7.7.6)$$

分别经过低通滤波器,得到上、下两支路的输出分别为

$$m_u(t)=\frac{1}{2}\cos(\theta_k+\pi/4) \quad (7.7.7)$$

$$m_d(t)=\frac{1}{2}\cos(\theta_k-\pi/4) \quad (7.7.8)$$

由于 A 方式 QPSK 调制信号相位取值分别为 0°、90°、180°和 270°,代入式(7.7.7)和式(7.7.8)中,得到 4 组正负幅值排列,即++、-+、--、+-,经过抽样判决和并/串转换,即可解调出原始码元。

由前面分析可知,QPSK 信号可以看成上下支路两个 2PSK 信号的叠加。由于每个支路上码元持续时间是输入码元的两倍,若输入信噪比为 r,则上下支路的每个解调器输入端的信噪比为 $r/2$,得到每个支路的误码率为 $P_e=\frac{1}{2}\mathrm{erfc}\left(\sqrt{\frac{r}{2}}\right)$,每个支路正确解码概率为 $\left[1-\frac{1}{2}\mathrm{erfc}\left(\sqrt{\frac{r}{2}}\right)\right]$。由于 QSPK 信号正确解码需要上下支路都正确解码,所以 QPSK 的误码率为

$$P_{\mathrm{QPSK}}=1-\left[1-\frac{1}{2}\mathrm{erfc}\left(\sqrt{\frac{r}{2}}\right)\right]^2 \quad (7.7.9)$$

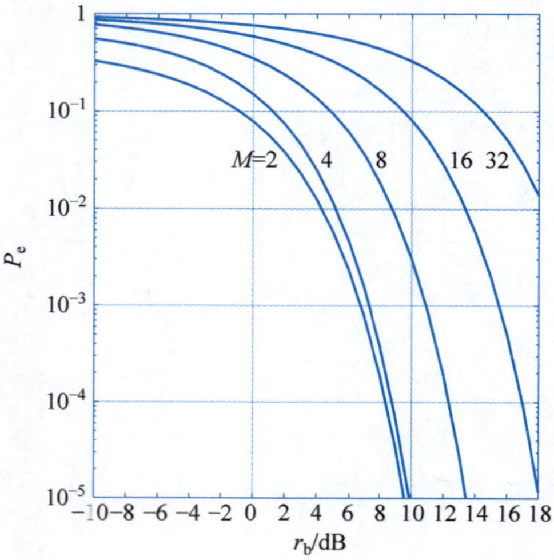

图 7.7.10 MPSK 系统误码率性能曲线

多进制相移键控(MPSK)信号误码率性能曲线如图 7.7.10 所示,r_b 是比特信噪比,与码元信噪比 r 的关系是 $r_b=r/\log_2 M$。若保持 r_b 不变,则随着 M 增加,误码率增加;若保持误码率不变,则随着 M 增加,r_b 增加。

7.7.4 多进制差分相移键控

在 2PSK 信号相干解调过程中会产生 180°相位模糊。同样,对 4PSK 信号相干解调也会产生相位模糊问题,并且是 4 个相位模糊。因此,在实际中常用是四进制差分移相键控(4DPSK),又记为 QDPSK。QDPSK 是利用前后相邻码元载波之间的相位变化来表示数字信息的,也可分为 A 方式和 B 方式,如

表 7.7.1 所示。

表 7.7.1 QDPSK 编码规则

a	b	$\Delta\theta_k$	
		A 方式	B 方式
0	0	90°	135°
0	1	0°	45°
1	1	270°	315°
1	0	180°	225°

表 7.7.1 中，$\Delta\theta_k$ 为第 k 个码元的波形初始相位与第 $k-1$ 个码元的波形最终相位的相位差。ITU-T 建议 V.22 中速率 1200b/s 的双工调制解调标准采用 A 方式调制规则。B 方式中相邻码元之间也有相位变化，故有利于在接收端提取同步信号。以 A 方式调制为例，一种 QDPSK 信号的时间波形如图 7.7.11 所示，初始载波相位为 0°。

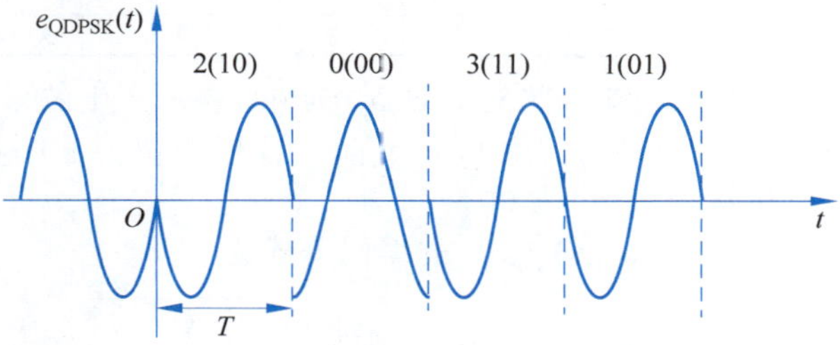

图 7.7.11 QDPSK 信号的时间波形

QDPSK 的调制方式与 QPSK 相似，区别仅在于 QDPSK 调制系统比 QPSK 多了码型变换模块，将绝对码 ab 变化为相对码 cd。以 A 方式为例，QDPSK 调制原理框图如图 7.7.12 所示。

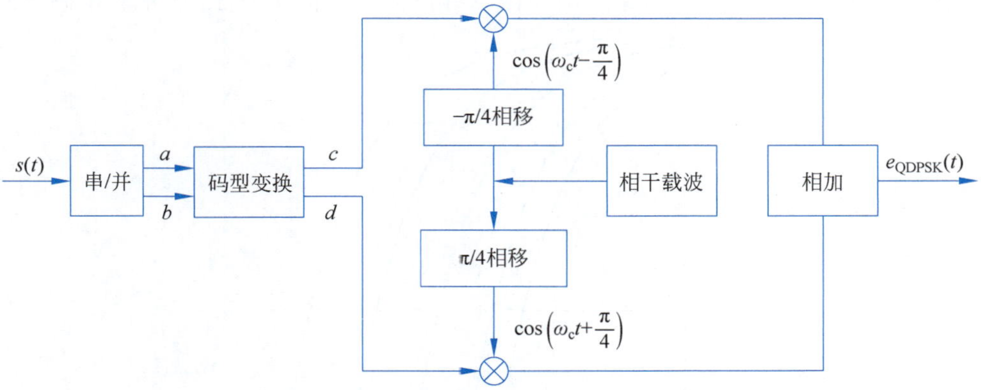

图 7.7.12 QDPSK 调制原理框图

码型变换器输入绝对码 $a_k b_k$ 与输出相对码 $c_k d_k$ 之间有 16 种关系，如表 7.7.2 所示，其中，绝对码 $a_k b_k$ 与相位差 $\Delta\theta_k$ 的关系见表 7.7.1，相对码 $c_k d_k$ 与相位 θ_k 的关系见图 7.7.6 中 A 方式。

表 7.7.2 QDPSK 码型变换关系

a_k b_k	$\Delta\theta_k$	c_{k-1} d_{k-1}	θ_{k-1}	c_k d_k	θ_k
0 0	90°	0 0	180°	1 0	270°
		0 1	90°	0 0	180°
		1 1	0°	0 1	90°
		1 0	270°	1 1	0°
0 1	0°	0 0	180°	0 0	180°
		0 1	90°	0 1	90°
		1 1	0°	1 1	0°
		1 0	270°	1 0	270°
1 1	270°	0 0	180°	0 1	90°
		0 1	90°	1 1	0°
		1 1	0°	1 0	270°
		1 0	270°	0 0	180°
1 0	180°	0 0	180°	1 1	0°
		0 1	90°	1 0	270°
		1 1	0°	0 0	180°
		1 0	270°	0 1	90°

由表 7.7.2 可知,假设当前输入绝对码 $a_k b_k$ 为 00,表示产生波形与前一波形的相位差为 90°。若前一相对码 $c_{k-1}d_{k-1}$ 为 01,表示前一波形相位为 90°,则得到产生波形相位为 180°,编码出当前相对码 $c_k d_k$ 为 00。

由此得到绝对码 $a_k b_k$ 与相对码 $c_k d_k$ 的编码公式为

$$\text{若 } c_{k-1} \oplus d_{k-1} = 0, \quad \text{则} \begin{cases} c_k = \overline{b_k \oplus c_{k-1}} \\ d_k = a_k \oplus d_{k-1} \end{cases} \tag{7.7.10}$$

$$\text{若 } c_{k-1} \oplus d_{k-1} = 1, \quad \text{则} \begin{cases} c_k = a_k \oplus c_{k-1} \\ d_k = \overline{b_k \oplus d_{k-1}} \end{cases} \tag{7.7.11}$$

同理,QDPSK 的解调比 QPSK 多了码型反变换模块。这里不再详述,由读者自行分析。多进制差分相移键控信号(MDPSK)的误码率性能曲线如图 7.7.13 所示。误码率与比

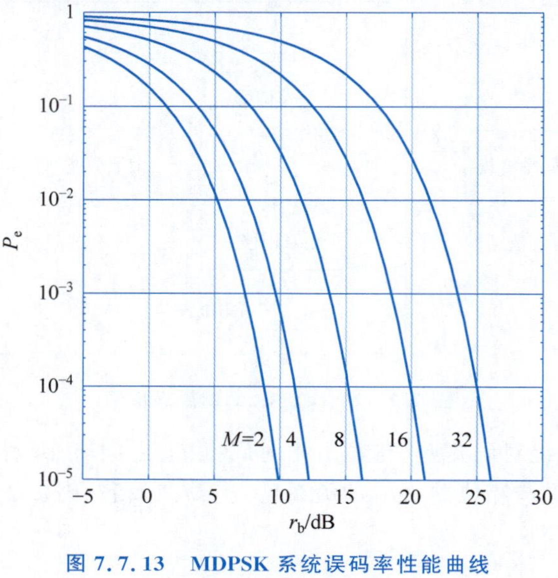

图 7.7.13 MDPSK 系统误码率性能曲线

特信噪比、进制 M 的关系与 MPSK 一致。

7.8 MATLAB 仿真举例

本节以二进制数字基带信号为例，介绍用 MATLAB 对其进行 2ASK、2FSK 和 2PSK 三种调制方法的仿真实现。

(1) 以下用函数 askd()，实现对二进制数字基带信号的 ASK 调制，并绘制调制后的波形。

```
function askd(g,f)                               % "g"为二进制数字基带信号,"f"为载波频率
if nargin > 2
error('Too many input arguments')
% 如果输入变量数大于 2,则输出'Too many input arguments'
elseif nargin == 1
        f = 1;                                   % 如果输入变量数为 1,则取默认频率 f = 1
end
if f < 1;
error('Frequency must be bigger than 1');
% 如果 f < 1,则输出'Frequency must be bigger than 1'
end
t = 0:2 * pi/99:2 * pi;
cp = []; sp = [];
mod = []; mod1 = [];bit = [];
for n = 1:length(g);
        if g(n) == 0;
            die = ones(1,100);                   % 若基带信号为 0,则 ASK 调制信号的振幅为 1
            se = zeros(1,100);
        else g(n) == 1;
            die = 2 * ones(1,100);               % 若基带信号为 1,则 ASK 调制信号的振幅为 2
            se = ones(1,100);
        end
        c = sin(f * t);
        cp = [cp die];
        mod = [mod c];
        bit = [bit se];
end
ask = cp. * mod;                                 % 得到 ASK 调制波形
subplot(2,1,1);plot(bit,'LineWidth',1.5);grid on; % 画出二进制数字基带信号波形
title('Binary Signal');
axis([0 100 * length(g)  - 2.5 2.5]);
subplot(2,1,2);plot(ask,'LineWidth',1.5);grid on; % 画出 ASK 调制信号波形
title('ASK modulation');
axis([0 100 * length(g)  - 2.5 2.5]);
```

在 MATLAB 命令窗口中输入函数命令 askd([1 0 1 1 0],2)，得到数字基带信号 10110 的波形及其 2ASK 调制波形，如图 7.8.1 所示。其中，横坐标表示所有码元取时间点的个数，调用 5 个码元，每个码元取 100 个时间点，故共有 500 个时间点。由于 f=2，故在一个码元时间内 2ASK 信号有 2 个完整波形。

(2) 以下用函数 fskd()，实现对二进制数字基带信号的 FSK 调制，并绘制调制后的波形。

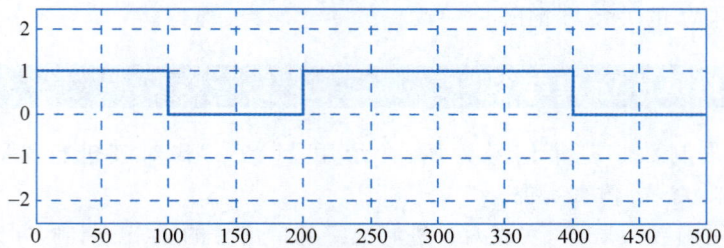

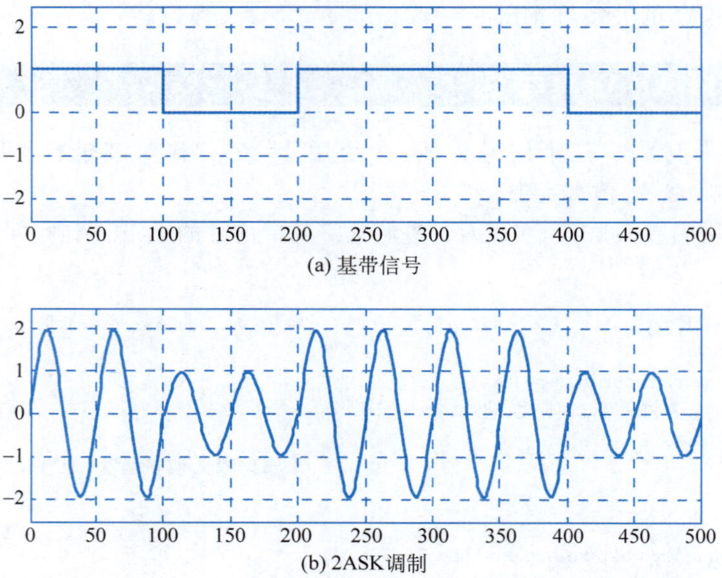

图 7.8.1　数字基带信号及 2ASK 调制波形

```
function fskd(g,f0,f1)                         % "g"为二进制数字基带信号"f0""f1"为载波频率
if nargin > 3
        error('Too many input arguments')
elseif nargin == 1
        f0 = 1;f1 = 2;
elseif nargin == 2
        f1 = 2;
end
val0 = ceil(f0) - f0;
val1 = ceil(f1) - f1;
if val0 ~ = 0 || val1 ~ = 0;
        error('Frequency must be an integer');
        % 载波频率必须为整数
end
if f0 < 1 || f1 < 1;
        error('Frequency must be bigger than 1');
        % 载波频率必须大于 1
end
t = 0:2 * pi/99:2 * pi;
cp = [ ];sp = [ ];
mod = [ ];mod1 = [ ];bit = [ ];
for n = 1:length(g);
        if g(n) == 0;
            die = ones(1,100);
            c = sin(f0 * t);
            se = zeros(1,100);
        else g(n) == 1;
            die = ones(1,100);
            c = sin(f1 * t);
```

```
            se = ones(1,100);
        end
        cp = [cp die];
        mod = [mod c];
        bit = [bit se];
end
fsk = cp. * mod; % 得到 2FSK 调制波形
subplot(2,1,1);plot(bit,'LineWidth',1.5);grid on;
title('Binary Signal');
axis([0 100 * length(g)  - 2.5 2.5]);
subplot(2,1,2);plot(fsk,'LineWidth',1.5);grid on;
title('FSK modulation');
axis([0 100 * length(g)  - 2.5 2.5]);
```

在 MATLAB 命令窗口中输入函数命令"fskd([1 0 1 1 0],1,2)",得到数字基带信号 10110 的波形及其 2FSK 调制波形,如图 7.8.2 所示。由于 f0=1,f1=2,故在一个码元时间内代表 0 的 2FSK 信号有 1 个完整波形,代表 1 的 2FSK 信号有 2 个完整波形。

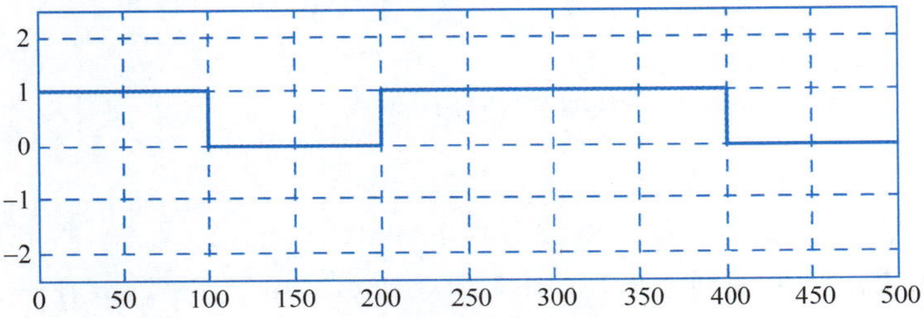

(a) 基带信号

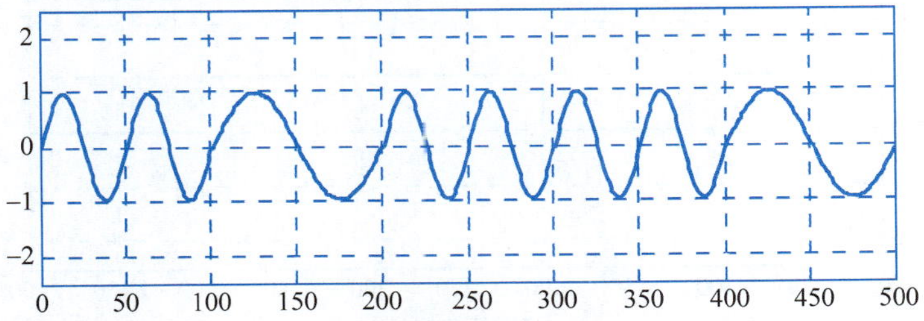

(b) 2FSK调制

图 7.8.2　数字基带信号及 2FSK 调制波形

(3) 以下用函数 bpskd(),实现对二进制数字基带信号的 PSK 调制,并绘制调制后的波形。

```
function bpskd(g,f)                    % "g"为二进制数字基带信号,"f"为载波频率
if nargin > 2
        error('Too many input arguments');
elseif nargin == 1
        f = 1;
end
if f < 1;
        error('Frequency must be bigger than 1');
end
```

```
t = 0:2 * pi/99:2 * pi;
cp = [];sp = [];
mod = [];mod1 = [];bit = [];
for n = 1:length(g);
        if g(n) == 0;
            die = - ones(1,100);         % 基带信号为 0 则 PSK 调制信号振幅为 - 1
            se = zeros(1,100);
        else g(n) == 1;
            die = ones(1,100);           % 基带信号为 1 则 PSK 调制信号振幅为 1
            se = ones(1,100);
        end
        c = sin(f * t);
        cp = [cp die];
        mod = [mod c];
        bit = [bit se];
end
bpsk = cp. * mod;                        % 得到 2PSK 调制波形
subplot(2,1,1);plot(bit,'LineWidth',1.5);grid on;
title('Binary Signal');
axis([0 100 * length(g)  - 2.5 2.5]);
subplot(2,1,2);plot(bpsk,'LineWidth',1.5);grid on;
title('PSK modulation');
axis([0 100 * length(g)  - 2.5 2.5]);
```

在 MATLAB 命令窗口中输入函数命令 bpskd([1 0 1 1 0],2),得到数字基带信号 10110 的波形及其 2PSK 调制波形,如图 7.8.3 所示。由于 f=2,故在一个码元时间内 2PSK 信号有 2 个完整波形。

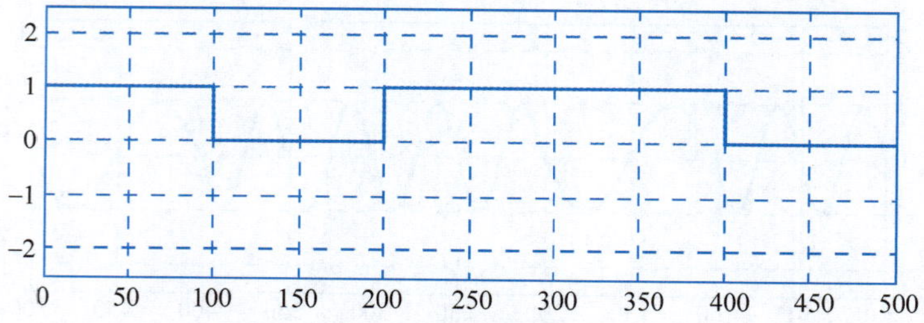

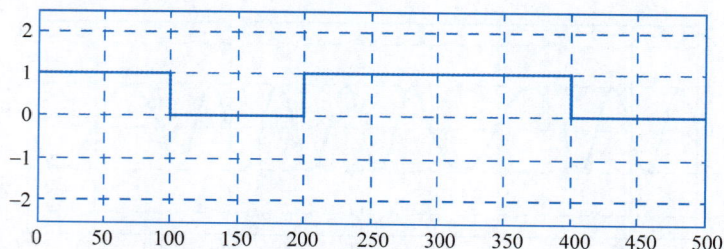

(a) 基带信号

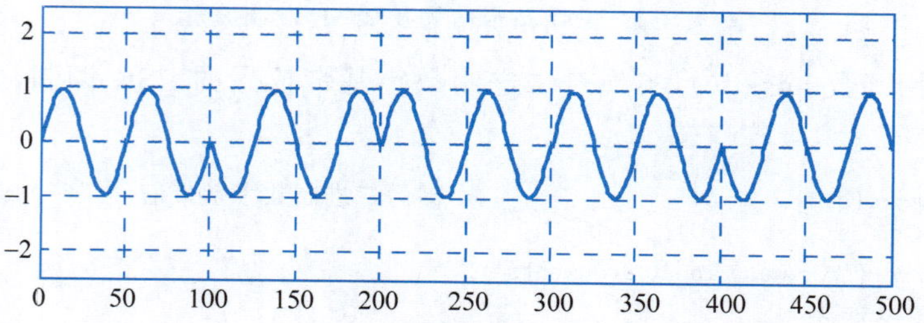

(b) 2PSK调制

图 7.8.3　数字基带信号及 2PSK 调制波形

7.9 本章小结

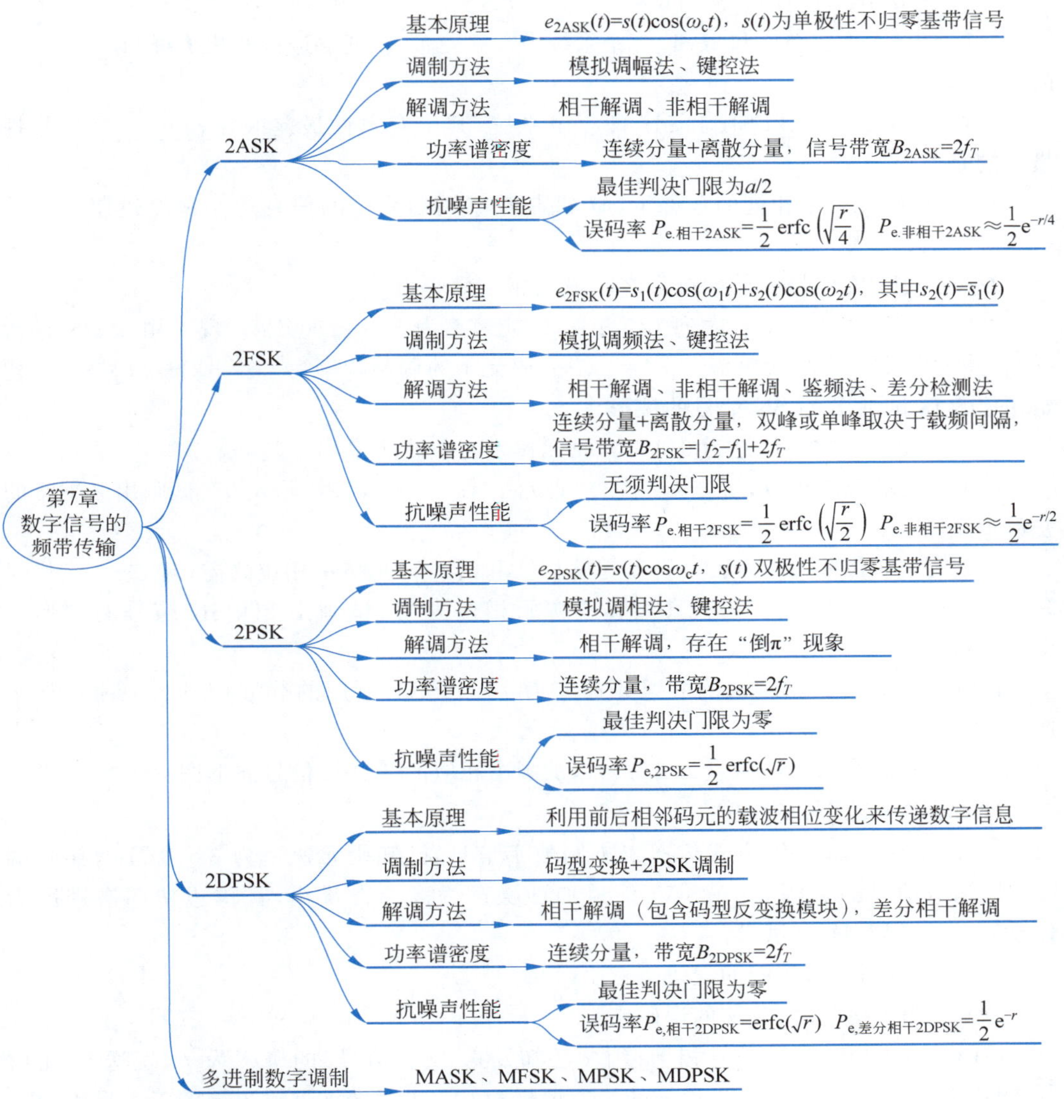

7.10 习题

7-1 OOK 系统的数字基带信号是________(单或双)极性波形。

7-2 ________利用正弦载波的频率变化来传递数字信息。

7-3 当发送符号概率相等时，假设接收机输入信号幅度为 a，则 2PSK 和 2ASK 的最佳判决门限分别为________和________。

7-4 由于 2PSK 信号的载波恢复过程中存在 180°的相位模糊，解调出的数字基带信号与发送的数字基带信号正好相反,这种现象称为 2PSK 方式的________。

7-5　2DPSK 中,把表示数字信息序列的绝对码变换为相对码的过程称为________。

7-6　2DPSK 的解调方法有两种,它们分别是________和________。

7-7　在 2ASK、2FSK 和 2PSK 三个系统中,________不能够进行非相干解调,________的频带利用率最低。

7-8　对于 2ASK、2FSK 和 2PSK 三个系统,其中有效性最差的是________,可靠性最差的是________。

7-9　在码元速率相同的条件下,M 进制数字调制系统的信息速率是二进制系统的________倍。

7-10　QPSK 信号的前后符号之间最大相位跳变为________。

7-11　设发送数字信息序列为 00101,码元速率为 $R_B=2000\text{Bd}$。现采用 2FSK 进行调制,并设码元 0 的调制频率为 $f_1=2\text{kHz}$,码元 1 的调制频率为 $f_2=4\text{kHz}$,f_1 和 f_2 初始相位为 0,试画出 2FSK 信号的波形。

7-12　设发送数字信息为 011010,码元速率与载波频率相等。

(1) φ 表示载波相位,若 $\varphi=0°$代表"码元 1",$\varphi=180°$代表"码元 0",试画出 2PSK 的波形示意图;

(2) 定义相位差 $\Delta\varphi$ 为后一码元起始相位和前一码元结束相位之差,若 $\Delta\varphi=0°$代表"码元 0",$\Delta\varphi=180°$代表"码元 1",假设初始相位为 0°,试画出 2DPSK 信号的波形示意图。

7-13　已知某 2ASK 系统的码元速率为 $1\times10^3\text{Bd}$,所用的载波信号为 $A\cos(4\pi\times10^3)t$。

(1) 设所传输的数字信息为 011001,试画出相应的 2ASK 信号波形图;

(2) 求 ASK 信号的带宽。

7-14　若采用 OOK 方式传送二进制数字信息,已知码元速率为 $3\times10^6\text{Bd}$,接收端解调器输入信号的振幅 $a=60\mu\text{V}$,信道加性噪声为高斯白噪声,且单边功率谱密度为 $n_0=5\times10^{-18}\text{W/Hz}$。试求:

(1) 相干接收时,系统的误码率;

(2) 非相干接收时,系统的误码率。

7-15　对 OOK 信号进行相干接收,已知发送 1(有信号)的概率为 p,发送 0(无信号)的概率为 $1-p$;已知发送信号的峰值振幅为 5V,带通滤波器输出端的正态噪声功率为 $3\times10^{-12}\text{W}$:

(1) 若 $p=1/2$,$P_e=10^{-4}$,则发送信号传输到解调器输入端时,其幅度衰减多少分贝(dB)?这时的最佳门限为多少?

(2) 试说明 $p>1/2$ 时的最佳门限比 $p=1/2$ 时的大还是小。

(3) 若 $p=1/2$,$r=10\text{dB}$,求 P_e。

7-16　若某 2FSK 系统的码元传输速率为 $2.5\times10^6\text{Bd}$,数字信息为 1 时的频率 $f_1=9\text{MHz}$,数字信息为 0 时的频率为 $f_2=11\text{MHz}$。输入接收解调器的信号峰值振幅 $a=$

50μV，信道加性噪声为高斯白噪声，且单边功率谱密度 $n_0=5\times10^{-18}$ W/Hz。试求：

(1) 2FSK 信号的第一零点带宽；

(2) 非相干接收时，系统的误码率；

(3) 相干接收时，系统的误码率。

7-17 若采用 2FSK 方式传送二进制数字信息，已知发送端发出的信号振幅为 5V，输入接收端解调器的高斯噪声功率为 $\sigma_n^2=3\times10^{-12}$ W，今要求误码率 $P_e=10^{-4}$。试求：

(1) 非相干接收时，由发送端到解调器输入端的发送信号幅值衰减；

(2) 相干接收时，由发送端到解调器输入端的发送信号幅值衰减。

7-18 若相干 2PSK 和差分相干 2DPSK 系统的输入噪声功率相同，系统工作在大信噪比条件下，试计算它们达到同样误码率所需的相对功率电平($k=r_{\mathrm{DPSK}}/r_{\mathrm{PSK}}$)；若要求输入信噪比一样，则系统性能相对比值 $P_{e,\mathrm{PSK}}/P_{e,\mathrm{DPSK}}$ 为多大？

第8章 现代数字调制与解调

8.1 引言

数字调制的3种基本方式是幅度调制、频率调制和相位调制。随着经济的发展和社会的进步,人们对通信系统的质量要求不断提高,人们对于调制方式的抗干扰能力、抗衰落性、频带利用率、对相邻频道干扰、设备复杂度等提出了新的要求。而基本的数字调制方式无法满足新的需求。在全球通信界人士的共同努力下,经过多年的科学研究和反复的实践验证,多种改进的数字调制解调技术相继问世,以满足新型通信系统的需求。得益于超大规模集成电路和数字信号处理技术的发展,这些相对复杂的调制与解调技术实现起来不再困难。数字调制技术的持续进步,显著提升了通信系统的质量和效率,为信息的高效传输和处理提供了坚实保障。

视频

8.2 正交幅度调制

视频

由多进制ASK或PSK系统的分析可以看出,在系统带宽一定的条件下,多进制调制的信息传输速率比二进制的高,也就是说,多进制调制系统的频带利用率高。但是,多进制调制系统频带利用率的提高是通过牺牲功率利用率来换取的。因为随着进制数M值的增加,在信号空间中各信号点间的最小距离减小,相应的信号判决区域也随之减小。因此,当信号受到噪声和干扰的损害时,接收信号错误概率也将随之增大,只能通过提高信号功率来加以区分。以MPSK信号为例,如果幅度不变,仅相位变化,随着M的增大,相邻相位距离减小,噪声容限随之减小,误码率的要求难以得到保证。

正交幅度调制(Quadrature Amplitude Modulation,QAM)是一种在两个正交载波上进行幅度调制的方式,即数据信号是用相互正交的两个载波的幅度变化来表示的,这两个载波通常是相位差为$\pi/2$的正弦波,因此称之为正交载波。采用$M(M>2)$进制的正交幅度调制,称为MQAM。下面针对MQAM的工作原理、调制解调方法、频带利用率和抗噪声性能等进行分析。

8.2.1 MQAM原理

在QAM信号体制中,一个MQAM码元可表示为

$$s_k(t)=A_k\cos(\omega_c t+\theta_k),\quad kT<t\leqslant(k+1)T \tag{8.2.1}$$

式中,$k=1,2,3,\cdots,M$,共有M个可能的信号;A_k和θ_k分别为MQAM信号的幅度和相位,它们之间在理论上并没有制约关系。

将式(8.2.1)展开,得到

$$s_k(t)=X_k\cos(\omega_c t)+Y_k\sin(\omega_c t) \tag{8.2.2}$$

其中,

$$X_k=A_k\cos\theta_k,\quad Y_k=-A_k\sin\theta_k \tag{8.2.3}$$

式(8.2.2)表明,MQAM信号由两路在时域上成正交的抑制载波的双边带调幅信号组成,一路是$X_k\cos(\omega_c t)$,另一路是$Y_k\sin(\omega_c t)$。式(8.2.2)和式(8.2.3)还表明,由于

A_k 和 θ_k 彼此独立,X_k 和 Y_k 也彼此独立,因此每一种调制波形可用空间中的一个矢量点 A_k 和 θ_k 或 X_k 和 Y_k 来表示。矢量点表示了调制后的一种可能的信号。k 有 M 个选择,可以构成 M 个矢量点,也称为 MQAM 调制;其矢量图形似星座,故又称为星座(Constellation)调制。

由于 X_k 和 Y_k 通常选择为在两个坐标轴方向分别均匀分布,因此当 M 取为 2 的整数次幂,如 $M=4,16,64,256$ 时,按式(8.2.2)绘制的是如图 8.2.1 所示的矩形星座图,一般取 X 方向和 Y 方向相邻点的间隔相等,因此也称为方形星座图。

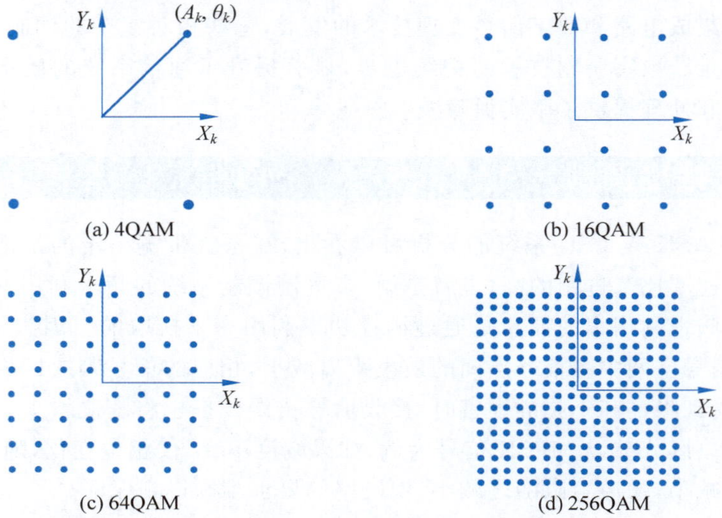

图 8.2.1　$M=4,16,64,256$ 的 QAM 星座图

当 M 取为 2 的奇数次幂,如 $M=32,128$ 时,星座图往往取为十字结构,如图 8.2.2 所示。

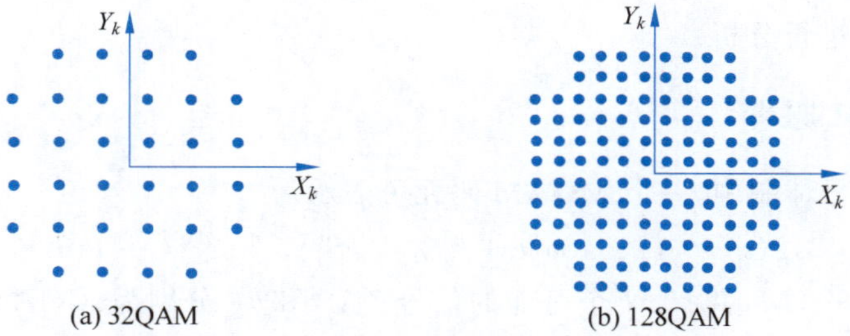

图 8.2.2　$M=32,128$ 的 QAM 星座图

由于 MPSK 是广泛采用的数字调制方式之一,它利用载波的多种不同相位状态来表征数字的信息,因此可以对 MPSK 和 MQAM 的调制方式进行比较。

设已调信号的最大幅度为 1,由于星座图上 MPSK 相邻信号点间的弧长为 $2\pi/M$,相邻信号点之间欧氏距离就是

$$d_{\text{MPSK}} = 2\sin(\pi/M) \tag{8.2.4}$$

对于 MQAM 信号,仍保持最大幅度为 1,在方形星座图上相邻信号点间的欧氏距离可计

算得

$$d_{\mathrm{MQAM}}=\sqrt{2}/(\sqrt{M}-1)=\sqrt{2}/(L-1) \tag{8.2.5}$$

式中，$L=\sqrt{M}$ 向上取整，代表的是方形星座图上信号点在水平轴或垂直轴上投影的电平数。

当 $M=4$ 时，$d_{4\mathrm{QAM}}=d_{4\mathrm{PSK}}=\sqrt{2}$，这时 4PSK 和 4QAM 的星座图相同；当 $M=8,16,32,64,\cdots$ 时，不难计算，$d_{\mathrm{MQAM}}>d_{\mathrm{MPSK}}$，这表明 MQAM 的抗干扰能力高于 MPSK。

以具有代表性 16QAM 为例，$M=16$，$d_{16\mathrm{QAM}}=0.47$，$d_{16\mathrm{PSK}}=0.39$，$d_{16\mathrm{PSK}}<d_{16\mathrm{QAM}}$，而 $10\lg\left(\dfrac{d_{16\mathrm{QAM}}}{d_{16\mathrm{PSK}}}\right)^2=1.62(\mathrm{dB})$，这表明，16QAM 系统的噪声容限大于 16PSK 约 1.62dB。这里的比较是在最大振幅相等的条件下进行的，如果用两种体制的平均功率来比较，可以证明，在等概率条件下，16QAM 的最大功率与平均功率之比等于 1.8，即 2.55dB，而 16PSK 的最大功率与平均功率相等。因此，在平均功率相等的条件下比较，16QAM 系统的噪声容限大于 16PSK 约 4.17dB。16PSK 和 16QAM 的星座图如图 8.2.3 所示。

MQAM 星座图并非一定要采用图 8.2.1 中的方形结构，事实上，从抗衰落性能角度，以边界越接近圆形越好。图 8.2.4 给出了一种 16QAM 改进型方案，称之为星形星座图。比较方形星座图与星形星座图可知，星形星座图有 8 种相位、2 种振幅，而方形星座图有 3 种振幅、12 种相位。由于星形星座图中振幅和相位数量少，因此比方形在抗衰落性能上更优越。换句话说，在满足一定的最小欧氏距离条件下，方形星座图信号所需的平均发送功率比星形星座信号的平均发射功率要大一些。

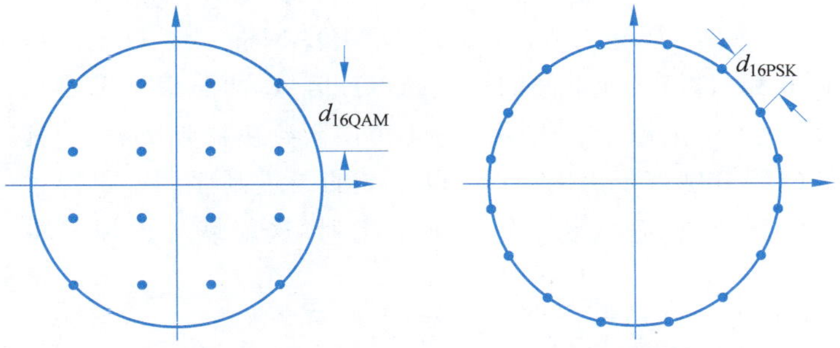

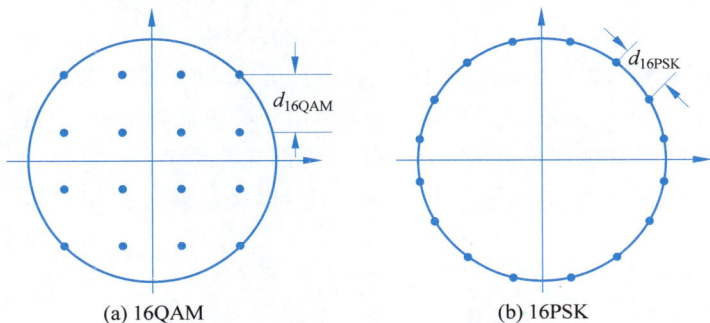

图 8.2.3　16QAM 和 16PSK 星座图

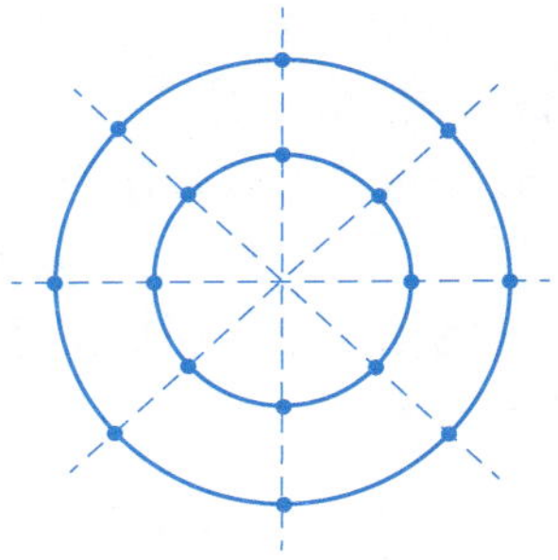

图 8.2.4　16QAM 星形星座图

方形星座图虽不是最优的星座结构，但其信号的产生及解调比较容易实现，所以方形星座 MQAM 信号在实际通信中得到广泛应用。

8.2.2　MQAM 的调制与解调

当 M 为 2 的偶数次幂时，根据式(8.2.1)～式(8.2.3)，MQAM 的调制原理可用图 8.2.5 表示。串行输入的二进制序列，其码速为 R_b。二进制序列经过串/并转换后分成两路，上路是原序列中为 A 的码元，下路是原序列中为 B 的码元，且 A、B 码元在时间上对齐,这就将原序列分成了两个码速为 $R_b/2$ 的信号序列。$2/L$ 电平转换器将每个码速为 $R_b/2$ 的二电平序列变成 L 电平信号,$L=\sqrt{M}$,码速变成 $R_b/(2\log_2 L)$。再将两路 L 电平信号分别与两个正交的载波信号相乘,分别得到同相路(I)信号和正交路(Q)信号,两者相加后形成 MQAM 信号,这时的码元速率是 $R_b/\log_2 L$,信息速率仍为 R_b,这种方法也称为 I/Q 调制。

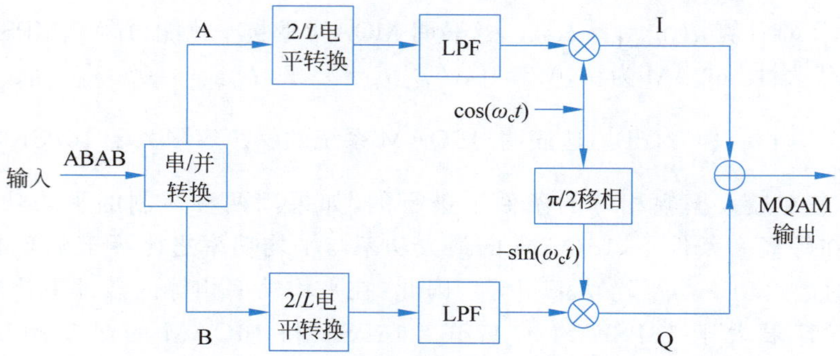

图 8.2.5　MQAM 调制

以 16QAM 为例,$M=16$,$L=4$。经串/并转换后,码速为 R_b 的二进制输入信号转换成码速为 $R_b/2$ 的两路二进制信号。编号为 B 的位通过下路 2/4 电平转换器,每两个二进制码元为一组转成一个四进制电平,码速成为 $R_b/4$。同样,编号为 A 的位通过上路 2/4 电平转换器,每两个二进制码元为一组也转成一个四进制电平,码速也是 $R_b/4$。上、下两路四进制电平的产生是各自独立的,因此经两个正交载波相乘并叠加后的信号可有 16 种状态,即 16QAM,参见图 8.2.3。

MQAM 的解调原理如图 8.2.6 所示,码速为 $R_b/\log_2 L$ 的 MQAM 信号经过相干解调和低通滤波器后分成上面的同相路(I)信号和下面的正交路(Q)信号,两路信号都是具有 L 个电平的基带序列,码速为 $R_b/(2\log_2 L)$。分别用 $L-1$ 个门限判决器判决后,使其通过 $L/2$ 电平转换器,则 I 路和 Q 路分别恢复出码速等于 $R_b/2$ 的二进制序列。再经过并/串转换,将两路二进制序列合成一个码速为 R_b 的二进制序列,这就恢复出原基带信号。

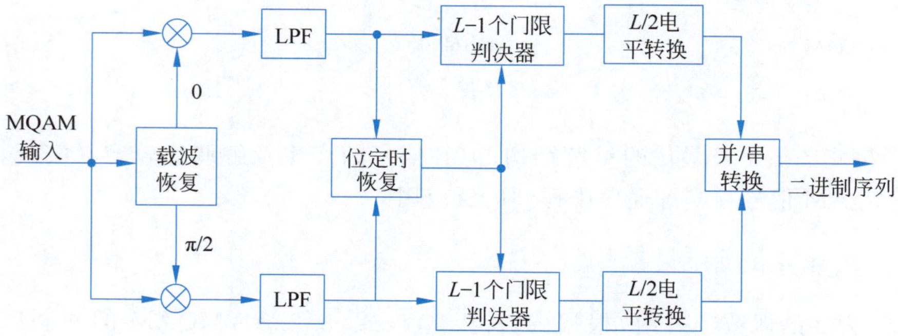

图 8.2.6　MQAM 解调

当 M 为 2 的奇数次幂时，也可采用相干解调，但在电路结构上有差异，在此不予介绍。

8.2.3 MQAM 的频带利用率与抗噪声性能

1. MQAM 的频带利用率

求 MQAM 信号的频带利用率，首先计算传输 MQAM 信号所需的频带宽度。由上面的分析(参见图 8.2.5)，经过串/并转换和 $2/L$ 电平转换后，每一路中的 L 电平信号的码速为 $R_b/(2\log_2 L)$。当 L 电平信号通过滚降系数为 α 的滤波器后，根据第 6 章讨论的无码间串扰的条件，基带系统所能提供的最高频带利用率为

$$\eta=\frac{2}{1+\alpha} \tag{8.2.6}$$

即

$$\frac{R_b}{2}\cdot\frac{1}{\log_2 L}\cdot\frac{1}{B_\alpha}=\frac{2}{1+\alpha} \tag{8.2.7}$$

式中，B_α 是码速确定时传输基带信号所需的最小带宽：

$$B_\alpha=\frac{R_b}{2\log_2 L}\cdot\frac{1+\alpha}{2}=\frac{R_b}{\log_2 M}\cdot\frac{1+\alpha}{2} \tag{8.2.8}$$

再经过正交调幅，由于 I 路和 Q 路都是双边带调制，因此两路信号的带宽都为式(8.2.8)中基带信号的 2 倍，即

$$B_{\text{MQAM}}=2B_\alpha=\frac{R_b(1+\alpha)}{\log_2 M} \tag{8.2.9}$$

当两路信号相加后，信号的带宽没有变化，仍为 B_{MQAM}。由于信息速率为 R_b，因此 MQAM 信号的频带利用率为

$$\eta_{\text{MQAM}}=\frac{R_b}{B_{\text{MQAM}}}=\frac{\log_2 M}{1+\alpha}(\text{b}\cdot\text{s}^{-1}/\text{Hz}) \tag{8.2.10}$$

对理想低通传输系统，$\alpha=0$，M 分别等于 4，16，64，256，1024 时，MQAM 的频带利用率分别为(2，4，6，8，10)b/s・Hz。

频带利用率的提高意味着在一定的频带范围内可以提高信息传输速率。例如，电话信号的频率范围是 300～3400Hz，如果利用信道较好的 600～3000Hz 来传输 16QAM 信号，且 $\alpha=0$，则信道的最大传输能力为 4×(3000－600)＝9600(b/s)。

2. MQAM 的抗噪声性能

对于方形星座图的 QAM，可以看成是由两个相互正交、相互独立的 L 进制 ASK 信号的叠加而成，其中 $L=\sqrt{M}$。设每比特的信号码元能量为 E_b，噪声单边功率谱密度为 n_0，则利用多电平信号误码率分析方法，可求 M 进制 QAM 的符号差错概率 P_e 为

$$P_e=1-(1-P_1)^2 \tag{8.2.11}$$

其中，

$$P_1=\left(1-\frac{1}{L}\right)\mathrm{erfc}\left(\sqrt{\frac{3\log_2 L}{M-1}\cdot\frac{E_b}{n_0}}\right) \tag{8.2.12}$$

E_b/n_0 是每比特的平均信噪比(SNR)。根据式(8.2.11)和式(8.2.12),可绘制一个符号的差错概率 P_e 随 SNR 变化的曲线,如图 8.2.7 所示。其中横坐标是 SNR=E_b/n_0,单位是 dB;纵坐标是 P_e,采用对数坐标图。可见,对不同的 M 和相同的 SNR,误码率随 M 的增加而增大。

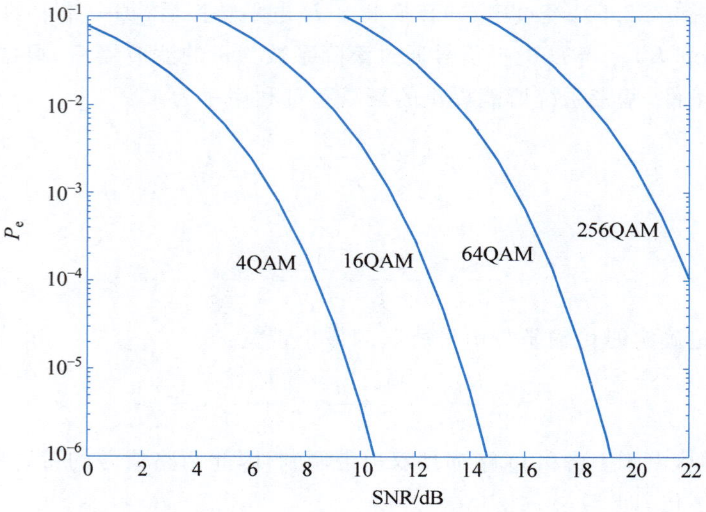

图 8.2.7 QAM 中一个符号的差错概率

通过上面的分析,QAM 是一种频谱利用率很高的调制方式,星座点比 PSK 的星座点更分散,相邻星座点之间的距离更大,因此能提供更好的传输性能。但是 QAM 星座点的幅度不是完全相同的,解调器需要能同时正确检测相位和幅度,不像 PSK 解调只需检测相位,这增加了 QAM 解调器的复杂性。虽然星座点数越多,每个符号能传输的信息量就越大,但如果在星座图的平均能量保持不变的情况下增加星座点,会使星座点之间的距离变小,进而导致误码率上升。

QAM 技术能够在保证误码率要求的同时提高功率利用率,但也对设备复杂度提出了更高的要求,这一现象体现了辩证思维的核心原则。QAM 技术是通信技术在提升性能与增加系统复杂度之间寻找平衡点的生动写照,这种平衡是科技进步中常见的辩证关系。

视频

8.3 交错正交相移键控

8.3.1 OQPSK 原理

第 7 章中所讨论的正交相移键控(QPSK),是利用载波的 4 种不同相位来表征输入的数字信息,在 π/4 体系(B 方式)中,它规定了 4 种载波相位,分别为 π/4、3π/4、5π/4、

$7\pi/4$。调制器输入的数据是二进制数字序列，为了能和四进制的载波相位相配合，需要将二进制数据变换为四进制数据，也就是说，需要把二进制数字序列中每 2 个比特分成一组，共有 4 种组合，即 00、01、10 和 11。每一组比特称为双比特码元，常规定 11 代表 $\pi/4$，01 代表 $3\pi/4$，00 代表 $5\pi/4$，10 代表 $7\pi/4$。QPSK 中每次调制可传输 2 个信息比特，这些信息比特是通过载波的 4 种相位来传递的，解调器根据星座图及接收到的载波信号的相位来判断发送端发送的信息比特。

QPSK 是一种常用的卫星数字信号调制方式，具有较高的频谱利用率和较强的抗干扰性，在电路上实现也较为简单。但是 QPSK 也存在很大不足，当相邻双比特码元出现由 00 到 11 或由 01 到 10，即相邻双比特码元中的两个位同时发生改变时，会产生 180°的载波相位跳变。由于理想的 QPSK 信号是包络恒定的波形，其理论上的频谱为无限大，为能在有限带宽的信道中传输，需要加带通滤波器，带限后的 QPSK 信号已不能保持包络的恒定，而 180°的载波相位跳变会引起包络的最大起伏，甚至出现零点。图 8.3.1 绘出了相邻码元之间存在 180°的载波瞬时相位跳变在滤波前后可能出现的波形。当信号再经过非线性功率放大器放大时，这种包络的起伏可得到削弱，但已经滤除的带外分量又被恢复出来，导致频谱扩展，增加对相邻波道的干扰。总的来讲，就是相位的跃变会引起相位对时间的变化率很大，从而使信号功率谱扩展，旁瓣增大。为了消除 180°的相位跳变，使信号的功率谱尽可能集中在主瓣范围，衰减主瓣以外的功率谱，在 QPSK 基础上提出了交错正交相移键控，即 OQPSK。

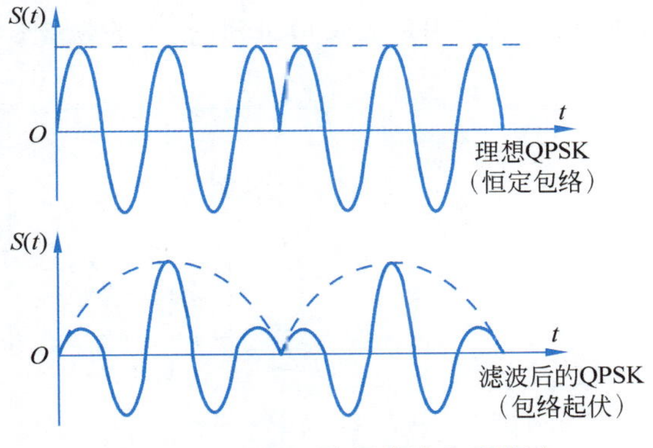

图 8.3.1 QPSK 信号滤波前后波形

OQPSK 是一种准恒包络数字调制技术，其中已调波的包络保持为恒定。恒包络技术所产生的已调波经过带限滤波器后，当通过非线性部件时，只产生很小的频谱扩展。OQPSK 已调波具有两个主要特点：一是包络恒定或起伏很小；二是已调波频谱具有高频快速滚降特性，或者说已调波旁瓣很小，甚至几乎没有旁瓣。

OQPSK 也是将输入码流分成两路，然后进行正交调制。不同点在于它将同相和正交两支路的码流在时间上错开了半个码元周期。由于两支路码元半周期的偏移，在任一时刻，两条支路中只有一路可能发生极性翻转，不会发生两支路码元极性同时翻转的现象。因此，OQPSK 信号相位只能跳变 0°、±90°，不会出现 180°的相位跳变。OQPSK 信号的形成见图 8.3.2，其中上方是输入的基带信号波形，中间是经串/并转换后同相路基带信号波形，下方是经串/并转换后正交路基带信号波形。在图 8.3.2 中，如果两支路的码元不错开，QPSK 的相位由 A_1B_1，A_2B_2，A_3B_3，A_4B_4，A_5B_5，A_6B_6（即 10，01，11，10，11，01）所决定，每个相位的持续时间是 $2T$，这时相邻波形存在 180°的相位差；如果两支路的码元错开，QPSK 的相位由 A_1B_1，A_2B_1，A_2B_2，A_3B_2，A_3B_3，A_4B_3……即 10，00，01，11，11，11，10，10，11，01，01 所决定，每个相位持续时间是 T，相位变化次数加倍，但相位变化幅度最大只有 90°。

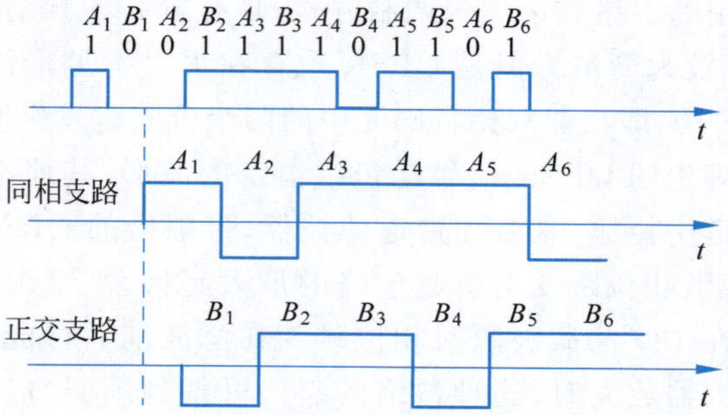

图 8.3.2　OQPSK 信号的形成

8.3.2　OQPSK 调制与解调

OQPSK 的调制原理如图 8.3.3 所示，其中，$T/2$ 延迟电路是为了保证正交支路码元偏离同相支路码元半个周期，BPF 的作用是形成 OQPSK 信号的频谱形状，保证包络恒定。

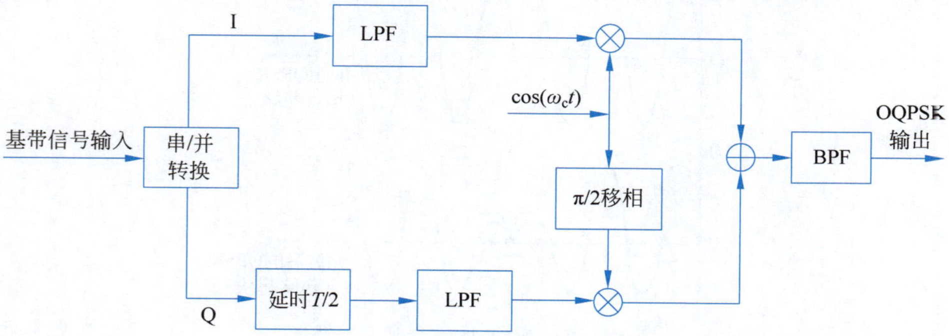

图 8.3.3　OQPSK 信号产生

OQPSK 的解调原理如图 8.3.4 所示，采用的是正交相干解调。正交支路中对抽样信号的判决比同相支路延迟了 $T/2$，这与调制时正交支路信号在时间上偏离 $T/2$ 相对应，以保证两支路交错抽样。

OQPSK 克服了 QPSK 的 180°的相位跳变，信号通过 BPF 后包络起伏小，性能得到改善。但由于码元转换时相位不连续，存在 90°的相位跳变，因而高频滚降慢，未能从根本上解决包络起伏，使得频带仍然较宽。下面要介绍的最小频移键控（MSK）将能够产生包络恒定、相位连续的数字调制信号。

OQPSK 的抗噪声性能和 QPSK 完全相同。

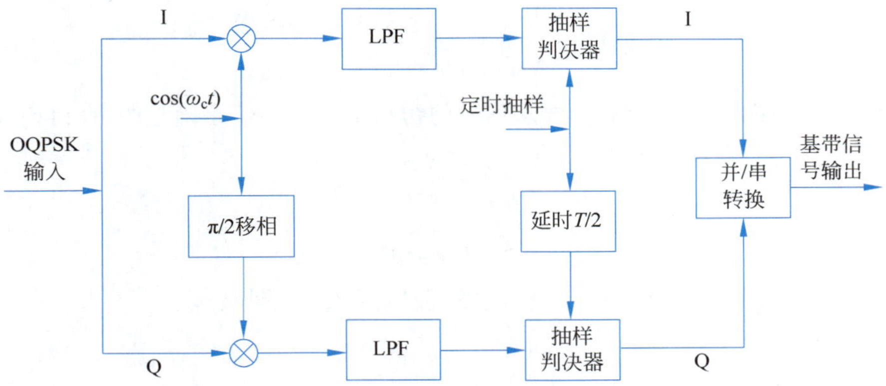

图 8.3.4　OQPSK 正交相干解调

8.4 最小频移键控

视频

2FSK 是一种性能优良的键控方式，在数字通信中有广泛应用；然而 2FSK 的载频信号通常是由两个独立的振荡源产生的，在频率转换处相位容易不连续，因而会产生功率谱很大的旁瓣分量，当通过带限系统后会产生信号包络的起伏变化，再通过非线性部件后会产生频谱扩展，带来严重的带外干扰。为了解决这些问题，对已调信号的要求有两个：一是包络恒定；二是具有最小功率谱占用率。恒包络技术所产生的已调波经过发送带限滤波器后，当通过非线性部件时，只产生很小的频谱扩展。一个已调波的频谱特性与其相位路径有着密切的关系，因此，为了控制已调波的频率特性，必须控制它的相位特性，以保证相位的连续性，从而提高频带的利用率。最小频移键控（Minimum Shift Keying，MSK）是 2FSK 的一种改进，它是一种包络恒定、相位连续、带宽最小并且严格正交的 2FSK 信号。MSK 的一种波形图如图 8.4.1 所示。

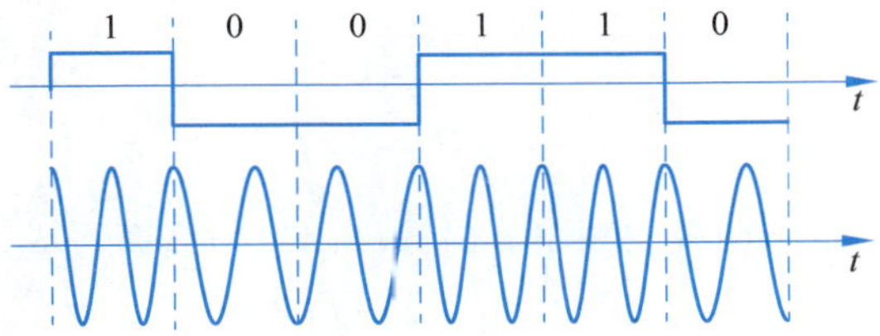

图 8.4.1　MSK 信号波形

MSK 调制技术作为 2FSK 调制技术的改进版，有效解决了 2FSK 信号因相位不连续所致的频谱扩展问题。在科技发展的征途中，正是通过这种不断发现问题、积极寻求解决之道的过程，驱动着技术的进步。

8.4.1 MSK 信号的主要特点

1. MSK 信号的频率关系

对于 2FSK 信号，在一个码元内的信号表达式为

$$s(t)=\begin{cases}A\cos(\omega_1 t+\varphi_1), & \text{发送 } 0\\ A\cos(\omega_2 t+\varphi_2), & \text{发送 } 1\end{cases} \tag{8.4.1}$$

当在接收端采用相干解调时，要求信号的初相位 φ_1 和 φ_2 是确定的，在讨论 MSK 信号的频率 f_1 和 f_2 的约束关系时，可令 $\varphi_1=\varphi_2=0$，因此

$$s(t)=\begin{cases}A\cos(\omega_1 t), & \text{发送 } 0\\ A\cos(\omega_2 t), & \text{发送 } 1\end{cases} \tag{8.4.2}$$

由于当两个信号相互正交时，才可以将它们完全分开，即要求

$$\int_0^T \cos(\omega_1 t)\cos(\omega_2 t)\mathrm{d}t=0 \tag{8.4.3}$$

式中，T 是一个码元的宽度。对式(8.4.3)求积分，得到

$$\frac{\sin(\omega_2+\omega_1)T}{\omega_2+\omega_1}+\frac{\sin(\omega_2-\omega_1)T}{\omega_2-\omega_1}=0 \tag{8.4.4}$$

这要求

$$(\omega_2-\omega_1)T=k\pi \tag{8.4.5}$$

$$(\omega_1+\omega_2)T=n\pi \tag{8.4.6}$$

其中，k 和 n 都是不为 0 的正整数。

由式(8.4.5)得到，$2\pi(f_2-f_1)T=k\pi$。当 $k=1$ 时，f_2-f_1 有最小值，即

$$f_2-f_1=1/(2T) \tag{8.4.7}$$

这就是 MSK 信号对频率间隔的要求。式(8.4.7)也可以写成

$$f_2-f_1=f_T/2 \tag{8.4.8}$$

$f_T=1/T$ 是码元的重复频率，若定义频移指数 h 为

$$h=(f_2-f_1)/f_T \tag{8.4.9}$$

可见，MSK 信号的频移指数等于 1/2，这正是最小频移键控名称的由来。

又由式(8.4.6)得到

$$4\pi\cdot\frac{f_2+f_1}{2}\cdot T=4\pi f_c T=n\pi \tag{8.4.10}$$

式中，$f_c=(f_2+f_1)/2$ 是未调载波频率。将式(8.4.10)重新写成

$$T=n\times 1/(4f_c) \tag{8.4.11}$$

式(8.4.11)说明，MSK 信号在每一个码元周期内必须包含 1/4 个载波周期($1/f_c$)的整数倍。式(8.4.11)也可改写成下面的形式：

$$f_c=n\cdot\frac{1}{4T}=\left(N+\frac{m}{4}\right)\frac{1}{T} \tag{8.4.12}$$

式中，N 是一个任取的正整数(1,2,3,…)；而 m 只能取 4 个值(0,1,2,3)。如果 N 最小取值限定为 1，这使得最小的 $f_c=1/T$，表明一个码元周期内至少需要包含一个完整的未调载波。

根据式(8.4.7)、式(8.4.10)和式(8.4.12)，写出调制后的两个实际载波频率如下：

$$f_1=f_c-\frac{1}{4T}=\left(N+\frac{m-1}{4}\right)\frac{1}{T} \tag{8.4.13}$$

$$f_2 = f_c + \frac{1}{4T} = \left(N + \frac{m+1}{4}\right)\frac{1}{T} \tag{8.4.14}$$

写成时间关系：

$$T = \left(N + \frac{m-1}{4}\right)T_1 = \left(N + \frac{m+1}{4}\right)T_2 \tag{8.4.15}$$

式(8.4.15)给出了在一个码元周期 T 内包含的两种实际载波的个数。一般取 $f_2 > f_1$，因此在一个码元周期中频率为 f_2 的已调载波个数比频率为 f_1 的已调载波个数多 1/2 个。当 $N=1, m=3$ 时，一个码元周期中包含 2 个频率为 f_2 的载波和 1.5 个频率为 f_1 的载波，图 8.4.1 就是这种情况。

2. MSK 信号的相位关系

MSK 信号要求相邻码元所对应的载波相位连续，即要求前一码元末尾的瞬时相位等于后一码元起始时的瞬时相位，因此 MSK 各个码元载波信号的初始相位一般并不相同。为讨论方便，令 $A=1$，于是 MSK 信号可以表示为

$$s_k(t) = \cos\left[2\pi\left(f_c + \frac{a_k}{4T}\right)t + \varphi_k\right], \quad (k-1)T < t \leqslant kT \tag{8.4.16}$$

式中，$a_k = +1$ 或 -1，分别代表输入码元 1 和 0，φ_k 代表第 k 个码元信号的初始相位，它在一个码元宽度中是不变的。式(8.4.16)满足了 MSK 频率间隔的要求：$f_2 - f_1 = 1/(2T)$。

可根据相位的连续性要求计算相邻码元初始相位的关系，由式(8.4.16)得到

$$\frac{\pi a_{k-1}}{2T}kT + \varphi_{k-1} = \frac{\pi a_k}{2T}kT + \varphi_k \tag{8.4.17}$$

$$\varphi_k = \varphi_{k-1} + \frac{k\pi}{2}(a_{k-1} - a_k) = \begin{cases} \varphi_{k-1}, & a_k = a_{k-1} \\ \varphi_{k-1} \pm k\pi, & a_k \neq a_{k-1} \end{cases} \quad (\text{模 } 2\pi) \tag{8.4.18}$$

式(8.4.18)反映了相邻码元初始相位之间应满足的关系。可见，MSK 码元的初始相位不仅与当前码元 a_k 有关，还与相邻的前一码元的 a_{k-1} 和 φ_{k-1} 有关。如果第一个码元的初始相位定为 0，则第 k 个码元的初始相位就是 0 或者 π。式(8.4.18)中的相位选择，并未破坏两个信号的正交性。

为了反映瞬时相位的连续性，可将式(8.4.16)写成

$$s_k(t) = \cos[\omega_c t + \theta(t)], \quad (k-1)T < t \leqslant kT \tag{8.4.19}$$

式中，

$$\theta(t) = \frac{a_k \pi}{2T}t + \varphi_k \tag{8.4.20}$$

其中，$\theta(t)$ 称为第 k 个码元的附加相位，是 MSK 信号的总相位减去随时间线性增长的未调载波相位后的剩余部分。由式(8.4.20)可知，由于在任何一个码元内 a_k 和 φ_k 都是常数，因此附加相位随时间线性变化，最大变化幅度为 $\pm\pi/2$。当 $a_k = 1$ 时，增大 $\pi/2$；当 $a_k = -1$ 时，减小 $\pi/2$。

【例 8-1】 已知数字序列 $\{a_0\ a_1\ a_2\ a_3\ a_4\ a_5\} = \{1\ -1\ -1\ 1\ 1\ 1\ -1\ -1\ -1\ -1\}$，试画出 MSK 信号的附加相位函数曲线。

解：可以直接利用结论：在一个 T 内，当 $a_k=1$ 时，相位增大 $\pi/2$；当 $a_k=-1$ 时，相位减小 $\pi/2$。设初始附加相位为 0，则该序列的附加相位函数曲线如图 8.4.2 所示。

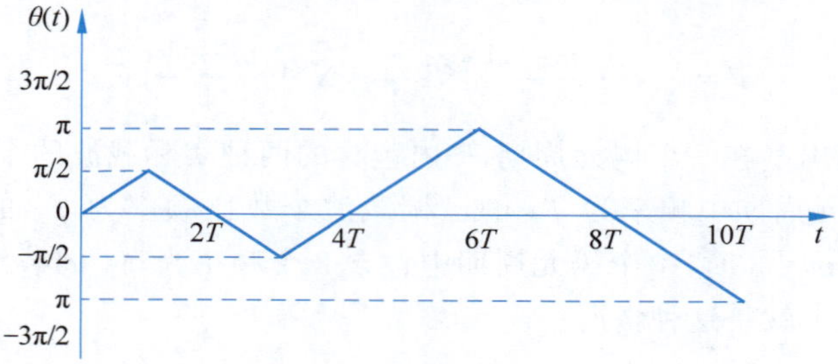

图 8.4.2 附加相位函数曲线图

由图 8.4.2 可见，在码元转换时刻的相位是连续的，即信号的波形没有跳变。其中正斜率的直线是传输 1 码的轨迹，负斜率的直线是传输 0 码的轨迹。

8.4.2 MSK 信号的调制与解调

由式(8.4.19)，可将 MSK 信号用两个彼此正交的载波 $\cos(\omega_c t)$ 与 $\sin(\omega_c t)$ 展开，即

$$s_k(t)=\cos[\omega_c t+\theta(t)]=\cos\theta(t)\cos(\omega_c t)-\sin\theta(t)\sin(\omega_c t) \tag{8.4.21}$$

由式(8.4.20)，因为 $a_k=\pm1$，而 φ_k 可以选为 0 或 π，故

$$\begin{cases}\cos\theta(t)=\cos\dfrac{\pi t}{2T}\cos\varphi_k\\[2ex]\sin\theta(t)=a_k\sin\dfrac{\pi t}{2T}\cos\varphi_k\end{cases} \tag{8.4.22}$$

将式(8.4.22)代入式(8.4.21)，得到

$$s_k(t)=I_k\cos\frac{\pi t}{2T}\cos(\omega_c t)-Q_k\sin\frac{\pi t}{2T}\sin\omega_c t=x_I(t)+x_Q(t) \tag{8.4.23}$$

式中，

$$I_k=\cos\varphi_k=\pm1,\quad Q_k=a_k\cos\varphi_k=a_k I_k=\pm1 \tag{8.4.24a}$$

$$x_I(t)=I_k\cos\frac{\pi t}{2T}\cos(\omega_c t),\quad x_Q(t)=-Q_k\sin\frac{\pi t}{2T}\sin(\omega_c t) \tag{8.4.24b}$$

MSK 信号调制过程如图 8.4.3 所示。对输入码元 a_k，先进行差分编码形成 b_k，再对 b_k 进行串/并转换。将其中的一路延迟 T，得到相互交错的两个码元宽度的两路信号 I_k 和 Q_k，I_k 经 $\cos\dfrac{\pi t}{2T}$ 加权调制和同相载波 $\cos(\omega_c t)$ 相乘输出 $x_I(t)$；Q_k 经 $\sin\dfrac{\pi t}{2T}$ 加权调制和正交载波 $-\sin(\omega_c t)$ 相乘输出 $x_Q(t)$。$x_I(t)$ 和 $x_Q(t)$ 相加并通过带通滤波器后，得到 MSK 信号。

下面通过一个实例来考察图 8.4.3 中有关点的波形可以很好地解释上面的调制过程。设输入码序列 $a_k=+1,+1,-1,+1,-1,-1,+1,+1,-1,+1$，则各码元对应载波的初始相位 φ_k 由式(8.4.18)给出，分析可以看出其规律是：当 k 为偶数时，$\varphi_k=\varphi_{k-1}$；当 k 为奇数时，如果 $a_k=a_{k-1}$ 则仍有 $\varphi_k=\varphi_{k-1}$，如果 $a_k\neq a_{k-1}$ 则 $\varphi_k=\varphi_{k-1}\pm\pi$，

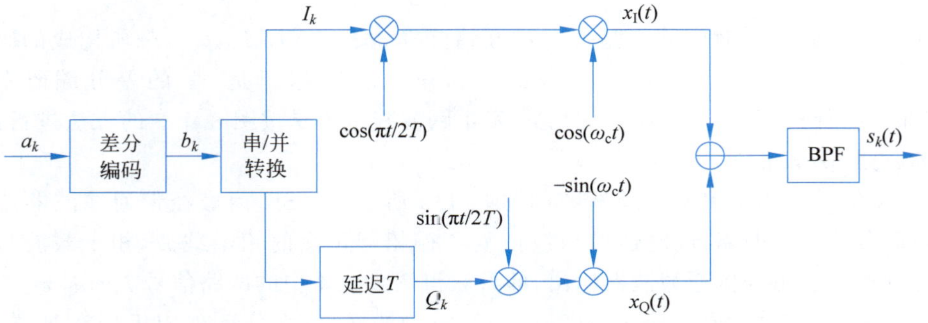

图 8.4.3 MSK 调制原理图

设第一个码元的初始相位 $\varphi_1=0$,则可求出各个码元的 φ_k,取值只能是 0 或 π。I_k 和 Q_k 对于不同 k 的取值由式(8.4.24)计算。图 8.4.4 绘出了各相关点的波形图。由图可见,

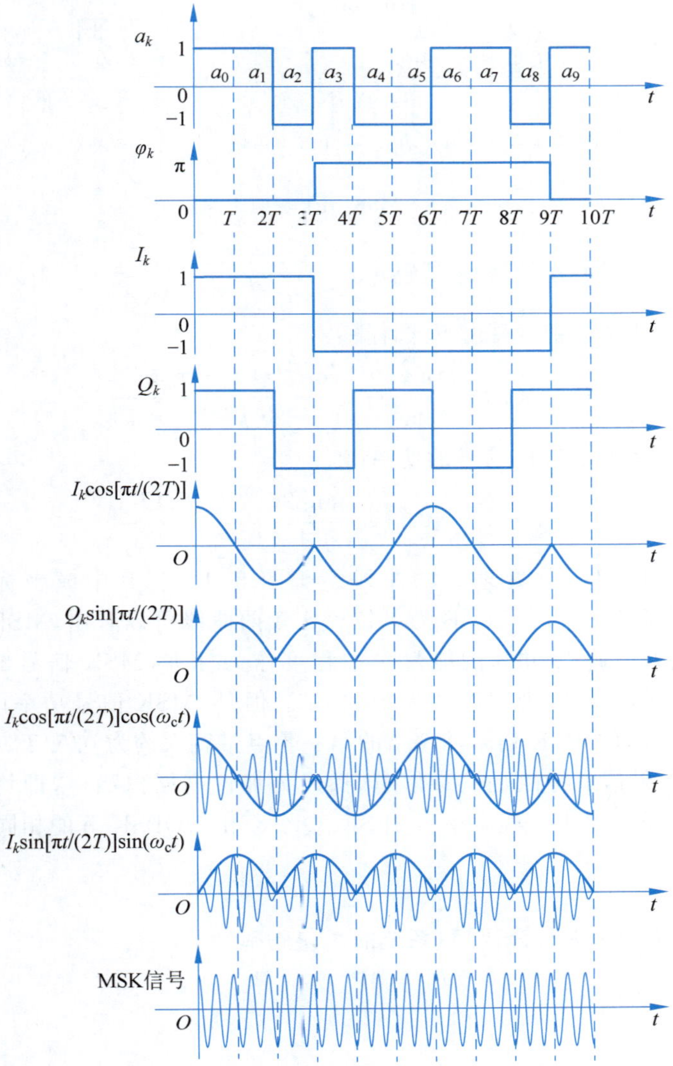

图 8.4.4 MSK 各点信号波形

I_k 和 Q_k 每个码元的时间间隔是 $2T$,相互错开 T,按 $I_1, Q_1, I_2, Q_2, \cdots$ 所构成的码元序列是$+1,+1,-1,-1,+1,-1,-1,-1,+1,+1$,这正是 a_k 的差分编码 b_k(a_k 为$+1$时,b_k 保持不变;a_k 为-1时,b_k 发生跃变),也就是按图8.4.3的方法进行调制,输出的就是MSK信号。

MSK信号的相干解调原理框图如图8.4.5所示。MSK信号经带通滤波器滤除带外噪声后分成上下两路,同时通过载波恢复获得相互正交的相干载波,相干载波与两路信号分别相乘后再经低通滤波器输出,即可获得图8.4.4中的两路信号 $I_k\cos[\pi t/(2T)]$ 和 $Q_k\sin[\pi t/(2T)]$。同相分量在$(2k+1)T$时刻抽样,正交分量在$2kT$时刻抽样,得到 I_k 和 Q_k,再转换成串行数据得到 b_k,经差分译码后恢复原始数据 a_k。

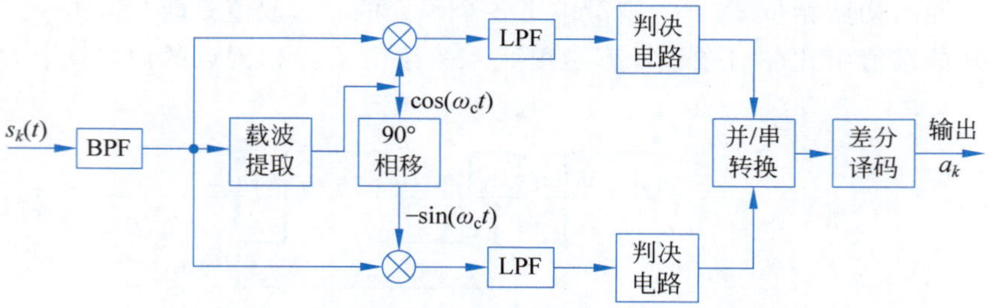

图8.4.5 MSK相干解调原理框图

8.4.3 MSK信号的功率谱与误码率

MSK信号的功率谱密度可由下式计算:

$$P_{\text{MSK}}(f)=\frac{16A^2T}{\pi^2}\left\{\frac{\cos[2\pi(f-f_c)T]}{1-16(f-f_c)^2T^2}\right\}^2 \tag{8.4.25}$$

为了便于比较,可写出QPSK信号的功率谱

$$P_{\text{QPSK}}(f)=2A^2T\left\{\frac{\sin[2\pi(f-f_c)T]}{2\pi(f-f_c)T}\right\}^2 \tag{8.4.26}$$

将两功率谱作归一化处理后的曲线绘于图8.4.6。其中横坐标为无量纲的数$(f-f_c)T$;纵坐标是$P(f)$,以dB为单位。比较两曲线可以看出,MSK有更多的能量集中在频率较低处。若以99%的能量集中程度作为标准,MSK信号的频带宽度约为$1.2/T$,而QPSK信号的频带宽度约为$10.3/T$。但是,MSK信号功率谱的第一零点带宽大约为$0.75/T$,而QPSK信号功率谱的第一零点带宽大约为$0.5/T$。

可以证明,如果信道特性是恒参信道,噪声为加性高斯白噪声,即均值为0,方差为σ^2,则MSK在两条支路中的误码率与2PSK、QPSK和OQPSK等的相同:

$$P_s=\frac{1}{2}\text{erfc}(\sqrt{r}) \tag{8.4.27}$$

经过交替门输出和差分译码后,系统的总误码率为

$$P_e=2P_s(1-P_s) \tag{8.4.28}$$

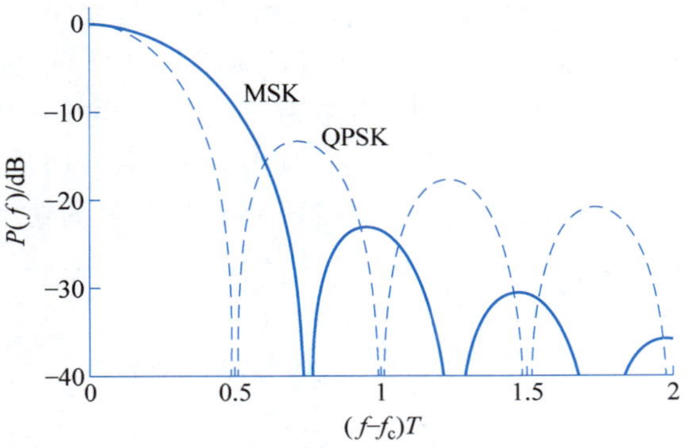

图 8.4.6 MSK 与 QPSK 的功率谱

8.4.4 高斯最小频移键控

MSK 虽然具有信号功率谱在主瓣以外衰减较快、占用的带宽窄、频谱利用率高、抗干扰性强等优点，但在一些通信场合(如移动通信)，对信号带外辐射功率的限制十分严格，比如要求衰减 70～80dB，从而减小对邻道的干扰，但 MSK 不能满足这一要求，因此提出了高斯最小频移键控(GMSK)。

高斯最小频移键控(GMSK)就是以 MSK 为基础，在其调制前将矩形信号脉冲先通过一个高斯型的低通滤波器，这使得基带方波变得圆滑，从而对已调信号的功率谱进行控制，使之更加集中，如图 8.4.7 所示。

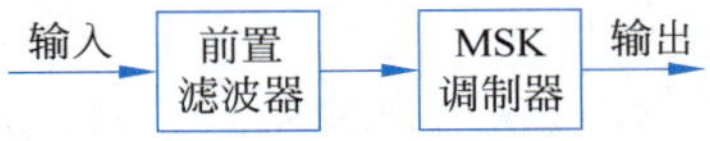

图 8.4.7 GMSK 调制

高斯型滤波器的传输函数可表示为

$$H(f)=\mathrm{e}^{-\alpha^2 f^2} \tag{8.4.29}$$

式中，常数 α 的选择决定了滤波器的特性。当 $H(f)$降低到 $H(0)$的 $1/\sqrt{2}$时，可求得滤波器的 3dB 带宽 B_b 为

$$B_\mathrm{b}=\sqrt{\frac{\ln 2}{2}}\cdot\frac{1}{\alpha}\approx\frac{0.5887}{\alpha} \tag{8.4.30}$$

因此 $H(f)$可写成

$$H(f)=\exp\left[-\frac{\ln 2}{2}\cdot\left(\frac{f}{B_\mathrm{b}}\right)^2\right] \tag{8.4.31}$$

用傅里叶变换转换到时域，得到滤波器的冲激响应为

$$h(t)=\frac{\sqrt{\pi}}{\alpha}\exp\left(-\frac{\pi^2 t^2}{\alpha^2}\right) \tag{8.4.32}$$

上面的公式表明，随着 B_b 的增大，即 α 的减小，滤波器的传输函数曲线 $H(f)$变宽，但冲激响应曲线 $h(t)$将变窄；反之，当带宽 B_b 变窄时，输出响应 $h(t)$将被展开得更宽，这对于一个宽度为 T 的输入码元，其输出将对其前后的相邻码元产生影响，同时也会受到前后相邻码元的影响。这就是说，输入原始数据在通过高斯型滤波器后，已不可避免

地引入了码间串扰。带宽越窄,相邻码元之间的相互影响越大。

GMSK 的功率谱密度很难分析计算,可通过计算机仿真得到,图 8.4.8 绘出了 GMSK 信号功率谱密度曲线。其中纵坐标是归一化功率谱密度,单位是 dB;横坐标是归一化频率$(f-f_c)T$,参变量 B_bT 称为归一化带宽。从图 8.4.8 可见,B_bT 越小,GMSK 的率谱密度衰减得越快,主瓣也越窄;$B_bT=\infty$曲线是 MSK 信号的功率谱密度。

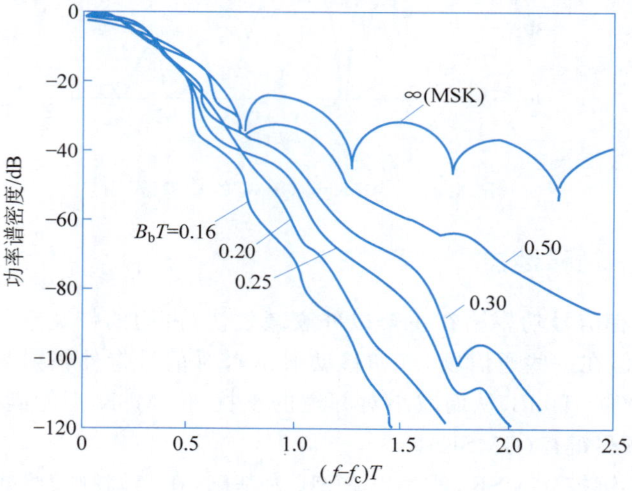

图 8.4.8　GMSK 信号功率谱密度曲线

应该指出,GMSK 信号频谱利用率的提高是通过牺牲误码率性能换来的,前置滤波器的带宽越窄,输出功率谱密度就越紧凑,误码率性能变得越差,通常 B_bT 取为 0.2~0.25,这时 GMSK 信号频谱对邻道的干扰小于-60dB。

视频

8.5　正交频分复用

在宽带无线数字通信系统中,由信道的多径效应引起的频率选择性衰落会限制信息传输速率的提高。随着移动通信系统特别是多媒体通信的不断发展,人们对信息传输速率的要求不断提高,正交频分复用(Orthogonal Frequency Division Multiplexing,OFDM)技术及应运而生。OFDM 属于多载波调制的一种,其主要思想是:将信道分成多个正交子信道,使高速数据信号转换成并行的低速子数据流,调制到在每个子信道上进行传输。由于每个子信道上的信号带宽小于信道的相关带宽,因此每个子信道上的信号衰落可以看成平坦性衰落,从而消除符号间干扰。各路子信道上的信号保持正交,这样可以减少子信道之间的相互干扰。同时,由于每个子信道的带宽仅仅是原信道带宽的一小部分,因而信道均衡变得相对容易。

8.5.1　OFDM 原理

设在一个 OFDM 系统中有 N 个子信道,每个子信道采用一个子载波,则调制后的第 k 个子载波信号可写为

$$x_k = B_k \cos(2\pi f_k t + \varphi_k),\quad k = 0,1,2,\cdots,N-1 \tag{8.5.1}$$

式中，B_k、f_k 和 φ_k 分别代表该子载波的振幅、频率和初相位，B_k 的值受到输入码元的调制。N 个调制后的子载波相加并同时发送，实现 N 个子信道并行传输信息，相加后的信号为

$$s(t) = \sum_{k=0}^{N-1} x_k = \sum_{k=0}^{N-1} B_k \cos(2\pi f_k t + \varphi_k) \tag{8.5.2}$$

可以证明，如果各个子载波的频率 f_k 满足

$$f_k = (2k + m)/(2T) \tag{8.5.3}$$

（其中，m 是一个任意的正整数），则在码元持续时间 T 内任意两个子载波都是正交的，即满足

$$\int_0^T \cos(2\pi f_k t + \varphi_k)\cos(2\pi f_{k+i} t + \varphi_{k+i})\mathrm{d}t = 0 \tag{8.5.4}$$

式中，φ_k 和 φ_{k+i} 可取任意值而不影响正交性。这种满足正交性的多子载波系统称为正交频分复用(OFDM)系统，而满足正交性的重叠信号在接收端能将其完全分离开来。

考察式(8.5.3)可知，OFDM 的各相邻子载波的频率间隔相等，等于码元持续时间 T 的倒数，即

$$\Delta f = f_{k+1} - f_k = \frac{1}{T} \tag{8.5.5}$$

将式(8.5.3)改写成

$$f_k = m/(2T) + k/T = f_c + k/T \tag{8.5.6}$$

式中，$f_c = m/(2T)$ 代表 $k=0$ 时的子载波，是子载波的最低频率。

图 8.5.1 为一个 OFDM 符号内包含 4 个子载波的示意图，其中所有的子载波都取为相同的幅值和相位，幅值用 $X_k(t)$ 表示。取 $m=2$，则 $k=0,1,2,3$ 的各个子载波的频率分别为 $1/T$、$2/T$、$3/T$、$4/T$。

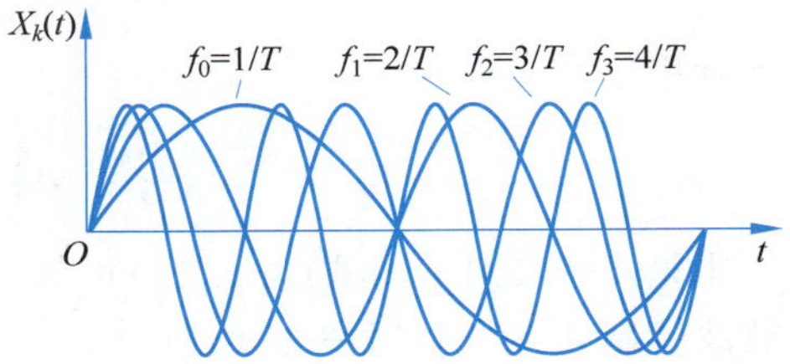

图 8.5.1　OFDM 子载波时域图

子载波的正交性还可以从频域来解释。由于在有限时长 T 内余弦波的频谱都是 sinc 函数，各频谱的峰值处在各子载波的频率处，因此可绘出图 8.5.2 所示的 OFDM 子载波频域图（正频率部分）。

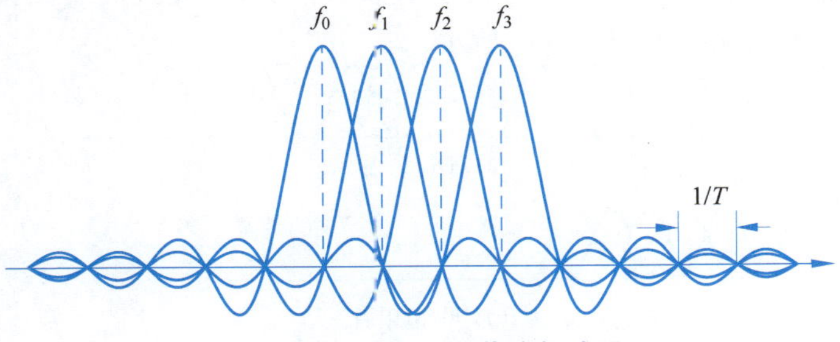

图 8.5.2　OFDM 子载波频域图

从图 8.5.2 可以看到,在每个子载波频率最大值处,所有其他子信道的频谱值恰好为零。因为在对 OFDM 信号解调过程中需要计算这些点所对应的每个子载波频率的最大值,所以可以从多个互相重叠的子信道中提取每个子信道信号,而不会受到其他子信道的干扰。因此,这种一个子信道频谱出现最大值而其他子信道频谱为零的特点,可以避免载波间的串扰。

8.5.2 OFDM 的频带利用率

对于一个 N 路子载波的 OFDM 系统,码元持续时间 T,假定每一路子载波均采用 M 进制调制,则结合图 8.5.2 可知,OFDM 信号所占用的频带为

$$B_{\mathrm{OFDM}}=\frac{N+1}{T}(\mathrm{Hz}) \tag{8.5.7}$$

N 个码元并行传输,信息传输速率为

$$R_{\mathrm{b}}=\frac{N\log_2 M}{T} \tag{8.5.8}$$

因此,OFDM 信号的频带利用率为

$$\eta_{\mathrm{OFDM}}=\frac{R_{\mathrm{b}}}{B_{\mathrm{OFDM}}}=\frac{N}{N+1}\log_2 M(\mathrm{b}\cdot\mathrm{s}^{-1}/\mathrm{Hz}) \tag{8.5.9}$$

当子信道数目 N 很大时,

$$\eta_{\mathrm{OFDM}}\approx\log_2 M(\mathrm{b}\cdot\mathrm{s}^{-1}/\mathrm{Hz}) \tag{8.5.10}$$

对于单个载波的 M 进制码元传输,为得到相同传输速率,码元传输持续时间应缩短为 T/N,其占用的频带为

$$B_M=2N/T \tag{8.5.11}$$

频带利用率为

$$\eta_M=\frac{R_{\mathrm{b}}}{B_M}=\frac{1}{2}\log_2 M(\mathrm{b}\cdot\mathrm{s}^{-1}/\mathrm{Hz}) \tag{8.5.12}$$

比较式(8.5.10)与式(8.5.12)可知,并行的 OFDM 体制频带利用率大约是串行的单载波体制的频带利用率的 2 倍。

在传统的频分复用(FDM)多载波技术中,各个子载波的频谱是互不重叠的,为了减少各子载波的相互干扰,子载波之间还需要保留足够的频率间隔,因而频谱利用率低。而 OFDM 多载波调制中各个子载波的频谱是相互重叠的,并且在各个 T 内满足正交性,不但减小了载波间的相互干扰,还大大减小了保护带宽,因此提高了频谱利用率。FDM 与 OFDM 频谱关系的比较如图 8.5.3 所示。

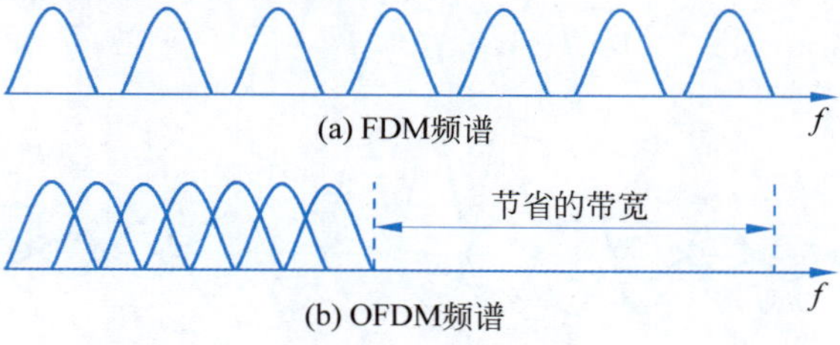

图 8.5.3 FDM 与 OFDM 的频谱关系比较

8.5.3 OFDM 的调制与解调

OFDM 的调制与解调相对比较复杂，需要通过快速傅里叶逆变换（IFFT）和快速傅里叶变换（FFT）来分别实现，以下对其过程作简要介绍。

不失一般性，可令式（8.5.2）中的 $\varphi_k=0$，则 OFDM 信号写为

$$s(t)=\sum_{k=0}^{N-1}B_k\cos(2\pi f_k t)=\mathrm{Re}\left(\sum_{k=0}^{N-1}B_k\mathrm{e}^{\mathrm{j}2\pi f_k t}\right) \tag{8.5.13}$$

将式（8.5.6）代入式（8.5.13），得

$$\begin{aligned}s(t)&=\mathrm{Re}\left(\mathrm{e}^{\mathrm{j}2\pi f_c t}\sum_{k=0}^{N-1}B_k\mathrm{e}^{\mathrm{j}2\pi kt/T}\right)\\&=\cos(2\pi f_c t)\mathrm{Re}\left(\sum_{k=0}^{N-1}B_k\mathrm{e}^{\mathrm{j}2\pi kt/T}\right)-\sin(2\pi f_c t)\mathrm{Im}\left(\sum_{k=0}^{N-1}B_k\mathrm{e}^{\mathrm{j}2\pi kt/T}\right)\end{aligned} \tag{8.5.14}$$

令

$$y(t)=\sum_{k=0}^{N-1}B_k\mathrm{e}^{\mathrm{j}2\pi kt/T} \tag{8.5.15}$$

可见，OFDM 信号的调制与 $y(t)$ 的实现密切相关。如果在一个 T 内对 $y(t)$ 抽样 N 个点，则相邻抽样点时间间隔为 $\Delta t=T/N$，第 n 个抽样点时刻为 $t=n\Delta t=nT/N$，因此式（8.5.15）转换为

$$y_n=\sum_{k=0}^{N-1}B_k\mathrm{e}^{\mathrm{j}2\pi kn/N},\quad n=0,1,\cdots,N-1 \tag{8.5.16}$$

由式（8.5.16）可知，略去系数关系，序列 $\{B_k,k=0,1,\cdots,N-1\}$ 的 N 点离散傅里叶反变换（IDFT）是 OFDM 信号 N 个点的抽样值 y_n。这表明，IDFT 运算可实现 OFDM 的基带调制过程。在解调端，对序列 $\{y_n,n=0,1,\cdots,N-1\}$ 的 N 点进行离散傅里叶变换（DFT），则可恢复基带信号序列 B_k。因此，OFDM 的基带调制和解调分别等效于 IDFT 和 DFT。在实际应用中，一般用 IFFT 和 FFT 来分别代替 IDFT 和 DFT，这是因为前者的计算效率更高，适用于所有应用系统。

OFDM 的调制过程如图 8.5.4 上半部分所示。输入比特序列先进行信道编码，目的是提高通信系统的性能。根据所采用的调制方式，将传输信号进行数字调制，将它转换成载波幅度和相位的映射，形成调制信息序列 $\{B_k\}$。将 N 个串行数据作为一组转换为 N 个并行数据并分配给 N 个不同的子信道。对调制信息序列进行 IFFT，将数据的频谱变换到时域上，得到 OFDM 的时域抽样序列 $\{y_n\}$。对每个 OFDM 符号间插入保护间隔，可进一步抑制符号间的干扰，还可以减小在接收端的定时偏移误差。再进行数字变频，得到 OFDM 已调信号的时域波形 $s(t)$。OFDM 的解调过程与调制过程相反，如图 8.5.4 下半部分所示。

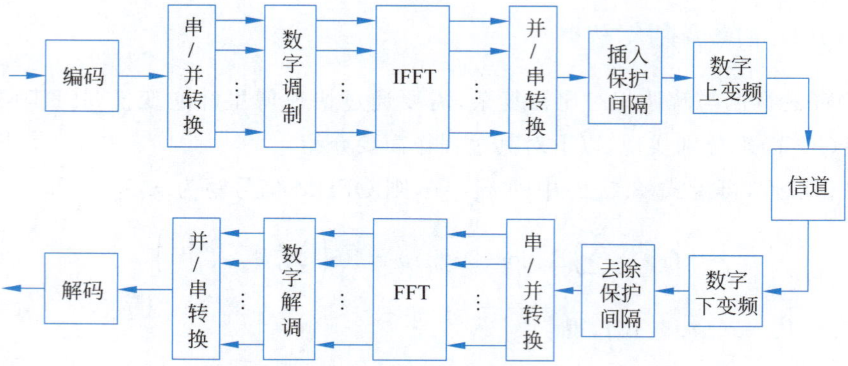

图 8.5.4　OFDM 的调制与解调

8.5.4　OFDM 的主要优缺点

OFDM 的主要优点表现在：

(1) 抗衰落能力强。OFDM 把用户信息通过多个子载波传输，在每个子载波上的信号时间就相应地比同速率的单载波系统上的信号时间长很多倍，每个子信道码元宽度大于多径延迟，如果码元之间再增加一定宽度保护间隔，就会使多径传播引起的码间干扰能基本消除。由于 OFDM 将频率选择性衰落引起的突发性误码分散在不相关的子信道上，从而变为随机性误码，这可用前向纠错有效地恢复信息，因此对脉冲噪声和信道快衰落的抵抗力大大增加。如果衰落不是特别严重，则无须采用复杂的信道均衡系统。

(2) 频谱利用率高。OFDM 多载波调制技术中各子载波的频谱是互相重叠的，可用较窄频带资源传输相同的数据信息。

(3) 适合高速数据传输。OFDM 自适应调制机制，使不同的子载波可以按照信道情况和噪声背景的不同而使用不同的调制方式。当信道条件较好时，采用效率较高的调制方式；当信道条件较差时，采用抗干扰能力较强的调制方式。系统可以把更多的数据集中放在条件好的信道上以高速率传送。

(4) 抗码间串扰能力强。码间串扰是数字通信系统中除噪声干扰之外最主要的干扰，它是一种乘性的干扰。OFDM 采用添加循环前缀方式，对抗码间串扰的能力很强。

(5) OFDM 利用离散傅里叶变换对并行数据进行调制和解调，能够大大降低系统实现的复杂度。

OFDM 的主要缺点表现在：

(1) 对频偏和相位噪声比较敏感。OFDM 区分各个子信道的方法是利用各个子载波之间严格的正交性。频偏和相位噪声会使各个子载波之间的正交特性遭到破坏，导致子信道间的干扰(Inter-Carrier Interference，ICI)，OFDM 系统对频偏和相位噪声的敏感性是 OFDM 系统的主要缺点。

(2) 功率峰值与均值比(Peak-to-Average Power Ratio，PAPR)大。由于 OFDM 信号输出是多个子信道信号的叠加，这样的合成信号瞬时功率可能会远大于平均功率，即 PAPR 值很大。高的 PAPR 会对发射机功率放大器的线性度提出很高的要求。

8.6 MATLAB 仿真举例

本节采用 Monte Carlo 法对 16QAM 通信系统进行仿真，计算系统的符号差错概率随每比特的平均信噪比的变化关系，并与图 8.2.7 中的理论曲线进行比较。

Monte Carlo 仿真系统原理框图如图 8.6.1 所示。

图 8.6.1 中用均匀随机数产生器产生 16 种可能的 4b 信息符号序列，将这个信息符号序列映射到 16QAM 星座图对应的信号点，信号点的分量坐标为$[A_{mc},A_{ms}]$，且坐标的取值为$\pm d$ 和$\pm 3d$，如图 8.6.2 所示。用两个高斯随机数产生器产生噪声分量$[n_c,n_s]$。为简单起见，令信道相移 $\varphi=0$，则接收到的信号加噪声的向量为 $\boldsymbol{r}=[A_{mc}+n_c,A_{ms}+n_s]$。判决器通过计算该向量端点与各信号点向量点之间的距离，找到最接近于向量 $\boldsymbol{r}$ 端点星座图上的对应点。如果找到的点就是坐标$[A_{mc},A_{ms}]$所对应的点，则接收的码元正确，不产生误码；反之，接收的码元错误。错误符号计数器用于统计传输序列中产生差错的符号数，由产生差错的符号数除以总的传输符号数所得到的符号误码率。

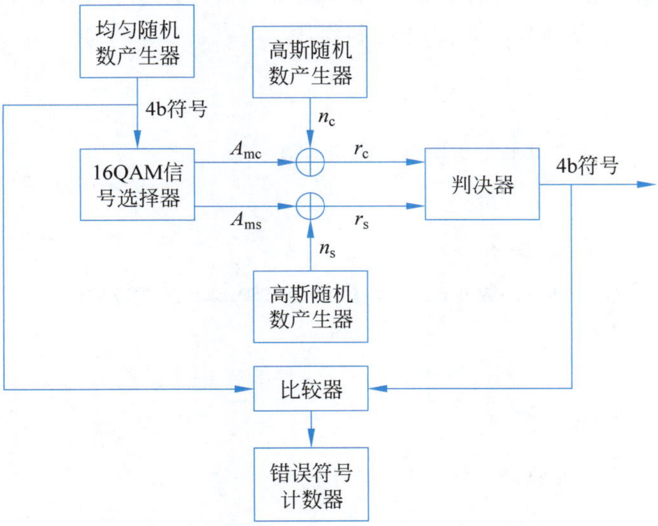

图 8.6.1 Monte Carlo 仿真系统原理框图

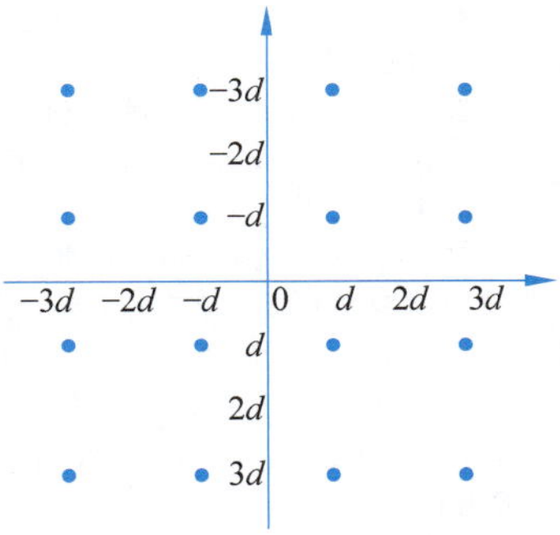

图 8.6.2 16QAM 星座图

图 8.6.3 绘制了误码率随不同的 E_b/n_0(dB)的变化关系，星号是 Monte Carlo 的仿真，取样符号数 $N=10\,000$，实线由理论公式(8.2.11)得到。在 MATLAB 程序中，函数 MonCar()用于进行 Monte Carlo 仿真，计算误码率并返回主函数。函数 gngauss()用于计算均值为 0、方差给定时两路独立的高斯随机变量。程序中变量 Eav 是在每个码元等概率出现时的码元平均信号功率，计算公式是：$\text{Eav}=d^2\cdot 4[(1^2+1^2)+(1^2+3^2)+(3^2+1^2)+(3^2+3^2)]/16=10d^2$。

因为曲线的横坐标是用 dB 表示的每比特能量信噪比，化成无量纲表示就是 snr，即 $\text{snr}=E_b/n_0$，对 16QAM，每比特的平均能量 $E_b=\text{Eav}/4$，而方差 $\sigma^2=n_0/2$，因此 $\text{snr}=E_b/n_0=\text{Eav}/(8\sigma^2)$，即 $\sigma^2=\text{Eav}/(8\times\text{snr})$。在程序中方差的开根是 sgma = sqrt(Eav/(8 * snr))，sgma

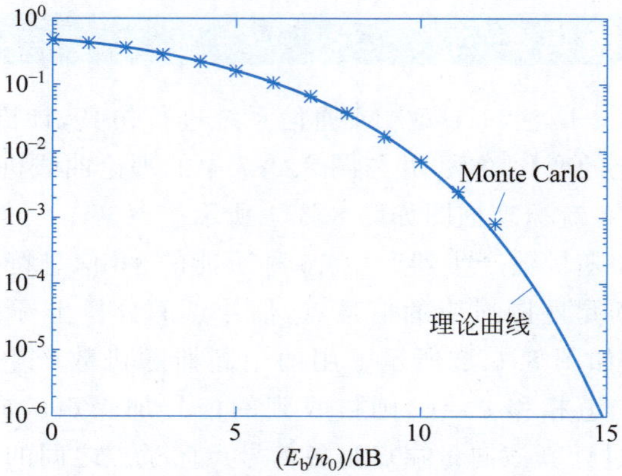

图 8.6.3　16QAM 系统 Monte Carlo 仿真

的值用于产生高斯分布的随机变量。

仿真结果表明,Monte Carlo 法所算得的误码率曲线与理论曲线很好地吻合,表明了该方法在通信系统的分析、验证和设计方面具有重要地位和作用。

本例的 MATLAB 源代码如下:

```
clear
SNRindB1 = 0:1:15;                          % 每比特能量信噪比的 dB 表示
SNRindB2 = 0:0.1:15;
M = 16;
L = log2(M);
for i = 1:length(SNRindB1)
  pe_1(i) = MonCar(SNRindB1(i));            % 调用函数 MonCar,计算每一个 SNRindB1 所对应的误码率
end
for i = 1:length(SNRindB2)
    SNR = 10^(SNRindB2(i)/10);
    x = sqrt(3 * log2(L)/(M - 1) * SNR);
    p1 = (1 - 1/L) * erfc(x);
    pe_2(i) = 1 - (1 - p1)^2;               % 根据理论公式计算误码率
end
semilogy(SNRindB1,pe_1,'k * ');             % 绘制 Monte Carlo 法计算的误码率曲线
hold on
semilogy(SNRindB2,pe_2,'k - ');             % 绘制理论误码率曲线
axis([0 15 1e - 6 1])
function [p] = MonCar(snr_in_dB)
N = 10000;
d = 1;                                      % 图 8.6.2 中的间距 d
Eav = 10 * d^2;                             % 每个符号的平均能量
snr = 10^(snr_in_dB/10);                    % 每比特能量信噪比
sgma = sqrt(Eav/(8 * snr));                 % 方差开根
M = 16;
for i = 1:N,
  temp = rand;                              % 产生 0~1 的随机数
  dsource(i) = 1 + floor(M * temp);         % 产生 1~16 的随机数
end;
```

```
%建立16QAM星座图各点坐标映射关系
mapping = [ - 3 * d 3 * d;
 - d  3 * d;
d  3 * d;
3 * d  3 * d;
 - 3 * d  d;
       - d    d;
         d    d;
     3 * d    d;
   - 3 * d  - d;
       - d  - d;
         d  - d;
     3 * d  - d;
   - 3 * d  - 3 * d;
       - d  - 3 * d;
         d  - 3 * d;
     3 * d  - 3 * d];
for i = 1:N,
  qam_sig(i,:) = mapping(dsource(i),:);  %qam_sig每行数据是mapping中随机抽取的一行
                                         %数据,代表一个星座点
  end;
for i = 1:N,
  [n(1) n(2)] = gngauss(sgma);  %产生两路独立的高斯随机变量,均值为0、方差为sgma的平方
  r(i,:) = qam_sig(i,:) + n;             %在两个正交方向的信号上添加噪声
end;
numoferr = 0;                            %月于统计存在误码的码元个数
for i = 1:N,
   for j = 1:M,
    metrics(j) = (r(i,1) - mapping(j,1))^2 + (r(i,2) - mapping(j,2))^2;
                                         %计算含噪声的信号点与各星座点之间的距离
end;
[min_metric decis] = min(metrics);       %找出最小的距离
   if (decis~ = dsource(i)),
      numoferr = numoferr + 1;           %统计传输中产生的码元数
   end;
end;
p = numoferr/(N);                        %计算误码率返回主函数
%计算均值为m、标准差为sgma的两路高斯随机变量
%如果形参只有一个,则代表sgma,表示输出均值为0、标准差为sgma的两路高斯随机变量
function [gsrv1,gsrv2] = gngauss(m,sgma)
if nargin == 0,
   m = 0; sgma = 1;
elseif nargin == 1,
   sgma = m; m = 0;
end;
u = rand;
z = sgma * (sqrt(2 * log(1/(1 - u))));
u = rand;
gsrv1 = m + z * cos(2 * pi * u);
gsrv2 = m + z * sin(2 * pi * u);
```

8.7 本章小结

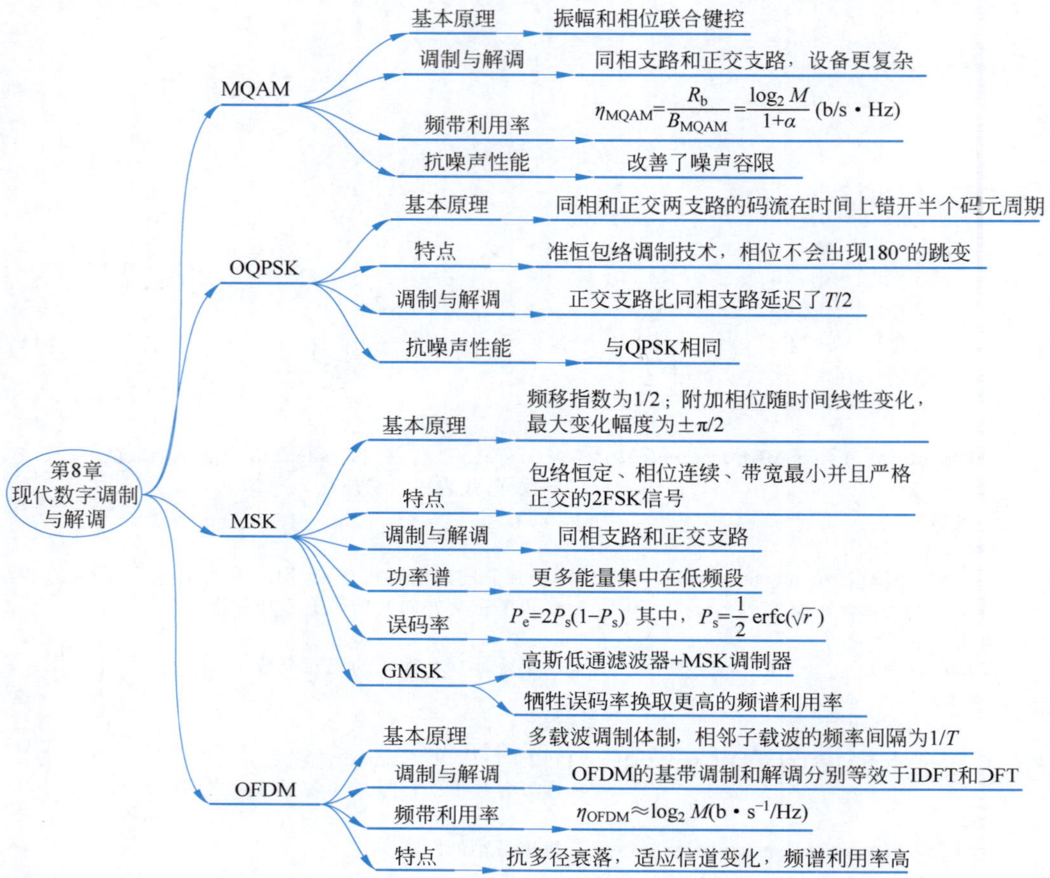

8.8 习题

8-1 QAM 即正交振幅调制，它是一种________和________的联合键控。

8-2 OQPSK 的同相和正交两支路的码流在时间上错开了________个码元周期。

8-3 最小频移键控(MSK)是 2FSK 的一种改进，它是一种________、相位连续、带宽最小并且________的 2FSK 信号，MSK 信号的频移指数是________。

8-4 GMSK 调制方式是在 MSK 调制器之前加一个________。

8-5 若信道码源持续时间为 T，则 OFDM 各相邻子载波的频率间隔为________，频带利用率为________。

8-6 星座图上各星点之间的距离越大，系统抗误码的能力越________(强、弱)；星点越多，其频谱利用率就越________(高、低)。

8-7 一个 16QAM 调制系统，带宽为 2400Hz，采用 I/Q 调制，两个支路余弦滚降滤波器的滚降系数同时取 1 或 0.5，求：

(1) 无码间干扰情况下的最高频带利用率；

(2) 系统的最大传输速率。

8-8　已知数据序列为 10101100，试画出 MSK 信号附加相位的路径图。

8-9　一个 MSK 信号，其码元速率 R_B=1200Bd，$f_2 > f_1$，如果用 f_2 和 f_1 分别代表码元 1 和 0 的信号频率，则当 f_2=2 400Hz 时求 f_1，并画出 4 个码元 1100 对应的 MSK 信号波形图。

第9章 差错控制编码

9.1 引言

在数字信号的传输过程中，信号会受到信道特性不理想和噪声的影响，形成乘性干扰和加性干扰。乘性干扰由信道传输特性畸变引发，会导致码间串扰；而加性干扰一般指信道中的噪声，会引起波形失真，造成误码。在设计通信系统时，应该首先考虑选择合理的调制、解调方法及发送功率，使得加性干扰不足以影响系统的误码率要求；在仍不能满足要求的情况下，可考虑采用差错控制技术降低误码率。

视频

1948 年，香农在他的开创性论文《通信的数学理论》中提出了著名的有噪信道编码定理，他指出：对任何信道，只要信息传输速率 R 不大于信道容量 C，就存在一种信道编码(及解码器)，能够以所要求的任意小的差错概率实现可靠通信。有噪信道编码定理在理论上给出了对给定信道通过编码所能达到的编码增益上限，并指出了为达到理论极限应采用的译码方法。香农提出了实现最佳编码的三个基本条件：①采用随机编码方式；②编码长度 $n \to \infty$，即分组的码组长度趋于无限；③译码采用最佳的最大似然译码算法。香农认为在满足这三个条件的前提下，有噪信道中可以实现无差错传输。但香农的编码定理仅证明了存在一种编码方式，其误码率随着码长 n 的增长趋于任意小，并未指明如何构造可实现的可靠传输编码方法。差错控制编码就是为解决这一问题而产生的，目的是寻找在实际中易于实现且能达到可靠通信的编译码方法。

9.2 差错控制技术简介

视频

在通信系统中，对信号产生影响的噪声可分为两类：随机噪声和脉冲噪声。随机噪声包括热噪声、散弹噪声和传输媒介引起的噪声等，会引起码元的随机出错；而脉冲噪声则指突发性的噪声，包括雷电、电火花脉冲干扰等，会引起码元突发出错。因此，按加性干扰引起误码的分布不同，可将信道分为随机信道、突发信道和混合信道，其中，随机信道是指信道中的误码随机出现，且误码之间是统计独立的；突发信道是指信道中的误码成串集中出现，即在一些短促的时间段内会出现大量误码，而在这些短促的时间段之间，存在较长的无误码区域；混合信道中既存在随机误码，也存在突发误码。

为了应对以上 3 种误码情况，需采用不同的差错控制技术，目前常用的差错控制技术主要有检错重发、前向纠错、检错删除和反馈校验。

检错重发(error detection retransmission)是指在发送码元序列中加入差错控制码元，接收端利用这些码元检测是否有误码，若有则利用反向信道通知发送端重发，直到正确接收为止。检错重发技术只能进行码元检错，不能纠错，且通信系统中需要有双向信道传送重发指令。

前向纠错(forward error correction)是指在发送码元序列中加入差错控制码元，接收端利用这些码元不但能够发现误码，而且还能纠错。前向纠错技术中不需要反向信道传送重发指令，因此无延时，实时性好。但为了纠错，与检错重发技术相比，需要加入更多的差错控制码元，导致设备复杂。

检错删除(error detection deletion)是指在接收端发现误码后,立即将其删除,不要求重发。这种技术只适用于少数特定系统中,如系统发送码元中有大量冗余度,删除部分接收码元不影响其应用。

反馈校验(feedback checkout)技术与前面 3 种不同,不需要在发送端加入差错控制码元,只需将接收端收到的码元原封不动地转发回发送端,将它和原码比较,若有不同,则认为出现误码,发送端重发。

由此可见,差错控制技术的基本思想是在发送端加入差错控制码元,又称为监督码元,利用监督码元和信息码元之间的确定关系来进行纠错和检错。不同的编码方式具有不同的纠错和检错能力,一般来说,增加的监督码元越多,纠错和检错的能力就越强。因此,差错控制是以降低系统有效性为代价来提高系统可靠性的。

视频

9.3 差错控制编码基础

9.3.1 差错控制编码的分类

由前面的分析可知,差错控制技术的基本思想是在发送端加入监督码元,利用监督位和信息位之间的确定关系来进行纠错和检错。因此,实现差错控制技术的编码方式称为差错控制编码。差错控制编码方式多种多样,可从多个角度进行分类。

(1) 按差错控制编码的功能分类,可以分为检误码和纠误码。检误码只能用于发现误码,而纠误码可以纠正误码,两种码在理论上没有本质区别,只是应用场合不同。

(2) 按照对码元的处理方式不同,可分为分组码和卷积码。分组码是对本组 k 位信息位独立进行编译码,各分组之间无关;而卷积码在进行编译码时,不仅需要考虑本组信息位,还需要考虑前面若干组信息位。

(3) 按照信息位与码元的关系,可分为线性码和非线性码。线性码的码元是信息位的线性组合;而非线性码的码元并不都是信息位的线性组合,还与前面若干组已编的码元有关。早期实现的差错控制编码多为线性码,目前多为非线性码。

(4) 按差错控制类型分类,可分为纠随机差误码、纠突发差误码和纠混合差误码。纠随机差误码用于随机信道,其纠错能力用允许独立差错的位数来衡量;纠突发差误码用于突发信道,其纠错能力用允许突发差错的最大位长来衡量;纠混合差误码表示既能纠随机差错,也能纠突发差错。

以上是差错控制编码的基本分类,若从其他角度进行观察,也可得到其他不同的分类,如二进制码和多进制码,循环码和非循环码等。本章主要从分组码和卷积码两方面进行差错控制编码的讲解,在分组码中重点讲解线性分组码。

9.3.2 差错控制编码的基本原理

本节首先介绍矢量空间和码空间的基本概念,进而分析差错控制编码的基本原理。

假设一个码元由 n 位组成,则这个码元可视为一个 n 维矢量,表示为 $\mathbf{V}_i=[v_{i0},v_{i1},\cdots,v_{i(n-1)}]$,$v_{ij}\in F$。其中,$F$ 表示码字中信息位的数域取值,一般取 $F=\{0,1\}$,为二元域。

所有 n 维矢量的码元集合 $\vec{V}=\{\mathbf{V}_i\}$，若满足以下条件，则称码元集合 $\vec{V}$ 是数域 F 上的 n 维矢量空间。

(1) $\vec{V}$ 中的矢量元素在矢量加运算下构成加群；

(2) $\vec{V}$ 中的矢量元素与数域 F 中数值的标乘封闭在 $\vec{V}$ 中；

(3) 分配率和结合率成立，即 $\alpha(\mathbf{V}_i+\mathbf{V}_j)=\alpha\mathbf{V}_i+\alpha\mathbf{V}_j$，$(a+b)\mathbf{V}_i=a\mathbf{V}_i+b\mathbf{V}_i$，$(ab)\mathbf{V}_i=a(b\mathbf{V}_i)$。

矢量空间各元素间可能相关，也可能无关。对于矢量空间 $\vec{V}$ 中的若干矢量 $\mathbf{V}_1,\mathbf{V}_2,\cdots,\mathbf{V}_n$ 及 $\mathbf{V}_k$，若 $\alpha_1\mathbf{V}_1+\alpha_2\mathbf{V}_2+\cdots+\alpha_n\mathbf{V}_n=\mathbf{V}_k(\alpha_i\in F)$，则称 $\mathbf{V}_k$ 是 $\mathbf{V}_1,\mathbf{V}_2,\cdots,\mathbf{V}_n$ 的线性组合。若 $\alpha_1\mathbf{V}_1+\alpha_2\mathbf{V}_2+\cdots+\alpha_n\mathbf{V}_n=0(\alpha_i\in F$，且不全为 0)，则称矢量 $\mathbf{V}_1,\mathbf{V}_2,\cdots,\mathbf{V}_n$ 线性相关，否则，称它们线性无关。当一组矢量线性无关时，这组矢量中的任意一个组合都不能用其他矢量的线性组合代替，所以也称线性无关矢量 $\mathbf{V}_1,\mathbf{V}_2,\cdots,\mathbf{V}_n$ 是矢量空间 $\vec{V}$ 的基底。n 维的矢量空间应包含 n 个基底，但基底不是唯一的。

【例 9-1】 (0,1)和(1,0)是二维平面的一个基底。基底各矢量元素中只包含一个 1 而其余都为 0，则该基底也称为自然基底。自然基底的任意缩放和旋转仍是基底。所以(0,2)和(2,0)仍是二维平面的一个基底。(0,1,0)和(1,0,0)也是二维平面的一个基底。

由例 9-1 可以看出，(0,1)和(1,0)两组矢量与(0,1,0)和(1,0,0)两组矢量都可看成是二维平面的基底。为了区分它们，这里称(0,1)和(1,0)为二维二重矢量，而(0,1,0)和(1,0,0)称为二维三重矢量。这里“重”数是指构成矢量的有序元素的个数，而“维”数则指张成矢量空间的基底的个数。一般情况下，由 n 个 n 重基底张成 n 维矢量空间，维数和重数是一致的，但若引入子空间，则不一定。

为了进一步说明一般情况下差错控制编码的检错和纠错能力，首先介绍“码重”和“码距”的基本概念。在差错控制编码中，各个码元中 1 的个数称为“码重”，“码重”的最小值称为该码组的“最小码重”；两个码元对应位上数字不同的位数，称为这两个码元的“码距”，也称为“汉明距离”，各个码元之间距离的最小值称为“最小码距”。例如，码字 1001 和 1100 中 1 的个数都为 2，所以码重为 2；这两个码字对应位上数字不同的位数有 2 位，所以它们之间的码距也为 2。一种差错控制编码的最小码距 d_0 的大小，直接关系着这种编码的检错和纠错能力：

(1) 为检测 e 个误码，要求最小码距 $d_0\geqslant e+1$；

(2) 为纠正 t 个误码，要求最小码距 $d_0\geqslant 2t+1$；

(3) 为纠正 t 个误码，检测 e 个误码，要求最小码距 $d_0\geqslant t+e+1(e>t)$。

下面通过图 9.3.1 对以上结论进行简单说明。检错只要求在原码出错后，误码与原码不相同，即误码不落于原码空间，则可进行检错；而纠错则要求在不同原码发生错误后，产生互不相交的误码空间，这样才能将不同的误码映射为不同的原码，进行纠错。

由图 9.3.1(a)可以看出，当码元 A 发生 e 个错误后，可能产生的误码落于以 A 为中心的圆上，与码元 B 的最小码距为 1，此时若码元 A 再发生 1 个错误，码元 B 落于圆上，

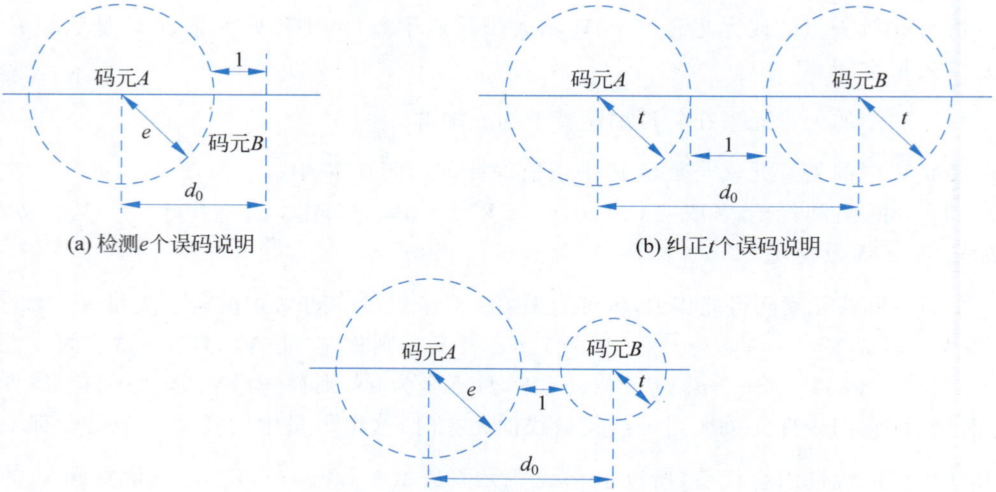

(a) 检测e个误码说明　　(b) 纠正t个误码说明

(c) 检测e个误码且纠正t个误码说明

图 9.3.1　最小码距与检纠错的关系

则不能检测该码元是 A 发生了 $e+1$ 个错误后的误码，还是 B 本身。因此为了实现检错，要求码元 A 发生 e 个错误产生的码空间与码元 B 不重合，即最小码距 $d_0 \geqslant e+1$。

由图 9.3.1(b)可以看出，当码元 A 和码元 B 同时发生 t 个错误后，误码 A 落于以 A 为中心的圆上，误码 B 落于以 B 为中心的圆上，两者之间最小码距为 1，两圆不相交，不同的误码可以映射为不同的原码，可进行纠正。但是，如果码元 A 和码元 B 之间的最小码距为 d_0-1，即两圆相切，则对于相切点的误码不能判断是码元 A 还是码元 B 发生错误产生的。因此为实现纠错，要求两码元之间的最小码距满足 $d_0 \geqslant 2t+1$。

最后分析既能纠错又能检错的能力，如图 9.3.1(c)所示。若码元 A 与码元 B 的最小码距为 $d_0=e+t$，则码元 A 发生 e 位错误的误码会落于码元 B 发生 t 位错误的码空间内，则该码元会被误认为是码元 B 发生了 t 位错误的结果，从而被纠正为码元 B。因此，若要差错控制编码既能检错也能纠错，则要求 $d_0 \geqslant t+e+1(e>t)$。

9.3.3　几种简单差错控制编码方法

1. 恒比码

恒比码是指每组码元中含有相同数目的 0 和 1，使 0 和 1 的数目比值保持恒定。接收端只要发现接收码元 0 和 1 的数目比值发生变化，则可判断产生误码。恒比码的编码原理比较简单，这里不再详述。

2. 奇偶校验码

1) 一维奇偶校验码

一维奇偶校验码主要用来检测码元中是否发生奇数个错误，可分为奇校验码和偶校验码两类。一维奇偶校验码由 n 个信息位加 1 个监督位构成，可表示为 $a_n a_{n-1} a_{n-2} \cdots a_1 a_0$，其中，$a_n a_{n-1} a_{n-2} \cdots a_1$ 为信息位，a_0 为监督位。若 a_0 的加入使码组 $a_n a_{n-1} a_{n-2} \cdots$

a_1a_0 中 1 的个数保持为奇数，则称为奇校验码；若保持为偶数，则称为偶校验码。

根据以上定义，可得到奇偶校验码的监督关系式。对于奇校验码，若接收端计算满足：

$$a_n \oplus a_{n-1} \oplus a_{n-2} \oplus \cdots \oplus a_1 \oplus a_0 = 1 \tag{9.3.1}$$

则认为无误码；若

$$a_n \oplus a_{n-1} \oplus a_{n-2} \oplus \cdots \oplus a_1 \oplus a_0 = 0 \tag{9.3.2}$$

则认为有误码。同理，对偶校验码在接收端计算，若满足：

$$a_n \oplus a_{n-1} \oplus a_{n-2} \oplus \cdots \oplus a_1 \oplus a_0 = 0 \tag{9.3.3}$$

则认为无误码；若

$$a_n \oplus a_{n-1} \oplus a_{n-2} \oplus \cdots \oplus a_1 \oplus a_0 = 1 \tag{9.3.4}$$

则认为有误码。

奇偶校验码的监督式只能判断码元中存在奇数个错误的情况，对于偶数个错误不能识别，而且只能检错，不能纠错。

【例 9-2】 构造信息码元 00 的奇偶校验码，分析其检错能力。

解： 根据定义得到信息码元 00 的奇校验码为 001，偶校验码为 000。当奇偶校验码中发生 1 位或 3 位错误时，接收端可以检测出来。例如，以奇校验码 001 为例，当误码为 101、011 或 110 时，根据式(9.3.2)可判断为有误码。但码元中发生 2 位错误时，接收端就不能检测出来。例如，001 误码为 111，或 100，或 010，根据式(9.3.1)都判为无误码。同理，偶校验码也是如此。并且，奇偶校验码只能检错，不能纠错。例如，偶校验码 000 中任何一位发生错误，都会导致式(9.3.4)成立，接收端只能判断发生了误码，但不能确定是码元中哪一位或哪几位错了。

2）二维奇偶校验码

与一维奇偶校验码不同，二维奇偶校验码是对若干码元组成的方阵按行和列分别添加 1 位监督位，其组成结构如图 9.3.2 所示。在图 9.3.2 中，$a_n^1 a_{n-1}^1 \cdots a_1^1 a_0^1$ 为第一组奇偶校验码，其中，$a_n^1 a_{n-1}^1 \cdots a_1^1$ 为信息位，a_0^1 为监督位；同理，$a_n^2 a_{n-1}^2 \cdots a_1^2 a_0^2$ 为第二组奇偶校验码；$a_n^m a_{n-1}^m \cdots a_1^m a_0^m$ 为第 m 组奇偶校验码，a_0^2 和 a_0^m 为监督位。c_n 是按列对码元 $a_n^1 a_n^2 \cdots a_n^m$ 添加的监督位，同理可得到 $c_{n-1} \cdots c_1 c_0$ 等。

与一维奇偶校验码相比，二维奇偶校验码的优越之处在于，它不仅可以检测奇数个错误，还可以检测偶数个错误。当一组码元发生偶数个错误时，虽然行监督位不能检测出来，但列监督位可以检测出来；但要注意的是，当误码构成矩形区域时，二维奇偶校验码也检测不出了。对于仅在一行中有奇数个错误的二维奇偶校验码，不仅可以检错，也可以纠错。

【例 9-3】 构造四组码元 00、01、10、11 的二维奇偶校验码，并分析其检错能力。

解： 根据奇偶校验码的定义，得到 4 组码元 00、01、10、11 的二维奇校验码如图 9.3.3(a)所示，二维偶校验码如图 9.3.3(b)所示，其中，图 9.3.3(a)和(b)中第 3 列为行监督位、第 5 行为列监督位。

$$
\begin{matrix}
a_n^1 & a_{n-1}^1 & \cdots & a_1^1 & a_0^1 \\
a_n^2 & a_{n-1}^2 & \cdots & a_1^2 & a_0^2 \\
\vdots & \vdots & & \vdots & \vdots \\
a_n^m & a_{n-1}^m & \cdots & a_1^m & a_0^m \\
c_n & c_{n-1} & \cdots & c_1 & c_0
\end{matrix}
$$

图 9.3.2　二维奇偶校验码

$$
\begin{matrix} 0 & 0 & 1 \\ 0 & 1 & 0 \\ 1 & 0 & 0 \\ 1 & 1 & 1 \\ 1 & 1 & 1 \\ & \text{(a)} & \end{matrix}
\qquad
\begin{matrix} 0 & 0 & 0 \\ 0 & 1 & 1 \\ 1 & 0 & 1 \\ 1 & 1 & 0 \\ 0 & 0 & 0 \\ & \text{(b)} & \end{matrix}
\qquad
\begin{matrix} \textcircled{1} & \textcircled{1} & 1 \\ 0 & 1 & 0 \\ 1 & 0 & 0 \\ 1 & 1 & 1 \\ 1 & 1 & 1 \\ & \text{(c)} & \end{matrix}
\qquad
\begin{matrix} \textcircled{1} & \textcircled{1} & 1 \\ \textcircled{1} & \textcircled{0} & 0 \\ 1 & 0 & 0 \\ 1 & 1 & 1 \\ 1 & 1 & 1 \\ & \text{(d)} & \end{matrix}
$$

图 9.3.3　二维奇偶校验码示例

以在二维奇校验码为例，行与列中 1 的个数均为奇数，若假设二维奇校验码中仅第 1 行码元有 2 个错误，错误方阵如图 9.3.3(c)所示，这时虽然第 1 行中 1 的个数仍为奇数，但第 1 列和第 2 列中 1 的个数为偶数，所以可以检测出发生 2 个错误。由此可见，二维奇校验码发生奇数个错误时，可由行监督位检测出来；发生偶数个错误时，可同时结合列监督位检测。但若二维奇校验码发生的误码构成矩形区域，则检测不出。例如，图 9.3.3(a)中第 1 行和第 2 行码元的第 1 位和第 2 位出错，错误方阵如图 9.3.3(d)所示，此时行与列中 1 的个数均为奇数，所以检测不出误码。二维偶校验码的检错能力与二维奇校验码相同，这里不再分析。

3. 正反码

正反码中监督位数目与信息位数目相同，当信息位中 1 的个数为奇数时，监督位与信息位一致；当信息位中 1 的个数为偶数时，监督位是信息位的反码。例如，若信息位为 10011，则正反码组为 1001110011；若信息位为 10001，则正反码组为 1000101110。正反码是一种简单的纠错编码，长度为 10 的正反码，可以纠正 1 位误码。下面以长度为 10 的正反码为例，分析接收端如何进行纠错，具体步骤如下：

(1) 将接收码中信息位和监督位按位模 2 相加，得到 5 位合成码。若接收码的信息位中 1 的个数为奇数，则合成码为校验码；若为偶数，则合成码的反码为校验码。

(2) 若校验码全为 0，则表示无误码；若校验码中有只有 1 个 0，则表示信息位中有 1 位误码，其位置对应校验码中 0 的位置；若校验码中只有 1 个 1，则表示监督位中有 1 位误码，其位置对应校验码中 1 的位置；其他情况表示有多位误码。

例如，正反码 1001110011 的第 2 个信息位发生错误，在接收端变为 1101110011，则根据以上步骤将收码中信息位和监督位按模 2 相加，得到合成码 01000。由于信息位中 1 的个数为偶数，则校验码为合成码的反码，即 10111。此时，校验码中只有 1 个 0，则表示信息位中有 1 位误码，其位置对应校验码中 0 的位置，则收码纠错为 1001110011。

视频

9.4　线性分组码

9.4.1　线性分组码基本原理

1. 线性分组码编码原理

分组码又称块码，是将信息流切割为 k 位一组的独立块，编成由 n 位组成的码元；若信息位和监督位满足线性约束关系，则称为线性分组码。线性分组码具有如下性质：

(1) 线性分组码具有封闭性，即线性分组码中任意两个码元的模 2 运算仍属于该码组；

(2) 全零码必属于线性分组码;

(3) 线性分组码中各码元之间的最小码距等于该码组的最小码重。

为了具体说明线性分组码的编码原理,以(7,3)线性分组码为例进行讲解。设(7,3)线性分组码为 $\boldsymbol{C}=[c_6,c_5,c_4,c_3,c_2,c_1,c_0]$,其中,$c_6,c_5,c_4$ 为信息位,c_3,c_2,c_1,c_0 为监督位。将信息流分成每3位为一组构成原码,即 $\boldsymbol{A}=[a_2,a_1,a_0]$,按下列线性方程进行编码:

$$\begin{cases} c_6=a_2 \\ c_5=a_1 \\ c_4=a_0 \\ c_3=a_1\oplus a_0 \\ c_2=a_2\oplus a_1 \\ c_1=a_2\oplus a_1\oplus a_0 \\ c_0=a_2\oplus a_0 \end{cases} \tag{9.4.1}$$

写出矩阵形式,则可表示为

$$\begin{aligned} \boldsymbol{C}&=[c_6,c_5,c_4,c_3,c_2,c_1,c_0] \\ &=[a_2,a_1,a_0]\begin{bmatrix} 1&0&0&0&1&1&1 \\ 0&1&0&1&1&1&0 \\ 0&0&1&1&0&1&1 \end{bmatrix}=\boldsymbol{A}\cdot\boldsymbol{G} \end{aligned} \tag{9.4.2}$$

式中,$\boldsymbol{A}$ 为原码,$\boldsymbol{C}$ 为生成的线性分组码,$\boldsymbol{G}$ 称为生成线性分组码的生成矩阵。一般情况下,生成(n,k)线性分组码的生成矩阵大小为 $k\times n$。若生成矩阵 $\boldsymbol{G}$ 可以分解成以下形式:

$$\boldsymbol{G}_{k\times n}=[\boldsymbol{I}_k \mid \boldsymbol{Q}_{k\times r}] \tag{9.4.3}$$

其中,$\boldsymbol{I}_k$ 为 k 阶单位矩阵,$\boldsymbol{Q}_{k\times r}$ 为 $k\times r$ 阶矩阵,$r=n-k$ 为监督位数,则称该生成矩阵为典型生成矩阵。由典型生成矩阵所获得的线性分组码又称为系统码。系统码具有信息位等于原码、监督位附加其后的特性。例如,若原码为 $\boldsymbol{A}=(0,0,1)$,则经过编码得到生成的线性分组码为

$$\begin{aligned} [c_6,c_5,c_4,c_3,c_2,c_1,c_0]&=[0,0,1]\begin{bmatrix} 1&0&0&0&1&1&1 \\ 0&1&0&1&1&1&0 \\ 0&0&1&1&0&1&1 \end{bmatrix} \\ &=[0,0,1,1,0,1,1] \end{aligned} \tag{9.4.4}$$

其中,前3位与原码一致,后4位则由生成矩阵计算得到。线性分组码的生成矩阵 $\boldsymbol{G}$ 具有如下性质:

(1) 线性分组码的每个码元都是生成矩阵 $\boldsymbol{G}$ 各行向量的线性组合。

(2) 生成矩阵 $\boldsymbol{G}$ 的各行向量线性无关。

(3) 生成矩阵 $\boldsymbol{G}$ 的每一行向量都是线性分组码中的一个码元。

(4) 如果生成矩阵 $\boldsymbol{G}$ 不具备式(9.4.3)的形式,则生成的线性分组码称为非系统码。可以通过初等行列变换将生成矩阵变换成式(9.4.3)的形式,从而生成系统码。系统码和非系统码具有相同的纠错检错能力,只是原码与线性分组码的映射关系不同而已。

由式(9.4.1),可以进一步得到监督位与信息位的关系,将原码用信息位代替得到

$$\begin{cases} c_3 = a_1 \oplus a_0 = c_5 \oplus c_4 \\ c_2 = a_2 \oplus a_1 = c_6 \oplus c_5 \\ c_1 = a_2 \oplus a_1 \oplus a_0 = c_6 \oplus c_5 \oplus c_4 \\ c_0 = a_2 \oplus a_0 = c_6 \oplus c_4 \end{cases} \tag{9.4.5}$$

经过变换得到

$$\begin{cases} c_5 \oplus c_4 \oplus c_3 = 0 \\ c_6 \oplus c_5 \oplus c_2 = 0 \\ c_6 \oplus c_5 \oplus c_4 \oplus c_1 = 0 \\ c_6 \oplus c_4 \oplus c_0 = 0 \end{cases} \tag{9.4.6}$$

写出矩阵形式为

$$\begin{bmatrix} 0 & 1 & 1 & 1 & 0 & 0 & 0 \\ 1 & 1 & 0 & 0 & 1 & 0 & 0 \\ 1 & 1 & 1 & 0 & 0 & 1 & 0 \\ 1 & 0 & 1 & 0 & 0 & 0 & 1 \end{bmatrix} \cdot \begin{bmatrix} c_6 \\ c_5 \\ c_4 \\ c_3 \\ c_2 \\ c_1 \\ c_0 \end{bmatrix} = \begin{bmatrix} 0 \\ 0 \\ 0 \\ 0 \\ 0 \\ 0 \\ 0 \end{bmatrix} = \boldsymbol{H} \cdot \boldsymbol{C}^{\mathrm{T}} = \boldsymbol{0}^{\mathrm{T}} \tag{9.4.7}$$

式中,$\boldsymbol{H}$ 称为监督矩阵,它表示了信息位与监督位的关系,若已知信息位,则可由监督矩阵得到监督位。若监督矩阵 $\boldsymbol{H}$ 满足以下形式:

$$\boldsymbol{H}_{r\times n} = [\boldsymbol{P}_{r\times k} \mid \boldsymbol{I}_r] \tag{9.4.8}$$

其中,$\boldsymbol{I}_r$ 为 r 阶单位矩阵,$\boldsymbol{P}_{r\times k}$ 为 $r\times k$ 阶矩阵,$r=n-k$ 为监督位数,则该监督矩阵称为典型监督矩阵。对于典型生成矩阵 $\boldsymbol{G}$ 和典型监督矩阵 $\boldsymbol{H}$ 中的矩阵 $\boldsymbol{Q}$ 和 $\boldsymbol{P}$ 具有如下关系:

$$\boldsymbol{Q}_{k\times r} = \boldsymbol{P}_{r\times k}^{\mathrm{T}} \quad 或 \quad \boldsymbol{P}_{r\times k} = \boldsymbol{Q}_{k\times r}^{\mathrm{T}} \tag{9.4.9}$$

如式(9.4.2)和式(9.4.7)所示。由前面生成矩阵 $\boldsymbol{G}$ 的性质,即生成矩阵中每一行都是线性分组码的码元,代入式(9.4.7)中得到生成矩阵和监督矩阵的关系:

$$\boldsymbol{H} \cdot \boldsymbol{G}^{\mathrm{T}} = \boldsymbol{0}^{\mathrm{T}} \quad 或 \quad \boldsymbol{G} \cdot \boldsymbol{H}^{\mathrm{T}} = \boldsymbol{0} \tag{9.4.10}$$

监督矩阵 $\boldsymbol{H}$ 具有如下性质:

(1) 监督矩阵 $\boldsymbol{H}$ 中的每一个行向量与线性分组码中的任一码元的内积为 0;

(2) 监督矩阵 $\boldsymbol{H}$ 中的每一个行向量都线性无关;

(3) 若 $\boldsymbol{H} \cdot \boldsymbol{C}^{\mathrm{T}} = \boldsymbol{0}^{\mathrm{T}}$,说明码元 $\boldsymbol{C}$ 属于线性分组码集,否则,不属于;

(4) 一个(n,k)线性分组码,若要纠正小于或等于 t 个错误,则其充要条件是 $\boldsymbol{H}$ 矩阵中任何 $2t$ 列线性无关。

【例 9-4】 一个(6,3)线性分组码,其生成矩阵 $\boldsymbol{G} = \begin{bmatrix} 1 & 1 & 1 & 0 & 1 & 0 \\ 1 & 1 & 0 & 0 & 0 & 1 \\ 0 & 1 & 1 & 1 & 0 & 1 \end{bmatrix}$,求:

(1) 计算码集,列出原码与线性分组码的映射;

(2) 系统化后计算码集,列出原码与线性分组码的映射;

(3) 计算监督矩阵 $\boldsymbol{H}$,若接收码元为 $\boldsymbol{B}=[100110]$,检验是否属于该码集。

解:(1) 因为原码为 3 位,取值为 $\boldsymbol{A}=[000,001,010,011,100,101,110,111]$,代入 $\boldsymbol{C}=\boldsymbol{A}\cdot\boldsymbol{G}$ 中计算得到码集为

原码	线性分组码(非系统码)
000	000000
001	011101
010	110001
011	101100
100	111010
101	100111
110	001011
111	010110

(2) 用初等行变换将生成矩阵 $\boldsymbol{G}$ 系统化为典型生成矩阵 $\boldsymbol{G}_{\mathrm{T}}$ 的形式,得到

$$\boldsymbol{G}_{\mathrm{T}}=\begin{bmatrix}1&1&1&0&1&0\\1&1&0&0&0&1\\0&1&1&1&0&1\end{bmatrix}=\begin{bmatrix}1&0&0&1&1&1\\0&1&0&1&1&0\\0&0&1&0&1&1\end{bmatrix}$$

根据 $\boldsymbol{C}=\boldsymbol{A}\cdot\boldsymbol{G}_{\mathrm{T}}$ 计算得到系统码:

原码	线性分组码(系统码)
000	000000
001	001011
010	010110
011	011101
100	100111
101	101100
110	110001
111	111010

(3) 因为典型生成矩阵 $\boldsymbol{G}_{\mathrm{T}}=\begin{bmatrix}1&0&0&1&1&1\\0&1&0&1&1&0\\0&0&1&0&1&1\end{bmatrix}$,则得到典型监督矩阵 $\boldsymbol{H}_{\mathrm{T}}=$

$\begin{bmatrix}1&1&0&1&0&0\\1&1&1&0&1&0\\1&0&1&0&0&1\end{bmatrix}$,计算 $\boldsymbol{H}_{\mathrm{T}}\cdot\boldsymbol{B}^{\mathrm{T}}=\begin{bmatrix}1&1&0&1&0&0\\1&1&1&0&1&0\\1&0&1&0&0&1\end{bmatrix}\cdot\begin{bmatrix}1\\0\\0\\1\\1\\0\end{bmatrix}=\begin{bmatrix}0&0&1\end{bmatrix}\neq$

[0　0　0],所以 $\boldsymbol{B}$ 不属于该码集。

2. 线性分组码译码原理

已知线性分组码的编码原理,则其译码可通过图 9.4.1 实现。

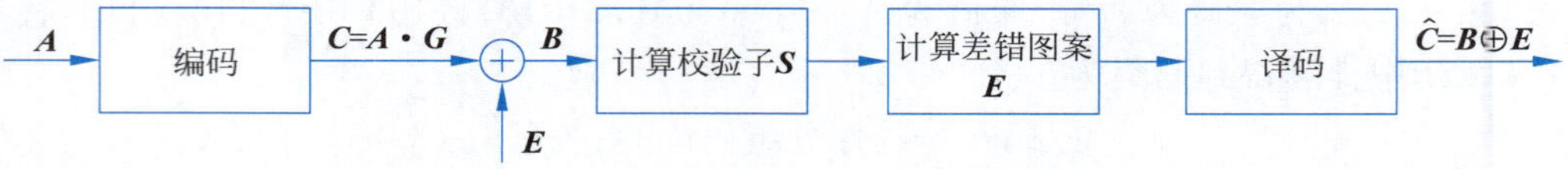

图 9.4.1　线性分组码编译码原理框图

图 9.4.1 中 $\boldsymbol{A}$ 为原码,经过线性分组编码后得到码集 $\boldsymbol{C}$,在信道中传输时由于噪声干扰,会引入差错 $\boldsymbol{E}$,这里 $\boldsymbol{E}$ 称为差错图样。$\boldsymbol{E}$ 为向量形式,表示为 $\boldsymbol{E}=[e_{n-1},e_{n-2},\cdots,e_0]$,它的第 i 位表示发送的编码 $\boldsymbol{C}$ 中第 i 位是否发生了错误,若 $e_i=1$ 表示第 i 位出错,若 $e_i=0$ 表示无错。所以得到接收码元 $\boldsymbol{B}=\boldsymbol{C}\oplus\boldsymbol{E}$,可用式(9.4.7)判断接收码元中是否有错误:若无错误,则 $\boldsymbol{BH}^{\mathrm{T}}=\boldsymbol{CH}^{\mathrm{T}}=\boldsymbol{0}$;若有错误,则 $\boldsymbol{BH}^{\mathrm{T}}=(\boldsymbol{C}\oplus\boldsymbol{E})\boldsymbol{H}^{\mathrm{T}}=\boldsymbol{CH}^{\mathrm{T}}\oplus\boldsymbol{EH}^{\mathrm{T}}=\boldsymbol{EH}^{\mathrm{T}}\neq\boldsymbol{0}$。但需要注意,当接收码元中错误较多时,已超过编码的检错能力,这时 $\boldsymbol{BH}^{\mathrm{T}}=\boldsymbol{0}$ 仍可能成立。取 $\boldsymbol{S}=\boldsymbol{BH}^{\mathrm{T}}$,这里 $\boldsymbol{S}$ 称为线性分组码的伴随式或校验子,由于 $\boldsymbol{BH}^{\mathrm{T}}=\boldsymbol{EH}^{\mathrm{T}}$,所以 $\boldsymbol{S}=\boldsymbol{EH}^{\mathrm{T}}$,表明校验子的取值只取决于差错图样,与编码无关。当给定校验子 $\boldsymbol{S}$ 时,可由方程组 $\boldsymbol{EH}^{\mathrm{T}}=\boldsymbol{S}$ 计算得到差错图样值,再根据 $\hat{\boldsymbol{C}}=\boldsymbol{B}\oplus\boldsymbol{E}$ 得到最终译码 $\hat{\boldsymbol{C}}$。

因为校验子 $\boldsymbol{S}$ 有 2^r(r 为监督位数)种可能组合,而差错图样 $\boldsymbol{E}$ 有 2^n(n 为编码 C 的位数)种可能组合,因此 $\boldsymbol{S}$ 与 $\boldsymbol{E}$ 不是一一对应的。已知校验子 $\boldsymbol{S}$,根据方程组 $\boldsymbol{EH}^{\mathrm{T}}=\boldsymbol{S}$ 求解差错图样 $\boldsymbol{E}$ 不是唯一的。对于一组 $\boldsymbol{S}$ 值可得到 2^k 个差错图样解,最佳译码方法就是从这 2^k 个所有可能差错图样中选择码重最小,即错误个数最少的那个差错图样来纠正。因此,实际译码时可以事先对每一种可能的校验子计算出它可能的差错图样,构成差错图样表。当对接收码元进行纠错时,首先计算其校验子,然后查表得到它对应的差错图样,最后进行纠正。

【例 9-5】 设某(5,2)线性分组码的生成矩阵 $\boldsymbol{G}=\begin{bmatrix}1&0&1&1&1\\0&1&1&0&1\end{bmatrix}$,接收码元 $\boldsymbol{B}=[1\quad 0\quad 1\quad 0\quad 1]$,试构造该码组的差错图样表,译出原码 $\boldsymbol{C}$。

解: 由于题中生成矩阵为典型生成矩阵,所以直接得到典型监督矩阵 $\boldsymbol{H}$:

$$\boldsymbol{H}=\begin{bmatrix}1&1&1&0&0\\1&0&0&1&0\\1&1&0&0&1\end{bmatrix}$$

取 $\boldsymbol{S}=[s_2,s_1,s_0]$,$\boldsymbol{E}=[e_4,e_3,e_2,e_1,e_0]$,根据 $\boldsymbol{S}=\boldsymbol{EH}^{\mathrm{T}}$ 得到方程组:

$$\begin{cases}s_2=e_4+e_3+e_2\\s_1=e_4+e_1\\s_0=e_4+e_3+e_0\end{cases}$$

由前面分析可知,$\boldsymbol{S}$ 有 $2^3=8$ 种组合,$\boldsymbol{E}$ 有 $2^5=32$ 种组合,为了构造差错图样表,需从这 32 种组合中选出 8 种错误最少的差错图样与校验子 $\boldsymbol{S}$ 一一对应,从而进行正确译码。首

先 $\boldsymbol{E}=[00000]$ 与校验子 $\boldsymbol{S}=[000]$ 对应，表示无差错。在剩余的 31 种差错图样中，[10000]、[01000]、[00100]、[00010]、[00001]这些差错图样都满足错误最少原则，代入上述方程组得到对应的校验子为[111]、[101]、[100]、[010]、[001]，由此可见还剩余两个校验子[011]和[110]需要找到其对应的差错图样，以 $\boldsymbol{S}=[011]$ 为例，将其代入方程组中得到

$$\begin{cases}0=e_4+e_3+e_2\\1=e_4+e_1\\1=e_4+e_3+e_0\end{cases}\Rightarrow\begin{cases}e_4\neq e_1\\e_2\neq e_0\end{cases}$$

因此满足以上关系式的差错图样有[10100]、[00011]、[11001]、[01110]，其中[10100]和[00011]重量为 2，选择其中一个作为校验子 $\boldsymbol{S}=[011]$ 的差错图样，这里选择[00011]。同理，得到校验子 $\boldsymbol{S}=[110]$ 对应的差错图样为[00110]，因此得到差错图样表：

$$\begin{aligned}
&\boldsymbol{S}_0=[000] \quad \boldsymbol{E}_0=[00000]\\
&\boldsymbol{S}_1=[001] \quad \boldsymbol{E}_1=[00001]\\
&\boldsymbol{S}_2=[010] \quad \boldsymbol{E}_2=[00010]\\
&\boldsymbol{S}_3=[011] \quad \boldsymbol{E}_3=[00011]\\
&\boldsymbol{S}_4=[100] \quad \boldsymbol{E}_4=[00100]\\
&\boldsymbol{S}_5=[101] \quad \boldsymbol{E}_5=[01000]\\
&\boldsymbol{S}_6=[110] \quad \boldsymbol{E}_6=[00110]\\
&\boldsymbol{S}_7=[111] \quad \boldsymbol{E}_7=[10000]
\end{aligned}$$

因为接收码元 $\boldsymbol{B}=[10101]$，代入 $\boldsymbol{S}=\boldsymbol{B}\boldsymbol{H}^{\mathrm{T}}$ 中得到校验子为 $\boldsymbol{S}=[010]$，$\boldsymbol{S}=\boldsymbol{S}_2$，根据差错图样表得到 $\boldsymbol{E}_2=[00010]$，由式 $\hat{\boldsymbol{C}}=\boldsymbol{B}\oplus\boldsymbol{E}$ 得到原码为[10111]。

9.4.2 汉明码

汉明码是一类可以检测并纠正单个位错误的线性纠误码，由理查德·汉明在 1950 年发明。它通过添加冗余位(校验位)来实现错误检测和纠正功能，汉明码是能够纠正一位误码且编码效率较高的线性分组码。汉明码是纠错能力 $t=1$ 的一类码的统称，二进制汉明码 n 和 k 服从以下规律

$$(n,k)=(2^r-1,2^r-1-r) \tag{9.4.11}$$

其中，$r=n-k$，当 $r=3,4,5,6,7,8,\cdots$ 时，有(7,4)，(15,11)，(31,26)，(63,57)，(127,120)，(255,2474)，…汉明码。

汉明码的校验矩阵 $\boldsymbol{H}$ 具有特殊性质，因此可用相对简单的方法构建该码。一个(n,k)码的校验矩阵有 $n-k$ 行和 n 列，二进制时 $n-k$ 个码元所能组成的列矢量总数(全零矢量除外)为 $2^{n-k}-1$，恰好与校验矩阵的列数 $n=2^r-1$ 相等。只要排列所有列，通过列置换将矩阵 $\boldsymbol{H}$ 转换为系统形式，就可以进一步得到相应的生成矩阵 $\boldsymbol{G}$。

汉明码的编码效率定义为 $R=\dfrac{k}{n}=\dfrac{n-r}{n}=1-\dfrac{r}{n}$，当 n 较大时，编码码率接近于 1，

所以汉明码是一种高效纠误码。

汉明码还是一种完备码。完备码利用其最小汉明距离特性尽可能有效地分配纠错能力,使得每个可能的错误图样都能被纠正而不重叠或遗漏。完备码因其规则性和易于译码的特点而在工程应用中受到青睐,但它们并不一定是纠错能力最强的码。纠错能力更多取决于码的最小汉明距离,较大的最小汉明距离才能纠正更多的错误。然而,增加最小汉明距离通常需要付出增加编码复杂度和降低编码效率的代价。

总的来说,汉明码作为一种完备码,在提供有效的单个错误纠正能力的同时,也保持了较低的编码复杂度和较高的编码效率。

视频

9.5 循环码

9.5.1 循环码基本原理

已知(7,3)线性分组码的生成矩阵为 $\boldsymbol{G}=\begin{bmatrix}1&0&0&1&1&1&0\\0&1&0&0&1&1&1\\0&0&1&1&1&0&1\end{bmatrix}$,根据 $\boldsymbol{C}=\boldsymbol{A}\cdot\boldsymbol{G}$ 可得原码 $\boldsymbol{A}$ 与生成码字 $\boldsymbol{C}$ 之间的映射关系,见表 9.5.1。

表 9.5.1 (7,3)线性分组码表

编　号	原　码	生成码字
$\boldsymbol{C}_0$	000	0000000
$\boldsymbol{C}_1$	001	0011101
$\boldsymbol{C}_2$	010	0100111
$\boldsymbol{C}_3$	011	0111010
$\boldsymbol{C}_4$	100	1001110
$\boldsymbol{C}_5$	101	1010011
$\boldsymbol{C}_6$	110	1101001
$\boldsymbol{C}_7$	111	1110100

由表 9.5.1 可以看出,生成码字中的任一编码,经任意位左移循环后,产生的码字仍属于该码集,满足这种特性的线性分组码,称之为循环码。循环码是线性分组码中最重要的一类,可以用线性反馈移位寄存器很容易地实现其编码,同时循环码有许多固有的代数结构,可通过其找到许多简单实用的译码方法。对于($2^r-1,2^r-r-1$)(r 为监督位数)形式的汉明码,必为循环码。循环码数学描述为

设 $\boldsymbol{C}$ 是某(n,k)线性分组码的码字集合,如果将任一码字 $\boldsymbol{c}=[c_{n-1},c_{n-2},\cdots,c_0]$向左移 1 位,记为 $\boldsymbol{c}^{(1)}=[c_{n-2},c_{n-3},\cdots,c_0,c_{n-1}]$也属于码集 $\boldsymbol{C}$,则该线性分组码为循环码。循环码中任一码字向左移 i 位,即 $\boldsymbol{c}^{(i)}=[c_{n-i-1},c_{n-i-2},\cdots,c_0,c_{n-1},\cdots,c_{n-i}]$都属于该码集。

1. 循环码的编码原理

对于一个任意长为 n 的码字 $\boldsymbol{c}=[c_{n-1},c_{n-2}\cdots,c_1,c_0]$,可用一个多项式的形式表示

出来,即 $c(x)=c_{n-1}x^{n-1}+c_{n-2}x^{n-2}+\cdots+c_1x+c_0$,这个多项式称为码多项式,系数不为 0 的 x 的最高次数称为多项式 $c(x)$ 的次数或阶数。在进行码多项式简单运算时,所得系数需进行模 2 运算。

【例 9-6】 已知(7,3)线性分组码的两个码字 $\boldsymbol{c}_1=[0010111]$ 和 $\boldsymbol{c}_3=[0111001]$,求它们的码多项式及两个码多项式的加法和乘法运算。

解:由前面定义得到,$\boldsymbol{c}_1$ 的码多项式为 $c_1(x)=x^4+x^2+x+1$,$\boldsymbol{c}_3$ 的码多项式为 $c_3(x)=x^5+x^4+x^3+1$,则码多项式相加,得到 $c_1(x)+c_3(x)=x^5+2x^4+x^3+x^2+x+2$,将各项系数模 2 运算,得到 $c_1(x)+c_3(x)=x^5+x^3+x^2+x$。同理,得到码多项式相乘式 $c_1(x)\cdot c_3(x)=x^9+x^8+x^5+x^4+x^3+x^2+x+1$。

定义一正整数 M 除以正整数 N,得到商为 Q,余数为 R,则表示为

$$M/N=Q+R/N \tag{9.5.1}$$

也可记为

$$M\equiv R(\bmod N) \tag{9.5.2}$$

推广到多项式的形式,则对任意两个多项式 $M(x)$ 和 $N(x)$,一定存在唯一多项式 $Q(x)$ 和 $R(x)$,使得 $Q(x)$ 是 $M(x)$ 除以 $N(x)$ 的商,$R(x)$ 是余式,记为

$$M(x)\equiv R(x)(\bmod N(x)) \tag{9.5.3}$$

这里在进行除法运算时,减法用加法代替,系数进行模 2 运算。

【例 9-7】 计算多项式 x^7 除以 x^4+x^2+x+1 的余式。

解:因为

$$\begin{array}{r|l}
 & x^3+x+1 \\ \hline
x^4+x^2+x+1 & x^7 \\
 & x^7+x^5+x^4+x^3 \\ \hline
 & x^5+x^4+x^3 \\
 & x^5+x^3+x^2+x \\ \hline
 & x^4+x^2+x \\
 & x^4+x^2+x+1 \\ \hline
 & 1
\end{array}$$

所以

$$\frac{x^7}{x^4+x^2+x+1}=x^3+x+1+\frac{1}{x^4+x^2+x+1}$$

即

$$x^7\equiv 1\bmod(x^4+x^2+x+1)$$

有了前面码多项式的定义,则可得到循环码的生成多项式的定义:记 $C(x)$ 是 (n,k) 循环码的所有码字多项式的集合,若 $g(x)$ 是 $C(x)$ 中除零多项式以外次数最低的多项

式，则称 $g(x)$ 为这个循环码的生成多项式，其一般表达式为

$$g(x)=x^r+g_{r-1}x^{r-1}+\cdots+g_1x+1 \tag{9.5.4}$$

式中，r 为 $g(x)$ 的次数，它等于线性分组码的监督位数 $r=n-k$。

(n,k) 线性分组循环码的生成多项式 $g(x)$ 具有如下一些性质：

(1) $g(x)$ 的零次项为 1；

(2) $g(x)$ 的次数等于监督位数，即 $r=n-k$；

(3) $g(x)$ 是唯一的，即 $C(x)$ 中除零次项外次数最低的码多项式只有 1 个；

(4) 循环码的每个码多项式都是生成多项式 $g(x)$ 的倍式；

(5) $g(x)$ 是 x^n+1 的一个因子。

以(7,3)线性分组循环码为例，根据生成多项式的定义，表 9.5.1 中 $\boldsymbol{c}_1=[0011101]$ 对应的码多项式的次数最低，所以该码对应的多项式为生成多项式，即 $g(x)=x^4+x^3+x^2+1$。将(7,3)线性分组码的生成矩阵 $\boldsymbol{G}=\begin{bmatrix}1&0&0&1&1&1&0\\0&1&0&0&1&1&1\\0&0&1&1&1&0&1\end{bmatrix}$ 进行初等行变换，使其矩阵中行是 $\boldsymbol{c}_1=[0011101]$ 的左移循环形式或者它本身，得到 $\boldsymbol{G}'=\begin{bmatrix}1&1&1&0&1&0&0\\0&1&1&1&0&1&0\\0&0&1&1&1&0&1\end{bmatrix}$，其对应的码多项式为 $\boldsymbol{G}'=\begin{bmatrix}x^6+x^5+x^4+x^2\\x^5+x^4+x^3+x\\x^4+x^3+x^2+1\end{bmatrix}=\begin{bmatrix}x^2(x^4+x^3+x^2+1)\\x(x^4+x^3+x^2+1)\\1(x^4+x^3+x^2+1)\end{bmatrix}$，又因为 $g(x)=x^4+x^3+x^2+1$，所以 $\boldsymbol{G}'=[x^2g(x)\quad xg(x)\quad g(x)]^{\mathrm{T}}$。由此可以直接得到生成码字的码多项式。例如，原码(010)的生成码字多项式为 $[010]\cdot[x^2g(x)\quad xg(x)\quad g(x)]^{\mathrm{T}}=xg(x)=x^5+x^4+x^3+x$，其对应的码字(0111010)。推广到一般形式，得到 k 个信息位的循环码编码形式：

$$C(x)=\boldsymbol{A}\cdot\boldsymbol{G}=[a_{k-1},a_{k-2},\cdots,a_0][x^{k-1}g(x)\quad x^{k-2}g(x)\quad \cdots\quad g(x)]^{\mathrm{T}} \tag{9.5.5}$$

式中，$\boldsymbol{A}=[a_{k-1},a_{k-2},\cdots,a_0]$ 为原信息码，$\boldsymbol{G}=[x^{k-1}g(x)\quad x^{k-2}g(x)\quad \cdots\quad g(x)]^{\mathrm{T}}$ 为循环码的生成矩阵。当 $\boldsymbol{A}$ 取不同值时，可得到 (n,k) 线性分组循环码的所有 2^k 个码多项式，对应 2^k 个码字。

该例子中生成矩阵不是典型生成矩阵，产生的循环码是非系统码，若想得到系统码，则仍需获得典型生成矩阵。下面具体介绍如何由生成多项式 $g(x)$ 获得典型生成矩阵。

因为典型生成矩阵的一般形式如下：

$$\boldsymbol{G}=\begin{bmatrix}1&0&\cdots&0&r_{11}&r_{12}&\cdots&r_{1,n-k}\\0&1&\cdots&0&r_{21}&r_{22}&\cdots&r_{2,n-k}\\\vdots&\vdots&&\vdots&\vdots&\vdots&&\vdots\\0&0&\cdots&1&r_{k1}&r_{k2}&\cdots&r_{k,n-k}\end{bmatrix} \tag{9.5.6}$$

写成码多项式的形式，得到生成矩阵的第 i 行的码多项式为 $g_i(x)=x^{n-i}+r_i(x)$，其中，多项式 $r_i(x)=r_{i,1}x^{n-k-1}+r_{i,2}x^{n-k-2}+\cdots+r_{i,n-k-1}x+r_{i,n-k}$。因为 $g_i(x)$ 为循环码，所以它是生成多项式 $g(x)$ 的倍式，即 $[x^{n-i}+r_i(x)]\equiv 0 \bmod g(x)$，也可写成 $x^{n-i}\equiv r_i(x) \bmod g(x)$，表示 $r_i(x)$ 是 x^{n-i} 除以 $g(x)$ 的余式，所以典型生成矩阵 $\boldsymbol{G}$ 的码多项式形式可表示为

$$\boldsymbol{G}=\begin{bmatrix} x^{n-1}+r_1(x) \\ x^{n-2}+r_2(x) \\ \vdots \\ g(x) \end{bmatrix}=\begin{bmatrix} x^{n-1}+x^{n-1}\bmod g(x) \\ x^{n-2}+x^{n-2}\bmod g(x) \\ \vdots \\ g(x) \end{bmatrix} \tag{9.5.7}$$

式中，码多项式共有 k 行，其中最高次数为 $n-1$，然后依次递减，直至最后一行为生成多项式 $g(x)$。

【例 9-8】 已知(7,4)循环码的生成多项式为 $g(x)=x^3+x+1$，求其典型生成矩阵。

解： 由式(9.5.7)得到典型生成矩阵的表现形式为

$$\boldsymbol{G}=\begin{bmatrix} x^6+x^6\bmod g(x) \\ x^5+x^5\bmod g(x) \\ x^4+x^4\bmod g(x) \\ g(x) \end{bmatrix}$$

其中，

$$x^6\bmod g(x)\equiv x^2+1$$
$$x^5\bmod g(x)\equiv x^2+x+1$$
$$x^4\bmod g(x)\equiv x^2+x$$

代入上式得到

$$\boldsymbol{G}=\begin{bmatrix} x^6+x^2+1 \\ x^5+x^2+x+1 \\ x^4+x^2+x \\ x^3+x+1 \end{bmatrix}=\begin{bmatrix} 1&0&0&0&1&0&1 \\ 0&1&0&0&1&1&1 \\ 0&0&1&0&1&1&0 \\ 0&0&0&1&0&1&1 \end{bmatrix}$$

【例 9-9】 已知(7,4)循环码的生成多项式为 $g(x)=x^3+x+1$，若原信息码为(0100)，对其进行(7,4)循环编码，则生成系统码为多少？

解：

方法一 利用例 9-8 中获得的典型生成矩阵：

$$\boldsymbol{G}=\begin{bmatrix} x^6+x^2+1 \\ x^5+x^2+x+1 \\ x^4+x^2+x \\ x^3+x+1 \end{bmatrix}=\begin{bmatrix} 1&0&0&0&1&0&1 \\ 0&1&0&0&1&1&1 \\ 0&0&1&0&1&1&0 \\ 0&0&0&1&0&1&1 \end{bmatrix}$$

代入公式 $\boldsymbol{C}=\boldsymbol{A}\cdot\boldsymbol{G}$ 中可得到系统循环码为

$$\boldsymbol{C}=[0\quad 1\quad 0\quad 0]\cdot\begin{bmatrix}1&0&0&0&1&0&1\\0&1&0&0&1&1&1\\0&0&1&0&1&1&0\\0&0&0&1&0&1&1\end{bmatrix}=[0\quad 1\quad 0\quad 0\quad 1\quad 1\quad 1]$$

方法二 因为原码 $\boldsymbol{A}=(0100)$，其码多项式为 $a(x)=x^2$，所以 $x^{n-k}a(x)=x^3\cdot x^2=x^5$ 用 x^5 除以 $g(x)$ 得到余式 $R(x)$ 为

$$R(x)=x^2+x+1$$

所以生成系统循环码的码多项式为 $c(x)=x^3a(x)+R(x)=x^5+x^2+x+1$，对应码字为[0100111]。

前面已经分析得到循环码的生成多项式及典型和非典型生成矩阵的一般形式，下面介绍循环码的监督多项式及监督矩阵的基本结构(限于篇幅，中间分析过程省略，直接给出结论)。

(n,k)线性分组循环码的监督多项式的一般表达式为

$$h(x)=\frac{x^n+1}{g(x)}=h_kx^k+h_{k-1}x^{k-1}+\cdots+h_0 \tag{9.5.8}$$

取 $h(x)$ 的互反多项式为 $h^*(x)=h_0x^k+h_1x^{k-1}+\cdots+h_k$，则监督矩阵的一般表达式为

$$\boldsymbol{H}=\begin{bmatrix}x^{n-k-1}h^*(x)\\x^{n-k-2}h^*(x)\\\vdots\\h^*(x)\end{bmatrix} \tag{9.5.9}$$

式中，码多项式共有 $r=n-k$ 行。仍以(7,4)线性分组循环码为例，因为生成多项式为 $g(x)=x^3+x+1$，则得到监督多项式 $h(x)=\dfrac{x^7+1}{x^3+x+1}=x^4+x^2+x+1$，其互反多项式 $h^*(x)=x^4+x^3+x^2+1$，代入式(9.4.17)中得到监督矩阵为

$$\boldsymbol{H}=\begin{bmatrix}x^2(x^4+x^3+x^2+1)\\x(x^4+x^3+x^2+1)\\x^4+x^3+x^2+1\end{bmatrix}=\begin{bmatrix}x^6+x^5+x^4+x^2\\x^5+x^3+x^3+x\\x^4+x^3+x^2+1\end{bmatrix}=\begin{bmatrix}1&1&1&0&1&0&0\\0&1&1&1&0&1&0\\0&0&1&1&1&0&1\end{bmatrix}$$

由式(9.4.12)可知，由生成多项式 $g(x)=x^3+x+1$ 获得的生成矩阵为

$$\boldsymbol{G}=\begin{bmatrix}x^3g_1(x)\\x^2g_1(x)\\xg_1(x)\\g_1(x)\end{bmatrix}=\begin{bmatrix}x^6+x^4+x^3\\x^5+x^3+x^2\\x^4+x^2+x\\x^3+x+1\end{bmatrix}=\begin{bmatrix}1&0&1&1&0&0&0\\0&1&0&1&1&0&0\\0&0&1&0&1&1&0\\0&0&0&1&0&1&1\end{bmatrix}$$

容易验证

$$G \cdot H^{\mathrm{T}} = \begin{bmatrix} 0 & 0 & 0 \\ 0 & 0 & 0 \\ 0 & 0 & 0 \end{bmatrix}$$

2. 循环码的译码原理

在接收端对循环码进行译码时，首先要先判断码字在传输过程中是否发生错误。检错的译码原理十分简单，若接收端码多项式 $y(x)$除以生成多项式 $g(x)$时不能除尽，即 $\frac{y(x)}{g(x)}=Q(x)+\frac{R(x)}{g(x)}$，则说明接收码不属于循环码，在传输中出错。因此，可以用余式 $R(x)$是否为零来判断接收码组中是否有错。需要注意的是，当码字中错误位数超过循环码的检错能力时，接收码多项式仍有可能被 $g(x)$整除，利用以上方法则不能检测出误码。

在接收端判断码字发生错误后，需要对其进行纠正。由于接收码多项式 $y(x)=c(x)+e(x)$，其中，$c(x)$为发送码多项式，$e(x)$为差错图样多项式。因为$[c(x)]_{\mathrm{mod}g(x)}=0$，所以$[y(x)]_{\mathrm{mod}g(x)}=[e(x)]_{\mathrm{mod}g(x)}$，即 $y(x)$除以 $g(x)$的余式等于 $e(x)$除以 $g(x)$的余式。定义接收码多项式 $y(x)$的伴随多项式 $s(x)$等于 $y(x)$除以 $g(x)$的余式，即 $s(x)=[y(x)]_{\mathrm{mod}g(x)}=R(x)$，所以 $s(x)=[e(x)]_{\mathrm{mod}g(x)}$。由前面介绍的线性分组码解码原理可知，当 $s(x)$给定时，有 2^k 个不同的 $e(x)$满足 $s(x)=[e(x)]_{\mathrm{mod}g(x)}$，选择码重最小的解作为可纠正的差错图样。

为了纠错，将发生错误的接收码多项式 $y(x)$除以生成多项式 $g(x)$得到余式 $R(x)$，通过查表或计算得到差错图样 $e(x)$，从余式 $R(x)$中减去 $e(x)$即可得到正确发送的码字 $C(x)$。

9.5.2 BCH 码和 RS 码

BCH 是一类重要的循环码，能纠正多个随机错误。它是在 1959 年由 Bose、Chaudhuri 和 Hocquenghem 各自独立发现的，因此人们用这 3 人名字的首字母 BCH 命名。BCH 码具有纠错能力强、构架简单、编译码易于实现等一系列优点，因此被广泛采用。

这里首先介绍本原多项式和既约多项式的概念。一个 m 次多项式 $f(x)$不能被任何次数小于 m 但大于 0 的多项式除尽，则称它为既约多项式或不可约多项式。若一个 m 次多项式 $f(x)$满足下列条件，则称 $f(x)$为本原多项式：

(1) $f(x)$是既约的；

(2) $f(x)$可整除 $x^n+1, n=2^m-1$；

(3) $f(x)$除不尽 $x^q+1, q<n$。

BCH 码可以分为本原 BCH 码和非本原 BCH 码。本原 BCH 码是指生成多项式 $g(x)$中含有最高次数为 m 的本原多项式，且码长为 $n=2^m-1$($m\geqslant 3$，为正整数)。非本原 BCH 码是指生成多项式 $g(x)$，且码长 n 是 2^m-1 的一个因子。二进制本原 BCH 码的码长位数 n、监督位数 k 和纠错个数 t 之间满足如下关系：$n=2^m-1$(m 为正整数，$m\geqslant 3$)，$n-k\leqslant mt$，$d_{\min}=2t+1$(t 也为正整数，$t<m/2$)。如果是非本原 BCH 码，其码

长 n 是 2^m-1 的一个因子,即码长 n 能除尽 2^m-1,其余条件都一样。通常可通过查表得到不同 n、k、t 取值情况下 BCH 码的生成多项式 $g(x)$,见表 9.5.2 和表 9.5.3。

表 9.5.2　部分本原 BCH 码生成多项式

n	k	T	$g(x)$(八进制)
3	1	1	7
7	4	1	13
7	1	3	77
15	11	1	23
15	7	2	721
15	5	3	2467
15	1	7	7777
31	26	1	45
31	21	2	3551
31	16	3	107657
31	11	5	5423325
31	6	7	313365047
63	57	1	103
63	51	2	12471
63	45	3	1701317
63	39	4	166623567
63	36	5	1033500423
63	30	6	157464165547
63	24	7	17323260404441
127	120	1	211
127	113	2	41567
127	106	3	11554743
127	99	4	3447023271
127	92	5	624730022327
127	85	6	130704476322273
127	78	7	26230002166130115
127	71	9	6255010713253127753
127	64	10	1206534025570773100045

表 9.5.3　部分非本原 BCH 码生成多项式

n	k	T	$g(x)$(八进制)
17	9	2	727
21	12	2	1663
23	12	3	5343
33	22	2	5145
41	21	4	6647133
47	24	5	43073357
65	53	2	10761

续表

n	k	T	$g(x)$（八进制）
65	40	4	354300067
73	46	4	1717773537

表 9.5.2 中生成多项式的系数都是用八进制数表示的，例如，$n=15$，$k=11$，$t=1$ 的 BCH 码生成多项式为 $g(x)=(23)_8$，将八进制数表示成二进制数得到 $g(x)=(23)_8=(010011)_2$，它对应生成多项式各项的系数，即 $g(x)=x^4+x+1$。

在表 9.5.3 中，(23,12)是一个非本原 BCH 码，又称为格雷码，码距为 7，可以纠正 3 个随机独立的错误。它是一个完备码，监督位得到了充分利用，其生成多项式为 $g(x)=(5343)_8=(101011100011)_2=x^{11}+x^9+x^7+x^6+x^5+x+1$。在实际应用中，BCH 码的码长都为奇数，有时为了得到偶数码长，可将 BCH 码的生成多项式乘以一个因子$(x+1)$，它相当于在原 BCH 码上增加了一个校验位，从而得到更强的纠错能力，但解码更复杂。

RS 码是一种纠错能力很强的多进制 BCH 码，由 Reed 和 Solomon 的名字命名。当 q 进制 BCH 码的码长 $n=q-1$ 时，则称此码为 q 进制的 RS 码；当 $q=2^m$ 时，码元符号取自伽罗华域 GF(2^m)的 RS 码可以用来纠正突发错误。

对于一个可以纠正 t 个错误符号的 $q=2^m$ 进制 RS 码，其码长 $n=2^m-1$ 个符号，因为每个符号由 m 位组成，所以码长为 $n=m(2^m-1)$位，信息段为 k 个符号或者 mk 位，监督段 $r=n-k=2t$ 个符号，最小码距 $d_{\min}=2t+1$ 个符号。例如，(255,223)RS 码表示码块长度共 255 个符号，其中，信息段有 223 个符号，监督段有 32 个检验符号。在这个由 255 个符号组成的码块中，可以纠正在这个码块中出现的 16 个分散或连续的错误符号。

RS 码纠错能力很强，广泛用于数字通信和数字存储领域。卫星通信中与卷积码级联使用，在中等数据传输率下，误码率为 10^{-8} 时可以有 8.5～9.5dB 的编码增益，这样可以大大降低星上发射功率，降低误码率，也可以减小天线的口径，提高有效载荷，具有很高的实用价值。

9.6 卷积码

视频

9.6.1 卷积码的编码原理

分组码是将 k 个信息位编成 n 位的码组，其监督位仅与本码组的 k 个信息位有关，而与其他码组无关，为了达到一定的纠错检错能力，分组码的长度一般都较长。

与分组码的编码方式不同，卷积码的 n 位编码不仅与当前段的 k 个信息位有关，还与前面 $m=N-1$ 段的信息位有关，这里称 N 为卷积码的编码约束度，nN 为编码的约束长度，卷积码记为(n,k,N)或(n,k,m)。卷积码的码长较小，因此适合以串行形式传输，时延小。当 N 增大时，卷积码的差错率随之以指数规律下降，纠错性能增加。在编码器复杂性相同的情况下，卷积码的性能优于分组码，但卷积码没有分组码那样的严密数学分析，需要通过计算机来搜索好码。

卷积码是1955年由Elias首次提出的。1957年,Wozencraft和Reiffen提出了序列译码,对具有较大约束长度的卷积码有效。1963年,Massey提出了一个效率不高、但易于实现的译码方法——门限译码,使得卷积码大量应用于卫星和无线信道的数字传输中。1967年,维特比(Viterbi)提出了最大似然译码,对存储器级数较小的卷积码较容易实现,被广泛应用于现代通信中。

(n,k,N)卷积码编码器的一般结构如图9.6.1所示,其中包括:

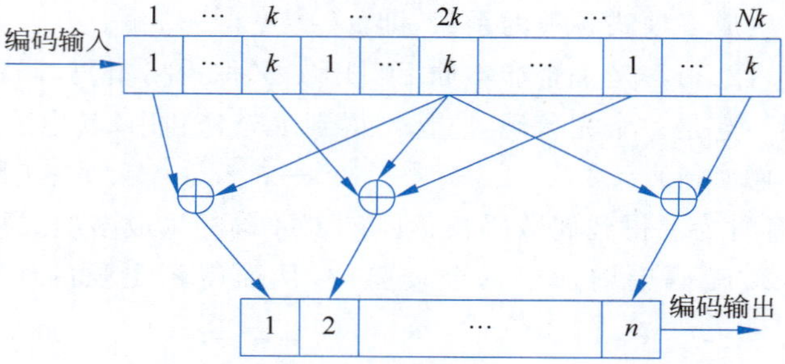

图9.6.1 (n,k,N)卷积码编码器一般结构

(1) N段移位寄存器,每段移位寄存器有k个存储单元,共Nk个;

(2) n个模2加法器,n等于卷积编码输出位数,每个模2加法器连接到一些移位寄存器的输出端,数目可以不同,所连接的移位寄存器也可以不同;

(3) n位的输出移位寄存器,n个模2加法器与n位输出移位寄存器一一对应连接,模2加法器的运算结果即为卷积编码输出,每输入k位,就得到n位的输出。

下面通过一个简单的例子来简要说明卷积码的编码原理。以(2,1,3)卷积码为例,其编码器框图如图9.6.2所示,这里$n=2,k=1,N=3$。

设输入信息序列是$\cdots b_{i-2}b_{i-1}b_ib_{i+1}\cdots$,当输入$b_i$时,编码器的输出为$c_id_i$,表达式如下:

$$c_i=b_i\oplus b_{i-1}\oplus b_{i-2} \tag{9.6.1}$$

$$d_i=b_i\oplus b_{i-2} \tag{9.6.2}$$

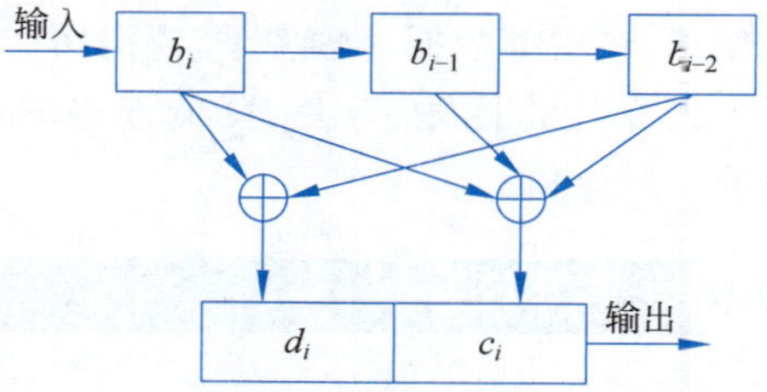

图9.6.2 (2,1,3)卷积码编码原理框图

当输入序列为$b_1=1,b_2=1,b_3=0,b_4=1$时,由以上表达式可计算得到卷积码的编码输出(假设移位寄存器的初始状态都为0):

$$\begin{cases}c_1=b_1\oplus b_0\oplus b_{-1}=1\oplus 0\oplus 0=1\\ d_1=b_1\oplus b_{-1}=1\oplus 0=1\end{cases} \tag{9.6.3a}$$

$$\begin{cases}c_2=b_2\oplus b_1\oplus b_0=1\oplus 1\oplus 0=0\\ d_2=b_2\oplus b_0=1\oplus 0=1\end{cases} \tag{9.6.3b}$$

$$\begin{cases}c_3=b_3\oplus b_2\oplus b_1=0\oplus 1\oplus 1=0\\ d_3=b_3\oplus b_1=0\oplus 1=1\end{cases} \tag{9.6.3c}$$

$$\begin{cases} c_4 = b_4 \oplus b_3 \oplus b_2 = 1 \oplus 0 \oplus 1 = 0 \\ d_4 = b_4 \oplus b_2 = 1 \oplus 1 = 0 \end{cases} \tag{9.6.3d}$$

所以编码器的输出为[11,01,01,00]。

1. 卷积码的代数表示法

卷积码有多种表示方法,主要分为代数法和图形法。这里首先通过代数表示法,进一步讲解卷积码的编码原理。

设输入信息序列为 $\boldsymbol{b}=[b_0,b_1,b_2,\cdots]$,则$(n,k,N)$卷积码的编码输出可表示为

$$\begin{cases} \boldsymbol{c}^1 = [c_0^1, c_1^1, c_2^1, \cdots] \\ \boldsymbol{c}^2 = [c_0^2, c_1^2, c_2^2, \cdots] \\ \vdots \\ \boldsymbol{c}^n = [c_0^n, c_1^n, c_2^n, \cdots] \end{cases} \tag{9.6.4}$$

式中,c_0^1 表示信息位 b_0 的第 1 位编码输出,c_0^2 为信息位 b_0 的第 2 位编码输出,c_0^n 为信息位 b_0 的第 n 位编码输出,则信息位 b_0 的 n 位编码输出为$[c_0^1c_0^2\cdots c_0^n]$,信息序列 $\boldsymbol{b}$ 的编码输出为 $\boldsymbol{c}=[\boldsymbol{c}^1\boldsymbol{c}^2\cdots\boldsymbol{c}^n]=[c_0^1c_0^2\cdots c_0^n,c_1^1c_1^2\cdots c_1^n,\cdots]$,其编码方程可表示为

$$\begin{cases} \boldsymbol{c}^1 = \boldsymbol{b} * \boldsymbol{g}^1 \\ \boldsymbol{c}^2 = \boldsymbol{b} * \boldsymbol{g}^2 \\ \vdots \\ \boldsymbol{c}^n = \boldsymbol{b} * \boldsymbol{g}^n \end{cases} \tag{9.6.5}$$

式中,$*$ 表示卷积运算;$\boldsymbol{g}^1,\boldsymbol{g}^2,\cdots,\boldsymbol{g}^n$ 是由编码器得到的 n 个脉冲冲激响应向量,表示为

$$\begin{cases} \boldsymbol{g}^1 = [g_0^1, g_1^1, g_2^1, \cdots] \\ \boldsymbol{g}^2 = [g_0^2, g_1^2, g_2^2, \cdots] \\ \vdots \\ \boldsymbol{g}^n = [g_0^n, g_1^n, g_2^n, \cdots] \end{cases} \tag{9.6.6}$$

它们都是 $1\times N$ 的行向量,具体值可根据编码器中 n 个模 2 加法器的运算表达式获得。这里仍用(2,1,3)卷积码为例,讲解如何用代数表示法进行卷积编码。

假设输入信息序列 $\boldsymbol{b}=[1\quad 1\quad 0\quad 1]$,因为由图 9.6.2 可得到两个输出表达式:

$$c_i = b_i \oplus b_{i-1} \oplus b_{i-2} \tag{9.6.7a}$$

$$d_i = b_i \oplus b_{i-2} \tag{9.6.7b}$$

由此得到两个冲激响应向量$\begin{cases} \boldsymbol{g}^1 = [111] \\ \boldsymbol{g}^2 = [101] \end{cases}$,所以编码器的输出为

$$\begin{cases} \boldsymbol{c}^1 = \boldsymbol{b} * \boldsymbol{g}^1 = [1011] * [111] = [100011] \\ \boldsymbol{c}^2 = \boldsymbol{b} * \boldsymbol{g}^2 = [1011] * [101] = [111001] \end{cases} \tag{9.6.8}$$

即 $\boldsymbol{c}=[\boldsymbol{c}^1,\boldsymbol{c}^2]=[11,01,01,00,10,11]$。

若用码多项式表示冲激响应,则 $\begin{cases} g^1=1+x+x^2 \\ g^2=1+x^2 \end{cases}$,输入信息序列也可表示成码多项式形式 $b=1+x+x^3$,这里码多项式的次数从低到高依次递增,最低项次数为 $x^0=1$,各项系数为冲激响应向量值,所以得到编码器的输出多项式为

$$\begin{cases} c^1=b*g^1=(1+x+x^3)*(1+x+^2)=1+x^4+x^5,\text{即 } \boldsymbol{c}^1=[100011] \\ c^2=b*g^2=(1+x+x^3)*(1+x^2)=1+x+x^2+x^5,\text{即 } \boldsymbol{c}^2=[111001] \end{cases} \tag{9.6.9}$$

最终编码输出为 $\boldsymbol{c}=[\boldsymbol{c}^1,\boldsymbol{c}^2]=[11,01,01,00,10,11]$。

2. 卷积码的图形表示法

1) 状态图

卷积码在当前时刻的输出取决于当前时刻的输入及移位寄存器的当前存储内容,当信息序列不断输入时,移位寄存器的存储内容不断从一个状态转移到另一个状态,并输出相应的码序列。描述移位寄存器状态改变的图形称为状态图,对于一个(n,k,N)卷积码,可能状态有 $2^{(N-1)k}$ 个。这里仍用(2,1,3)卷积码讲解状态图的实现过程,因为 $N=3,k=1$,所以共有 $2^{(N-1)k}=2^2=4$ 种状态,取为 $s_0=00,s_1=01,s_2=10,s_3=11$。下面分析 4 种不同状态情况下,每输入 1 位时,移位寄存器的状态改变及编码输出。

(1) 若移位寄存器的当前状态为 00,则:当输入 $b_i=0$ 时,移位寄存器的状态变为 00,输出码序列为 00;当输入 $b_i=1$ 时,移位寄存器的状态变为 10,输出码序列为 11。

(2) 若移位寄存器的当前状态为 10,则:当输入 $b_i=0$ 时,移位寄存器的状态变为 01,输出码序列为 10;当输入 $b_i=1$ 时,移位寄存器的状态变为 11,输出码序列为 01。

(3) 若移位寄存器的当前状态为 11,则:当输入 $b_i=0$ 时,移位寄存器的状态变为 01,输出码序列为 01;当输入 $b_i=1$ 时,移位寄存器的状态变为 11,输出码序列为 10。

(4) 若移位寄存器的当前状态为 01,则:当输入 $b_i=0$ 时,移位寄存器的状态变为 00,输出码序列为 11;当输入 $b_i=1$ 时,移位寄存器的状态变为 10,输出码序列为 00。

根据以上分析得到(2,1,3)卷积码的状态图如图 9.6.3 所示。其中圆圈中数值表示移位寄存器的当前状态,箭头上方数值表示移位寄存器由一个状态转移到另一个状态时,编码器的输出码序列。

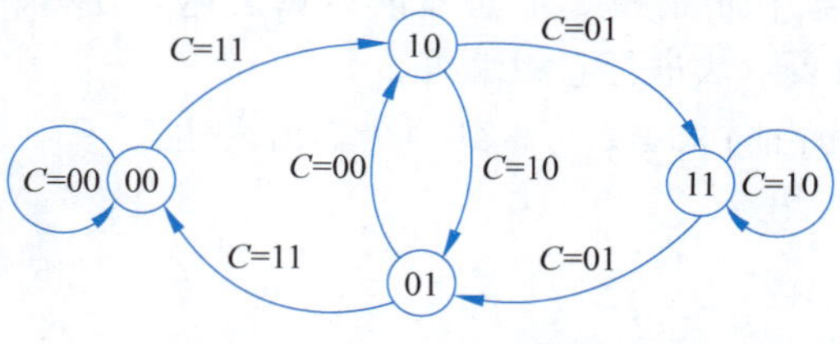

图 9.6.3 (2,1,3)卷积码的状态图

2) 树图

状态图虽然可以清晰描述移位寄存器的状态,但不能描述输入与输出的时序关系。树图最大的特点是时序关系清晰,对于每一组输入序列,都有唯一的树结构与之对应。

(2,1,3)卷积码的树图如图 9.6.4 所示,这里假设移位寄存器的初始状态为 00,上支路表示输入为 0,下支路表示输入为 1,每个支路上的码元序列表示当前输入情况下的编码输出。

由图 9.6.4 可以看出，当输入码元为 b_3 时，码树的上半部分与下半部分一致，这表示从第 4 个信息位开始，输出码元已与第一个信息位无关，因此编码器的约束度为 $N=3$。若输入序列为 $\boldsymbol{b}=[1101]$，则沿着图中箭头走向，得到输出码元序列为 $\boldsymbol{c}=[11,01,01,00]$。

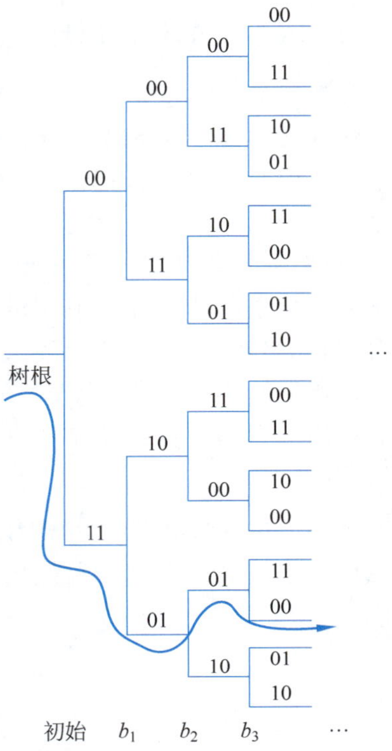

图 9.6.4 (2,1,3)卷积码树图

3) 网格图

网格图是描述卷积码的状态随时间变化的情况，其纵坐标表示所有状态，横坐标表示时间变化，网格图在卷积码的译码，特别是维特比译码中特别有用，具体将在后面讲解。

(2,1,3)卷积码的网格图如图 9.6.5 所示，其中每个圆圈表示当前时刻移位寄存器所处的状态。随着输入序列的增加，移位寄存器的状态会沿着实线或虚线改变：当前输入为 0 时，状态沿实线改变；当前输入为 1 时，状态沿虚线改变。实线或虚线上的码元序列表示当前输入下的编码输出，若输入序列为 $\boldsymbol{b}=[1101]$，则沿着实线或虚线走向可得到相应输出码元序列 $\boldsymbol{c}=[11,01,01,00]$，如图 9.6.5 中箭头指向的路径。

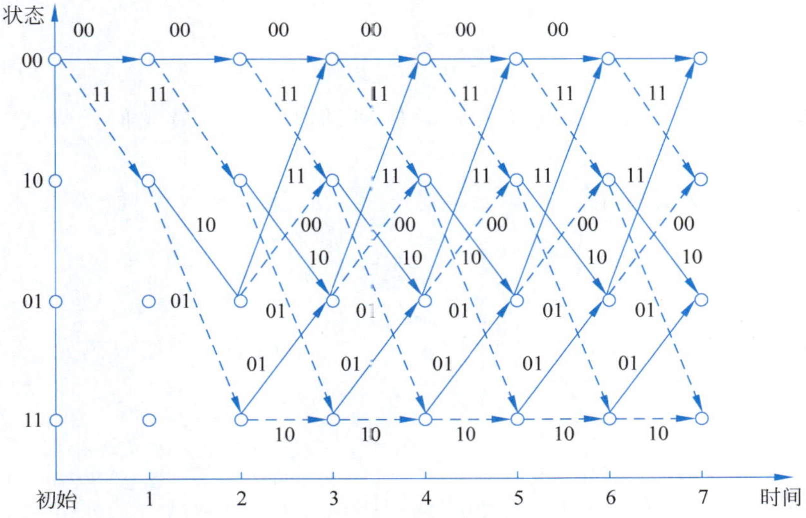

图 9.6.5 (2,1,3)卷积码的网格图

同样，从网格图的第 3 个时刻开始，后面节点所延伸出的树结构完全一致，这也说明了从第 4 个信息位开始，输出码元已与第 1 个信息位无关，因此编码器的约束度为 $N=3$。

9.6.2 卷积码的译码原理

卷积码的译码方法主要分为两大类：代数译码和概率译码。代数译码是指利用编码本身的代数结构进行译码，不考虑信道的统计特性；概率译码则是基于信道的统计特性和卷积码的特点进行译码。这里我们重点介绍概率译码，这也是卷积码的主要译码方法。

1967年，维特比引入了一种卷积码的译码算法，这就是著名的维特比算法。维特比算法属于概率译码，本质是利用最大似然准则进行译码。下面首先介绍最大似然译码的原理，再介绍维特比算法的具体实现步骤。

译码器的基本原理是在已知接收码 y 的条件下，找出最大可能性的发送码元 c_i，作为译码输出 $\hat{c}_i$，即满足表达式：

$$\hat{c}_i = \max_i P(c_i \mid y) \tag{9.6.10}$$

这种译码方法称为最大后验概率译码(MAP)，其中 $P(c_i|y)$ 称为后验概率。在实用中得到后验概率很困难，一般只能给出先验概率 $P(y|c_i)$，因此根据贝叶斯公式：

$$P(c_i \mid y) = \frac{P(y \mid c_i)P(c_i)}{P(y)} \tag{9.6.11}$$

得到

$$P(y \mid c_i) = \frac{P(c_i \mid y)P(y)}{P(c_i)} \tag{9.6.12}$$

假设输入输出码元等概，则 $P(y|c_i)=P(c_i|y)$，即最大后验概率译码等效于最大先验概率译码，满足表达式：

$$\hat{c}_i = \max_i P(y \mid c_i) \tag{9.6.13}$$

$P(y|c_i)$ 也称为似然函数，所以最大先验概率译码又称为最大似然译码(Maximum Likelihood，ML)。

对于离散无记忆信道，设发送码元序列长度为 L，则

$$P(y \mid c_i) = \prod_{l=0}^{L-1} P(y_l \mid c_l) = \left(\frac{p}{1-p}\right)^{d(y,c_i)} + (1-p)^L \tag{9.6.14}$$

式中，p 为差错概率；$P(y_l|c_l)=\begin{cases} p, & c_l \neq y_l \\ 1-p, & c_l = y_l \end{cases}$；$d(y,c_i)$ 为接收码元 y 和发送码元 c_i 的汉明距离，$d(y,c_i)=\sum_{l=0}^{L-1} d(y_l \mid c_l)$。由于 $p<\frac{1}{2}$，当 $d(y,c_i)$ 越小时，$P(y \mid c_i)$ 越大，所以最大似然译码等价于最小汉明距离译码，即

$$\hat{c}_i = \max_i P(y \mid c_i) = \min_i d(y,c_i) \tag{9.6.15}$$

在用网格图描述时，最大似然译码就是在网格图中选择一条与接收码元序列 y 汉明距离最小的路径作为译码结果，这也是维特比译码的基本原理，其具体实现步骤为依照不同时刻，对网格图中相应列的每个状态点，按照最小汉明距离准则，计算以它为终点的

路径的汉明距离，保留汉明距离最小的幸存路径，其余路径丢弃；到达下一时刻，对保留的幸存路径的延伸路径继续进行比较，如此反复，直到完成译码。

对于 L 长的输入信息序列，对其进行(n,k,N)卷积编码时，产生的输出序列码长为 $n(L+N-1)$，用维特比算法译码，在网格图中需要有 $L+N$ 个时间段，用 $0,1,\cdots,L+N-1$ 表示。这里仍以(2,1,3)卷积码为例，若发送信息序列为 $b=1101$，经编码后输出的码序列为 $\boldsymbol{c}=110101001011$，经过信道后接收码元序列为 $y=100100001011$。现用维特比算法进行译码，因为 $L=4$，$N=3$，所以网格图中最少需要 $L+N-1=6$ 级节点，可采用如图 9.6.5 所示的网格图进行译码。具体实现步骤为(假设移位寄存器初始状态为 00)：

(1) 在 $t=1$ 时刻接收码元序列 $y=10$，而发送码元 0 或 1 的编码输出码元序列分别为 00 或 11，与 $y=10$ 的汉明距离分别为 $d_0=1$ 和 $d_1=1$，两者距离一致，所以这两条路径都保留，如图 9.6.6 所示。

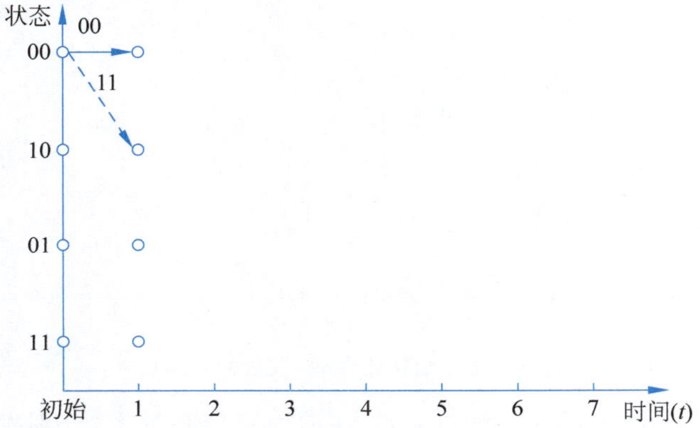

图 9.6.6 维特比译码步骤(1)示意图

(2) 在 $t=2$ 时刻接收码元序列 $y=01$，在前两条路径基础上，分别发送码元 0 或 1，得到 4 条路径，如图 9.6.7 所示。比较这 4 条路径的输出码元序列与 $y=01$ 的汉明距离，从上到下依次为 $d_{00}=1$，$d_{01}=1$，$d_{10}=2$，$d_{11}=0$。

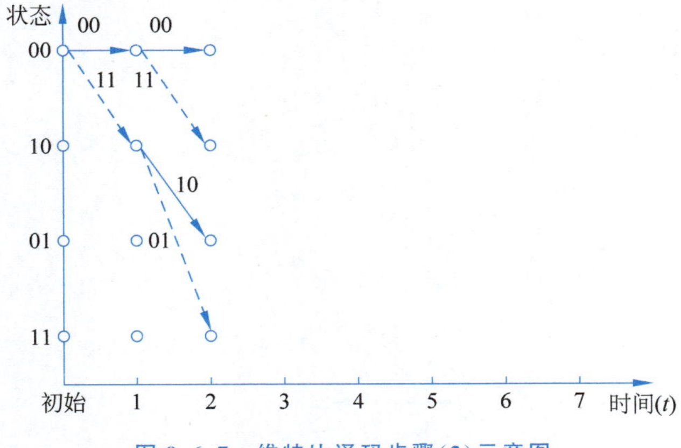

图 9.6.7 维特比译码步骤(2)示意图

由以上关系式可见，当发送码元序列 11 时，该路径的累加汉明距离为 $d=d_1+d_{11}=1+0=1$ 最小，所以保留该路径，丢弃其余路径，这里 d 的下标表示从 $t=1$ 时刻到当前时刻的所有发送码元序列。

(3) 在 $t=3$ 时刻接收码元序列 $y=00$，在前面得到的幸存路径的基础上，分别发送码元 0 或 1，得到两条路径如图 9.6.8 所示，这两条路径的汉明距离相等，即 $d_{110}=1$，$d_{111}=1$，所以两条路径都保留。

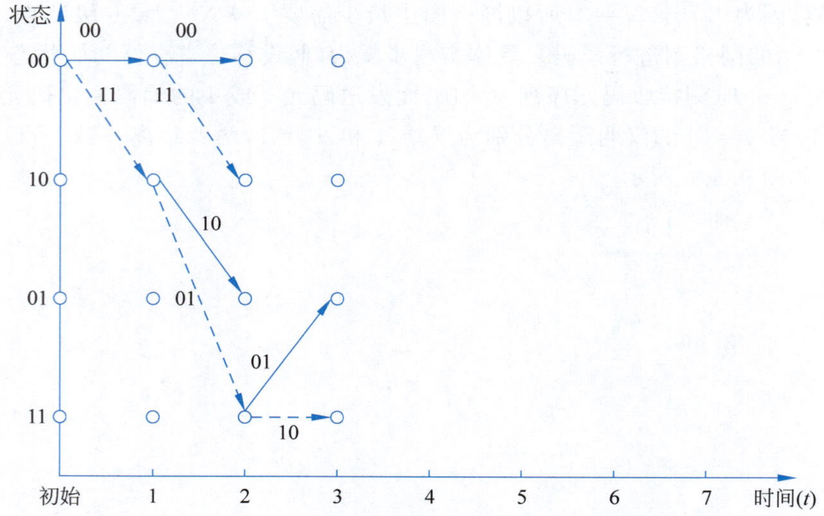

图 9.6.8　维特比译码步骤(3)示意图

(4) 在 $t=4$ 时刻接收码元序列 $y=00$，在前面路径基础上，分别发送码元 0 或 1，得到 4 条路径如图 9.6.9 所示，汉明距离值分别为 $d_{1100}=2$，$d_{1101}=0$，$d_{1110}=1$，$d_{1111}=1$。可见，发送码元序列 1101 的路径的累计汉明距离值最小，所以保留该路径，丢弃其他路径。

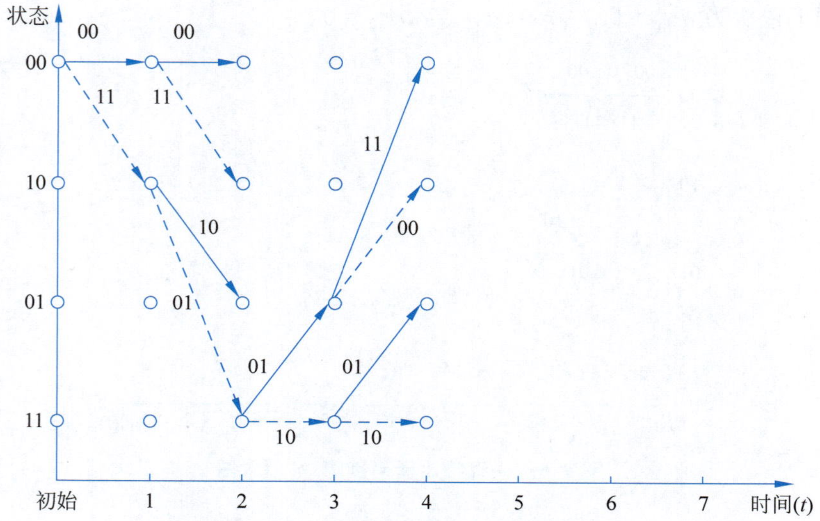

图 9.6.9　维特比译码步骤(4)示意图

(5) 以此类推，在 $t=5$ 时刻接收码元序列 $y=10$，若发送码元 0 或 1，在幸存路径基础上得到两条延伸路径，如图 9.6.10 所示，路径的汉明距离值为 $d_{11010}=0$ 和 $d_{11011}=2$。保留距离值最小的路径，即发送码元序列 11010 的路径。

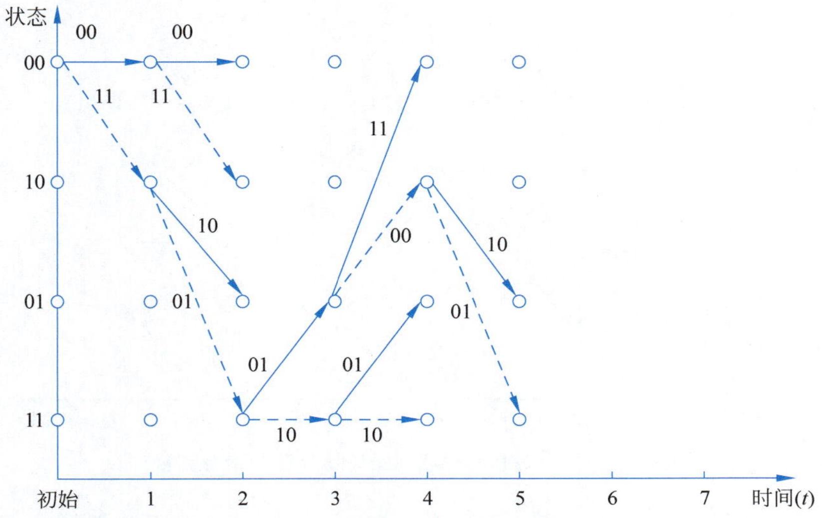

图 9.6.10 维特比译码步骤(5)示意图

(6) 最后，在 $t=6$ 时刻接收码元序列 $y=11$，发送码元 0 或 1，沿幸存路径也得到两条延伸路径，如图 9.6.11 所示，路径的汉明距离值 $d_{110100}=0$ 和 $d_{110101}=2$。保留距离值最小的路径，即发送码元序列 110100 的路径。因为 $t=6=L+N-1$，所以结束译码。

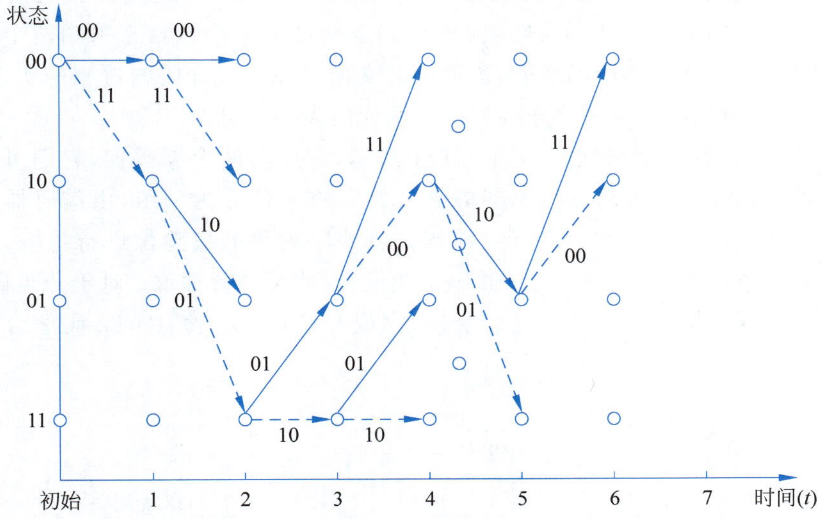

图 9.6.11 维特比译码步骤(6)示意图

经过分析，得到译码结束后的最终幸存路径，如图 9.6.12 所示，信息序列的估计值为 $\hat{\boldsymbol{b}}=1101$，得到编码估计值 $\hat{\boldsymbol{c}}=110101001011$，与收码 $\boldsymbol{y}=100100001011$ 相比，两个错

误被纠正。

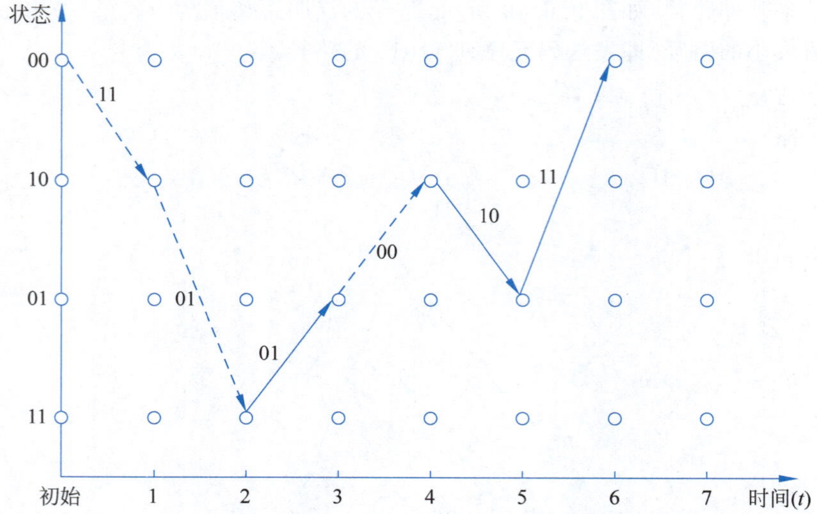

图 9.6.12 (2,1,3)卷积码维特比译码的幸存路径

9.7 Turbo 码

视频

1993 年,法国的 C. Berrou 等在 ICC 国际会议上提出了一种新型的纠错编码——Turbo 码。Turbo 码一经提出,就以其优异的性能被编码界专家认为具有很大的发展潜力。Turbo 码与以往所有码的不同之处在于它通过一个交织器,使之接近香农性能极限。此外,它所采用的迭代译码策略,使得译码复杂性大大降低。它采用两个子译码器通过交换边信息,从而提高译码性能,边信息的交换是在迭代译码的过程中实现的.前一次迭代产生的边信息经交换后将作为后一次迭代的先验信息。

Turbo 码编码器的原理框图如图 9.7.1 所示,其中有两个编码器,它们可以选择相同的码,也可以选择不同的码。编码器将输入数据的 n 位分为一组,由编码器 1 进行行编码,再经过交织器由编码器 2 进行列编码。将两路编码的校验位进行抽取,删除适当码元,以提高码率:对于卷积码,由于其码率较低,因此可进行抽取;对于分组码,由于其码率较高,因此可直接省略。最后进行复接,完成并/串变换,使 Turbo 码适合在信道中传输。

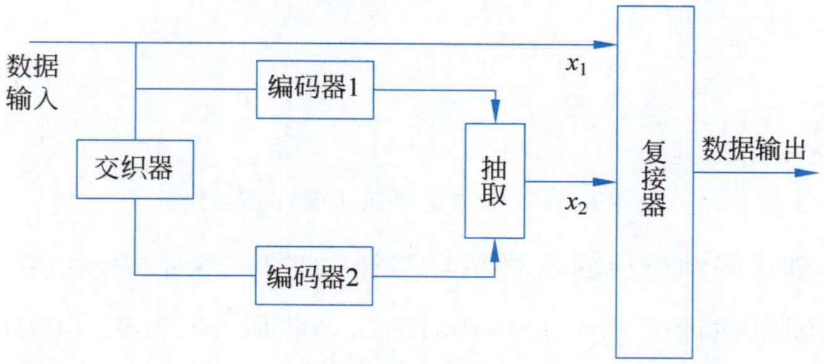

图 9.7.1 Turbo 码编码器原理框图

交织器由一定数量的存储单元构成，$M\times N$ 个存储单元构成存储矩阵，其中，M 为存储矩阵的行数，N 为存储矩阵的列数，各个存储单元可用它在矩阵中所处的行号和列号来表示。信息流顺序流入交织器，以某种方法乱序读出，或者以乱序的形式读入，再以顺序的形式读出，这种决定读出顺序的方法称为交织器的交织方法。交织器的引入可以说是 Turbo 码的一大特色，它可以将一些不可纠正的错误转化为可纠正的错误模式。从最小距离的角度可以看出，码的性能与码的最小距离有密切的关系，假如某一输入数据经过编码器 1 产生码重较小的输出，但它交织后经过编码器 2，可以产生码重较大的输出，从而使整个码字的重量增大，或者说使最小距离增大，从而提高了码的纠错能力。所以，交织器对码重起到了整形的作用，这在 Turbo 码中十分重要。

Turbo 码获得优异性能的根本原因之一是采用了迭代译码，通过软输出译码器之间软信息的交换来提高译码性能。从信息论的角度来看，任何硬判决都会损失部分信息。因此，如果软输出译码器能够提供一个反映其输出可靠性的软输出，则可提高系统的可靠性。Turbo 码译码器的原理框图如图 9.7.2 所示。尽管图 9.7.2 中给出的是反馈的结构，但由于有交织环节的存在，必然引起时延，使得不可能有真正意义上的反馈，而是流水线式的迭代结构，如图 9.7.3 所示。也正是因为这种流水线结构，使得译码器可由若干完全相同的软输入/软输出的基本单元构成，从而以较小的复杂度实现了最大似然译码。

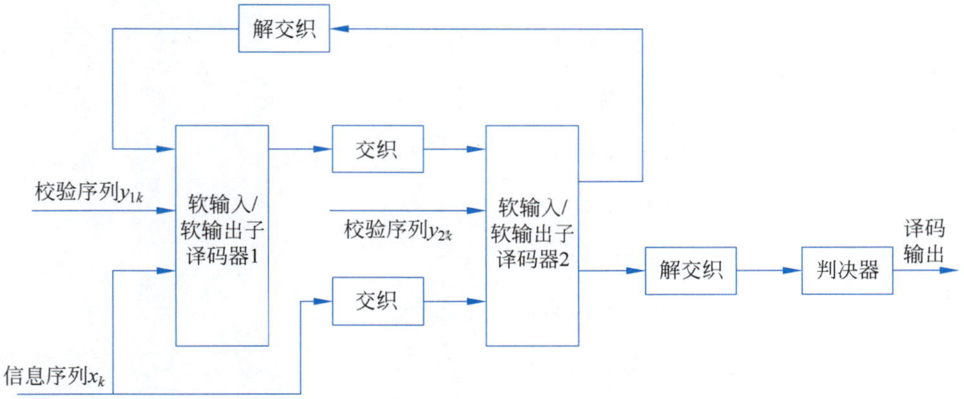

图 9.7.2　Turbo 码译码器原理框图

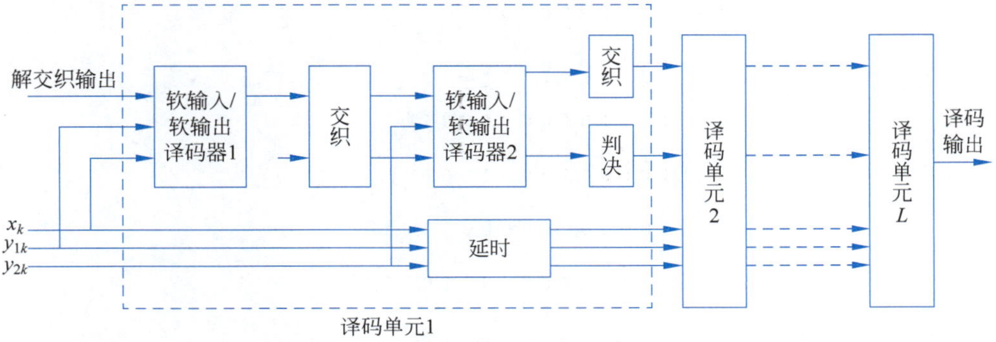

图 9.7.3　Turbo 流水线迭代结构示意图

Turbo 码的出现为编码理论和实践带来了一场革命。在理论上，Turbo 码不仅有着不同于以往的结构，而且带来了迭代译码的思想，使逼近信道容量成为可能。目前，Turbo 码已作为 3G 的信道编码方案之一，由于 Turbo 码的译码采用了迭代译码的思想，因此可以推广到 CDMA 多用户检测中，实现基于 Turbo 码译码原理的 CDMA 多用户检测接收。可以说，只要时延和复杂度允许，Turbo 码可在各种恶劣条件下提供接近极限的通信能力。

9.8 MATLAB 仿真举例

本节以(n,k)汉明码为例，介绍用 MATLAB 实现其编码和译码过程。

1. 汉明码编码函数

```
function encodedmsg = hamc(m,msg)       % m 为监督位数,msg 为信息原码,其码长为(2^m - 1) - m,
                                        % encodedmsg 为生成码字
p = 2;
n = 2^(m) - 1;
k = n - m;
if ( (p == 2) & (m <= 24) )             % 根据 m 取值,得到汉明码的生成多项式
        switch m
            case 1
                pol = [1 1];
            case 2
                pol = [1 1 1];
            case 3
                pol = [1 1 0 1];
            case 4
                pol = [1 1 0 0 1];
            case 5
                pol = [1 0 1 0 0 1];
            case 6
                pol = [1 1 0 0 0 0 1];
            case 7
                pol = [1 0 0 1 0 0 0 1];
            case 8
                pol = [1 0 1 1 1 0 0 0 1];
            case 9
                pol = [1 0 0 0 1 0 0 0 0 1];
            case 10
                pol = [1 0 0 1 0 0 0 0 0 0 1];
            case 11
                pol = [1 0 1 0 0 0 0 0 0 0 0 1];
            case 12
                pol = [1 1 0 0 1 0 1 0 0 0 0 0 1];
            case 13
                pol = [1 1 0 1 1 0 0 0 0 0 0 0 0 1];
            case 14
                pol = [1 1 0 0 0 0 1 0 0 0 1 0 0 0 1];
            case 15
                pol = [1 1 0 0 0 0 0 0 0 0 0 0 0 0 0 1];
            case 16
                pol = [1 1 0 1 0 0 0 0 0 0 0 0 1 0 0 0 1];
            end
end
```

```
%编码循环程序
b = zeros(1,m);
g = pol;
c = b;
for i = length(msg): - 1:1
        u1 = xor(msg(i),c(m - 1));
        c(1) = xor(b(1),g(2) * u1);
        b(1) = u1;
       for j = 2:m - 1
           c(j) = xor(b(j),g(j + 1) * u1);
           b(j) = c(j - 1);
       end
           c(m) = b(m);
           b(m) = c(m - 1);
end
encodedmsg = [b msg]; %得到汉明编码
```

在 MATLAB 命令窗口中输入函数命令“hamc(3,[0 0 0 0])”,对信息原码 0000 进行(7,4)汉明编码,得到汉明码为 0000 000。同理,0001～1111 信息原码用函数 hamc()对其进行(7,4)汉明编码如表 9.8.1 所示。

表 9.8.1 汉明码编码

原　　码	(7,4)汉明码	原　　码	(7,4)汉明码
0001	1010001	1001	0111001
0010	1110010	1010	0011010
0011	0100011	1011	1001011
0100	0110100	1100	1011100
0101	1100101	1101	0001101
0110	1000110	1110	0101110
0111	0010111	1111	1111111
1000	1101000		

2. 汉明码译码函数

```
function [out,decoded] = hamd(m,encoded)     %m为监督位数,encoded为生成码字,
                                             %decoded为汉明译码
p = 2;
n = 2^(m) - 1;
k = n - m;
if ( (p == 2) & (m <= 24) )
        switch m
            case 1
                pol = [1 1];
            case 2
                pol = [1 1 1];
            case 3
                pol = [1 1 0 1];
            case 4
                pol = [1 1 0 0 1];
            case 5
                pol = [1 0 1 0 0 1];
            case 6
```

```
                pol = [1 1 0 0 0 0 1];
            case 7
                pol = [1 0 0 1 0 0 0 1];
            case 8
                pol = [1 0 1 1 1 0 0 0 1];
            case 9
                pol = [1 0 0 0 1 0 0 0 0 1];
            case 10
                pol = [1 0 0 1 0 0 0 0 0 0 1];
            case 11
                pol = [1 0 1 0 0 0 0 0 0 0 0 1];
            case 12
                pol = [1 1 0 0 1 0 1 0 0 0 0 0 1];
            case 13
                pol = [1 1 0 1 1 0 0 0 0 0 0 0 0 1];
            case 14
                pol = [1 1 0 0 0 0 1 0 0 0 1 0 0 0 1];
            case 15
                pol = [1 1 0 0 0 0 0 0 0 0 0 0 0 0 0 1];
            case 16
                pol = [1 1 0 1 0 0 0 0 0 0 0 0 1 0 0 0 1];
            end
end
%译码循环程序,可纠正单个错误
s = zeros(1,m);
g = pol;
t = s;
bu = encoded;
kl = 0;
for i = length(encoded): - 1:1
        u1 = xor(encoded(i),xor(t(m - 1),kl));
        t(1) = xor(s(1),g(2) * u1);
        s(1) = u1;
       for j = 2:m - 1
            t(j) = xor(s(j),g(j + 1) * u1);
            s(j) = t(j - 1);
       end
            t(m) = s(m);
            s(m) = t(m - 1);
end
s1 = s;
h = 1;
for l = 1:length(s) - 1
h = and(~s1(l),h);
end
s1(end) = and(s1(end),h);
kl = s1(end);
for i = length(encoded): - 1:1
        out(i) = xor(bu(i),kl);
u1 = xor(0,xor(t(m - 1),kl));
        t(1) = xor(s(1),g(2) * u1);
        s(1) = u1;
        for j = 2:m - 1
            t(j) = xor(s(j),g(j + 1) * u1);
            s(j) = t(j - 1);
        end
```

```
            t(m) = s(m);
            s(m) = t(m-1);
    s1 = s;
    h = 1;
    for l = 1:length(s) - 1
            h = and(~s1(l),h);
    end
    s1(end) = and(s1(end),h);
    k1 = s1(end);
    end
    decoded = out(m+1:n);
```

在 MATLAB 命令窗口中输入函数命令“[out,decoded]=hamd(3,[0 0 0 0 0 0 0])”,对汉明码 0000000 进行译码,得到信息原码为 0000;同理,对其他的(7,4)汉明码用函数 hamd()对其进行译码,得到原码如表 9.8.2 所示。

表 9.8.2 汉明码译码

(7,4)汉明码	原 码	(7,4)汉明码	原 码
1010001	0001	0111001	1001
1110010	0010	0011010	1010
0100011	0011	1001011	1011
0110100	0100	1011100	1100
1100101	0101	0001101	1101
1000110	0110	0101110	1110
0010111	0111	1111111	1111
1101000	1000		

9.9 本章小结

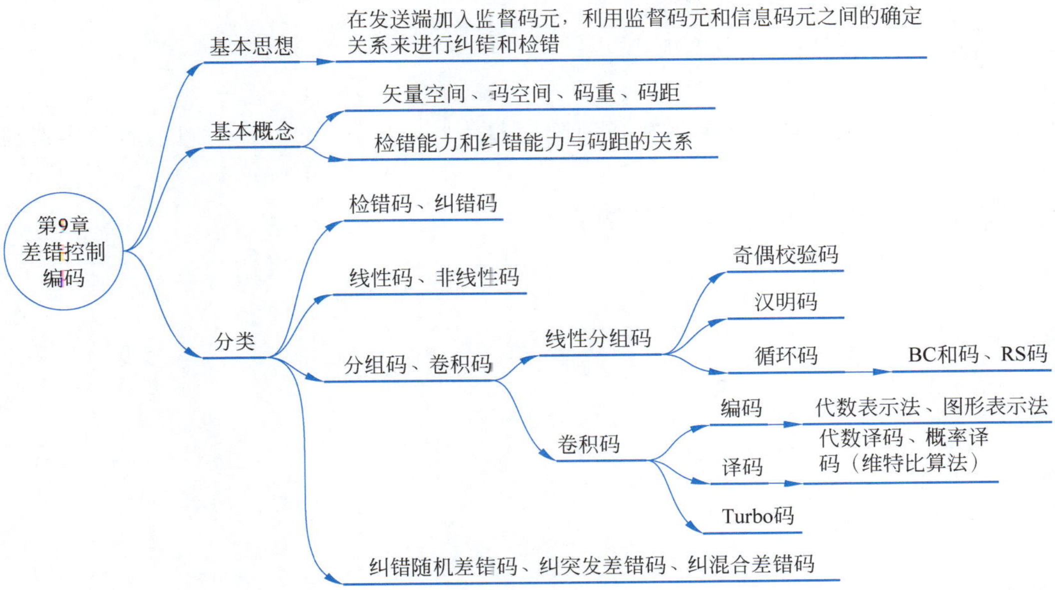

9.10 习题

9-1 线性分组码的最小码距为4，若用于纠错，则能纠正________位错误；若用于检错，则能检测________位错误。

9-2 通常 n 位奇偶监督码可以检测出________位错误，其编码效率为________。

9-3 设一分组码为110110，则它的码长是________，码重是________，该分组码与另一分组码100011的码距是________。

9-4 已知接收码字为1100111001，生成码为11001，则冗余码是________，信息码是________。

9-5 若信息码元数为 k，编码组的总码元数为 n，则冗余度=________。

9-6 已知两组码为0000和1111，若用于检错和纠错，其性能如何？

9-7 已知(15,11)汉明码的生成多项式 $g(x)=x^4+x^3+1$，求其生成矩阵和监督矩阵。

9-8 已知(7,4)分组码的生成矩阵为 $\boldsymbol{G}=\begin{bmatrix}1&0&0&0&1&1&1\\0&1&0&0&1&0&1\\0&0&1&0&0&1&1\\0&0&0&1&1&1&0\end{bmatrix}$，求以下信息序列的生成码字：

(1) 1000；

(2) 0101；

(3) 1110。

9-9 已知 $x^7+1=(x^3+x^2+1)(x^3+x+1)(x+1)$，求：

(1) (7,3)循环码的生成多项式；

(2) (7,4)循环码的生成多项式。

9-10 已知某线性分组码的生成矩阵为 $\boldsymbol{G}=\begin{bmatrix}0&0&1&1&1&0&1\\0&1&0&0&1&1&1\\1&0&0&1&1&1&0\end{bmatrix}$，若译码器输入为 $\boldsymbol{y}=(1000101)$，求其对应的校验子。

第10章 同步原理

视频

10.1 引言

在通信系统中,尤其是数字通信系统,同步(Synchronization)是确保发送端与接收端信号一致的关键因素,直接影响通信的性能和可靠性。同步贯穿整个通信过程,是通信系统正常运行的基础。我们可以将同步比作团队合作中的协调与一致性:一个团队要想高效完成任务,成员之间需要明确分工、步调一致。同样,在通信系统中,发送端和接收端只有在时间、频率和相位等方面高度协调,才能保证信息的准确传递。数字通信中的同步主要包括载波同步(Carrier Synchronization)、码元同步(Symbol Synchronization)、群同步(Group Synchronization)和网同步(Network Synchronization)4 种形式。

其中,载波同步是相干解调的核心,旨在通过载波提取获取相干载波信号,确保接收端的载波与发送端同频同相,从而实现信号的正确恢复。码元同步(或位同步)用于确定每个码元的起止时刻,从而保证接收端能够准确判决每个码元。群同步(或帧同步)确保接收的数据块顺序一致,避免出现数据混乱,特别是在多路复用系统中尤为重要。网同步则用于多节点通信网络,防止多路信号混淆,同时避免“滑码”现象对通信质量的影响。不仅在数字通信中,模拟通信系统也需要同步,尤其是在调制和解调过程中,载波相位的准确同步直接决定信号还原的质量。可以说,同步性能的优劣直接关系到整个通信系统的可靠性和稳定性。

本章将围绕通信系统中的同步问题,详细探讨载波同步、码元同步(位同步)、群同步和网同步。

视频

10.2 载波同步

载波同步是通信系统中实现相干解调的关键步骤,其关键在于接收端生成一个与接收信号的载波在频率和相位上完全一致的本地振荡信号,为解调器提供相干解调所需的基准。在接收端获取载波信息的方法通常可以分为两类。

第一类是插入导频法,即发送端在传输有用信号的同时附加载波或与载波相关的导频信号。通过在发送信号中嵌入特定的参考信号,接收端可以更高效地提取载波信息。在这种方法中,导频信号所占的平均功率通常都低于有用信号功率,其具体功率水平可以根据接收端载波提取的要求而调节。此外,由于发送导频信号的电平恒定,导频信号还可以作为自动增益控制电路的参考信号,从而提升系统的稳定性和可靠性。

第二类是直接提取法,即发送端不专门传输载波或相关的导频信号,而是通过接收到的已调信号直接提取载波信息。该方法依赖于信号的频谱特性和调制方式,对接收端的处理能力和算法设计提出了更高的要求,但可以节省导频信号的功率和带宽资源。

10.2.1 插入导频法

根据导频信号的插入方式,插入导频法可以进一步分为以下两种:一种是在频域中插入导频,即在发送信号的频谱内或频带外添加导频信号。频域插入的导频信号通常占据固定的频率位置，其功率水平较低，不会显著影响有用信号的传输。这种方式适用于频域资源较为充裕的场景，接收端可以通过频谱分析提取导频信号以恢复载波信息。

1. 在频域中插入导频

频域插入法适用于功率谱中无离散谱分量的调制系统，如 DSB、SSB 和 PSK 信号，这些信号的载波信息无法直接从频谱中提取，需通过导频信号实现载波同步。SSB 因载波完全抑制，无法采用直接提取法，必须依赖插入导频法。PSK 信号的功率谱密度是否含线谱分量取决于符号的统计特性，为避免符号概率分布不均影响系统性能，通常在调制前采用扰码技术，使符号分布近似等概率，从而消除线谱分量，此时插入导频法成为主要方法。此外，VSB 信号虽含载波分量，但难以准确分离，仍需采用插入导频法提取相干载波。

在插入导频法中，通常优先考虑使用载波频率 f_c 作为导频。这种选择的好处在于，载波频率位于已调信号频谱内，插入导频后不会增加信号带宽，接收端提取出的导频无须进行额外变换即可直接用于解调。但这要求基带信号无直流分量，且靠近直流的低频分量较弱，才能避免信号与导频的相互干扰。在实际中，一般数字基带信号含有直流及丰富的低频分量，经过双边带调制后，其低频分量会移至载波频率附近，如图 10.2.1 所示。若直接在载波频率处插入导频，导频将受到干扰，接收端难以提取纯净的载波信号。对此，通常对基带信号进行波形变换，使零频及邻近能量降低，再对载波进行调制。这种处理方式会在已调信号载频 f_0 处形成一个零点，为导频的插入提供空间，如图 10.2.2 所示。由于调制后的已调信号在 $f=f_0$ 处形成频谱零点，并且在其附近的频谱分量较少，发送端可以利用这一特点，在频谱零点处插入一个幅度和相位恒定的导频分量，以满足接收端提取载频的需求。需要特别注意的是，插入的导频信号通常是将调制用载波移相 90°后得到的正弦波，即正交载波。插入导频法的组成框图如图 10.2.3 所示。

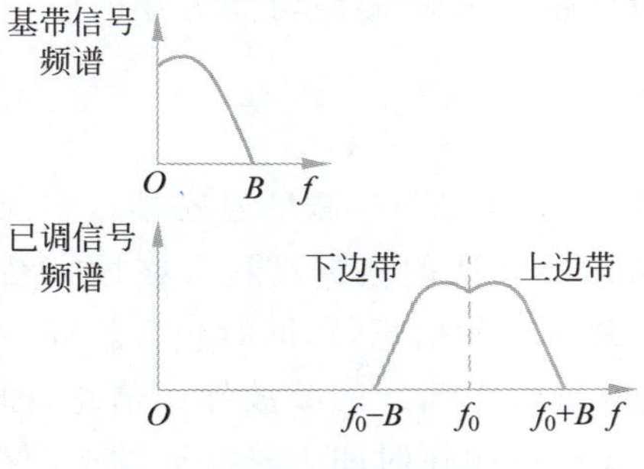

图 10.2.1　抑制载波双边带调制

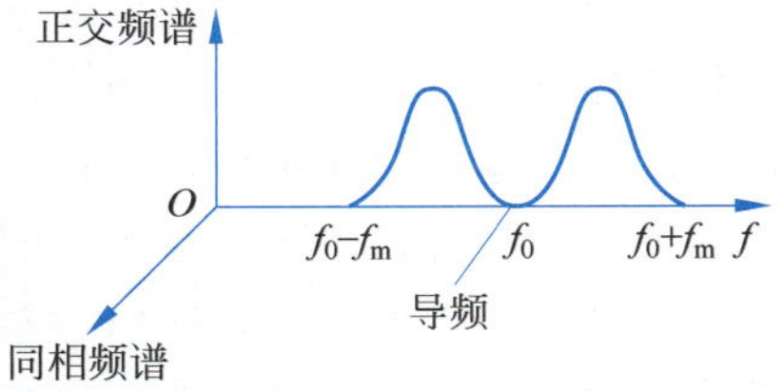

图 10.2.2　双边带调制信号的导频插入

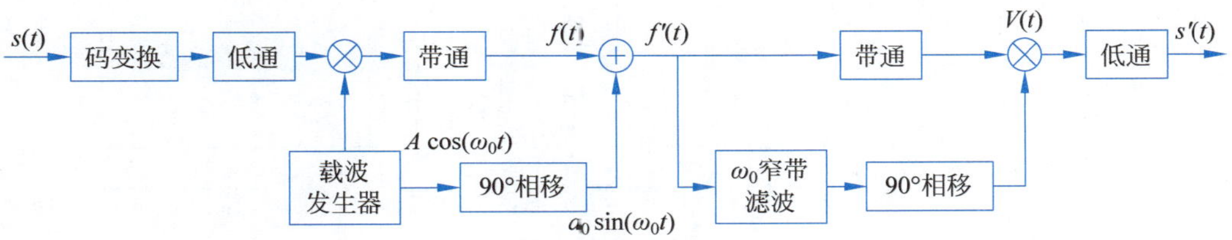

图 10.2.3　插入导频法的组成框图

设基带信号为 $s(t)$，经码型变换和低通滤波器(截止频率为 f_m)处理后，得到信号 $s'(t)$。调制载波为 $A\cos(\omega_0 t)$，插入导频是由调载波移相 90°形成的，表示为 $a_0\sin(\omega_0 t)$，其中，a_0 是插入导频的振幅，则输出信号 $f'(t)$ 为

$$f'(t)=As'(t)\cos(\omega_0 t)+a_0\sin(\omega_0 t) \tag{10.2.1}$$

假设接收端所收到的信号与发端输出信号相同，则接收端可以利用一个中心频率为 ω_0 的窄带滤波器，从接收信号中提取导频 $a_0\sin(\omega_0 t)$。再通过将提取的导频信号移相 90°，即可生成与调制载波同频同相的相干载波 $\cos(\omega_0 t)$。如前所述，插入的导频是正交载波，因此从接收端相乘器的输出 $V(t)$ 为

$$\begin{aligned}V(t)&=[As'(t)\cos(\omega_0 t)+a_0\sin(\omega_0 t)]\cos(\omega_0 t)\\&=\frac{A}{2}s'(t)+\frac{A}{2}s'(t)\cos(2\omega_0 t)+\frac{a_0}{2}\sin(2\omega_0 t)\end{aligned} \tag{10.2.2}$$

设图 10.2.3 中低通滤波器的截止频率为 f_m，$V(t)$ 经过低通滤波器后，可以恢复出调制信号 $s'(t)$。但是，如果发端插入的导频不是正交载波，而是同相载波，这时接收端相乘器的输出 $V(t)$ 为

$$\begin{aligned}V(t)&=[As'(t)\cos(\omega_0 t)+a_0\cos(\omega_0 t)]\cos(\omega_0 t)\\&=\frac{A}{2}s'(t)+\frac{A}{2}s'(t)\cos(2\omega_0 t)+\frac{a_0}{2}+\frac{a_0}{2}\cos(2\omega_0 t)\end{aligned} \tag{10.2.3}$$

由式(10.2.3)可以看出，接收端相乘器的输出中除了有调制信号 $s'(t)$ 外，还包含直流分量 $a_0/2$，由于直流分量无法通过低通滤波器滤除，因此它会对解调后的信号产生干扰。这正是发送端采用正交载波插入导频的原因。

上述讨论虽然以数字基带信号的双边带调制为例，但对于数字调相信号以及模拟调制中的双边带(DSB)和单边带(SSB)调制信号同样适用。值得注意的是，在模拟调制系统中，插入的导频通常为同相载波。这是因为模拟基带信号通常是均值为零的随机信号，其频谱在零频附近没有分量。

2. *在时域中插入导频的方法*

载波导频还可以通过时域插入的方式实现，即将传输信号与导频信号安排在不同的时隙中进行传输。图 10.2.4 展示出了一种时域插入导频法的数据结构。在该帧结构中，除了传输数字信息外，还在指定的时隙内插入了载波导频信息位，同时包含位同步和帧同步信息位。在接收端，通过相应的控制信号提取每帧中插入的载波导频信息，即可生成用于解调的相干载波。然而，由于时域插入的载波导频在时间上是非连续的，仅占

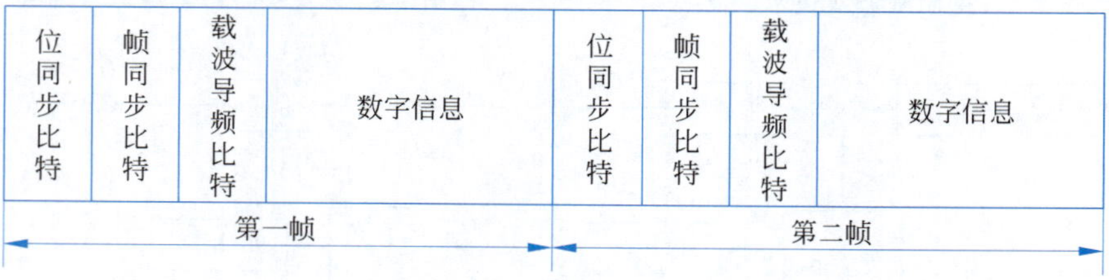

图 10.2.4　时域插入导频法的时间安排

用帧中极短的时间，因此无法通过窄带滤波器直接提取载波。通常情况下，接收端采用锁相环(Phase-Locked Loop，PLL)来提取相干载波。其原理框图如图 10.2.5 所示。

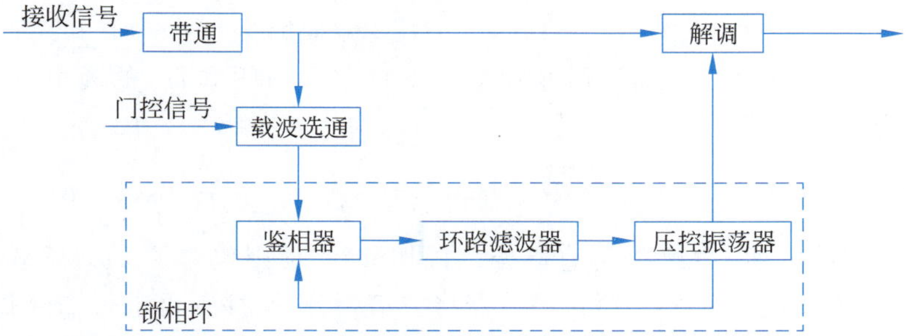

图 10.2.5　时域插入导频提取的原理框图

在锁相环的设计中，压控振荡器的自由振荡频率应尽可能与载波导频的标准频率保持一致，并具备足够的频率稳定性。由于时域插入导频法采用逐帧插入的方式，锁相环路每隔一帧时间执行一次相位比较和调整。在载波导频信号间歇期间，压控振荡器需要具备足够的同步保持能力，以确保在下一帧导频信号到来时，能够再次进行相位比较和校正。通过合理设计锁相环路，可以实现对相干载波的准确恢复，满足解调过程的要求。

10.2.2　直接提取法

前面讨论的插入导频法虽然直观且实现简单，但需要在发送端增加导频插入电路并控制导频功率，同时接收端需配置导频信号的检测与提取电路。这不仅增加了通信设备的复杂性，还可能降低系统效率。因此，目前更常采用直接提取法实现载波同步。

对于抑制载波的双边带调制信号(包括数字调相信号)，虽然已调信号本身不包含载波分量，但通过对该信号进行特定的非线性变换，可以生成与载波相关的倍频分量，再通过分频即可恢复载波信号。由此可见，直接提取法的核心在于通过对接收到的已调信号进行变换处理后提取载波分量，而不是直接从信号中提取载波频率。相比之下，直接提取法无须在发送端进行额外处理，仅需在接收端增加相应的电路，因而成为目前主流的载波同步方法。

直接提取法通常分为“非线性变换＋滤波法”和“非线性变换＋锁相环法”两种。两者本质相同，因为锁相环本身具有良好的窄带滤波功能。其基本原理是：首先对接收到的已调信号施加非线性变换，使原本不含线谱分量的信号在处理后产生线谱分量；随后通过窄带滤波器或锁相环滤除调制谱和干扰，从而获得解调所需的载波。目前，“非线性变换＋锁相环”的方式被广泛采用，这种方法也被称为载波跟踪环。

1. *M* 次方环

1) 2PSK 信号的载波提取

此处以 2PSK 信号为例进行探讨。设调制信号为 $s(t)$，载波为 $\cos(\omega_0 t)$，则 2PSK 信号为

$$f(t)=s(t)\cos(\omega_0 t) \tag{10.2.4}$$

式中,

$$s(t)=\begin{cases}+1, & \text{发送 1 码时}\\ -1, & \text{发送 0 码时}\end{cases} \tag{10.2.5}$$

当 $s(t)=\pm 1$ 的概率相等时,信号频谱中不再包含角频率 ω_0 的离散分量。对该信号进行平方变换,可得到

$$e(t)=f^2(t)=s^2(t)\cos^2(\omega_0 t)=\frac{s^2(t)}{2}+\frac{s^2(t)}{2}\cos(2\omega_0 t) \tag{10.2.6}$$

式(10.2.6)中的第一项 $s^2(t)/2$ 为直流分量,同时第二项则包含了 $2\omega_0$ 频率(二倍频)分量。所以此时,需要用一个 $2f_0$ 窄带滤波器将二倍频分量滤除,再进行二分频处理,便可获得所需的载波信号。根据这种分析所得出的平方变换法提取载波的原理框图如图 10.2.6 所示。

图 10.2.6 平方法载波提取的原理框图

因为调制信号 $s(t)=\pm 1$,所以式(10.2.4)可以简化为

$$e(t)=s^2(t)\cos^2(\omega_0 t)=\frac{1}{2}+\frac{1}{2}\cos(2\omega_0 t) \tag{10.2.7}$$

对接收到的已调信号进行平方处理后,信号的相位信息会丧失。也就是说,无论发送的信号相位是 0°还是 180°,平方后都被当作 0°。因此,提取出的载波将存在相位模糊问题。根据数字调制原理,载波相位模糊问题可以通过对数字基带信号进行差分编码来解决,即采用相对调相。

在平方法中,如果用锁相环来代替传统窄带滤波器,则这种载波提取的方法就称为平方环法,如图 10.2.7 所示。由于锁相环具有优异的跟踪、窄带滤波和记忆性能,使得平方环法相比传统的平方法具有更好的性能。因此,平方环法在载波提取中得到了更广泛的应用。

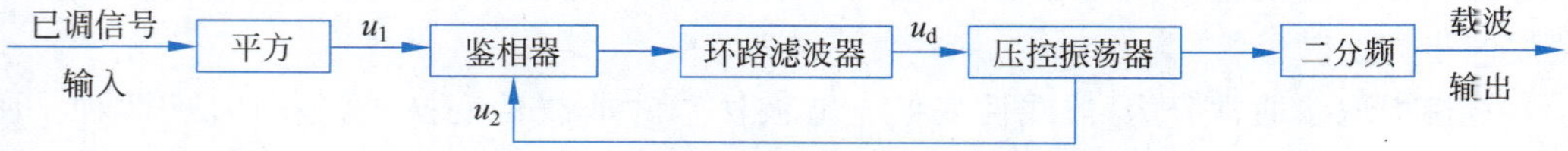

图 10.2.7 平方环法载波提取的原理框图

设 2PSK 信号表示为

$$f(t)=\cos[\omega_0 t+\varphi(t)+\varphi_1] \tag{10.2.8}$$

式中,

$$\varphi(t)=\begin{cases}0, & \text{发送 0 码时}\\ \pi, & \text{发送 1 码时}\end{cases} \tag{10.2.9}$$

φ_1 代表环路所要跟踪的载波相位。接收到的已调信号经平方电路后得到

$$u_1=f^2(t)=\cos^2[\omega_0 t+\varphi(t)+\varphi_1]$$

$$=\frac{1}{2}+\frac{1}{2}\cos 2[\omega_0 t+\varphi(t)+\varphi_1]$$

$$=\frac{1}{2}+\frac{1}{2}\cos(2\omega_0 t+2\varphi_1) \tag{10.2.10}$$

设压控振荡器(VCO)的输出信号为

$$u_2(t)=\sin(2\omega_0 t+2\varphi_2) \tag{10.2.11}$$

其中，φ_2 为压控振荡器输出信号的初始相位。鉴相器的输出经环路滤波后为

$$u_d=k_m u_1 u_2\Big|_{\text{取低频}}=\frac{k_m}{4}\sin[2(\varphi_2-\varphi_1)]=k_d\sin(2\varphi) \tag{10.2.12}$$

其中，k_d 为鉴相器的增益常数，u_d 为锁相环跟踪所需的误差电压，φ 为相差。当误差电压为0时，锁相环进入锁定状态(成功锁定载波)。但实际上，从式(10.2.12)中不难看出，当 φ 为0°和180°时，锁相环均会进入锁定(即存在两个锁定点)。因此，平方环法同样也存在两重载波相位模糊。

2）多进制数字调相信号的载波提取

数字通信中广泛采用多进制数字调制方式。对于多相移相信号，可以借鉴2PSK信号的平方环方法，通过根据进制数 M 的不同，采用 M 次方变换法或 M 次方环法来实现载波提取。现以QPSK信号为例进行说明，其载波提取原理框图如图10.2.8(a)所示。

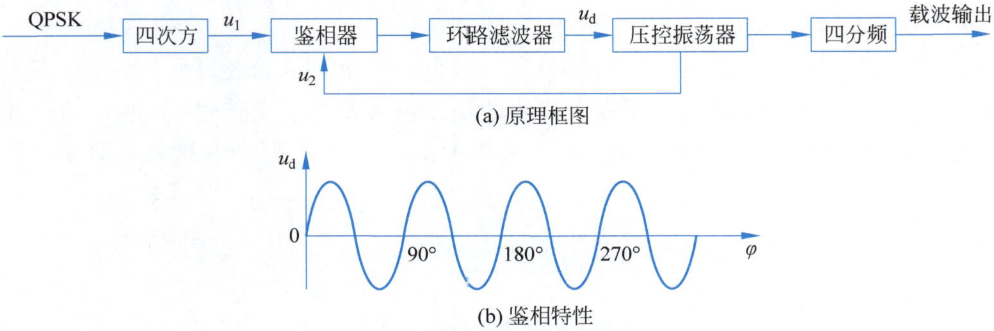

图10.2.8　4次方环载波跟踪的原理框图和鉴相特性

输入的QPSK信号可以表示为

$$f(t)=A\cos[\omega_0 t+\varphi(t)+\varphi_1] \tag{10.2.13}$$

式中，$\varphi(t)$ 取0、$\frac{\pi}{2}$、π、$\frac{3\pi}{2}$$\left(\text{或}\frac{\pi}{4}、\frac{3\pi}{4}、\frac{5\pi}{4}、\frac{7\pi}{4}\right)$4种相位，表示所传递信息符号对应的相位；$\varphi_1$ 代表环路所要跟踪的载波相位。

输入信号经4次方运算后，调制信息被消除的同时也产生了四倍频的载波分量，其表达式为

$$u_1(t)=\frac{1}{4}A^4\cos(4\omega_0 t+4\varphi_1) \tag{10.2.14}$$

假设环路已经进入锁定状态，压控振荡器(VCO)的输出信号表示为

$$u_2(t)=\sin(4\omega_0 t+4\varphi_2) \tag{10.2.15}$$

鉴相器的输出信号经过环路滤波后,得到

$$u_d = k_m u_1 u_2 \Big|_{取低频} = \frac{k_m}{8} A^4 \sin[4(\varphi_2 - \varphi_1)] = k_d \sin(4\varphi) \tag{10.2.16}$$

式(10.2.15)的鉴相特性如图 10.2.8(b)所示。根据锁相环的工作原理及鉴相特性分析得出,当相位为 0°、90°、180°和 270°时,锁相环能够稳定工作在锁定状态。此外,相位为 45°、135°、225°和 315°这 4 个点,称为暂时稳定点。锁相环在这些点会因调整方向偏离并逐渐过渡至 0°、90°、180°和 270°,直至完全锁定(稳定)。由于 QPSK 的载波恢复存在 4 个稳定点,因此存在四重相位模糊。

类似地,对 8PSK 信号可以采用 8 次方环,对于一般的 MPSK 信号,则可以使用 M 次方环,其原理方框图与图 10.2.8 类似。M 次方环的鉴相特性为

$$u_d = K_d \sin(M\varphi) \tag{10.2.17}$$

显然,MPSK 的载波恢复依然会存在 M 重相位模糊问题。

2. 同相正交环(科斯塔斯环)

同相正交环法又称科斯塔斯(Costas)环法,也是一种常用的载波提取技术。虽然它仍然利用锁相环提取载频,但是不再需要对接收信号作平方运算,而是通过相乘器和低通滤波器取代平方器。这种设计不仅保留了锁相环的核心功能,还显著降低了实现的复杂性,提高了系统的易用性。

1) 2PSK 同相正交环

同相正交环载波恢复是目前较常采用的一种方法,其原理如图 10.2.9 所示。在该图中,两个相乘器分别接收来自压控振荡器的输出信号及其正交信号,其中 φ 为压控振荡器输出信号与已调信号的相位差。由于采用了正交信号处理形式,这种环路通常称为同相正交环。

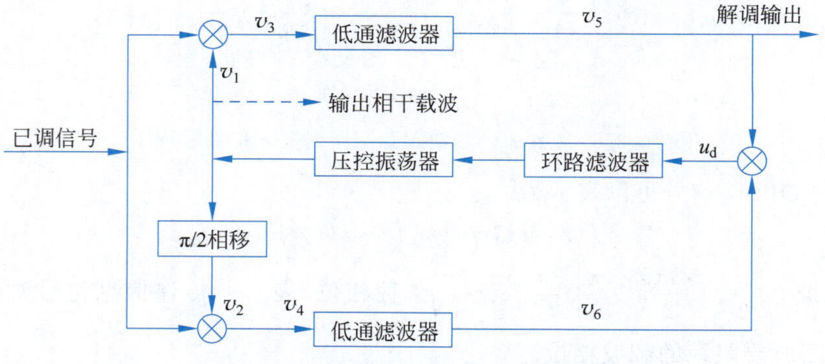

图 10.2.9　同相正交环载波提取原理框图

设输入的 2PSK 信号为 $s(t)\cos(\omega_0 t)$,则有

$$v_3 = s(t)\cos(\omega_0 t)\cos(\omega_0 t + \varphi) = \frac{1}{2}s(t)[\cos\varphi + \cos(2\omega_0 t + \varphi)]$$

$$v_4 = s(t)\cos(\omega_0 t)\sin(\omega_0 t + \varphi) = \frac{1}{2}s(t)[\sin\varphi + \sin(2\omega_0 t + \varphi)] \tag{10.2.18}$$

经低通滤波器后的输出分别为

$$v_5 = \frac{1}{2}s(t)\cos\varphi \tag{10.2.19a}$$

$$v_6 = \frac{1}{2}s(t)\sin\varphi \tag{10.2.19b}$$

将 v_5 和 v_6 输入到相乘器相乘，结果为

$$u_d = v_5 v_6 = \frac{1}{8}s^2(t)\sin(2\varphi) \tag{10.2.20}$$

由于 $s(t)=\pm 1$，因此

$$u_d = \frac{1}{8}\sin(2\varphi) \tag{10.2.21}$$

式(10.2.21)的结果与平方环的输出一致，因此同相正交环与平方环具有相同的鉴相特性，能够实现同样的载波恢复功能。

2) MPSK 同相正交环

MPSK 信号的载波提取同样可以采用同相正交环方法，这种方法通常被称为多相科斯塔斯环法。以 QPSK 信号为例，其同相正交环的原理框图如图 10.2.10 所示。在该环路中，系统包含 4 个鉴相器，分别用于处理接收信号与参考载波的相位差。参考载波由 VCO 提供，并通过移相器分别移相 0、π/4、π/2 和 3π/4，以提供正交的参考信号。每个鉴相器的输出信号经相乘器相乘后，生成用于控制压控振荡器的误差电压 u_d。该误差电压用于调整 VCO 的输出，使其逐步锁定到接收信号的载波频率和相位。通过这种多相鉴相和误差反馈机制，多相科斯塔斯环能够准确提取 MPSK 信号的载波，并实现稳定的锁相。

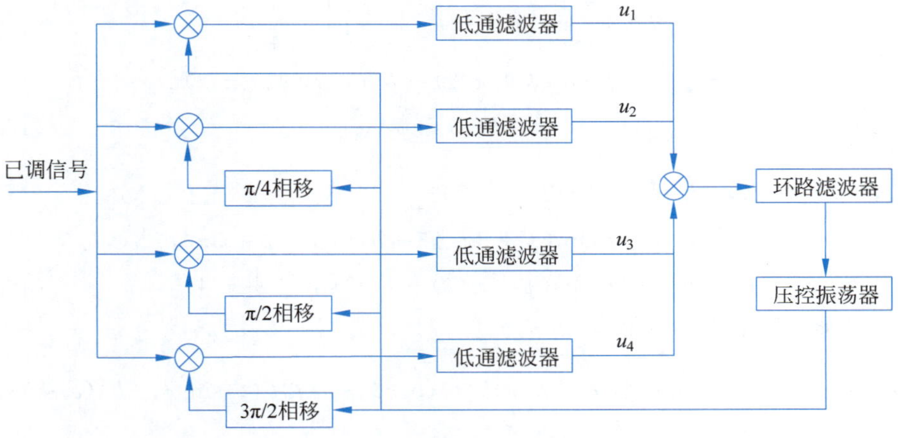

图 10.2.10 四相同相正交环原理框图

设 QPSK 信号为 $f(t)=A\cos[\omega_0 t+\varphi(t)+\varphi_1]$，其正交展开形式为

$$\begin{aligned} f(t) &= A\cos[\omega_0 t+\varphi(t)+\varphi_1] \\ &= A\cos\varphi(t)\cos(\omega_0 t+\varphi_1) - A\sin\varphi(t)\sin(\omega_0 t+\varphi_1) \end{aligned}$$

$$=a(t)\cos(\omega_0 t+\varphi_1)-b(t)\sin(\omega_0 t+\varphi_1) \tag{10.2.22}$$

式中，$a(t)=A\cos\varphi(t)$，$b(t)=A\sin\varphi(t)$分别为基带信号的同相分量和正交分量。压控振荡器的输出信号 $u_o=\sin(\omega_0 t+\varphi_2)$，将接收信号与参考载波信号分别进行混频和低通滤波后，鉴相器的输出信号为

$$\begin{aligned}
u_1&=k_m f(t)\cdot u_o\Big|_{\text{取基带}}\\
&=k_m[a(t)\cos(\omega_0 t+\varphi_1)-b(t)\sin(\omega_0 t+\varphi_1)]\sin(\omega_0 t+\varphi_2)\Big|_{\text{取基带}}\\
&=k_m[a(t)\cos(\omega_0 t+\varphi_1)\sin(\omega_0 t+\varphi_2)-b(t)\sin(\omega_0 t+\varphi_1)\sin(\omega_0 t+\varphi_2)]\Big|_{\text{取基带}}\\
&=\frac{1}{2}k_m\{a(t)[\sin(\varphi_2-\varphi_1)+\sin(2\omega_0 t+\varphi_1+\varphi_2)]-\\
&\quad b(t)[\cos(\varphi_1-\varphi_2)-\cos(2\omega_0 t+\phi_1+\phi_2)]\}\Big|_{\text{取基带}}\\
&=\frac{1}{2}k_m[a(t)\sin(\varphi_2-\varphi_1)-b(t)\cos(\varphi_1-\varphi_2)]
\end{aligned} \tag{10.2.23}$$

取 $\phi=\phi_2-\phi_1$，则

$$u_1=\frac{1}{2}k_m[a(t)\sin\phi-b(t)\cos\phi] \tag{10.2.24}$$

同理有

$$\begin{aligned}
u_2&=k_m f(t)\cdot\sin(\omega_0 t+\phi_2+\pi/4)\Big|_{\text{取基带}}\\
&=k_m[a(t)\sin(\phi+\pi/4)-b(t)\cos(\phi+\pi/4)]
\end{aligned} \tag{10.2.25}$$

$$\begin{aligned}
u_3&=k_m f(t)\cdot\sin\left(\omega_0 t+\phi_2+\frac{\pi}{2}\right)\Big|_{\text{取基带}}\\
&=k_m[a(t)\sin(\phi+\pi/2)-b(t)\cos(\phi+\pi/2)]\\
&=k_m[a(t)\cos\phi+b(t)\sin\phi]
\end{aligned} \tag{10.2.26}$$

$$\begin{aligned}
u_4&=k_m f(t)\cdot\sin(\omega_0 t+\phi_2+3\pi/4)\Big|_{\text{取基带}}\\
&=k_m[a(t)\sin(\phi+3\pi/4)-b(t)\cos(\phi+3\pi/4)]\\
&=k_m[a(t)\cos(\phi+\pi/4)+b(t)\sin(\phi+\pi/4)]
\end{aligned} \tag{10.2.27}$$

u_1 和 u_3 在乘法器中相乘后得

$$u_1\times u_3=\frac{1}{4}k_{\mathrm{m}}^2[a^2(t)\sin\phi\cos\phi-a(t)b(t)\cos^2\phi+a(t)b(t)\sin^2\phi-b^2(t)\sin\phi\cos\phi] \tag{10.2.28}$$

由于 $a^2(t)=b^2(t)=1$(幅度归一化)，因此式(10.2.28)可简化为

$$u_1\times u_3=\frac{1}{4}k_{\mathrm{m}}^2 a(t)b(t)\cos(2\phi) \tag{10.2.29}$$

同样，u_2 和 u_4 在乘法器中相乘后得

$$u_2 \times u_4 = \frac{1}{4}k_m^2 a(t)b(t)\sin(2\phi) \tag{10.2.30}$$

再将式(10.2.29)与式(10.2.30)相乘，可得误差电压为

$$\begin{aligned} u_d &= u_1 \times u_2 \times u_3 \times u_4 = \frac{1}{8}k_m^4 \sin(4\phi) \\ &= k_d \sin(4\phi) \end{aligned} \tag{10.2.31}$$

由上述分析可知，科斯塔斯环和四次方环具有相同的鉴相特性。

10.2.3 载波同步系统的性能及影响

载波同步对解调结果的准确性具有关键影响，因此评估载波同步系统的性能至关重要。其主要性能指标包括相位误差、同步建立时间和同步保持时间。此外，对于插入导频法，还需考虑导频信号的发射功率效率。

1. 相位误差

相位误差可分为静态相位误差和随机相位误差两类。静态相位误差是由于电路参数引起，表现为固定相位偏差；而随机相位误差则源于随机噪声的干扰而导致相位的不确定性。

1）静态相位误差

对于采用窄带滤波器提取载波的系统，假设使用一个单调谐电路，其品质因数为 Q，谐振频率 ω_0' 等于已调信号的中心频率 ω_0（即载波频率 ω_c）。当电路的谐振频率与 ω_0 不相等时，输出的载波信号会产生固定的相位偏差 $\Delta\varphi$。若 ω_0' 与 ω_0 之差为 $\Delta\omega$，且 $\Delta\omega$ 较小时，相位偏差可以表示为

$$\Delta\varphi = 2Q\frac{\Delta\omega}{\omega_0} \tag{10.2.32}$$

由此可见，品质因数 Q 值越高，产生的静态相差也就越大。

对于采用锁相环方式的载波同步系统，在环路锁定后，为维持环路锁定而存在的固有相差也是静态相差。在此状态下，VCO 的输出载波与输入载波的频率一致，相差为零。然而，由于温度、电源等外部因素的影响，VCO 的频率将会发生偏移，同时输入载波频率也可能发生变化，从而导致输入载波与 VCO 的频率不再完全相等。为了实现频率跟踪，VCO 的频率偏移必然引入相位误差，且频率偏移越大，相位误差越大。当频率偏差为 $\Delta\omega$ 时，静态相位误差为

$$\Delta\varphi = \frac{\Delta\omega}{K_v} \tag{10.2.33}$$

式中，K_v 为锁相环路直流增益。由此可见，为了减小静态相位误差，需要提高锁相环路的直流增益。

2）随机相位误差

由于信道中存在干扰，信号在传输过程中会叠加上噪声，从而使载波产生相位误差。但由于是窄带高斯噪声引起的相位误差，所以是一个随机量。假设叠加噪声后引起的随机相位误差为 θ_n，在大信噪比时，可以证明，θ_n 的概率密度函数近似为

$$f(\theta_n)=\sqrt{\frac{r}{\pi}}\cos\theta_n\cdot e^{-r\sin^2\theta_n} \tag{10.2.34}$$

式中，r 为信噪比。通常 θ_n 较小，处在零值附近。对于大的 r，式(10.2.34)可以写成

$$f(\theta_n)=\sqrt{\frac{r}{\pi}}e^{-r\theta_n^2} \tag{10.2.35}$$

容易得知，对于均值为0的正态分布概率密度函数表示为

$$f(x)=\frac{1}{\sqrt{2\pi}\sigma}e^{-x^2/(2\sigma^2)} \tag{10.2.36}$$

与式(10.2.34)比较，式(10.2.35)可以进一步改写为

$$f(\theta_n)=\frac{1}{\sqrt{2\pi}\cdot\sqrt{1/(2r)}}e^{-\theta_n^2/[2\times1/(2r)]} \tag{10.2.37}$$

所以，随机相位误差 θ_n 的方差 $\overline{\theta_n^2}$ 与信噪比 r 有如下关系：

$$\overline{\theta_n^2}=\frac{1}{2r} \tag{10.2.38}$$

因此，载波同步系统既可以用信噪比 r，也可以用 $\overline{\theta_n^2}$ 来衡量随机相位误差的大小。

以窄带滤波器提取载波为例，若已知该滤波器的电压传递函数，并且输入噪声为单边功率普密度为 n_0 的高斯白噪声，则可以计算出该滤波器的等效噪声带宽。例如，单回路滤波器的等效噪声带宽为

$$B_n=\frac{\pi f_0}{2Q} \tag{10.2.39}$$

式中，Q 为滤波器的品质因数，f_0 为窄带滤波器的中心频率。

经过窄带滤波器后的噪声功率为 n_0B_n，在仅考虑高斯白噪声的情况下，窄带滤波器的输出信噪比可表示为

$$r_n=\frac{P_s}{n_0B_n} \tag{10.2.40}$$

将其代入式(10.2.38)即可计算出随机相位误差。

由以上的讨论可知，滤波器的品质因数 Q 值越高，随机相位差就越小。但是，由式(10.2.32)又可得出，Q 值越高，静态相位差越大。因此，在利用窄带滤波器提取载波时，静态相位差和随机相位差对 Q 值的要求存在矛盾。

2. 同步建立时间和同步保持时间

所谓同步建立时间，是指从开始接收到信号或系统进入失步状态起，到成功提取出稳定载波频率所需的时间。显然，该时间越短越好，因为在同步建立时间内，系统处于失步状态，解调器无法正确解调信号。

同步保持时间则是指从信号丢失开始到载波同步完全失效的时间。显然，希望此时间越长越好。较长的同步保持时间可以在信号短暂丢失或断续接收时，避免频繁重新建立同步，从而提供稳定的载波。

在同步电路中，窄带滤波器的带宽越窄，其惯性越大。因此，当输入信号为正弦激励

时，滤波器输出振荡的建立时间会更长；而当输入信号消失时，输出振荡的保持时间也会更长。显然，要求同步建立时间短和同步保持时间长之间存在矛盾，因此在系统设计时，需要综合权衡这两项参数以实现最佳性能。

3. 载波的相位误差对解调信号的影响

实际中，由载波同步系统提取的载波不可避免地存在静态相位差和相位抖动，因此相干载波的相位与已调信号的载波相位之间总会存在误差。而这种相位误差直接影响相干解调的性能，因此有必要分析其对双边带信号相干解调的影响。设所接收的双边带信号的表达式为

$$f(t)=s(t)\cos(\omega_0 t) \tag{10.2.41}$$

而提取出来的相干载波为

$$f_c(t)=\cos(\omega_0 t+\varphi) \tag{10.2.42}$$

解调时，将 $f(t)$ 与 $f_c(t)$ 相乘，得到

$$f(t)\cdot f_c(t)=s(t)\cos(\omega_0 t)\cos(\omega_c t+\varphi)=\frac{1}{2}s(t)[\cos(2\omega_0 t+\varphi)+\cos\varphi]$$

经过低通滤波器滤波后，得到

$$x(t)=\frac{1}{2}s(t)\cos\varphi \tag{10.2.43}$$

式中，φ 为相干载波与接收信号已调载波之间的相位误差。由此可见，如果所提取的相干载波没有相位误差，即 $\varphi=0$，则解调器输出的基带信号幅度最大，为 $s(t)/2$；当 $0<|\varphi|<90°$ 时，随 $|\varphi|$ 的增加输出信号幅度逐渐减小；当 $|\varphi|$ 接近 90°时，输出幅度接近零，信噪比迅速下降，解调无法进行；当 $90°<|\varphi|<180°$ 时，输出幅度为负值，解调得到的基带信号与原始基带信号极性相反，这是不允许的。

根据以上分析，当相干载波的相位误差为 φ 时，信号与噪声的能量比将下降至 $\cos^2\varphi$ 倍。通过代入信噪比和误码率的计算公式，可以定量分析相位误差 φ 对解调性能的影响。以二相移相信号(2PSK)为例，由于信噪比下降至 $\cos^2\varphi$ 倍，其误码率为

$$P_e=\frac{1}{2}\mathrm{erfc}\left(\sqrt{\frac{E}{n_0}}\cos\varphi\right) \tag{10.2.44}$$

对于双边带信号，相位误差的影响主要表现为信噪比的下降；而对于残留边带信号和单边带信号，相位误差不仅会导致信噪比的下降，还会引起信号畸变。

以单边带信号为例，设基带信号为 $s(t)=\cos(\Omega t)$，取上边带的单边带已调信号为 $f(t)=\frac{1}{2}\cos[(\omega_0+\Omega)t]$，当解调相干载波有相位误差 φ 时，相干载波与已调信号相乘，得

$$\frac{1}{2}\cos[(\omega_0+\Omega)t]\cos(\omega_0 t+\varphi)=\frac{1}{4}[\cos(2\omega_0 t+\Omega t+\varphi)+\cos(\Omega t-\varphi)] \tag{10.2.45}$$

经过低通滤波器滤波后，得到

$$x(t)=\frac{1}{4}\cos(\Omega t-\varphi)=\frac{1}{4}\cos(\Omega t)\cos\varphi+\frac{1}{4}\sin(\Omega t)\sin\varphi \qquad (10.2.46)$$

其中，第 1 项表明信噪比因 $\cos\varphi$ 的存在而降低了；而第 2 项是与原基带信号正交的项，它使基带信号畸变，而且相位误差越大，畸变越严重。

视频

10.3 位同步

10.2 节讨论了如何获取相干载波的问题。在调制系统中，无论是采用相干解调还是采用非相干解调，其最终目标都是恢复出基带信号。然而，由于信道特性的非理想性以及噪声干扰，接收端的基带信号通常会发生变形。这时需要通过判决和整形来还原数字脉冲序列，而这一过程依赖于定时脉冲的准确性。由于发送的数字信号是按照等时间隔(T)逐个传输的，因此要求接收端的定时脉冲与发送端保持一致，即码无同步。而在二进制通信系统中，码无同步又与位同步完全等价。因此通常习惯性称码无同步为位同步。根据前述知识，数字信号的再生采用抽样判决的方法，因此定时脉冲不仅需要与发送端同步，还必须确保脉冲的出现时刻对准最佳判决时刻。概括起来，对位定时信号的传输和提取有以下要求：

(1) 在接收端恢复或提取的定时信号，其重复频率与发送端发送的码元速率相同；

(2) 接收端位定时信号和数字信号保持固有的相位关系，以保证脉冲在时间上对准最佳抽样判决时刻。

位同步的实现方式与载波同步相似，分为插入导频法和直接提取法两类，有时又分别称外同步法和自同步法。插入导频法(外同步法)是在发送端除传输有用信号外，额外发送位同步信号，接收端通过窄带滤波器或锁相环提取该信号用于同步。而直接提取法(自同步法)则无须额外传送同步信号，接收端从接收信号或解调后的基带信号中直接提取位同步信号，实现同步功能。基带信号若为随机的二进制不归零脉冲序列，则这种信号中自身不包括位同步信号。为了获得位同步信号，应在基带信号中插入位同步导频信号，或者对该基带信号进行某种变换。

10.3.1 外同步法

外同步法是指发送端在传输数字信号的同时，通过独立的信道或者与数字信号共享一个信道，将位同步信息传送至接收端。

1. 插入导频法

插入导频法是在基带信号频谱的零点位置插入所需的导频信号，如图 10.3.1(a)所示。通常，在发送信号中选择插入的导频频率为码元速率 $1/T$ 或者其倍数。在接收端，采用一个窄带滤波器将导频信号从解调后的基带信号中分离出来。提取出的导频信号用于形成码元定时脉冲，从而实现位同步。

如果是经过某种相关编码的基带信号，其频谱的第一个零点出现在 $f=1/(2T)$处，那么插入的导频信号应该出现在 $1/(2T)$处，如图 10.3.1(b)所示。在这种情况下，窄带滤波器的中心频率为 $f=1/(2T)$。由于此时位同步脉冲的周期为插入导频周期的 1/2，因此需要将插入的导频信号进行倍频处理，才能得到所需的位同步脉冲。尽管以上方法实现起来相对简单，但是导频信号的插入会占据一定的带宽，并消耗部分发射功率。

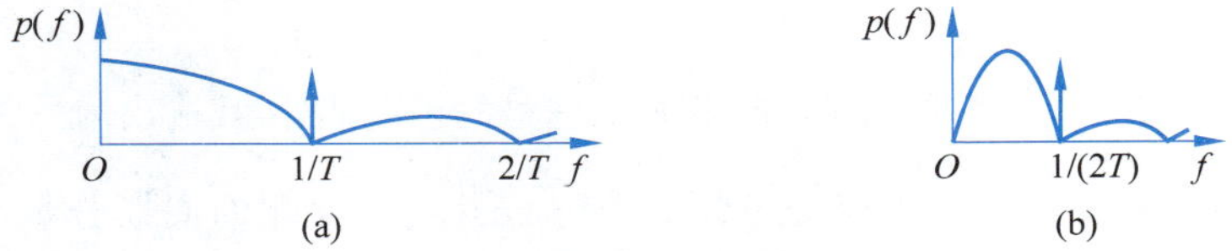

图 10.3.1　插入导频法频谱图

为了更直观地理解导频信号的提取过程，给出其原理框图（如图 10.3.2 所示）。从图 10.3.2 可以看出，窄带滤波器从输入的基带信号中提取出导频信号。提取的导频信号分为两路：一路经过移相处理后作为位同步信号使用；另一路与输入的基带信号相减。通过调节相减器输入的相位和振幅，使两路导频信号在振幅和相位上完全一致，则相减器的输出中可以完全消除导频信号的影响，从而保留纯净的基带信号。

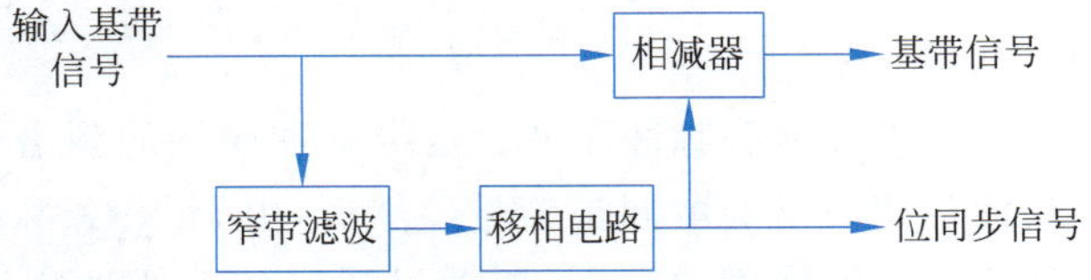

图 10.3.2　导频提取的原理框图

2. 包络调制法

插入导频法的另一种形式是通过调制数字信号的包络，使其按照位同步信号的某种波形变化，从而获得位定时信号，这种方法称为包络调制法，其原理框图如图 10.3.3 所示。具体来说，包络调制法是利用位同步信号的某种波形（通常采用升余弦脉冲波形）对已调相载波进行附加的幅度调制，使信号的包络随着位同步信号的波形变化。在接收端，通过包络检波器提取信号的包络，并利用窄带滤波器去除多余成分，即可分离出位同步信号。

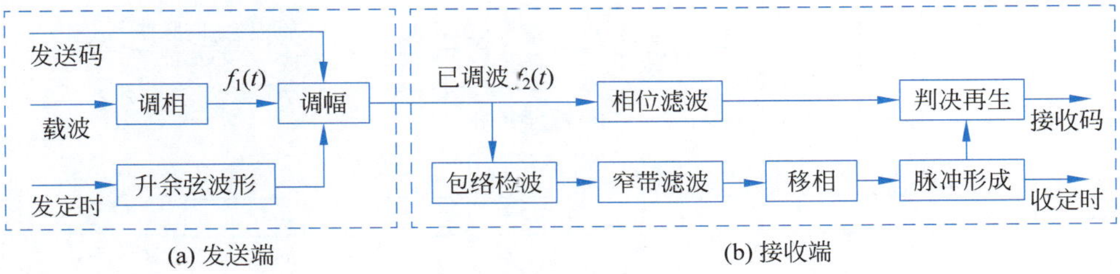

图 10.3.3　包络调制法原理框图

设移相键控信号为

$$f_1(t)=\cos[\omega_0 t+\varphi(t)] \tag{10.3.1}$$

该信号随后通过升余弦 $m(t)$ 进行幅度调制，$m(t)$ 的表达式为

$$m(t)=\frac{1}{2}[1+\cos(\omega_s t)] \tag{10.3.2}$$

式中，$\omega_T=2\pi/T$，T 为码元宽度。经过幅度调制后得到的信号 $f_2(t)$ 为

$$f_2(t)=f_1(t)\cdot m(t)=\frac{1}{2}[1+\cos(\omega_s t)]\cos[\omega_0 t+\varphi(t)] \qquad (10.3.3)$$

在接收端,信号 $f_2(t)$经过包络检波,提取出信号的包络部分,其输出为$\frac{1}{2}[1+\cos(\omega_s t)]$。不难看出,包络中包含了一个直流分量和一个随 $\cos(\omega_s t)$变化的周期分量。通过滤除其中的直流分量后,就可获得位同步信号$\frac{1}{2}\cos(\omega_s t)$。

10.3.2 自同步法

自同步法是一种发送端不专门发送位同步信号,而在接收端直接从数字信号中提取位同步信号的方法。这种方法在数字通信中经常采用。常见的自同步方法包括滤波法、脉冲锁相法和数字锁相环法等。

1. 滤波法

通常,基带信号是非归零(NRZ)脉冲序列。这类脉冲序列的频谱中不包含位同步频率分量,因此无法直接通过滤波器提取同步信号。然而,由于 NRZ 脉冲序列的变化规律与码元节拍一致,并与位同步信号相关联,只要通过适当的非线性变换仍可以从中提取出位同步信号。图 10.3.4 展示了这一方法的原理框图及波形图,首先对解调后的基带 NRZ 信号进行非线性变换,包括放大、限幅、微分和整流操作。经过变换后,形成的脉冲信号中会包含位同步的频率分量。最后,通过窄带滤波器提取出位同步的线谱分量,获得所需的位同步信号。

使用滤波法提取位同步信号的优点在于电路结构简单,实现成本较低。但是缺点也较为明显,当数字信号中出现长连 0 或连 1 码时,信号中的位同步频率分量会显著衰减,导致提取的位同步信号不稳定且不可靠。此外,一旦通信中断时间较短,系统可能会失去同步,从而影响通信的正常运行。

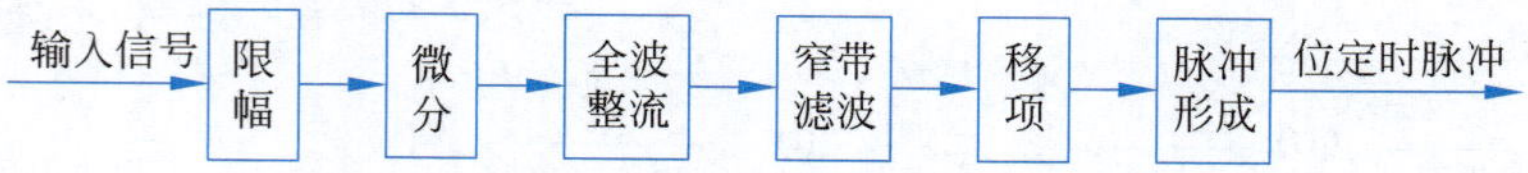

(a) 原理框图

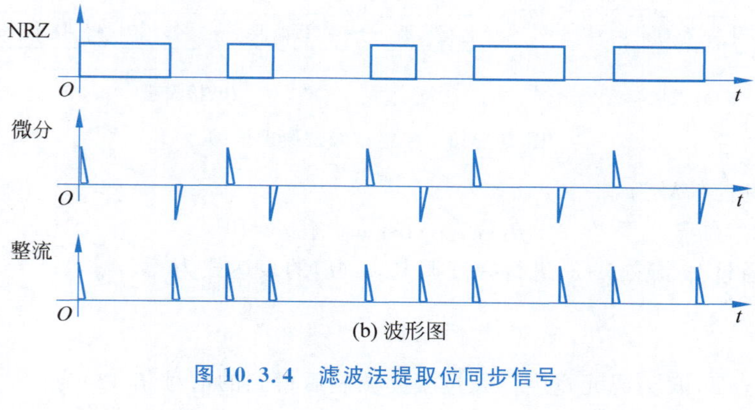

(b) 波形图

图 10.3.4 滤波法提取位同步信号

滤波法中的波形变换也可以通过对限带信号进行包络检波来实现。例如,在数字微波中继通信系统中,可以通过对中频上的频带受限二相移相信号(2PSK)进行包络检波来提取位同步信号。图 10.3.5(a)显示了 2PSK 发送信号的波形。由于信号在传输过程中受到频带限制,当相邻码元间发生相位变化时,会在相位变化点附近出现平滑的幅度“陷落”,如图 10.3.5(b)所示。这种幅度“陷落”可以通过包络检波器检测出来,得到如图 10.3.5(c)所示的包络信号。随后,通过去除直流分量,可以得到与图 10.3.4(b)相似的结果,如图 10.3.5(d)所示。最后,将该信号经过窄带滤波器处理,即可提取出稳定的位同步信号。

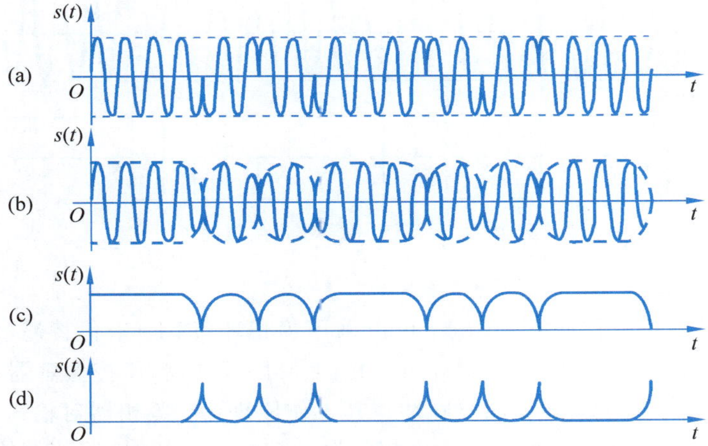

图 10.3.5 滤波法提取位同步信号的另一种方法

滤波法中的波形变换方法除了以上两种外,还包括延迟-模 2 和法、延迟相干法等,其基本原理分别如图 10.3.6 和图 10.3.7 所示。其中,延迟相干法与 2DPSK 的延迟解调相同,只是延迟时间 τ 不是一个码长 T,而是取 $\tau<T$。

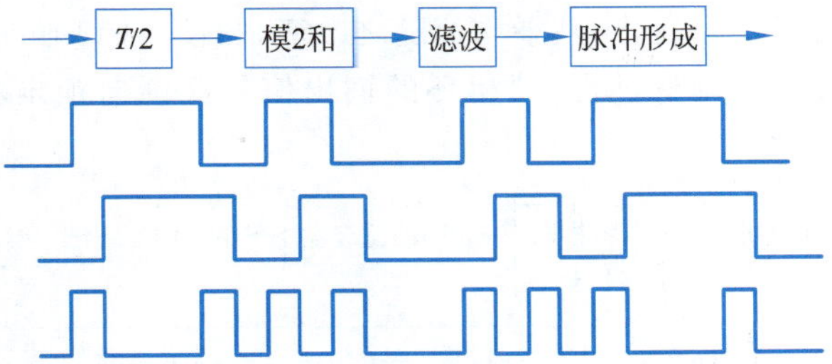

图 10.3.6 延迟-模 2 和法产生位同步

不难看出,波形变换方法中的包络检波法和延迟相干法都可以直接从中频已调信号中提取位同步信号,避免了对解调电路的依赖。因此,这两种方法的位同步建立过程与解调电路无关,能够有效提升同步的可靠性。此外,由于它们提取同步信号的方式较为直接,所需的同步建立时间较短,能够快速实现位同步。

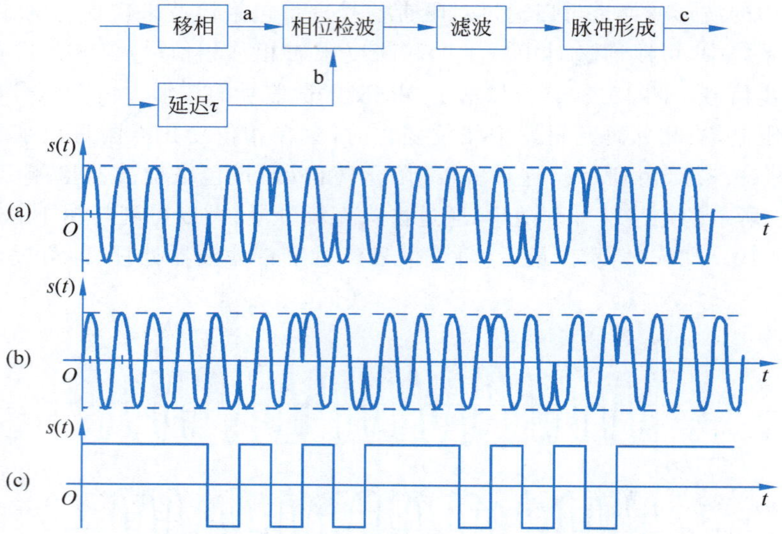

图 10.3.7 延迟相干法产生位同步

2. 脉冲锁相法

为克服滤波法提取位同步的缺点，可以采用锁相环(PLL)来代替滤波器，其原理框图如图 10.3.8 所示。一个简单锁相环由鉴相器、环路滤波器、压控振荡器(VCO)和脉冲形成电路组成，用于产生本地位同步脉冲。其工作原理为：鉴相器对输入的基准信号和本地脉冲进行相位比较(u_0 和 u_c)，输出相位误差信号。同相时，鉴相器输出幅度为+1的脉冲；反相时，输出幅度为−1 的脉冲；而当没有输入基准信号时，鉴相器无输出。环路滤波器对相位误差信号进行平滑处理，生成控制信号，用以调节 VCO 的振荡频率和相位。当本地定时脉冲 u_c 的周期和相位正确时，相位误差信号中的正负脉冲宽度相等，VCO 维持恒定振荡，锁相环处于锁定状态。如果 u_c 的周期或相位不正确，则相位误差信号的正负脉冲宽度将发生变化，其平均值随之改变，驱使 VCO 输出信号的周期和相位需要逐步调整。通过这一调整过程，锁相环的输出信号逐渐向锁定状态靠拢，最终达到锁定，完成位同步的提取。

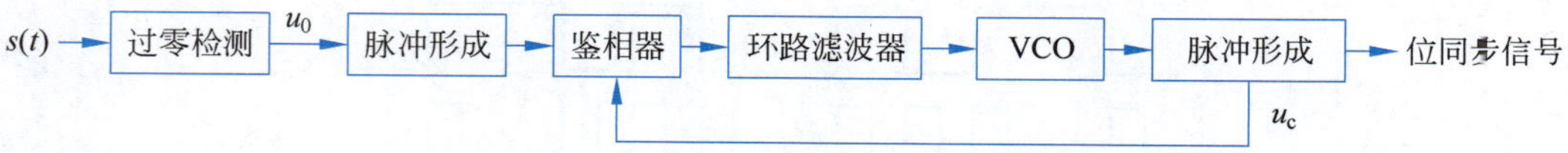

图 10.3.8 脉冲鉴相法位同步原理框图

锁相环通过跟踪接收信号的相位变化，显著提高了同步的准确性。当接收信号出现短暂中断时，由于环路滤波器具有较大的时间常数，能够有效平滑短期的信号波动，因此使得 VCO 的输出信号基本保持稳定，从而维持原有的定时信号。这种特性避免了中断对通信系统的影响，确保了同步过程的连续性和系统运行的可靠性。

3. 数字锁相环法

数字锁相环法也是一种在数字通信的位同步系统中广泛应用的提取位同步信号的

方法，其原理框图如图 10.3.9 所示。数字锁相环主要组成包括高稳振荡器(晶振)、分频器、相位比较器和控制器，其中控制器是图 10.3.9 中的扣除门、附加门和或门。

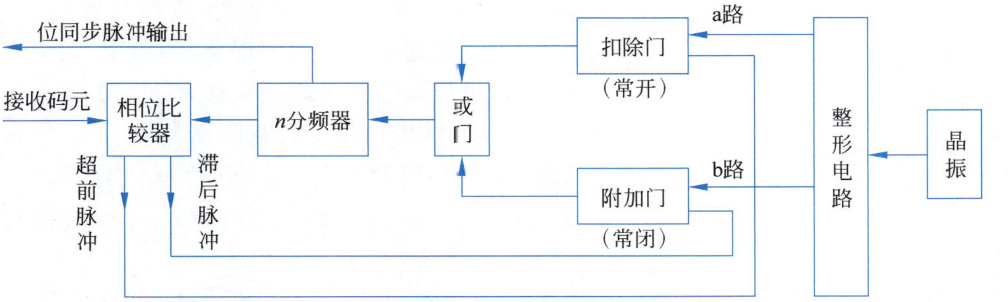

图 10.3.9 数字锁相环法原理框图

数字锁相环法的基本原理是：接收端配备一个高稳定度的振荡器，其频率为位同步频率的 $2n$ 倍，振荡器的输出经分频后生成两路相位相差 180° 的本地位定时脉冲序列，分别记为 a 路和 b 路，并将它们送入控制器。其中，a 路信号输入扣除门，b 路信号输入附加门。控制器的输出经 n 分频后，与输入的位同步基准定时脉冲在相位比较器中进行相位比较。当两者的相位不一致时，相位比较器输出误差信号，用于控制扣除门和附加门，从而调整可变分频器的输出脉冲相位。具体而言，当本地位定时脉冲相位超前于输入位同步相位时，相位比较器发送扣除脉冲以控制扣除门，从而在输出脉冲序列中扣除一个脉冲，实现相位延迟；反之，当本地位定时脉冲相位滞后于输入位同步相位时，相位比较器发送插入脉冲以控制附加门，使附加门输出一个额外脉冲。该脉冲经或门插入 a 路脉冲中，从而使分频器提前动作，实现相位超前。不断循环调整，直至输出的位定时脉冲在频率和相位上与输入信号完全一致。

10.3.3 位同步的性能指标及误差对性能的影响

1. 位同步的性能指标

1) 静态相差

静态相差是指位同步信号的平均相位与最佳相位(通常为最佳抽样点的相位)之间的偏差，其概念与载波同步中的静态误差类似。在相干解调中，为了充分利用信号能量，通常将位同步的抽样脉冲相位调整到眼图的最大开启位置，即最佳抽样点，此时静态相差为零。然而，由于位定时晶体振荡器的频率偏差，以及位同步提取电路中高 Q 值回路或压控振荡器回路受温度变化的影响，位同步的相位可能会产生静态漂移。这种静态漂移虽然会引起相位的偏移，但不会随着时间积累。

2) 相位抖动

相位抖动，也称随机相差，是由高斯噪声叠加在信号上而引起位同步信号产生随机的相位误差。作为位同步信号的重要性能指标，相位抖动反映了信号各有效瞬间相位相对于理想位置的瞬时偏离程度。

抖动可以用一个时间函数 $j(t)$ 来表示。理想信号(即无抖动信号)为周期性严格相同的等间隔序列,如图 10.3.10(a)所示。对于有抖动的实际信号,其相位相较理想信号的前沿位置 $t_1, t_2, \cdots, t_n$ 可能出现超前或滞后的现象,如图 10.3.10(b)所示。通过记录这些时刻的偏移量 $j(t_1), j(t_2), \cdots, j(t_n)$,即可得到抖动的时间函数 $j(t)$。实际上,理想信号的周期内任意一点均可作为参考位置,因此抖动可通过连续时间函数 $j(t)$ 来描述,如图 10.3.10(c)所示。

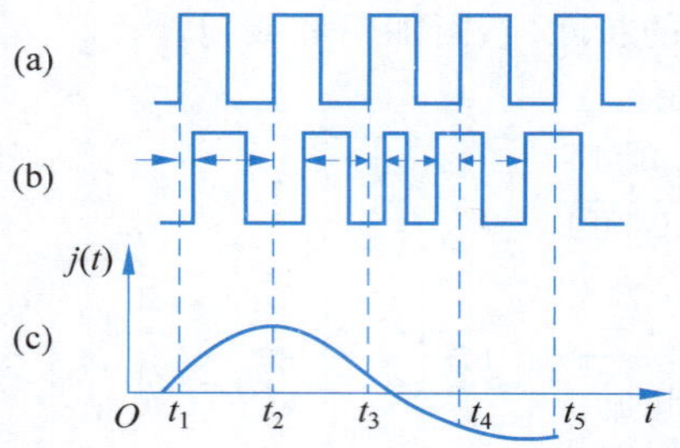

图 10.3.10　相位抖动

与其他时间函数类似,抖动也可以用波形来表示,其正弦波形的抖动被称为正弦抖动。作为时间函数,抖动具有平均值、峰-峰值和有效值等特性,还可以通过傅里叶变换将抖动函数在频域上表示,从而获得抖动的频谱分布。在实际系统中,抖动分布通常具有一定的随机性。

抖动的大小通常用瞬时相位和平均相位之差的均方根值或峰-峰值来衡量。此外,抖动还可以用相位间隔来表示。一个比特周期的抖动称为 1 比特抖动,常用 UI 表示,UI 即为单位间隔。1 比特抖动也相当于 2πrad 或 360°。对于数码率为 f_b,1UI 也相当于 $1/f_b$ 秒。

3) 错位率

由于衰落、干扰或双方时钟误差等原因,位同步脉冲序列可能会偏离原来的正确序列,从而导致多出一位或少掉一位的现象。这种现象统称为错位,也称为位同步的滑动。若在 N 个位同步脉冲中出现了 n 次错位,则错位率定义为

$$P_{es} = \frac{n}{N} \tag{10.3.4}$$

4) 同步建立时间

位同步的建立时间是指从接收到包含位同步信息的信号进入解调电路,到位同步电路能够输出正常的位同步信号所需的时间 t_s。在起始情况下,接收信号和解调电路之间的相位可能存在最大偏差,即半个码元周期 $T_b/2$。假设系统中每次调节可以将相位移动一个固定的量 $T_d = T_b/m$(将 T_b 分成 m 等分),要使初始相位偏差 $T_b/2$ 完全校正,需要调节的总次数为初始偏差除以每次调节的移动量,即

$$\frac{T_b/2}{T_b/m} = \frac{m}{2} \tag{10.3.5}$$

但在实际应用中,调节并不是每个码元都能触发。假如采用过零点检测法来确定调节时机,则只有信号从 0 到 1 发生过渡时才会进行调节。而数字码序列中,过零点的数量约占码元总数的 1/2。此外,0 到 1 的过渡只占所有过零点的一半,因此,平均每 4 个码元才能触发一次调节,因而同步建立时间(最大)为

$$t_s = \frac{m}{2} \times 4T_b = 2mT_b \tag{10.3.6}$$

为了减小同步建立时间 t_s,可以在过零点检测电路中增加微分电路,这样可以使数字系列中 1 到 0 的过渡也起调节作用,此时,每 2 个码元就能触发一次调节,因此位同步

建立时间缩短一半，即

$$t_s = mT_b \tag{10.3.7}$$

5）同步保持时间

同步保持时间是指在外来基准信号丢失后，接收端的本地振荡器由于失去基准脉冲而无法进行同步跟踪调节的情况下，收发两端的定时误差仍维持在允许范围内（即同步状态仍可能维持）的最长时间。设收发两端固有的码元周期分别为 $T_i = 1/f_i$ 和 $T_o = 1/f_o$，设 f_{av} 为收发两时钟频率的几何平均值

$$f_{av} = \sqrt{f_i f_o}, \quad T_{av} = 1/f_{av} \tag{10.3.8}$$

则初始时刻的相位差为

$$|T_i - T_o| = \left|\frac{1}{f_i} - \frac{1}{f_o}\right| = \frac{|f_o - f_i|}{f_i f_o} = \frac{\Delta f}{f_{av}^2} \tag{10.3.9}$$

由式(10.3.9)可得

$$f_{av} |T_i - T_o| = \Delta f / f_{av} \tag{10.3.10}$$

即有

$$|T_i - T_o| / T_{av} = \Delta f / f_{av} \tag{10.3.11}$$

当存在频率差 Δf 时，每经过一个平均周期 T_{av}，两个脉冲序列的时间偏差会增加 $|T_i - T_o|$；从位定时精度的角度，当要求双方定时脉冲时间差不得超过 T_{av}/N（秒）时，同步保持时间可表示为

$$t_c = \frac{T_{av}/N}{|T_i - T_o| / T_{av}} = \frac{T_{av}/N}{\Delta f / f_{av}} = \frac{1}{N\Delta f} \tag{10.3.12}$$

可见，当允许时差 T_{av}/N 给定后，同步保持时间与 Δf 成反比，即 Δf 越小，接收端定时保持越长的时间。

同步建立时间和保持时间是描述位同步稳定性的两项重要指标。通常要求建立时间尽可能短，而保持时间尽可能长，以最大限度地减少因信道特性变化导致的位同步中断。

6）同步门限信噪比

在确保位同步质量达到一定要求的前提下（例如，保证一定的抖动或错位率），接收机输入端所允许的最小信噪比，称为同步门限信噪比。这项指标规定了位同步对深衰落信道的适应能力。与此项指标对应的是接收机的同步门限电平，即为了满足同步门限信噪比要求所需的最小接收信号电平。

2. 位同步相位误差对性能的影响

由于多种因素的影响，所获得的位同步可能会存在一定的误差。位同步误差是指在收发双方位同步信号频率相同的情况下，仍然存在相位差，通常用时间差 T_e 来表示。T_e 的存在将直接影响通信系统的性能。

假设系统采用由相乘器、积分器和抽样判决器组成的相关检测法。基带信号如图 10.3.11(a)所示。当位同步脉冲没有时间误差，即 $T_e = 0$ 时，抽样时刻正好是整个码元积分能量最大值 E。当位同步脉冲有时间误差 T_e 时，抽样时刻偏离信号能量的最大点，如图 10.3.11(b)所示。由图 10.3.11(c)可以看出，当相邻码元的极性无变化时，T_e 的

存在并不影响抽样点的积分能量值,其中,t_6 时刻的抽样值仍为整个码元积分能量值 E;但当相邻码元有极性变化时,T_e 的存在使抽样点的积分能量减小,例如,t_3、t_5 和 t_8 时刻。

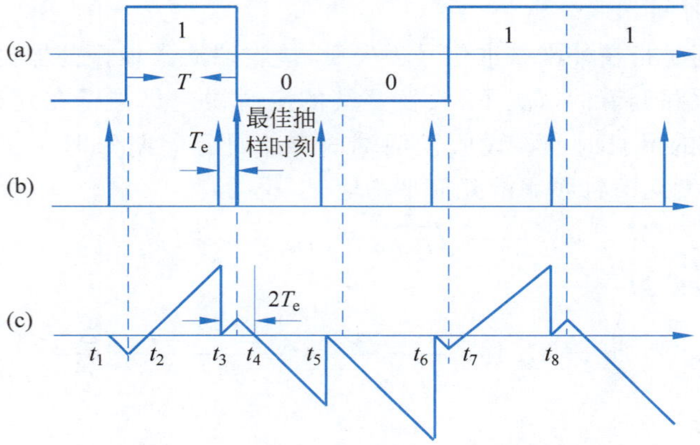

图 10.3.11　T_e 对系统性能的影响

以第一个码元(即 $t_1 \sim t_4$)时的情况为例。当 $T_e \neq 0$ 时,则抽样时刻为 t_3,其抽样值是 $t_1 \sim t_3$ 区间的积分。由于从 $t_1 \sim t_2$ 这段时间的积分值为 0,因此 t_3 时刻的抽样值只是 $T-2T_e$ 时间内的积分值。由于积分能量与时间成正比,故积分能量减小为 $(1-2T_e/T)E$。

因此,在基带信号中,相邻码元无极性变化的部分信号,由于抽样时刻的积分能量仍然为 E,其信噪比保持不变,因此与系统误码率相关的计算公式依然适用。而对于相邻码元之间存在极性变化的部分信号,由于抽样时刻的积分能量降为 $(1-2T_e/T)E$,因而信噪比降低,此时有关误码率计算公式中的码元能量 E 应改为 $(1-2T_e/T)E$。

以二进制为例,基带信号为随机信号,其相邻码元有极性变化和无极性变化的概率近似相等,则 2PSK 系统的误码率可写成

$$P_e = \frac{1}{4}\mathrm{erfc}\left(\sqrt{\frac{E}{n_o}}\right) + \frac{1}{4}\mathrm{erfc}\left[\sqrt{\frac{E(1-2T_e)/T}{n_o}}\right] \tag{10.3.13}$$

10.4 帧同步

视频

在数字通信中,通常将一定数量的码元组成一个“字”或“句”,并以此为基本单位进行传输。这种周期性结构中的一个周期被称为一帧。帧同步信号的频率可以通过对位同步信号进行分频得到,但每一群的开头和末尾时刻却无法仅由分频器的输出确定。因此,帧同步的任务就是确定这些“开头”和“末尾”时刻。帧同步有时也称为群同步。

大多数情况下,传输的数据流为时分复用后的数据,这其中不仅包含“字”,还可能包含由多个字组成的“句”,甚至包含由多个句组成的“段”。根据 PCM 时分复用原理,时分复用后的码元传输速率为 2048kb/s。在接收端,要从这样的数字码流中还原出传输的信息,单纯依赖位同步的 2048kHz 同步时钟显然不够。还需要通过同步定位每个时隙中的不同位、每一帧中的不同时隙,以及每一复帧中的不同帧。只有这样,才能正确识别接收到的数字码流中的帧、时隙和位码。

实现帧同步的方法通常有两类。一类是在数字信息流中插入特殊码组作为每帧的头尾标记，接收端根据这些特殊码组的位置实现帧同步，这种方法称为外同步法。另一类方法不需要额外插入特殊码组，而是通过数据序列本身的特性提取帧同步脉冲，这种方法称为自同步法，类似于载波同步和位同步中的直接法。

本节主要讨论通过插入特殊码组实现帧同步的方法，并简要介绍自同步法的基本概念。插入特殊码组实现帧同步的方法主要有两种：连贯式插入法和间隔式插入法。

在讨论具体的帧同步方法之前，首先简要介绍帧同步系统的基本要求。

10.4.1 对帧同步系统的要求

帧同步问题实际是对帧同步标志进行检测的问题。对帧同步系统提出的基本要求如下：

(1) 捕捉时间短。一帧中往往包含大量信息，一旦失去帧同步，就会丢失大量信息。因此，要求帧同步的捕捉(同步建立)时间尽可能短。无论是初始捕捉还是失步后重新进入捕捉，都要求捕捉时间短；因为在捕捉过程中，系统处于失步状态，对于数据传输系统而言，这将导致数据信息的丢失。

(2) 抗干扰能力强。当同步系统处于捕捉状态时，可能由于信息的随机性出现假同步码组，同步系统不能因此错误地进入同步状态；当同步系统处于同步状态时，因误码导致同步码组被破坏时，同步系统不能误判为失步而进入捕捉状态。为此，同步系统需要采用相应的保护措施，以保障系统的稳定。

(3) 同步码尽量短。在满足帧同步性能要求的条件下，为提高有效信息的传输效率，帧同步码的长度应尽可能短。

10.4.2 实现帧同步的方法

1. 起止同步法

起止同步法通过在每一帧信号码元的前面和末尾分别增加一个同步码元，形成起止同步码组。这是一种较为古老的帧同步方法，目前仍广泛应用于电报机中。电报的一个字由 7.5 个码元组成，如图 10.4.1 所示。每个字的开头，先发送一个码元的起始脉冲(负值)，中间 5 个码元用于传输消息，字的末尾是 1.5 个码元宽度的止脉冲(正值)。在接收端，根据正电平第一次转到负电平的特殊规律，确定一个字的起始位置，从而实现帧同步。但是，由于止脉冲宽度与信息码元宽度不一致，给同步数字传输带来不便。另外，这种同步方式中，7.5 个码元中只有 5 个码元用于传输消息，因此传输效率较低。

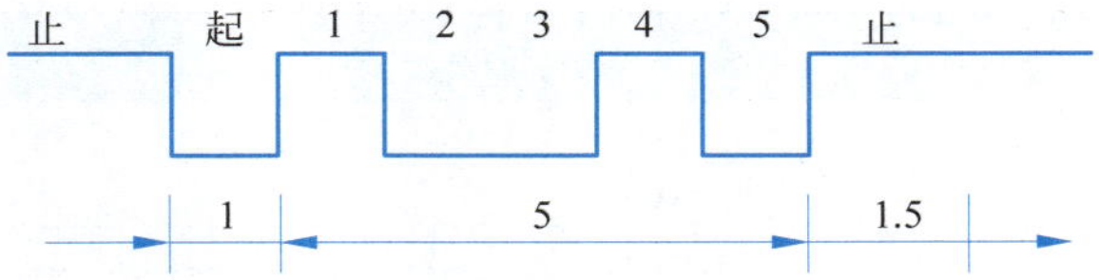

图 10.4.1 电报中一个字的组成

2. 连贯式插入法

连贯式插入法是一种在每帧的开头集中插入帧同步码组的方法。接收端只需检测出帧同步码的位置,即可识别出帧的起始,从而确定各路码组的位置。这种帧同步码组通常设计为一种特殊的序列,以便接收端能够方便地将其与信息码区别开来。可选用的码组种类较多,需要根据帧同步性能指标进行合理选择。

帧同步系统性能的两个重要指标是平均失步间隔时间和同步引入时间。平均失步间隔时间是指两次失步之间间隔时间的平均值;同步引入时间则是从系统确认失步开始搜索到捕捉到真正同步码的这段时间。为了使这两个性能指标达到要求,正确选择帧同步码至关重要。然而,帧同步码插入信码流中后,在传输过程中可能受到噪声干扰,导致帧同步码的某些码元出现差错。在这种情况下,接收端无法正确检测出帧同步码,从而引发同步丢失,称为漏同步。此外,由于码流的随机性,也可能偶然出现与帧同步码结构相同的情况,接收端会误将其识别为帧同步码,造成假同步。

为应对上述问题,帧同步码的选择需要满足以下要求:首先,能够快速且准确地识别;其次,假同步和漏同步的概率应尽可能小;最后,从传输效率的角度来看,帧同步码的长度应尽量短。为了满足这些要求,帧同步码组应具有良好的相位辨别能力,即其局部自相关函数应具有尖锐的单峰特性。这样的设计能够显著提高帧同步的可靠性和效率。

如果这个特殊码组$\{x_1,x_2,\cdots,x_n\}$是一个非周期序列或有限序列,则在求自相关函数时,除了在时延$j=0$的情况下,序列中的全部元素都参加相关运算外;而在$j\neq 0$的情况下,序列中只有部分元素参加相关运算,相关表达式为

$$R(j)=\sum_{i=1}^{n-j}x_i x_{i+j},\quad j\neq 0 \tag{10.4.1}$$

通常将这种非周期序列的自相关函数称为局部自相关函数。

目前,常用的一种帧同步码组是巴克码。巴克码是一种有限长的非周期序列,下面给出其定义。

一个n位的巴克码组$\{x_1,x_2,\cdots,x_n\}$,其中,x_i取值为$+1$或-1,其局部自相关函数满足:

$$R(j)=\sum_{i=1}^{n-j}x_i x_{i+j}=\begin{cases}n, & j=0\\ 0\text{ 或 }\pm 1, & 0<j<n\\ 0, & j\geqslant n\end{cases} \tag{10.4.2}$$

目前已经找到所有巴克码组,如表10.4.1所示。其中的"+"号表示x_i的取值为$+1$,"−"号表示x_i的取值为-1。

表 10.4.1 巴克码组

N	巴克码组
2	++;+−即(11);(10)
3	++−即(110)
4	+++−;++−+即(1110);(1101)
5	+++−+即(11101)
7	+++−−+−即(1110010)
11	+++−−−+−−+−即(11100010010)
13	+++++−−++−+−+即(1111100110101)

以 7 位巴克码组为例，根据式(10.4.2)，求得其自相关函数为

$$R(j)=\sum_{i=1}^{7}x_i^2=1+1+1+1+1+1+1=7,\quad j=0$$

$$R(j)=\sum_{i=1}^{6}x_ix_{i+1}=1+1-1+1-1-1=0,\quad j=1$$

同理，可求出 j 为 2、3、4、5、6、7 时 $R(j)$ 的值分别 −1、0、−1、0、−1、0。同时，对于 j 为负值的情况，自相关函数值与正值 j 时的结果对称，最终 7 位巴克码的自相关函数呈现如图 10.4.2 所示。可见，自相关函数在 $j=0$ 时出现尖锐的单峰，充分体现了巴克码的优良局部自相关特性，适合作为帧同步码使用。

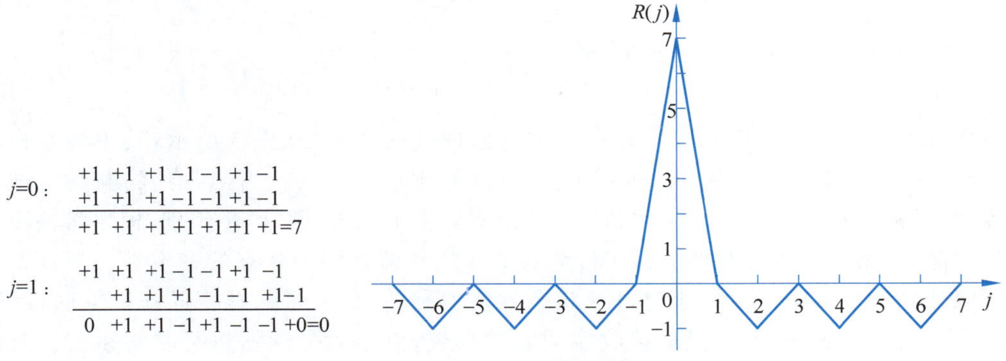

图 10.4.2　7 位巴克码的自相关函数

巴克码识别器是一种利用硬件实现帧同步码检测的设备，其核心原理是通过移位寄存器对输入数据流进行逐位处理，并结合巴克码的自相关特性完成匹配和判决。以 7 位巴克码为例，识别器由 7 级移位寄存器、相加器和判决器组成，如图 10.4.3 所示。

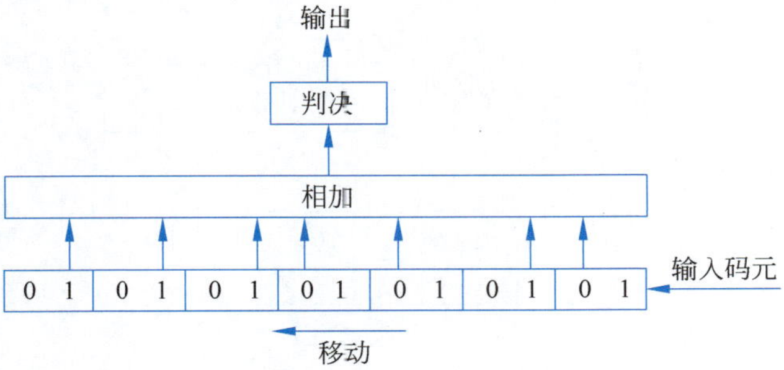

图 10.4.3　7 位巴克码识别器

当输入数据 1 存入移位寄存器时，1 端的输出电平为＋1，而 0 端的输出电平为－1；反之，存入数据 0 时，0 端的输出电平为＋1，1 端的输出电平为－1。这种映射规则将二进制数据流转换为符合巴克码特点的电平信号。识别器的核心功能是通过相关运算检测输入数据流中是否存在完整的巴克码。当 7 位巴克码的所有码元在某一时刻完全进入 7 级移位寄存器时，移位寄存器的输出端将按照巴克码的定义规律排列，所有输出端的电平均为＋1。此时，相加器对这 7 个输出电平进行累加运算，计算结果为＋7，这是巴

克码相关运算的最大值。

为了判定是否检测到完整的巴克码,判决器设置了一个门限电平,例如+6。当相加器的输出达到或超过门限值时,判决器将输出一个帧同步脉冲,标志帧的开头位置。具体而言,当7位巴克码的最后一位(例如0)进入识别器后,相加器的输出达到+7,超过门限电平+6,判决器立即输出帧同步脉冲,明确标识该帧的起始位置,如图10.4.4所示。

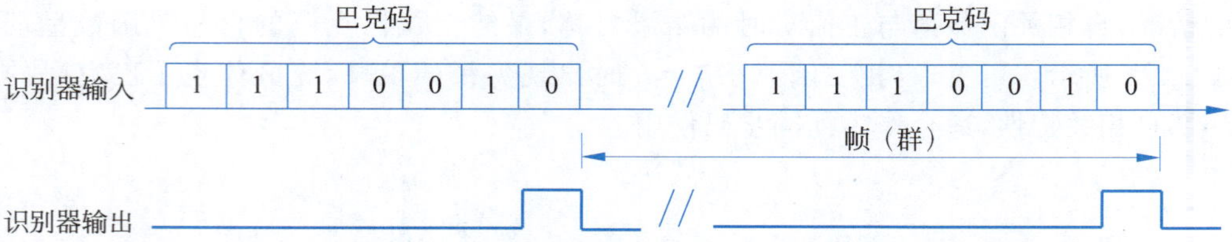

图 10.4.4　7位巴克码识别器的输出波形

实际使用的连贯式插入法帧同步的实现原理框图如图10.4.5所示,其中核心模块"移位寄存器+同步识别"用于完成7位巴克码的比较和识别。当接收到的帧与本地帧一致时,系统保持正常的同步工作状态;若检测到帧不同步,则"同步识别"模块将输出一个错误脉冲,触发保护计数器。保护计数器的作用是监控同步状态的稳定性。当连续识别错误达到计数器的预设阈值时,RS状态触发器翻转,系统进入捕捉状态。同时,计数器输出一个调整脉冲,用于调整接收端的定时系统,例如对分频器进行状态重置。若调整后仍未恢复同步,系统将继续重复调整,直至识别正确。当帧同步识别正确时,"同步识别"模块输出一个正确标志信号,启动后端计数器进行计数。待后端计数器计满后,RS触发器再次翻转,系统重新进入同步状态。

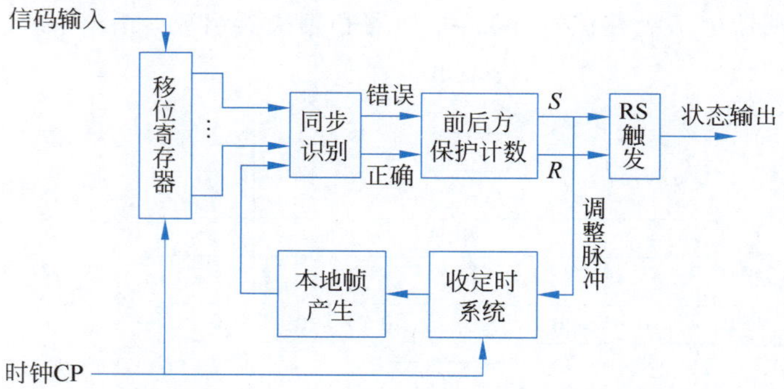

图 10.4.5　连贯式插入法帧同步实现原理框图

3. 间隔式插入法

在某些情况下,帧同步码组并非集中插入在信息码流中,而是以分散的方式插入,即每隔一定数量的信息码元插入一个帧同步码元,如图10.4.6所示。这种帧同步方法要求接收端确定帧同步码的位置,需要对接收到的间隔插入方式的码型进行检测。为了简化检测过程,通常采用简单的码型(如1和0交替的序列)作为同步码。接收端通过逐位检测接收的信码流来确定同步码的位置,因此这种同步检测方法被称为逐码移位法,其原理如图 10.4.7 所示。在逐码移位法中,本地时钟产生器生成一本地帧码,并与接收到的信码流一起输入比较器进行帧码比较。如果两者帧码一致,则比较器无脉冲输出;若不一致,则输出一个脉冲。该脉冲经过脉冲形成电路处理后,生成一个控制脉冲,送入禁止门,使禁止门关闭,从而阻止一个时钟脉冲通过。这样,本地时钟产生器会停止一个时钟周期,相当于延迟一位码的时间。通过不断地比较和移位,逐步调整本地帧码的位置,直至与接收帧同步,从而实现帧同步。这种方法因其通过逐位调整实现同步而得名为“逐码移位法”。

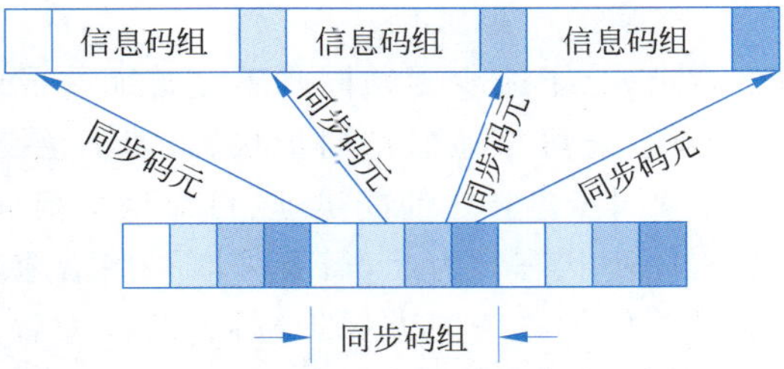

图 10.4.6　间隔插入法帧同步码示意图

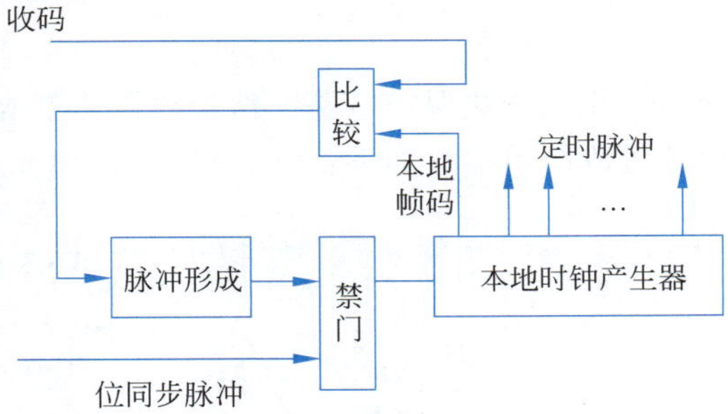

图 10.4.7　逐码移位法帧同步原理框图

这种逐码移位法的优点在于帧同步码占用的位数较少,从而提高了传输效率,同时设备实现简单。然而,它的缺点在于一旦发生失步,系统恢复同步所需的时间较长,就会影响通信的实时性和稳定性。

图 10.4.8 展示了逐码移位法在 PCM 24 路中的实现电路框图。在该框图中,不一致

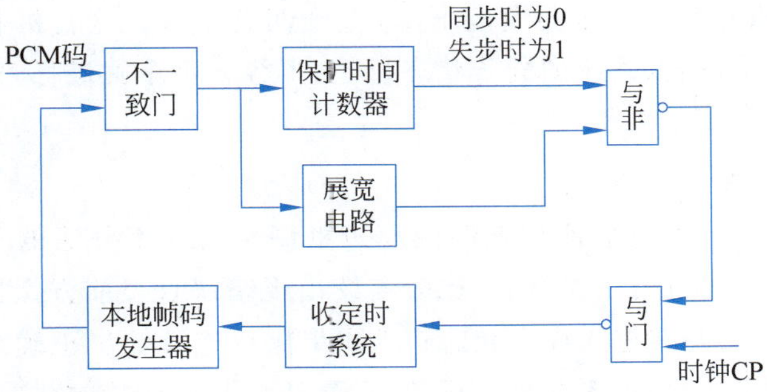

图 10.4.8　用于 PCM 24 路中的逐码移位法电路框图

门的作用是比较本地帧码与PCM码在帧同步码时刻的异或关系。若两者同步码在同一时间出现,则说明同步正确,不一致门无脉冲输出,系统处于同步状态;若不同步,不一致门将输出一个脉冲,表示发生失步。保护时间计数器的作用是假失步或假同步计数。展宽电路的功能是将不一致门输出的失步脉冲展宽到足够的时间长度,以确保能够有效扣除一个时钟脉冲。当保护时间计数器计满时,系统确认已失步,输出一个高电平信号,将展宽后的失步脉冲送入与门,阻止一个时钟脉冲通过,从而实现脉冲扣除并调整同步状态。

10.4.3 帧同步的保护

根据对帧同步系统的要求,为了减少因帧同步不完善而造成的信息损失,在帧同步建立以后,则要求在干扰影响下能可靠地保护同步状态,即不会因正常的干扰误码而失去同步;要求帧同步电路在帧同步建立之前能迅速、可靠地捕捉同步状态,避免假同步,即不能因为假同步码而误入同步状态。为此,需要采取一些措施来加以保证,这就是帧同步的保护问题。针对前者的保护称为前方保护,后者的称为后方保护。不难理解,保护就是进行实时的考验,经得起考验的方为真,否则均为假。常采用的时间考验方法有积分法和计数法。

1. 积分法保护电路

图10.4.9展示了误差累积积分法保护电路。保护电路由展宽电路、积分器、鉴幅器和延时器组成,其工作原理可以简单描述如下:

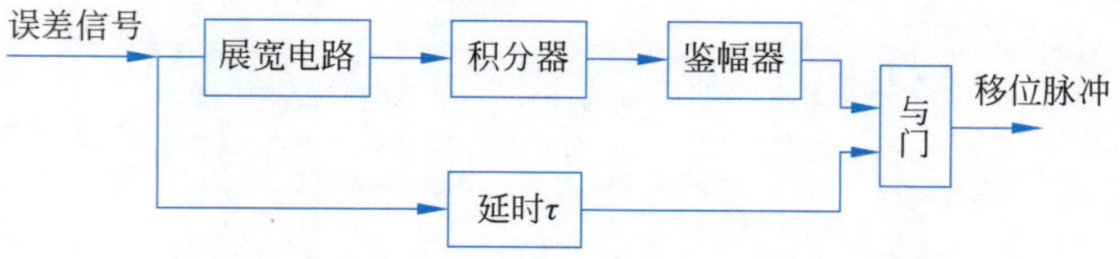

图 10.4.9 积分法保护电路原理框图

当系统失步时,每帧会产生一个误差脉冲,这些脉冲被送到积分器中累积。如果误差持续存在,那么积分器的输出电压会逐渐升高。当电压超过鉴幅器的门限值时,鉴幅器会触发信号,让系统重新进入捕捉同步状态,调整同步。如果偶然的干扰导致单个误差脉冲,那么积分器电压只会稍微升高,不会超过门限值,因此系统仍能保持同步。而当误差脉冲停止后,积分器的电压会慢慢下降,直到恢复正常。这套机制能有效区分短暂的干扰和真正的失步,确保系统的同步状态稳定,不容易被干扰破坏,同时能够迅速重新捕捉同步信号。

2. 计数法保护电路

图10.4.10所示是计数法保护电路的原理框图。它与积分法的不同之处是同步考验时间采用计数方式。也就是说,同步比较连续出现错误直至前方保护计数器计满送出调整脉冲,并使触发器翻转进入捕捉状态;或同步比较连续输出正确结果直至后方保护计数器计满,使触发器翻转进入同步。显然,只要计数器的计数次数取得合适,就可达到

同步系统稳定性的要求。

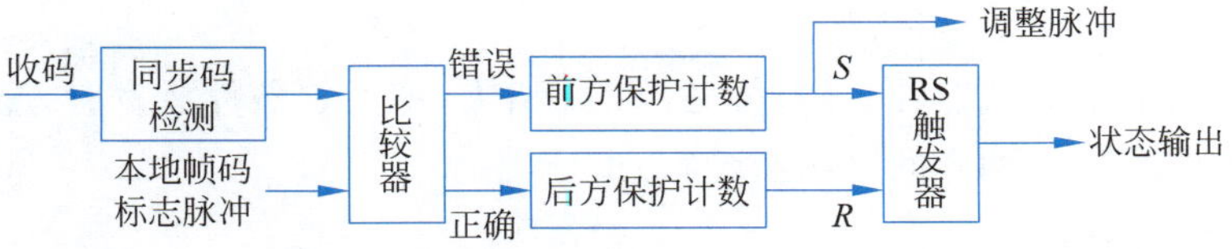

图 10.4.10 计数法保护电路的原理框图

10.4.4 帧同步系统的性能

帧同步系统在同步捕捉阶段建立时间要短，在同步建立后应具有较强的抗干扰能力。帧同步系统的性能通常用漏同步概率、假同步概率和帧同步平均建立时间来衡量。

1. 漏同步概率

由于误码现象使得同步码组中的一些码元发生差错，从而使得同步识别器没能识别出同步码组，造成漏识别。出现这种情况的概率称为漏同步概率 P_1。

设 p 为码元错误概率，n 为同步码组的长度，m 为判决器容许码组中的错误码元最大数，则同步码组码元 n 中所有不超过 m 个错误码元的码组都能被识别器识别，因此未漏的概率为 $\sum_{r=0}^{m} C_n^r p^r (1-p)^{n-r}$，其中，$C_n^r$ 为 n 中取 r 的组合。所以，漏同步的概率为

$$P_1 = 1 - \sum_{r=0}^{m} C_n^r p^r (1-p)^{n-r} \tag{10.4.3}$$

当同步码组不允许有错误，即 $m=0$ 时，则式(10.3.3)变为

$$P_1 = 1-(1-p)^n \tag{10.4.4}$$

2. 假同步的概率

在信息码元中，由于码元的随机组合，有可能出现与同步码组相同的组合，这时同步识别器就有可能误认为同步码组而造成假同步。出现这种情况的可能性就称为假同步概率 P_f。

计算假同步概率 P_f 就是计算信息码元中能被判为同步码组的组合数与所有可能的码组数之比。设二进制信息码元出现 0 和 1 的概率相等，并假设假同步完全是由于某个信息码组被误认为实同步码组所造成的。同步码组的长度为 n，则 n 位的信息码组共有 2^n 种组合，其中能被识别成同步码组的组合同样与 m 有关：若 $m=0$，则只有 1 个(C_n^0)码组能被识别；若 $m=1$，即与原同步码组差 1 位的码组都能被识别，共有 C_n^1 个码组。以此类推，信息码元中可能被判为同步码组的组合数为 $\sum_{r=0}^{m} C_n^r$，因此假同步概率为

$$P_f = \left(\sum_{r=0}^{m} C_n^r \right) \Big/ 2^n \tag{10.4.5}$$

比较式(10.4.4)和式(10.4.5),可见,当 m 增大,即判定条件放宽时,漏同步概率减小,但假同步概率增大,两者间是相互矛盾的。

3. 平均建立时间

平均建立时间是指从在捕捉状态开始捕捉到进入保持状态所需的时间。显然,平均建立时间越快越好。以集中插入为例,假设漏同步和假同步都不发生,由于在一个帧同步周期内一定会有一次同步码组出现。因此,出现同步码组的等待时间最长为一个同步周期,最短无须等待。

平均等待时间为半个周期时间。设 N 为一个同步周期内的码元数目,其中同步码组长度为 n,T 为码元持续时间,则一个同步周期的时间为 NT,是捕捉到同步码组需要的最长时间。而平均捕捉时间为 $NT/2$。若考虑到出现一次漏同步或假同步大约需要多于 NT 的时间才能捕获到同步码组,因此,此时的帧同步平均建立时间为

$$t_e \approx NT\left(\frac{1}{2} + P_f + P_1\right) \tag{10.4.6}$$

视频

10.5 网同步

以上讨论了载波同步、位同步和帧同步的问题,这些同步的实现是点对点之间进行可靠通信的基本保证。除此之外,在数字通信网中,各交换点之间在进行分接、时隙互换和复接过程中,也会碰到各交换点时钟频率和相位统一协调的问题,即网同步的问题。

10.5.1 网同步的基本概念

通信网内实现数字信息的交换与复接时,建立网同步是非常必要的。本节以如图 10.5.1 所示的复接系统为例说明复接过程中网同步的必要性。一般,合群器是将多个速率较低的数字流合并为一个速率较高的数字流的设备,分路器是将一个速率较高的数字流分离成多个速率较低的数字流的设备。

图 10.5.1 复接系统示意图

图 10.5.1 中的合群器将 A、B、C 三个支路来的低速数字流合并起来,这些数字流的速率各自独立而且可能各不相同。如果只是点对点之间的通信,例如,A 站与 A′站进行通信,则图 10.5.1 中的合群器和分路器只是单纯地起转接作用,则 A′站可以直接从 A 站发来的数字流中提取位同步信号。位同步法如前所述。但是在网通信时,A、B、C 三个支路不同速率的数字流在合群器中合并,然后作为一个统一的数字流传输到分路器中去。那么,合群器对各支路的抽样时钟频率是按 A 支路的数字流速,还是按 B 支路或 C

支路的数字流速来决定呢？

设 A、B、C 支路的数字流分别如图 10.5.2(a)、(b)、(c)所示。若合群器的抽样时钟速率与 A 支路保持一致，其抽样脉冲如图 10.5.2(d)所示，抽样时刻 $t_1, t_2, \cdots$ 见图中标示，则 A 支路的数字流经取样后每个码元都准确地去参与合群。对 B 支路的数字流来说，由于 B 支路的数字流速率高于抽样脉冲的速率，则该数字流经抽样后参与合群时，会有信息的损失。图 10.5.2(b)波形中的第 2 个码元没有被抽样，此码元的信息丢失。类似地，如果 C 支路数字流的速率低于抽样脉冲的速率，图 10.5.2(c)波形的第 6 个码元会被抽样两次，则造成信息重叠。所以，为了使通信网内的信息能可靠地交换与复接，必须实现网同步。

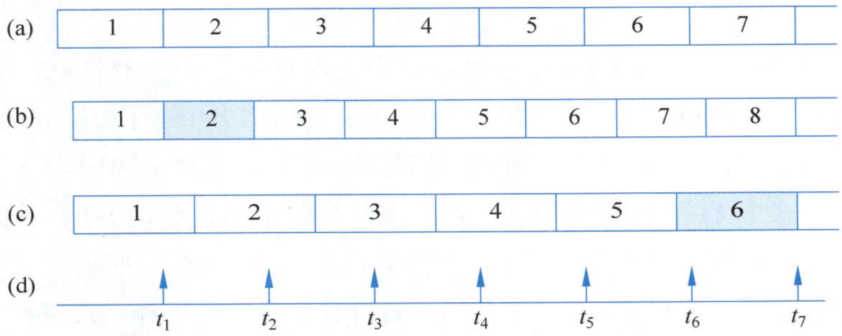

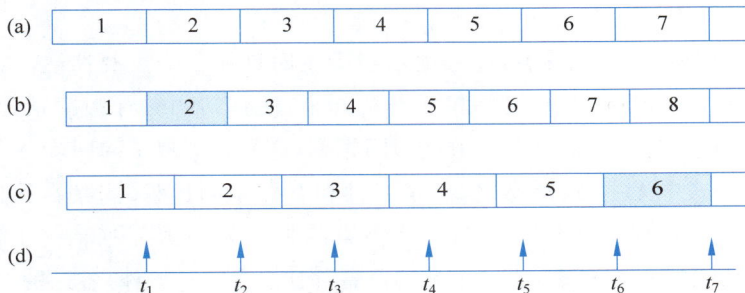

图 10.5.2　网不同步时码元丢失与重叠示意图

10.5.2　网同步方法

实现网同步的方法主要有两大类。一类是建立同步网，也就是使网内各站的时钟彼此同步，即各站时钟的频率和相位都相同。建立这种同步网的主要方法有主从同步法和相互同步法两种。另一类是异步复接，又称独立时钟法。这种方法中各支路数字流的速率偏差在一定容许的范围内，在复接设备里对支路数字流进行调整和处理之后，使它们变成相互同步的数字流，起到一个变异步为同步的作用。实现异步复接的方法主要有两种：码速调整法和水库法。下面分别介绍上述几种方法。

1. 主从同步法

主从同步法是在整个通信网中的某一站，通常是中心站，设置一个高稳定的主时钟源，它产生的时钟按如图 10.5.3 所示的方向逐站传送至网内各站，因而保证网内各站的时钟频率和相位都相同。由于主时钟到各站传输线路长度不同，所以在各站引入不同的时延，则需要在各站设置时延调整电路。这样，虽然到达各站的时钟相位不同，但经过调整后还是可以保持一致的。

这种方法的主要缺点是，当主时钟源发生故障时，全网的通信会全部中断；其优点是时钟稳定度高，设备简单，所以在小型数字通信网中应用较广泛。

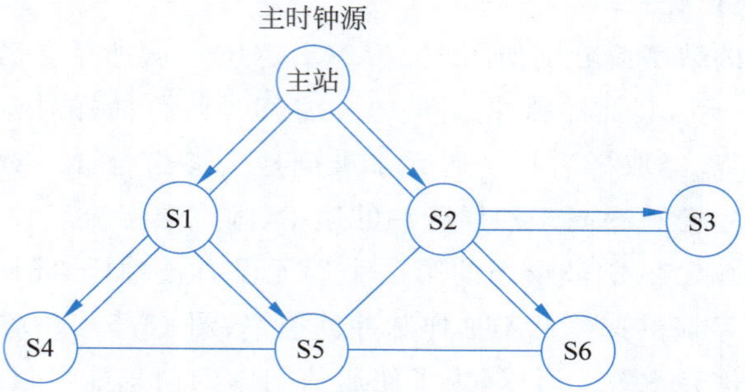

图 10.5.3　主从同步法时钟传输示意图

2. 相互同步法

用主从同步法来实现网同步,过分地依赖于主时钟源。为了克服这一缺点,可使网内各站都拥有自己的时钟,并将它们相互连接起来,使各站的时钟频率锁定在网内各站固有振荡频率的平均值上,这个平均值称为网频率,这样就实现了网同步。

这种同步方式中无主站、从站之分,是一种相互控制的过程,当某一站出现故障时,网频率将平滑地过渡到一个新的值,其他站仍能正常工作,提高了通信网工作的可靠性。这种方法的缺点是控制线过多,每一个站的设备都比较复杂;另外,各站的频率变化都会引起网频率的变化,出现暂时的不稳定,引起转接误码,即定时抖动。

3. 码速调整法

在多路异步数字流复接过程中,各支路的数据流由于速率不同,必须先进行码速调整,将这些异步的数字流转换为同步的数字流,才能在合群器中合并。在接收端,分路器会根据这些同步的数字流恢复出原始的异步数字流。码速调整主要有 3 种方式:正码速调整、负码速调整以及正/负码速调整。其中,正码速调整因为原理简单、实现容易且技术成熟,是应用最广泛的一种方法。这里以正码速调整法为例说明其原理,图 10.5.4 所示为正码速调整的异步复接实现原理框图。

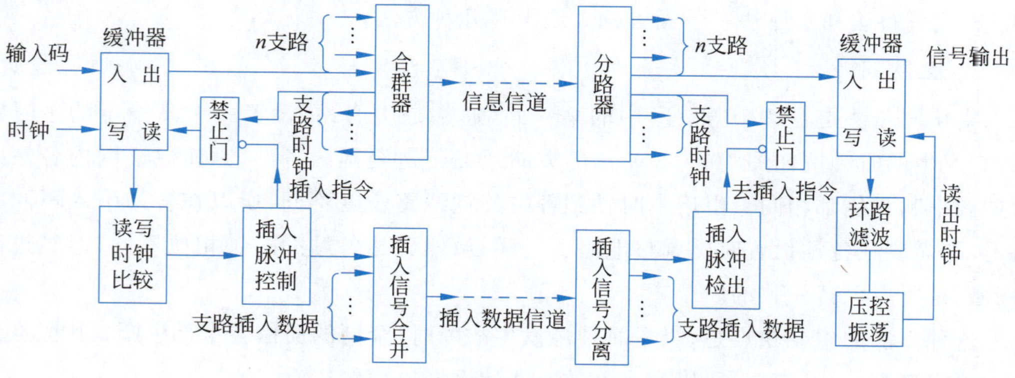

图 10.5.4　正码速调整异步复接原理框图

正码速调整的核心是解决不同数据流速率不一致的问题，以实现数据同步。在异步复接中，各支路的数字流可能具有不同的速率，例如某一支路的速率为 f_1，而系统合并后的速率为 f。如果 $f>f_1$，意味着数据写入缓冲器的速率低于从缓冲器读出的速率，这会导致缓冲器数据逐渐减少，甚至出现“取空”现象，从而引发传输错误。

为了解决这一问题，系统会通过一个调整机制来动态补偿速率差异。当缓冲器中存储的数据量减少到某一门限值时，调整控制器会输出一个“插入指令”，暂停从缓冲器中读取数据，并在输出数字流中插入一个填充脉冲。这个填充脉冲占用了一个固定的插入数据信道，从而给缓冲器“喘息”的时间，让数据有足够时间写入缓冲器，避免“取空”现象的发生。

在接收端，系统通过检测插入数据信道中的填充脉冲，将这些填充脉冲识别出来并移除，从而恢复原始的数字流。整个过程确保了各支路数据流速率的一致性，实现了同步传输。

正码速调整方法简单且技术成熟，广泛应用于异步复接系统。然而，这种方法也存在一些缺点，比如在提取支路数字流的时钟时，由于填充脉冲的存在可能引入相位抖动，影响同步质量。与负码速调整相比，正码速调整的时钟频率 f 高于各支路的数字流速率，因此适用于特定的异步复接场景。

4. 水库法

水库法通过在通信网络中设置容量足够大的缓冲器和高稳定度的振荡器，避免了传统依赖填充脉冲或抑除脉冲调整速率的方法。这种方法确保在较长的时间内不会发生“取空”或“溢出”现象，就像一个水库，不易抽干也不易满溢，因此无须频繁进行码速调整。假设缓冲器的容量为 $2n$，初始状态为半满，数据以速率 f 写入，以稍有偏差的速率 $f\pm\Delta f$ 读出。缓冲器发生一次“取空”和“溢出”的时间间隔 T 可由下式确定

$$T=\frac{n}{\Delta f} \tag{10.5.1}$$

其中，频率的相对稳定度为

$$s=\frac{|\pm\Delta f|}{f} \tag{10.5.2}$$

则由式(10.5.1)得

$$fT=\frac{n}{s} \tag{10.5.3}$$

式(10.5.1)表明，通过选择合适的缓冲器容量和振荡器稳定度，可以保证长时间内不发生“取空”和“溢出”。例如，若 $f=2048\text{kb/s}$，$s=|\pm\Delta f/f|=10^{-9}$，计算得 $n=177$。如果使用更高稳定度的振荡器(如频稳度可达 5×10^{-11} 的原子振荡器)，则适用于更高速率的数字通信网络。

由于水库法每隔一个相当长的时间会发生“取空”或“溢出”现象，但由于时间间隔长，因此只需要偶尔同步校准，极大地提高了系统的稳定性和可靠性。

10.6 本章小结

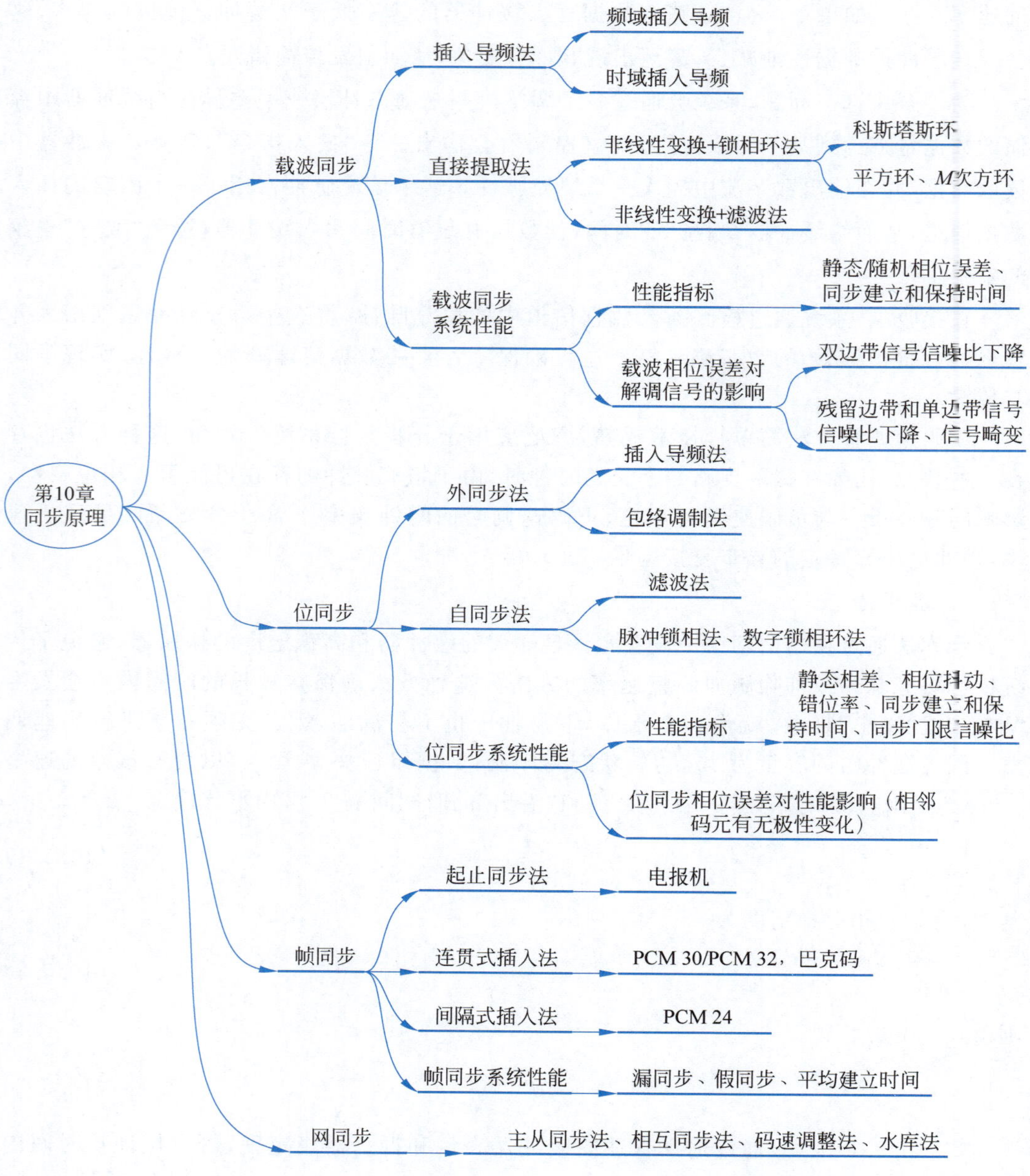

10.7 习题

10-1 在利用平方环法提取载波同步信息时，锁相环在电路中的作用相当于________。

10-2 在数字调制通信系统的接收机中，应该先采用________同步，其次采用

________同步，最后采用________同步。

10-3 载波同步系统有两个重要参数，分别是同步建立时间和同步保持时间，通常我们希望同步建立时间越________越好，同步保持时间越________越好。

10-4 在电传机中广泛使用的群同步法是________。

10-5 无论是数字通信还是模拟通信系统，只要进行相干解调，就都需要________同步。

10-6 网同步的方法主要有主从同步法、相互同步法、________和________。

10-7 设载波同步相位误差为 $\theta=10°$，信噪比 $r=10\text{dB}$，试求此时 2PSK 信号的误码率。

10-8 试写出存在载波同步相位误差条件下的 2DPSK 信号误码率公式。

10-9 设一 5 位巴克码序列的前后都是 +1 码元，试画出其自相关函数曲线。

10-10 设传输系统的误码率为 1×10^{-6}，若系统帧同步码组采用 7 位巴克码，试分别求出容许错误码元数为 0 和 1 时的漏同步概率及假同步概率。

第11章 无线通信新技术及应用

11.1 引言

无线通信技术的飞速发展，不仅推动了社会的进步，也体现了我国在科技自主创新方面取得的重大成就。在移动通信领域，从1G到5G，我国移动通信技术实现了跨越式发展。在北斗卫星通信系统、天通卫星通信系统中，新型调制编码技术、大规模天线技术、新型多址技术、毫米波及太赫兹通信等新型无线通信技术都获得了广泛应用，为我国科技领域自主创新、追求卓越提供了巨大的助力。

本章将探讨无线通信领域的前沿技术及其应用，涵盖新型多址技术、多天线技术、毫米波和太赫兹通信、5G中的新型调制编码技术、卫星通信与非地面网络、载波聚合与动态频谱共享、6G愿景与潜在应用场景，以及人工智能驱动的无线通信网络化等内容。

11.2 新型多址技术

多址技术是无线接入网实现多用户信号区分和可靠传输的关键。在1G时代，频分多址(FDMA)是无线通信的基础技术。它通过为每个用户分配独立的频带，确保不同用户信号的有效区分，成为早期无线通信网络的核心。然而，随着用户需求的增加，频谱资源的有限性开始显现，这就促使了2G技术的革新。2G时代，时分多址(TDMA)和码分多址(CDMA)相继出现。TDMA通过将时间划分为多个时隙，使多个用户能够共享同一频带，而CDMA则通过为每个用户分配唯一的扩频码，使得多个用户可以同时在相同的频谱上传输数据，从而大幅提高了频谱的利用效率。

到了3G时代，宽带码分多址(WCDMA)和CDMA2000成为主流技术，进一步提升了数据速率和频谱效率。3G网络的出现不仅支持了语音通信，还使得数据传输得到了显著提升，尤其是在移动互联网和视频通话等应用的支持上，极大地推动了通信行业的发展。

进入4G时代，随着数据需求的激增，OFDMA(正交频分多址)成为核心技术。OFDMA通过将频谱分割为多个子载波，使得每个用户都能在不干扰其他用户的情况下进行数据传输。这种技术大大提高了频谱效率，使得移动互联网的高速数据传输得以实现。

在5G时代，通信需求更趋多样化，为了应对各种场景，5G不仅继承了OFDMA，还引入了多种新型多址技术，包括非正交多址(NOMA)、稀疏码分多址(SCMA)、多用户共享接入(MUSA)以及图样分隔多址(PDMA)。这些技术通过不同的方式提高频谱的利用率和系统的接入能力，能够支持大规模设备的连接、高速移动通信、低时延场景等多样化的需求。

11.2.1 非正交多址技术

NOMA是一种新型的多址接入技术，其核心思想是允许多个用户共享相同的时域、频域或空域资源进行非正交传输，从而提升频谱利用率和接入能力。基于功率分配的功率域非正交多址(PD-NOMA)是NOMA技术的主要实现形式，通常依赖用户的信道状态信息进行功率动态配置。

以两个用户为例，图11.2.1描述了NOMA系统下行链路的信号处理过程。假设用户 1 位于小区中心,用户 2 位于小区边缘。基站将用户 1 和用户 2 的信号在功率域进行叠加。由于用户 1 的信道条件较优,因此基站为其分配较小的功率;而用户 2 的信道条件较差,为保证其信号的可靠解码,基站为用户 2 分配较大的功率。在接收端,用户 1 首先解调并译码出用户 2 的信号,并根据译码结果重构用户 2 的信号,再将其从接收到的叠加信号中移除。通过这种方式,有效消除了用户 2 信号对用户 1 的干扰,从而使用户 1 在较高的信干噪比(SINR)条件下正确解码其信号。

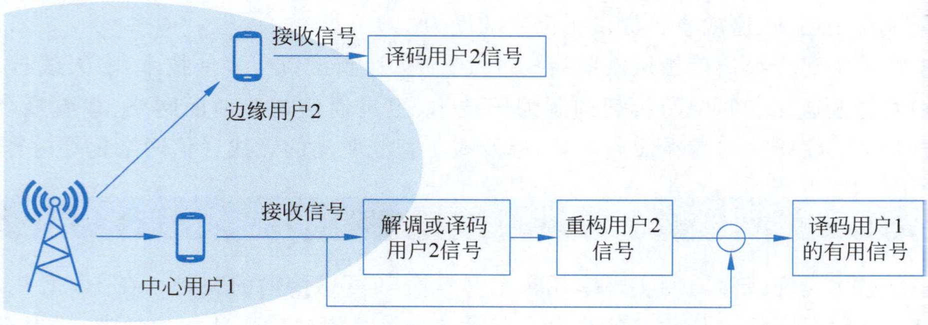

图 11.2.1　NOMA 原理图

对于用户 2,由于其被分配了更高的功率,其信号在基站发射时占据主要功率资源,即使受到用户 1 信号的干扰,接收端仍能正确解码其有效信号。在 NOMA 系统中,通过优化功率分配策略,能够使用户 1 和用户 2 的信号质量均达到系统性能的最佳平衡,同时显著提升系统的频谱效率和容量。在高负载场景下,NOMA 相较于传统正交多址接入(OMA),能够更高效地利用资源,实现更大的复用增益和更高的通信性能提升。

在发射端,基站根据用户的信道状态信息(CSI)和服务质量(QoS)需求,为每个用户分配适当的功率。通常,信道条件较差的用户会被分配更高的功率,以确保其能够正确解码。这一过程通常建模为优化问题,目标是最大化系统吞吐量,同时满足总功率限制和用户间干扰等约束。基站可以通过迭代算法或机器学习方法动态调整功率分配,以优化系统性能。

在接收端,采用串行干扰消除(SIC)技术进行信号处理。接收端首先解码功率较大的用户信号,解码后重构该用户的信号,并将其从接收信号中消除,以减少对其他用户的干扰。这一过程重复进行,直到所有用户的信号均被解码。通过这种逐步解码和干扰消除的方法,接收端能够有效降低误码率,提高解码成功率。

11.2.2　稀疏码分多址技术

SCMA 是一种非正交多址技术,旨在提高无线通信系统的频谱效率和用户容量。其核心思想是通过稀疏码本设计,使多个用户能够在相同的资源块上同时传输数据.而无须严格的正交化,从而实现资源的高效利用。

在发送端,用户数据首先经过信道编码,生成抗干扰的比特流。这些比特流直接输入 SCMA 编码器,利用稀疏码扩频和多维调制技术,将比特序列映射为复数域的多维码字。这些码字通过物理资源映射模块分配到特定的资源块上。由于 SCMA 采用稀疏扩频方式,不同用户的码字在同一资源块上实现非正交叠加，从而提高频谱效率。SCMA 允许多用户复用同一资源块，并通过优化码本设计实现用户间的有效区分。每个码本由多维调制符号组成的稀疏码字构成，同一码本内的所有码字共享相同的稀疏结构。这种设计使得 SCMA 发送端能够在降低映射复杂度的同时，实现更高的资源利用效率和更强的抗干扰能力。

在接收端，SCMA 接收到的叠加信号需要经过多步骤处理以提取用户信息。首先，信号经过解映射模块，提取各用户的稀疏码字信息。随后，SCMA 解码器利用稀疏码特性还原每个用户的多维码字。最后，多维码字输入 Turbo 解码器，进一步还原为用户的原始信息比特，完成信号处理流程。

图 11.2.2 展示了 SCMA 系统的网络框图，包括发送端和接收端的主要处理流程。具体而言，在发送端，每个用户的数据首先经过信道编码，生成具有抗干扰能力的比特流。这些比特流随后被映射到特定的稀疏码本中，转换为多维复数码字。这些经过编码的码字在物理资源映射模块中被分配到特定的资源块上，最终通过上行链路发送至基站。在接收端，基站接收到多个用户的叠加信号。接收端首先对叠加信号进行解映射，提取出各用户的稀疏码字信息。随后，消息传递算法结合稀疏码本的结构特性，迭代地恢复每个用户的多维码字。最后，这些码字被解码还原为用户的原始信息比特，实现多用户信号的有效分离和解调。

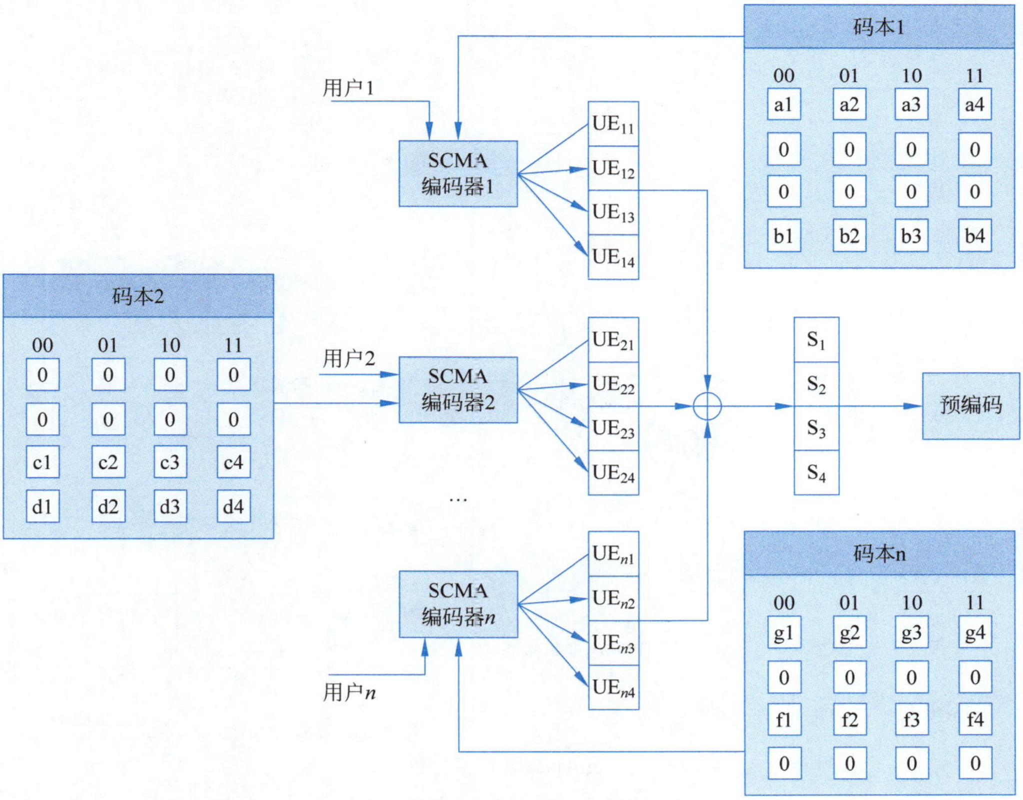

图 11.2.2 SCMA 系统的网络框图

11.2.3 图样分隔多址技术

PDMA是一种基于特征图样的新型非正交多址接入技术。该技术通过发送端和接收端的联合设计,在相同的时域、频域和空域资源内实现多用户信号的复用传输。在发送端,多个用户的信号通过特定的图样矩阵进行资源映射;在接收端,利用串行干扰抵消(SIC)算法对多用户信号进行检测和分离,从而实现上行和下行的非正交传输,接近多用户信道的容量极限。

图11.2.3展示了PDMA技术在上行和下行场景中的应用示例。在上行系统中(图11.2.3(a)),多个用户的信号复用到2个资源块上进行非正交传输。通过设计特定

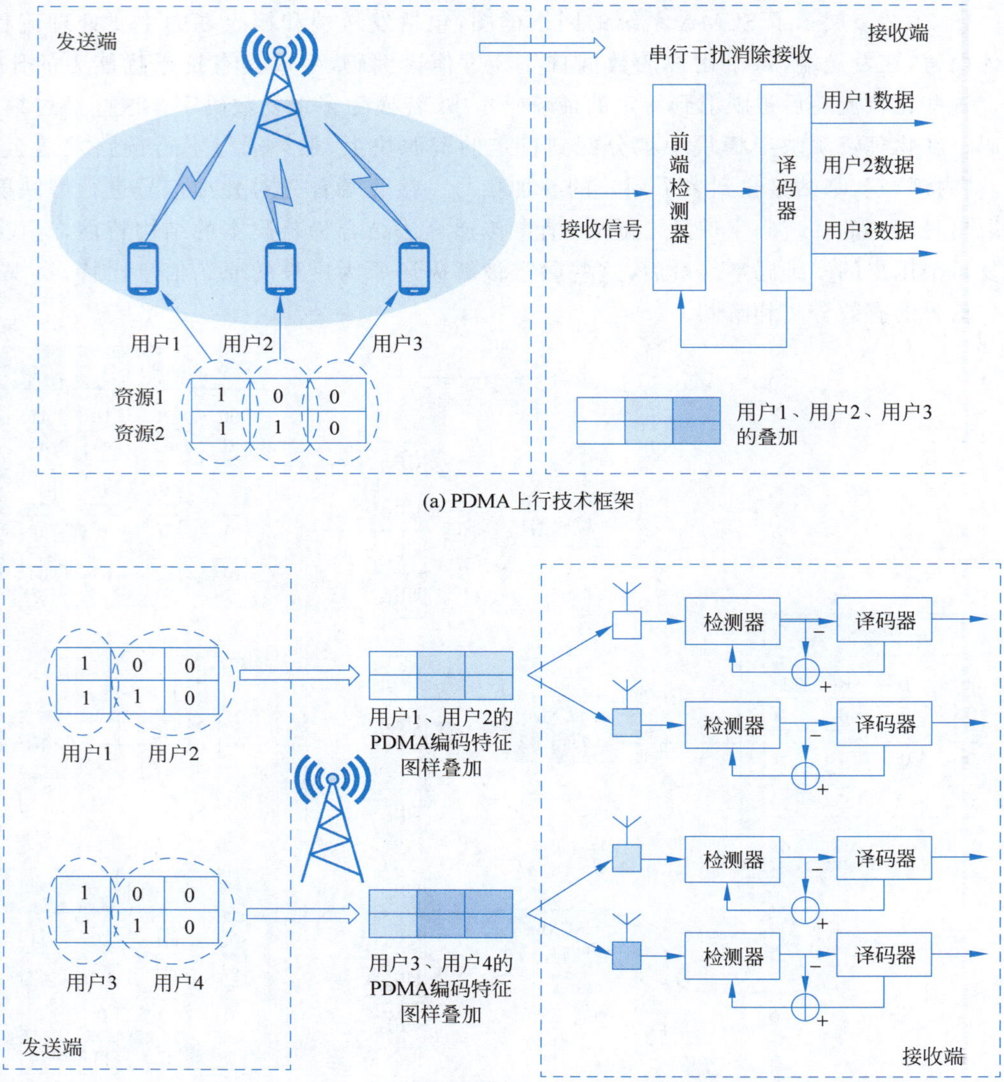

(a) PDMA上行技术框架

(b) PDMA下行技术框架

图 11.2.3 PDMA应用技术框架

的图样矩阵，这些资源（时域、频域、空域或功率域）能够高效共享，从而提高资源利用率并支持大规模用户接入。接收端利用串行干扰消除技术进行信号处理，从叠加信号中有效恢复每个用户的信号。在下行系统中（图 11.2.3(b)），PDMA 结合多用户多天线技术，为不同波束方向的用户（如用户 1 和用户 2，用户 3 和用户 4）提供非正交传输。对于同一波束内的用户，传统空分复用技术难以有效区分，这时，PDMA 通过在时频域设计特征图样，帮助区分同波束内的用户，从而实现非正交传输。

为了实现高效的资源复用，发送端的主要任务包括图样矩阵设计和功率分配。首先，发送端通过图样矩阵将每个用户的信号映射到特定的资源块（RB）。例如，在图 11.2.4 中，6 个用户的信号被分配到 4 个资源块，每个用户的特征图样不同。用户 1 的特征图样为“1111”，即信号映射到所有资源块；用户 2 的特征图样为“1110”，表示信号仅映射到前三个资源块。通过这种灵活的资源块分配方式，多个用户能够在相同资源块上实现非正交复用，进而提高频谱效率和系统接入能力。同时，特征图样的设计也可根据资源块数量和用户数的比值（过载率）进行动态调整，以适应不同的应用场景。其次，发送端需要根据用户的信道状态信息（CSI）和服务质量需求，为每个用户分配适当的功率。这一过程可以通过动态调整来优化系统性能，确保用户的信号在资源块上传输时，能够满足不同的信号质量要求，同时减少干扰并最大化系统的吞吐量。

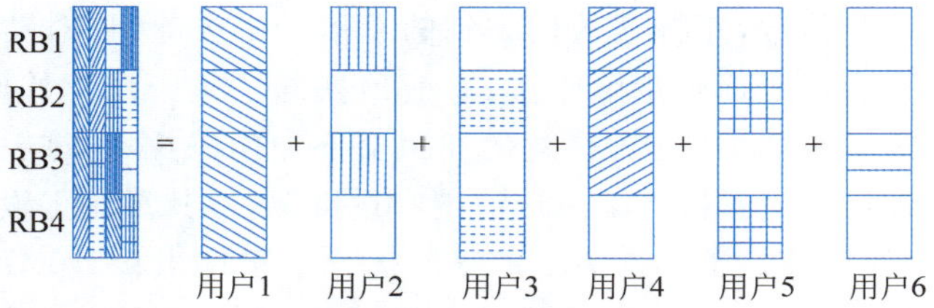

图 11.2.4　PDMA 资源映射

接收端首先优先解码信道质量较好的用户信号，将其他用户的信号视为噪声进行处理。在逐步解码的过程中，已解码用户的信息作为边信息输入，用于帮助解码其他用户的信号，最终实现多用户信号的有效分离和可靠解调。通过这一过程，接收端能够有效消除干扰，提升解码性能，从而接近多用户信道的容量极限。

11.2.4　多用户共享接入技术

MUSA 是一种基于复数域多元码的非正交多址接入技术，专为满足 5G 网络“海量连接”和“移动宽带”需求而设计。该技术通过创新的复数域多元扩频序列和先进的多用户检测算法，在相同时频资源下支持更多用户接入，同时实现免调度接入，简化同步和功率控制操作。

在发送端，MUSA 首先通过为每个用户分配不同的复数扩频序列来编码信号，并将其与其他用户信号进行叠加。这些扩频符号通过物理资源块进行共享，能够实现非正交的信号传输，提高频谱的使用效率。例如，如图 11.2.5 所示，多个用户的信号被分配到相同的资源块，在传输过程中有效利用每个资源块的带宽和时频空间。通过这种方式，发送端能够实现更高的用户接入容量,并保证系统的整体性能。

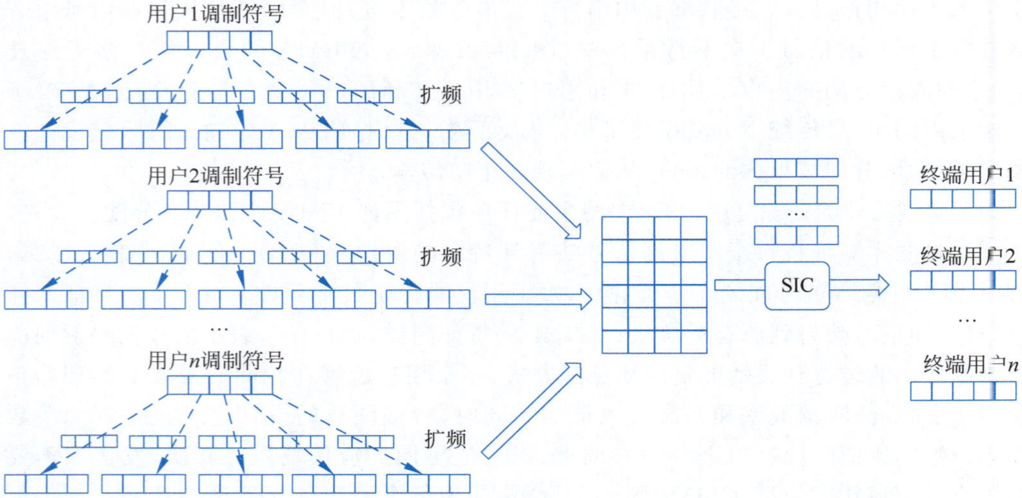

图 11.2.5　MUSA 上行工作原理

在接收端,MUSA 采用加权串行干扰消除(CW-SIC)算法进行信号处理。接收端首先解调功率较大的用户信号,并将其从接收到的总信号中去除,再对功率较小的用户信号进行解调。这一过程通过逐步消除干扰,有效地恢复了每个用户的原始数据。此外,在下行传输中,MUSA 还引入了一种优化的非正交叠加编码技术,进一步提升系统的传输容量。传统的叠加编码虽然接近多用户信道容量极限,但其星座点设计缺乏格雷映射属性,导致符号解调误码率较高。为此,MUSA 优化了星座点设计,增强了其抗干扰能力,并通过最大化星座点的最小欧氏距离,进一步提升了信号质量。通过这一全新的叠加编码方法,MUSA 不仅有效降低了终端的功耗和延迟,而且在多个用户同时接入的情况下,能够保持系统的高效性能,满足高数据量传输场景的需求。

11.2.5　候选多址技术

除了 NOMA、SCMA 和 MUSA 之外,未来无线通信领域还涌现出多种具有潜力的多址技术,这些技术针对不同的应用场景和设计目标提供了新的解决方案。

RSMA(Rate Splitting Multiple Access)技术专为应对大规模用户接入而设计。通过对用户数据进行分层编码,并将不同层次的数据分配到不同的资源块,RSMA 能够显著提高频谱效率并增强系统的灵活性。特别适用于需要支持大量设备和用户的场景。

IGMA(Interleave Grid Multiple Access)技术则针对高密度场景下的通信需求。通过交织器生成独特的用户信号模式,IGMA 能够有效分离多个用户的信号,使其特别适用于大规模传感器网络或智能交通系统等场景。在短包传输和低延迟通信需求较高的应用中,IGMA 展现出其独特的优势。

随着频谱资源的日益紧张，LSSA（Low Spreading Signature Access）技术通过短扩频码来实现用户区分，相较于传统扩频技术，LSSA 显著降低了对扩频带宽的需求。这使其非常适合频谱资源有限的场景，如 5G 网络中的边缘计算和小型无线网络部署。

NOCA（Non-Orthogonal Coded Access）技术通过非正交编码方案提高频谱效率，并简化系统的功率分配设计。NOCA 尤其适合资源受限的环境，如农村和偏远地区的无线网络，为这些区域提供了巨大的应用潜力和优势。

对于小规模用户群体，简洁性和低复杂度至关重要。BDM（Bit Division Multiplexing）技术通过将不同用户的比特流分配到特定的比特位置上，提供了一种简单且高效的多址接入方式。由于设计简单，BDM 特别适合低功耗广域网等应用场景。

这些多址技术不仅展现了各自的独特优势，还为未来通信网络的多样化需求提供了丰富的选择。在未来的 6G 网络中，这些技术可能会与现有多址技术协同工作，以实现更高的频谱效率、更低的延迟以及更强的系统鲁棒性。

11.3 多天线技术

在 4G 通信系统中，多天线技术用于扩大信号覆盖范围、提升频谱利用率和增强数据传输速率。其核心在于利用多天线的空分复用能力，在相同频谱资源下显著提升系统容量。这种技术可以形象地比喻为在空中构建多层“高架桥”，以充分挖掘空间资源的潜力。

然而，4G 在支持更高数据速率和更大容量的需求上存在一定的局限，尤其是在高密度用户环境、低延迟要求和大规模设备连接的场景中。5G 通过引入新型多天线技术，既弥补了 4G 的这些局限，也满足了更高的数据速率和容量需求。通过大规模天线阵列和波束赋形技术，5G 能够提高空分复用效率，增强频谱利用率，同时提升系统的容量和性能，特别是在大规模用户接入、高速移动和低延迟应用方面。

11.3.1 波束赋形

5G 通信系统中，波束赋形（Beamforming）与大规模天线阵列（Massive MIMO）密切相关，是实现高效信号传输的核心技术。波束赋形的基本原理是通过控制大规模天线阵列中每一路天线电磁波信号的相位和幅度，利用电磁波在空间中的叠加和抵消效应，在空间中形成多个定向的电磁波波束。这些波束可以根据不同用户或区域的需求进行定向传输，从而显著提高信号的强度、传播距离和通信效率。简单来说，“波束”是指集中传播的电磁波，而“赋形”则是通过调整信号的传播方向和形状来优化传输效果。就像手电筒将光束集中到一个特定方向，波束赋形通过大规模天线阵列将信号能量聚焦到目标用户的位置，从而避免传统全向发射中的能量浪费，提高信号的强度和通信质量，如图 11.3.1 所示。

波束的形成依赖于多天线系统。最基本的波束形成可以通过两根天线实现“初始”波束，而通过线性排列的多天线阵列，则能够形成“水平”或“垂直”波束。随着天线数量的增加，大规模天线阵列能够实现更为复杂的“空间”波束，提供更强的定向传输能力。

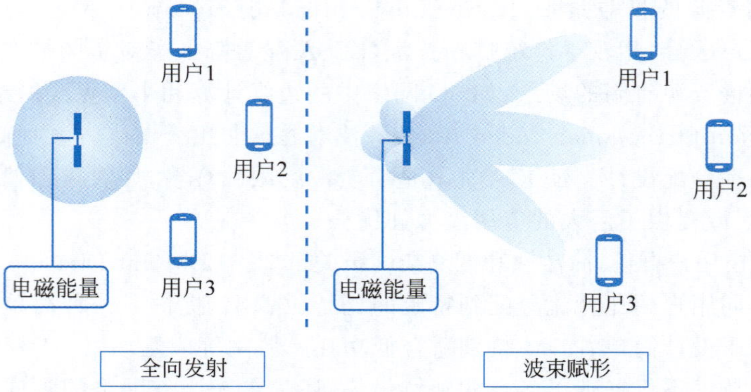

图 11.3.1 波束赋形

波束方向的控制主要通过相位延时技术实现,通过调整每个天线的信号相位,可以精确地控制波束的方向和形状。

5G 中的大规模波束赋形技术通过扩展天线阵列规模,增强了多用户信道的正交性,有效抑制干扰,实现了高效的多用户 MIMO 传输。这种技术核心在于通过精确控制天线阵列的波束方向,将信号能量集中在目标用户位置,同时在非目标用户位置形成干扰抑制的"零陷",从而提升频谱效率和系统容量。

11.3.2 大规模天线阵列

多天线发送和接收技术(Multiple-Input Multiple-Output,MIMO)是提升无线通信系统频谱效率和功率效率的关键技术,也是过去二十年移动通信领域的研究热点之一。MIMO 技术能够通过分集增益、复用增益和功率增益显著改善系统性能。其中,分集增益能够增强信号的可靠性,复用增益支持单用户的空间复用和多用户的空分复用,而功率增益则通过波束赋形提升了系统的能量利用效率。

大规模天线阵列技术 Massive MIMO 是 MIMO 技术的进一步扩展,其核心在于基站端部署数十甚至数百根天线,通过多用户波束赋形为多个目标接收机定制独立的波束。这种技术通过有效隔离空间信号,使得在相同频率资源上能够同时传输多路信号,从而充分挖掘空间资源的潜力,如图 11.3.2 所示。

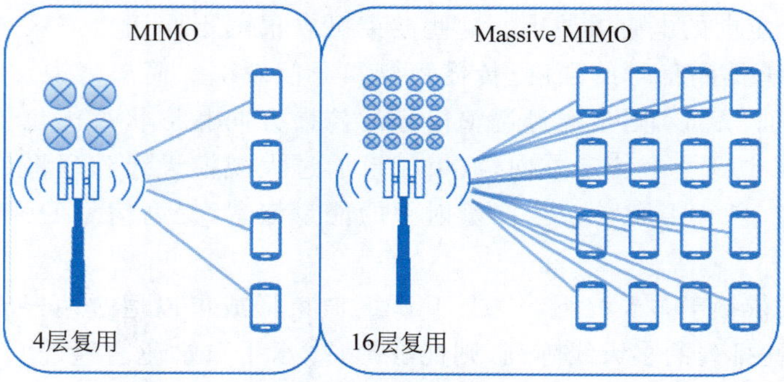

图 11.3.2 大规模天线阵列技术 Massive MIMO

大规模天线阵列的优势在于通过增加天线数量，能够更好地抵抗信道衰落，提高信号质量和可靠性。精确的波束控制和空间复用技术使其能够在有限的频谱资源上为更多用户提供服务，进一步提高了频谱利用率和系统容量。如图 11.3.3 所示，阵列天线的方向图展示了不同天线数量对波束赋形的影响。随着天线数量从 2 增加到 32，主波束变得更加集中，旁瓣减弱，这反映了阵列规模对波束控制和干扰抑制的明显提升。这一趋势符合均匀线性阵列的理论预期。

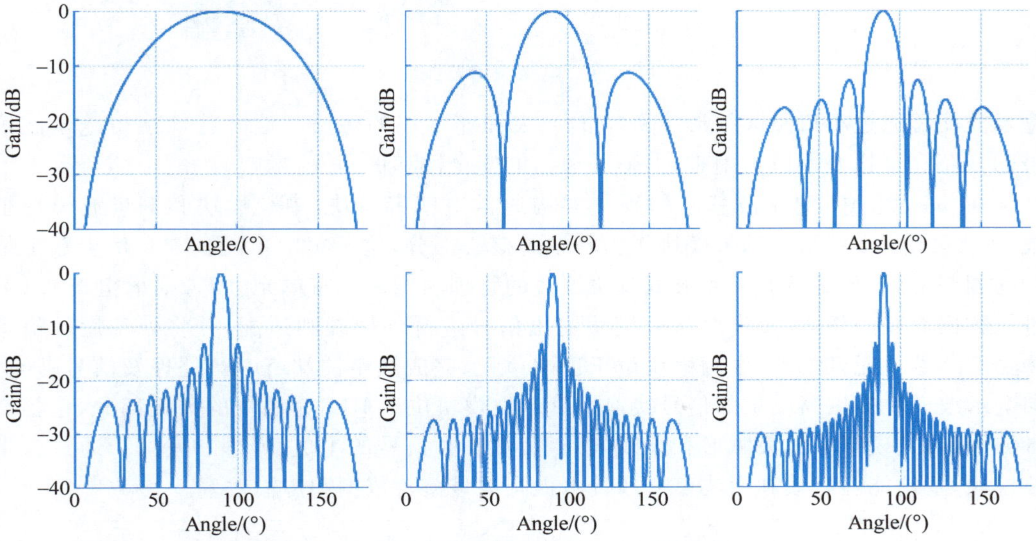

图 11.3.3 不同天线数量对波束赋形性能的影响

此外，大规模天线阵列在节能和成本优化方面也展现出显著的优势。通过协同工作的天线阵列，每根天线以较低功率发射信号，从而减少了对功率放大器的依赖，降低了硬件成本。信道质量的提升简化了传统通信系统中的信道编码，显著降低了传输时延。更重要的是，波束赋形技术通过高自由度的波束控制有效抑制了干扰信号，增强了通信系统的安全性和可靠性。特别是在毫米波通信中，大规模天线阵列通过波束赋形弥补了毫米波传播距离短的缺陷。

11.4 毫米波和太赫兹通信

随着对电磁波谱的不断探索，人类对电子学和光学的认识不断深化，催生了两大成熟的研究与应用技术：一是微波毫米波技术，广泛应用于雷达、射电天文、通信、成像和导航等领域；二是太赫兹技术。各频段的划分方式是：0.3～30GHz 为微波频段，30～300GHz 为毫米波频段，而 0.1～10THz 为太赫兹频段，如图 11.4.1 所示。

11.4.1 毫米波通信

毫米波通信因其强大的隐蔽性和抗干扰能力，在对安全性要求高的接力通信中得到了广泛应用。毫米波的高频特性使得其信号在大气中衰减较快，且由于其较小的波长，

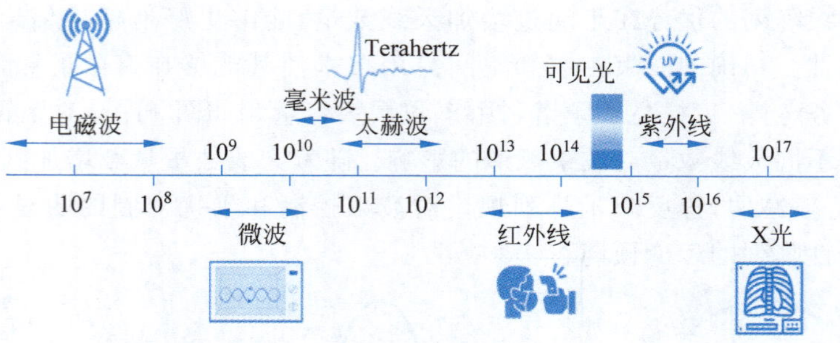

图 11.4.1 电磁波谱及频段划分

毫米波能够通过小口径天线形成极窄的波束和非常小的旁瓣。这一特性使得毫米波信号的截获和干扰变得极为困难,保障了通信的安全性和保密性。

在5G通信中,毫米波基站的硬件架构通常由基带模块、中频模块和毫米波模块组成,如图11.4.2所示。基带模块作为基站的核心部分,位于集中单元(CU),负责数字信号的调制解调、数字域波束赋形以及协议栈的管理功能。分布单元(DU)则承担着与CU进行数据交互的任务,负责对基带模块输出信号进行预处理和适配,并将处理后的信号传输至远端单元(RU)。中频模块位于远端单元,完成数字前端(DFE)处理及信号转换,向毫米波模块提供高质量的信号接口。毫米波模块位于RU,是系统的关键部分,包含毫米波混频器、模拟域波束赋形和天线阵列,负责高频信号的生成、处理和发射。通过毫米波模块,基站能够有效利用波束赋形技术提升信号覆盖范围和传输效率。

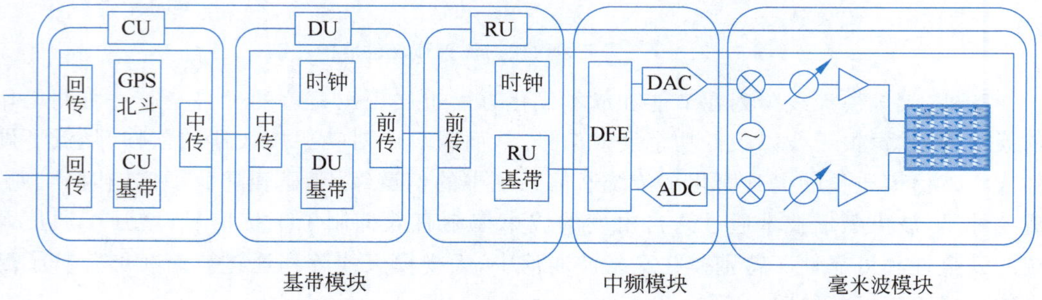

图 11.4.2 5G毫米波基站硬件架构图

波束赋形技术在毫米波通信中起着至关重要的作用,尤其是在克服其高频特性带来的传播挑战方面。由于毫米波具有较短波长和强方向性,信号在传播过程中容易受到大气吸收、雨衰和遮挡的影响,导致衰减严重且覆盖范围有限。通过波束赋形,基站可以通过多天线阵列将信号能量集中在特定方向上,形成高增益波束,从而增强信号强度、延长传播距离,有效克服毫米波的传播问题。

11.4.2 太赫兹通信

太赫兹(Terahertz)波泛指频率在0.1～10THz波段(对应波长为30～3000μm)范围内的电磁波,介于红外线和微波之间,处于宏观电子学向微观光子学过渡的阶段。其特殊的频段位置决定了太赫兹波在通信领域具有多种独特的技术特点。

首先，太赫兹波对介电材料和非极性液体具有良好的穿透性，可以在烟雾、沙尘等恶劣环境中稳定传播，使其在保密通信和极端环境通信中具备显著优势。此外，太赫兹波的光子能量较低，频率为1THz时光子能量仅为4.1meV，不足X射线光子能量的百分之一，对生物组织无损伤，具备极高的安全性。再者，太赫兹频段高于微波，具有更大的信息传输量，结合高阶编码调制技术可以满足大容量传输需求。同时，其窄波束特性能够有效抑制背景辐射噪声，提升通信保密性。

传统基于电子学的太赫兹通信系统发射端通常由基带和射频前端两部分构成。基带部分通过FPGA对数据进行加扰、编码与调制，生成基带信号；射频前端则包括倍频器、混频器、本振信号源、功率放大器和天线等，将基带信号转换为指定太赫兹频段并通过天线发射。全电子型发射端体积小、集成度高，适合系统小型化，且发射功率高，可实现较远距离传输。但其受限于半导体设计与加工难度，倍频器难以产生高于1THz的太赫兹信号，实时传输速率也受到基带芯片能力的限制。相比之下，光子辅助型发射端利用光电转换产生太赫兹信号，突破了电子器件带宽受限的问题，是实现大容量太赫兹通信的主流方式，如图11.4.3所示。基于单向载流子光电二极管的光子辅助型系统通过外腔激光器(ECL)、马赫-曾德调制器(MZM)等光学器件生成超宽带太赫兹信号。该方式凭借光波的超高频率和光学器件的大带宽，能够实现高达1THz以上的信号频率，具备更高的传输速率和带宽优势。

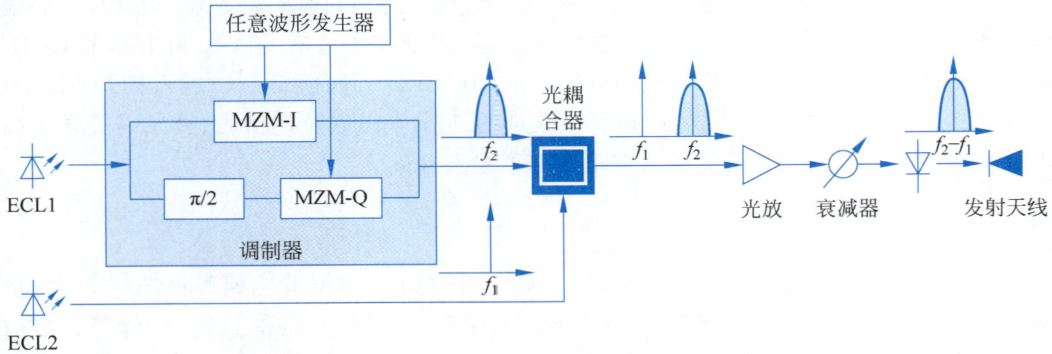

图11.4.3 光子辅助型太赫兹通信系统发射端

太赫兹信号的接收方式可分为直接检测和外差相干检测。采用直接检测的太赫兹通信系统的接收端结构如图11.4.4(a)所示，天线接收到的太赫兹信号被直接输入二极管检测器进行包络检测，然后转变为待数字处理的基带信号。采用外差相干检测的太赫兹通信系统的接收端结构如图11.4.4(b)所示，通过天线接收到的太赫兹信号与本振信号源一起输入到二极管混频器中，由混频器完成外差相干检测。

基于直接检测方式的接收端结构简单且功耗低，但仅适用于低阶幅度调制格式，对QAM等高阶调制方式的适用性较差。而外差相干检测可适用于高阶QAM、频率调制、相位调制等多种调制方式，并且具有高检测灵敏度、超大带宽以及高频谱效率等优点，能

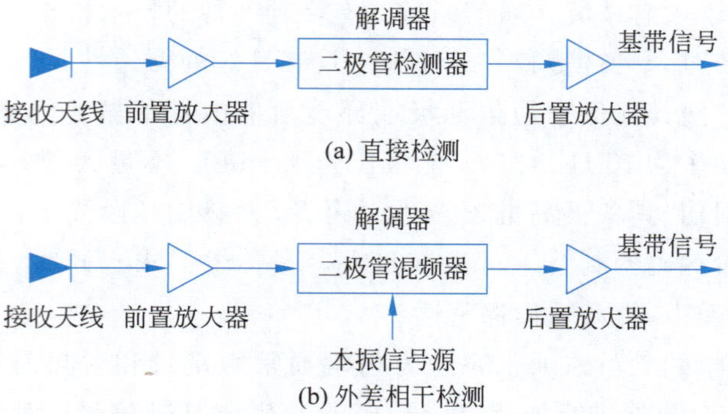

图 11.4.4 太赫兹通信系统接收端

够应对太赫兹频段高路径损耗带来的检测困难，是巨容量太赫兹通信系统使用最多的接收方式之一。

随着物联网和智慧城市的快速发展，太赫兹通信与感知技术在多个领域中具有显著的应用潜力，包括反恐与高保密数据通信、大气与环境监测、实时生物信息提取以及医学诊断等。这些应用不仅对国民经济发展具有重大意义，也对国家安全提供了强有力的支持。

11.5 5G 中的新型调制编码技术

调制和编码技术是通信系统性能的核心。在 3G 时代，低速率业务采用卷积码，高速率业务使用 Turbo 码，控制信道应用线性分组码，调制技术包括 QPSK 和 16QAM。4G 统一采用 Turbo 码，支持 16QAM、64QAM 和 256QAM 等高阶调制。进入 5G 时代，新型编码技术继续涌现，LDPC 码、Polar 码、改进的 Turbo 码以及网格码、喷泉码等领域技术取得突破，为满足高速、可靠通信需求奠定了坚实基础。

11.5.1 Polar 码

Polar 码的核心思想是通过信道极化，将多个相同的信道转化为两类极端信道：容量接近 1 的“好信道”和容量接近 0 的“坏信道”。在实际应用中，将信息比特分配到“好信道”，而将冻结比特(通常固定为 0)分配到“坏信道”，以实现可靠的数据传输。

针对不同的上下行控制信道，Polar 码进行了优化设计。例如，在上行控制信道中，采用了 CRC 辅助的 Polar 码(CA-Polar 码)，通过引入循环冗余校验(CRC)来辅助路径选择，提升短码场景下的误码性能。对于信息比特较短的情况，提出了奇偶校验 CRC 辅助的 Polar 码(PC-CA Polar 码)，即在 CA-Polar 码的基础上增加少量校验比特，具体框图如图 11.5.1 所示。该结构中，信息比特首先经过 CRC 编码生成校验比特，然后与奇偶校验比特一起输入 Polar 编码器。奇偶校验比特通过对特定信息比特进行异或运算生成，旨在辅助译码器在译码过程中进行路径选择，从而提高译码成功率。这种结构设计使 PC-CA Polar 码在短码上行控制信道中表现出色，能够在复杂信道环境中保持稳定性能。

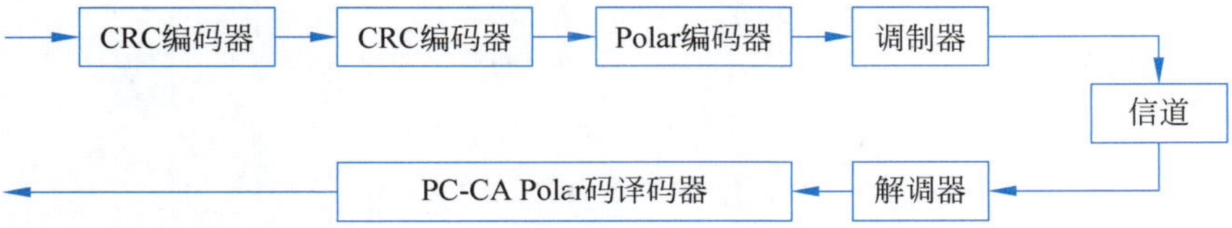

图 11.5.1 PC-CA Polar 码的编码方案

对于下行控制信道，Polar 码的设计重点是降低用户设备在监听时的功耗。为此，引入了 Distributed CRC Polar 码，通过在 CA-Polar 码编码过程中增加交织器，重新排列 CRC 比特与信息比特的顺序。该交织操作使部分信息比特可以在译码初期进行 CRC 校验，从而实现早停功能，大幅降低了用户的功耗和延迟。

极化码的优势包括低复杂度和高可靠性。其基本译码算法的成功率复杂度较低，极大地降低了硬件实现的难度。同时，极化码的结构使其在短码和高信噪比条件下表现尤为优秀。在通信系统的应用中，极化码的解码算法可以高效地实现，从而减少系统的资源消耗，提升整体性能。值得一提的是，华为主导开发的动态冻结位优化方案，能够根据不同通信场景（如移动用户与固定用户的不同需求）灵活地调整冻结位，从而优化编码过程。该优化方案通过动态选择冻结位，进一步提高了极化码的频谱效率和抗干扰能力，使得极化码在复杂的无线环境中具备了更强的鲁棒性。

11.5.2 低密度奇偶校验码

低密度奇偶校验码（LDPC 码）是一种接近香农限的线性分组码，广泛应用于现代通信系统中。由于其出色的性能和较低的译码复杂度，LDPC 码成为 5G 及其他高效通信系统中的关键编码技术。其核心在于利用稀疏的校验矩阵和迭代的置信传播（BP）算法，实现高效的误码检测和纠正。通过这种方式，LDPC 码在复杂信道环境中仍能保持高性能。

在 5G 通信系统中，LDPC 码的设计旨在支持高速率和高容量的数据传输。为了应对不同的信道环境，LDPC 码采用了灵活的码率结构，支持 1/5～8/9 的多种码率。通过速率匹配机制，系统能够根据具体需求动态调整编码率，保证数据传输的效率与可靠性。

然而，LDPC 码的优势不仅源自其迭代译码的特性，还取决于其稀疏校验矩阵的设计。矩阵设计在 LDPC 码的应用中起着至关重要的作用，因为它直接决定了编码和译码的复杂度以及系统的整体性能。如果矩阵结构设计不合理，可能会导致信道译码时的复杂度增加，甚至影响误码率和系统的可靠性。特别是在需要支持高速、大容量数据传输的场景下，LDPC 码的矩阵设计尤为重要。

Gallager 矩阵是 LDPC 码中最经典的一种构造方法。它的特点是矩阵的每一行和列都有固定数量的 1。假设我们构造一个规则的 Gallager 矩阵，要求每行有 4 个 1，而每列有 3 个 1，这个矩阵的结构如下：

$$
\boldsymbol{H}_{\text{Gallager}}=\begin{bmatrix}
1 & 1 & 1 & 1 & 0 & 0 & 0 & 0 & 0 & 0 & 0 & 0\\
0 & 0 & 0 & 0 & 1 & 1 & 1 & 1 & 0 & 0 & 0 & 0\\
0 & 0 & 0 & 0 & 0 & 0 & 0 & 0 & 1 & 1 & 1 & 1\\
1 & 0 & 1 & 0 & 0 & 1 & 0 & 0 & 0 & 1 & 0 & 0\\
0 & 1 & 0 & 0 & 0 & 0 & 1 & 1 & 0 & 0 & 0 & 1\\
0 & 0 & 0 & 1 & 1 & 0 & 0 & 0 & 1 & 0 & 1 & 0\\
1 & 0 & 0 & 1 & 0 & 0 & 1 & 0 & 0 & 1 & 0 & 0\\
0 & 1 & 0 & 0 & 0 & 1 & 0 & 1 & 0 & 0 & 1 & 0\\
0 & 0 & 1 & 0 & 1 & 0 & 0 & 0 & 1 & 0 & 0 & 1
\end{bmatrix}
$$

MacKay-Neal 矩阵是 LDPC 码的一种设计方法，相较于 Gallager 方法，非零元素的分布方式更加灵活，其核心思想是通过递归方式逐列填充 1 以满足校验条件。该方法采用递归填充的方式，使矩阵中的非零元素分布更具灵活性，从而避免了 Gallager 方法中 1 过于集中而导致的矩阵稠密问题。

在递归填充过程中，矩阵的每一列逐步增加 1，确保每列的权重满足设计要求，并且满足其他约束条件。这种方法通过调整非零元素的位置，使得矩阵中的“1”分布均匀，既保持了稀疏性，又能确保每列和每行的 1 数量相同，从而实现高效的编码性能。

假设我们需要构造一个规 MacKay-Neal 矩阵，依旧要求每行有 4 个 1，而每列有 3 个 1，矩阵经过递归填充后，最后结构如下：

$$
\boldsymbol{H}_{\text{MacKay-Neal}}=\begin{bmatrix}
1 & 0 & 0 & 0 & 0 & 1 & 0 & 1 & 0 & 1 & 0 & 0\\
1 & 0 & 0 & 1 & 1 & 0 & 0 & 0 & 0 & 0 & 1 & 0\\
0 & 1 & 0 & 0 & 1 & 0 & 1 & 0 & 1 & 0 & 0 & 0\\
0 & 0 & 1 & 0 & 0 & 1 & 0 & 0 & 0 & 0 & 1 & 1\\
0 & 0 & 1 & 0 & 0 & 0 & 1 & 1 & 0 & 0 & 0 & 1\\
0 & 1 & 0 & 0 & 1 & 0 & 0 & 0 & 1 & 0 & 1 & 0\\
1 & 0 & 0 & 1 & 0 & 0 & 1 & 0 & 0 & 1 & 0 & 0\\
0 & 1 & 0 & 0 & 0 & 1 & 0 & 1 & 0 & 1 & 0 & 0\\
0 & 0 & 1 & 1 & 0 & 0 & 0 & 0 & 1 & 0 & 0 & 1
\end{bmatrix}
$$

11.5.3 Turbo 2.0

Turbo 码自提出以来，一直是无线通信领域的核心技术之一。其原理基于两个并行递归系统卷积编码器和一个交织器，通过迭代译码来接近香农极限，实现优越的误码率性能。然而，尽管 Turbo 码在大多数情况下表现出色，它也存在一些缺点。特别是在某些码长和码率组合下，尤其是短码的情况下，Turbo 码会出现性能衰减现象，这一问题在编码学中称为“地板效应”。这种现象在低时延高可靠性传输业务中尤其突出，且在 5G 标准化过程中被认为会影响通信系统的性能。

为了解决这一问题，LTE 系统中的 Turbo 编码引入了网格终止序列(Trellis Termination Bit, TTB)。TTB 的设计目的是确保编码网格的起始态和终止态保持在已知状态，从而避免由于结束状态不明确引发的解码错误。在理想情况下，这能提高系统的鲁棒性，减少地板效应。然而，尽管 TTB 在理论上有助于减少地板效应，但它并未经过 Turbo 编码的双编码器保护，因此其在接收端的纠错能力远不如其他信息序列或冗余序列。在短码场景下，固定长度的 TTB 加剧了地板效应，使得 Turbo 编码在这些场景中的性能衰减更为明显。

如图 11.5.2 所示，Turbo 2.0 摒弃了传统 TTB，引入了咬尾(Tailing Biting)技术，显著改进了编码性能。咬尾技术通过将普通卷积升级为循环卷积，不仅解决了传统 TTB 带来的性能瓶颈，还提高了频谱效率。循环卷积的引入使得编码过程更加灵活，避免了固定长度终止序列在短码场景中的限制，进而有效提升了编码的性能。

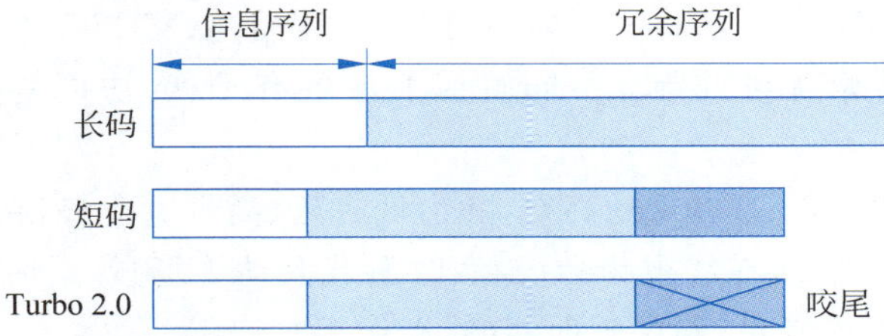

图 11.5.2　Turbo 编码中网格终止序列 TTB 对不同码长的影响

此外，Turbo 2.0 对交织器和打孔机制(Puncturing)进行了联合优化。交织器通过随机化数据的排列，打破错误比特的连续发生，从而增强了编码系统的鲁棒性；而打孔机制则通过选择性地省略某些比特位来提高频谱效率，同时确保高权重信息得到有效保护。这些优化共同作用，确保 Turbo 2.0 在短码情况下超越了传统 LDPC 码的性能，彻底消除了地板效应。

11.5.4　其他编码技术

在 5G 通信技术的编码领域，除了 LDPC、Polar 和 Turbo 2.0 外，网格码(Trellis Code)与喷泉码(Fountain Code)也有着独特且关键的作用。

网格码是一种将编码与调制相结合的信道编码技术，它基于网格结构来实现信号序列的映射与变换。其核心优势在于能够有效利用信道的记忆特性，使得接收端在解码时可以依据前后相关信息来纠正错误。例如，在一些对可靠性要求较高的场景，如工业控制指令传输、关键数据备份等，网格码凭借其出色的抗干扰性能，能保障信息精准无误地抵达接收端，降低误码率对系统运行的负面影响。喷泉码是一类无码率码，它的独特之处在于编码过程不依赖于固定的码率。喷泉码的工作原理类似于源源不断喷水的喷泉，发送端可以持续生成编码符号，接收端只需接收到足够数量的编码符号，无论接收顺序如何，都能够成功解码原始信息。这种特性使其在应对无线信道多变、高丢包率的环境时表现卓越。在视频直播、大规模物联网设备数据上传等场景中，喷泉码获得了广泛应用。

11.6　卫星通信与非地面网络

在当今飞速发展的通信领域，非地面网络(Non-Terrestrial Network，NTN)正迅速崛起,凭借其独特的全球覆盖能力与灵活部署特性,深度融入5G乃至未来6G网络架构,成为关键核心部分。尤其在传统地面网络力不能及的偏远地区、海洋、航空等场景NTN发挥着不可或缺的作用。卫星通信作为NTN的核心支撑技术,紧密连接天地通信,与地面网络深度融合,重塑全球通信格局。

11.6.1 非地面网络体系

非地面网络构建起一套综合性通信体系,旨在攻克传统地面网络覆盖盲区难题,其架构涵盖空间、地面与用户终端三大关键模块。

1. 空间部分

空间部分是NTN的核心驱动力,集成低轨道(LEO)、中轨道(MEO)、高轨道(GEO)卫星以及高空气球、无人机等高空平台。不同轨道卫星各有千秋,协同构建全球通信网络。

低轨卫星运行于距地球500~2000km高空,凭借低时延、高带宽优势,在实时性要求苛刻的业务领域表现卓越。例如,在线视频会议、实时游戏互动等场景,对时延要求通常在20ms以内,低轨卫星可轻松满足,确保画面流畅、操作实时响应。

中轨卫星位于5000~20 000km轨道,巧妙平衡覆盖范围与传输性能。在区域性通信组网方面,可覆盖特定国家或洲际区域,为区域交通、能源等行业提供稳定通信链路;同时,在卫星导航系统中作为辅助力量,增强定位精度与可靠性,如为GPS、北斗系统补充功能,保障精准导航。

高轨卫星,典型如地球静止轨道卫星,高悬于36 000km高空,凭借与地球同步运行特性,实现稳定持久覆盖。在全球广播服务领域,如国际电视转播、卫星广播,确保信息广泛传播;在灾害应急通信初期,当地面设施受损,高轨卫星迅速搭建临时通信通道,保障指挥救援信息畅通,成为抢险救灾关键支撑。

星间链路(Inter-Satellite Link,ISL)是卫星协同的关键技术,构建起卫星间高速通信通道。低轨卫星间多采用高速激光链路,实现超高速数据传输,加速信息流转;高轨与低轨卫星间借助微波链路保障长距离稳定通信。ISL不仅提升通信可靠性,通过冗余备份、优化传输路径等,还增强网络灵活性,确保数据在空间网络高效传输。

2. 地面部分

地面部分在NTN体系中起着承上启下的关键支撑作用,保障空间与地面网络无缝对接。地面站作为空间与核心网络连接中枢,配备大型抛物面天线捕捉卫星微弱信号,配合高性能收发设备确保数据高速处理。在软件层面,集成信号解调、编码转换、数据缓存等功能,精准实现数据接入与分发。以国际通信枢纽地面站为例,每日需处理海量数据,其高效吞吐处理流程可确保全球信息顺畅交互。

核心网络如同NTN的"智慧大脑",负责协议处理、资源分配和调度管理。面对卫星与地面网络协议差异,核心网络通过适配转换确保无缝对接;依据业务优先级、网络负载动态分配频谱、时隙、功率资源;结合实时与批量业务特点,精心安排调度顺序、精准控制调度时长,保证天地数据高效传输,维持网络稳定运行。

3. 用户终端部分

在非地面网络体系中,用户终端充当了人机交互的关键接口,解决了空间信道复杂特性带来的技术挑战。卫星高速运动引发的频移效应使得通信信号在传输过程中出现显著的频率偏移;同时,电磁波在星地长距离传输中需要穿透电离层、对流层等大气介质,并受到雨雪衰减等环境因素的影响,导致路径损耗巨大,从而引发严重的信号衰减和误码率增加。在台风、暴雨等极端天气条件下,这种传输特性尤为明显,常常导致偏远地区终端通信中断。

为应对这些挑战,现代用户终端设备通过三条技术路径实现突破。首先,通过构建智能频偏补偿机制,结合基于深度学习的自适应滤波算法,终端能够实现频率偏移跟踪与实时校正;其次,创新性地引入了混合波束赋形技术,结合高增益相控阵天线和低温共烧陶瓷滤波器,有效提升接收灵敏度;最后,通过级联低噪声放大器与数字预失真模块,接收信噪比被大幅提升,显著降低误码率。

华为 Mate 60 Pro 作为智能终端中的代表,在非地面网络系统的实际应用中树立了典型示范。该设备搭载了自研卫星通信芯片,并通过星历预测辅助的闭环频偏补偿算法,将同步时间大幅缩短。其创新的信道感知模块能够实时监测链路质量,并基于模糊控制理论动态调整编码调制方式,在确保通信可靠性的同时实现频谱效率倍增。针对极端环境,设备采用了多层异构天线阵列设计,在极端温度范围内,保持电压驻波比达到优异的性能。

11.6.2 卫星通信

卫星通信系统由地面站、卫星和终端设备组成,地面站负责与卫星通信并处理信号,卫星则通过在轨道上的运作转发信号,确保全球范围内的通信覆盖。终端设备则是用户与卫星通信系统连接的接口,常见的设备包括卫星电话、卫星电视接收器等。通信链路将信号从地面站传输到卫星,再从卫星传输到用户终端,实现双向或单向的数据和信息交换。

卫星通信系统根据覆盖区域、应用类型和信号传输方式等不同标准进行分类。卫星通信按覆盖区域分,主要有地球同步卫星通信、中地球轨道卫星通信和低地球轨道卫星通信。按应用类型分,主要有固定卫星通信、移动卫星通信和广播卫星通信。典型的卫星通信系统包括 INTELSAT、Iridium 和 GPS 等,它们分别为全球通信、移动通信和定位提供了稳定的卫星支持,广泛应用于各类通信需求中。

11.7 载波聚合与动态频谱共享

11.7.1 载波聚合的机制与场景

载波聚合(Carrier Aggregation,CA)通过将多个频段的载波信号进行捆绑,形成一个更宽的带宽,从而实现更高的数据传输速率,广泛应用于 LTE-Advanced 和 5G 网络中。

根据频谱配置方式,载波聚合可分为 3 种类型:带内连续聚合(Intra-band Contiguous CA),即聚合同一频段内相邻的载波;带内非连续聚合(Intra-band Non-contiguous CA),即聚合同一频段内不相邻的载波;以及带间非连续聚合(Inter-band Non-contiguous CA),即聚合不同频段的载波,如图 11.7.1 所示。这种分类方式使运营商能够灵活地利用现有的频谱资源,最大化网络的传输能力。

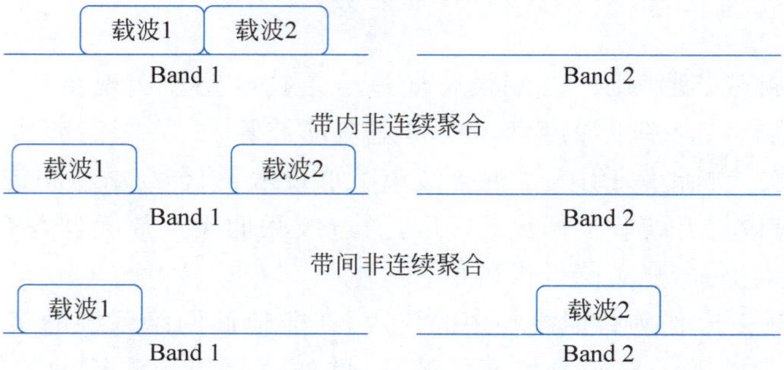

图 11.7.1　载波聚合模式示意图

载波聚合的优势显著。首先,它能够显著提升数据传输速率,使用户在进行高清视频流、在线游戏和大文件下载等高数据需求的应用时,体验到更高的下载和上传速度。其次,载波聚合增强了网络的灵活性,即使在频谱资源不足的情况下,运营商也能通过灵活地聚合不同频段,最大化现有频谱资源的利用效率,为不同地理区域和网络条件提供一致的服务质量。此外,载波聚合还能提高网络容量,通过多个用户在不同频段上并行传输数据,有效减少高峰时段的网络拥堵现象。针对载波聚合的实际应用,3GPP 协议中定义了以下 5 种典型场景,如图 11.7.2 所示。

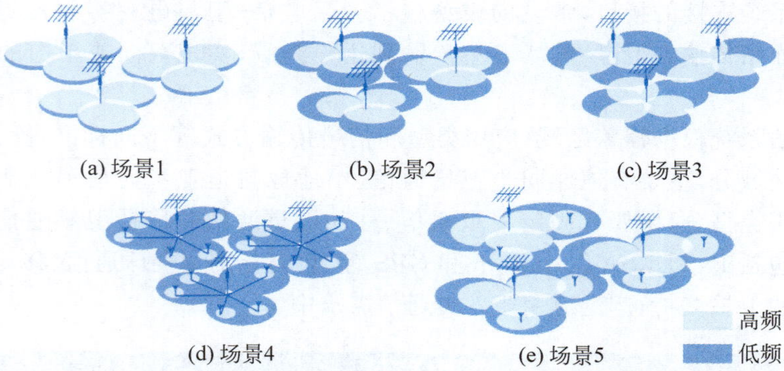

图 11.7.2　五大载波聚合场景

(1) 增大系统容量场景。基站天线以相同波束方向发射单一高频或低频信号,适用于带内连续的载波聚合。成分载波协同拓宽数据“车道”,增大系统容量,满足大量用户同时在线的需求。

(2) 增强小区中心用户通信容量场景。基站同时发射高频和低频信号,高频覆盖小,低频覆盖大。通过聚合不同频段载波,提升小区中心用户的通信容量,满足其高速、稳定的通信需求。

(3) 增强小区边缘用户通信容量场景。低频信号提供广覆盖支持移动性,高频信号聚焦小区边缘,增强信号强度和通信质量,改善边缘用户的体验,减少弱信号和干扰问题。

(4) 提升热点区域服务质量场景。低频载波提供宏覆盖支持移动性,高频载波聚焦热点区域,通过远程射频头(RRH)聚合信号,满足热点区域内的高数据速率和高质量需求,应对商业中心或大型活动的高流量需求。

(5) 综合性载波聚合应用场景。此场景综合了前面几种场景的特点,灵活运用高频和低频信号的覆盖特点,适应不同网络环境需求。综合策略应用于城市普通区域、热点区域及小区边缘等,优化网络性能,保障全区域通信质量。

11.7.2 动态频谱共享技术

动态频谱共享(DSS)技术的核心在于实现4G与5G之间的频谱共享。得益于4G和5G在物理层设计上的相似性,二者可以共享相同频谱资源,并根据不同的网络需求和用户行为动态调配时频资源。

在4G的子帧结构中,参考信号主要用于网络同步和下行链路测量,而5G的参考信号则具有更高的灵活性。这种灵活性使得5G可以在4G的时频资源中插入5G信号,从而实现动态频谱共享,且不会引发信号冲突。为了确保4G和5G技术能够顺利共存并避免干扰,采取了多种技术手段。例如,多播-广播单频网络技术可以在4G的保留符号中插入5G信号,从而避免信号冲突;mini-slot机制使得5G可以在任意时隙中插入短符号,特别适用于低时延场景。

在部署层面,动态频谱共享技术能够充分利用现有的4G网络设备,包括远程无线单元(RRU)和天线,只需对基带单元(BBU)进行更换或增设即可快速升级到5G网络。这种方法能够显著减少新建基站的成本,同时避免低频段资源的浪费。关于BBU的选择,有两种方案可供选择,如图11.7.3所示。第一种方案是在现有的4G BBU基础上增加5G BBU,并通过专用接口进行快速调度;第二种方案则是使用支持4G和5G的共享BBU来替代原有的4G BBU。这些部署方案通常受到设备厂商技术特性的影响,因为动态频谱共享的部署往往与单一厂商绑定,且不支持多供应商设备的混合使用。

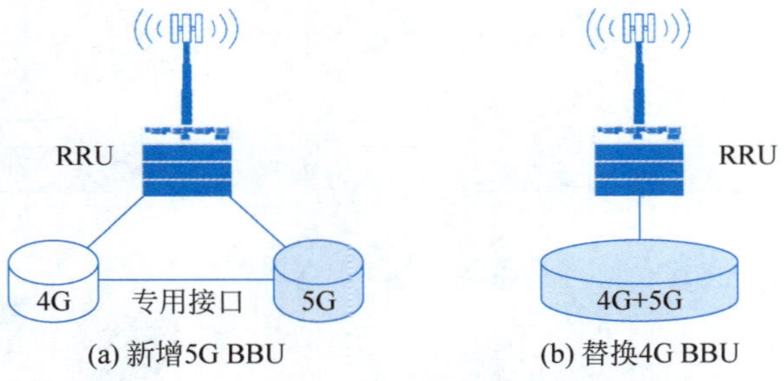

图11.7.3 4G和5G动态频谱共享设备部署

11.8 6G 愿景与潜在应用场景

11.8.1 6G 愿景及需求

6G 主要面向即将到来的新兴应用场景(如全息通信、电子医疗保健、自动驾驶和高精度工业控制),致力于打通虚拟世界与现实世界的界限,实现“万物智联、数字孪生”的美好愿景。同时,6G 还将实现泛在智能,其中,“泛在”意味着全球用户能够享受无缝覆盖的服务,“智能”则体现在以人工智能为核心的智慧互联网。

6G 的应用场景将比 5G 更加广泛,并深度融合传统的 eMBB(增强移动宽带)、mMTC(大规模机器类通信)和 uRLLC(超可靠低时延通信)功能。例如,6G 将支持全息通信与扩展现实(XR)体验,满足极高吞吐量和极低延迟的需求;支持人体数字孪生,满足超高实时性和可靠性的要求;提供空中高速网络接入,实现超高移动性和全球覆盖。此外,6G 还将支持新型智慧城市的建设、联网无人驾驶的普及以及高精度智能工业的发展,同时满足全域应急通信抢险的需求。

6G 的性能指标将显著超越 5G。数据速率、连接密度和能效预计提高 10 倍,移动性和频谱效率提升约 3 倍,时延降低至 1ms 以下。6G 的覆盖率将从当前的 70%提升至 99%,可靠性从 99.9%提升至 99.999%,定位精度也将从“米级”提升至“厘米级”。这些性能的突破将为 6G 的全面发展奠定坚实基础。

11.8.2 6G 网络框架

基于 6G 的愿景、需求、应用场景及性能指标,6G 网络将在全球范围内实现社会的无缝无线连接,融合通信、计算、导航、感测功能,并具备智能自主运营维护的空天地海一体化 3D 及 AI 网络架构,如图 11.8.1 所示。这种网络将能够提供超高容量、近乎实时、可靠且无限的智能超连通性。

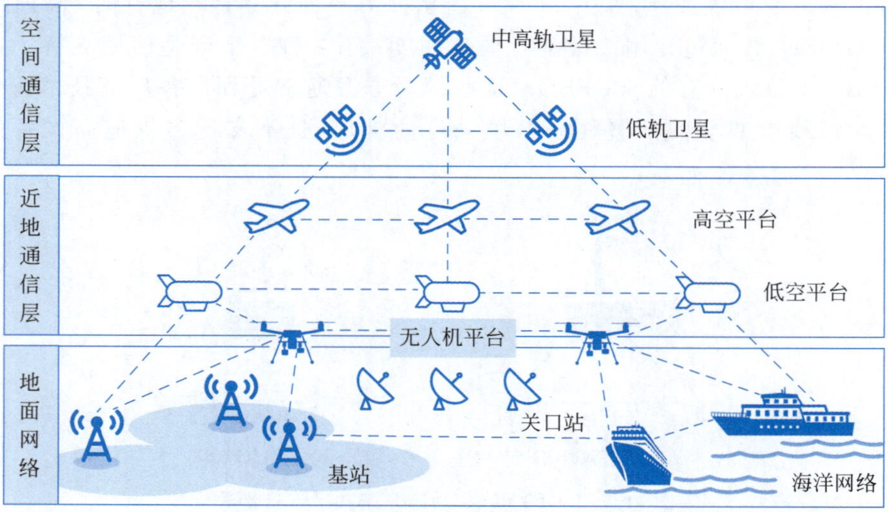

图 11.8.1 空天地海一体化示意图

1. 空天地海一体化网络

当前地面网络无法扩大通信范围的广度和深度，同时在全球范围内提供连接的成本非常高昂，为了支持系统全覆盖和用户高速移动，6G 将优化空天地海网络基础设施，集成地面和非地面网络以提供完整的无限覆盖范围的空天地海一体化网络。

基于卫星通信的空间网络通过密集部署轨道卫星为无服务和未被地面网络覆盖的地区提供无线覆盖。空中网络低空平台可以更快地部署、更灵活地重新配置以适应通信环境，并在短距离通信中表现出更好的性能。空中网络高空平台可以作为长距离通信中的中继节点，以促进地面和非地面网络的融合。地面网络将支持太赫兹频段，其极小网络覆盖范围将达到系统容量提高的极限，"去蜂窝"和以用户为中心的超密集网络的网络架构将应运而生。

2. 趋向智能化网络

为了实现 6G 智慧内生网络的愿景，6G 架构设计需全面融入人工智能的可能性，使其成为网络的核心特征。近年来，人工智能及机器学习已在 5G 网络中初步应用于物理层、MAC 层和网络层，但这些应用仅限于优化传统网络架构，未能充分发挥人工智能的潜力。面对服务需求多样化和连接设备爆炸性增长所带来的复杂异构系统，6G 急需一种具有自我感知、自我适应、自我推理能力的新型人工智能网络。这种网络不仅要在整体架构中嵌入智能，还需将 AI 逻辑深度融入网络结构，以实现感知与推理的系统交互，最终赋能所有网络组件自主连接与控制，并适应突发情况的变化。通过集中式人工智能、分布式人工智能、边缘人工智能和智能无线电(IR)的联合部署，以及智能无线传感、通信、计算、缓存和控制的深度融合，6G 将构建一个真正的智能网络，为未来的自主发展提供强大支持。

11.8.3 八大应用场景

1. 沉浸式云 XR

借助 6G 强大的传输能力，云 XR 应用将迎来质的飞跃。用户佩戴轻便的 XR 设备，即可畅享超高清、无卡顿的虚拟与现实融合体验。无论是复杂精细的工业设计模拟，让设计师仿佛置身于虚拟的产品原型空间，实时调整每一个细节；还是极具沉浸感的历史文化场景重现，如穿越时空漫步在古埃及金字塔内部，感受历史的厚重，都能轻松实现。其超低时延特性确保了用户动作与画面反馈的实时同步，为娱乐、教育、工业等多个领域开辟了全新的交互模式。

2. 全息通信

全息通信能够实现远程人物或物体的全息呈现，彻底打破空间距离限制。在商务会议中，参会者如同面对面交流，全息影像不仅逼真地展示面部表情、肢体语言，还能传递实物模型、文件资料等三维信息，让决策讨论更加直观高效。在家庭聚会场景下，即使亲人远在天涯海角，也能以全息形式齐聚一堂，共享温馨时刻，极大地增强了人与人之间的情感连接。而且在医疗、教育等领域，全息通信可用于远程专家会诊、虚拟课堂演示等，使优质资源得以全球共享。

3. 感官互联

这一创新应用场景旨在实现多种感官信息的同步传输与交互。除了视觉、听觉,触觉、嗅觉乃至味觉等感官数据都能通过 6G 网络精准传递。例如,在远程手术培训中,实习医生不仅能看到手术现场的高清画面、听到导师的实时讲解,还能通过触觉反馈设备感受到手术刀切割组织的力度与质感,如同亲身操作;在美食体验领域,消费者可以远程"品尝"各地特色美食,通过特殊装置模拟出食物的味道、口感,配合精美的视觉呈现,足不出户便能开启一场环球味觉之旅,为跨地域的交流与体验带来全新维度。

4. 智慧交互

6G 赋能下的智能体具备高度智慧交互能力,可实时理解人类意图并做出精准反馈。在智能家居环境中,智能管家能依据主人的一个眼神、一个手势,迅速调整灯光亮度、环境温度和湿度,甚至预判需求提前准备好饮品或播放喜爱的音乐。在智能客服场景下,客服机器人借助 6G 快速的数据传输与强大的计算能力,瞬间分析客户问题,以温暖、专业的语音和图文并茂的方式给出解决方案,大幅提升客户满意度,无论是日常咨询还是复杂售后问题都能应对自如。

5. 通信感知

利用通信信号实现双重功能,在保障数据传输的同时具备环境感知能力。在智能交通系统中,路边基站发射的 6G 信号既能为车辆提供高速稳定的联网服务,又能实时监测道路状况,如检测到前方车辆突发故障或道路积水、结冰等危险情况,立即向周边车辆发出预警,有效避免交通事故发生。在安防领域,通过对特定区域的通信感知监测,精准识别人员流动、异常物体闯入等情况,为城市安全保驾护航,实现通信与安防的有机融合。

6. 普惠智能

让智能技术渗透到社会各个角落,无论城市还是乡村,无论发达地区还是偏远地带,人们都能便捷地享受到智能化服务。在农业生产中,农民可借助简易的智能终端,通过 6G 网络连接云端智能农业平台,获取实时气象信息、土壤肥力数据,实现精准灌溉、施肥,提升农作物产量与质量。在教育资源匮乏地区,学生可利用智能学习设备接入全球知识宝库,参与在线课程、互动学习,缩小城乡教育差距,使智能成为推动社会公平发展的有力工具。

7. 数字孪生

构建与现实世界高度同步的数字镜像,涵盖城市、工厂、人体等各个层面。以数字孪生城市为例,城市管理者通过实时采集的海量数据,如交通流量、能源消耗、环境质量等,在虚拟数字空间中构建出一模一样的城市模型。凭借 6G 网络的高速传输,城市运行的每一处细微变化都能即时反映在数字孪生体上,便于提前规划交通疏导、优化能源配置、应对突发灾害,实现城市的精细化、智能化管理,提升城市运行效率与居民生活质量。

8. 全域覆盖

真正实现地球表面及近地空间的全方位无缝连接。无论是高山之巅、深海之渊，还是广袤沙漠、偏远孤岛，6G 网络都能提供稳定可靠的通信服务。在海洋科考中，科研人员在远离陆地的深海区域，利用 6G 卫星通信链路实时传输科考数据，可与岸上专家团队保持紧密沟通，确保科考任务顺利进行。在航空航天领域，飞行器在高空飞行过程中，借助 6G 空天地一体化网络，可精准接收地面控制指令，实时回传飞行状态，保障飞行安全，为人类探索宇宙、征服自然提供坚实的通信保障。

11.8.4　十大潜在关键技术

1. 内生智能的新空口和新型网络架构

新空口技术将智能算法深度融入物理层设计，实现信道自适应优化、高效编码调制等功能，自动根据环境变化和用户需求动态调整传输参数，提高频谱效率。新型网络架构以数据为中心，打破传统分层结构，引入智能决策节点，如在网络切片管理中，依据不同应用场景的实时流量、时延需求，智能分配网络资源，确保关键业务优先保障，实现网络的灵活高效运营，为 6G 多样化应用提供底层支撑。

2. 增强型无线空口技术

一方面，通过多天线技术的进一步升级，如采用大规模超密集天线阵列，显著提升空间复用能力，在有限的频谱资源下成倍增加传输容量。另一方面，优化调制解调技术，向更高阶调制方式迈进，提高单载波的数据承载能力，同时结合先进的信道估计与均衡算法，对抗多径衰落等恶劣信道条件，保障无线传输的稳定性与可靠性，满足 6G 对高数据速率和广域覆盖的需求。

3. 新物理维度无线传输技术

探索利用除时间、频率、空间之外的新物理维度进行信息传输。例如，基于轨道角动量(OAM)的无线传输，不同的 OAM 模态可作为独立的信息通道，理论上能够提供近乎无限的传输容量增长潜力。此外，还可利用极化维度、时间反演等技术，通过巧妙组合与创新应用，开辟全新的无线传输路径，突破传统物理维度的限制，为 6G 超高速、大容量传输提供新颖解决方案。

4. 新型频谱使用技术

拓展频谱资源利用范围，除了向太赫兹等高频段进军，还注重频谱共享与动态分配机制的创新。在频谱共享方面，实现不同业务、不同系统之间的智能频谱协调，如在城市热点区域，让 6G 移动通信与物联网设备在同一频段分时复用，提高频谱利用率。通过动态频谱分配技术，根据实时网络负载和应用需求，灵活调配频谱资源，确保关键业务在关键时刻有充足频谱可用，保障 6G 网络的高效运行。

5. 通信感知一体化技术等新型无线技术

通信感知一体化要求从硬件到软件进行全方位创新。在硬件上，设计兼具通信与感知功能的多功能射频前端，如采用可重构天线，通过调整天线参数实现通信与感知模式切换。在软件算法层面,开发联合通信感知信号处理算法,利用通信信号的回波提取环境信息,同时优化传输策略以减少感知对通信的干扰,实现两者协同增效,为智能交通、安防等领域提供强大助力。此外,还可利用智能反射面等新型无线技术,通过调控反射面的电磁特性,改善信号传播环境,提升系统性能。

6. 分布式网络架构

突破集中式网络的瓶颈,将网络功能部署于多个节点,如边缘计算节点、接入点等。在工业互联网场景下,生产线上的智能设备就近连接边缘计算节点,实时处理生产数据,快速响应控制指令,减少数据传输时延,提高生产效率。同时,分布式网络具备高容错性,当部分节点出现故障时,其他节点能够自动接管任务,确保网络整体的正常运行,适应6G复杂多变的应用场景需求。

7. 算力感知网络

网络具备感知算力分布与需求的能力,将算力资源与网络资源深度融合。在云计算场景下,用户发起任务时,网络能够智能判断最合适的算力节点,根据节点负载情况、算力性能以及用户的位置、时延要求等因素,动态调度任务,实现算力的最优配置。例如,在高清视频渲染业务中,网络将渲染任务分配到靠近用户且空闲的算力节点,缩短渲染时间,提升用户体验,为6G时代的算力密集型应用提供保障。

8. 确定性网络

针对6G某些对时延和可靠性要求极高的应用,如远程手术、工业控制,确定性网络能够提供精确的时延保障和近乎100%的可靠性。通过网络切片技术,为这些特殊应用单独划分资源,在切片内采用时间敏感网络协议等,精确规划数据包的传输路径、时间间隔,确保数据按时按序到达目的地,避免因网络抖动、拥塞等因素造成的不良影响,满足关键业务的严苛要求。

9. 星地一体融合组网

结合卫星通信与地面通信优势,构建无缝覆盖的立体网络。低轨道卫星星座凭借其全球覆盖、快速部署的特点,为偏远地区、海洋等地面网络难以触及的区域提供初始接入服务。地面网络则利用其大容量、低时延的优势,在人口密集区、城市等重点区域承担主要通信任务。两者通过天地链路实现互联互通,数据在星地之间高效流转,如在全球应急救援中,灾区信息通过卫星快速传至全球各地,救援物资调度指令通过地面网络精准下达,协同保障救援行动的高效开展。

10. 网络内生安全

安全理念贯穿于6G网络设计的全过程,从网络架构、协议设计到设备选型,都充分考虑安全因素。采用零信任模型,对每一个接入网络的节点和用户进行持续身份验证与授权,即使在网络内部也不轻易信任。利用区块链技术确保数据的不可篡改与可追溯性,在数据传输、存储环节保障信息安全。同时,基于人工智能的入侵检测与防御系统实时监控网络流量,快速识别并应对各类安全威胁,构建全方位、多层次的安全防护体系,守护6G网络的安全稳定运行。

11.9 人工智能驱动的无线通信网络优化

11.9.1 人工智能驱动的 6G 智慧内生网络

6G 网络正朝着多元化、宽带化和综合化方向发展，其核心目标是借助人工智能技术，构建具备智慧内生能力的网络架构。相较于 5G，6G 不仅在数据速率、连接密度和能效等方面实现显著提升，还可通过智能化手段实现网络的动态感知、优化与自适应，满足未来复杂应用场景的需求。

如图 11.9.1 所示，6G 网络体系分为核心网（CN）层、中心层、边缘层和用户层，并融合 AI 处理模块以实现智能功能。核心网层负责全局资源优化和业务调度，边缘层具备本地计算和缓存能力以满足低时延服务需求，用户层通过激励机制实现资源共享，提升网络智能化水平。数据在各层之间通过云平台、远程射频头（RRH）、分布单元（DU）等组件流动，并与 AI 模块协同工作，实现对网络状态的动态优化与智能调度。

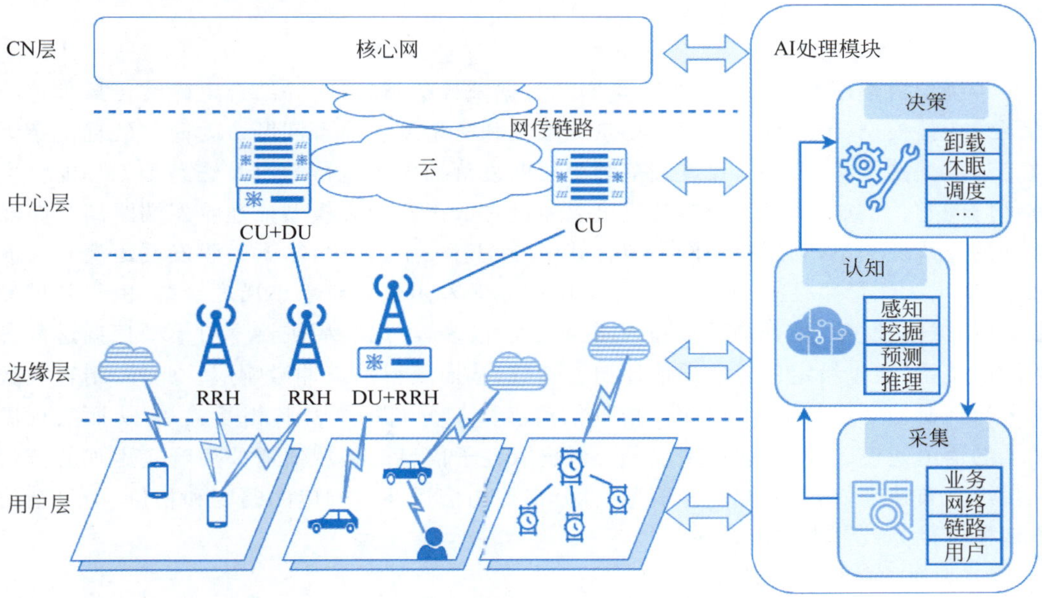

图 11.9.1 6G 智慧内生网络架构及 AI 处理机制示意图

人工智能在 6G 中的应用涵盖智能感知、自动优化和自主决策。通过深度学习和强化学习技术，网络能够实时感知状态、预测用户需求，并动态调整发射功率、频谱分配和天线方向，从而提升覆盖范围和容量，同时降低能耗与时延。与传统静态优化方法相比，AI 算法具备自适应能力，能根据网络动态变化实现持续最优性能。此外，6G 引入分布式智能协同模式，核心网集中管理资源与调度，边缘层提供本地计算支持，用户层共享计算与存储资源，共同提升网络的整体性能。

为保障数据共享的安全性与透明度，6G 采用区块链技术实现分布式账本管理，增强数据传输的安全性。借助AI驱动的多目标优化和全频谱通信能力,6G将实现海、陆、空的全场景覆盖,推动智慧城市、智慧交通和智能制造等领域的发展,加速实现"万物智联"的未来愿景。

11.9.2 智慧内生网络的关键技术和应用

智慧内生网络的关键技术和应用主要以人工智能技术为驱动力,旨在提升无线网络在物理层、数据链路层、网络层及传输层的性能表现,从而推动网络智能化发展。以下将从智能检测与估计技术、智能优化技术及标准化进展3方面展开探讨。

1. 智能检测与估计技术

5G和6G通信网络通过引入大规模MIMO和毫米波通信等物理层关键技术,催生了新型无线空口。这一变革在时域、空域和频域等多维度不断扩展,产生了海量、多样且实时的无线信道大数据,对信道建模、信号检测和估计提出了更高的技术要求。然而,由于信号的随机性和信道的复杂性,如何在较低计算复杂度的条件下实现高精度的信道衰落预测与模拟,已成为亟待解决的关键问题。

1) 无线信道建模

传统信道建模方法通常依赖大量实测数据统计信道特征,并结合电磁波传播理论分析无线传播模型,但这种方法存在场景局限性和复杂度较高等问题。为简化处理复杂无线信道数据的步骤,可将大尺度衰落和小尺度衰落抽象为机器学习算法易于处理的分类和回归问题。例如,大尺度衰落建模可以通过对数正态阴影模型描述收发端距离与路径损耗的非线性关系,利用神经网络拟合其中的映射关系,其中,输入为收发端距离和载波频率,输出为测量路径损耗,损失函数采用均方误差函数。对于小尺度衰落,由于其模型参数(如振幅、时延、多普勒频移和莱斯因子等)较多,可以利用机器学习模型挖掘这些参数间的关系,通过给定信道数据估计相关参数,从而获得信道冲激响应。此外,结合大数据分析与机器学习技术,可以深入挖掘信道参数的分布特征及其相互关系,从而实现更精准的信道建模。例如,通过主成分分析提取各子信道的频域信道冲激响应矩阵的分量和投影分布特征,结合天线配置信息,可分别重构信道冲激响应的幅度和相位,为复杂信道建模提供高效解决方案。

2) 无线信号检测和估计

在传统的信号检测和估计方法中,接收端通常通过统计信息对接收信号进行估计,包括信号参数估计和波形估计等;通过统计用户移动数据流量,可以分析出活跃用户连接具有稀疏性这一特点,从而引入新颖的压缩感知方法用于信号抽样。然而,基于压缩感知的无线信号检测方法通常需要多次迭代,其收敛速度较慢,同时难以满足测量矩阵的有限等距约束,因此在实时性和海量数据场景中的应用受到限制。为克服这些问题,可以将压缩感知算法展开为神经网络形式,使迭代算法的每一层对应深度神经网络的每一层,从而避免传统迭代算法中需要人为确定参数的复杂操作,并通过反向传播训练参数实现稀疏信号的高效恢复,提高收敛速度和准确性。

此外,无线通信场景的多样性进一步加剧了信道估计的复杂性。基于人工智能的信道估计算法突破了这一局限，即使在缺乏信道先验信息的情况下，仅依赖少量参考信号甚至无须参考信号即可实现信道估计。考虑到信道估计的主要目标是在接收端正确解调信号而非获取中间信息，因此可将信道估计与信号检测模块视为一个整体“黑盒”，并用前馈神经网络替代，从而构建一个完全由数据驱动的信道估计系统，通过神经网络自主分析采集数据的特征，有效提高信道估计的效率和准确性。

2. 智能优化技术

传统的网络优化技术通常依赖复杂的数学建模，通过求解有限资源的最优配置来提高网络性能。然而，这些方法的算法复杂度较高，通常仅能应用于特定场景和静态网络环境。在此基础上，结合人工智能技术赋予网络智能化能力，能够对无线信道、用户及网络的动态状况进行全面感知。通过对不断变化的网络特征和用户业务需求进行实时分析，智能化网络能够灵活地配置网络资源，从而建立差异化的网络模型并优化整体网络性能。

1）网络资源管理

在3G和4G时代，研究重点主要集中在无线资源管理，如信道分配、接入控制和负载均衡等。然而，随着5G和6G的到来，物联网、边缘计算和边缘缓存等新兴场景的引入，使网络资源管理面临更复杂的挑战。未来的网络不仅要优化通信资源，还需实现计算和缓存资源的动态联合优化，以满足多目标、多维度的资源分配需求。

在频谱管理方面，用户数据流量激增使频谱短缺问题日益严峻，基于分布式强化学习的智能决策可在无须全局信道状态信息的情况下优化子信道选择，提高频谱利用率。在计算资源管理方面，移动边缘计算（MEC）通过将计算任务卸载到边缘节点，有效降低时延，特别适用于大数据计算和高计算密度的应用场景。通过人工智能建模计算卸载问题，可根据时变信道质量、任务队列和设备能耗等状态信息，优化计算资源分配，提高整体计算性能。同时，在数据业务推送中的缓存管理方面，F-AP（接入点）可缓存用户高频请求的文件，以减少传输时延和前传负担，提升内容访问效率。深度强化学习可根据缓存命中情况动态优化缓存分布，或通过深度神经网络预测文件流行度，合理分配缓存空间。

此外，多维资源的联合优化仍然是6G网络资源管理的重要研究方向，基于多智能体强化学习的资源管理策略可有效应对高维度、无闭式解的问题。例如，在无线资源和缓存资源的联合管理中，云端管理器可基于内容流行度和信道状态统计数据，优化长期缓存资源，而F-AP则根据用户请求和瞬时信道状态优化短期无线资源分配，最大化系统吞吐量并降低缓存部署成本。

2）覆盖和容量优化

覆盖和容量优化是无线接入网络中的关键任务，旨在确保区域覆盖的同时提高网络容量，减少用户间和小区间的干扰。随着6G对用户服务质量和终端体验的要求大幅提高，优化网络参数以实现覆盖和容量之间的最佳折中，成为一个经典且至关重要的问题。然而，由于无线网络环境的复杂性，相关参数往往具有高维度特征，难以通过简单的公式平衡这两个性能指标。传统的半手动优化技术不仅复杂且开销大，即便是经验丰富的网络性能专家也难以给出最优的参数配置。因此,结合人工智能技术进行网络参数自优化,实现覆盖和容量的在线自动调整,显得尤为重要。

通过适当管理和分配诸如发射功率、天线方位角和倾斜度等参数,可以有效提升网络的覆盖范围和系统吞吐量。人工智能驱动的发射功率控制系统,采用卷积神经网络架构,输入为归一化信道矩阵,输出为归一化发射功率。卷积层对输入数据进行二维空间卷积,并通过非线性整流处理;全连接层则对高度抽象化的特征进行整合和归一化,最终用于确定发射功率。最后,通过S形部分输出天线参数。该系统通过卷积神经网络离线估计 Q 函数,并利用深度 Q 学习算法在线调整发射功率,从而最大化频谱效率或能量效率,实现覆盖和容量的优化。通过这种方式,网络能够动态地调整参数,以适应不同的网络环境和用户需求,确保最佳的服务质量和系统性能。

3. 标准化进展

在全球范围内,多个通信标准化组织和企业在人工智能(AI)和机器学习(ML)方面的研究与应用推动了通信网络的发展,特别是在5G和6G网络的构建方面。

国际电信联盟(ITU)在这方面发挥了重要作用。2017年11月,ITU-T成立了面向未来网络的机器学习工作组,重点研究网络服务需求、机器学习技术,以及基于机器学习的感知网络架构。这一举措为AI和ML技术在通信网络中的应用奠定了基础,并为后续的标准化工作铺平了道路。2019年10月,ITU-T召开了网络2030研讨会,达成了关于6G三大应用场景的共识,并在此基础上制定了11个分组的标准建议书,其中包括了AI在网络性能优化中的应用。紧接着,2020年2月,ITU-R启动了面向2030年6G网络的研究工作,并在2021年上半年发布《未来技术展望建议书》,该建议书将涵盖未来通信系统的总体目标、应用场景和系统能力等重要内容。

欧洲电信标准化协会(ETSI)也在人工智能领域做出了积极贡献。2017年2月,ETSI成立了体验式网络智能工作组,致力于通过人工智能自适应调整网络服务,实现策略控制和业务部署等智能化操作。此后,2018年1月,ETSI成立了零接触网络和服务管理工作组,旨在实现网络交付、部署、配置、维护和优化的自动化执行。2019年,ETSI发布了《自动化下一代网络中的网络和服务操作的必要性和益处》白皮书,详细阐述了5G网络自动化服务管理和运营目标。2020年6月29日,ETSI发布了《人工智能与未来发展方向》白皮书,进一步探讨了AI在网络优化、隐私与安全、数据管理等方面的应用。

中国通信标准化协会(CCSA)持续推动标准研制工作。2018年7月,CCSA在5G、工业互联网、车联网、人工智能、区块链等领域开展深入研究。2019年12月,完成"人工智能在电信网络演进中的应用研究"等课题,促进AI和大数据在无线通信网络中的应用。2020年3月,CCSA发布《5G网络下的云化虚拟现实平台技术白皮书》等报告,推动相关技术标准化。2021年,发布《面向5G的网络智能化技术白皮书》,提出5G智能化架构,加快AI在网络运维与优化中的应用。2022年,CCSA制定《信息技术 人工智能 平台计算资源规范》(GB/T 42018—2022),推进AI计算资源标准化。2023年,CCSA在5G-A(5G Advanced)标准制定中发挥关键作用,并推进6G前沿技术研究,如超大规模MIMO、智能反射面(RIS)、6G感知通信融合等标准制定。

中国移动也在网络智能化方面提出了创新性标准。2019年，中国移动提出了无线通信网络智能化分级标准，依据网络实现过程和场景能力，从执行、感知、分析、决策、需求映射5个维度，将网络划分为L0～L5共6个等级。这一分级标准从L0级完全依赖人工操作，到L5级实现完整流程的智能化闭环，为实现更高层次的智能化网络提供了理论支持和技术框架。

11.1 本章小结

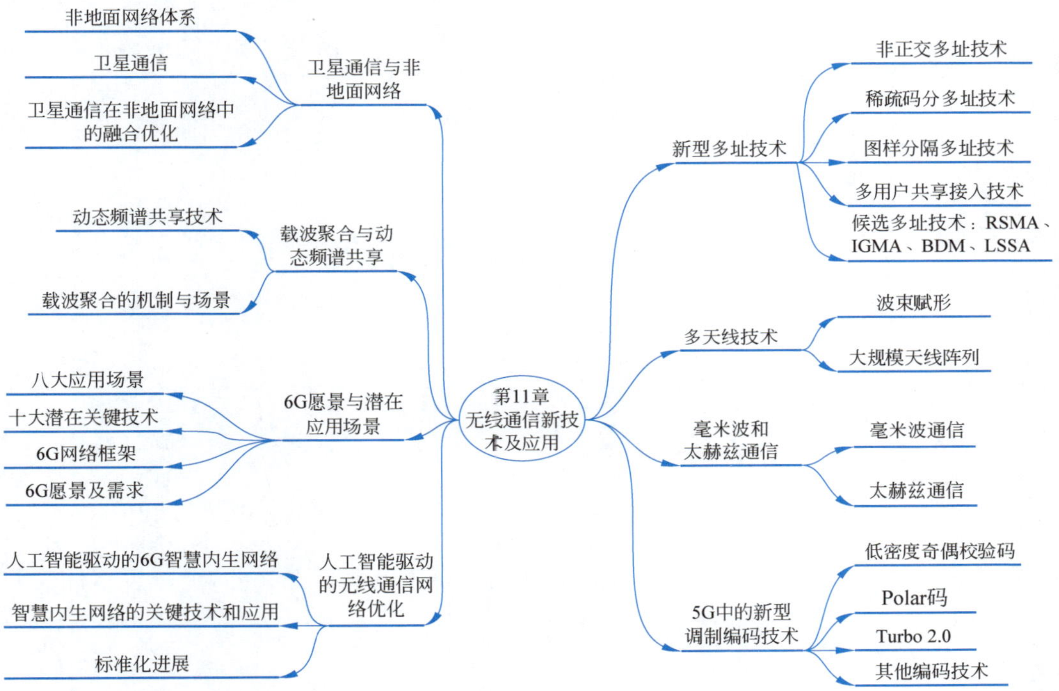

11.1 习题

11-1 非正交多址技术(NOMA)通过允许多个用户共享相同的________、________或________资源进行非正交传输，从而提升频谱利用率和接入能力。

11-2 波束赋形技术通过控制大规模天线阵列中每个天线单元的________和________，在空间中形成定向波束，从而提升信号的强度和传输效率，实现高效传输。

11-3 太赫兹通信的接收方式包括________和________两种，其中________具有高检测灵敏度和高频谱效率，适合处理高阶调制方式。

11-4 LDPC码的核心特性是基于________矩阵进行编码，其稀疏性有助于降低________的复杂度，从而实现接近香农限的性能。

11-5 载波聚合可分为3种类型：________聚合、________聚合和带间非连续聚合，以灵活利用频谱资源，提升传输效率。

11-6　动态频谱共享技术通过________操作让 5G 能够识别 4G 的资源限制，并实现两者的频谱动态共享。

11-7　6G 的愿景是实现________和________，打通虚拟世界与现实世界的界限，推动社会向更高层次的智能化迈进。

11-8　基于人工智能的信道估计方法，能够通过神经网络对采集数据的________进行分析，即使在缺乏________信息的情况下，也能实现高效的信道估计。

附录A 常用通信名词中英对照

A/D	Analog to Digital	模/数
ADPCM	Adaptive DPCM	自适应差分脉冲编码调制
ADSL	Asynchronous Digital Subscribers Loop	非对称数字用户环路
AM	Amplitude Modulation	调幅
AMI	Alternate Mark Inversion	传号交替反转码
APC	Adaptive Predictive Coding	自适应预测编码
ARQ	Automatic Repeat reQuest	自动重发请求
ASK	Amplitude Shift Keying	振幅键控
ATDM	Asynchronous Time Division Multiplexing	异步时分复用
ATM	Asynchronous Transfer Mode	异步转移模式
AWGN	Additive White Gaussian Noise	加性高斯白噪声
BER	Bit Error Rate	误比特率
B-ISDN	Broadband ISDN	宽带综合业务数字网
BNRZ	Bipolar Non-Return to Zero	双极性不归零码
BPF	BandPass Filter	带通滤波器
BPSK	Binary Phase Shift Keying	二进制相移键控
CDM	Code Division Multiplexing	码分复用
CDMA	Code Division Multiple Access	码分多址
CMI	Coded Mark Inversion	传号反转码
CN	Core Network	核心网
CRC	Cyclic Redundancy Check	循环冗余校验
D/A	Digital to Analog	数/模
DC	Direct Current	直流
DFT	Discrete Fourier Transform	离散傅里叶变换
DM	Delta Modulation	增量调制
DPCM	Differential PCM	差分脉冲编码调制
DPSK	Differential Phase Shift Keying	差分相移键控
DSB	Double Side Band	双边带
DS-SS	Direct Sequence Spread Spectrum	直接序列扩展频谱
DWDN	Dense Wavelength Division Multiplexing	密集波分复用
EDFA	Erbium-Doped Fiber Amplifier	掺铒光纤放大器
EDI	Electronic Data Interchange	电子数据交换
FBC	Folded Binary Code	折叠二进制码
FDD	Frequency Division Duplex	频分双工
FDM	Frequency Division Multiplexing	频分复用
FDMA	Frequency Division Multiple Access	频分多址
FEC	Forward Error Correction	前向纠错
FFT	Fast Fourier Transfer	快速傅里叶变换
FH	Frequency-Hopping	跳频
FIR	Finite Impulse Response	有限冲激响应
FM	Frequency Modulation	调频
FSK	Frequency Shift Keying	频移键控

续表

GMSK	Gaussian MSK	高斯最小频移键控
GPRS	General Packet Radio Services	通用分组无线业务
GPS	Global Position System	全球定位系统
GSM	Global System for Mobile Communications	全球移动通信系统
HDB3	3rd Order High Density Bipolar	三阶高密度双极性码
HDTV	High Definition Television	高清晰度电视
HEC	Hybrid Error-Correcting	混合纠错
HF	High Frequency	高频
HPSK	Hybrid Phase Shift Keying	混合相移键控
HSCSD	High Speed Circuit Switched Data	高速电路交换数据
IC	Integrated Circuit	集成电路
ICI	Inter-Carrier Interference	子载波之间的干扰
IDFT	Inverse Discrete Fourier Transform	逆离散傅里叶变换
ISDN	Integrated Services Digital Network	综合业务数字网
ISI	InterSymbol Interference	码间串扰,码间干扰
ISO	International Standardization Organization	国际标准化组织
ITU	International Telecommunications Union	国际电信联盟
LAN	Local Area Network	局域网
LE	Local Exchange	本地交换局
LED	Light Emitting Diode	发光二极管
LO	Low Orbit	低轨道
LPF	LowPass Filter	低通滤波器
LSB	Lower SideBand	下边带
MAN	Metropolitan Area Network	城域网
MC	Mobile Communications	移动通信
MF	InterMediate Frequency	中频
MIMO	Multiple-Input Multiple-Output	多输入多输出
MSK	Minimum Shift Keying	最小频移键控
MUX	MUltipleX	复接
NBC	Natural Binary Code	自然二进制码
NBFM	Narrow Band Frequency Modulation	窄带调频
NGN	Next Generation Network	下一代网络
N-ISDN	Narrowband ISDN	窄带综合业务数字网
NOMA	Non-Orthogonal Multiple Access	非正交多址接入
NRZ	Non Return to Zero	不归零
OFDM	Orthogonal Frequency Division Multiplexing	正交频分复用
OMA	Orthogonal Multiple Access	正交多址接入
OOK	On Off Keying	通断键控
OQPSK	Offset Quadrature Phase Shift Keying	偏置正交相移键控
PAM	Pulse Amplitude Modulation	脉冲振幅调制
PCM	Pulse Code Modulation	脉冲编码调制
PCN	Personal Communication Network	个人通信网

续表

PCS	Personal Communication System	个人通信系统
PDH	Plesiochronous Digital Hierarchy	准同步数字系列
PDM	Pulse Duration Modulation	脉冲宽度调制
PLC	Power Line Communication	电力线载波通信
PLL	Phase Locked Loop	锁相环
PM	Phase Modulation	调相
PN	Pseudo Noise	伪噪声
PPM	Pulse Position Modulation	脉冲位置调制
PPP	Point to Point Protocol	点对点协议
PSD	Power Spectral Density	功率谱密度
PSDN	Public Switch Telephone Network	公共交换电话网
PSK	Phase Shift Keying	相移键控
QAM	Quadrature Amplitude Modulation	正交振幅调制
QDPSK	Quadrature Differential PSK	正交差分相移键控
QPSK	Quadrature PSK	正交相移键控
RBC	Gray Binary Code	格雷二进制码
RF	Radio Frequency	射频
RZ	Return to Zero	归零
SDH	Synchronous Digital Hierarchy	同步数字系列
SDM	Space Division Multiplexing	空分复用
SDMA	Space Division Multiple Access	空分多址
SFSK	Sine Frequency Shift Keying	正弦频移键控
SIR	Signal Interference Ratio	信噪比
SOC	System On Chip	单片系统
SONET	Synchronous Optical NETwork	同步光网络
SSB	Single Side Band	单边带
STDM	Synchronous Time Division Multiplexing	同步时分复用
SYNC	SYNChronization	同步
TDM	Time Division Multiplexing	时分复用
TDMA	Time Division Multiple Access	时分多址
TE	Terminal Equipment	用户终端设备
TS	Time Slot	时隙
USB	Upper Sideband	上边带
VCO	Voltage Controlled Oscillator	压控振荡器
VPN	Virtual Private Network	虚拟专用网
VSB	Vestigial Side Band	残留边带
WAN	Wide Area Network	广域网
WBFM	Wide Band Frequency Modulation	宽带调频
WDM	Wave Division Multiplexing	波分复用
WLAN	Wireless Local Area Network	无线局域网
WPAN	Wireless Personal Area Network	无线个域网

附录B 部分习题参考答案

部分习题参考答案

参考文献

[1] 樊昌信，曹丽娜. 通信原理[M]. 7 版. 北京：国防工业出版社，2013.

[2] 李晓峰，周亮，孔令讲，等. 通信原理[M]. 3 版. 北京：清华大学出版社，2024.

[3] 周炯槃. 移动通信原理[M]. 北京：人民邮电出版社，2019.

[4] 陈树新，尹玉富，石磊. 通信原理[M]. 北京：清华大学出版社，2020.

[5] Molisch A F. *Wireless Communications*[M]. 2nd ed. Chichester: Wiley-IEEE Press，2011.

[6] Sklar B. *Digital Communications: Fundamentals and Applications*[M]. 2nd ed. Upper Saddle River: Prentice Hall，2001.

[7] Couch L W. *Digital and Analog Communication Systems*[M]. 8th ed. Upper Saddle River: Prentice Hall，2012.

[8] 曹志刚，钱亚生. 现代通信原理[M]北京：清华大学出版社，2004.

[9] 陈希有. 通信原理与系统[M]. 北京：清华大学出版社，2014.

[10] 邵玉斌. Matlab/Simulink 通信系统建模[M]. 北京：清华大学出版社，2008.

[11] 曹雪虹，杨洁，童莹，等. MATLAB/SystemView 通信原理实验与系统仿真[M]. 2 版. 北京：清华大学出版社，2020.

[12] Proakis J G，Salehi M. *Digital Communications*[M]. 5th ed. New York: McGraw-Hill，2007.

[13] 潘长勇，王劲涛，杨知行. 现代通信原理实验[M]. 北京：清华大学出版社，2005.

[14] 杨洁. 通信原理学习指导[M]. 北京：电子工业出版社，2016.

[15] 电子科技大学. 通信原理[EB/OL]. 中国大学 MOOC，https://www.icourse163.org/course/uestc-238011.

[16] 国防科技大学. 通信原理[EB/OL]. 中国大学 MOOC，https://www.icourse163.org/course/NUDT-316006.

[17] 北京邮电大学. 通信原理[EB/OL]. 中国大学 MOOC，2024-09-01[2025-03-20]. https://www.icourse163.org/course/BUPT-1002543002.

[18] 中国信通院 IMT-2030(6G)推进组. 6G 总体愿景与潜在关键技术[EB/OL]. 北京：中国信息通信研究院，2021.

[19] 华为技术有限公司. 6G：无线通信新征程白皮书[EB/OL]. 2022-01-20.

[20] Nguyen D C，Ding M，Pathirana P N，et al. 6G Internet of Things: A comprehensive survey[J]. *IEEE Internet of Things Journal*，2021，9(1): 359-383.

[21] Fayad A，Cinkler T，Rak J. Toward 6G optical fronthaul: A survey on enabling technologies and research perspectives[J]. *IEEE Communications Surveys & Tutorials*，2024，27(1): 629-665.